多元统计分析

Multivariate Statistical
Analysis

骆建文

编著

上海交通大学出版社
SHANGHAI JIAO TONG UNIVERSITY PRESS

内容简介

在参考了国内外大量相关统计书籍与文献的基础上,本书系统地介绍了多元统计分析的基本理论与方法,主要内容包括多元正态分布及其抽样分布、多元正态总体的均值向量和协方差矩阵的假设检验、多元回归分析、主成分分析与因子分析、判别分析与聚类分析、典型相关分析以及结构方程模型等,并有 SPSS、Python、R 语言等多种统计软件及工具分析应用实例。本书突出实际应用和统计思想的渗透,既侧重于应用,又兼顾了必要的方法论证,将社会、经济、自然科学等领域的实际案例应用与多元统计思想紧紧联系在一起,力求内容简明易懂,方便读者学习如何选择合适的统计工具与方法来进行分析与解决实际问题,进而全面地理解教材内容并掌握必要的多元统计分析工具。本书配套出版了《多元统计分析学习指导与习题解答》。

本书可作为经济、管理、社会科学等相关专业的研究生教材或参考书,同时也可以作为管理咨询、市场研究、数据分析等领域的实际工作者使用的参考书。

图书在版编目(CIP)数据

多元统计分析/骆建文编著.—上海:上海交通
大学出版社,2022.12
ISBN 978-7-313-27912-5

Ⅰ.①多…　Ⅱ.①骆…　Ⅲ.①多元分析-统计分析-
高等学校-教材　Ⅳ.①O212.4

中国版本图书馆 CIP 数据核字(2022)第 223423 号

多元统计分析
DUOYUAN TONGJI FENXI

编　　著:骆建文
出版发行:上海交通大学出版社　　　　　地　　址:上海市番禺路 951 号
邮政编码:200030　　　　　　　　　　　电　　话:021-64071208
印　　制:上海万卷印刷股份有限公司　　经　　销:全国新华书店
开　　本:787mm×1092mm　1/16　　　　印　　张:29.5
字　　数:699 千字
版　　次:2022 年 12 月第 1 版　　　　　印　　次:2022 年 12 月第 1 次印刷
书　　号:ISBN 978-7-313-27912-5
定　　价:118.00 元

前　言

统计学是数据分析和处理的有效工具,在自然科学、社会科学、经济和管理科学、大数据与计算机科学等领域中获得了广泛而成功的应用。17 世纪中叶"政治算术学派"的创立标志着统计学的诞生。19 世纪初,比利时统计学家凯特勒(Quetelet)把概率论引入了统计学中,奠定了统计学的科学性和数理基础。19 世纪中叶,经济学界出现了处理二维正态总体分布的方法,随后越来越多的多元统计分布问题开始被学者研究。统计学家威沙特(Wishart)发表论文《多元正态总体样本协方差矩阵的精确分布》(1928 年),标志着多元统计分析作为一门独立的学科诞生。20 世纪 50 年代后,随着计算机的诞生和数据处理效率的大幅提升,多元统计分析在生物学、医学、地质学等领域得到了广泛应用,并且产生了很多新的理论和方法。到了 20 世纪 60 年代,多元统计分析被广泛而成功地应用到社会经济发展实践中,进一步体现了多元统计分析方法的实用性、有效性和不可替代性。

进入 21 世纪,在信息技术迅猛发展的大数据时代背景下,数据正以爆发式的速度在增长,收集并挖掘其中的关键有效信息成为进行管理与科学决策的关键。很显然,以往使用单一指标来分析复杂多样的社会经济与管理问题已远远无法满足现实的需要,多元统计分析在自然科学、生物医学、经济金融、管理科学等领域的需求和重要作用再次凸显出来,正与智能化分析逐渐融为一体,推动着统计工具与方法的创新和应用迈向一个新的阶段。

多元统计分析是一种综合分析方法,它能够在多因素和多观测指标互相关联的情况下分析其中的统计规律进而进行相应的统计推断。多元统计分析的主要内容包括多元正态分布及其抽样分布、多元正态总体的均值向量和协方差矩阵的假设检验、多因素方差分析、多元回归分析、主成分分析与因子分析、判别分析与聚类分析、典型相关分析以及结构方程模型等。多元统计分析是统计学中内容十分丰富、应用性极强的一个重要分支,能够为多维数据分析提供处理方法和理论支撑,也是处理大数据问题的一个非常重要的工具。

本书作者在上海交通大学长期给研究生讲授"多元统计分析"这门课程,在对课件及讲义进行了多年的补充完善和修正的基础上形成了本书书稿。在上海交通大学出版社的帮助与支持下,这本书的编著工作终于完成。

本书在参考了国内外大量相关统计书籍与文献的基础上,系统地介绍了多元统计分析的基本理论与方法,突出实际案例的应用和统计思想的渗透,既侧重于应用,又兼顾了必要的方法论证,将社会、经济、自然科学等领域的实际案例应用与多元统计思想紧紧联系在一起,力求内容简明易懂,方便读者学习如何选择合适的统计工具与方法来进行分析与解决实际问题,进而全面地理解本书内容并掌握必要的多元统计分析工具。

本书出版正逢大数据时代,希望本书能促进多元统计分析应用水平的提高和社会经济的发展进步。本书有如下特点需要说明。

第一,在内容上,本书做了不同于一般多元统计教材的安排,专门加上了结构方程的相关知识,并收录了多元统计的预备基础知识,旨在使得读者能够更快速地进入本课程的学习。

第二,本书吸收大量的国内外优秀教材成果,深入浅出地阐述了多元统计分析的基本概念、统计思想和数据处理方式,内容丰富且全面,力求通俗易懂、内容系统化,便于读者理解和自学。

第三,本书提供了大量生活中的应用案例以及课后习题,使得读者能够真切地感受到多元统计分析在社会经济与发展中的作用,可以帮助读者在学成之后于生活中更加得心应手地加以应用。

第四,强调与计算机技术相结合。目前我们正处于大数据时代,计算机的应用已经成为多元统计分析过程中不可缺少的工具。因此,为了提高读者运用统计软件分析解决问题的能力,本书的主要统计分析方法都附有多种统计软件的实例分析过程,如 SPSS、Python、R 语言等。

本书共分为九章:第一章介绍了多元正态分布及其参数的估计与性质;第二章介绍了多元正态总体参数的统计推断问题;第三章重点介绍了方差分析与

多元线性回归的有关问题;第四章至第八章介绍了一些常用的多元统计方法,如判别分析、聚类分析、主成分分析、典型相关分析、因子分析,具有很强的实用性;第九章介绍了一般多元统计相关书稿中所没有的结构方程模型。由于每一种方法内容十分丰富,本书仅介绍这些方法最基本和核心的内容,并包含有SPSS、Python、R语言的应用案例分析及软件相关操作的说明,使得读者能够通过自学掌握统计软件的操作步骤,学会使用统计软件进行数据处理分析,并读懂输出结果的含义。本书每一章节后还有章节小结和配套练习,其中,每章的习题主要侧重于对多元统计分析基本概念的理解,该章节一些重要结论的推论,以及知识的实际应用,并不刻意强调题目的难度,也淡化了解题的数学技巧。此外,为了便于读者顺利阅读本书,所需的随机向量、矩阵分析等相关知识都在本书的"附录"中作了简要的介绍,目的是能使本教材形成一个完整的多元统计知识系统。为方便读者更好地掌握并巩固所学的多元统计知识,本书配套出版发行了《多元统计分析学习指导与习题解答》。

本书可作为经济、管理、社会科学等相关专业的研究生教材或参考书,同时也可以作为管理咨询、市场研究、数据分析等领域的实际工作者使用的参考书。本书的内容相对较多,在选用此书作为教材时可以根据课时灵活安排。

本书在编著过程中参考了大量的国内外书籍与文献,由于篇幅有限,本书的参考文献仅列出了其中的一小部分,在此向所有国内外的有关著作的作者表示衷心的感谢。

由于编者水平有限,不当和疏漏之处在所难免,望广大读者批评指正。

骆建文

2022 年 10 月

目　录

第 1 章　多元正态分布 ·· 001

1.1　引言 / 001

1.2　多元正态分布的定义 / 001

1.3　多元正态分布的性质 / 006

1.4　多元正态总体的样本 / 012

1.5　多元正态总体的相关性 / 019

1.6　$\overline{X}$ 与 A 的抽样分布 / 027

1.7　二次型分布 / 028

1.8　正态性假定的评估分析 / 029

1.9　近似正态性 / 031

小结 / 033

思考与练习 / 034

第 2 章　多元正态总体的统计推断 ······················· 038

2.1　引言 / 038

2.2　三个常用统计量的分布 / 039

2.3　单总体均值向量 μ 的检验及置信区域 / 048

　2.3.1　单个正态总体均值向量 μ 的检验 / 048

　2.3.2　置信域与联合置信区间 / 052

2.4　两个总体均值向量的比较检验 / 058

2.5　成对试验的统计量 / 064

2.6　多个总体均值向量的比较检验——多元方差分析 / 065

2.7　均值分量间结构关系的检验 / 070

2.7.1 单个总体均值分量间结构关系的检验 / 070

2.7.2 两个总体均值分量间结构关系的检验 / 072

2.8 均值向量的大样本推断 / 074

2.9 观测值缺损时均值向量的推断 / 075

2.10 协方差矩阵的检验 / 076

2.10.1 单个 p 元正态总体协方差矩阵的检验 / 076

2.10.2 多总体协方差矩阵的检验 / 077

2.11 多个正态总体的均值向量和协方差矩阵同时检验 / 080

2.12 正态总体相关系数的推断 / 081

2.13 SPSS 软件应用与假设检验 / 083

2.13.1 参数假设检验——单样本 T 检验 / 083

2.13.2 参数假设检验——两个独立样本 T 检验 / 086

2.13.3 非参数假设检验——K-S 单样本检验 / 088

2.14 T 检验与 Python 应用 / 090

2.14.1 独立样本 T 检验 / 090

2.14.2 非独立样本 T 检验 / 091

2.14.3 多于两组实验的比较 / 092

2.15 T 检验与 R 语言应用 / 094

2.15.1 独立样本 T 检验 / 094

2.15.2 非独立样本 T 检验 / 094

2.15.3 多于两组实验的比较 / 095

小结 / 095

思考与练习 / 096

第 3 章 方差分析与多元线性回归分析 ································· 103

3.1 引言 / 103

3.2 方差分析 / 104

3.2.1 单因素方差分析 / 104

3.2.2 双因素方差分析 / 110

3.3 经典多元线性回归 / 115

3.3.1 多元线性回归数学模型 / 116

3.3.2 模型参数的最小二乘估计 / 117

3.3.3 回归方程的显著性检验 / 120

3.3.4 回归预测 / 123

3.3.5 多重共线性问题 / 124

　　　3.3.6　模型检查 / 126

　3.4　多重多元回归 / 127

　　　3.4.1　数学模型 / 127

　　　3.4.2　参数估计 / 128

　　　3.4.3　回归系数 B 的显著性检验 / 130

　3.5　实例分析与统计软件 SPSS 应用 / 130

　　　3.5.1　多元回归常遇到的问题 / 130

　　　3.5.2　SPSS 应用 / 132

　3.6　实例分析与 Python 应用 / 139

　3.7　实例分析与 R 语言应用 / 142

　小结 / 144

　思考与练习 / 145

第 4 章　判别分析 ·························· 152

　4.1　引言 / 152

　4.2　距离判别法 / 153

　　　4.2.1　距离的定义 / 153

　　　4.2.2　两个总体的情形 / 155

　　　4.2.3　多个总体的情形 / 156

　　　4.2.4　判别效果的检验 / 159

　4.3　贝叶斯判别法 / 160

　　　4.3.1　基本思想 / 160

　　　4.3.2　最大后验概率法 / 161

　　　4.3.3　最小平均误判代价法 / 162

　4.4　费希尔判别法 / 165

　　　4.4.1　基本思想 / 165

　　　4.4.2　总体参数已知的费希尔判别法 / 165

　　　4.4.3　总体参数未知的费希尔判别法 / 167

　4.5　逐步判别法 / 169

　　　4.5.1　基本思想 / 170

　　　4.5.2　变量选择的方法 / 170

　4.6　实例分析与统计软件 SPSS 应用 / 171

　4.7　实例分析与 Python 应用 / 174

　4.8　实例分析与 R 语言应用 / 177

　小结 / 182

思考与练习 / 183

第 5 章   聚类分析 ·· 189

5.1 引言 / 189

5.2 相似性的度量 / 190

　5.2.1 样本数据的变换 / 190

　5.2.2 统计距离 / 191

　5.2.3 相似系数 / 194

5.3 分层聚类方法 / 195

　5.3.1 最短距离法 / 196

　5.3.2 最长距离法 / 197

　5.3.3 中间距离法 / 199

　5.3.4 类平均法 / 200

　5.3.5 重心法 / 202

　5.3.6 离差平方和法（Ward 方法） / 204

　5.3.7 分层聚类方法的统一 / 206

　5.3.8 分层聚类方法的性质 / 207

　5.3.9 类的个数 / 208

5.4 非分层聚类方法 / 210

　5.4.1 动态聚类法 / 210

　5.4.2 有序样品的聚类 / 216

5.5 实例分析与统计软件 SPSS 应用 / 217

　5.5.1 实验分析过程（分层聚类法） / 217

　5.5.2 实验结果描述（分层聚类法） / 219

　5.5.3 实验分析过程（k 均值聚类法） / 221

　5.5.4 实验结果描述（k 均值聚类法） / 222

5.6 实例分析与 Python 应用 / 224

5.7 实例分析与 R 语言应用 / 228

小结 / 234

思考与练习 / 234

第 6 章   主成分分析 ·· 241

6.1 引言 / 241

6.2 主成分分析的基本思想 / 241

6.3 主成分的导出 / 242

　　　　6.3.1　总体主成分的导出 / 243

　　　　6.3.2　样本主成分及其导出 / 245

　　　　6.3.3　主成分分析的基本步骤 / 246

　　6.4　主成分的几何意义及性质 / 247

　　　　6.4.1　主成分分析的几何意义 / 248

　　　　6.4.2　主成分的性质 / 249

　　6.5　主成分分析的应用 / 255

　　6.6　实例分析与统计软件 SPSS 应用 / 257

　　6.7　实例分析与 Python 应用 / 261

　　6.8　实例分析与 R 语言应用 / 263

　　小结 / 267

　　思考与练习 / 267

第 7 章　因子分析 ･････････････････････････････････ 275

　　7.1　引言 / 275

　　7.2　因子分析模型 / 276

　　　　7.2.1　因子分析数学模型 / 276

　　　　7.2.2　因子分析模型参数的统计意义 / 277

　　　　7.2.3　因子模型的注意事项 / 279

　　7.3　因子分析模型的参数估计方法 / 280

　　　　7.3.1　主成分法 / 280

　　　　7.3.2　主因子法 / 284

　　　　7.3.3　极大似然法 / 287

　　7.4　因子旋转与因子得分 / 289

　　　　7.4.1　因子旋转 / 289

　　　　7.4.2　因子得分 / 291

　　7.5　因子分析一般步骤 / 297

　　7.6　实例分析与统计软件 SPSS 应用 / 298

　　7.7　实例分析与 Python 应用 / 302

　　7.8　实例分析与 R 语言应用 / 305

　　小结 / 318

　　思考与练习 / 318

第 8 章　典型相关分析 ･･････････････････････････････ 322

　　8.1　引言 / 322

8.2 典型相关分析的数学模型 / 323

8.3 总体典型相关 / 324

8.3.1 典型变量的一般求解 / 324

8.3.2 典型变量的性质 / 327

8.3.3 典型相关系数 / 329

8.3.4 典型变量得分和预测 / 331

8.4 样本典型相关 / 332

8.4.1 从样本协方差矩阵出发 / 333

8.4.2 从样本相关矩阵出发 / 333

8.5 典型相关关系的显著性检验 / 338

8.5.1 全部总体典型相关系数均为零的检验 / 338

8.5.2 部分总体典型相关系数为零的检验 / 340

8.5.3 样本典型相关的计算 / 341

8.6 典型相关分析的其他测量指标 / 345

8.7 典型相关的分析步骤 / 347

8.8 实例分析与统计软件 SPSS 应用 / 348

8.9 实例分析与 R 语言应用 / 353

小结 / 356

思考与练习 / 357

第9章 结构方程模型 ·· 361

9.1 引言 / 361

9.2 结构方程模型的组成 / 364

9.3 结构方程建模的基本过程 / 369

9.4 结构方程模型的优点和局限性 / 386

9.5 结构方程模型的 Amos 实现 / 387

小结 / 398

思考与练习 / 399

附录 A 随机向量分布及其数字特征 ·················· 401

A.1 随机向量的概率分布 / 401

A.2 随机向量的数字特征 / 403

A.3 随机向量的变换 / 406

附录 B 矩阵分析 ·· 408

B.1 矩阵的定义及其运算 / 408

B. 2　行列式 / 410

B. 3　矩阵的逆和秩 / 412

B. 4　特征值和特征向量 / 413

B. 5　正定矩阵和非负定矩阵 / 416

附录C　Python 初步 ……………………………………………… 418

C. 1　Python 语言简介 / 418

C. 2　Python 编程环境的搭建 / 419

C. 3　Python 基础知识 / 420

C. 4　列表、元组、集合和字典 / 426

C. 5　Python 函数 / 431

C. 6　一些常用的 Python 扩展程序库 / 436

附录D　R 语言基础 ……………………………………………… 445

D. 1　R 语言简介 / 445

D. 2　R 语言编程环境的下载和安装 / 446

D. 3　RStudio / 447

D. 4　R 语言包以及函数 / 449

D. 5　R 语言语法基础 / 451

参考文献 ………………………………………………………… 456

第1章

多元正态分布

1.1 引言

多元统计分析主要研究客观事物中多个互相关联的变量(或多个因素)的统计规律及相互关系。多元统计分析中很多重要的理论和方法都是直接或者间接地建立在多元正态分布基础上的,许多实际问题所涉及的随机向量往往服从或近似多元正态分布,如同一元正态分布在一元统计分析中的重要地位一样,多元正态分布是多元统计分析的重要基础,也是最重要的反映多变量取值统计规律的分布函数。由于正态分布广泛的应用背景和在数学上"易处理"和"易得到良好结果"的性质,多元正态分布的应用得到了系统深入的研究,并且形成了比较成熟的统计分析理论和统计推断方法。除了多元正态分布外,还有多元对数正态分布、多项式分布、多元超几何分布、多元 χ^2 分布、多元 β 分布、多元指数分布等经典常用的多元统计分布函数。

本书后续的多种多元分析方法或工具的应用背景大多包含总体服从多元正态分布这个一般性假设。虽然实践中反映某些自然现象变化的多维变量未必恰好服从多元正态分布,但多元正态分布可能是真实总体分布的一种有效近似。根据中心极限定理的思想可以知道,当反映事物或现象变化所涉及的多维变量取值或变化是由大量的因素影响所导致的,并且其中没有特定的某因素对变化起决定性影响时,我们往往将反映该事物或现象变化的多维变量视为服从多元正态分布或者近似多元正态分布。

1.2 多元正态分布的定义

在给出多元正态分布的定义之前,我们先对一元正态分布进行回顾。若随机变量 $u \sim N(0, 1)$,则随机变量 u 具有概率密度函数

$$f(x) = \frac{1}{\sqrt{2\pi}} \exp\left(-\frac{1}{2}x^2\right), \ -\infty < x < \infty$$

称 u 的分布为标准正态分布。若随机变量 X 满足线性变换 $X=\mu+\sigma u(\sigma>0)$，则有 $X\sim N(\mu,\sigma^2)$，称 X 服从一般正态分布，其概率密度函数为

$$f(x)=\frac{1}{\sqrt{2\pi\sigma^2}}\exp\left(-\frac{(x-\mu)^2}{2\sigma^2}\right),\ -\infty<x<+\infty$$

下面我们引出多元正态分布，在给出多元正态分布定义的过程中，会用到一些关于随机向量的简单性质（具体见附录 A）。这里我们直接给出多元正态分布的定义。

设随机向量 $u=(u_1,u_2,\cdots,u_p)^T$，$u_1,u_2,\cdots,u_p$ 独立同分布并都服从标准正态分布 $N(0,1)$，p 为正整数，则 u 的概率密度函数为

$$\begin{aligned}f_u(u_1,u_2,\cdots,u_p)&=\prod_{i=1}^{p}(2\pi)^{-\frac{1}{2}}\exp\left(-\frac{1}{2}u_i^2\right)\\&=(2\pi)^{-\frac{p}{2}}\exp\left(-\frac{1}{2}\sum_{i=1}^{p}u_i^2\right)\\&=(2\pi)^{-\frac{p}{2}}\exp\left(-\frac{1}{2}u^T u\right),\ -\infty<u_i<\infty,\ i=1,2,\cdots,p\end{aligned}$$

可以得到 u 的均值与协方差矩阵分别为

$$E(u)=[E(u_1),E(u_2),\cdots,E(u_p)]^T=0$$
$$D(u)=\mathrm{diag}[D(u_1),D(u_2),\cdots,D(u_p)]=I$$

u 的分布是均值为零向量、协方差矩阵为单位矩阵 I 的 p 元标准正态分布，记作 $u\sim N_p(0,I)$，这是标准 p 元正态分布。下面我们来看一般情况。

和一元正态分布一样，我们考虑 u 的一个非退化线性变换

$$X=\mu+Au$$

其中，A 是一个 p 阶非退化矩阵（即 $|A|\neq0$），p 维随机向量 X 的分布称为非退化的 p 元正态分布，记为

$$X\sim N_p(\mu,AA^T)$$

为方便起见，记 AA^T 为 Σ。因此，上述表达还可简记为（当 p 不言自明时，可将其省略）$X\sim N(\mu,\Sigma)$，其中，X 的均值与协方差矩阵分别为

$$E(X)=E(Au+\mu)=AE(u)+\mu=\mu$$
$$D(X)=D(Au+\mu)=AD(u)A^T=AA^T=\Sigma \tag{1.1}$$

下面我们来看多元正态分布的密度函数，想要将 u 的密度函数变换为 X 的密度函数，需要运用雅可比（Jacobian）变换（具体见附录 A）。

$$J = \frac{\partial(u_1, u_2, \cdots, u_p)}{\partial(x_1, x_2, \cdots, x_p)} = \begin{vmatrix} \dfrac{\partial u_1}{\partial x_1} & \dfrac{\partial u_1}{\partial x_2} & \cdots & \dfrac{\partial u_1}{\partial x_p} \\ \dfrac{\partial u_2}{\partial x_1} & \dfrac{\partial u_2}{\partial x_2} & \cdots & \dfrac{\partial u_2}{\partial x_p} \\ \vdots & \vdots & \cdots & \vdots \\ \dfrac{\partial u_p}{\partial x_1} & \dfrac{\partial u_p}{\partial x_2} & \cdots & \dfrac{\partial u_p}{\partial x_p} \end{vmatrix}$$

由雅可比变换, X 的概率密度函数为

$$f_X(x_1, x_2, \cdots, x_p) = (2\pi)^{-\frac{p}{2}} \exp\left\{ -\frac{1}{2} [A^{-1}(X-\mu)]^{\mathrm{T}} [A^{-1}(X-\mu)] \right\} \cdot |J(u \to X)|$$

$|\cdot|$ 表示行列式, 其中

$$J(u \to X) = |A|^{-1} = |A|^{-\frac{1}{2}} |A|^{-\frac{1}{2}} = (|A||A|)^{-\frac{1}{2}}$$

$$= (|A||A^{\mathrm{T}}|)^{-\frac{1}{2}} = |AA^{\mathrm{T}}|^{-\frac{1}{2}} = |\Sigma|^{-\frac{1}{2}}$$

因此, 最终得到的多元正态分布密度函数为

$$f_X(x_1, x_2, \cdots, x_p) = (2\pi)^{-\frac{p}{2}} \exp\left\{ -\frac{1}{2} [A^{-1}(X-\mu)]^{\mathrm{T}} [A^{-1}(X-\mu)] \right\} |\Sigma|^{-\frac{1}{2}}$$

$$= (2\pi)^{-\frac{p}{2}} |\Sigma|^{-\frac{1}{2}} \exp\left\{ -\frac{1}{2} (X-\mu)^{\mathrm{T}} \Sigma^{-1}(X-\mu) \right\}$$

当 $p=1$ 时, 上式即为一元正态分布。多元正态分布不止一种定义方式, 更广泛地可采用特征函数来定义, 也可用正态变量的一切线性组合仍为正态变量的性质来定义。

例 1.1　(二元正态分布)设随机向量 $X \sim N_2(\mu, \Sigma)$, 这里 $X = (X_1, X_2)^{\mathrm{T}}$, $\mu = (\mu_1, \mu_2)^{\mathrm{T}}$, $\Sigma = \begin{pmatrix} \sigma_{11} & \sigma_{12} \\ \sigma_{21} & \sigma_{22} \end{pmatrix}$, $|\Sigma| = \sigma_{11}\sigma_{22} - \sigma_{12}^2 = \sigma_{11}\sigma_{22}(1-\rho_{12}^2)$, 其中, $\rho_{12} = \dfrac{\sigma_{12}}{\sqrt{\sigma_{11}} \sqrt{\sigma_{22}}}$ 为相关系数, 求该正态分布的密度函数。

解: 因为

$$\Sigma^{-1} = \frac{1}{\sigma_{11}\sigma_{22} - \sigma_{12}^2} \begin{pmatrix} \sigma_{22} & -\sigma_{12} \\ -\sigma_{21} & \sigma_{11} \end{pmatrix}$$

$$= \frac{1}{\sigma_{11}\sigma_{22}(1-\rho_{12}^2)} \begin{pmatrix} \sigma_{22} & -\rho_{12}\sqrt{\sigma_{11}}\sqrt{\sigma_{22}} \\ -\rho_{12}\sqrt{\sigma_{11}}\sqrt{\sigma_{22}} & \sigma_{11} \end{pmatrix}, \text{则}$$

$$(x-\mu)^{\mathrm{T}} \Sigma^{-1}(x-\mu) = (x_1-\mu_1, x_2-\mu_2) \frac{1}{\sigma_{11}\sigma_{22}(1-\rho_{12}^2)} \begin{pmatrix} \sigma_{22} & -\rho_{12}\sqrt{\sigma_{11}}\sqrt{\sigma_{22}} \\ -\rho_{12}\sqrt{\sigma_{11}}\sqrt{\sigma_{22}} & \sigma_{11} \end{pmatrix}$$

$$(x_1-\mu_1, x_2-\mu_2)^{\mathrm{T}}$$

$$= \frac{\sigma_{22}(x_1-\mu_1)^2 + \sigma_{11}(x_2-\mu_2)^2 - 2\rho_{12}\sqrt{\sigma_{11}}\sqrt{\sigma_{22}}(x_1-\mu_1)(x_2-\mu_2)}{\sigma_{11}\sigma_{22}(1-\rho_{12}^2)}$$

$$= -\frac{1}{2(1-\rho_{12}^2)}\left[\left(\frac{x_1-\mu_1}{\sqrt{\sigma_{11}}}\right)^2+\left(\frac{x_2-\mu_2}{\sqrt{\sigma_{22}}}\right)^2-2\rho_{12}\frac{(x_1-\mu_1)}{\sqrt{\sigma_{11}}}\frac{(x_2-\mu_2)}{\sqrt{\sigma_{22}}}\right]$$

可知二元正态密度函数为

$$f_X(x_1,x_2)=\frac{1}{2\pi\sqrt{\sigma_{11}\sigma_{22}(1-\rho_{12}^2)}}\exp\Big\{-\frac{1}{2(1-\rho_{12}^2)}\Big[\left(\frac{x_1-\mu_1}{\sqrt{\sigma_{11}}}\right)^2+\left(\frac{x_2-\mu_2}{\sqrt{\sigma_{22}}}\right)^2$$
$$-2\rho_{12}\frac{(x_1-\mu_1)}{\sqrt{\sigma_{11}}}\frac{(x_2-\mu_2)}{\sqrt{\sigma_{22}}}\Big]\Big\}$$

x_1，x_2 的边缘密度分别为

$$f_1(x_1)=\frac{1}{\sqrt{2\pi\sigma_{11}}}\exp\left[-\frac{1}{2}\left(\frac{x_1-\mu_1}{\sqrt{\sigma_{11}}}\right)^2\right]$$

$$f_2(x_2)=\frac{1}{\sqrt{2\pi\sigma_{22}}}\exp\left[-\frac{1}{2}\left(\frac{x_2-\mu_2}{\sqrt{\sigma_{22}}}\right)^2\right]$$

若 $\rho_{12}=0$，上式可简化为

$$f_X(x_1,x_2)=\frac{1}{2\pi\sqrt{\sigma_{11}\sigma_{22}}}\exp\left\{-\frac{1}{2}\left[\left(\frac{x_1-\mu_1}{\sqrt{\sigma_{11}}}\right)^2+\left(\frac{x_2-\mu_2}{\sqrt{\sigma_{22}}}\right)^2\right]\right\}$$

$$f_X(x_1,x_2)=f_1(x_1)\cdot f_2(x_2)$$

因此，二元正态分布不相关和独立是等价的。若 $\rho_{12}>0$，则 X_1 与 X_2 正相关；若 $\rho_{12}<0$，则 X_1 与 X_2 负相关。关于相关系数 ρ_{12} 的统计意义，我们将在后文中进行详细说明。特别地，当 $\mu=0$，$\Sigma=I$ 时，这样的二元正态分布为标准二元正态分布，其密度函数的图形如图 1.1 所示。

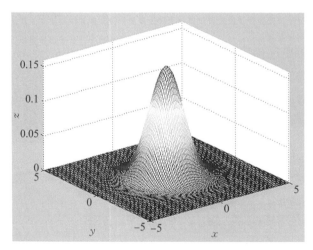

图 1.1　标准二元正态分布的密度函数图形

二元正态分布情形下的概率密度等高线是一个椭圆，具有如下形式：

$$\left(\frac{x_1 - \mu_1}{\sigma_1}\right)^2 - 2\rho \left(\frac{x_1 - \mu_1}{\sigma_1}\right)\left(\frac{x_2 - \mu_2}{\sigma_2}\right) + \left(\frac{x_2 - \mu_2}{\sigma_2}\right)^2 = c^2$$

其中，c 为(正)常数，$|\rho|$ 越大，长轴越长，短轴越短，即椭圆越是扁平，$|\rho|$ 趋于 1 时，椭圆趋向于一条线段。同中心的密度等高椭圆族如图 1.2 所示。

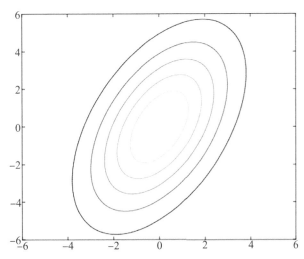

图 1.2　二元正态分布密度等高线族($\rho>0$)

1) 随机向量 X 的协方差矩阵

$$\Sigma = \mathrm{Cov}(X, X) = E(X - EX)(X - EX)^\mathrm{T} = D(X)$$

$$= \begin{vmatrix} D(X_1) & \mathrm{Cov}(X_1, X_2) & \cdots & \mathrm{Cov}(X_1, X_p) \\ \mathrm{Cov}(X_2, X_1) & D(X_2) & \cdots & \mathrm{Cov}(X_2, X_p) \\ \vdots & \vdots & & \vdots \\ \mathrm{Cov}(X_p, X_1) & \mathrm{Cov}(X_p, X_2) & \cdots & D(X_p) \end{vmatrix} = (\sigma_{ij})_{p \times p}$$

其中，p 为随机向量 X 的协方差阵，简称为 X 的协方差矩阵。$|\mathrm{Cov}(X, X)|$ 为 X 的广义方差，它是协方差矩阵的行列式之值。

2) 随机向量 X 和 Y 的协方差矩阵

设 $X = (X_1, X_2, \cdots, X_n)^\mathrm{T}$ 和 $Y = (Y_1, Y_2, \cdots, Y_p)^\mathrm{T}$ 分别为 n 维和 p 维随机向量，它们之间的协方差矩阵定义为一个 $n \times p$ 矩阵，其元素是 $\mathrm{Cov}(X_i, Y_j)$，即

$$\mathrm{Cov}(X, Y) = \mathrm{Cov}(X_i, Y_j), \ i = 1, \cdots, n; \ j = 1, \cdots, p$$

若 $\mathrm{Cov}(X, Y) = 0$，称 X 和 Y 是不相关的。

当 A、B 为常数矩阵时，由定义可推出协方差矩阵有如下性质：

$$D(AX) = AD(X)A^\mathrm{T} = A\Sigma A^\mathrm{T}$$
$$\mathrm{Cov}(AX, BY) = A\mathrm{Cov}(X, Y)B^\mathrm{T}$$

对于任何随机向量 $X = (X_1, X_2, \cdots, X_p)^\mathrm{T}$ 来说，其协方差矩阵 Σ 都是对称矩阵，同时总是非负定(也称半正定)的，非退化情形下是正定的。

3）退化多元正态分布

$X = \mu + Au$ 中的 A 规定为非退化方阵，如果没有这一限制，则不存在概率密度。设随机向量 $u \sim N_q(0, I)$，μ 为 p 维常数向量，A 是一个 $p \times q$ 常数矩阵，则

$$X = \mu + Au$$

的分布称为 p 元正态分布，仍记作 $X \sim N_p(\mu, \Sigma)$，其中，$\Sigma = AA^{\mathrm{T}}$。若 $\operatorname{rank}(A) = p$（自然 $p \leqslant q$），则 Σ^{-1} 存在，此时 X 的分布称为非退化（或非奇异）p 元正态分布，具有概率密度

$$f(x) = (2\pi)^{-\frac{p}{2}} |\Sigma|^{-\frac{1}{2}} \exp\left\{-\frac{1}{2}(X - \mu)^{\mathrm{T}} \Sigma^{-1}(X - \mu)\right\}$$

若 $\operatorname{rank}(A) < p$，则 Σ^{-1} 不存在，此时 X 的分布称为退化（或奇异）多元正态分布。例如，设 $X = Au$，其中，$u \sim N_2(0, I)$，$A = \begin{pmatrix} 1 & 0 \\ 0 & 1 \\ 1 & 1 \end{pmatrix}$，则 X 的分布就是一个退化三元正态分布，其中

$$\Sigma = AA^{\mathrm{T}} = \begin{pmatrix} 1 & 0 \\ 0 & 1 \\ 1 & 1 \end{pmatrix} \begin{pmatrix} 1 & 0 & 1 \\ 0 & 1 & 1 \end{pmatrix} = \begin{pmatrix} 1 & 0 & 1 \\ 0 & 1 & 1 \\ 1 & 1 & 2 \end{pmatrix}$$

因为 $|\Sigma| = 0$，所以 Σ^{-1} 不存在。本书后面章节涉及的都是非退化多元正态分布，假定 Σ 是正定的。

1.3 多元正态分布的性质

本节中，我们将介绍多元正态分布的一些常用性质及基本概念，包括（多元）正态随机向量的任意线性变换仍然是（多元）正态随机向量，多元正态分布的任何边缘分布仍为多元正态分布，相互独立的正态随机向量（维数相同）的任意线性组合仍为正态随机向量，零协方差矩阵意味着相应的分量之间是相互独立分布的，等等。这一系列性质会在下面的结论中用数学的方法予以表述，并进行相应的证明，多数性质会用例题来说明，以促进读者对这些性质及概念的理解。

性质 1.1 若随机向量 $X \sim N_p(\mu, \Sigma)$，则 $AX + d \sim N_s(A\mu + d, A\Sigma A^{\mathrm{T}})$。其中，$A$ 为 $s \times p$ 阶常数矩阵，s 与 p 均为正整数，d 为 s 维常数向量。

证明： 因为 $E(AX + d) = E(AX) + E(d) = AE(X) + d = A\mu + d$

$$D(AX + d) = D(AX) = AD(X)A^{\mathrm{T}} = A\Sigma A^{\mathrm{T}}$$

可知 $AX + d \sim N_s(A\mu + d, A\Sigma A^{\mathrm{T}})$。

由该性质可知，（多元）正态随机向量的任意线性变换仍然是（多元）正态随机向量。特

别地,当 $p=1$ 时,随机变量 $X \sim N(\mu, \sigma^2)$,$aX+d \sim N(a\mu+d, a^2\sigma^2)$,即我们在一元正态分布时常用的结论。

例 1.2 设三维随机向量 $X \sim N_3(\mu, 2I_3)$,已知

$$\mu = \begin{pmatrix} 2 \\ 0 \\ 0 \end{pmatrix}, A = \begin{pmatrix} 0.5 & -1 & 0.5 \\ -0.5 & 0 & -0.5 \end{pmatrix}, d = \begin{pmatrix} 1 \\ 2 \end{pmatrix}$$

试求 $Y = AX + d$ 的分布。

解:因为 $X \sim N_3(\mu, 2I_3)$,所以 $Y = AX + d$ 服从均值为 $A\mu + d$、方差为 $A \cdot 2I_3 \cdot A^T$ 的二元正态分布

其中,$A\mu + d = \begin{pmatrix} 0.5 & -1 & 0.5 \\ -0.5 & 0 & -0.5 \end{pmatrix} \begin{pmatrix} 2 \\ 0 \\ 0 \end{pmatrix} + \begin{pmatrix} 1 \\ 2 \end{pmatrix} = \begin{pmatrix} 1 \\ -1 \end{pmatrix} + \begin{pmatrix} 1 \\ 2 \end{pmatrix} = \begin{pmatrix} 2 \\ 1 \end{pmatrix} = \tilde{\mu}$

$A \cdot 2I_3 \cdot A^T = \begin{pmatrix} 0.5 & -1 & 0.5 \\ -0.5 & 0 & -0.5 \end{pmatrix} \begin{pmatrix} 2 & 0 & 0 \\ 0 & 2 & 0 \\ 0 & 0 & 2 \end{pmatrix} \begin{pmatrix} 0.5 & -0.5 \\ -1 & 0 \\ 0.5 & -0.5 \end{pmatrix} = \begin{pmatrix} 3 & -1 \\ -1 & 1 \end{pmatrix} = \tilde{\Sigma}$

因此,$Y = AX + d \sim N_2(\tilde{\mu}, \tilde{\Sigma})$。

性质 1.2 （正态随机向量的子集的分布） 设随机向量 $X \sim N_p(\mu, \Sigma)$,则 X 的任意子向量也服从多元正态分布,其均值为 μ 的相应子向量,协方差矩阵为 Σ 的相应子矩阵。

证明:不妨对 X 的前 $q(q < p)$ 个变量组成的子向量作出证明。将 X、μ、Σ 作如下剖分:

$$X = \begin{pmatrix} X^{(1)} \\ X^{(2)} \end{pmatrix} \begin{matrix} q \\ p-q \end{matrix}, \mu = \begin{pmatrix} \mu^{(1)} \\ \mu^{(2)} \end{pmatrix} \begin{matrix} q \\ p-q \end{matrix}, \Sigma = \begin{pmatrix} \Sigma_{11_{q \times q}} & \Sigma_{12_{q \times (p-q)}} \\ \Sigma_{21_{(p-q) \times q}} & \Sigma_{22_{(p-q) \times (p-q)}} \end{pmatrix}$$

令 $A = (I_q, 0)_{q \times p}$,则由性质 1.1 得

$$X^{(1)} = AX \sim N_q(\mu^{(1)}, \Sigma_{11})$$

类似地,取 $B = (0, I_{p-q})_{(p-q) \times p}$,$X^{(2)} = BX \sim N_{p-q}(\mu^{(2)}, \Sigma_{22})$。

备注:这个性质说明了多元正态分布的任何边缘分布仍为多元正态分布。但值得注意的是,一个随机向量的任何边缘分布均为正态分布,并不表明这个随机向量一定服从多元正态分布。

例 1.3 设随机向量 $X \sim N_5(\mu, \Sigma)$,求 $X^{(1)} = \begin{pmatrix} X_2 \\ X_4 \end{pmatrix}$ 的分布。

解:设 $\mu^{(1)} = \begin{pmatrix} \mu_2 \\ \mu_4 \end{pmatrix}$,$\Sigma_{11} = \begin{pmatrix} \sigma_{22} & \sigma_{24} \\ \sigma_{42} & \sigma_{44} \end{pmatrix}$,对 X、μ 和 Σ 重新排列和划分如下:

$$X = \begin{pmatrix} X_2 \\ X_4 \\ \cdots \\ X_1 \\ X_3 \\ X_5 \end{pmatrix}, \ \mu = \begin{pmatrix} \mu_2 \\ \mu_4 \\ \cdots \\ \mu_1 \\ \mu_3 \\ \mu_5 \end{pmatrix}, \ \Sigma = \begin{pmatrix} \sigma_{22} & \sigma_{24} & \vdots & \sigma_{12} & \sigma_{23} & \sigma_{25} \\ \sigma_{42} & \sigma_{44} & \vdots & \sigma_{41} & \sigma_{43} & \sigma_{45} \\ \cdots & \cdots & \vdots & \cdots & \cdots & \cdots \\ \sigma_{12} & \sigma_{14} & \vdots & \sigma_{11} & \sigma_{13} & \sigma_{15} \\ \sigma_{32} & \sigma_{34} & \vdots & \sigma_{31} & \sigma_{33} & \sigma_{35} \\ \sigma_{52} & \sigma_{54} & \vdots & \sigma_{51} & \sigma_{53} & \sigma_{55} \end{pmatrix}$$

由性质 1.2 得 $X^{(1)} \sim N_2(\mu^{(1)}, \Sigma_{11})$，其中，$N_2(\mu^{(1)}, \Sigma_{11}) = N_2\left(\begin{pmatrix} \mu_2 \\ \mu_4 \end{pmatrix}, \begin{pmatrix} \sigma_{22} & \sigma_{24} \\ \sigma_{42} & \sigma_{44} \end{pmatrix}\right)$。

从例 1.3 可以看出，随机向量的任何子向量的正态分布可以从原来的 μ 和 Σ 中选择适当的均值和协方差来表示。

性质 1.3 设 $X = (X_1, \cdots, X_p)^T$ 是 p 维随机向量，当且仅当它的任何线性函数 $a^T X$ 服从一元正态分布时，X 服从 p 元正态分布，其中，a 为 p 维常数向量。

证明：

必要性：若 $X \sim N_p(\mu, \Sigma)$，对任一实向量 $a = (a_1, \cdots, a_p)^T$，则有

$$a^T X = \sum_{i=1}^p a_i X_i \sim N(a^T \mu, a^T \Sigma a)$$

充分性：对任意给定的 $a \in \mathbf{R}^p$，$\xi = a^T X$ 服从一元正态分布，因而 ξ 的各阶矩存在，故 $E(X_i)$，$\mathrm{Cov}(X_i, X_j)(i, j = 1, 2, \cdots, p)$ 存在。

记 $E(X) = \mu$，$D(X) = \Sigma$，对任意给定的 $a \in \mathbf{R}^p$，$\xi = a^T X \sim N(a^T \mu, a^T \Sigma a)$，且 ξ 的特征函数为

$$\Phi_\xi(\theta) = E(e^{i\theta\xi}) = \exp\left[i\theta a^T \mu - \frac{1}{2}\theta^2 (a^T \Sigma a)\right]$$

取 $\theta = 1$，$\Phi_\xi(1) = E(e^{i\xi}) = \exp\left[i a^T \mu - \frac{1}{2} a^T \Sigma a\right]$。

例 1.4 设随机向量 $X \sim N_3(\mu, \Sigma)$，其中，$\mu = (\mu_1, \mu_2, \mu_3)^T$，设

$$a = \begin{pmatrix} 0 \\ 0 \\ 1 \end{pmatrix}, \ A = \begin{pmatrix} 1 & 0 & 0 \\ 0 & 0 & -1 \end{pmatrix}, \ \Sigma = \begin{pmatrix} \sigma_{11} & \sigma_{12} & \sigma_{13} \\ \sigma_{21} & \sigma_{22} & \sigma_{23} \\ \sigma_{31} & \sigma_{32} & \sigma_{33} \end{pmatrix}$$

(1) 试求 $a^T X$，AX 的分布；

(2) 若记 $X^{(1)} = \begin{pmatrix} X_1 \\ X_2 \end{pmatrix}$，试求 $X^{(1)}$ 的分布。

解：(1) $a^T X = (0, 0, 1)\begin{pmatrix} X_1 \\ X_2 \\ X_3 \end{pmatrix} = X_3 \sim N(a^T \mu, a^T \Sigma a)$，其中，$a^T \mu = (0, 0, 1)\begin{pmatrix} \mu_1 \\ \mu_2 \\ \mu_3 \end{pmatrix} =$

μ_3，$a^{\mathrm{T}}\Sigma a = (0,\ 0,\ 1)\begin{pmatrix} \sigma_{11} & \sigma_{12} & \sigma_{13} \\ \sigma_{21} & \sigma_{22} & \sigma_{23} \\ \sigma_{31} & \sigma_{32} & \sigma_{33} \end{pmatrix}\begin{pmatrix} 0 \\ 0 \\ 1 \end{pmatrix} = \sigma_{33}$，所以 $a^{\mathrm{T}}X = X_3 \sim N(\mu_3,\ \sigma_{33})$

$$AX = \begin{pmatrix} 1 & 0 & 0 \\ 0 & 0 & -1 \end{pmatrix}\begin{pmatrix} X_1 \\ X_2 \\ X_3 \end{pmatrix} = \begin{pmatrix} X_1 \\ -X_3 \end{pmatrix} \sim N(A\mu, A\Sigma A^{\mathrm{T}})$$

其中，$A\mu = \begin{pmatrix} 1 & 0 & 0 \\ 0 & 0 & -1 \end{pmatrix}\begin{pmatrix} \mu_1 \\ \mu_2 \\ \mu_3 \end{pmatrix} = \begin{pmatrix} \mu_1 \\ -\mu_3 \end{pmatrix}$，

$$A\Sigma A^{\mathrm{T}} = \begin{pmatrix} 1 & 0 & 0 \\ 0 & 0 & -1 \end{pmatrix}\begin{pmatrix} \sigma_{11} & \sigma_{12} & \sigma_{13} \\ \sigma_{21} & \sigma_{22} & \sigma_{23} \\ \sigma_{31} & \sigma_{32} & \sigma_{33} \end{pmatrix}\begin{pmatrix} 1 & 0 \\ 0 & 0 \\ 0 & -1 \end{pmatrix} = \begin{pmatrix} \sigma_{11} & -\sigma_{13} \\ -\sigma_{31} & \sigma_{33} \end{pmatrix}$$

（2）若 $X^{(1)} = \begin{pmatrix} X_1 \\ X_2 \end{pmatrix}$，$\mu^{(1)} = \begin{pmatrix} \mu_1 \\ \mu_2 \end{pmatrix}$，$\Sigma = \begin{pmatrix} \sigma_{11} & \sigma_{12} & \vdots & \sigma_{13} \\ \sigma_{21} & \sigma_{22} & \vdots & \sigma_{23} \\ \hdashline \sigma_{31} & \sigma_{32} & \vdots & \sigma_{33} \end{pmatrix} = \begin{pmatrix} \Sigma_{11} & \Sigma_{12} \\ \Sigma_{21} & \Sigma_{22} \end{pmatrix}$

所以 $X^{(1)} = \begin{pmatrix} X_1 \\ X_2 \end{pmatrix} \sim N(\mu^{(1)},\ \Sigma_{11})$。

性质 1.4　设随机向量 X_1，X_2，$\cdots$，X_n 相互独立，$X_i \sim N_p(\mu_i, \Sigma_i)(i=1, 2, \cdots, n)$，则对任意 n 个常数 k_1，k_2，$\cdots$，k_n，有 $\sum\limits_{i=1}^{n} k_i X_i \sim N_p(\sum\limits_{i=1}^{n} k_i\mu_i,\ \sum\limits_{i=1}^{n} k_i^2\Sigma_i)$。 即相互独立的正态随机向量（维数相同）的任意线性组合仍为正态随机向量。

证明：令 $Y = \sum\limits_{i=1}^{n} k_i X_i$，对任意的 $a \in \mathbf{R}^p$，$a^{\mathrm{T}}Y$ 也服从一元正态分布，由性质 1.3 知 Y 服从多元正态分布。

易知 $E(Y) = \sum\limits_{i=1}^{n} k_i E(X_i) = \sum\limits_{i=1}^{n} k_i\mu_i$。 由随机向量 X_1，X_2，$\cdots$，X_n 相互独立知 $D(Y) = \sum\limits_{i=1}^{n} k_i^2 D(X_i) = \sum\limits_{i=1}^{n} k_i^2\Sigma_i$，因此可得 $\sum\limits_{i=1}^{n} k_i X_i \sim N_p(\sum\limits_{i=1}^{n} k_i\mu_i,\ \sum\limits_{i=1}^{n} k_i^2\Sigma_i)$。

性质 1.5　设随机向量 $X \sim N_p(\mu, \Sigma)$，对 X、μ、Σ 的剖分如下：

$$X = \begin{pmatrix} X^{(1)} \\ X^{(2)} \end{pmatrix}\begin{matrix} q \\ p-q \end{matrix},\ \mu = \begin{pmatrix} \mu^{(1)} \\ \mu^{(2)} \end{pmatrix}\begin{matrix} q \\ p-q \end{matrix},\ \Sigma = \begin{pmatrix} \Sigma_{11\,q\times q} & \Sigma_{12\,q\times(p-q)} \\ \Sigma_{21\,(p-q)\times q} & \Sigma_{22\,(p-q)\times(p-q)} \end{pmatrix}$$

当且仅当 $\Sigma_{12} = 0$ 时，子向量 $X^{(1)}$ 和 $X^{(2)}$ 相互独立。

证明：必要性显然成立。

充分性：设 $\Sigma_{12} = 0$，于是 $\Sigma = \begin{pmatrix} \Sigma_{11} & 0 \\ 0 & \Sigma_{22} \end{pmatrix}$，$|\Sigma| = |\Sigma_{11}||\Sigma_{22}|$，$\Sigma^{-1} = \begin{pmatrix} \Sigma_{11}^{-1} & 0 \\ 0 & \Sigma_{22}^{-1} \end{pmatrix}$

从而 $f(x) = (2\pi)^{-p/2} |\Sigma|^{-1/2} \exp\left[-\frac{1}{2}(x-\mu)^T\Sigma^{-1}(x-\mu)\right]$

$\qquad = (2\pi)^{-q/2} |\Sigma_{11}|^{-1/2} \exp\left[-\frac{1}{2}(x_1-\mu_1)^T\Sigma_{11}^{-1}(x_1-\mu_1)\right]$

$\qquad\quad \times (2\pi)^{-(p-q)/2} |\Sigma_{22}|^{-1/2} \exp\left[-\frac{1}{2}(x_2-\mu_2)^T\Sigma_{22}^{-1}(x_2-\mu_2)\right]$

$\qquad = f_1(x_1)f_2(x_2)$

根据两个随机向量相互独立的充要条件是它们的联合密度函数等于各自密度函数的乘积这一性质可知 $X^{(1)}$ 和 $X^{(2)}$ 相互独立。

备注：对于多元正态变量，其子向量之间互不相关和相互独立是等价的。

例 1.5 设 $X \sim N_2(\mu, \Sigma)$，其中，$X = (X_1, X_2)^T$，$\mu = (\mu_1, \mu_2)^T$，$\Sigma = \sigma^2\begin{pmatrix} 1 & \rho \\ \rho & 1 \end{pmatrix}$，试证 $X_1 + X_2$ 和 $X_1 - X_2$ 相互独立。

解：方法一：

因为 $\mathrm{Cov}(X_1 + X_2, X_1 - X_2)$

$\qquad = E(X_1 + X_2 - E(X_1 + X_2))(X_1 - X_2 - E(X_1 - X_2))$

$\qquad = E(X_1 + X_2)(X_1 - X_2) - E(X_1 + X_2)E(X_1 - X_2)$

$\qquad = E(X_1^2 - X_2^2) - (E(X_1) + E(X_2))(E(X_1) - E(X_2))$

$\qquad = E(X_1^2) - (E(X_1))^2 - (E(X_2^2) - (E(X_2))^2) = DX_1 - DX_2 = \sigma^2 - \sigma^2 = 0$

又因为 X_1 和 X_2 均为正态随机向量，故 $X_1 + X_2$ 和 $X_1 - X_2$ 均为正态随机变量，因此由 $\mathrm{Cov}(X_1 + X_2, X_1 - X_2) = 0$ 可推得 $X_1 + X_2$ 和 $X_1 - X_2$ 相互独立。

方法二：

因为 $X \sim N_2(\mu, \Sigma)$，其中，$X = \begin{pmatrix} X_1 \\ X_2 \end{pmatrix}$。记 $Y = \begin{pmatrix} Y_1 \\ Y_2 \end{pmatrix} = \begin{pmatrix} X_1 + X_2 \\ X_1 - X_2 \end{pmatrix} = \begin{pmatrix} 1 & 1 \\ 1 & -1 \end{pmatrix}\begin{pmatrix} X_1 \\ X_2 \end{pmatrix}$，记 $Y \sim (\tilde{\mu}, \tilde{\Sigma})$。因此

$$\tilde{\Sigma} = A\Sigma A^T = \begin{pmatrix} 1 & 1 \\ 1 & -1 \end{pmatrix}\left[\sigma^2\begin{pmatrix} 1 & \rho \\ \rho & 1 \end{pmatrix}\right]\begin{pmatrix} 1 & 1 \\ 1 & -1 \end{pmatrix} = \sigma^2\begin{pmatrix} 2(1+\rho) & 0 \\ 0 & 2(1-\rho) \end{pmatrix}$$

由多元正态分布的性质可知，$X_1 + X_2$ 和 $X_1 - X_2$ 相互独立。

性质 1.6 设 $X \sim N_p(\mu, \Sigma)$，$\Sigma > 0$，即 Σ 正定，则

$$(X-\mu)^T\Sigma^{-1}(X-\mu) \sim \chi^2(p)$$

证明：由 $\Sigma > 0$ 知 $\Sigma = \Sigma^{\frac{1}{2}}\Sigma^{\frac{1}{2}}$，于是 $\Sigma^{-1} = \Sigma^{-\frac{1}{2}}\Sigma^{-\frac{1}{2}}$。令 $Y = \Sigma^{-\frac{1}{2}}(X-\mu)$，由于 $E(Y) = \Sigma^{-\frac{1}{2}}(E(X)-\mu) = 0$，$D(Y) = \Sigma^{-\frac{1}{2}}D(X)\Sigma^{-\frac{1}{2}} = \Sigma^{-\frac{1}{2}}\Sigma\Sigma^{-\frac{1}{2}} = \Sigma^{-\frac{1}{2}}\Sigma^{\frac{1}{2}}\Sigma^{\frac{1}{2}}\Sigma^{-\frac{1}{2}} = I$，则 y_i 相互独立且均服从 $N(0,1)$，于是 $(X-\mu)^T\Sigma^{-1}(X-\mu) = Y^TY = y_1^2 + y_2^2 + \cdots + y_p^2 \sim \chi^2(p)$。

当 $p = 1$ 时，上式退化为 $u^2 \sim \chi^2(1)$，其中，$u = \dfrac{x-\mu}{\sigma} \sim N(0,1)$。

备注:(统计距离的解释)性质 1.6 给出了统计距离平方的解释。当 $X \sim N_p(\mu, \Sigma)$ 时,设 $d^2 = (X-\mu)^{\mathrm{T}} \Sigma^{-1} (X-\mu) \sim \chi^2(p)$。若 d^2 为定值,随着 X 的变化,其轨迹为一椭球面。若 X 给定,则 d^2 是从 X 到总体均值向量 μ 的马哈拉诺比斯距离,简称马氏距离。事实上

$$(X-\mu)^{\mathrm{T}} \Sigma^{-1} (X-\mu) = Z_1^2 + Z_2^2 + \cdots + Z_p^2$$

只需令 $Z = \Sigma^{-1/2}(X-\mu)$,那么 $Z \sim N_p(0, I_p)$,并且

$$(X-\mu)^{\mathrm{T}} \Sigma^{-1} (X-\mu) = (X-\mu)^{\mathrm{T}} \Sigma^{-1/2} \Sigma^{-1/2} (X-\mu) = Z^{\mathrm{T}} Z = Z_1^2 + Z_2^2 + \cdots + Z_p^2$$

通过上述变换,我们可以看出马氏距离是将随机向量 X 变换为 p 个独立的标准正态随机变量,然后再应用通常的距离平方和,也可以将马氏距离看成 X 标准化后的欧氏距离。换言之,使所有的变量标准化,并且消除了相关性的影响,这些都是马氏距离相对于欧氏距离的优点。

例 1.6 (二元正态分布)设随机向量 $X = \begin{pmatrix} X_1 \\ X_2 \end{pmatrix} \sim N_2(\mu, \Sigma)$,记 $\mu = (\mu_1, \mu_2)^{\mathrm{T}}$,$\Sigma = \begin{pmatrix} \sigma_{11} & \sigma_{12} \\ \sigma_{21} & \sigma_{22} \end{pmatrix} = \begin{pmatrix} \sigma_1^2 & \rho\sigma_1\sigma_2 \\ \rho\sigma_1\sigma_2 & \sigma_2^2 \end{pmatrix} > 0$,有 $\sigma_1 > 0$, $\sigma_2 > 0$, $|\rho| < 1$。

(1) 试写出 X 的边缘密度函数;

(2) 试说明 ρ 的统计意义。

解:(1) $\Sigma^{-1} = \dfrac{1}{\sigma_{11}\sigma_{22} - \sigma_{12}^2} \begin{pmatrix} \sigma_{22} & -\sigma_{12} \\ -\sigma_{21} & \sigma_{11} \end{pmatrix}$

$$= \dfrac{1}{\sigma_1^2\sigma_2^2(1-\rho^2)} \begin{pmatrix} \sigma_2^2 & -\rho\sigma_1\sigma_2 \\ -\rho\sigma_1\sigma_2 & \sigma_1^2 \end{pmatrix}$$

可知二元正态密度函数为

$$f_X(x_1, x_2) = \frac{1}{2\pi\sqrt{\sigma_{11}\sigma_{22}(1-\rho^2)}} \exp\left\{ -\frac{1}{2(1-\rho^2)} \left[\left(\frac{x_1-\mu_1}{\sqrt{\sigma_{11}}}\right)^2 + \left(\frac{x_2-\mu_2}{\sqrt{\sigma_{22}}}\right)^2 \right.\right.$$
$$\left.\left. -2\rho \frac{(x_1-\mu_1)}{\sqrt{\sigma_{11}}} \frac{(x_2-\mu_2)}{\sqrt{\sigma_{22}}} \right] \right\}$$

于是我们可以得到 $X_1 \sim N(\mu_1, \sigma_1^2)$, $X_2 \sim N(\mu_2, \sigma_2^2)$。

(2) 由于 $\mathrm{Cov}(X_1, X_2) = \sigma_{12} = \rho\sigma_1\sigma_2$,而 X_1 与 X_2 的相关系数

$$\rho(X_1, X_2) = \frac{\mathrm{Cov}(X_1, X_2)}{\sqrt{\mathrm{Var}(X_1)} \sqrt{\mathrm{Var}(X_2)}} = \frac{\rho\sigma_1\sigma_2}{\sigma_1\sigma_2} = \rho$$

因此,二元正态分布的参数 ρ 就是两个分量的相关系数。

若相关系数 $\rho = 0$,则

$$f_X(x_1, x_2) = \frac{1}{2\pi\sqrt{\sigma_{11}\sigma_{22}}} \exp\left\{ -\frac{1}{2} \left[\left(\frac{x_1-\mu_1}{\sqrt{\sigma_{11}}}\right)^2 + \left(\frac{x_2-\mu_2}{\sqrt{\sigma_{22}}}\right)^2 \right] \right\}$$

$$= \frac{1}{\sqrt{2\pi}\sqrt{\sigma_{11}}}\exp\left\{-\frac{1}{2}\left[\left(\frac{x_1-\mu_1}{\sqrt{\sigma_{11}}}\right)^2\right]\right\} \cdot \frac{1}{\sqrt{2\pi}\sqrt{\sigma_{22}}}\exp\left\{-\frac{1}{2}\left[\left(\frac{x_2-\mu_2}{\sqrt{\sigma_{22}}}\right)^2\right]\right\}$$
$$= f_1(x_1)f_2(x_2)$$

即 X_1 与 X_2 相互独立。

若 $|\rho|=1$，即 X_1 与 X_2 存在线性相关性，则 Σ^{-1} 不存在，此时 $|\Sigma|=0(\Sigma$ 退化$)$，则存在非零向量 $t=(t_1, t_2)^{\mathrm{T}}$，使得 $\Sigma t=0$，因此有

$$\mathrm{Var}[t^{\mathrm{T}}(X-\mu)]=t^{\mathrm{T}}\Sigma t=0$$

这表示 $P\{t^{\mathrm{T}}(X-\mu)=0\}=1$，即 $t_1(X_1-\mu_1)+t_2(X_2-\mu_2)=0$ 以概率为 1 成立；反之，若 X_1 与 X_2 以概率 1 存在线性相关关系，则 $|\rho|=1$。

当 $\rho>0$ 时，我们称 X_1 与 X_2 存在正相关关系；当 $\rho<0$ 时，我们称 X_1 与 X_2 存在负相关关系。

例 1.7 设 X_1，X_2，X_3 和 X_4 是独立同分布，且都为 3×1 的随机向量，其中

$$\mu = \begin{pmatrix} 3 \\ -1 \\ 1 \end{pmatrix}, \quad \Sigma = \begin{pmatrix} 3 & -1 & 1 \\ -1 & 1 & 0 \\ 1 & 0 & 2 \end{pmatrix}$$

求随机向量线性组合 $\frac{1}{2}X_1+\frac{1}{2}X_2+\frac{1}{2}X_3+\frac{1}{2}X_4$ 和 $X_1+X_2+X_3-3X_4$ 的均值向量和协方差矩阵。

解： 首先考虑 X_1 的三个分量的一个线性组合 $a^{\mathrm{T}}X_1$。这是一个均值为 $a^{\mathrm{T}}\mu=3a_1-a_2+a_3$、方差为 $a^{\mathrm{T}}\Sigma a=3a_1^2+a_2^2+2a_3^2-2a_1a_2+2a_1a_3$ 的随机变量。即一个随机向量分量的线性组合 $a^{\mathrm{T}}X_i$，是由每个变量乘以常数后相加所组成的单一随机变量。这不同于随机向量的线性组合，例如 $c_1X_1+c_2X_2+c_3X_3+c_4X_4$ 本身是一个随机向量。这里，其中的每一项是一个常数乘以一个随机变量。因此，第一个线性组合均值向量为 $(c_1+c_2+c_3+c_4)\mu=2\mu=\begin{pmatrix} 6 \\ -2 \\ 2 \end{pmatrix}$，协方差矩阵为 $(c_1^2+c_2^2+c_3^2+c_4^2)\Sigma=1\times\Sigma=\begin{pmatrix} 3 & -1 & 1 \\ -1 & 1 & 0 \\ 1 & 0 & 2 \end{pmatrix}$。对于随机向量的第二个线性组合，得到均值向量 $(c_1+c_2+c_3+c_4)\mu=0\mu=\begin{pmatrix} 0 \\ 0 \\ 0 \end{pmatrix}$ 和协方差矩阵 $(b_1^2+b_2^2+b_3^2+b_4^2)\Sigma=12\times\Sigma=\begin{pmatrix} 36 & -12 & 12 \\ -12 & 12 & 0 \\ 12 & 0 & 24 \end{pmatrix}$。

1.4 多元正态总体的样本

多元正态分布的两组参数(均值 μ 和协方差矩阵 Σ)在许多情况下是未知的，需要通过样

本来估计。若设 $X \sim N_p(\mu, \Sigma)$，则 X 为 p 维随机向量，该总体为 p 元正态总体。那么对该总体的 n 次独立观测构成一个观测数矩阵

$$X = \begin{pmatrix} X_{11} & \cdots & X_{1p} \\ \vdots & \ddots & \vdots \\ X_{n1} & \cdots & X_{np} \end{pmatrix} = \begin{pmatrix} X_{(1)}^{\mathrm{T}} \\ X_{(2)}^{\mathrm{T}} \\ \vdots \\ X_{(n)}^{\mathrm{T}} \end{pmatrix}$$

其中的每一次观测值 $X_{(\alpha)} = (X_{\alpha 1}, X_{\alpha 2}, \cdots, X_{\alpha p})^{\mathrm{T}}$，$\alpha = 1, 2, \cdots, n$ 称为一个样品。

1.4.1　多元正态总体样本的数字特征

在介绍多元正态总体样本的数字特征前，本节先给出几个非常重要的概念。

1. 样本均值向量 $\bar{X}$

样本均值向量

$$\bar{X} = (\bar{X}_1, \bar{X}_2, \cdots, \bar{X}_p)^{\mathrm{T}}$$

其中，$\bar{X}_k = \dfrac{1}{n} \sum\limits_{\alpha=1}^{n} X_{\alpha k} (k = 1, 2, \cdots, p)$。

2. 样本离差矩阵 A

$$A = \sum_{\alpha=1}^{n} (X_{(\alpha)} - \bar{X})(X_{(\alpha)} - \bar{X})^{\mathrm{T}}$$

$$= \sum_{\alpha=1}^{n} \begin{pmatrix} X_{\alpha 1} - \bar{X}_1 \\ X_{\alpha 2} - \bar{X}_2 \\ \cdots \\ X_{\alpha p} - \bar{X}_p \end{pmatrix} \cdot \begin{pmatrix} X_{\alpha 1} - \bar{X}_1 & X_{\alpha 2} - \bar{X}_2 & \cdots & X_{\alpha p} - \bar{X}_p \end{pmatrix}$$

$$\underline{\triangle} (a_{ij})_{p \times p}$$

样本离差矩阵 A 可以根据定义计算，也可以按 $A = X^{\mathrm{T}}X - n\bar{X}\bar{X}^{\mathrm{T}}$ 来计算，因为

$$A = \sum_{\alpha=1}^{n} (X_{(\alpha)} - \bar{X})(X_{(\alpha)} - \bar{X})^{\mathrm{T}}$$

$$= \sum_{\alpha=1}^{n} (X_{(\alpha)} X_{(\alpha)}^{\mathrm{T}} - \bar{X} X_{(\alpha)}^{\mathrm{T}} - X_{(\alpha)} \bar{X}^{\mathrm{T}} + \bar{X}\bar{X}^{\mathrm{T}})$$

$$= \sum_{\alpha=1}^{n} X_{(\alpha)} X_{(\alpha)}^{\mathrm{T}} - \bar{X} \sum_{\alpha=1}^{n} X_{(\alpha)}^{\mathrm{T}} - \sum_{\alpha=1}^{n} X_{(\alpha)} \bar{X}^{\mathrm{T}} + n\bar{X}\bar{X}^{\mathrm{T}}$$

$$= \sum_{\alpha=1}^{n} X_{(\alpha)} X_{(\alpha)}^{\mathrm{T}} - \bar{X}\Big(\sum_{\alpha=1}^{n} X_{(\alpha)}\Big)^{\mathrm{T}} - n\bar{X}\bar{X}^{\mathrm{T}} + n\bar{X}\bar{X}^{\mathrm{T}}$$

$$= \sum_{\alpha=1}^{n} X_{(\alpha)} X_{(\alpha)}^{\mathrm{T}} - n\bar{X}\bar{X}^{\mathrm{T}}$$

$$= X^{\mathrm{T}}X - n\bar{X}\bar{X}^{\mathrm{T}}$$

3. 样本协方差矩阵 V

$$V = \frac{1}{n}A = \frac{1}{n}\sum_{\alpha=1}^{n}(X_{(\alpha)} - \bar{X})(X_{(\alpha)} - \bar{X})^{\mathrm{T}}$$

$$= \left(\frac{1}{n}\sum_{\alpha=1}^{n}(X_{\alpha i} - \bar{X}_i)(X_{\alpha j} - \bar{X}_j)^{\mathrm{T}}\right)_{p \times p} \triangleq (\upsilon_{ij})_{p \times p}$$

其中，$\upsilon_{ij} = \dfrac{1}{n}\sum_{\alpha=1}^{n}(X_{\alpha i} - \bar{X}_i)(X_{\alpha j} - \bar{X}_j)^{\mathrm{T}}$。

4. 样本相关系数矩阵 R

$$R = (r_{ij})_{p \times p}$$

其中，$r_{ij} = \dfrac{\upsilon_{ij}}{\sqrt{\upsilon_{ii}}\sqrt{\upsilon_{jj}}} = \dfrac{a_{ij}}{\sqrt{a_{ii}}\sqrt{a_{jj}}}$

1.4.2 参数 μ、Σ 的极大似然估计

多元正态总体中的参数 μ、Σ 一般是未知的，需要我们通过样本 $X_{(\alpha)}$（$\alpha = 1, 2, \cdots, n$）进行估计。在参数估计的众多方法中，极大似然估计是一种常见且重要的方法。极大似然估计的统计思想简单地说，就是寻找使已知的试验结果出现的概率极大化的参数的取值作为未知参数的估计值。具体而言，极大似然估计值就是通过试验并观察试验结果，计算恰好出现这批试验结果的概率，但由于这个概率大小依赖于未知参数的取值，因此，需要通过最优化方法求解使得这个概率尽可能大的未知参数的取值，则未知参数的似然估计值就是使这个概率达到最大值的未知参数的取值。从这一统计思想出发，我们可以通过似然函数来求极大似然估计。似然函数形式上和样本联合概率密度函数相似，通常记为

$$L(\mu, \Sigma) = \prod_{i=1}^{n} f(x_i)$$

但是似然函数和样本联合概率密度函数这两个式子是不一样的：联合概率密度函数将 $x_1, x_2, \cdots, x_n$ 看作自由变量，将 μ、Σ 看作常数；而似然函数中的 $x_1, x_2, \cdots, x_n$ 为已知的 n 次试验结果，将 μ、Σ 看作待求最优化问题中的决策变量。所谓 μ 和 Σ 的极大似然估计是指满足如下条件的 $\hat{\mu}$ 和 $\hat{\Sigma}$：

$$L(\hat{\mu}, \hat{\Sigma}) = \max_{\mu, \Sigma} L(\mu, \Sigma)$$

从直观上来理解，$\hat{\mu}$ 和 $\hat{\Sigma}$ 就是在已知 $x_1, x_2, \cdots, x_n$ 后，使得出现试验结果为 $x_1, x_2, \cdots, x_n$ 的概率达到最大的 μ 值和 Σ 值。下面，我们推导 μ 和 Σ 的极大似然估计。

设 $x_{(\alpha)}$（$\alpha = 1, \cdots, n, n > p$）为从 p 元正态总体 $N(\mu, \Sigma)$ 抽取的随机样本，则其似然函数为

$$L(\mu, \Sigma) = \prod_{\alpha=1}^{n} f(x_{(\alpha)}, \mu, \Sigma)$$

$$
= \prod_{\alpha=1}^{n} \frac{1}{(2\pi)^{\frac{p}{2}} |\Sigma|^{1/2}} \exp\left\{-\frac{1}{2}(x_{(\alpha)} - \mu)^{\mathrm{T}} \Sigma^{-1}(x_{(\alpha)} - \mu)\right\}
$$

$$
= [(2\pi)^p |\Sigma|]^{-n/2} \exp\left\{-\frac{1}{2}\sum_{\alpha=1}^{n}(x_{(\alpha)} - \mu)^{\mathrm{T}} \Sigma^{-1}(x_{(\alpha)} - \mu)\right\}
$$

$$
= [(2\pi)^p |\Sigma|]^{-n/2} \exp\left\{-\frac{1}{2}\sum_{\alpha=1}^{n} \mathrm{tr}[(x_{(\alpha)} - \mu)^{\mathrm{T}} \Sigma^{-1}(x_{(\alpha)} - \mu)]\right\}
$$

$$
= [(2\pi)^p |\Sigma|]^{-n/2} \exp\left\{-\frac{1}{2}\sum_{\alpha=1}^{n} \mathrm{tr}[\Sigma^{-1}(x_{(\alpha)} - \mu)(x_{(\alpha)} - \mu)^{\mathrm{T}}]\right\}
$$

$$
= [(2\pi)^p |\Sigma|]^{-n/2} \exp\left\{\mathrm{tr}\left[-\frac{1}{2}\Sigma^{-1}\sum_{\alpha=1}^{n}(x_{(\alpha)} - \mu)(x_{(\alpha)} - \mu)^{\mathrm{T}}\right]\right\}
$$

$$
= [(2\pi)^p |\Sigma|]^{-n/2} \exp\left\{\mathrm{tr}\left[-\frac{1}{2}\Sigma^{-1}(A + n(\bar{X} - \mu)(\bar{X} - \mu)^{\mathrm{T}})\right]\right\}
$$

前面 $(2\pi)^p$ 为常数，可以不予考虑，只需后半部分取极大值即可，考虑

$$
|\Sigma|^{-n/2} \exp\left\{\mathrm{tr}\left[-\frac{1}{2}\Sigma^{-1}(A + n(\bar{X} - \mu)(\bar{X} - \mu)^{\mathrm{T}})\right]\right\}
$$

$$
= |\Sigma|^{-n/2} \exp\left\{\mathrm{tr}\left(-\frac{1}{2}\Sigma^{-1}A\right) + \mathrm{tr}\left[-\frac{1}{2}\Sigma^{-1}n(\bar{X} - \mu)(\bar{X} - \mu)^{\mathrm{T}}\right]\right\}
$$

$$
= |\Sigma|^{-n/2} \exp\left\{\mathrm{tr}\left(-\frac{1}{2}\Sigma^{-1}A\right) - \frac{n}{2}\mathrm{tr}[(\bar{X} - \mu)^{\mathrm{T}} \Sigma^{-1}(\bar{X} - \mu)]\right\}
$$

$$
= |\Sigma|^{-n/2} \exp\left\{\mathrm{tr}\left(-\frac{1}{2}\Sigma^{-1}A\right) - \frac{n}{2}[(\bar{X} - \mu)^{\mathrm{T}} \Sigma^{-1}(\bar{X} - \mu)]\right\}
$$

由于 $\Sigma^{-1} > 0$ 为正定矩阵，所以若 $\bar{X} - \mu \neq 0$，则 $(\bar{X} - \mu)^{\mathrm{T}} \Sigma^{-1}(\bar{X} - \mu) > 0$，上述似然函数取不到最大值，因此，我们可以推出 $\hat{\mu} = \bar{X}$，将其代入似然函数，可得原式 $= |\Sigma|^{-n/2} \exp\left\{\mathrm{tr}\left(-\frac{1}{2}\Sigma^{-1}A\right)\right\}$，再取 Σ 使 $|\Sigma|^{-n/2} \exp\left\{\mathrm{tr}\left(-\frac{1}{2}\Sigma^{-1}A\right)\right\}$ 达到最大。

因为当 $n > p$ 时 $A > 0$，所以 $A = A^{1/2}A^{1/2}$，且 $A^{1/2} > 0$。令 $\tilde{\Sigma} = A^{-1/2}\Sigma A^{-1/2} > 0$，则 $\Sigma = A^{1/2}\tilde{\Sigma}A^{1/2}$，代入上式，则

$$
|A^{\frac{1}{2}}\tilde{\Sigma}A^{\frac{1}{2}}|^{-\frac{n}{2}} \exp\left\{\mathrm{tr}\left(-\frac{1}{2}A^{-\frac{1}{2}}\tilde{\Sigma}^{-1}A^{-\frac{1}{2}}A\right)\right\}
$$

$$
= |A|^{-\frac{n}{2}} \cdot |\tilde{\Sigma}|^{-\frac{n}{2}} \exp\left\{\mathrm{tr}\left(-\frac{1}{2}\tilde{\Sigma}^{-1}\right)\right\}
$$

$$
= |A|^{-\frac{n}{2}} \left(\prod_{i=1}^{p}\lambda_i\right)^{-\frac{n}{2}} \exp\left\{-\frac{1}{2}\sum_{i=1}^{p}\frac{1}{\lambda_i}\right\}
$$

$$
= |A|^{-\frac{n}{2}} \prod_{i=1}^{p}\lambda_i^{-\frac{n}{2}} \mathrm{e}^{-\frac{1}{2\lambda_i}}
$$

其中，$\lambda_1 \geqslant \lambda_2 \geqslant \cdots \geqslant \lambda_p > 0$ 为 $\tilde{\Sigma}$ 的特征根。

又因为 $g(\lambda) = \lambda^{-\frac{n}{2}} e^{\frac{1}{2\lambda}}$ 在 $\lambda = \dfrac{1}{n}$ 时取最大，所以可取 $\widetilde{\Sigma} = \dfrac{1}{n} I_p$，即 $\hat{\Sigma} = A^{1/2} \dfrac{1}{n} I_p A^{1/2} = \dfrac{1}{n} A$。综上所述，$\hat{\mu} = \bar{X}$ 和 $\hat{\Sigma} = \dfrac{1}{n} A$ 是未知参数 μ 和 Σ 的极大似然估计。

在矩阵表示形式下，如果样本矩阵为

$$X = \begin{bmatrix} X_{11} & X_{12} & \cdots & X_{1p} \\ X_{21} & X_{22} & \cdots & X_{2p} \\ \vdots & \vdots & & \vdots \\ X_{n1} & X_{n2} & \cdots & X_{np} \end{bmatrix} = (X_1, X_2, \cdots, X_p) = \begin{bmatrix} X_{(1)}^{\mathrm{T}} \\ X_{(2)}^{\mathrm{T}} \\ \vdots \\ X_{(n)}^{\mathrm{T}} \end{bmatrix}$$

设样品 $X_{(1)}, X_{(2)}, \cdots, X_{(n)}$ 相互独立，都服从于 p 元正态分布 $N_p(\mu, \Sigma)$，而且 $n > p$，$\Sigma > 0$，则总体参数均值 μ 的估计量是

$$\hat{\mu} = \bar{X} = \frac{1}{n} \sum_{i=1}^{n} X_{(i)} = \frac{1}{n} \begin{bmatrix} \sum\limits_{i=1}^{n} X_{i1} \\ \sum\limits_{i=1}^{n} X_{i2} \\ \vdots \\ \sum\limits_{i=1}^{n} X_{ip} \end{bmatrix} = \begin{bmatrix} \bar{X}_1 \\ \bar{X}_2 \\ \vdots \\ \bar{X}_p \end{bmatrix}$$

即均值向量 μ 的估计量就是样本均值向量。这可由极大似然法推导出来。总体参数协方差矩阵 Σ 的极大似然估计是

$$\hat{\Sigma} = \frac{1}{n} A = \frac{1}{n} \sum_{i=1}^{n} (X_{(i)} - \bar{X})(X_{(i)} - \bar{X})^{\mathrm{T}}$$

$$= \frac{1}{n} \sum_{i=1}^{n} \begin{bmatrix} (X_{i1} - \bar{X}_1)^2 & \cdots & (X_{i1} - \bar{X}_1)(X_{ip} - \bar{X}_p) \\ (X_{i2} - \bar{X}_2)(X_{i1} - \bar{X}_1) & \cdots & (X_{i2} - \bar{X}_2)(X_{ip} - \bar{X}_p) \\ & \vdots & \\ (X_{ip} - \bar{X}_p)(X_{i1} - \bar{X}_1) & \cdots & (X_{ip} - \bar{X}_p)^2 \end{bmatrix}$$

定理 1.1 设 $X_{(\alpha)}(\alpha = 1, \cdots, n,$ 且 $n > p)$ 为 p 元正态总体 $N(\mu, \Sigma)$ 的随机样本，则 μ 和 Σ 的极大似然估计为 $\hat{\mu} = \bar{X}$，$\hat{\Sigma} = \dfrac{1}{n} A$。

在正态总体下，μ、Σ 的矩估计与极大似然估计一致。可以证明 $\hat{\mu} = \bar{X}$，$\hat{\Sigma} = \dfrac{1}{n-1} A$ 分别为 μ、Σ 的无偏估计，也是 μ、Σ 的最小方差无偏估计。可以证明（习题 1.12）样本均值向量 $\bar{X}$ 与 Σ 的无偏估计量 $S = \dfrac{A}{n-1}$ 相互独立。

例 1.8 试根据来自二维正态总体的随机样本 $X = \begin{bmatrix} 3 & 6 \\ 4 & 4 \\ 5 & 7 \\ 4 & 7 \end{bmatrix}$，求 2×1 均值向量 μ 和 $2 \times$

2 协方差矩阵 Σ 的极大似然估计。

解：均值向量 μ 的极大似然估计为 $\hat{\mu} = \bar{X} = \begin{pmatrix} 4 \\ 6 \end{pmatrix}$。

协方差矩阵 Σ 的极大似然估计为

$$\hat{\Sigma} = \frac{A}{n} = \frac{1}{n}(X^{\mathrm{T}}X - n\bar{X}\bar{X}^{\mathrm{T}})$$

$$= \frac{1}{4}\left[\begin{pmatrix} 3 & 4 & 5 & 4 \\ 6 & 4 & 7 & 7 \end{pmatrix}\begin{pmatrix} 3 & 6 \\ 4 & 4 \\ 5 & 7 \\ 4 & 7 \end{pmatrix} - 4\begin{pmatrix} 4 \\ 6 \end{pmatrix}(4, 6)\right] = \begin{pmatrix} \dfrac{1}{2} & \dfrac{1}{4} \\ \dfrac{1}{4} & \dfrac{3}{2} \end{pmatrix}$$

1.4.3 相关系数的极大似然估计

极大似然估计有一个重要性质：若 θ 的极大似然估计量是 $\hat{\theta}$，则 $f(\theta)$ 的极大似然估计是 $f(\hat{\theta})$。在此性质的基础上，我们可以得到总体相关系数的极大似然估计为

$$r_{ij} = \frac{\hat{\sigma}_{ij}}{\sqrt{\hat{\sigma}_{ii}}\sqrt{\hat{\sigma}_{jj}}} = \frac{a_{ij}}{\sqrt{a_{ii}}\sqrt{a_{jj}}} = \frac{s_{ij}}{\sqrt{s_{ii}}\sqrt{s_{jj}}}, \quad i, j = 1, 2, \cdots p$$

其中，$\hat{\Sigma} = \dfrac{A}{n} = (\hat{\sigma}_{ij})_{p \times p}$，$S = \dfrac{1}{n-1}A = (s_{ij})_{p \times p}$，称 S 为样本协方差矩阵，A 为样本离差矩阵，$R = (r_{ij})_{p \times p}$ 为样本相关系数矩阵。

1.4.4 μ、Σ 极大似然估计的性质

参数估计根据不同的统计思想往往能得到不同的估计量。在众多估计量中，我们需要按照某种标准进行评价和比较，从中筛选出最合适的一个或一些统计量，或者对某个选择的估计量作适当的修正。评价估计量好坏的常用标准主要有四个：无偏性、有效性、一致性和充分性。下面我们对刚刚得到的极大似然估计运用上述四个标准进行评估。

1. 无偏性

设 $\hat{\theta}$ 是未知参数 θ 的估计量，$\hat{\theta}$ 的取值是由随机样本决定的，具有随机性。我们希望 $\hat{\theta}$ 在概率平均的意义上离 θ 越近越好，即 $E(\hat{\theta})$ 应该尽量接近 θ。如果 $E(\hat{\theta}) = \theta$，则称估计量 $\hat{\theta}$ 是参数 θ 的无偏估计量，否则就称为有偏的。

下面我们验证 μ 和 Σ 的极大似然估计量的无偏性。

$$E(\bar{X}) = E\left[\frac{1}{n}\sum_{\alpha=1}^{n}X_{(\alpha)}\right] = \frac{1}{n} \cdot n\mu = \mu$$

$$E\left(\frac{1}{n}A\right) = \frac{1}{n}E\left[\sum_{\alpha=1}^{n}(X_{(\alpha)} - \bar{X})(X_{(\alpha)} - \bar{X})^{\mathrm{T}}\right]$$

$$= \frac{1}{n}E\left\{\sum_{\alpha=1}^{n}\left[(X_{(\alpha)} - \mu) - (\bar{X} - \mu)\right]\left[(X_{(\alpha)} - \mu) - (\bar{X} - \mu)\right]^{\mathrm{T}}\right\}$$

$$= \frac{1}{n}\left[\sum_{\alpha=1}^{n}E(X_{(\alpha)} - \mu)(X_{(\alpha)} - \mu)^{\mathrm{T}} - nE(\bar{X} - \mu)(\bar{X} - \mu)^{\mathrm{T}}\right]$$

$$= \frac{1}{n}\left[\sum_{\alpha=1}^{n}D(X_{(\alpha)}) - nD(\bar{X})\right] = \frac{1}{n}\left(n\Sigma - n\frac{1}{n}\Sigma\right) = \frac{n-1}{n}\Sigma$$

通过上述分析不难看出, $\bar{X}$ 是 μ 的无偏估计, $\frac{1}{n}A$ 不是 Σ 的无偏估计,但是

$$E(S) = E\left(\frac{1}{n-1}A\right) = \frac{n}{n-1}E\left(\frac{1}{n}A\right) = \frac{n}{n-1}\frac{n-1}{n}\Sigma = \Sigma$$

所以 $S = \dfrac{1}{n-1}A$ 是 Σ 的无偏估计,也就是我们通过对 Σ 的似然估计量 $\dfrac{1}{n}A$ 进行适当修正,得到了 Σ 的一个无偏估计量 $S = \dfrac{1}{n-1}A$。 在多元统计中,很多结论往往需要假定总体是多元正态分布,但这一无偏性的结论和以往不同,不需要假定总体服从多元正态分布。因此,在实际应用中,当 n 很大时, $\dfrac{1}{n}A$ 是 Σ 的近似无偏估计,这时使用 $\dfrac{1}{n}A$ 和 $S = \dfrac{1}{n-1}A$ 的效果几乎相同;但当 n 较小时,使用无偏估计 S 较为妥当。

2. 有效性

若总体参数 θ 的某一个无偏估计 $\hat{\theta}$ 是在所有 θ 的无偏估计中方差最小的一个,即对 θ 的任意一个无偏估计 $\tilde{\theta}$,总有 $D(\hat{\theta}) \leqslant D(\tilde{\theta})$ $(\theta \in \Theta)$,则称 $\hat{\theta}$ 是 θ 的有效估计,或一致最小方差无偏估计。如果被估计的总体参数不止一个,这些参数可以被集中表示为总体参数向量 $\boldsymbol{\theta}$。同样,若对 $\boldsymbol{\theta}$ 的任意一个无偏估计 $\tilde{\boldsymbol{\theta}}$ 有 $D(\hat{\boldsymbol{\theta}}) \leqslant D(\tilde{\boldsymbol{\theta}})$ $(\boldsymbol{\theta} \in \Theta)$,则称 $\hat{\boldsymbol{\theta}}$ 是 $\boldsymbol{\theta}$ 的一致最优无偏估计。

有效性反映了估计量 $\hat{\theta}$ 偏离真实值 θ 的平均程度,可以证明对于多元正态总体, $\bar{X}$ 和 $S = \dfrac{1}{n-1}A$ 分别是 μ 和 Σ 的有效估计,也是一致最优无偏估计。

3. 一致性(相合性)

当样本容量充分大时(即 $n \to \infty$),总体参数的估计量 $\hat{\theta}$ 无限逼近于真实值 θ,我们就说 $\hat{\theta}$ 是 θ 的一致估计。不需要总体正态性的假设,我们也可以证明 $\bar{X}$ 和 $S = \dfrac{1}{n-1}A$ 分别是 μ 和 Σ 的一致估计。实际上,因为 $E(X) = \mu$,由强大数定律知 $P\{\lim\limits_{n\to\infty}\bar{X} = \mu\} = 1$。

另外, $Z_1, \cdots, Z_{n-1}$ 相互独立同分布 $N_p(0, \Sigma)$,因此, $Z_\alpha Z_\alpha^{\mathrm{T}}$ 也独立同分布,又因为 $E(Z_\alpha Z_\alpha^{\mathrm{T}}) = \Sigma(\alpha = 1, \cdots, n-1)$,而因 $\hat{\Sigma} = \dfrac{1}{n}\sum\limits_{\alpha=1}^{n-1}Z_\alpha Z_\alpha^{\mathrm{T}}$,再利用强大数定律可知 $P\{\lim\limits_{n\to\infty}\hat{\Sigma} = \Sigma\} = 1$。

4. 充分性

在参数估计中,充分统计量就是样本中蕴涵了对需要估计的未知参数全部信息的统计量,或者说如果一个统计量能把总体中有关未知参数的信息一点不损失地提取出来,则称这样的统计量为充分统计量。因此,在对未知参数作估计或检验时,选择的统计量往往要求是充分统计量。

对于多元正态总体,当 Σ 已知时,$\bar{X}$ 是 μ 的充分统计量;当 μ 已知时,

$$\hat{\Sigma} = \frac{1}{n} \sum_{\alpha=1}^{n} (X_{(\alpha)} - \mu)(X_{(\alpha)} - \mu)^{\mathrm{T}}$$

是 Σ 的充分统计量;当 μ 和 Σ 均未知时,$\bar{X}$ 和 A 是 μ 和 Σ 的充分统计量。由于 A、S、$\hat{\Sigma}$ 仅仅相差常数,所以所含信息量相同,按无偏性原则,我们可采用 $\bar{X}$ 和 S 作为 μ 和 Σ 的充分统计量。充分统计量对于多元正态总体的重要性在于,无论样本容量多大,数据矩阵中关于 μ 和 Σ 的全部信息都包含在 $\bar{X}$ 和 S 中,但这对于非正态总体一般是不成立的。由于多元分析中的许多方法从样本均值和协方差开始,因此,应慎重检查是否符合多元正态假定,若不能把数据当做多元正态,单独依赖于 $\bar{X}$ 和 S 的方法可能会忽视其他有用信息。在 1.8 节,我们将给出评估正态性假定的方法;在 1.9 节,若正态性假定无法成立,我们通过数据变换使数据接近正态性。

1.5 多元正态总体的相关性

设 $X \sim N_p(\mu, \Sigma)$,将其剖分为

$$X = \begin{pmatrix} X^{(1)} \\ X^{(2)} \end{pmatrix} \begin{matrix} q \\ p-q \end{matrix}, \quad \mu = \begin{pmatrix} \mu^{(1)} \\ \mu^{(2)} \end{pmatrix} \begin{matrix} q \\ p-q \end{matrix}, \quad \Sigma = \begin{pmatrix} \Sigma_{11_{q \times q}} & \Sigma_{12_{q \times (p-q)}} \\ \Sigma_{21_{(p-q) \times q}} & \Sigma_{22_{(p-q) \times (p-q)}} \end{pmatrix} \tag{1.2}$$

1. 独立性

我们首先考虑两个随机向量的情况。若 $P(X \leqslant x, Y \leqslant y) = P(X \leqslant x)P(Y \leqslant y)$ 对一切 (X, Y) 成立,则称两个随机向量 X 和 Y 是相互独立的。若 $F(x, y)$ 为 (X, Y) 的联合分布函数,$G(x)$ 和 $H(y)$ 分别为 X 和 Y 的分布函数,当且仅当 $F(x, y) = G(x)H(y)$ 时,X 与 Y 独立。注意:X 和 Y 的维数可以不同。

定理 1.2 设 p 维随机向量 $X \sim N_p(\mu, \Sigma)$,

$$X = \begin{pmatrix} X^{(1)} \\ X^{(2)} \end{pmatrix} \begin{matrix} q \\ p-q \end{matrix} \sim N_p \left(\begin{pmatrix} \mu^{(1)} \\ \mu^{(2)} \end{pmatrix}, \begin{pmatrix} \Sigma_{11} & \Sigma_{12} \\ \Sigma_{21} & \Sigma_{22} \end{pmatrix} \right)$$

当且仅当 $\Sigma_{12}=0$(即 $X^{(1)}$ 与 $X^{(2)}$ 互不相关)时, $X^{(1)}$ 与 $X^{(2)}$ 相互独立。证明见性质 1.5。

推论 1 设 $X^{(i)}$ 为 r_i 维随机向量 $(r_i \geqslant 1, i=1, \cdots, k)$, 且 $r_1 + \cdots + r_k = p$, 有

$$X = \begin{pmatrix} X^{(1)} \\ \vdots \\ X^{(k)} \end{pmatrix} \begin{matrix} r_1 \\ \vdots \\ r_k \end{matrix} \sim N_p \left(\begin{pmatrix} \mu^{(1)} \\ \vdots \\ \mu^{(k)} \end{pmatrix}, \begin{pmatrix} \Sigma_{11} & \cdots & \Sigma_{1k} \\ \vdots & \ddots & \vdots \\ \Sigma_{k1} & \cdots & \Sigma_{kk} \end{pmatrix} \right)$$

则 $X^{(1)}, \cdots, X^{(k)}$ 相互独立当且仅当 $\Sigma_{ij}=0$(对于一切 $i \neq j$)。

推论 2 设 $X = (X_1, \cdots, X_p)^{\mathrm{T}} \sim N_p(\mu, \Sigma)$, 若 Σ 为对角矩阵, 则 X 的各分量 $X_1, \cdots, X_p$ 是相互独立的随机变量。

定理 1.3 若 $X^{(1)}$ 与 $X^{(2)}$ 相互独立且分别服从 $N_p(\mu_1, \Sigma_{11})$ 分布和 $N_q(\mu_2, \Sigma_{22})$ 分布, 则 $\begin{pmatrix} X^{(1)} \\ X^{(2)} \end{pmatrix}$ 为多元正态分布

$$N_{p+q} \left(\begin{pmatrix} \mu_1 \\ \mu_2 \end{pmatrix}, \begin{pmatrix} \Sigma_{11} & 0 \\ 0 & \Sigma_{22} \end{pmatrix} \right)$$

由性质 1.2 我们已经知道, 多元正态分布的任意边缘分布依然是多元正态分布。但在很多情况中, 我们希望知道当给定 $X^{(2)}$ 时, $X^{(1)}$ 的条件分布。

2. 条件分布

首先来考虑二元正态分布的条件分布, 即当 $p=2$ 时, 由条件密度的定义知, 当 X_2 给定时, X_1 的条件密度为

$$f_1(x_1 \mid x_2) = \frac{f(x_1, x_2)}{f_2(x_2)}$$

而

$$
\begin{aligned}
f(x_1, x_2) &= \frac{1}{2\pi\sigma_1\sigma_2\sqrt{1-\rho^2}} \exp\left\{ -\frac{1}{2(1-\rho^2)} \left[\left(\frac{x_1-\mu_1}{\sigma_1}\right)^2 - 2\rho\left(\frac{x_1-\mu_1}{\sigma_1}\right)\left(\frac{x_2-\mu_2}{\sigma_2}\right) \right. \right. \\
&\quad \left. \left. + \left(\frac{x_2-\mu_2}{\sigma_2}\right)^2 \right] \right\} \\
&= \frac{1}{2\pi\sigma_1\sigma_2\sqrt{1-\rho^2}} \exp\left\{ -\frac{1}{2(1-\rho^2)} \left[\left(\frac{x_1-\mu_1}{\sigma_1}\right)^2 + \rho^2\left(\frac{x_2-\mu_2}{\sigma_2}\right)^2 \right. \right. \\
&\quad \left. \left. - 2\rho\left(\frac{x_1-\mu_1}{\sigma_1}\right)\left(\frac{x_2-\mu_2}{\sigma_2}\right) + (1-\rho^2)\left(\frac{x_2-\mu_2}{\sigma_2}\right)^2 \right] \right\} \\
&= \frac{1}{2\pi\sigma_1\sigma_2\sqrt{1-\rho^2}} \exp\left\{ -\frac{1}{2}\left[\left(\frac{x_2-\mu_2}{\sigma_2}\right)^2 \right] \right\} \cdot \exp\left\{ -\frac{1}{2(1-\rho^2)} \right. \\
&\quad \left. \left[\left(\frac{x_1-\mu_1}{\sigma_1}\right) - \rho\left(\frac{x_2-\mu_2}{\sigma_2}\right) \right]^2 \right\} \\
&= \frac{1}{\sqrt{2\pi}\sigma_2} \exp\left\{ -\frac{(x_2-\mu_2)^2}{2\sigma_2^2} \right\} \cdot \frac{1}{\sqrt{2\pi}\sigma_1\sqrt{1-\rho^2}} \cdot \exp\left\{ -\frac{1}{2(1-\rho^2)\sigma_1^2} \right.
\end{aligned}
$$

$$\left[x_1 - \mu_1 - \rho \frac{\sigma_1}{\sigma_2}(x_2 - \mu_2)\right]^2\right\}$$
$$= f_2(x_2) \cdot f(x_1 \mid x_2)$$

其中

$$f(x_1 \mid x_2) = \frac{1}{\sqrt{2\pi}\sigma_1\sqrt{1-\rho^2}} \cdot \exp\left\{-\frac{1}{2(1-\rho^2)\sigma_1^2}\left[x_1 - \mu_1 - \rho \frac{\sigma_1}{\sigma_2}(x_2 - \mu_2)\right]^2\right\}$$

所以

$$(X_1 \mid X_2) \sim N_1\left(\mu_1 + \rho \frac{\sigma_1}{\sigma_2}(x_2 - \mu_2),\ (1-\rho^2)\sigma_1^2\right)$$

将其推广到 p 维,利用 Σ^{-1} 的分块求逆公式可得

$$\Sigma^{-1} = \begin{pmatrix} \Sigma_{11\cdot 2}^{-1} & -\Sigma_{11\cdot 2}^{-1}\Sigma_{12}\Sigma_{22}^{-1} \\ -\Sigma_{22}^{-1}\Sigma_{21}\Sigma_{11\cdot 2}^{-1} & \Sigma_{22}^{-1} + \Sigma_{22}^{-1}\Sigma_{21}\Sigma_{11\cdot 2}^{-1}\Sigma_{12}\Sigma_{22}^{-1} \end{pmatrix}$$

其中,$\Sigma_{11\cdot 2} = \Sigma_{11} - \Sigma_{12}\Sigma_{22}^{-1}\Sigma_{21}$,可以利用类似的方法得到结论

$$f(x^{(1)},\ x^{(2)}) = f_2(x^{(2)}) \cdot f_1(x^{(1)} \mid x^{(2)})$$

需要注意对于多元正态情形,所有的条件分布是(多元)正态的。

定理 1.4　设 $X \sim N_p(\mu, \Sigma)$,将其剖分为

$$X = \begin{pmatrix} X^{(1)} \\ X^{(2)} \end{pmatrix} \begin{matrix} q \\ p-q \end{matrix},\ \mu = \begin{pmatrix} \mu^{(1)} \\ \mu^{(2)} \end{pmatrix} \begin{matrix} q \\ p-q \end{matrix},\ \Sigma = \begin{pmatrix} \Sigma_{11\,q\times q} & \Sigma_{12\,q\times(p-q)} \\ \Sigma_{21\,(p-q)\times q} & \Sigma_{22\,(p-q)\times(p-q)} \end{pmatrix}$$

则给定 $X^{(2)} = x^{(2)}$ 时 $X^{(1)}$ 的条件分布为 $N_q(\mu_{1.2}, \Sigma_{11.2})$,其中

$$\mu_{1.2} = \mu^{(1)} + \Sigma_{12}\Sigma_{22}^{-1}(x^{(2)} - \mu^{(2)}),\ \Sigma_{11.2} = \Sigma_{11} - \Sigma_{12}\Sigma_{22}^{-1}\Sigma_{21} \qquad (1.3)$$

$\mu_{1.2}$ 和 $\Sigma_{11.2}$ 分别是条件数学期望(或条件均值)和条件(或偏)协方差矩阵。同样,给定 $X^{(1)} = x^{(1)}$ 时,$X^{(2)}$ 的条件分布为 $N_{p-q}(\mu_{2.1}, \Sigma_{22.1})$,其中

$$\mu_{2.1} = \mu^{(2)} + \Sigma_{21}\Sigma_{11}^{-1}(x^{(1)} - \mu^{(1)}),\ \Sigma_{22.1} = \Sigma_{22} - \Sigma_{21}\Sigma_{11}^{-1}\Sigma_{12}$$

$\mu_{2.1}$ 和 $\Sigma_{22.1}$ 分别是条件数学期望(或条件均值)和条件(或偏)协方差矩阵。注意条件协方差矩阵 $\Sigma_{22.1} = \Sigma_{22} - \Sigma_{21}\Sigma_{11}^{-1}\Sigma_{12}$ 不取决于条件变量的值。

由于 $X^{(1)} - \mu^{(1)} - \Sigma_{12}\Sigma_{22}^{-1}(X^{(2)} - \mu^{(2)})$ 和 $X^{(2)} - \mu^{(2)}$ 之间的协方差为零,因此相互独立,且 $X^{(1)} - \mu^{(1)} - \Sigma_{12}\Sigma_{22}^{-1}(X^{(2)} - \mu^{(2)})$ 服从 $N_q(0, \Sigma_{11} - \Sigma_{12}\Sigma_{22}^{-1}\Sigma_{21})$ 分布。因此,当 $X^{(2)}$ 有特定值 $x^{(2)}$ 时,$X^{(1)}$ 服从 $N_q(\mu^{(1)} + \Sigma_{12}\Sigma_{22}^{-1}(x^{(2)} - \mu^{(2)}),\ \Sigma_{11} - \Sigma_{12}\Sigma_{22}^{-1}\Sigma_{21})$ 分布。

特别地,当 $q = 1$ 时,上式即可简化为线性回归函数的形式,即

$$E(X^{(1)} \mid X^{(2)} = x^{(2)}) = E(X^{(1)} \mid x_2, x_3, \cdots, x_p) = \mu^{(1)} + \Sigma_{12}\Sigma_{22}^{-1}(x^{(2)} - \mu^{(2)})$$
$$= \mu_1 + (\alpha_2, \alpha_3, \cdots, \alpha_p)(x^{(2)} - \mu^{(2)})$$

$$=\mu_1+\alpha_2(x_2-\mu_2)+\cdots+\alpha_p(x_p-\mu_p)$$
$$=\alpha_0+\alpha_2 x_2+\cdots+\alpha_p x_p$$

其中，$\alpha_0=\mu_1-\alpha_2\mu_2-\cdots-\alpha_p\mu_p$，回归系数 α_2，$\cdots$，α_p 为 $\Sigma_{12}\Sigma_{22}^{-1}$ 中的 $p-1$ 个元素。

$$D(X^{(1)}\mid X^{(2)}=x^{(2)})=D(X^{(1)}\mid x_2,x_3,\cdots,x_p)=\sigma_{11}-\sigma_{12}\Sigma_{22}^{-1}\sigma_{21}$$

例 1.9 设随机变量 $X\sim N_3(\mu,\Sigma)$，其中，$\mu=\begin{pmatrix}1\\0\\-2\end{pmatrix}$，$\Sigma=\begin{pmatrix}16&-4&2\\-4&4&-1\\2&-1&4\end{pmatrix}$，试求给定 x_1+2x_3 时 $\begin{pmatrix}x_2-x_3\\x_1\end{pmatrix}$ 的条件分布。

解： 令 $z_1=\begin{pmatrix}x_2-x_3\\x_1\end{pmatrix}$，$z_2=x_1+2x_3$，则有

$$\begin{pmatrix}z_1\\z_2\end{pmatrix}=\begin{pmatrix}x_2-x_3\\x_1\\x_1+2x_3\end{pmatrix}=\begin{pmatrix}0&1&-1\\1&0&0\\1&0&2\end{pmatrix}\begin{pmatrix}x_1\\x_2\\x_3\end{pmatrix}$$

$$E\begin{pmatrix}z_1\\z_2\end{pmatrix}=\begin{pmatrix}0&1&-1\\1&0&0\\1&0&2\end{pmatrix}\begin{pmatrix}1\\0\\-2\end{pmatrix}=\begin{pmatrix}2\\1\\-3\end{pmatrix}$$

$$D\begin{pmatrix}z_1\\z_2\end{pmatrix}=\begin{pmatrix}0&1&-1\\1&0&0\\1&0&2\end{pmatrix}\begin{pmatrix}16&-4&2\\-4&4&-1\\2&-1&4\end{pmatrix}\begin{pmatrix}0&1&1\\1&0&0\\-1&0&2\end{pmatrix}=\begin{pmatrix}10&-6&-16\\-6&16&20\\-16&20&40\end{pmatrix}$$

$$E(z_1\mid z_2)=(\mu^{(1)}-\Sigma_{12}\Sigma_{22}^{-1}\mu^{(2)})+\Sigma_{12}\Sigma_{22}^{-1}x^{(2)}=\begin{pmatrix}2\\1\end{pmatrix}+\begin{pmatrix}-16\\20\end{pmatrix}\frac{1}{40}(z_2+3)$$

$$=\begin{pmatrix}-\dfrac{2}{5}z_2+\dfrac{4}{5}\\[2mm]\dfrac{1}{2}z_2+\dfrac{5}{2}\end{pmatrix}=\begin{pmatrix}-\dfrac{2}{5}x_1-\dfrac{4}{5}x_3+\dfrac{4}{5}\\[2mm]\dfrac{1}{2}x_1+x_3+\dfrac{5}{2}\end{pmatrix}$$

$$D(z_1\mid z_2)=\Sigma_{11}-\Sigma_{12}\Sigma_{22}^{-1}\Sigma_{21}=\begin{pmatrix}10&-6\\-6&16\end{pmatrix}-\begin{pmatrix}-16\\20\end{pmatrix}\frac{1}{40}(-16\quad20)=\begin{pmatrix}\dfrac{18}{5}&2\\[2mm]2&6\end{pmatrix}$$

所以有

$$\left(\begin{pmatrix}x_2-x_3\\x_1\end{pmatrix}\mid x_1+2x_3\right)\sim N_2\left(\begin{pmatrix}-\dfrac{2}{5}x_1-\dfrac{4}{5}x_3+\dfrac{4}{5}\\[2mm]\dfrac{1}{2}x_1+x_3+\dfrac{5}{2}\end{pmatrix},\begin{pmatrix}\dfrac{18}{5}&2\\[2mm]2&6\end{pmatrix}\right)$$

3. 复相关系数

通常我们不仅会关心一个随机变量 X 与另一个随机变量 Y 的相关性,还会关心一组随机变量 $X = (X_1, X_2, \cdots, X_p)^{\mathrm{T}}$ 和随机变量 Y 之间的相关性。那么是否存在一个指标能够合理地度量这种相关性呢? 由于两个随机变量的相关性是用相关系数来度量的,因此,一个自然的想法就是将 $X_1, X_2, \cdots, X_p$ 通过一个线性组合转化为一个随机变量,然后将其中包含的关于 $X_1, X_2, \cdots, X_p$ 的信息(在线性关系的意义上)最大限度地提取出来,并计算与随机变量 Y 的相关性,从而得到这组随机变量与 Y 的相关系数,我们将这样得到的相关系数称为复相关系数。接下来给出复相关系数的定义:

设对 X、μ、Σ 的剖分如下:

$$X = \begin{pmatrix} X_1 \\ X^{(2)} \end{pmatrix} \begin{matrix} 1 \\ p-1 \end{matrix}, \quad \mu = \begin{pmatrix} \mu_1 \\ \mu^{(2)} \end{pmatrix} \begin{matrix} 1 \\ p-1 \end{matrix}, \quad \Sigma = \begin{pmatrix} \sigma_{11} & \sigma_{12} \\ \sigma_{21} & \Sigma_{22} \end{pmatrix} \begin{matrix} 1 \\ p-1 \end{matrix}$$

则将 X_1 和 $X^{(2)}$ 的线性函数的最大相关系数称为 X_1 和 $X^{(2)}$ 的**复相关系数**,记作 $\rho_{1.2,3,\cdots,p}$,它度量了一个随机变量和一组随机变量的相关程度。由柯西不等式

$$\rho_{1,2,3,\cdots,p} = \max_{a \neq 0} \rho(X_1, a^{\mathrm{T}} X^{(2)}) = \max_{a \neq 0} \left(\frac{\mathrm{Cov}^2(X_1, a^{\mathrm{T}} X^{(2)})}{D(X_1) D(a^{\mathrm{T}} X^{(2)})} \right)^{\frac{1}{2}}$$

$$= \max_{a \neq 0} \left(\frac{a^{\mathrm{T}} \sigma_{12} a}{\sigma_{11} a^{\mathrm{T}} \Sigma_{22} a} \right)^{\frac{1}{2}} \leqslant \left(\frac{(\sigma_{12} \Sigma_{22}^{-1} \sigma_{21}) \cdot (a^{\mathrm{T}} \Sigma_{22} a)}{\sigma_{11} \cdot a^{\mathrm{T}} \Sigma_{22} a} \right)^{\frac{1}{2}} = \left(\frac{\sigma_{12} \Sigma_{22}^{-1} \sigma_{21}}{\sigma_{11}} \right)^{\frac{1}{2}}$$

上述推导利用了柯西不等式(若 $B > 0$,则 $(x^{\mathrm{T}} y)^2 \leqslant (x^{\mathrm{T}} B x) \cdot (y^{\mathrm{T}} B^{-1} y)$,相关内容可见附录 B),当取 $a^{\mathrm{T}} = \Sigma_{22}^{-1} \sigma_{21}$ 时上述表达式取得最大值。因此,X_1 和 $X^{(2)}$ 的复相关系数为

$$\rho_{1,2,3,\cdots,p} = \max_{a \neq 0} \rho(X_1, a^{\mathrm{T}} X^{(2)}) = \left(\frac{\sigma_{12} \Sigma_{22}^{-1} \sigma_{21}}{\sigma_{11}} \right)^{\frac{1}{2}} \tag{1.4}$$

例 1.10 试证随机变量 $X_1, X_2, \cdots, X_p$ 的任一线性函数 $F = a_1 X_1 + a_2 X_2 + \cdots + a_p X_p$ 与 $X_1, X_2, \cdots, X_p$ 的复相关系数为 1。

证明: 由于 $1 \geqslant \rho_{F \cdot 1,2,\cdots,p} = \max_{l \neq 0} \rho(F, l_1 X_1 + l_2 X_2 + \cdots + l_p X_p) \geqslant \rho(F, a_1 X_1 + a_2 X_2 + \cdots + a_p X_p) = 1$,所以 $\rho_{F \cdot 1,2,\cdots,p} = 1$。

设 $V = \dfrac{1}{n} A$ 为 $\begin{pmatrix} Y \\ X \end{pmatrix}$ 的协方差矩阵的似然估计,$S = \dfrac{1}{n-1} A$,$\begin{pmatrix} Y \\ X \end{pmatrix}$ 的样本相关矩阵 $R = \begin{pmatrix} 1 & r_{XY}^{\mathrm{T}} \\ r_{XY} & \hat{R}_{XX} \end{pmatrix}$,这里 $n > p$,则在多元正态的假定下,总体复相关系数 $\rho_{Y \cdot X}$ 的极大似然估计为

$$r_{Y \cdot X} = \sqrt{\frac{s_{XY}^{\mathrm{T}} s_{XX}^{-1} s_{XY}}{s_{YY}}} = \sqrt{r_{XY}^{\mathrm{T}} \hat{R}_{XX}^{-1} r_{XY}}$$

我们称之为样本复相关系数。当 $p = 1$ 时,这一样本复相关系数即是简单相关系数的绝对值;当且仅当 X_1 和 $X^{(2)}$ 不相关(即 $\sigma_{12} = 0$ 或 $\rho_{21} = 0$)时,X_1 和 $X^{(2)}$ 的复相关系数为零。

另外,由于复相关系数可以由 ρ_{21} 和 R_{22} 求出,考虑到相关系数对变量单位改变的不变性,复相关系数对变量单位的改变也具有不变性。

若 X_1, X_2, $\cdots$, X_p 互不相关,则 $R_{22}=I$,有

$$\rho_{1.2,3,\cdots,p}^2=\rho_{21}^{\mathrm{T}}R_{22}^{-1}\rho_{21}=\rho_{21}^{\mathrm{T}}\rho_{21}=\rho^2(Y,X_1)+\cdots+\rho^2(Y,X_p)$$

也就是说,此时 X_1 和 $X^{(2)}$ 复相关系数的平方和等于其各分量的相关系数的平方和,或也可表述为 X_1 的方差可由 $X^{(2)}$ 解释的比例等于可由 $X^{(2)}$ 各分量解释的比例之和。

4. 偏相关系数

两个随机变量之间的相关性通常还会受其他变量的影响。自然地,我们就会关心如果固定其他影响变量的取值后,这两个变量的相关性是否会发生改变?

首先,我们先介绍一个**最优线性预测**的概念。当我们用随机向量 X 的线性函数 $g(X)$ 来预测随机变量 Y 时,可将使均方误差 $E[Y-g(X)]^2$ 最小化作为优化目标,此时线性预测函数是

$$g(X)=\mu_Y+\sigma_{XY}^{\mathrm{T}}\Sigma_{XX}^{-1}(X-\mu_X)$$

我们称 $g(X)$ 为 X 对 Y 的最优线性预测。

并且有

$$\rho(Y,g(X))=\rho(Y,\sigma_{XY}^{\mathrm{T}}\Sigma_{XX}^{-1}X)=\rho_{Y\cdot X}$$

即 Y 与 Y 的最优线性预测 $g(X)$ 之间的相关系数为复相关系数 $\rho_{Y\cdot X}$。 我们认为最优线性预测 $g(X)$ 应该要最大限度地将 X 中所包含的关于 Y 的蕴含线性意义的相关信息集中起来,这一点在 $\rho(Y,g(X))$ 最大时得以显现,此时值为 $\rho_{Y\cdot X}$。

同时,Y 的方差可分解为两部分:一是由 X 解释的部分,二是剩余部分,表达为

$$D(Y)=D(g(X))+D(Y-g(X))$$

$$\rho(Y,g(X))^2=\frac{D(g(X))}{\sigma_{YY}}$$

我们称此为总体复判定系数,它表示 Y 的方差可由 X_1, X_2, $\cdots$, X_p 的线性函数 $g(X)$ 解释的比例。

于是我们对 X、μ、Σ 的剖分如下:

$$X=\begin{pmatrix}X^{(1)}\\X^{(2)}\end{pmatrix}\begin{matrix}q\\p-q\end{matrix}, \mu=\begin{pmatrix}\mu^{(1)}\\\mu^{(2)}\end{pmatrix}\begin{matrix}q\\p-q\end{matrix}, \Sigma=\begin{pmatrix}\Sigma_{11_{q\times q}} & \Sigma_{12_{q\times(p-q)}}\\\Sigma_{21_{(p-q)\times q}} & \Sigma_{22_{(p-q)\times(p-q)}}\end{pmatrix}$$

则 $X^{(2)}$ 对 $X^{(1)}$ 的最优线性预测为 $\mu^{(1)}+\Sigma_{12}\Sigma_{22}^{-1}(X^{(2)}-\mu^{(2)})$。 现在我们用预测误差 $Y=X^{(1)}-[\mu^{(1)}+\Sigma_{12}\sum_{22}^{-1}(X^{(2)}-\mu^{(2)})]$ 之间的相关系数来描述 $X^{(1)}$ 的各分量在消除 $X^{(2)}$ 的影响之后的线性相关性。可以证明,此时恰好有

$$D(Y)=\Sigma_{11}-\Sigma_{12}\Sigma_{22}^{-1}\Sigma_{21}=\Sigma_{11.2}$$

我们称上述定义下的 $\Sigma_{11.2}$ 为 $X^{(2)}$ 给定时 $X^{(1)}$ 的**偏协方差矩阵**。于是,当 $X^{(2)}=$

$(X_{q+1}, \cdots, X_p)^{\mathrm{T}}$ 给定时，X_i 与 X_j 的**偏相关系数**定义为 Y_i 与 Y_j 的简单相关系数

$$\rho_{ij \cdot q+1, \cdots, p} = \frac{\sigma_{ij \cdot q+1, \cdots, p}}{\sqrt{\sigma_{ii \cdot q+1, \cdots, p}\sigma_{jj \cdot q+1, \cdots, p}}}, \quad 1 \leqslant i, j \leqslant q$$

其中，$\sigma_{ij \cdot q+1, \cdots, p}$ 为 $\Sigma_{11.2}$ 中的元素，$\rho_{ij \cdot q+1, \cdots, p}$ 表示在剔除 $X_{q+1}, \cdots, X_p$ 的影响之后，X_i 和 X_j 间相关关系的强弱。考虑到 $\Sigma_{11.2}$ 是多元正态变量 X 的条件协方差矩阵，故此时偏相关系数与条件相关系数是一个数值，因此，$\rho_{ij \cdot q+1, \cdots, p}$ 也体现了在 $X_{q+1}, \cdots, X_p$ 的值已知的条件下，X_i 和 X_j 间（条件）相关关系的强弱。当 X_1 和 X_2 不相关，即 $\Sigma_{12} = 0$ 时，$\Sigma_{11.2} = \Sigma_{11}$，从而 $\rho_{ij \cdot q+1, \cdots, p} = \rho_{ij}$，$1 \leqslant i, j \leqslant q$。

当 $X^{(2)}$ 中的元素不止一个时，偏相关系数既可以直接通过 $\Sigma_{11.2}$ 根据定义来计算，也可以通过偏相关系数的递推公式

$$\rho_{ij \cdot q+1, \cdots, p} = \frac{\rho_{ij \cdot q+2, \cdots, p} - \rho_{i, q+1 \cdot q+2, \cdots, p}\rho_{j, q+1 \cdot q+2, \cdots, p}}{\sqrt{1 - \rho_{i, q+1 \cdot q+2, \cdots, p}^2}\sqrt{1 - \rho_{j, q+1 \cdot q+2, \cdots, p}^2}}$$

来计算。实际计算时，首先计算一阶偏相关系数

$$\rho_{ij \cdot p} = \frac{\rho_{ij} - \rho_{ip}\rho_{jp}}{\sqrt{1 - \rho_{ip}^2}\sqrt{1 - \rho_{jp}^2}}$$

$$\rho_{i, p-1 \cdot p} = \frac{\rho_{i, p-1} - \rho_{ip}\rho_{p-1, p}}{\sqrt{1 - \rho_{ip}^2}\sqrt{1 - \rho_{p-1, p}^2}}$$

$$\rho_{j, p-1 \cdot p} = \frac{\rho_{j, p-1} - \rho_{jp}\rho_{p-1, p}}{\sqrt{1 - \rho_{jp}^2}\sqrt{1 - \rho_{p-1, p}^2}}$$

再计算二阶偏相关系数

$$\rho_{ij \cdot p-1, p} = \frac{\rho_{ij \cdot p} - \rho_{i, p-1 \cdot p}\rho_{j, p-1 \cdot p}}{\sqrt{1 - \rho_{i, p-1 \cdot p}^2}\sqrt{1 - \rho_{j, p-1 \cdot p}^2}}$$

$$\rho_{i, p-2 \cdot p-1, p} = \frac{\rho_{i, p-2 \cdot p} - \rho_{i, p-1 \cdot p}\rho_{p-2, p-1 \cdot p}}{\sqrt{1 - \rho_{i, p-1 \cdot p}^2}\sqrt{1 - \rho_{p-2, p-1 \cdot p}^2}}$$

$$\rho_{j, p-2 \cdot p-1, p} = \frac{\rho_{j, p-2 \cdot p} - \rho_{j, p-1 \cdot p}\rho_{p-2, p-1 \cdot p}}{\sqrt{1 - \rho_{j, p-1 \cdot p}^2}\sqrt{1 - \rho_{p-2, p-1 \cdot p}^2}}$$

可按照此递推式一直计算，直到求出所有偏相关系数。上面得到的偏相关系数需要知道总体的协方差矩阵才能计算得到，但在实践中，总体协方差往往是未知的，因此可以通过抽样获得样本信息，根据样本信息计算样本偏相关系数并作为总体偏相关系数的估计。在多元正态性的假定下，偏相关系数的极大似然估计为

$$r_{ij \cdot q+1, \cdots, p} = \frac{a_{ij \cdot q+1, \cdots, p}}{\sqrt{a_{ii \cdot q+1, \cdots, p}a_{jj \cdot q+1, \cdots, p}}} = \frac{s_{ij \cdot q+1, \cdots, p}}{\sqrt{s_{ii \cdot q+1, \cdots, p}s_{jj \cdot q+1, \cdots, p}}}$$

我们称之为样本偏相关系数,其中,$S_{11.2} = S_{11} - S_{12} S_{22}^{-1} S_{21}$ 被称为样本偏协方差矩阵。

例 1.11 假设对 16 个婴儿测量了出生体重(盎司)、出生天数(日)及舒张压(mmHg),数据如表 1.1 所示。

表 1.1 婴儿数据

编号	出生体重(x_1)	出生天数(x_2)	舒张压(x_3)
1	135	3	89
2	120	4	90
3	100	3	83
4	105	2	77
5	130	4	92
6	125	5	98
7	125	2	82
8	105	3	85
9	120	5	96
10	90	4	95
11	120	2	80
12	95	3	79
13	120	3	86
14	150	4	97
15	160	3	92
16	125	3	88

求出样本相关矩阵为

$$\hat{R} = \begin{pmatrix} 1.0000 & 0.1068 & 0.4411 \\ 0.1068 & 1.0000 & 0.8708 \\ 0.4411 & 0.8708 & 1.0000 \end{pmatrix}$$

在控制出生天数后,舒张压与出生体重的样本偏相关系数为

$$r_{13 \cdot 2} = \frac{r_{13} - r_{12} r_{32}}{\sqrt{1 - r_{12}^2} \sqrt{1 - r_{32}^2}} = \frac{0.4411 - 0.1068 \times 0.8708}{\sqrt{1 - 0.1068^2} \sqrt{1 - 0.8708^2}} = 0.7121$$

在控制出生体重后,舒张压与出生天数的样本偏相关系数为

$$r_{23 \cdot 1} = \frac{r_{23} - r_{21} r_{31}}{\sqrt{1 - r_{21}^2} \sqrt{1 - r_{31}^2}} = \frac{0.8708 - 0.1068 \times 0.4411}{\sqrt{1 - 0.1068^2} \sqrt{1 - 0.4411^2}} = 0.9231$$

1.6　$\bar{X}$ 与 A 的抽样分布

1. $\bar{X}$ 的抽样分布

设 $X \sim N_p(\mu, \Sigma)$，则样本均值向量 $\bar{X} \sim N_p\left(\mu, \dfrac{1}{n}\Sigma\right)$。

特别地，当 $p=1$ 时，$\bar{X} \sim N\left(\mu, \dfrac{1}{n}\sigma\right)$。在实际情况中，只有部分总体服从或者近似服从正态分布，很多情况下我们对总体的分布往往一无所知。在这种情况下，和一元统计分析类似，我们需要借助多元中心极限定理来解决这一问题。

多元中心极限定理：设 $X_1, X_2, \cdots, X_p$ 是来自总体 X 的一个样本，该总体有均值向量 μ 和协方差矩阵 Σ，则当 n 很大且 n 相对于 p 也很大时，$\sqrt{n}(\bar{X}-\mu)$ 近似服从 $N_p(0, \Sigma)$，也即 $\bar{X} \sim N_p\left(\mu, \dfrac{1}{n}\Sigma\right)$ 近似成立。

2. A 的抽样分布

设 $X \sim N_p(\mu, \Sigma)$，A 为样本离差矩阵，则可以证明

$$A = \sum_{\alpha=1}^{n}(X_{(\alpha)}-\bar{X})(X_{(\alpha)}-\bar{X})^{\mathrm{T}}$$

服从自由度为 $n-1$ 的威沙特(Wishart)分布，记 $A \sim W_p(n-1, \Sigma)$，且 $\bar{X}$ 与 A 相互独立，A 以概率 1 为正定矩阵的充要条件是 $n > p$。样本离差矩阵的抽样分布以其发现者的名字命名为**威沙特分布**。

威沙特分布分布的定义：设 $X_{(\alpha)} \sim N_p(0, \Sigma)(\alpha=1, 2, \cdots, n)$ 相互独立，设 $X = (X_{(1)}, X_{(2)}, \cdots X_{(n)})^{\mathrm{T}}$ 为 $n \times p$ 矩阵，则称随机矩阵 $W = \sum_{\alpha=1}^{n} X_{(\alpha)} X_{(\alpha)}^{\mathrm{T}} = X^{\mathrm{T}} X$ 的分布为**威沙特分布**，并记为 $W \sim W_p(n, \Sigma)$。

特别地，当 $p=1$ 时，有 $\dfrac{(n-1)s^2}{\sigma^2} = \dfrac{\sum\limits_{i=1}^{n}(X_i-\bar{X})^2}{\sigma^2} = \sum\limits_{i=1}^{n-1} Z_i^2 \sim \chi^2(n-1)$，其中，$Z_i \sim N(0,1)$，即 $\sum\limits_{i=1}^{n}(X_i-\bar{X})^2 = \sum\limits_{i=1}^{n-1}(\sigma Z_i)^2 \sim W(n-1, \sigma^2)$，其中，$\sigma Z_i \sim N(0, \sigma^2)$，由此可以看出，威沙特分布是卡方分布在多元下的一种推广。

3. $\bar{X}$ 与 S 的大样本特性

根据一元中心极限定理，我们知道无论总体分布是什么形式，在大样本的情况下，样本均值的抽样分布都是接近正态的。和一元统计分析类似，根据大数定律和中心极限定理的思想，我们可以得知某些多元统计量如 $\bar{X}$ 和 S 也有类似的大样本特性。

大数定律: 设 X_1, X_2, X_3, $\cdots$, X_n 是来自具有均值 $E(X_i) = \mu$ 的总体的独立观测样本,则在 n 趋于无穷时,

$$\bar{X} = \frac{X_1 + X_2 + \cdots + X_n}{n} \xrightarrow{P} \mu$$

利用大数定律可直接得出对多元总体样本的每个分量均值有 $\bar{X}_i \xrightarrow{P} \mu_i$, $i = 1, 2, \cdots$, p, 因此, 多元总体样本均值 $\bar{X} \xrightarrow{P} \bar{\mu}$; 每个样本协方差 $s_{ik} \xrightarrow{P} \sigma_{ik}$, $k = 1, 2, \cdots$, p, 因此, $\hat{\Sigma} = S \xrightarrow{P} \Sigma$。

中心极限定理: 设 X_1, X_2, X_3, $\cdots$, X_n 是来自任何有均值 μ 与有限(非奇异)协方差 Σ 的总体的独立观测样本, 则对大样本容量 $n(n > p)$, 有

$$\sqrt{n}(\bar{X} - \mu) \xrightarrow{D} N_p(0, \Sigma)$$

不论是离散的还是连续的多元总体, 中心极限定理得到的近似值都是适用的, 同时, 数学上认为极限是精确的, 而且对正态性的接近常常是十分迅速的。我们已知对于大样本容量 n, $S \xrightarrow{P} \Sigma$, 因此, $\bar{X}$ 为渐近正态分布时, 用 S 替换 Σ 对概率计算的影响可以忽略, 当 $\bar{X}$ 为近似正态分布时, $n(\bar{X} - \mu)^{\mathrm{T}} \Sigma^{-1}(\bar{X} - \mu)$ 的抽样分布近似服从 $\chi^2(P)$ 分布, 用 S^{-1} 替换 Σ^{-1} 不会严重影响此近似。

1.7 二次型分布

若 p 个相互独立的随机变量 X_1, X_2, $\cdots$, X_p 均服从标准正态分布, 则随机变量 $\chi^2 = \sum_{i=1}^{p} X_i^2$, 服从自由度为 p 的卡方分布, 记 $\chi^2 \sim \chi^2(p)$。相似地, 若 p 个相互独立的随机变量 X_1, X_2, $\cdots$, X_p 均服从正态分布, 且 $X_i \sim N(\mu_i, 1)$, 则随机变量 $\chi^2 = \sum_{i=1}^{p} X_i^2$ 服从自由度为 p 的非中心卡方分布, 记为 $\chi^2 \sim \chi^2(p, \lambda)$。其中, $\lambda = \sum_{i=1}^{p} \mu_i^2$ 被称为**非中心参数**。特别地, 当 $\lambda = 0$ 时, $\chi^2(p, \lambda)$ 即为 $\chi^2(p)$。

下面我们简单介绍二次型分布的一些性质:

(1) 设 $X \sim N_p(0, I)$, $A^{\mathrm{T}} = A$, 则 $X^{\mathrm{T}}AX \sim \chi^2(r)$ 当且仅当 $\mathrm{rank}(A) = r$ 且 $A^2 = A$。

(2) 设 $X \sim N_p(0, I)$, $A_i^{\mathrm{T}} = A_i$, $i = 1, 2$, 则 $X^{\mathrm{T}}A_1X$ 与 $X^{\mathrm{T}}A_2X$ 相互独立当且仅当 $A_1A_2 = 0$。

(3) 设 $X \sim N_p(0, I)$, $A_i^{\mathrm{T}} = A_i$, $Y_i = X^{\mathrm{T}}A_iX$, $i = 1, 2, \cdots, k$, 其中, $\sum_{i=1}^{k} A_i = I$, 则如下命题等价:

- $Y_1, Y_2, \cdots, Y_k$ 相互独立,且均服从非中心卡方分布;
- $\sum_{i=1}^{k} \mathrm{rank}(A_i) = p$;
- $A_i^2 = A_i, i = 1, 2, \cdots, k$ 且 $A_i A_j = 0, 1 \leqslant i \neq j \leqslant k$。

(4) 二次型分布定理:若 $X \sim N_p(0, \Sigma)$,则二次型 $X^{\mathrm{T}} \Sigma^{-1} X \sim \chi^2(p)$。

本书只给出了二次型分布最基本的定义与性质,利用谱分解的性质对二次型分布还有很多变型与研究,在此不再赘述。需要注意的是,二次型分布定理作为多元正态分布检验的重要理论依据之一,有着非常重要的理论意义。

1.8 正态性假定的评估分析

全面检验多维数据的联合正态性难度较大,幸好实践中高维非正态的病态数据集并不常见,下面主要以 $p = 1, 2$ 对数据的正态性进行评估。正态性假定评估的关键是判断样本数据 X_i 与其来自正态总体的假定是否相容或是否矛盾。基于正态分布的性质,我们已知正态变量的所有线性组合是正态的,且多元正态密度的轮廓线是椭球面,因此,可以从这两个方面进行评估,看分量 X_i 的几个线性组合是否呈正态,或根据观测结果作出的散布图是否是椭圆形状。

1. 评估一元正态性

Q-Q 图:统计学里 Q-Q 图(Q 代表分位数)是一个概率图,用图形的方式比较两个概率分布,把它们的两个分位数放在一起比较。因此,Q-Q 图可用于展示样本分位数 $x_{(j)}$ 与观测值是正态分布时的分位数 $q_{(j)}$ 之间的关系,基本想法是在累积概率相同的情况下,考察数对 $(q_{(j)}, x_{(j)})$,若数据由正态总体产生,数对 $(q_{(j)}, x_{(j)})$ 近似线性相关,即当各点离一条直线很近时,正态性假定成立;若点偏离直线,正态性较为可疑。

令 $x_1, x_2, \cdots, x_n$ 表示任何单一特征 X_i 的观测值,作 Q-Q 图,步骤如下:

(1) 将原始观测值排序,得到 $x_{(1)} \leqslant x_{(2)} \leqslant \cdots \leqslant x_{(n)}$ 和其对应概率值 $\dfrac{1 - \frac{1}{2}}{n}$, $\dfrac{2 - \frac{1}{2}}{n}, \cdots, \dfrac{n - \frac{1}{2}}{n}$。

注:$x_{(j)}$ 即样本分位数,位于 $x_{(j)}$ 左侧的样本比例 $\dfrac{j}{n}$ 通常用 $\dfrac{j - \frac{1}{2}}{n}$ 近似($\dfrac{1}{2}$ 是一个"连续性"修正)。

(2) 计算标准正态分位数 $q_{(1)}, q_{(2)}, \cdots, q_{(n)}$,其中

$$P(Z \leqslant q_{(j)}) = \int_{-\infty}^{q_{(j)}} \frac{1}{\sqrt{2\pi}} e^{-\frac{z^2}{2}} \mathrm{d}z = \frac{j - \frac{1}{2}}{n} = p_{(j)}$$

注:这里的 $p_{(j)}$ 是从标准正态总体取一次值会小于或等于 $q_{(j)}$ 的概率。

(3) 对 $(q_{(1)}, x_{(1)})$，$(q_{(2)}, x_{(2)})$，$\cdots$，$(q_{(n)}, x_{(n)})$ 作图，检查图形的"直线性"。

样本容量中等或较大时，$Q\text{-}Q$ 图能够提供较准确的信息；对于小样本（$n < 20$），即使已知观测值来自正态总体，$Q\text{-}Q$ 图也有可能表现出不明显的"直线性"。

相关系数检验法：$Q\text{-}Q$ 图的"直线性"可以通过计算点的相关系数度量，$Q\text{-}Q$ 图的相关系数定义为

$$r_Q = \frac{\sum\limits_{j=1}^{n} (x_{(j)} - \bar{x})(q_{(j)} - \bar{q})}{\sqrt{\sum\limits_{j=1}^{n} (x_{(j)} - \bar{x})^2} \sqrt{\sum\limits_{j=1}^{n} (q_{(j)} - \bar{q})^2}}$$

在显著性水平 α 下，若 r_Q 小于表 1.2 中对应的临界点，则拒绝正态性假定。表 1.2 为检验正态性 $Q\text{-}Q$ 图的相关系数临界点。

表 1.2　相关系数临界点

样本容量 n	显著性水平 α		
	0.01	0.05	0.10
5	0.829 9	0.878 8	0.903 2
10	0.880 1	0.919 8	0.935 1
15	0.912 6	0.938 9	0.950 3
20	0.926 9	0.950 8	0.960 4
25	0.941 0	0.959 1	0.966 5
30	0.947 9	0.965 2	0.971 5
35	0.953 8	0.968 2	0.974 0
40	0.959 9	0.972 6	0.977 1
45	0.963 2	0.974 9	0.979 2
50	0.967 1	0.976 8	0.980 9
55	0.969 5	0.978 7	0.982 2
60	0.972 0	0.980 1	0.983 6
75	0.977 1	0.983 8	0.986 6
100	0.982 2	0.987 3	0.989 5
150	0.987 9	0.991 3	0.992 8
200	0.990 5	0.993 1	0.994 2
300	0.993 5	0.995 3	0.996 0

2. 评估二元正态性

我们希望能检验多元随机向量分布的正态性,但大多数情况下,研究一元和二元就足够了。我们来看二元的情况,若观测值来自一个多元正态分布总体,每个二元分布也会是正态的,散点图形状近乎一个椭圆。此外,我们知道二元结果的集合 X 满足下面不等式的概率为 0.5,

$$(X-\mu)^{\mathrm{T}}\Sigma^{-1}(X-\mu)\leqslant\chi^2_{0.5}(2)$$

因此,我们期望样本观测值也有 50% 的概率处于用 $\bar{X}$ 代替 μ,并用 S^{-1} 代替 Σ^{-1} 后可得椭圆 $(X-\bar{X})^{\mathrm{T}}S^{-1}(X-\bar{X})\leqslant\chi^2_{0.5}(2)$ 上,也即样本观测值中有 5% 的样本值满足不等式。

3. 评估联合正态性

在判断一个数据集的联合正态性时,往往基于广义平方距离

$$d^2_j=(x_j-\bar{x})^{\mathrm{T}}S^{-1}(x_j-\bar{x}),\ j=1,2,\cdots,n$$

其中,$x_1,\cdots,x_n$ 是样本观测值。

平方距离 d^2_j 中的每一个都应是一个卡方随机变量(即使这些距离不是精确的或独立的卡方分布),对其作的图称为卡方图或伽马图。步骤如下:

(1) 将平方距离排序,得到 $d^2_{(1)}\leqslant d^2_{(2)}\leqslant\cdots\leqslant d^2_{(n)}$。

(2) 对点对 $\left(q_{c,p}\left(\dfrac{j-\frac{1}{2}}{n}\right),d^2_j\right)$ 作图,其中,$q_{c,p}\left(\dfrac{j-\frac{1}{2}}{n}\right)$ 是自由度为 p 的卡方分布

的 $100\left(j-\frac{1}{2}\right)/n$ 分位数,$q_{c,p}\left(\dfrac{j-\frac{1}{2}}{n}\right)=\chi^2_{(n-j+\frac{1}{2})/n}(p)$。

图形应当类似于一条通过原点且斜率为 1 的直线,曲线表明缺乏正态性,远离直线的点是离群的观测值,都应多加注意。此方法适用于 $p\geqslant2$ 的所有情况。

1.9 近似正态性

目前主要有两种方法解决正态性假定不可行的情况。其一是将数据继续作为正态分布进行,而不考虑正态性检验的结论。在大多数情况下,这很有可能会导致错误的结论,因此,正态性检验还是需要的。其二,通过数据变换使非正态数据接近正态性,进而用正态理论进行分析,下面我们将对此方法进行阐述。

通过变换用不同的单位来重新表达数据使得非正态数据接近正态性。理论上已经证明,对于属于计数的数据取平方根,往往能够让它更接近正态(见表1.3)。类似地,对数变换适用于比例,以及将费希尔(Fisher)的 z 变换应用于相关系数,都可以产生近似于正态分布的量。

表 1.3　用不同的单位重新表达数据

原始标度	变换后的标度
计数 y	$\sqrt{y}$
比例 $\hat{p}$	$\operatorname{logit}(\hat{p}) = \dfrac{1}{2}\log\left(\dfrac{\hat{p}}{1-\hat{p}}\right)$
相关系数 r	$\text{Fisher } z(r) = \dfrac{1}{2}\log\left(\dfrac{1+r}{1-r}\right)$

在许多情况下,我们并不能直接得出选择何种变换来得到正态性的近似。对于这种情况,可假设对数据进行一个简单的变换后再加以验证。为达到此目的,一个有效的变换类是**幂变换**。幂变换只对正变量定义,因此,我们有时需要通过为每个观测值加上一个常数使得所有数据均为正。设 x 表示一个任意的观测值,幂类变换 $x^{(\lambda)}$ 可用参数 λ 来标记。

博克斯(Box)和考克斯(Cox)考虑有稍微修改的幂类变换

$$x^{(\lambda)} = \begin{cases} \dfrac{x^{\lambda}-1}{\lambda}, & \lambda \neq 0 \\[2mm] \ln x, & \lambda = 0 \end{cases}$$

它在 $x > 0$ 时对 λ 连续。

1. 变换一元观测值

给定观测值 $x_1, \cdots, x_n$,选择适当的幂 λ 的博克斯-考克斯解就是使

$$l(\lambda) = -\frac{n}{2}\ln\left[\frac{1}{n}\sum_{j=1}^{n}(x_j^{(\lambda)} - \overline{x^{(\lambda)}})^2\right] + (\lambda - 1)\sum_{j=1}^{n}\ln x_j \tag{1.5}$$

最大化的解。其中,

$$\overline{x^{(\lambda)}} = \frac{1}{n}\sum_{j=1}^{n}x_j^{(\lambda)} = \frac{1}{n}\sum_{j=1}^{n}\frac{x_j^{(\lambda)}-1}{\lambda}$$

是变换后的观测值的算术平均值。

为了研究接近最大值的 $\hat{\lambda}$ 的特性,作出 $l(\lambda)$ 与 λ 的图形是很有帮助的。

此外,存在一种等价的方法,即固定 λ 值,建立新变量 $y_j^{(\lambda)} = \dfrac{x_j^{(\lambda)}-1}{\lambda\left[\left(\prod_{i=1}^{n}x_i\right)^{1/n}\right]^{\lambda-1}}$, $j = 1, \cdots, n$,然后计算样本方差。方差最小时的 λ 值与 $l(\lambda) = -\dfrac{n}{2}\ln\left[\dfrac{1}{n}\sum_{j=1}^{n}(x_j^{(\lambda)} - \overline{x^{(\lambda)}})^2\right] + (\lambda - 1)\sum_{j=1}^{n}\ln x_j$ 达到最大时的 λ 是相同的。

2. 变换多元观测值

对于多元观测值,需要对每一个变量选择一个幂变换。设 $\lambda_1, \lambda_2, \cdots, \lambda_p$ 是对于 p 个观测值的幂变换,每个 λ_k 通过使

$$l_k(\lambda) = -\frac{n}{2}\ln\left[\frac{1}{n}\sum_{j=1}^{n}(x_{jk}^{(\lambda_k)} - \overline{x_k^{(\lambda_k)}})^2\right] + (\lambda_k - 1)\sum_{j=1}^{n}\ln x_{jk} \qquad (1.6)$$

最大化来决定,其中,x_{1k},x_{2k},$\cdots$,x_{nk} 是第 k 个变量的 n 个观测值,$k=1,2,\cdots,p$,此处,

$$\overline{x_k^{(\lambda_k)}} = \frac{1}{n}\sum_{j=1}^{n}x_{jk}^{(\lambda_k)} = \frac{1}{n}\sum_{j=1}^{n}\frac{x_{jk}^{\lambda_k} - 1}{\lambda_k}$$

是变换后的观测值的算术平均值。第 j 个变换后的多元观测值是

$$x_j^{(\widehat{\lambda})} = \begin{pmatrix} \dfrac{x_{j1}^{\widehat{\lambda}_1} - 1}{\widehat{\lambda}_1} \\[2mm] \dfrac{x_{j2}^{\widehat{\lambda}_2} - 1}{\widehat{\lambda}_2} \\[2mm] \vdots \\[2mm] \dfrac{x_{jp}^{\widehat{\lambda}_p} - 1}{\widehat{\lambda}_p} \end{pmatrix}$$

其中,$\widehat{\lambda}_1$,$\widehat{\lambda}_2\cdots$,$\widehat{\lambda}_p$ 是分别使(1.6)达到最大的值。

在实际运用中,若数据中包含一些大的负值且具有单一的长尾,约(Yeo)和约翰逊(Johnson)提出应该用更一般的变换,即

$$x^{(\lambda)} = \begin{cases} \{(x+1)^\lambda - 1\}/\lambda, & x \geqslant 0, \lambda \neq 0 \\ \ln(x+1), & x \geqslant 0, \lambda = 0 \\ -\{(-x+1)^{2-\lambda} - 1\}/(2-\lambda), & x < 0, \lambda \neq 2 \\ -\ln(-x+1), & x < 0, \lambda = 2 \end{cases}$$

小结

(1) 多元正态变量的线性变换、边缘分布和条件分布仍然是(多元)正态的。

(2) 维数相同的独立多元正态变量的线性组合仍然是多元正态变量。

(3) 对多元正态变量来说,其子向量间的不相关性与独立性是等价的。

(4) 复相关系数度量了一个随机变量 X_1 和一组随机变量 X_2,X_3,$\cdots$,X_p 之间相关关系的强弱,它也是 X_2,X_3,$\cdots$,X_p 对 X_1 的最优线性预测的相关系数,复相关系数(一对多)可以看成典型相关系数(多对多)的一种特例,而简单相关系数(一对一)可以看成复相关系数的一种特例。

(5) 偏相关系数度量了剔除给定变量的(线性)影响后,变量间相关关系的强弱。对于多元

正态变量,偏相关系数与条件相关系数是相同的,此时的条件相关系数与已知条件变量的取值无关,这是多元正态分布的一个特点。

(6) 偏相关系数为零,并不意味着相关系数为零,反之亦然;偏相关系数和相关系数未必同号;偏相关系数和相关系数之间大小没有必然的定论。

(7) 在本章的统计推断中,通常要求样本容量 n 大于总体的维数 p,否则样本协方差矩阵 S 将是退化的。对于多元正态总体, $n > p$ 的充要条件是 $S > 0$。

(8) 评价估计量的好坏有这样四个常用准则:无偏性、有效性、一致性和充分性。对于多元正态分布, $(\bar{X}, S)$ 是 (μ, Σ) 的一致最优无偏估计、有效估计、一致估计和充分估计量。

(9) 极大似然估计是一种参数估计方法。若总体的分布类型已知,则常常采用该方法。它的优点是统计思想清晰且能够充分地利用总体分布类型的信息,获得的似然估计量往往有较好的性质,未知参数函数的似然估计量也因此容易求得。

(10) 对于多元正态总体, $\bar{X}$ 和 S 相互独立, $\bar{X}$ 和 A 的抽样分布分别为多元正态分布和威沙特分布。对于非多元正态总体,根据多元中心极限定理,在大样本情况下, $\bar{X}$ 的抽样分布可用正态来近似。这些结论都可以看作是一元情形向多元情形的直接推广。

思考与练习

1.1 设 $X \sim N_2(\mu, \Sigma)$,其中, $\mu = (2, 2)^{\mathrm{T}}$, $\Sigma = \begin{pmatrix} 1 & 0 \\ 0 & 1 \end{pmatrix}$ 且 $A = (1, 1)$, $B = (1, -1)$。证明: AX 和 BX 是相互独立的。

1.2 设 $X \sim N_3(\mu, \Sigma)$,其中, $X = (X_1, X_2, X_3)^{\mathrm{T}}$, $\mu = (-3, 1, 4)^{\mathrm{T}}$, $\Sigma = \begin{pmatrix} 1 & -2 & 0 \\ -2 & 5 & 0 \\ 0 & 0 & 2 \end{pmatrix}$。试问下列 5 对随机变量中哪几对是相互独立的,为什么?

(1) X_1 与 $2X_2$;(2) X_2 与 X_3;(3) (X_1, X_2) 与 X_3;(4) $\frac{1}{2}(X_1 + X_2)$ 与 X_3;(5) X_2 与 $X_2 - \frac{5}{2}X_1 - X_3$。

1.3 设 $X \sim N_3(\mu, \Sigma)$,其中, $X = (X_1, X_2, X_3)^{\mathrm{T}}$, $\mu = (2, -3, 1)^{\mathrm{T}}$, $\Sigma = \begin{pmatrix} 1 & 1 & 1 \\ 1 & 3 & 2 \\ 1 & 2 & 2 \end{pmatrix}$,

试求:

(1) $3X_1 - 2X_2 + X_3$ 的分布;

(2) 求二维向量 $a = (a_1, a_2)^\mathrm{T}$，使 X_3 与 $X_3 - a^\mathrm{T}\begin{pmatrix} X_1 \\ X_2 \end{pmatrix}$ 相互独立。

1.4　设 $X \sim N_3(\mu, \Sigma)$，其中，$\mu = \begin{pmatrix} 3 \\ 1 \\ 4 \end{pmatrix}$，$\Sigma = \begin{pmatrix} 6 & 1 & -2 \\ 1 & 13 & 4 \\ -2 & 4 & 4 \end{pmatrix}$，试求：

(1) $Z_1 = X_1 + X_2 - 2X_3$ 和 $Z_2 = 3X_1 - X_2 + 2X_3$ 的联合分布；

(2) X_1 和 X_3 的联合分布；

(3) X_1，X_3 和 $(X_1 + X_2)$ 联合分布。

1.5　设 X_1、X_2、X_3、X_4、X_5 是有均值向量 μ 和协方差矩阵 Σ 的独立同分布随机变量，试求这些随机向量的两个线性组合 $\dfrac{1}{5}X_1 + \dfrac{1}{5}X_2 + \dfrac{1}{5}X_3 + \dfrac{1}{5}X_4 + \dfrac{1}{5}X_5$ 和 $X_1 - X_2 + X_3 - X_4 + X_5$ 各自的均值向量和协方差矩阵，并求这两个线性组合之间的协方差。

1.6　设 $X \sim N_3(\mu, \Sigma)$，$\mu = \begin{pmatrix} 1 \\ 0 \\ -2 \end{pmatrix}$，$\Sigma = \begin{pmatrix} 16 & -4 & 2 \\ -4 & 4 & -1 \\ 2 & -1 & 4 \end{pmatrix}$，试求已知 $X_1 + 2X_3$ 时 $\begin{pmatrix} X_2 - X_3 \\ X_1 \end{pmatrix}$ 的条件分布。

1.7　设 $X \sim N_3(\mu, \Sigma)$，其中，$\mu = (10, 4, 7)^\mathrm{T}$，$\Sigma = \begin{pmatrix} 9 & -3 & -3 \\ -3 & 5 & 1 \\ -3 & 1 & 5 \end{pmatrix}$，试求：

(1) (X_1, X_2) 的边际分布；

(2) $X_1 \mid (X_2, X_3)^\mathrm{T}$ 和 $(X_1, X_2)^\mathrm{T} \mid X_3$ 的条件分布；

(3) X_3 已知时，X_1 与 X_2 的偏相关系数；

(4) X_1 与 $(X_2, X_3)^\mathrm{T}$ 的复相关系数。

1.8　设 $X \sim N_3(0, \Sigma)$，其中，$\Sigma = \begin{pmatrix} 1 & \rho_{12} & \rho_{13} \\ \rho_{12} & 1 & \rho_{23} \\ \rho_{13} & \rho_{23} & 1 \end{pmatrix}$，试求：

(1) $X_3 \mid (X_1, X_2)^\mathrm{T}$ 的条件分布；

(2) 给定 X_3 时，X_1 与 X_2 的偏协方差。

1.9　设 X_1、X_2、X_3、X_4 是独立的 $N_p(\mu, \Sigma)$ 随机向量。

(1) 对以下两个随机向量求边缘分布：

$$V_1 = \frac{1}{4}X_1 - \frac{1}{4}X_2 + \frac{1}{4}X_3 - \frac{1}{4}X_4, \quad V_2 = \frac{1}{4}X_1 + \frac{1}{4}X_2 - \frac{1}{4}X_3 - \frac{1}{4}X_4;$$

(2) 求(1)中定义的随机向量 V_1 和 V_2 的联合密度。

1.10　设随机向量 $Y = AX$，其中，$A = \begin{pmatrix} 1 & 1 \\ 1 & -1 \end{pmatrix}$，求 Y 的概率密度函数。已知随机向量 X 的概率密度函数为

$$f_X(x) = f_X(x_1, x_2) = \begin{cases} \dfrac{1}{2}x_1 + \dfrac{3}{2}x_2, & 0 \leqslant x_1, x_2 \leqslant 1 \\ 0, & \text{其他} \end{cases}$$

1.11 设 $f_X(x_1, x_2) = e^{-(x_1+x_2)}$ $(x_1, x_2 > 0)$，且有 $U_1 = x_1 + x_2$，$U_2 = x_1 - x_2$，求 $f(u_1, u_2)$。

1.12 设 $X_1, X_2, \cdots, X_n$ 是取自 $N_p(\mu, \Sigma)$ 的一个样本，证明：$\bar{X}$ 与 $S = \dfrac{A}{n-1}$ 相互独立，且有 $(n-1)S = \sum\limits_{i=1}^{n-1} Y_i Y_i^{\mathrm{T}} \sim W_p(n-1, \Sigma)$，其中，$Y_1, Y_2, \cdots, Y_{n-1}$ 独立同分布于 $N_p(0, \Sigma)$。

1.13 设 $x_1, x_2, \cdots, x_n$ 是来自 p 维总体 x 的一个样本，样本方差矩阵 $S > 0$，试证明 $n > p$。

1.14 设 $X = (X_1, X_2, X_3, X_4)^{\mathrm{T}}$ 服从 $N_4(\mu, \Sigma)$，其中，$\Sigma = \begin{pmatrix} 1 & \rho & \rho^2 & \rho^3 \\ \rho & 1 & \rho & \rho^2 \\ \rho^2 & \rho & 1 & \rho \\ \rho^3 & \rho^2 & \rho & 1 \end{pmatrix}$，试求当 X 的第 i 个分量给定值时，第 $i-1$ 个分量与第 $i+1$ 个分量间的偏相关系数。

1.15 设 $X_i \sim N(0, 1)$，令

$$X_2 = \begin{cases} -X_1, & -1 \leqslant X_1 \leqslant 1 \\ X_1, & \text{其他} \end{cases}$$

（1）证明 $X_2 \sim N(0, 1)$；

（2）证明 (X_1, X_2) 不是二元正态分布。

1.16 为了了解某种橡胶的性能，今抽取 10 个样品，每个样品测量 3 项指标：硬度、变形和弹性，其数据如表 1.4 所示：

表 1.4 10 个样品 3 项指标的数据

序号	硬度(X_1)	变形(X_2)	弹性(X_3)
1	65	45	27.6
2	70	45	30.7
3	70	48	31.8
4	69	46	32.6
5	66	50	31.0
6	67	46	31.3
7	68	47	37.0
8	72	43	33.6

序号	硬度(X_1)	变形(X_2)	弹性(X_3)
9	66	47	33.1
10	68	48	34.2

试计算样本均值、样本离差矩阵、样本协方差矩阵和样本相关矩阵。

第2章

多元正态总体的统计推断

2.1 引言

　　在前一章学习了多元正态分布的基本概念和主要性质后,这一章我们将进入多元正态总体的统计推断的探索和学习。任何一种统计分析,其大部分内容多与统计推断相关,即根据样本的信息来推断有关总体的一些性质和结论。与一元正态总体的参数假设检验类似,p元正态总体 $N_p(\mu, \Sigma)$ 的参数向量 μ 和参数矩阵 Σ 涉及的检验也有一个总体、两个总体,乃至多个总体的检验问题。但无论在哪种参数检验或者其他应用情境中,我们始终需要对 p个相关变量同时进行分析,这也是多元统计分析的主要特征。

　　本章我们将集中讨论总体均值向量及其分量的统计推断问题。在数理统计学中,由于所要研究的对象全体(总体或母体)信息及其统计规律与性质无法直接了解,所以我们总是从总体中抽取一部分个体(样本)进行观测或试验以取得部分信息,从而依据获取的这部分样本信息对总体的统计规律及性质进行推断。由于是根据样本信息来推断总体的性质,属于"以偏概全",因此,推断往往伴随某种程度的不确定性或者不可靠性,我们需要用概率来表明其可靠的程度。统计推断有参数估计和假设检验两大类问题,它们的目的有所不同,其中,参数估计主要回答"未知参数的值是多少?"的问题,主要用样本统计量去估计总体的未知参数。假设检验主要回答"未知参数是否是某一特定值或是否在某一范围中?"的问题,判断"样本与样本""样本与总体"的差异是由"抽样误差"引起的还是"本质差别"造成的。

　　统计量是不含未知参数的样本的函数,也是一个随机变量,统计量的分布被称为抽样分布。由于实践中构成统计量的样本大多来自正态总体,因此,以标准正态变量为基础构造的三个经典统计量 χ^2 分布、t 分布、F 分布有广泛的应用,被称为统计中的"三大抽样分布"。推广到多元正态总体也有三大统计量:威沙特(Wishart)W 统计量、霍特林(Hotelling)T^2 统计量和威尔克斯(Wilks)Λ 统计量。本章基于这三个多元统计量,首先对多元正态总体的均值向量进行了推断,包括单总体、两总体和多总体的情形,还对总体均值分量的结构关系进行了检验,也讨论了当观测值存在缺损时均值向量的推断办法;其次对多元正态总体的协方差矩阵进行了检验,同样也包括不同总体的情形;最后考虑了均值与协方差同时检验的情况。利用多元正态分布的假设检验原理,本章还在第一章的基础上讨论了正态总体的相关系数的推断问题。

2.2　三个常用统计量的分布

本节讨论 p 元正态总体 $N_p(\mu,\Sigma)$ 的统计推断问题,包括均值向量的检验和均值向量的置信域问题。p 维正态随机向量的每一个分量都是一元正态变量,我们已经掌握了一元正态总体中这些问题的解决办法,但由于 p 元正态总体 $N_p(\mu,\Sigma)$ 的 p 个分量之间往往有相互依赖的关系,直接将其统计推断为 p 个一元正态的均值推断问题既不合理也不可取。但从一元统计中的统计量出发构建多元正态总体情形下对应的统计量,再进行假设检验或求置信域是可行的,也是符合数理逻辑的。在一元统计中,用于检验 μ、σ^2 的抽样分布有 χ^2 分布、t 分布、F 分布等,它们都是由来自总体 $N(\mu,\sigma^2)$ 的随机样本导出的检验统计量;推广到多元正态总体后,也有相应于以上三个常用分布的统计量:威沙特 W 统计量、霍特林 T^2 统计量、威尔克斯 Λ 统计量。

2.2.1　威沙特分布

我们在第一章中已经提到过威沙特分布,这里我们再进一步系统介绍一下。威沙特分布是由威沙特于 1928 年首先推导出来的,是一元统计中 χ^2 分布在多元统计中的推广。由上一章的内容可知,如果 $X_1,X_2,\cdots,X_n$ 独立同分布于 $N_p(\mu,\Sigma)$,则样本均值向量 $\bar{X}\sim N_p\left(\mu,\dfrac{1}{n}\Sigma\right)$,因此,在多元正态总体 $N_p(\mu,\Sigma)$ 中,常用样本均值向量 $\bar{X}$ 作为 μ 的估计。一元统计中,用样本方差 $s^2=\dfrac{1}{n-1}\sum_{i=1}^{n}(X_{(i)}-\bar{X})^2$ 作为 σ^2 的估计,而且知道 $\dfrac{1}{\sigma^2}\sum_{i=1}^{n}(X_{(i)}-\bar{X})^2\sim\chi^2(n-1)$。推广到 p 元正态总体时,是否能以样本协方差矩阵 $S=\dfrac{1}{n-1}A$ 作为 Σ 的估计? 这就需要知道样本协方差矩阵 $S=\dfrac{1}{n-1}A=\dfrac{1}{n-1}\sum_{\alpha=1}^{n}(X_{(\alpha)}-\bar{X})(X_{(\alpha)}-\bar{X})^{\mathrm{T}}$ 及离差矩阵 $A=\sum_{\alpha=1}^{n}(X_{(\alpha)}-\bar{X})(X_{(\alpha)}-\bar{X})^{\mathrm{T}}$ 服从什么分布。

为方便起见,我们将 $(X_{(\alpha)}-\bar{X})$ 记为 $Y_{(\alpha)}$,则 $S=\dfrac{1}{n-1}A=\dfrac{1}{n-1}\sum_{\alpha=1}^{n}Y_{(\alpha)}Y_{(\alpha)}^{\mathrm{T}}$,其中,$Y_1,Y_2,\cdots,Y_n$ 独立同分布于 $N_p(0,\Sigma)$。首先考察其中 $A=\sum_{\alpha=1}^{n}Y_{(\alpha)}Y_{(\alpha)}^{\mathrm{T}}$ 的分布:

设 $Y_{(\alpha)}(\alpha=1,\cdots,n)$ 为来自总体 $N_p(0,\Sigma)$ 的随机样本,记 $Y=(Y_{(1)},\cdots,Y_{(n)})^{\mathrm{T}}$ 为 $n\times p$ 样本数据矩阵,考虑随机矩阵

$$W=\sum_{i=1}^{n}Y_{(i)}Y_{(i)}^{\mathrm{T}}=(Y_{(1)},\cdots,Y_{(n)})\begin{bmatrix}Y_{(1)}^{\mathrm{T}}\\\vdots\\Y_{(n)}^{\mathrm{T}}\end{bmatrix}=Y^{\mathrm{T}}Y$$

的分布。当 $p=1$ 时(总体 $Y_{(\alpha)} \sim N(0, \sigma^2)$),

$$W = \sum_{i=1}^{n} Y_{(i)}^2 = (Y_{(1)}, \cdots, Y_{(n)}) \begin{bmatrix} Y_{(1)} \\ \vdots \\ Y_{(n)} \end{bmatrix} = Y^T Y \sim \sigma^2 \chi^2(n)$$

在一元正态总体情况下,我们知道 $\xi = \dfrac{1}{\sigma^2} \sum_{i=1}^{n} Y_{(i)}^2 \sim \chi^2(n)$,推广到 p 元正态情形。

定义:随机矩阵 $W = \sum_{\alpha=1}^{n} Y_{(\alpha)} Y_{(\alpha)}^T$,其中 $Y_{(\alpha)} \sim N_p(0, \Sigma)$ 相互独立($\alpha=1, \cdots, n$) 的分布,称 W 为**威沙特分布**,记为 $\boldsymbol{W \sim W_p(n, \Sigma)}$。

我们可以得出威沙特分布有如下性质:

性质 2.1 设 $X_{(\alpha)} \sim N_p(\mu, \Sigma)(\alpha=1, \cdots, n)$ 相互独立,则样本离差矩阵 A 服从自由度为 $n-1$ 的威沙特分布,即

$$A = \sum_{\alpha=1}^{n} (X_{(\alpha)} - \bar{X})(X_{(\alpha)} - \bar{X})^T \sim W_p(n-1, \Sigma)$$

由于样本协方差矩阵 $S = \dfrac{1}{n-1} A$,故 $(n-1)S \sim W_p(n-1, \Sigma)$。

性质 2.2 关于自由度 n 具有可加性:设 $W_i \sim W_p(n_i, \Sigma)(i=1, \cdots, k)$ 相互独立,则

$$\sum_{i=1}^{k} W_i \sim W_p(n, \Sigma)$$

其中,$n = n_1 + \cdots + n_k$。

性质 2.3 设 p 阶随机矩阵 $W \sim W_p(n, \Sigma)$,C 是 $m \times p$ 常数矩阵,则 m 阶随机矩阵 CWC^T 也服从威沙特分布,即 $CWC^T \sim W_m(n, C\Sigma C^T)$。

证明:因 $W = \sum_{\alpha=1}^{n} Y_{(\alpha)} Y_{(\alpha)}^T \sim W_p(n, \Sigma)$,其中,$Y_{(\alpha)} \sim N_p(0, \Sigma)(\alpha=1, \cdots, n)$ 相互独立,令 $Z_{(\alpha)} = CY_{(\alpha)}$,则 $Z_{(\alpha)} \sim N_m(0, C\Sigma C^T)$,因此

$$\sum_{\alpha=1}^{n} Z_{(\alpha)} Z_{(\alpha)}^T = \sum_{\alpha=1}^{n} CY_{(\alpha)} Y_{(\alpha)}^T C^T = CWC^T \sim W_m(n, C\Sigma C^T)$$

特别地,$aW \sim W_p(n, a\Sigma)$(a 为大于 0 的常数)。

性质 2.4 设 $Y_{(\alpha)} \sim N_p(0, \Sigma)(\alpha=1, \cdots, n)$ 相互独立,其中,$\Sigma = \begin{pmatrix} \Sigma_{11} & \Sigma_{12} \\ \Sigma_{21} & \Sigma_{22} \end{pmatrix} \begin{matrix} q \\ p-q \end{matrix}$,又由 $W = \sum_{\alpha=1}^{n} Y_{(\alpha)} Y_{(\alpha)}^T \sim W_p(n, \Sigma) = \begin{pmatrix} W_{11} & W_{12} \\ W_{21} & W_{22} \end{pmatrix} \begin{matrix} q \\ p-q \end{matrix} \sim W_p(n, \Sigma)$,则 $W_{11} \sim W_q(n, \Sigma_{11})$,$W_{22} \sim W_{p-q}(n, \Sigma_{22})$,当 $\Sigma_{12} = 0$ 时,W_{11} 与 W_{22} 相互独立。

性质 2.5 设 $W \sim W_p(n, \Sigma)$,记 $W_{22 \cdot 1} = W_{22} - W_{21} W_{11}^{-1} W_{12}$,则 $W_{22 \cdot 1} \sim W_{p-q}(n-q, \Sigma_{22 \cdot 1})$,其中,$\Sigma_{22 \cdot 1} = \Sigma_{22} - \Sigma_{21} \Sigma_{11}^{-1} \Sigma_{12}$,且 $W_{22 \cdot 1}$ 与 W_{11} 相互独立。

性质 2.6 设 $W \sim W_p(n, \Sigma)$,则 $E(W) = n\Sigma$。

2.2.2　霍特林分布

首先回顾 t 分布的定义。假设变量 X 和 Y 相互独立，$X \sim N(0, 1)$，$Y \sim \chi^2(n)$，则 $t = \dfrac{X}{\sqrt{Y/n}} \sim t(n)$，即称变量 t 服从自由度为 n 的 t 分布。事实上，所谓将 t 分布推广到多元正态分布的场合并不是直接将 t 进行推广，而是将 t^2 进行推广。t^2 服从 F 分布，即 $t^2 = \dfrac{X^2/1}{Y/n} = n\dfrac{X^2}{Y} \sim F(1, n)$。下面将 t^2 推广到多元正态分布的场景。

我们首先来回顾一元统计理论中判断 μ_0 是否为总体均值 μ 的似真值的假设检验问题。设 $X \sim N(\mu, \sigma^2)$，$X_1, X_2, \cdots, X_n$ 为从一正态总体中抽取的随机样本。检验

$$H_0 : \mu = \mu_0,\ H_1 : \mu \neq \mu_0$$

构造统计量

$$t = \frac{(\bar{X} - \mu_0)}{s/\sqrt{n}},\ \text{其中}\ \bar{X} = \frac{1}{n}\sum_{i=1}^{n} X_i,\ s^2 = \frac{1}{n-1}\sum_{i=1}^{n}(X_i - \bar{X})^2$$

检验原则：在显著性水平 α 下，如果 $|t| = \left| \dfrac{\bar{X} - \mu_0}{\dfrac{s}{\sqrt{n}}} \right| > t_{\frac{\alpha}{2}}(n-1)$，即

$$t^2 = n(\bar{X} - \mu_0)(s^2)^{-1}(\bar{X} - \mu_0) > \left[t_{\frac{\alpha}{2}}(n-1) \right]^2 \tag{2.1}$$

则拒绝 H_0，否则接受 H_0。

现在我们考虑对一给定的 $p \times 1$ 向量 μ_0，判断它是否为多元正态分布均值的似真值的假设检验问题，我们采用上述所讨论的一元问题作类比推广的方法来处理这个问题。

将式（2.1）推广为多元情形：

$$T^2 = (\bar{X} - \mu_0)^{\mathrm{T}} \left(\frac{S}{n} \right)^{-1} (\bar{X} - \mu_0) = n(\bar{X} - \mu_0)^{\mathrm{T}} S^{-1}(\bar{X} - \mu_0) \tag{2.2}$$

其中，

$$\bar{X} = \frac{1}{n}\sum_{i=1}^{n} X_i,\ S = \frac{1}{n-1}\sum_{i=1}^{n}(X_i - \bar{X})(X_i - \bar{X})^{\mathrm{T}},\ \mu_0 = \begin{bmatrix} \mu_{10} \\ \mu_{20} \\ \vdots \\ \mu_{p0} \end{bmatrix}$$

我们称（2.2）中的统计量 T^2 为**霍特林 T^2 统计量**，它最早是由统计学大师哈罗德·霍特林提出的。关于霍特林 T^2 分布的一般性定义及性质如下：

定义：若 $X \sim N_p(0, \Sigma)$，$S \sim W_p(n, \Sigma)$，且假定 X 与 S 相互独立，$n \geqslant p$，则统计量 $T^2 = nX^{\mathrm{T}} S^{-1} X$ 的分布服从 p 和 n 的霍特林 T^2 分布，记 $T^2 \sim T^2(p, n)$。

更一般地,若 $X \sim N_p(\mu, \Sigma)$ $(\mu \neq 0)$,则称 T^2 的分布为非中心霍特林 T^2 分布,记为 $T^2 \sim T^2(p, n, \mu)$。

性质 2.7 设 $X_{(\alpha)}(\alpha = 1, \cdots, n)$ 是来自 p 元总体 $N_p(\mu, \Sigma)$ 的随机样本,$\bar{X}$ 和 A 分别是正态总体 $N_p(\mu, \Sigma)$ 的样本均值向量和样本离差矩阵,则统计量

$$T^2 = (n-1)\left[\sqrt{n}(\bar{X}-\mu)\right]^{\mathrm{T}} A^{-1}\left[\sqrt{n}(\bar{X}-\mu)\right]$$

$$= n(n-1)(\bar{X}-\mu)^{\mathrm{T}} A^{-1}(\bar{X}-\mu) \sim T^2(p, n-1)$$

证明: 因 $\bar{X} \sim N_p\left(\mu, \frac{1}{n}\Sigma\right)$,则 $\sqrt{n}(\bar{X}-\mu) \sim N_p(0, \Sigma)$,而 $A \sim W_p(n-1, \Sigma)$,且 A 与 $\bar{X}$ 相互独立。由霍特林 T^2 分布的定义可知

$$T^2 \sim T^2(p, n-1)$$

性质 2.8 若 $X \sim N_p(0, \Sigma)$,$S \sim W_p(n, \Sigma)$,且 X 与 S 相互独立,令 $T^2 = nX^{\mathrm{T}}S^{-1}X$,则

$$\frac{n-p+1}{np}T^2 \sim F(p, n-p+1)$$

在一元统计中,若 $t = \dfrac{X}{\sqrt{Y/n}} \sim t(n)$,则 $t^2 = \dfrac{X^2/1}{Y/n} \sim F(1, n)$。

当 $p = 1$ 时,一元总体 $X \sim N(0, \sigma^2)$,$X_{(\alpha)}(\alpha = 1, \cdots, n)$ 为来自总体 X 的随机样本,则

$$W = \sum_{\alpha=1}^{n} X_{(\alpha)} X_{(\alpha)}^{\mathrm{T}} = \sum_{\alpha=1}^{n} X_{(\alpha)}^2 \sim W_1(n, \sigma^2) \text{ (即 } \sigma^2 \chi^2(n))$$

所以

$$\frac{n-p+1}{np}T^2 = \frac{n}{n}T^2 = nX^{\mathrm{T}}W^{-1}X = \frac{nX^2}{W} = \frac{(X/\sigma)^2}{(W/\sigma^2 n)} \sim F(1, n)$$

一般情况下:

$$\frac{n-p+1}{p} \cdot \frac{T^2}{n} = \frac{n-p+1}{p} X^{\mathrm{T}}W^{-1}X = \frac{\dfrac{n-p+1}{p}X^{\mathrm{T}}\Sigma^{-1}X}{\dfrac{X^{\mathrm{T}}\Sigma^{-1}X}{X^{\mathrm{T}}W^{-1}X}}$$

$$= \frac{n-p+1}{p} \cdot \frac{\xi}{\eta}$$

$$= \frac{\xi/p}{\eta/n-p+1} \sim F(p, n-p+1)$$

其中,$\xi = X^{\mathrm{T}}\Sigma^{-1}X \sim \chi^2(p, \delta)(\delta = 0)$,当 $p = 1$ 且 $\delta = 0$ 时,$\xi \sim \chi^2(p)$。

还可证明 $\eta = \dfrac{X^T \Sigma^{-1} X}{X^T W^{-1} X} \sim \chi^2(n-p+1)$，且 ξ 与 η 独立。

性质 2.9　设 $X_{(\alpha)}(\alpha=1, \cdots, n)$ 是来自 p 元总体 $N_p(\mu, \Sigma)$ 的随机样本。$\bar{X}$ 和 A 分别为样本均值向量和样本离差矩阵，记 $T^2 = n(n-1)\bar{X} A^{-1} \bar{X}$。则 $\dfrac{n-p}{p} \cdot \dfrac{T^2}{n-1} \sim F(p, n-p, \delta)$，其中，$\delta = n\mu^T \Sigma^{-1} \mu$。

性质 2.10　T^2 统计量的分布只与 p、n 有关，而与 Σ 无关。

设 $U \sim N_p(0, I_p)$，$W_0 \sim W_p(n, I_p)$，U 和 W_0 相互独立，则 $nU^T W_0^{-1} U = nX^T W^{-1} X \sim T^2(p, n)$。

证明：

因 $X \sim N_p(0, \Sigma)(\Sigma > 0)$，$W \sim W_p(n, \Sigma)$，则 $\Sigma^{-1/2} X \sim N_p(0, I_p)$，且 $\Sigma^{-1/2} W \Sigma^{-1/2} \sim W_p(n, I_p)$，因此

$$U = \Sigma^{-1/2} X, W_0 = \Sigma^{-1/2} W \Sigma^{-1/2}$$

所以 $nU^T W_0^{-1} U = nX^T W^{-1} X \sim T^2(p, n)$。

性质 2.11　T^2 统计量对非退化变换保持不变。

设 $X_{(\alpha)}(\alpha=1, 2, \cdots, n)$ 是来自 p 元总体 $N_p(\mu, \Sigma)$ 的随机样本，$\bar{X}_x$ 和 A_x 分别是正态总体 X 的样本均值向量和样本离差矩阵，则由性质 2.7 可得

$$T_x^2 = n(n-1)(\bar{X}_x - \mu)^T A_x^{-1}(\bar{X}_x - \mu) \sim T^2(p, n-1)$$

令 $Y_{(\alpha)} = CX_{(\alpha)} + d(\alpha=1, 2, \cdots, n)$，其中，$C$ 是 $p \times p$ 非退化常数矩阵，d 为 p 维向量，则可以证明

$$T_y^2 = T_x^2$$

严格地说，我们以上讨论的霍特林分布是中心的霍特林 T^2 分布，满足的必要条件是 $X \sim N_p(0, \Sigma)$，$S \sim W_p(n, \Sigma)$，且假定 X 与 S 相互独立，$n \geqslant p$。 如果 $X \sim N_p(\mu, \Sigma)$，其他条件不变，则称 T^2 分布是非中心的霍特林 T^2 分布。 由于

$$T^2 = n(\Sigma^{-1/2} X)^T (\Sigma^{-1/2} S \Sigma^{-1/2})^T (\Sigma^{-1/2} X)$$

而 $\Sigma^{-1/2} X \sim N_p(\Sigma^{-1/2} \mu, I_p)$，$\Sigma^{-1/2} S \Sigma^{-1/2} \sim W_p(n, I_p)$，所以非中心的霍特林 T^2 分布与 $\delta = \Sigma^{-1/2} \mu$ 无关，而在 $\delta = 0$ 时，非中心的霍特林 T^2 分布就是中心的霍特林 T^2 分布。因此，非中心的霍特林 T^2 分布的性质与前述中心的霍特林 T^2 分布的性质类似。

霍特林 T^2 统计量可由似然比原则和交并原则导出，这两种方法也是多元统计中产生检验统计量的两种重要方法。下面介绍似然比原则，交并原则在后面 2.3.2 节介绍。

在数理统计中，关于总体参数的假设检验通常是利用极大似然原理导出似然比统计量来进行检验的。在多元统计分析中，几乎所有重要的检验都是利用极大似然比原理给出的。下面我们先回顾一下似然比原理。

1. 一元正态总体似然比检验

一元正态总体似然比检验的统计量是

$$\lambda = \frac{\max\limits_{\omega} L(\mu_0, \sigma^2)}{\max\limits_{\Omega} L(\mu, \sigma^2)}$$

显然 $0 < \lambda < 1$。当 $H_0: \mu = \mu_0$ 成立时，λ 取值应该接近于 1，否则应该远离 1。由此可设定一个临界点 λ_a，使 $P(\lambda \leqslant \lambda_a) = \alpha$，当 $\lambda \leqslant \lambda_a$ 时拒绝 H_0。我们对一元正态总体 $N(\mu, \sigma^2)$ 用似然比方法检验假设问题 $H_0: \mu = \mu_0$。

设正态总体 $X \sim N(\mu, \sigma^2)$，从总体中抽取一组样本 $x_1, x_2, \cdots, x_n$，则样本似然函数

$$L(\mu, \sigma^2) = (2\pi\sigma^2)^{-\frac{n}{2}} \exp\left[-\frac{1}{2\sigma^2} \sum_{\alpha=1}^{n} (x_i - \mu)^2\right]$$

参数空间 $\Omega = \{(\mu, \sigma^2) \mid -\infty < \mu < +\infty, \sigma^2 > 0\}$，可求得 μ 和 σ^2 的极大似然估计为

$$\hat{\mu} = \bar{X}, \quad \hat{\sigma}^2 = \frac{1}{n} \sum_{i=1}^{n} (x_i - \bar{X})^2 \Rightarrow \max\limits_{\Omega} L(\mu, \sigma^2) = \left(\frac{2\pi}{n} \sum_{\alpha=1}^{n} (x_i - \bar{X})^2\right)^{-\frac{n}{2}} e^{-\frac{n}{2}}$$

考虑假设：$H_0: \mu = \mu_0$，$H_1: \mu \neq \mu_0$，则参数空间 $\omega = \{(\mu_0, \sigma^2) \mid \sigma^2 > 0\}$，可以求得 σ^2 的极大似然估计

$$\hat{\sigma}^2 = \frac{1}{n} \sum_{i=1}^{n} (x_i - \mu_0)^2 \Rightarrow \max\limits_{\omega} L(\mu_0, \sigma^2) = \left(\frac{2\pi}{n} \sum_{\alpha=1}^{n} (x_i - \mu_0)^2\right)^{-\frac{n}{2}} e^{-\frac{n}{2}}$$

下面确定临界点 λ_a：

$$\lambda = \frac{\max\limits_{\omega} L(\mu_0, \sigma^2)}{\max\limits_{\Omega} L(\mu, \sigma^2)} = \frac{\left(\frac{2\pi}{n}\right)^{-\frac{n}{2}} e^{-\frac{n}{2}}}{\left(\frac{2\pi}{n}\right)^{-\frac{n}{2}} e^{-\frac{n}{2}}} \cdot \left[\frac{\sum\limits_{\alpha=1}^{n} (x_i - \mu_0)^2}{\sum\limits_{\alpha=1}^{n} (x_i - \bar{X})^2}\right]^{-\frac{n}{2}}$$

$$= \left[\frac{\sum\limits_{\alpha=1}^{n} (x_i - \bar{X})^2}{\sum\limits_{\alpha=1}^{n} (x_i - \bar{X})^2 + n(\bar{X} - \mu_0)^2}\right]^{\frac{n}{2}} = \left[\frac{1}{1 + n(\bar{X} - \mu_0)^2 / \sum\limits_{\alpha=1}^{n} (x_i - \bar{X})^2}\right]^{\frac{n}{2}}$$

$$= \left[\frac{1}{1 + n(\bar{X} - \mu_0)^2 / (n-1) \cdot s^2}\right]^{\frac{n}{2}} = \left(\frac{1}{1 + t^2/(n-1)}\right)^{\frac{n}{2}}$$

其中

$$t = \frac{\bar{X} - \mu_0}{s/\sqrt{n}}, \quad s^2 = \frac{1}{n-1} \sum_{i=1}^{n} (x_i - \bar{X})^2$$

由于 λ 关于 $|t|$ 严格递减，所以拒绝域为 $|t| \geqslant t_{\frac{\alpha}{2}}(n-1)$。

2. 多元正态总体似然比检验

设多元正态总体 $X \sim N_p(\mu, \Sigma)$，则样本似然函数

$$L(\mu, \Sigma) = \left[(2\pi)^p \cdot |\Sigma|\right]^{-\frac{n}{2}} \exp\left[-\frac{1}{2}\sum_{\alpha=1}^{n}(x_{(\alpha)}-\mu)^{\mathrm{T}}\Sigma^{-1}(x_{(\alpha)}-\mu)\right]$$

$$= \left[(2\pi)^p \cdot |\Sigma|\right]^{-\frac{n}{2}} \exp\left\{\mathrm{tr}\left\{-\frac{1}{2}\Sigma^{-1}\left[A + n(\bar{X}-\mu)(\bar{X}-\mu)^{\mathrm{T}}\right]\right\}\right\}$$

参数空间 $\Omega = \{(\mu, \Sigma) \mid \mu \in R^p, \Sigma > 0\}$，可求得 μ 和 Σ 的极大似然估计为

$$\hat{\mu} = \bar{X}, \quad \hat{\Sigma} = \frac{1}{n}A = \frac{1}{n}\sum_{\alpha=1}^{n}(x_{(\alpha)}-\bar{X})(x_{(\alpha)}-\bar{X})^{\mathrm{T}}$$

可推得似然函数最大值

$$\max_{\Omega} L(\mu, \Sigma) = \left[(2\pi)^p \cdot |\hat{\Sigma}|\right]^{-\frac{n}{2}} \exp\left\{\mathrm{tr}\left\{-\frac{1}{2}\hat{\Sigma}^{-1}\left[A + n(\bar{X}-\mu)(\bar{X}-\mu)^{\mathrm{T}}\right]\right\}\right\}$$

$$= \left[(2\pi)^p \cdot |\frac{1}{n}A|\right]^{-\frac{n}{2}} \exp\left\{\mathrm{tr}\left[-\frac{n}{2}A^{-1}A\right]\right\} = (2\pi)^{-\frac{np}{2}}|A|^{-\frac{n}{2}}n^{\frac{np}{2}}e^{-\frac{np}{2}}$$

在原假设 $H_0: \mu = \mu_0$ 为真时，似然函数为

$$L(\mu_0, \Sigma) = \left[(2\pi)^p \cdot |\Sigma|\right]^{-\frac{n}{2}} \exp\left[-\frac{1}{2}\sum_{\alpha=1}^{n}(x_{(\alpha)}-\mu_0)^{\mathrm{T}}\Sigma^{-1}(x_{(\alpha)}-\mu_0)\right]$$

现在均值 μ_0 是固定的，Σ 可以在其参数空间中变化，以寻求使似然函数为最大值的 Σ 值（即使所观测到的样本的值出现的可能性最大），因此，我们需要使 $L(\mu_0, \Sigma)$ 相对 Σ 最大化，则参数空间 $\omega = \{(\mu_0, \Sigma) \mid \Sigma > 0\}$ 的极大似然估计

$$\hat{\Sigma} = \frac{1}{n}\sum_{\alpha=1}^{n}(x_{(\alpha)}-\mu_0)(x_{(\alpha)}-\mu_0)^{\mathrm{T}} = \frac{1}{n}\left[A + n(\bar{X}-\mu_0)(\bar{X}-\mu_0)^{\mathrm{T}}\right]$$

可得似然函数最大值

$$\max_{\omega} L(\mu_0, \Sigma) = \left[(2\pi)^p \cdot |\frac{1}{n}\left[A + n(\bar{X}-\mu_0)(\bar{X}-\mu_0)^{\mathrm{T}}\right]|\right]^{-\frac{n}{2}}$$

$$\exp\left\{\mathrm{tr}\left\{-\frac{1}{2}\left[\frac{1}{n}(A + n(\bar{X}-\mu_0)(\bar{X}-\mu_0)^{\mathrm{T}})\right]^{-1}\left[A + n(\bar{X}-\mu_0)(\bar{X}-\mu_0)^{\mathrm{T}}\right]\right\}\right\}$$

$$= (2\pi)^{-\frac{np}{2}} \cdot |A + n(\bar{X}-\mu_0)(\bar{X}-\mu_0)^{\mathrm{T}}|^{-\frac{n}{2}}n^{\frac{np}{2}}e^{-\frac{np}{2}}$$

为了确定 μ_0 是否为 μ 的似真值，将 $L(\mu_0, \Sigma)$ 的最大值与无限制的 $L(\mu, \Sigma)$ 的最大值相比较，所得出的比值就是所谓的似然比统计量

$$\lambda = \frac{\max\limits_{\omega} L(\mu_0, \Sigma)}{\max\limits_{\Omega} L(\mu, \Sigma)} = \frac{(2\pi)^{-\frac{np}{2}} \cdot |A + n(\bar{X}-\mu_0)(\bar{X}-\mu_0)^{\mathrm{T}}|^{-\frac{n}{2}}n^{\frac{np}{2}}e^{-\frac{np}{2}}}{(2\pi)^{-\frac{np}{2}}|A|^{-\frac{n}{2}}n^{\frac{np}{2}}e^{-\frac{np}{2}}}$$

$$= \frac{\mid A + n(\bar{X} - \mu_0)(\bar{X} - \mu_0)^{\mathrm{T}} \mid^{-\frac{n}{2}}}{\mid A \mid^{-\frac{n}{2}}} = \frac{\mid A \mid^{\frac{n}{2}}}{\mid A + n(\bar{X} - \mu_0)(\bar{X} - \mu_0)^{\mathrm{T}} \mid^{\frac{n}{2}}} \cdot \frac{\mid A^{-1} \mid^{\frac{n}{2}}}{\mid A^{-1} \mid^{\frac{n}{2}}}$$

$$= \mid I_p + nA^{-1}(\bar{X} - \mu_0)(\bar{X} - \mu_0)^{\mathrm{T}} \mid^{-\frac{n}{2}} = [1 + n(\bar{X} - \mu_0)^{\mathrm{T}} A^{-1}(\bar{X} - \mu_0)]^{-\frac{n}{2}}$$

$$= [1 + (n-1)n(\bar{X} - \mu_0)^{\mathrm{T}} A^{-1}(\bar{X} - \mu_0)/(n-1)]^{-\frac{n}{2}}$$

$$= [1 + T^2/(n-1)]^{-\frac{n}{2}}$$

其中，$T^2 = (n-1)n(\bar{X} - \mu_0)^{\mathrm{T}} A^{-1}(\bar{X} - \mu_0) \sim T^2(p, n-1)$。

如果这个似然比的观测值太小，则假设 $H_0: \mu = \mu_0$ 不大可能为真，应予拒绝。设定一个临界点 λ_α，使 $P(\lambda \leqslant \lambda_\alpha) = \alpha$，当 $\lambda \leqslant \lambda_\alpha$ 时拒绝 H_0。由于 λ 关于 T^2 严格递减，所以拒绝域为

$$T^2 \geqslant T_\alpha^2 = \frac{(n-1)p}{n-p} F_\alpha(p, n-p)$$

统计检验方法的优劣可以通过功效函数进行比较。功效函数度量的是当 H_0 非真时，检验方法拒绝 H_0 的能力。似然比检验以其突出的优良大样本性质成为多元统计分析中的重要工具。在后续本章讨论的多元正态总体统计推断问题中，似然比检验的优越性将得到充分的体现。

2.2.3 威尔克斯分布

一元统计中，设 $\xi \sim \chi^2(m)$，$\eta \sim \chi^2(n)$，且相互独立，则

$$F = \frac{\xi/m}{\eta/n} \sim F(m, n)$$

在两个总体（$N(\mu_1, \sigma_x^2)$ 和 $N(\mu_2, \sigma_y^2)$）方差齐性检验中（$H_0: \sigma_x^2 = \sigma_y^2$），设 $X_{(i)}(i = 1, \cdots, m)$ 为来自 $N(\mu_1, \sigma_x^2)$ 的随机样本，$Y_{(j)}(j = 1, \cdots, n)$ 为来自 $N(\mu_2, \sigma_y^2)$ 的随机样本，取 σ_x^2 和 σ_y^2 的估计量（样本方差）分布为

$$s_x^2 = \frac{1}{m-1} \sum_{i=1}^m (X_{(i)} - \bar{X})^2 \text{ 和 } s_y^2 = \frac{1}{n-1} \sum_{j=1}^n (Y_{(j)} - \bar{Y})^2$$

则检验统计量

$$F = \frac{s_x^2}{s_y^2} \sim F(m-1, n-1)$$

在 p 元总体 $N_p(\mu, \Sigma)$ 中，协方差矩阵 Σ 的估计量为

$$\hat{\Sigma} = \frac{1}{n-1} A \text{（或 } \frac{1}{n} A）$$

在检验 $H_0: \Sigma_1 = \Sigma_2$ 时，如何用一个数值来描述对矩阵离散程度的估计呢？一般可用矩阵的行列式、迹或特征值等数量指标来描述总体的分散程度。

定义：　设 $X \sim N_p(\mu, \Sigma)$，则称协方差矩阵的行列式 $|\Sigma|$ 为 X 的**广义方差**。若 $X_{(\alpha)}(\alpha = 1, \cdots, n)$ 为 p 元总体 X 的随机样本，A 为样本离差矩阵，则称 $\left|\dfrac{1}{n}A\right|$ 或 $\left|\dfrac{1}{n-1}A\right|$ 为**广义样本方差**。

有了广义样本方差的概念后，在多元统计的协方差矩阵齐性检验中，类似一元统计，可考虑两个广义方差之比构成的统计量——威尔克斯统计量的分布。

定义：　设 $A_1 \sim W_p(n_1, \Sigma)$，$A_2 \sim W_p(n_2, \Sigma)$ $(\Sigma > 0, n_1 \geqslant p, n_2 \geqslant p)$，且 A_1 和 A_2 独立，则称广义方差之比

$$\Lambda = \frac{|A_1|}{|A_1 + A_2|}$$

为**威尔克斯统计量**或 **Λ 统计量**，其分布称为**威尔克斯分布**，记为

$$\Lambda \sim \Lambda(p, n_1, n_2)$$

当 $p = 1$ 时，Λ 统计量的分布正是一元统计中的参数为 $n_1/2$、$n_2/2$ 的 β 分布（记为 $\beta(n_1/2, n_2/2)$）。

2.2.4　Λ 统计量、T^2 统计量和 F 统计量的关系

在实际应用中，常把 Λ 统计量化为 T^2 统计量，进而化为 F 统计量。然后利用熟悉的 F 统计量来解决多元统计分析中有关检验的问题。

（1）当 $n_2 = 1$ 时，设 $n_1 = n > p$，则

$$\Lambda(p, n, 1) \xupdownequal{\text{def}} \frac{1}{1 + \dfrac{1}{n}T^2(p, n)}$$

或

$$T^2(p, n) = n \cdot \frac{1 - \Lambda(p, n, 1)}{\Lambda(p, n, 1)}$$

$$\frac{n-p+1}{np}T^2 = \frac{n-p+1}{p} \frac{1-\Lambda}{\Lambda} \xupdownequal{\text{def}} F(p, n-p+1)$$

证明：　设 $X_{(\alpha)}(\alpha = 1, \cdots, n, n+1)$ 相互独立同 $N_p(0, \Sigma)$ 分布，显然有

$$W_1 = \sum_{\alpha=1}^{n} X_{(\alpha)} X_{(\alpha)}^{\mathrm{T}} \sim W_p(n, \Sigma)$$

$$W = \sum_{\alpha=1}^{n+1} X_{(\alpha)} X_{(\alpha)}^{\mathrm{T}} \sim W_p(n+1, \Sigma)$$

由定义知

$$\Lambda = \frac{|W_1|}{|W|} \sim \Lambda(p, n, 1)$$

又因 $W = W_1 + X_{(n+1)} \cdot X_{(n+1)}^{\mathrm{T}}$，我们利用分块矩阵行列式的公式，可得

$$
|W| = |W_1 + X_{(n+1)} X_{(n+1)}^{\mathrm{T}}| = \begin{vmatrix} W_1 & -X_{(n+1)} \\ X_{(n+1)}^{\mathrm{T}} & 1 \end{vmatrix} \begin{matrix} p \\ 1 \end{matrix}
$$

$$
= |W_1| (1 + X_{(n+1)}^{\mathrm{T}} W_1^{-1} X_{(n+1)})
$$

所以

$$
\Lambda = \frac{|W_1|}{|W|} = \frac{1}{1 + X_{(n+1)}^{\mathrm{T}} W_1^{-1} X_{(n+1)}}
$$

$$
\xlongequal{\text{def}} \frac{1}{1 + \dfrac{1}{n} T^2(p, n)}
$$

（2）当 $n_2 = 2$ 时，设 $n_1 = n > p$，则

$$
\frac{n - p + 1}{p} \cdot \frac{1 - \sqrt{\Lambda(p, n, 2)}}{\sqrt{\Lambda(p, n, 2)}} \xlongequal{\text{def}} F(2p, 2(n - p + 1))
$$

（3）当 $p = 1$ 时，则

$$
\frac{n_1}{n_2} \cdot \frac{1 - \Lambda(1, n_1, n_2)}{\Lambda(1, n_1, n_2)} \xlongequal{\text{def}} F(n_2, n_1)
$$

（4）当 $p = 2$ 时，则

$$
\frac{n_1 - 1}{n_2} \cdot \frac{1 - \sqrt{\Lambda(2, n_1, n_2)}}{\sqrt{\Lambda(2, n_1, n_2)}} \xlongequal{\text{def}} F(2n_2, 2(n_1 - 1))
$$

（5）当 $n_2 > 2$，$p > 2$ 时，可用 χ^2 统计量或 F 统计量近似。

博克斯在 1949 年给出以下结论：设 $\Lambda \sim \Lambda(p, n_1, n_2)$，则当 $n \to \infty$ 时，$-r \ln \Lambda \sim \chi^2(pn_2)$，其中，$r = n_1 - \dfrac{1}{2}(p - n_2 + 1)$。

2.3 单总体均值向量 μ 的检验及置信区域

本节主要讨论正态总体 $N_p(\mu, \Sigma)$ 在 Σ 已知和未知时的参数 μ 的检验问题、μ 置信域及联合置信区间问题。

2.3.1 单个正态总体均值向量 μ 的检验

设 $X \sim N_p(\mu, \Sigma)$，$X_{(1)}$，$X_{(2)}$，$\cdots$，$X_{(n)}$ 为随机样本，其中，$\bar{X} = \dfrac{1}{n} \sum_{i=1}^{n} X_{(i)} =$

$(\bar{X}_1, \bar{X}_2, \cdots, \bar{X}_p)^{\mathrm{T}}$, $A = \sum\limits_{i=1}^{n}(X_{(i)} - \bar{X})(X_{(i)} - \bar{X})^{\mathrm{T}}$, 检验假设：

$$H_0 : \mu = \mu_0, \quad H_1 : \mu \neq \mu_0$$

1. 当 Σ 已知时均值的检验

当 $p = 1$ 时，$X \sim N(\mu, \sigma^2)$，检验假设 $H_0 : \mu = \mu_0$，$H_1 : \mu \neq \mu_0$。取检验统计量 $Z = \dfrac{(\bar{X} - \mu_0)}{\sigma / \sqrt{n}} \sim N(0, 1)$，或等价地取检验统计量

$$Z^2 = \frac{(\bar{X} - \mu_0)^2}{\sigma^2 / n} = n(\bar{X} - \mu_0)(\sigma^2)^{-1}(\bar{X} - \mu_0) \sim \chi^2(1) \tag{2.3}$$

当 $p > 1$ 时，$\bar{X} \sim N_p\left(\mu, \dfrac{1}{n}\Sigma\right)$，$\sqrt{n}(\bar{X} - \mu) \sim N_p(0, \Sigma)$，由二次型分布定理知 $(\bar{X} - \mu)^{\mathrm{T}}\left(\dfrac{1}{n}\Sigma\right)^{-1}(\bar{X} - \mu) \sim \chi^2(p)$，因此，取检验统计量

$$T_0^2 = n(\bar{X} - \mu_0)^{\mathrm{T}}\Sigma^{-1}(\bar{X} - \mu_0) \sim \chi^2(p) \tag{2.4}$$

对给定显著水平 α，得临界点和拒绝域为：$T_0^2 \geqslant \chi_\alpha^2(p)$，其中，$\chi_\alpha^2(p)$ 是 $\chi^2(p)$ 的上 α 分位点。

假设在 H_0 成立的情况下，随机变量 $T_0^2 \sim \chi^2(p)$，由样本值计算得到 T_0^2 的值为 d，同时可以计算一下概率值 $p = P\{T_0^2 \geqslant d\}$，常称此概率为显著性概率值，或简称 p 值。

备注：我们检验假设 $H_0 : \mu = \mu_0$，$H_1 : \mu \neq \mu_0$，不是要验证 μ 是否准确地等于 μ_0，因为在现实中 μ 是未知的，我们只是想知道 μ 偏离 μ_0 是否显著，即 μ 和 μ_0 之间是否有显著性差异。

上述检验的合理性可以从马氏距离的概念直观地看出。T_0^2 中的 $(\bar{X} - \mu_0)^{\mathrm{T}}\Sigma^{-1}(\bar{X} - \mu_0)$ 是 $\bar{X}$ 到 μ_0 的平方马氏距离。此距离越小，说明真值 μ 取值的 $\bar{X}$ 与 μ_0 越接近，我们就越倾向于接受 H_0；反之，此距离越大，就越倾向于拒绝 H_0。由于 T_0^2 是平方马氏距离的常数倍，故它与马氏距离一样也不受变量单位的影响。

2. 当 Σ 未知时均值的检验

实际问题中，总体中的 μ 和 Σ 一般都是未知的，因此，讨论 Σ 未知的情形更具一般性，也符合实际应用场景。

当 $p = 1$ 时，检验假设 $H_0 : \mu = \mu_0$，$H_1 : \mu \neq \mu_0$。用样本标准差 s 代替总体标准差 σ，取检验统计量 $t = \dfrac{(\bar{X} - \mu_0)}{s / \sqrt{n}} \sim t(n-1)$，在显著性水平 α 下，如果 $|t| = \left|\dfrac{\bar{X} - \mu_0}{\dfrac{s}{\sqrt{n}}}\right| > t_{\frac{\alpha}{2}}(n-1)$，或

$$t^2 = n(\bar{X} - \mu_0)(s^2)^{-1}(\bar{X} - \mu_0) > \left[t_{\frac{\alpha}{2}}(n-1)\right]^2$$

则拒绝 H_0，否则接受 H_0。

推广到 $p > 1$，Σ 未知，且 $n \geqslant p$ 的多元情形。我们用样本协方差矩阵 $S = \frac{1}{n-1}\sum_{i=1}^{n}(X_i - \bar{X})(X_i - \bar{X})^{\mathrm{T}}$ 即 $S = \frac{1}{n-1}A$ 来代替 Σ。

设 $\bar{X} \sim N_p\left(\mu, \frac{1}{n}\Sigma\right)$，$\sqrt{n}(\bar{X} - \mu) \sim N_p(0, \Sigma)$，$A \sim W_p(n-1, \Sigma)$，且 $\bar{X}$ 与 A 相互独立，取统计量

$$
\begin{aligned}
T^2 &= (n-1)\sqrt{n}(\bar{X} - \mu_0)^{\mathrm{T}}A^{-1}\sqrt{n}(\bar{X} - \mu_0) \\
&= (n-1)n(\bar{X} - \mu_0)^{\mathrm{T}}A^{-1}(\bar{X} - \mu_0) \sim T^2(p, n-1)
\end{aligned}
\tag{2.5}
$$

由于 $S = \frac{1}{n-1}A$，因此也可取统计量

$$
T^2 = n(\bar{X} - \mu_0)^{\mathrm{T}}S^{-1}(\bar{X} - \mu_0) \sim T^2(p, n-1)
\tag{2.6}
$$

由霍特林 T^2 分布的性质可知

$$
\frac{n-p}{(n-1)p}T^2(p, n-1) \sim F(p, n-p)
\tag{2.7}
$$

对显著性水平 α，有

$$
P\left\{T^2 \geqslant \frac{(n-1)p}{n-p}F_\alpha(p, n-p)\right\} = \alpha
$$

得拒绝域为 $T^2 \geqslant \frac{(n-1)p}{n-p}F_\alpha(p, n-p)$，其中，$F_\alpha(p, n-p)$ 是 $F(p, n-p)$ 的上 α 分位点。

综上，在 Σ 已知和未知两种情况下，对多元正态总体均值向量进行检验的步骤可归纳如下：

(1) 根据实际问题的需要提出关于均值向量的原假设 H_0 和备择假设 H_1。

(2) 根据 Σ 是否已知，选择合适的统计量，并求出相应抽样分布。

(3) 指定显著性水平 α 值，并在原假设 H_0 为真的情况下求出能将风险值控制在 α 的临界值。

(4) 建立判别准则（拒绝域）。

(5) 根据样本观测值计算检验统计量的值，再根据判别准则作出统计判断，并对统计判断结果作出具体解释。

接下来，我们用实际应用的例子来实践以上方法和思路，实现对假设 $H_0: \mu = \mu_0$ 的检验（数据来源于某大学医学院对新诊断技术的一项研究工作）。

例 2.1 对 20 名健康女性的汗液进行分析，测出 3 个分量：$X_1 =$ 排汗量，$X_2 =$ 钠含量，$X_3 =$ 钾含量。试检验 $H_0: \mu^{\mathrm{T}} = (4, 50, 10)$，$H_1: \mu^{\mathrm{T}} \neq (4, 50, 10)$，显著性水平为 $\alpha = 0.1$。数据列于表 2.1。

表 2.1　汗液数据

试验者	X_1（排汗量）	X_2（钠含量）	X_3（钾含量）
1	3.7	48.5	9.3
2	5.7	65.1	8.0
3	3.8	47.2	10.9
4	3.2	53.2	12.0
5	3.1	55.5	9.7
6	4.6	36.1	7.9
7	2.4	24.8	14.0
8	7.2	33.1	7.6
9	6.7	47.4	8.5
10	5.4	54.1	11.3
11	3.9	36.9	12.7
12	4.5	58.8	12.3
13	3.5	27.8	9.8
14	4.5	40.2	8.4
15	1.5	13.5	10.1
16	8.5	56.4	7.1
17	4.5	71.6	8.2
18	6.5	52.8	10.9
19	4.1	44.1	11.2
20	5.5	40.9	9.4

解：设 $X = (X_1, X_2, X_3)^T$，我们假定 $X \sim N_3(\mu, \Sigma)$。检验 $H_0: \mu^T = (4, 50, 10)$，$H_1: \mu^T \neq (4, 50, 10)$，显著性水平为 $\alpha = 0.1$。构造统计量

$$T^2 = n(\overline{X} - \mu_0)^T S^{-1} (\overline{X} - \mu_0)$$

可算得

$$\overline{X} = \begin{pmatrix} 4.64 \\ 45.4 \\ 9.965 \end{pmatrix}, \quad S = \begin{pmatrix} 2.879 & 10.01 & -1.81 \\ 10.01 & 199.788 & -5.64 \\ -1.81 & -5.64 & 3.628 \end{pmatrix}$$

和

$$S^{-1} = \begin{pmatrix} 0.586 & -0.022 & 0.258 \\ -0.022 & 0.006 & -0.022 \\ 0.258 & -0.022 & 0.402 \end{pmatrix}$$

于是有

$$T^2 = 20(0.64 \quad -4.6 \quad -0.035) \begin{pmatrix} 0.467 \\ -0.042 \\ 0.16 \end{pmatrix} = 9.74$$

比较观测值 $T^2 = 9.74$ 与临界值

$$\frac{(n-1)p}{n-p} F_{0.1}(p, n-p) = \frac{19 \times 3}{17} F_{0.1}(3, 17) = 3.353 \times 2.44 = 8.18$$

发现 $T^2 = 9.74 > 8.18$，所以，我们在 10% 显著水平下拒绝 H_0。

2.3.2　置信域与联合置信区间

前面提到，统计推断包括参数估计和假设检验两部分。参数估计通常包括点估计和区间估计，其中，均值 μ 的点估计在第 1 章中已经给出，此处，我们利用本章介绍的统计量给出均值 μ 的置信域估计。

一元统计分析情形中，讨论均值的假设检验问题本质上等价于求均值的置信区间。在多元情形中，人们很少满足于检验假设 $H_0: \mu = \mu_0$。在这个零假设中，均值向量的所有分量都是完全确定的，人们通常更倾向于按照观测数据寻求一个 μ 的似真值区域，该区域以一定的概率 $1-\alpha$ 包含了该参数的真值，此区间称为置信度为 $1-\alpha$ 的置信区间（多元时为区域）。下面就单个多维正态总体均值向量的置信域的概念作为一元统计中置信区间的推广给出简单介绍。

1. 均值向量 μ 的置信域

设 $X \sim N_p(\mu, \Sigma)$，$X_{(1)}$，$X_{(2)}$，$\cdots$，$X_{(n)}$ 为样本，$\bar{X} = \dfrac{1}{n} \sum_{i=1}^{n} X_{(i)} = (\bar{X}_1, \bar{X}_2, \cdots, \bar{X}_p)^T$，$A = \sum_{i=1}^{n} (X_{(i)} - \bar{X})(X_{(i)} - \bar{X})^T$。

(1) 当 Σ 已知时，求均值 μ 的置信度为 $1-\alpha$ 的置信区域：

$$T^2 = n(\bar{X} - \mu_0)^T \Sigma^{-1} (\bar{X} - \mu_0) \sim \chi^2(p)$$

对给定显著水平 α，得临界点为：$\chi_\alpha^2(p)$，其中，$\chi_\alpha^2(p)$ 是 $\chi^2(p)$ 的上 α 分位点，使得

$$P\{T^2 \leqslant \chi_\alpha^2(p)\} = 1 - \alpha$$

因此，所求的置信区域为

$$\{\mu \mid n(\bar{X} - \mu)^T \Sigma^{-1} (\bar{X} - \mu) \leqslant \chi_\alpha^2(p)\}$$

即以 $\bar{X}$ 为中心的椭圆，它以概率 $1-\alpha$ 包含未知参数向量 μ。

(2) 当 Σ 未知时，求均值 μ 的置信度为 $1-\alpha$ 的置信区域。

由已知条件可知，当 Σ 未知时，可取统计量

$$T^2 = (n-1)\sqrt{n}\,(\bar{X}-\mu)^{\mathrm{T}} A^{-1} \sqrt{n}\,(\bar{X}-\mu)$$

$$= (n-1)n(\bar{X}-\mu)^{\mathrm{T}} A^{-1}(\bar{X}-\mu) \sim T^2(p,\,n-1)$$

并且 $\dfrac{n-p}{(n-1)p} T^2(p,\,n-1) \sim F(p,\,n-p)$，由于样本协方差矩阵 $S = \dfrac{1}{n-1} A$，因此，可以推得

$$T^2 = (n-1)n(\bar{X}-\mu)^{\mathrm{T}} A^{-1}(\bar{X}-\mu) = n(\bar{X}-\mu)^{\mathrm{T}} S^{-1}(\bar{X}-\mu) \sim T^2(p,\,n-1)$$

对于给定的置信度 $1-\alpha$，查 F 分布临界值表得 $F_\alpha(p,\,n-p)$，满足

$$P\left\{ \frac{n-p}{(n-1)p} T^2(p,\,n-1) \leqslant F_\alpha(p,\,n-p) \right\}$$

$$= P\left\{ n(\bar{X}-\mu)^{\mathrm{T}} S^{-1}(\bar{X}-\mu) \leqslant T_\alpha^2(p,\,n-1) = \frac{(n-1)p}{n-p} F_\alpha(p,\,n-p) \right\} = 1-\alpha$$

则均值向量 μ 的置信度为 $1-\alpha$ 的置信域为

$$\{\mu \mid n(\bar{X}-\mu)^{\mathrm{T}} S^{-1}(\bar{X}-\mu) \leqslant T_\alpha^2(p,\,n-1)\} \tag{2.8}$$

当 $p=1$ 时，该置信区域是一个区间；$p=2$ 时，置信区域是一个椭圆；$p=3$ 时，置信区域是一个椭球；$p>3$ 时，置信区域是一个超椭球，该置信域是一个中心在 $\bar{X}$ 的超椭球（包括表面及其内部）。当检验假设 $H_0: \mu = \mu_0$ 时，若落入上述置信域内，即

$$T^2 = n(\bar{X}-\mu_0)^{\mathrm{T}} S^{-1}(\bar{X}-\mu_0) \leqslant \frac{(n-1)p}{n-p} F_\alpha(p,\,n-p)$$

则在显著性水平 α 下，接受 H_0；若 μ_0 没有落入上述置信域内，则拒绝 H_0。由于置信域与检验：$H_0: \mu = \mu_0$；$H_1: \mu \neq \mu_0$ 中的接受域相类似，由此推知，置信域 (2.8) 由所有使检验 T^2 在显著性水平 α 下不拒绝 H_0 的那些 μ_0 所组成。可见，讨论均值向量的假设检验问题本质上也等价于求均值向量的置信域。

例 2.2　在例 2.1 的基础上，求 μ 的置信度为 95% 的置信域。

解：已知 $S = \begin{pmatrix} 2.879 & 10.01 & -1.81 \\ 10.01 & 199.788 & -5.64 \\ -1.81 & -5.64 & 3.628 \end{pmatrix}$，则 S 的特征值 λ 和单位正交特征向量 l 分别为

$$\lambda_1 = 200.4625,\ l_1 = (0.05084,\ 0.9983,\ -0.02907)^{\mathrm{T}}$$

$$\lambda_2 = 4.5316,\ l_2 = (-0.5737,\ 0.05302,\ 0.8173)^{\mathrm{T}}$$

$$\lambda_3 = 1.3014,\ l_3 = (0.8175,\ -0.02488,\ 0.5754)^{\mathrm{T}}$$

记 $c^2 = \dfrac{(n-1)p}{n(n-p)} F_{0.05} = \dfrac{19 \times 3}{20 \times 17} \times 3.2 = 0.5365$，由 S^{-1} 的谱分解式

$$S^{-1} = \sum_{i=1}^{3} \frac{1}{\lambda_i} l_i l_i^{\mathrm{T}}$$

并令 $Y_i = (\bar{X} - \mu)^{\mathrm{T}} l_i (i = 1, 2, 3)$，则 μ 的置信度为 95% 的置信椭球为

$$\frac{Y_1^2}{\lambda_1 c^2} + \frac{Y_2^2}{\lambda_2 c^2} + \frac{Y_3^3}{\lambda_3 c^2} \leqslant 1$$

置信椭球的第一长轴半径为 $d_1 = \sqrt{\lambda_1} c = 10.3703$，方向沿 l_1；第二长轴半径为 $d_2 = \sqrt{\lambda_2} c = 1.5592$，方向沿 l_2；第三长轴半径为 $d_3 = \sqrt{\lambda_3} c = 0.8356$，方向沿 l_3。由此，我们可以确定一个三维空间中的椭球区域，包括轴方向和半径。

2. 联合置信区间

在置信域 $n(\bar{X} - \mu)^{\mathrm{T}} S^{-1}(\bar{X} - \mu) \leqslant c$（$c$ 为常数）给出有关 μ 的似真值区域，但有时我们往往需要知道 μ 的线性组合或者各个分量置信区间组成的**联合置信区间**。我们先考虑通过**交并原则**如何将多元假设转化为一元假设问题。

设多元假设：$H_0 : \mu = \mu_0$，$H_1 : \mu \neq \mu_0$，其中，μ 为 p 维向量，根据第 1 章性质 1.3，我们可以将多元假设问题转化为一元假设问题，$H_{0a} : a^{\mathrm{T}} \mu = a^{\mathrm{T}} \mu_0$，$H_{1a} : a^{\mathrm{T}} \mu \neq a^{\mathrm{T}} \mu_0$，其中，$a \in R^p$。因此，$H_0$ 成立等价于对一切 $a \in R^p$，H_{0a} 成立。因此，固定 $a \in R^p$，考虑对 H_{0a} 的假设检验：$H_{0a} : a^{\mathrm{T}} \mu = a^{\mathrm{T}} \mu_0$，$H_{1a} : a^{\mathrm{T}} \mu \neq a^{\mathrm{T}} \mu_0$。

设 $X \sim N_p(\mu, \Sigma)$，考虑 X 的线性组合：$Y = a_1 X_1 + a_2 X_2 + \cdots + a_p X_p = a^{\mathrm{T}} X$，由多元正态分布的性质可知，$u_Y = a^{\mathrm{T}} \mu = a^{\mathrm{T}} \mu_0$，$\sigma_Y^2 = \mathrm{Var}(Y) = a^{\mathrm{T}} \Sigma a$。因此，$Y \sim N(a^{\mathrm{T}} \mu_0, a^{\mathrm{T}} \Sigma a)$。如果 $X_{(1)}, X_{(2)}, \cdots, X_{(n)}$ 为取自 p 元正态总体 $N_p(\mu, \Sigma)$ 的简单随机样本，则总体 Y 的样本为 $y_1 = a^{\mathrm{T}} X_{(1)}$，$y_2 = a^{\mathrm{T}} X_{(2)}$，$\cdots$，$y_n = a^{\mathrm{T}} X_{(n)}$，由此可得

$$\bar{Y} = \frac{1}{n} \sum_{i=1}^{n} y_i = \frac{1}{n} \sum_{i=1}^{n} a^{\mathrm{T}} X_{(i)} = a^{\mathrm{T}} \frac{1}{n} \sum_{i=1}^{n} X_{(i)} = a^{\mathrm{T}} \bar{X}$$

$$S_y^2 = \frac{1}{n-1} \sum_{i=1}^{n} (y_i - \bar{Y})^2 = \frac{1}{n-1} \sum_{i=1}^{n} (a^{\mathrm{T}} X_{(i)} - a^{\mathrm{T}} \bar{X})^2$$

$$= \frac{1}{n-1} a^{\mathrm{T}} \sum_{i=1}^{n} (X_{(i)} - \bar{X})(X_{(i)} - \bar{X})^{\mathrm{T}} a = \frac{1}{n-1} a^{\mathrm{T}} A a = a^{\mathrm{T}} S a$$

这里 $\bar{X}$ 为样本 $X_{(k)}(k = 1, 2, \cdots, n)$ 的样本均值向量，$S = \dfrac{A}{n-1}$，A 为样本离差矩阵。通过对任意固定的 a 考虑 $a^{\mathrm{T}} X$ 的置信区间，便可得出所要的联合置信区间。其过程如下：当 a 固定且 σ_y 未知时，此时，检验统计量为

$$t_a^2 = \frac{n(\bar{Y} - u_Y)^2}{S_y^2} = \frac{n[a^{\mathrm{T}}(\bar{X} - \mu_0)]^2}{a^{\mathrm{T}} S a} \sim F(1, n-1)$$

对给定的显著性水平 α，拒绝域为 $t_a^2 \geqslant F_\alpha(1, n-1)$，接受域为 $t_a^2 < F_\alpha(1, n-1)$。但是上述所求 t_a^2 依赖于 a，这意味着如果接受原多元假设 $H_0 : \mu = \mu_0$ 为真，那么要求对 p 维

空间中的任意 a 判断其对应的 t_a^2 的取值是否小于 $F_\alpha(1, n-1)$，但是这不现实，因此，上述求得的依赖 a 的一元假设检验判断方法仅具有理论意义，无法实际应用。下面我们考虑求不依赖任何 a 的共同临界点，然后得到不依赖于 a 的检验方法。先求 t_a^2 的最大值

$$\max_{a \neq 0} t_a^2 = \max_{a \neq 0} \frac{n[a^\mathrm{T}(\bar{X} - \mu_0)]^2}{a^\mathrm{T} S a}$$

根据柯西—许瓦兹不等式：若 $B > 0$，则 $(x^\mathrm{T} y)^2 \leqslant (x^\mathrm{T} B x)(y^\mathrm{T} B^{-1} y)$。由此可得

$$[a^\mathrm{T}(\bar{X} - \mu_0)]^2 \leqslant (a^\mathrm{T} S a)(\bar{X} - \mu_0)^\mathrm{T} S^{-1}(\bar{X} - \mu_0)$$

并且，当 a 与 $S^{-1}(\bar{X} - \mu_0)$ 成比例时，上述等式成立。所以，最大值在 a 与 $S^{-1}(\bar{X} - \mu_0)$ 成比例时达到

$$\max_{a \neq 0} t_a^2 = \max_{a \neq 0} \frac{n[a^\mathrm{T}(\bar{X} - \mu_0)]^2}{a^\mathrm{T} S a} = n(\bar{X} - \mu_0)^\mathrm{T} S^{-1}(\bar{X} - \mu_0) = T^2$$

由此可得检验统计量 $T^2 = n(\bar{X} - \mu_0)^\mathrm{T} S^{-1}(\bar{X} - \mu_0)$。当 $T^2 < T_\alpha^2 = \dfrac{(n-1)p}{n-p} F_\alpha(p,$ $n-p)$ 时，接受所有的 H_{0a}，或接受 H_0；否则，至少存在不接受的 H_{0a}，或拒绝 H_0。

我们知道，μ_0 包含在置信区域内，等价于 $H_0 : \mu = \mu_0$ 在显著性水平 α 下被接受，因此，也可用构造置信区域的方法来检验 $H_0 : \mu = \mu_0$：

由

$$P\left\{\max_{a \neq 0} \frac{n[a^\mathrm{T}(\bar{X} - \mu)]^2}{a^\mathrm{T} S a} < T_\alpha^2\right\} = P\left\{\max_{a \neq 0} \frac{\sqrt{n} \, | \, a^\mathrm{T}(\bar{X} - \mu) \, |}{\sqrt{a^\mathrm{T} S a}} < T_\alpha\right\}$$

$$= P\left\{\bigcap_{a \neq 0} \left[\frac{\sqrt{n} \, | \, a^\mathrm{T}(\bar{X} - \mu) \, |}{\sqrt{a^\mathrm{T} S a}} < T_\alpha\right]\right\}$$

$$= P\left\{\bigcap_{a \neq 0} \left[a^\mathrm{T}\bar{X} - T_\alpha \frac{\sqrt{a^\mathrm{T} S a}}{\sqrt{n}} < a^\mathrm{T}\mu < a^\mathrm{T}\bar{X} + T_\alpha \frac{\sqrt{a^\mathrm{T} S a}}{\sqrt{n}}\right]\right\} = 1 - \alpha$$

可得我们称之为 μ 一切线性组合 $\{a^\mathrm{T}\mu \mid a \in R^p\}$ 的置信度为 $1 - \alpha$ 的置信区间

$$a^\mathrm{T}\bar{X} - T_\alpha \frac{\sqrt{a^\mathrm{T} S a}}{\sqrt{n}} < a^\mathrm{T}\mu < a^\mathrm{T}\bar{X} + T_\alpha \frac{\sqrt{a^\mathrm{T} S a}}{\sqrt{n}} \tag{2.9}$$

即对所有 a，上述置信区间以概率 $1 - \alpha$ 包含 $a^\mathrm{T}\mu$。若存在某个 $a \in R^p$，使 $a^\mathrm{T}\mu$ 不在对应区间内，则拒绝 H_0。

由于置信概率由 T^2 分布确定，因此，为了方便起见，我们称式(2.9)所表示的联合置信区间 T^2 为**联合置信区间**。上述少数几个线性组合 $\{a_i^\mathrm{T}\mu \mid a_i \in R^p, i = 1, 2, \cdots, k\}$ 的置信度为 $1 - \alpha$ 的 T^2 联合置信区间

$$P\left\{\bigcap_{i=1}^{k}\left[a_i^{\mathrm{T}}\bar{X}-T_a\frac{\sqrt{a_i^{\mathrm{T}}Sa_i}}{\sqrt{n}}<a_i^{\mathrm{T}}\mu<a_i^{\mathrm{T}}\bar{X}+T_a\frac{\sqrt{a_i^{\mathrm{T}}Sa_i}}{\sqrt{n}}\right]\right\}\geqslant 1-\alpha$$

可得 T^2 联合置信区间为

$$\left[a_i^{\mathrm{T}}\bar{X}-T_a\frac{\sqrt{a_i^{\mathrm{T}}Sa_i}}{\sqrt{n}}<a_i^{\mathrm{T}}\mu<a_i^{\mathrm{T}}\bar{X}+T_a\frac{\sqrt{a_i^{\mathrm{T}}Sa_i}}{\sqrt{n}}\right] \tag{2.10}$$

就 T^2 联合置信区间的方法而言,由于其置信系数 $1-\alpha$ 对任意的 a 保持不变,因此,受到检验的诸分量 $\mu_i(i=1,2,\cdots,k)$ 的线性组合 $a_i^{\mathrm{T}}\mu$ 可以被估计出来。T^2 联合置信区间对于数据探测虽较为理想,但区间过宽,精度较低。

如果在式(2.10)中取 $a=e_i=(0,\cdots,1,\cdots,0)^{\mathrm{T}}$,即每次考虑一个分量的置信区间,则得到单个 $\mu_i(i=1,2,\cdots,k)$ 的置信度为 $1-\alpha$ 的置信区间

$$\left[\bar{x}_i-T_a\frac{\sqrt{S_{ii}}}{\sqrt{n}}<\mu_i<\bar{x}_i+T_a\frac{\sqrt{S_{ii}}}{\sqrt{n}}\right]$$

3. 邦弗伦尼置信区间

下面我们介绍一种比 T^2 联合置信区间更为精确的联合置信区间的方法,即**邦弗伦尼(Bonferroni)方法**。

用邦弗伦尼概率不等式,可推得 k 个线性组合的置信度至少为 $1-\alpha$ 的联合置信区间,设置

$$E_i=\left\{a_i^{\mathrm{T}}\bar{X}-t_{\frac{\alpha}{2k}}(n-1)\frac{\sqrt{a_i^{\mathrm{T}}Sa_i}}{\sqrt{n}}<a_i^{\mathrm{T}}\mu<a_i^{\mathrm{T}}\bar{X}+t_{\frac{\alpha}{2k}}(n-1)\frac{\sqrt{a_i^{\mathrm{T}}Sa_i}}{\sqrt{n}}\right\} \tag{2.11}$$

因为 $P(E_i)=P\left\{\frac{\sqrt{n}\mid a_i^{\mathrm{T}}(\bar{X}-\mu)\mid}{\sqrt{a_i^{\mathrm{T}}Sa_i}}<t_{\frac{\alpha}{2k}}(n-1)\right\}=1-\frac{\alpha}{k}$,$i=1,2,\cdots,k$。此时

$P\{\bigcap_{i=1}^{k}E_i\}=1-P\{\bigcup_{i=1}^{k}\bar{E}_i\}\geqslant 1-\sum_{i=1}^{k}P\{\bar{E}_i\}=1-\sum_{i=1}^{k}\frac{\alpha}{k}=1-\alpha$。一般取 $a_i=(0,0,\cdots,1,0,\cdots 0)$ 单位标准向量,其中,第 i 个分量为1,其他分量为0。

例 2.3 让8个人同服一种药,然后测量他们的收缩血压和舒张血压。其数据列于表2.2:

表 2.2 血压数据

服药者	1	2	3	4	5	6	7	8
收缩血压变化×1	−8	7	−2	0	−2	0	−2	1
舒张血压变化×2	−1	6	4	2	5	3	4	2

求血压变化均值 $\mu=(\mu_1,\mu_2)^{\mathrm{T}}$ 在置信水平 $\alpha=0.05$ 下的置信区域。

解:本例中,$n=8$,$p=2$。

（1）μ 的置信度为 $1-\alpha$ 的置信区域为

$$\{\mu \mid n(\bar{X}-\mu)^{\mathrm{T}} S^{-1}(\bar{X}-\mu) \leqslant T_{\alpha}^2(p, n-1)\}$$

其中，$T_{\alpha}^2(p, n-1)=T_{0.05}^2(2, 8-1)=\dfrac{(n-1) p}{n-p} F_{\alpha}(p, n-p)=\dfrac{(8-1) 2}{8-2} F_{0.05}(2, 8-2)=$

11.99，

$$\bar{X}=\begin{pmatrix} -0.75 \\ 3.125 \end{pmatrix}, \quad S=\begin{pmatrix} 17.357 & * \\ 6.393 & 4.696 \end{pmatrix}, \quad S^{-1}=\begin{pmatrix} 0.116 & * \\ -0.157 & 0.427 \end{pmatrix}$$

所以 μ 的置信度为 95% 的置信区域为

$$\left\{\mu \mid 8 \cdot(-0.75-\mu_1, 3.125-\mu_2)\begin{pmatrix} 0.116 & * \\ -0.157 & 0.427 \end{pmatrix}\begin{pmatrix} -0.75-\mu_1 \\ 3.125-\mu_2 \end{pmatrix} \leqslant 11.99\right\}$$

即

$\{\mu \mid 0.116(\mu_1+0.75)^2-0.314(\mu_1+0.75)(\mu_2-3.125)+0.427(\mu_2-3.125)^2 \leqslant 1.5\}$

显然置信域为一椭圆。

（2）若求 T^2 联合置信区间：

$$a_i^{\mathrm{T}} \bar{X}-T_{\alpha} \frac{\sqrt{a_i^{\mathrm{T}} S a_i}}{\sqrt{n}}<a_i^{\mathrm{T}} \mu<a_i^{\mathrm{T}} \bar{X}+T_{\alpha} \frac{\sqrt{a_i^{\mathrm{T}} S a_i}}{\sqrt{n}}, \quad i=1,2$$

其中，$a_1=(1,0)^{\mathrm{T}}$，$a_2=(0,1)^{\mathrm{T}}$，联合置信区间为

$$\bar{X}_1-T_{\alpha} \sqrt{17.357/8}<\mu_1<\bar{X}_1+T_{\alpha} \sqrt{17.357/8}$$
$$\bar{X}_2-T_{\alpha} \sqrt{4.696/8}<\mu_2<\bar{X}_2+T_{\alpha} \sqrt{4.696/8}$$

即 $\begin{cases} -5.851<\mu_1<4.351 \\ 0.421<\mu_2<5.778 \end{cases}$。

（3）由邦弗伦尼不等式求联合置信区间：

$$a_i^{\mathrm{T}} \bar{X}-t_{\frac{\alpha}{2k}}(n-1) \frac{\sqrt{a_i^{\mathrm{T}} S a_i}}{\sqrt{n}}<a_i^{\mathrm{T}} \mu<a_i^{\mathrm{T}} \bar{X}+t_{\frac{\alpha}{2k}}(n-1) \frac{\sqrt{a_i^{\mathrm{T}} S a_i}}{\sqrt{n}}, \quad i=1,2$$

其中，$a_1=(1,0)^{\mathrm{T}}$，$a_2=(0,1)^{\mathrm{T}}$，邦弗伦尼置信区间为

$$\bar{X}_1-t_{\frac{\alpha}{4}}(8-1) \sqrt{17.357/8}<\mu_1<\bar{X}_1+t_{\frac{\alpha}{4}}(8-1) \sqrt{17.357/8}$$
$$\bar{X}_2-t_{\frac{\alpha}{4}}(8-1) \sqrt{4.696/8}<\mu_2<\bar{X}_2+t_{\frac{\alpha}{4}}(8-1) \sqrt{4.696/8}$$

即

$$\begin{cases} -5.18 < \mu_1 < 3.68 \\ 0.825 < \mu_2 < 5.425 \end{cases}$$

此精度要高于前一个 T^2 联合置信区间。

（4）置信区间的比较：

μ 的置信度为 95% 的置信区域为 $\{\mu \mid 0.116(\mu_1 + 0.75)^2 - 0.314(\mu_1 + 0.75)(\mu_2 - 3.125) + 0.427(\mu_2 - 3.125)^2 \leqslant 1.5\}$，$T^2$ 联合置信区间为

$$\{-5.851 < \mu_1 < 4.351, \ 0.421 < \mu_2 < 5.778\}$$

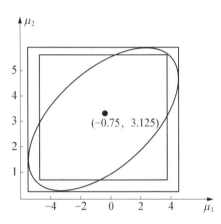

邦弗伦尼置信区间为

$$\{-5.18 < \mu_1 < 3.68, \ 0.825 < \mu_2 < 5.425\}$$

图 2.1 给出了 μ_1、μ_2 的 95% T^2 联合置信区间，相应的 95% 邦弗伦尼联合置信区间，以及 μ 的置信度为 95% 的置信区域。

对每一均值分量，其邦弗伦尼置信区间均落在 T^2 联合置信区间内。因此，由邦弗伦尼置信区间所围成的矩形区域包含在由其 T^2 联合置信区间所围成的矩形区域中。如果我们仅对均值分量感兴趣，那么邦弗伦尼区间比 T^2 联合置信区间估计更精确。

图 2.1　均值分量的 95% T^2 联合置信区间与 95% 邦弗伦尼联合置信区间

下面将之前所建立的统计思想推广到处理多个均值向量的比较问题上。在多元正态或大样本的假设下，其理论与方法更为复杂一些。在讨论过程中，我们将经常回顾一元情形的处理方法，然后用类比法将其推广到相应的多元情形中。

2.4　两个总体均值向量的比较检验

与一元情形进行类比，可得到检验两个多元总体均值向量是否相等的 T^2 统计量（我们将在随后先分析一元情形）。这个 T^2 统计量适用于对两组独立试验（即总体 1、总体 2）进行比较分析。

设两个总体 $X \sim N_p(\mu_1, \Sigma_1)$，$Y \sim N_p(\mu_2, \Sigma_2)$，从两个总体中各自抽取一个随机样本 $X_{(1)}, X_{(2)}, \cdots, X_{(n_1)}$ 和 $Y_{(1)}, Y_{(2)}, \cdots, Y_{(n_2)}$，并且 $n_1 > p$，$n_2 > p$，两样本相互独立。欲检验假设：

$$H_0: \mu_1 = \mu_2, \ H_1: \mu_1 \neq \mu_2 \tag{2.12}$$

根据上述两个样本可以得到 μ_1 和 μ_2 的无偏估计

$$\bar{X} = \frac{1}{n_1} \sum_{i=1}^{n_1} X_{(i)}, \quad \bar{Y} = \frac{1}{n_2} \sum_{i=1}^{n_2} Y_{(i)}$$

根据两样本协方差矩阵是否相等和是否已知，可以分为以下四种情况进行均值向量的检验。

1. $\Sigma_1 = \Sigma_2 = \Sigma$，且 Σ 已知

考虑一元情形：已知 $X \sim N(\mu_1, \sigma^2), Y \sim N(\mu_2, \sigma^2)$，检验假设：

$$H_0 : \mu_1 = \mu_2, \quad H_1 : \mu_1 \neq \mu_2$$

选取检验统计量

$$Z = \frac{(\bar{X} - \bar{Y})}{\sqrt{\dfrac{\sigma^2}{n_1} + \dfrac{\sigma^2}{n_2}}} \sim N(0, 1)$$

即

$$Z^2 = \frac{(\bar{X} - \bar{Y})^2}{\sigma^2 \cdot \dfrac{n_1 + n_2}{n_1 n_2}} = \frac{n_1 n_2}{n_1 + n_2} (\bar{X} - \bar{Y})^{\mathrm{T}} (\sigma^2)^{-1} (\bar{X} - \bar{Y}) \sim \chi^2(1)$$

可以证明对于 p 元总体，当 H_0 为真时，有

$$\sqrt{\frac{n_1 n_2}{n_1 + n_2}} (\bar{X} - \bar{Y}) \sim N_p(0, \Sigma)$$

由二次型分布定理，可取统计量

$$T_0^2 = \frac{n_1 n_2}{n_1 + n_2} (\bar{X} - \bar{Y})^{\mathrm{T}} \Sigma^{-1} (\bar{X} - \bar{Y}) \sim \chi^2(p) \tag{2.13}$$

对于给定的显著性水平 α，有 $P\{T_0^2 \geqslant \chi_\alpha^2(p)\} = \alpha$，所以，当 $T_0^2 \geqslant \chi_\alpha^2(p)$ 时，拒绝 H_0。

2. $\Sigma_1 = \Sigma_2 = \Sigma$，且 Σ 未知

根据上述两个样本可得 Σ 的联合无偏估计

$$S_p = \frac{(n_1 - 1)S_1 + (n_2 - 1)S_2}{n_1 + n_2 - 2} = \frac{A_1 + A_2}{n_1 + n_2 - 2} \tag{2.14}$$

其中，

$$A_1 = \sum_{i=1}^{n_1} (X_i - \bar{X})(X_i - \bar{X})^{\mathrm{T}} \sim W_p(n_1 - 1, \Sigma)$$

$$A_2 = \sum_{i=1}^{n_2} (Y_i - \bar{Y})(Y_i - \bar{Y})^{\mathrm{T}} \sim W_p(n_2 - 1, \Sigma)$$

由威沙特分布的可加性可知

$$A = A_1 + A_2 \sim W_p(n_1 + n_2 - 2, \Sigma)$$

又因为

$$\sqrt{\frac{n_1 n_2}{n_1 + n_2}}(\bar{X} - \bar{Y}) \sim N_p(0, \Sigma)$$

由 T^2 统计量的定义可知

$$
\begin{aligned}
T^2 &= (n_1 + n_2 - 2)\sqrt{\frac{n_1 n_2}{n_1 + n_2}}(\bar{X} - \bar{Y})^{\mathrm{T}} A^{-1} \sqrt{\frac{n_1 n_2}{n_1 + n_2}}(\bar{X} - \bar{Y}) \\
&= \frac{n_1 n_2 (n_1 + n_2 - 2)}{n_1 + n_2}(\bar{X} - \bar{Y})^{\mathrm{T}} A^{-1}(\bar{X} - \bar{Y}) \qquad (2.15) \\
&= \frac{n_1 n_2}{n_1 + n_2}(\bar{X} - \bar{Y})^{\mathrm{T}} S_p^{-1}(\bar{X} - \bar{Y}) \sim T^2(p, n_1 + n_2 - 2)
\end{aligned}
$$

利用 T^2 与 F 的关系,检验统计量取为

$$F = \frac{(n_1 + n_2 - 2) - p + 1}{(n_1 + n_2 - 2)p} T^2 \sim F(p, n_1 + n_2 - p - 1)$$

对于给定显著性水平 α,若 $T^2 \geqslant \dfrac{(n_1 + n_2 - 2)p}{(n_1 + n_2 - 2) - p + 1} F_\alpha(p, n_1 + n_2 - p - 1)$,则拒绝(2.12)中的 H_0。

例 2.4　为了研究日、美两国在华投资企业对中国经营环境的评价是否存在差异,今从两国在华投资企业中各抽取 10 家,让其对中国的政治、经济、法律、文化等环境进行打分,评分结果如表 2.3 所示(表中序号 1 至 10 为美国在华投资企业的代号,11 至 20 为日本在华投资企业的代号。数据来源:国务院发展研究中心 APEC 在华投资企业情况调查)。

表 2.3　日、美两国在华投资企业对中国经营环境的评价数据

序号	政治环境	经济环境	法律环境	文化环境
1	65	35	25	60
2	75	50	20	55
3	60	45	35	65
4	75	40	40	70
5	70	30	30	50
6	55	40	35	65
7	60	45	30	60
8	65	40	25	60
9	60	50	30	70
10	55	55	35	75
11	55	55	40	65

（续表）

序号	政治环境	经济环境	法律环境	文化环境
12	50	60	45	70
13	45	45	35	75
14	50	50	50	70
15	55	50	30	75
16	60	40	45	60
17	65	55	45	75
18	50	60	35	80
19	40	45	30	65
20	45	50	45	70

解： 比较日、美两国在华投资企业对中国多方面的经营环境的评价是否有差异的问题，就是两总体均值向量是否相等的检验问题。记美国在华投资企业对中国 4 个方面的经营环境的评价为 4 元总体 X，并设 $X \sim N_4(\mu^{(1)}, \Sigma)$；日本在华投资企业对中国经营环境的评价为 4 元总体 Y，并设 $Y \sim N_4(\mu^{(2)}, \Sigma)$。来自两总体的样本容量 $n = m = 10$。检验

$$H_0 : \mu^{(1)} = \mu^{(2)}, \ H_1 : \mu^{(1)} \neq \mu^{(2)}$$

取检验统计量

$$F = \frac{n+m-p-1}{(n+m-2)p} T^2 \quad (p=4, \ n=m=10)$$

由样本值计算得

$$\overline{X} = (64, 43, 30.5, 63)^{\mathrm{T}}$$

$$\overline{Y} = (51.5, 51, 40, 70.5)^{\mathrm{T}}$$

$$A_1 = \sum_{\alpha=1}^{n} (X_{(\alpha)} - \overline{X})(X_{(\alpha)} - \overline{X})^{\mathrm{T}} = \begin{pmatrix} 490 & & & \\ -170 & 510 & & \\ -120 & 10 & 322.5 & \\ -245 & 310 & 260.0 & 510 \end{pmatrix}$$

$$A_2 = \sum_{\alpha=1}^{m} (Y_{(\alpha)} - \overline{Y})(Y_{(\alpha)} - \overline{Y})^{\mathrm{T}} = \begin{pmatrix} 502.5 & & & \\ 60.0 & 390 & & \\ 175.0 & 50 & 450 & \\ -7.5 & 195 & -100 & 322.5 \end{pmatrix}$$

进一步计算可得

$$D^2 = (n+m-2)(\bar{X}-\bar{Y})^{\mathrm{T}}(A_1+A_2)^{-1}(\bar{X}-\bar{Y}) = 18 \times 0.331\,805\,5 = 5.972\,5$$

$$T^2 = \frac{nm}{n+m}D^2 = 29.862\,5$$

$$F = \frac{n+m-p-1}{(n+m-2)p}T^2 = 6.221\,4$$

此时,检验统计量 $F \sim F(4, 15)$,对给定显著性水平 $\alpha = 0.01$,查表可得临界值 $F_\alpha(4, 15) = 4.89$。

因 $F = 6.2214 > 4.89 = F_\alpha(4, 15)$,故拒绝 H_0,即日、美两国在华投资企业对中国经营环境的评价存在显著性差异。在这种情况下,可能犯第一类错误,且犯第一类错误的概率为 0.01。

3. $\Sigma_1 \neq \Sigma_2$,但 Σ_1、Σ_2 均为已知

可以证明对于 p 元总体,当 H_0 成立时,

$$(\bar{X}-\bar{Y}) \sim N_p\left(0, \frac{\Sigma_1}{n_1}+\frac{\Sigma_2}{n_2}\right)$$

由二次型分布定理可知,可取统计量

$$T_0^2 = (\bar{X}-\bar{Y})^{\mathrm{T}}\left(\frac{\Sigma_1}{n_1}+\frac{\Sigma_2}{n_2}\right)^{-1}(\bar{X}-\bar{Y}) \sim \chi^2(p) \qquad (2.16)$$

对于给定显著性水平 α,有 $P\{T_0^2 \geqslant \chi_\alpha^2(p)\} = \alpha$,所以,当 $T_0^2 \geqslant \chi_\alpha^2(p)$ 时,拒绝式 (2.12) 中的假设 H_0。

4. $\Sigma_1 \neq \Sigma_2$,但 Σ_1、Σ_2 均为未知

当 n_1 和 n_2 很大时,S_1 和 S_2 以较大概率接近 Σ_1、Σ_2(一致统计量),因此,用 S_1 和 S_2 分别替换 Σ_1、Σ_2,则上述统计量分布近似成立,检验步骤同上述方法。

例 2.5 某地由有空调设备和无空调设备住宅房主构成的 2 个样本,样本容量分别为 $n_1 = 45$,$n_2 = 55$,考虑 2 个用电量测量值(千瓦小时),一个是 7 月份用电高峰时间的总用电量 X_1,另一个是 7 月份非高峰用电时间的用电量 X_2,其统计结果如下:

$$\bar{X}_1 = \begin{pmatrix} 204.4 \\ 556.6 \end{pmatrix}, \quad S_1 = \begin{pmatrix} 13\,825.3 & * \\ 23\,823.4 & 73\,107.4 \end{pmatrix}, \quad n_1 = 45$$

$$\bar{X}_2 = \begin{pmatrix} 130.0 \\ 355.0 \end{pmatrix}, \quad S_2 = \begin{pmatrix} 8\,623.0 & * \\ 19\,616.7 & 55\,964.5 \end{pmatrix}, \quad n_2 = 55$$

假如两总体协方差 $\Sigma_1 \neq \Sigma_2$,试检验假设:$H_0: \mu_1 = \mu_2$,$H_1: \mu_1 \neq \mu_2$,显著性水平 $\alpha = 0.05$。

解:根据已知条件,欲检验假设:

$$H_0: \mu_1 = \mu_2, \quad H_1: \mu_1 \neq \mu_2$$

取检验统计量为

$$T_0^2 = (\bar{X}_1 - \bar{X}_2)^{\mathrm{T}} \left(\frac{S_1}{n_1} + \frac{S_2}{n_2} \right)^{-1} (\bar{X}_1 - \bar{X}_2) \sim \chi^2(2)$$

由样本统计量

$$\bar{X}_1 = \begin{pmatrix} 204.4 \\ 556.6 \end{pmatrix}, \ S_1 = \begin{pmatrix} 13\,825.3 & * \\ 23\,823.4 & 73\,107.4 \end{pmatrix}, \ n_1 = 45$$

$$\bar{X}_2 = \begin{pmatrix} 130.0 \\ 355.0 \end{pmatrix}, \ S_2 = \begin{pmatrix} 8\,623.0 & * \\ 19\,616.7 & 55\,964.5 \end{pmatrix}, \ n_2 = 55$$

进一步计算得

$$T_0^2 = \begin{pmatrix} 204.4 - 130.0 \\ 556.6 - 355.0 \end{pmatrix}^{\mathrm{T}} \begin{pmatrix} 465.17 & * \\ 886.08 & 2\,642.15 \end{pmatrix}^{-1} \begin{pmatrix} 204.4 - 130.0 \\ 556.6 - 355.0 \end{pmatrix} = 15.66$$

对于给定的显著性水平 $\alpha = 0.05$，有

$$\chi_{0.05}^2(2) = 5.99, \ T_0^2 = 15.66 > 5.99$$

故拒绝 H_0。可以认为有空调设备与无空调设备的家庭的耗电量之间有显著差异，这种差异在用电高峰时间及非高峰时间均存在。

即便两个样本的容量都不大，当总体的协方差矩阵不相等时，我们仍然可以检验 H_0：$\mu_1 = \mu_2$，只要这两个总体均是多维正态的。这种问题经常被称为多变量 Behrens-Fisher 问题。结果要求两个样本容量 n_1 和 n_2 都要比变量数目 p 大。这个方法依赖于下述统计量的渐进分布：

$$T^2 = (\bar{X}_1 - \bar{X}_2 - (\mu_1 - \mu_2))^{\mathrm{T}} \left(\frac{S_1}{n_1} + \frac{S_2}{n_2} \right)^{-1} (\bar{X}_1 - \bar{X}_2 - (\mu_1 - \mu_2))$$

这个式子和大样本统计是一样的。然而，对于较小的样本，建议采用如下的近似逼近，而不是用 χ^2 近似来求得检验 H_0 的临界值

$$T^2 = \frac{\nu p}{\nu - p + 1} F(p, \nu - p + 1)$$

其中，自由度 ν 是根据样本协方差矩阵估计得到的：

$$\nu = \frac{p + p^2}{\sum\limits_{i=1}^{2} \frac{1}{n_i} \left\{ \mathrm{tr} \left[\left(\frac{S_i}{n_i} \left(\frac{S_1}{n_1} + \frac{S_2}{n_2} \right)^{-1} \right)^2 \right] + \left(\mathrm{tr} \left[\frac{S_i}{n_i} \left(\frac{S_1}{n_1} + \frac{S_2}{n_2} \right)^{-1} \right] \right)^2 \right\}}$$

这里 $\min(n_1, n_2) \leqslant \nu \leqslant n_1 + n_2$。在单变量情形 $p = 1$ 时，这个近似就是 Behrens-Fisher 问题通常的 Welch 解。

对中等规模的样本容量和两个正态总体，如果

$$(\bar{X}_1 - \bar{X}_2 - (\mu_1 - \mu_2))^{\mathrm{T}} \left(\frac{S_1}{n_1} + \frac{S_2}{n_2} \right)^{-1} (\bar{X}_1 - \bar{X}_2 - (\mu_1 - \mu_2)) > \frac{\nu p}{\nu - p + 1} F_\alpha(p, \nu - p + 1)$$

则在近似水平 α 下,拒绝均值相等假设 $H_0: \mu_1 = \mu_2$。 类似地,近似的 $100(1-\alpha)\%$ 置信区域由所有的满足下式的 $\mu_1 - \mu_2$ 给出:

$$(\bar{X}_1 - \bar{X}_2 - (\mu_1 - \mu_2))^{\mathrm{T}} \left(\frac{S_1}{n_1} + \frac{S_2}{n_2} \right)^{-1} (\bar{X}_1 - \bar{X}_2 - (\mu_1 - \mu_2)) \leqslant \frac{\nu p}{\nu - p + 1} F_\alpha(p, \nu - p + 1)$$

例 2.6 (当 $\Sigma_1 \neq \Sigma_2$ 时的 T^2 近似分布)我们用例 2.5 中有空调设备和无空调设备住宅用电量的数据和计算结果来表明这些计算可以得到一个总体协方差矩阵不相等时的近似 T^2 分布。

解: 计算

$$\frac{S_1}{n_1} \left(\frac{S_1}{n_1} + \frac{S_2}{n_2} \right)^{-1} = \begin{bmatrix} 0.776 & -0.060 \\ -0.092 & 0.646 \end{bmatrix}$$

$$\frac{S_2}{n_2} \left(\frac{S_1}{n_1} + \frac{S_2}{n_2} \right)^{-1} = \begin{bmatrix} 0.224 & -0.060 \\ -0.092 & 0.354 \end{bmatrix}$$

于是

$$\frac{1}{n_1} \left\{ \mathrm{tr} \left[\left(\frac{S_1}{n_1} \left(\frac{S_1}{n_1} + \frac{S_2}{n_2} \right)^{-1} \right)^2 \right] + \left(\mathrm{tr} \left[\frac{S_1}{n_1} \left(\frac{S_1}{n_1} + \frac{S_2}{n_2} \right)^{-1} \right] \right)^2 \right\}$$

$$= \frac{1}{45} \left[(0.608 + 0.423) + (0.776 + 0.646)^2 \right] = 0.067\,8$$

$$\frac{1}{n_2} \left\{ \mathrm{tr} \left[\left(\frac{S_2}{n_2} \left(\frac{S_1}{n_1} + \frac{S_2}{n_2} \right)^{-1} \right)^2 \right] + \left(\mathrm{tr} \left[\frac{S_2}{n_2} \left(\frac{S_1}{n_1} + \frac{S_2}{n_2} \right)^{-1} \right] \right)^2 \right\}$$

$$= \frac{1}{55} \left[(0.055 + 0.131) + (0.224 + 0.354)^2 \right] = 0.009\,5$$

自由度为

$$\nu = \frac{2 + 2^2}{0.067\,8 + 0.009\,5} = 77.6$$

且 $\alpha = 0.05$ 时的临界值为

$$\frac{\nu p}{\nu - p + 1} F_\alpha(p, \nu - p + 1) = \frac{77.6 \times 2}{77.6 - 2 + 1} \times 3.12 = 6.32$$

故拒绝 H_0,这与例 2.5 中大样本过程得到的结论一致。

2.5 成对试验的统计量

在前面的讨论中,我们假定了两个样本 $X_{(1)}, X_{(2)}, \cdots, X_{(n)}$ 和 $Y_{(1)}, Y_{(2)}, \cdots, Y_{(n)}$ 是相互独立的。但是在不少实际问题中,两个样本是不可能独立的。例如,观测值 $X_{(1)}$,

$X_{(2)}$，$\cdots$，$X_{(n)}$ 表示 n 家工业企业上一年的指标向量,而观测值 $Y_{(1)}$，$Y_{(2)}$，$\cdots$，$Y_{(n)}$ 表示这 n 家工业企业今年的相同指标向量。来自上一年和今年这两个总体的样本数据不一定是彼此独立的,而可能是成对出现的。有时为了考察不同的试验条件下,研究所关心的观测值是否产生明显变动,人们会将不同条件下的试验测量值记录下来,通过比较试验条件实施前后的测量值的情况来确定该条件是否"重要"。比如,对一种新管理方案实施前后公司的生产能力指标的研究和临床试验新药的治疗效果。

　　为了对两种试验条件进行比较或判断是否发生了某种试验条件的改变,可以将试验条件的改变具体到相同的单元(如服药的病人、管理方案改革前后的生产车间等)。通过计算成对响应之差,消除两个样本个体之间的差异,从而得到统计误差更小的统计推断结论。成对试验的统计量的研究具有重要的实践意义。

　　设 (X_i, Y_i)，$i = 1, 2, \cdots, n(n > p)$ 是成对试验的数据,对于假设:

$$H_0 : \mu_1 = \mu_2, \ H_1 : \mu_1 \neq \mu_2 \tag{2.17}$$

可令

$$d_{(\alpha)} = X_{(\alpha)} - Y_{(\alpha)}, \ \alpha = 1, 2, \cdots, n$$

　　又设 $d_{(1)}$，$d_{(2)}$，$\cdots$，$d_{(n)}$ 独立同分布于 $N_p(\delta, \Sigma)$,其中,$\Sigma > 0$，$\delta = \mu_1 - \mu_2$。μ_1 和 μ_2 分别是总体 X 和总体 Y 的均值向量。则假设(2.17)可以等价于:

$$H_0 : \delta = 0, \ H_1 : \delta \neq 0 \tag{2.18}$$

这样两个总体的均值比较检验问题就可以化为单个总体的情形。当 $p = 1$ 时,取检验统计量为

$$T^2 = n\bar{d}^{\mathrm{T}} S_d^{-1} \bar{d} \sim T^2(p, n-1) \tag{2.19}$$

其中,$S_d = \dfrac{1}{n-1} \displaystyle\sum_{\alpha=1}^{n} (d_{(\alpha)} - \bar{d})(d_{(\alpha)} - \bar{d})^{\mathrm{T}}$,由于 $\dfrac{n-p}{(n-1)p} T^2(p, n-1) \sim F(p, n-p)$,所以,当 $T^2 > \dfrac{(n-1)p}{n-p} F_\alpha(p, n-p)$ 时,拒绝 H_0。

2.6　多个总体均值向量的比较检验——多元方差分析

　　我们常常需要对两个以上的总体进行比较,多元方差分析首先被用来研究这些总体的均值是否相等,即它们是否为同一个正态总体。

　　对于作多元方差分析的总体有一些数据结构假设:

　　(1) 设 $X_{(1)}^{(i)}$，$X_{(2)}^{(i)}$，$\cdots$，$X_{(n_i)}^{(i)}$ 为来自均值为 μ_i 的总体的容量为 n_i 的随机样本,$i = 1$，$2, \cdots, k$,且来自不同总体的样本相互独立。

　　(2) 所有总体均具有共同的协方差矩阵 Σ。

（3）每个总体均为多元正态总体，当所有样本容量 n_i 均充分大时，根据中心极限定理，可将每个总体是正态的条件放宽。

设有 k 个 p 元总体 π_i，满足 $\pi_i \sim N_p(\mu_i, \Sigma)$，$i = 1, 2, \cdots, k$。从 k 个总体中各自独立地抽取一个样本 $X^{(i)}_{(1)}, X^{(i)}_{(2)}, \cdots, X^{(i)}_{(n_i)}$，$i = 1, 2, \cdots, k$，现欲检验假设：

$$H_0: \mu_1 = \mu_2 = \cdots = \mu_k, \quad H_1: \mu_i \text{ 不全相等}, i = 1, 2, \cdots, k \tag{2.20}$$

首先回忆一元情形，记：

$$\text{总偏差平方和 } SST = \sum_{i=1}^{k} \sum_{j=1}^{n_i} (X^{(i)}_{(j)} - \bar{X})^2$$

$$\text{组内偏差平方和 } SSE = \sum_{i=1}^{k} \sum_{j=1}^{n_i} (X^{(i)}_{(j)} - \bar{X}^{(i)})^2$$

$$\text{组间偏差平方和 } SSA = \sum_{i=1}^{k} n_i (\bar{X}^{(i)} - \bar{X})^2$$

其中，$\bar{X} = \dfrac{1}{n} \sum_{i=1}^{k} \sum_{j=1}^{n_i} X^{(i)}_{(j)}$，$n = \sum_{i=1}^{k} n_i$，$\bar{X}^{(i)} = \dfrac{1}{n_i} \sum_{j=1}^{n_i} X^{(i)}_{(j)}$。可以证明平方和分解公式：$SST = SSE + SSA$。

若 H_0 为真，如果总偏差平方和 SST 固定不变，那么组间偏差平方和 SSA 应该相对比较小，而组内偏差平方和 SSE 应该相对比较大，故 SSA/SSE 应很小。据此，选取统计量为

$$F = \frac{SSA/k-1}{SSE/n-k} \sim F(k-1, n-k)$$

显著性水平 α 下，拒绝域 $W = \{F > F_\alpha(k-1, n-k)\}$。

其次考虑 $p > 1$ 的情形，记：

$$\text{总离差矩阵 } SST = \sum_{i=1}^{k} \sum_{j=1}^{n_i} (X^{(i)}_{(j)} - \bar{X})(X^{(i)}_{(j)} - \bar{X})^\mathrm{T} \tag{2.21}$$

$$\text{组内离差矩阵 } SSE = \sum_{i=1}^{k} \sum_{j=1}^{n_i} (X^{(i)}_{(j)} - \bar{X}^{(i)})(X^{(i)}_{(j)} - \bar{X}^{(i)})^\mathrm{T} \tag{2.22}$$

$$\text{组间离差矩阵 } SS(TR) = \sum_{i=1}^{k} n_i (\bar{X}^{(i)} - \bar{X})(\bar{X}^{(i)} - \bar{X})^\mathrm{T} \tag{2.23}$$

其中，$\bar{X} = \dfrac{1}{n} \sum_{i=1}^{k} \sum_{j=1}^{n_i} X^{(i)}_{(j)}$，$n = \sum_{i=1}^{k} n_i$。再令 $\bar{X}^{(i)} = \dfrac{1}{n_i} \sum_{j=1}^{n_i} X^{(i)}_{(j)}$，则 $SST = SSE + SS(TR)$，这是因为

$$SST = \sum_{i=1}^{k} \sum_{j=1}^{n_i} (X^{(i)}_{(j)} - \bar{X})(X^{(i)}_{(j)} - \bar{X})^\mathrm{T}$$

$$= \sum_{i=1}^{k} \sum_{j=1}^{n_i} (X^{(i)}_{(j)} - \bar{X}^{(i)} + \bar{X}^{(i)} - \bar{X})(X^{(i)}_{(j)} - \bar{X}^{(i)} + \bar{X}^{(i)} - \bar{X})^\mathrm{T}$$

$$= \sum_{i=1}^{k} \sum_{j=1}^{n_i} (X_{(j)}^{(i)} - \bar{X}^{(i)})(X_{(j)}^{(i)} - \bar{X}^{(i)})^{\mathrm{T}} + \sum_{i=1}^{k} \sum_{j=1}^{n_i} (\bar{X}^{(i)} - \bar{X})(\bar{X}^{(i)} - \bar{X})^{\mathrm{T}}$$

$$= \sum_{i=1}^{k} \sum_{j=1}^{n_i} (X_{(j)}^{(i)} - \bar{X}^{(i)})(X_{(j)}^{(i)} - \bar{X}^{(i)})^{\mathrm{T}} + \sum_{i=1}^{k} n_i (\bar{X}^{(i)} - \bar{X})(\bar{X}^{(i)} - \bar{X})^{\mathrm{T}}$$

$$= SSE + SS(TR)$$

SST、SSE、$SS(TR)$ 分别称为总平方和及叉积和矩阵、误差(或组内)平方和及叉积和矩阵(简称为组内矩阵),以及处理(或组间)平方和及叉积和矩阵(简称组间矩阵),它们分别具有自由度 $(n-1)$、$(n-k)$ 和 $(k-1)$。 采用似然比方法,构造威尔克斯检验统计量 $\Lambda = \dfrac{|SSE|}{|SSE + SS(TR)|}$,当原假设 H_0 为真时,即当来自各总体的样本均值都相同时,有

$$\Lambda = \frac{|SSE|}{|SSE + SS(TR)|} \sim \Lambda(p, k-1, n-k)$$

因此,对给定的显著性水平 α,拒绝域为:若 $\Lambda > \Lambda_\alpha(p, k-1, n-k)$,则拒绝 H_0。

当原假设 H_0 为真时:

$$P(\{\Lambda \leqslant \Lambda_\alpha(p, k-1, n-k)\}) = 1 - \alpha$$

值得注意的是,$\mu_1, \mu_2, \cdots, \mu_k$ 之间无显著差异,并不意味着它们的分量之间也都无显著差异;同样,$\mu_1, \mu_2, \cdots, \mu_k$ 之间有显著差异,也不意味着它们一定存在有显著差异的分量。但无论如何,当多元检验和一元检验不一致时,我们一般采用多元检验的结论而非一元检验的结论。但如果多元检验拒绝了 $H_0: \mu_1 = \mu_2 = \cdots = \mu_k$,即认为 $\mu_1, \mu_2, \cdots, \mu_k$ 中至少有两个分量有显著差异,我们还应当对其各分量进行一元方差检验分析,以证明是否存在分量或者说是哪些分量对拒绝 $H_0: \mu_1 = \mu_2 = \cdots = \mu_k$ 起了较大作用。同样,我们也可以对 $\mu_1, \mu_2, \cdots, \mu_k$ 中的每两个分量作相等性检验。

例 2.7　为研究某重疾病,对一批人测量了 4 个指标:β 脂蛋白 X_1,甘油三酯 X_2,α 脂蛋白 X_3,前 β 脂蛋白 X_4。 按不同性别、不同年龄将他们分为 3 组:Ⅰ组为 20～35 岁的女性,Ⅱ组为 20～35 岁的男性,Ⅲ组为 35～50 岁的男性。身体指标化验数据如表 2.4 所示。假定 3 个组的协方差矩阵相同,试问 3 个组的均值向量之间在显著性水平 $\alpha = 0.05$ 下是否有显著差异?

表 2.4　身体指标化验数据

序号	β 脂蛋白			甘油三酯			α 脂蛋白			前 β 脂蛋白		
	Ⅰ	Ⅱ	Ⅲ	Ⅰ	Ⅱ	Ⅲ	Ⅰ	Ⅱ	Ⅲ	Ⅰ	Ⅱ	Ⅲ
1	260	310	320	75	122	64	40	30	39	18	21	17
2	200	310	260	72	60	59	34	35	37	17	18	11
3	240	190	360	87	40	88	45	27	28	18	15	26
4	170	225	295	65	65	100	39	34	36	17	16	12

(续表)

序号	β 脂蛋白			甘油三酯			α 脂蛋白			前 β 脂蛋白		
	I	II	III	I	II	III	I	II	III	I	II	III
5	270	170	270	110	65	65	39	37	32	24	16	21
6	205	210	380	130	82	114	34	31	36	23	17	21
7	190	280	240	69	67	55	27	37	42	15	18	10
8	200	210	260	46	38	55	45	36	34	15	17	20
9	250	280	260	117	65	110	21	30	29	20	23	20
10	200	200	295	107	76	73	28	40	33	20	17	21
11	225	200	240	130	76	114	36	39	38	11	20	18
12	210	280	310	125	94	103	26	26	32	17	11	18
13	170	190	330	64	60	112	31	33	21	14	17	11
14	270	295	345	76	55	127	33	30	24	13	16	20
15	190	270	250	60	125	62	34	24	22	16	21	16
16	280	280	260	81	120	59	20	32	21	18	18	19
17	310	240	225	119	62	100	25	32	34	15	20	30
18	270	280	345	57	69	120	31	29	36	8	20	18
19	250	370	360	67	70	107	31	30	25	14	20	23
20	260	280	250	135	40	117	39	37	36	29	17	16

解: 比较 3 个组 ($k=3$) 的 4 项指标 ($p=4$) 间是否有差异问题,就是多总体均值向量是否相等的检验问题。设第 i 组为 4 元总体 $N_4(\mu_i, \Sigma)(i=1, 2, 3)$,来自 3 个总体的样本容量 $n_1=n_2=n_3=20$,检验:

$$H_0:\mu_1=\mu_2=\mu_3, \quad H_1:\mu_i \text{ 不全相等}, i=1, 2, 3$$

而

$$SSE = \sum_{i=1}^{3} \sum_{j=1}^{20} (X_{(j)}^{(i)} - \bar{X}^{(i)})(X_{(j)}^{(i)} - \bar{X}^{(i)})^{\mathrm{T}}$$

$$SS(TR) = \sum_{i=1}^{3} 20(\bar{X}^{(i)} - \bar{X})(\bar{X}^{(i)} - \bar{X})^{\mathrm{T}}$$

由公式及样本值计算得

$$\bar{X}^{(i)} = \frac{1}{n_i} \sum_{j=1}^{n_i} X_{(j)}^{(i)} = \frac{1}{20} \sum_{j=1}^{20} X_{(j)}^{(i)}$$

$$\bar{X}^{(1)} = \begin{pmatrix} 231.0 \\ 89.6 \\ 32.9 \\ 17.1 \end{pmatrix}, \quad \bar{X}^{(2)} = \begin{pmatrix} 253.5 \\ 72.55 \\ 32.45 \\ 17.9 \end{pmatrix}, \quad \bar{X}^{(3)} = \begin{pmatrix} 292.75 \\ 90.2 \\ 31.75 \\ 18.4 \end{pmatrix}$$

$$\bar{X} = \frac{1}{n} \sum_{i=1}^{k} \sum_{j=1}^{n_i} X_{(j)}^{(i)} = \frac{1}{n} \sum_{i=1}^{k} n_i \frac{1}{n_i} \sum_{j=1}^{n_i} X_{(j)}^{(i)} = \frac{1}{3} \sum_{i=1}^{3} \bar{X}^{(i)} = \begin{pmatrix} 259.08 \\ 84.12 \\ 32.37 \\ 17.8 \end{pmatrix}$$

$$SS(TR) = \sum_{i=1}^{3} 20(\bar{X}^{(i)} - \bar{X})(\bar{X}^{(i)} - \bar{X})^{\mathrm{T}} = \sum_{i=1}^{3} 20\bar{X}^{(i)}\bar{X}^{(i)\mathrm{T}} - 60\bar{X}\bar{X}^{\mathrm{T}}$$
$$= \begin{pmatrix} 39\,065.83 & * & * & * \\ 2\,307.92 & 4\,017.23 & * & * \\ -724.08 & -35.82 & 13.43 & * \\ 786 & -26.9 & -14.7 & 17.2 \end{pmatrix}$$

$$SST = \sum_{i=1}^{3} \sum_{j=1}^{20} (X_{(j)}^{(i)} - \bar{X})(X_{(j)}^{(i)} - \bar{X})^{\mathrm{T}} = \sum_{i=1}^{3} \sum_{j=1}^{20} X_{(j)}^{(i)} X_{(j)}^{(i)\mathrm{T}} - 60\bar{X}\bar{X}^{\mathrm{T}}$$
$$= \begin{pmatrix} 164\,474.58 & * & * & * \\ 25\,586.42 & 44\,484.18 & * & * \\ -4\,674.83 & -1\,973.57 & 2\,095.93 & * \\ 2\,534 & 2\,139.4 & -41.6 & 1\,041.4 \end{pmatrix}$$

进一步计算可得

$$SSE = SST - SS(TR) = \begin{pmatrix} 125\,408.75 & * & * & * \\ 23\,278.5 & 40\,466.95 & * & * \\ -3\,950.75 & -1\,937.75 & 2\,082.5 & * \\ 1\,748 & 2\,166.3 & -26.9 & 1\,024.2 \end{pmatrix}$$

似然比统计量

$$\Lambda(p, k-1, n-k) = \Lambda(4, 2, 57) = \frac{|SSE|}{|SSE + SS(TR)|} = 0.662\,1$$

利用威尔克斯统计量 Λ 的性质,取检验统计量为 F 统计量:当 $n_1 = 2$ 时,$F = \dfrac{n_2 - p + 1}{p} \cdot$

$\dfrac{1 - \sqrt{\Lambda(p, 2, n_2)}}{\sqrt{\Lambda(p, 2, n_2)}} \sim F(2p, 2(n_2 - p + 1))$,进一步计算得

$$\frac{57 - 4 + 1}{4} \cdot \frac{1 - \sqrt{0.662\,1}}{\sqrt{0.662\,1}} = 3.091 > F_{0.05}(8, 2 \times 54) = 2.68$$

所以拒绝 H_0,三组的均值向量之间有显著差异。

2.7 均值分量间结构关系的检验

实践问题可能不仅仅是检验参数向量或者参数矩阵的取值问题,更多地可能是检验含参数的函数取值问题。本节主要讨论检验均值向量的分量之间是否存在某一指定的线性结构关系问题。

2.7.1 单个总体均值分量间结构关系的检验

设 $X_{(1)}$, $X_{(2)}$, $\cdots$, $X_{(n)}$ 是取自多元正态总体 $N_p(\mu, \Sigma)$ 的样本,其中 $\Sigma > 0$, $n > p$。上一节中我们讨论了如何利用这一样本来检验均值向量是否等于一个指定的向量值。在实际问题中,有时我们也需要检验均值向量的分量之间是否存在某一指定的线性结构关系,也就是检验假设:

$$H_0: C\mu = \varphi, \quad H_1: C\mu \neq \varphi$$

其中,C 为一已知的 $k \times p$ 矩阵,且 $k < p$, $\mathrm{rank}(C) = k$, φ 为已知的 k 维向量。根据多元正态分布的性质:$CX \sim N_k(C\mu, C\Sigma C^{\mathrm{T}})$, $C\Sigma C^{\mathrm{T}} \geqslant 0$, 显然有

$$\mathrm{rank}(C\Sigma C^{\mathrm{T}}) = \mathrm{rank}\left[C\Sigma^{\frac{1}{2}}(C\Sigma^{\frac{1}{2}})^{\mathrm{T}}\right] = \mathrm{rank}(C\Sigma^{\frac{1}{2}}) = \mathrm{rank}(C) = k$$

所以 $C\Sigma C^{\mathrm{T}} > 0$。 因此,我们可以用上一节检验假设:$H_0: \mu = \mu_0$ 的方法来检验假设 $H_0: C\mu = \varphi$, $H_1: C\mu \neq \varphi$,检验统计量为

$$T^2 = n(C\bar{X} - \varphi)^{\mathrm{T}}(CSC^{\mathrm{T}})^{-1}(C\bar{X} - \varphi) \sim T^2(k, n-1)$$

在给定的显著性水平 α 下,若 $T^2 > T_\alpha^2 = \dfrac{(n-1)k}{n-k} F_\alpha(k, n-k)$,则拒绝 H_0。 其中 $F_\alpha(k, n-k)$ 是 $F_\alpha(k, n-k)$ 的上 α 分位点。

特别地,若假设 $H_0: C\mu = \varphi$, $H_1: C\mu \neq \varphi$ 中的 $\varphi = 0$,即欲检验:

$$H_0: C\mu = 0, \quad H_1: C\mu \neq 0$$

则上述 T^2 可简化为 $T^2 = n\bar{X}^{\mathrm{T}}C^{\mathrm{T}}(CSC^{\mathrm{T}})^{-1}C\bar{X}$。

例 2.8 设 $X \sim N_p(\mu, \Sigma)$, $X_{(1)}$, $X_{(2)}$, $\cdots$, $X_{(n)}$ 是取自多元正态总体 $N_p(\mu, \Sigma)$ 的样本,其中 $\Sigma > 0$, $n > p$。 试检验假设:$H_0: \mu_1 = \mu_2 = \cdots = \mu_p$, $H_1: \mu_i$ 不全相等,$i = 1$, 2, $\cdots$, p。

解:令

$$C = \begin{pmatrix} 1 & -1 & \cdots & 0 \\ 1 & 0 & \cdots & 0 \\ \vdots & \vdots & \cdots & \vdots \\ 1 & 0 & \cdots & -1 \end{pmatrix}$$

则上述假设变为 $H_0 : C\mu = 0$，$H_1 : C\mu \neq 0$，并且 $C = (C_{ij})_{(p-1)\times p}$，$\mathrm{rank}(C) = p-1$，因此检验统计量为 $T^2 = n(C\bar{X})^{\mathrm{T}}(CSC^{\mathrm{T}})^{-1}(C\bar{X}) \sim T^2(p-1, n-1)$。

拒绝域为

$$T^2 > T_a^2 = \frac{(n-1)(p-1)}{n-p+1} F_a(p-1, n-p+1)$$

由于 C 是行满秩的，且每行均为对比向量（即有一个 1 和一个 -1，其余皆为 0），因此称 C 为**对比矩阵**。

应该指出：①该例中对比矩阵 C 的选择不是唯一的，比如也可以选取对比矩阵为

$$C^* = \begin{pmatrix} 1 & -1 & 0 & \cdots & 0 \\ 0 & 1 & -1 & \cdots & 0 \\ \vdots & \vdots & \vdots & \cdots & \vdots \\ 0 & 0 & 0 & \cdots & -1 \end{pmatrix}$$

所得的结果是不变的。②该例的假设 $H_0 : \mu_1 = \mu_2 = \cdots = \mu_p$ 与一元方差分析中的假设形式上是一样的，但这是两个不同的假设检验问题。因为 X 的 p 个分量 X_1，X_2，$\cdots$，X_p 未必是相互独立的，并且它们的方差也未必相等，因此也就未必满足一元方差分析模型的基本假设条件。

例 2.9　对某地区农村的 6 名 2 周岁男婴的身高、胸围、上半臂围进行测量，得样本数据如表 2.5 所示。假定人类有这样一个一般规律：身高、胸围、上半臂围的平均尺寸比例为 6：4：1，试检验表中数据在显著性水平 $\alpha = 0.01$ 下是否符合这一规律？

表 2.5　某地区农村男婴的体格测量数据

男婴	身高/cm	胸围/cm	上半臂围/cm
1	78	60.6	16.5
2	76	58.1	12.5
3	92	63.2	14.5
4	81	59.0	14.0
5	81	60.8	15.5
6	84	59.5	14.0

解：希望检验表 2.5 中的数据是否符合这一规律，也就是欲检验：

$$H_0 : \frac{1}{6}\mu_1 = \frac{1}{4}\mu_2 = \mu_3, \quad H_1 : \frac{1}{6}\mu_1, \frac{1}{4}\mu_2, \mu_3 \text{ 至少有两个不等}$$

令

$$C = \begin{pmatrix} 2 & -3 & 0 \\ 1 & 0 & -6 \end{pmatrix}$$

则上面假设可表达为

$$H_0:C\mu=0,\ H_1:C\mu\neq0$$

其中，$C=(C_{ij})_{2\times3}$，$\mathrm{rank}(C)=2$，$k=2$，$p=3$，$n=6$，因此，检验统计量为

$$T^2=n(C\bar{X})^{\mathrm{T}}(CSC^{\mathrm{T}})^{-1}(C\bar{X})\sim T^2(k,\ n-1)$$

拒绝域为

$$T^2>T_\alpha^2=\frac{(n-1)k}{n-k}F_\alpha(k,\ n-k)=\frac{5\times2}{4}F_{0.01}(2,\ 4)=\frac{5}{2}\times18.0=45$$

经计算，

$$\bar{X}=\begin{pmatrix}82.0\\60.2\\14.5\end{pmatrix},\ S=\begin{pmatrix}31.600&*&*\\8.040&3.172&*\\0.500&1.310&1.900\end{pmatrix}$$

所以 $T^2=n(C\bar{X})^{\mathrm{T}}(CSC^{\mathrm{T}})^{-1}(C\bar{X})=50.700>45$，即拒绝 H_0，认为这组数据与人类认知的一般规律不一致。

2.7.2　两个总体均值分量间结构关系的检验

在上节中检验单个总体的假设：$H_0:C\mu=\varphi$ 的方法可以推广到两个总体的情形。设两个总体：$X\sim N_p(\mu_1,\Sigma)$ 和 $Y\sim N_p(\mu_2,\Sigma)$，$X_{(1)},X_{(2)},\cdots,X_{(n_1)}$ 和 $Y_{(1)},Y_{(2)},\cdots,Y_{(n_2)}$ 分别为取自总体 $X\sim N_p(\mu_1,\Sigma)$ 和总体 $Y\sim N_p(\mu_2,\Sigma)$ 的两个独立的样本，$\Sigma>0$，$n_1>p$，$n_2>p$，欲检验

$$H_0:C(\mu_1-\mu_2)=\varphi,\ H_1:C(\mu_1-\mu_2)\neq\varphi \tag{2.24}$$

其中，$C=(c_{ij})_{k\times p}$，$k<p$，$\mathrm{rank}(C)=k$。φ 为一已知的 k 维向量。又

$$C(\bar{X}-\bar{Y})\sim N_k\left(C(\mu_1-\mu_2),\frac{n_1+n_2}{n_1n_2}C\Sigma C^{\mathrm{T}}\right)$$

取检验统计量为

$$T^2=\frac{n_1+n_2}{n_1n_2}\left[C(\bar{X}-\bar{Y})-\varphi\right]^{\mathrm{T}}(CS_pC^{\mathrm{T}})^{-1}\left[C(\bar{X}-\bar{Y})-\varphi\right]\sim T^2(k,\ n_1+n_2-2)$$

$$\tag{2.25}$$

其中，$S_p=\dfrac{(n_1-1)S_1+(n_2-1)S_2}{n_1+n_2-1}$ 是 Σ 的联合无偏估计。因此，若 $T^2\geqslant T_\alpha^2=\dfrac{(n_1+n_2-2)k}{n_1+n_2-k-1}F_\alpha(k,\ n_1+n_2-k-1)$，则拒绝 H_0。

例 2.10　某种产品有甲、乙 2 种品牌，从甲产品批和乙产品批中分别随机抽取 5 个样品并测得相同的 5 个指标，数据列于表 2.6 中。试问甲、乙 2 种品牌的每个指标的差异在显著

性水平 $\alpha = 0.05$ 下是否有显著不同?

表 2.6　甲、乙 2 种品牌产品的指标值

指标		样品				
		1	2	3	4	5
甲	1	11	18	15	18	15
	2	33	27	31	21	17
	3	20	28	27	23	19
	4	18	26	18	18	9
	5	22	23	22	16	10
乙	1	18	17	20	18	18
	2	31	24	31	26	20
	3	14	16	17	20	17
	4	25	24	31	26	18
	5	36	28	24	26	29

解：该题是要检验假设

$$H_0 : C(\mu_1 - \mu_2) = 0, \ H_1 : C(\mu_1 - \mu_2) \neq 0$$

并且，$n_1 = n_2 = p = 5$，$k = 4$。其中，

$$C = \begin{pmatrix} 1 & -1 & 0 & 0 & 0 \\ 0 & 1 & -1 & 0 & 0 \\ 0 & 0 & 1 & -1 & 0 \\ 0 & 0 & 0 & 1 & -1 \end{pmatrix}$$

取检验统计量为

$$T^2 = \frac{n_1 n_2}{n_1 + n_2} [C(\bar{X} - \bar{Y})]^{\mathrm{T}} (CS_p C^{\mathrm{T}})^{-1} [C(\bar{X} - \bar{Y})]$$

$$= 2.5 [C(\bar{X} - \bar{Y})]^{\mathrm{T}} (CS_p C^{\mathrm{T}})^{-1} [C(\bar{X} - \bar{Y})]$$

经计算，$(\bar{X} - \bar{Y}) = (4, -2.6, 2, 4, 6.4)^{\mathrm{T}}$

$$S_p = \frac{A_1 + A_2}{n_1 + n_2 - 2} = \begin{pmatrix} 72.7 & * & * & * & * \\ 33.025 & 21.25 & * & * & * \\ 41.65 & 21.3 & 41.3 & * & * \\ 18.675 & 12.725 & 16.35 & 11.45 & * \\ 22.3 & 11.925 & 9.85 & 10.2 & 21.65 \end{pmatrix}$$

又

$$C = \begin{pmatrix} 1 & -1 & 0 & 0 & 0 \\ 0 & 1 & -1 & 0 & 0 \\ 0 & 0 & 1 & -1 & 0 \\ 0 & 0 & 0 & 1 & -1 \end{pmatrix}$$

于是

$$T^2 = 2.5 [C(\bar{X} - \bar{Y})]^T (CS_pC^T)^{-1} [C(\bar{X} - \bar{Y})]$$
$$= 2.5 \times 14.2582 = 35.645$$

由于拒绝域为

$$T^2 \geqslant T_\alpha^2 = \frac{(n_1 + n_2 - 2)k}{n_1 + n_2 - k - 1} F_\alpha(k, n_1 + n_2 - k - 1)$$
$$= \frac{8 \times 4}{5} F_{0.05}(4, 5) = 6.4 \times 5.19 = 33.216$$

而 $T^2 = 35.645 > 33.216$，所以拒绝 H_0，即甲、乙两种品牌的每个指标的差异有显著不同。

2.8　均值向量的大样本推断

　　前面我们是在多元正态总体的假定下对总体均值向量进行了统计推断，但在实践中，即使一元正态性的假定往往也不易（近似）得到满足，更何况多元正态性假设的确定。所幸的是，只要样本容量足够大，对总体均值向量的推断就不一定依赖于正态性的假定。

　　设 $X_1, X_2, \cdots, X_n$ 是来自均值为 μ，协方差矩阵为 $\Sigma(>0)$ 的总体的一个（简单随机）样本。由于 $n(\bar{X} - \mu)^T \Sigma^{-1} (\bar{X} - \mu)$ 服从于自由度为 p 的卡方分布，因此，当 n 很大且 n 相对于 p 也很大时，用 S 代替 Σ 也有

$$n(\bar{X} - \mu)^T S^{-1} (\bar{X} - \mu) \text{ 近似服从 } \chi^2(p)$$

　　由此可得到类似于正态总体的近似统计推断结果。也就是，检验假设 $H_0: \mu = \mu_0$ 的拒绝规则为

$$\text{若 } n(\bar{X} - \mu_0)^T S^{-1} (\bar{X} - \mu_0) \geqslant \chi_\alpha^2(p)，\text{则拒绝 } H_0$$

其中，$\chi_\alpha^2(p)$ 是 $\chi^2(p)$ 的上 α 分位点。μ 在置信度是 $1 - \alpha$ 的近似置信区间为

$$\{\mu: n(\bar{X} - \mu_0)^T S^{-1} (\bar{X} - \mu_0) \leqslant \chi_\alpha^2(p)\}$$

$\{a^T \mu, a \in R^p\}$ 在置信度是 $1 - \alpha$ 的近似置信区间为

$$\{a^T \mu: a^T \bar{X} \pm \sqrt{\chi_\alpha^2(p)} \sqrt{a^T Sa} / \sqrt{n}\}$$

用 $u_{\frac{\alpha}{2k}}$ 替代 $t_{\frac{\alpha}{2k}}(n-1)$，可得到 $\{a_i^{\mathrm{T}}\mu, i=1, 2, \cdots, k\}$ 在置信度是 $1-\alpha$ 的近似邦弗伦尼置信区间为

$$\{a_i^{\mathrm{T}}\mu : a_i^{\mathrm{T}}\overline{X} \pm u_{\frac{\alpha}{2k}} \sqrt{a_i^{\mathrm{T}}Sa_i} / \sqrt{n}, i=1, 2, \cdots, k\}$$

其中，$u_{\frac{\alpha}{2k}}$ 是 $N(0, 1)$ 的上 $\frac{\alpha}{2k}$ 分位点。我们知道，t 分位点 $t_{\frac{\alpha}{2k}}(n-1)$ 随 n 的增大而递减，并以 $u_{\frac{\alpha}{2k}}$ 为极限。类似地，$T_\alpha^2(p, n-1)$ 也随 n 的增大而递减，并以 $\chi_\alpha^2(p)$ 为极限，当 n 相对于 p 较大时，$T_\alpha^2(p, n-1)$ 可用 $\chi_\alpha^2(p)$ 近似。

2.9　观测值缺损时均值向量的推断

人们常常得不到观测向量的某些分量值。当记录设备发生故障、信息被遗漏或者忽视，或者获取成本太高甚至无法获取时，就会出现这种情况。当数据缺损是一种随机缺损，或者说当数据缺损的概率不受变量值的影响时，就有可能对观测值缺损问题进行处理。

邓布斯特（Dempster）等人提出了一种从不完全数据出发计算其极大似然估计的一般方法，被称为 EM 算法。算法主要由两个步骤的迭代计算组成，这两个步骤分别称为预测步骤和估计步骤。预测步骤是给定未知参数的某一估计 $\tilde{\theta}$，预测任何缺损观测值对（完全数据）充分统计量的贡献；估计步骤是利用预测得到的充分统计量计算参数的修正估计。从一步到另一步的计算循环往复地进行，直到由相继两次迭代所得出的修正估计之间没有明显差异时为止。

当观测值 $X_1, X_2, \cdots, X_n$ 为来自 p 元正态总体的随机样本时，这个预测—估计算法是以完全数据的充分统计量 $T_1 = n\overline{X}$ 及 $T_2 = (n-1)S + n\overline{X}\,\overline{X}^{\mathrm{T}}$ 为依据的。在此种情形下，算法的具体步骤如下（假定总体均值 μ 与方差 Σ 未知）：

1. 预测步骤

对每一具有缺损值的向量 x_j，记 $x_j^{(1)}$ 为其缺损的分量，$x_j^{(2)}$ 为其可获得分量。于是 $x_j^{\mathrm{T}} = [(x_j^{(1)})^{\mathrm{T}}, (x_j^{(2)})^{\mathrm{T}}]$。

设由估计步骤算出的估计值 $\tilde{\mu}$ 和 $\tilde{\Sigma}$ 给定，在 $x^{(2)}$ 给定的条件下，利用 $x^{(1)}$ 的条件正态分布的均值来估计缺损值，即用

$$\tilde{x}_j^{(1)} = E(X_j^{(1)} \mid x_j^{(2)}; \tilde{\mu}, \tilde{\Sigma}) = \tilde{\mu}^{(1)} + \tilde{\Sigma}_{12}\tilde{\Sigma}_{22}^{-1}(x_j^{(2)} - \tilde{\mu}^{(2)})$$

来估计 $x_j^{(1)}$ 对 T_1 的贡献。然后预测出 $x_j^{(1)}$ 对 T_2 的贡献为

$$\widetilde{x_j^{(1)}(x_j^{(1)})}^{\mathrm{T}} = E(X_j^{(1)}(X_j^{(1)})^{\mathrm{T}} \mid x_j^{(2)}; \tilde{\mu}, \tilde{\Sigma}) = \tilde{\Sigma}_{11} - \tilde{\Sigma}_{12}\tilde{\Sigma}_{22}^{-1}\tilde{\Sigma}_{21} + \tilde{x}_j^{(1)}(\tilde{x}_j^{(1)})^{\mathrm{T}}$$

和

$$\widetilde{x_j^{(1)}(x_j^{(2)})}^{\mathrm{T}} = E(X_j^{(1)}(X_j^{(2)})^{\mathrm{T}} \mid x_j^{(2)}; \tilde{\mu}, \tilde{\Sigma}) = \tilde{x}_j^{(1)}(\tilde{x}_j^{(2)})^{\mathrm{T}}$$

将上式中的贡献对所有含缺损分量 x_j 求和,由此可计算 $\tilde{T}_1$ 和 $\tilde{T}_2$。

2. 估计步骤

计算修正后的极大似然估计值

$$\tilde{\mu} = \frac{\tilde{T}_1}{n}, \ \tilde{\Sigma} = \frac{1}{n}\tilde{T}_2 - \tilde{\mu}\tilde{\mu}^{\mathrm{T}}$$

备注:这里所讨论的预测—估计算法,其基础是要求分量观测值的缺损是一种随机缺损。若缺损值与响应水平有关,则用这种方法处理缺损值可能给估计方法带来严重偏差。但一般情况下,缺损值与被测量的响应有关。因此,即使数据的丢失是随机的,我们也应对任何一种用作弥补的计算方法持怀疑态度。当缺损值不止少数几个时,对研究者来说,寻找分析产生此种现象的原因也是绝对必要的。

2.10 协方差矩阵的检验

实践中有关总体均值参数的假设检验比较常见,但有时也需要对分量之间的关联性和结构关系及波动性进行分析,这就可能涉及对协方差参数矩阵的假设检验问题。

2.10.1 单个 p 元正态总体协方差矩阵的检验

设 $X_{(\alpha)}(\alpha=1, \cdots, n)$ 为来自 p 元正态总体 $X \sim N_p(\mu, \Sigma)$ $(\Sigma > 0$ 且未知)的随机样本,检验

$$H_0:\Sigma = \Sigma_0, \ H_1:\Sigma \neq \Sigma_0$$

1. 当 $\Sigma_0 = I_p$ 时,检验 $H_0:\Sigma = I_p$, $H_1:\Sigma \neq I_p$

先利用似然比方法求出似然比统计量 λ_1:

$$\lambda_1 = \frac{\max\limits_{\mu} L(\mu, I_p)}{\max\limits_{\mu, \Sigma > 0} L(\mu, \Sigma)}$$

当 $\Sigma = I_p$ 成立时,似然函数在 $\mu = \bar{X}$ 达到最大值,因此,

λ_1 表示式的分子 $= L(\bar{X}, I_p) = (2\pi)^{-\frac{np}{2}} |I_p|^{-\frac{n}{2}} \exp\left[-\frac{1}{2}\mathrm{tr}(I_p^{-1}A)\right]$

λ_1 表示式的分母 $= L\left(\bar{X}, \frac{A}{n}\right) = (2\pi)^{-\frac{np}{2}} \left(\frac{e}{n}\right)^{-\frac{np}{2}} |A|^{-\frac{n}{2}}$

由此可得似然比统计量

$$\lambda_1 = \frac{(2\pi)^{-\frac{np}{2}} |I_p|^{-\frac{n}{2}} \exp\left[-\frac{1}{2}\mathrm{tr}(I_p^{-1}A)\right]}{(2\pi)^{-\frac{np}{2}} \left(\frac{e}{n}\right)^{-\frac{np}{2}} |A|^{-\frac{n}{2}}} = \exp\left[-\frac{1}{2}\mathrm{tr}(A)\right] |A|^{\frac{n}{2}} \left(\frac{e}{n}\right)^{\frac{np}{2}}$$

其中，A 是样本离差矩阵，$A = \sum_{\alpha=1}^{n} (X_{(\alpha)} - \bar{X})(X_{(\alpha)} - \bar{X})^{\mathrm{T}}$。

上述似然比统计量 λ_1 的精确分布不易确定。因此，一般只能用极限分布或近似分布来确定其临界值。柯云(Korin)1968 年导出了：当 H_0 成立时，$-2\ln\lambda$ 的极限分布是 $\chi^2\left(\dfrac{p(p+1)}{2}\right)$。

2. 当 $\Sigma_0 \neq I_p$ 时，检验 $H_0 : \Sigma = \Sigma_0$，$H_1 : \Sigma \neq \Sigma_0$

因 $\Sigma_0 > 0$，存在非退化矩阵 $D_{p \times p}$，使 $D\Sigma_0 D^{\mathrm{T}} = I_p$。因 $\Sigma_0 = \Sigma_0^{\frac{1}{2}} \cdot \Sigma_0^{\frac{1}{2}}$，这里 D 可取 $(\Sigma_0)^{-\frac{1}{2}}$，令

$$Y_{(\alpha)} = DX_{(\alpha)} (\alpha = 1, \cdots, n)$$

则

$$Y_{(\alpha)} \sim N_p(D\mu, D\Sigma D^{\mathrm{T}}) \xlongequal{\text{def}} N_p(\mu^*, \Sigma^*)$$

检验

$$H_0 : \Sigma = \Sigma_0 \Leftrightarrow H_0 : \Sigma^* = I_p$$

从新样本 $Y_{(\alpha)} (\alpha = 1, \cdots, n)$ 出发，检验 $H_0 : \Sigma^* = I_p$ 的似然比统计量取为

$$\lambda_2 = \exp\left\{-\frac{1}{2}\mathrm{tr}(A^*)\right\} |A^*|^{\frac{n}{2}} \left(\frac{e}{n}\right)^{\frac{np}{2}}$$

其中，

$$A^* = \sum_{\alpha=1}^{n} (Y_{(\alpha)} - \bar{X})(Y_{(\alpha)} - \bar{X})^{\mathrm{T}} = DAD^{\mathrm{T}}$$

若注意到 $D\Sigma_0 D^{\mathrm{T}} = I_p$，则似然比统计量 λ_2 还可以表示为

$$\lambda_2 = \exp\left\{-\frac{1}{2}\mathrm{tr}(A\Sigma_0^{-1})\right\} |A\Sigma_0^{-1}|^{\frac{n}{2}} \left(\frac{e}{n}\right)^{\frac{np}{2}}$$

研究似然比统计量 λ_2 的分布是比较困难的，通常可以通过构造 $-2\ln\lambda_2$ 进行，当样本容量 n 很大时，在 H_0 成立时，其极限分布为 $\chi^2\left(\dfrac{p(p+1)}{2}\right)$。

2.10.2 多总体协方差矩阵的检验

在比较多元正态总体的均值向量时，有一个前提假设条件是两个可能不同的总体有相同的协方差矩阵。因此，在进行均值向量的比较之前，通过统计检验来判断不同总体的协方差是否相等是有必要的。一个常用的协方差矩阵相等性检验是博克斯的 M 检验。

对于 k 个总体 $\pi_1, \pi_2, \cdots, \pi_k$ 的分布分别是 $N_p(\mu_1, \Sigma_1), N_p(\mu_2, \Sigma_2), \cdots, N_p(\mu_k, \Sigma_k)$，从这 k 个总体中各自独立地抽取样本，记取各自总体 π_i 的样本是 $x_{i1}, x_{i2}, \cdots, x_{in_i}$，$i = 1, 2, \cdots, k$。现在欲检验

$$H_0: \Sigma_1 = \Sigma_2 = \cdots = \Sigma_k, \ H_1: \Sigma_i \neq \Sigma_j, \text{至少存在一对} \ i \neq j$$

选取一个似然比统计量为

$$\lambda_3 = \frac{\prod_{i=1}^{k} |S_i|^{(n_i-1)/2}}{|S_p|^{(n-k)/2}}$$

其中，$S_i = \frac{1}{n_i - 1} \sum_{j=1}^{n_i} (x_{ij} - \overline{x}_i)(x_{ij} - \overline{x}_i)^T$ 是第 i 个样本协方差矩阵，$\overline{x}_i = \frac{1}{n_i} \sum_{j=1}^{n_i} x_{ij}$，$i = 1$，$2, \cdots, k$，$S_p = \frac{1}{n-k} \sum_{i=1}^{k} (n_i - 1)S_i = \frac{1}{n-k} E$ 是联合(样本)协方差矩阵，$n = \sum_{i=1}^{k} n_i$，E 是 SSE 组内矩阵。

博克斯统计量为 $M = -2\ln\lambda_3 = (n-k)\ln|S_p| - \sum_{i=1}^{k} (n_i - 1)\ln|S_i|$。

当 H_0 为真时，$u = (1-c)M$ 近似服从自由度为 $\frac{1}{2}(k-1)p(p+1)$ 的卡方分布，其中，

$$c = \left(\sum_{i=1}^{k} \frac{1}{n_i - 1} - \frac{1}{n-k} \right) \frac{2p^2 + 3p - 1}{6(p+1)(k-1)}$$

当 n_i 全相等时，上式化简为

$$c = \frac{(2p^2 + 3p - 1)(k+1)}{6(p+1)(n-k)}$$

如果原假设为真，各个体的样本协方差矩阵不会差太多。因此，与融合协方差矩阵也不会差太多，在这种情况下，博克斯统计量会比较小。在给定显著性水平 α 下，拒绝域为

$$u \geqslant \chi_\alpha^2 \left[\frac{1}{2}(k-1)p(p+1) \right]$$

当 n_i 超过 20，并且 p 和 k 都不超过 5 时，博克斯的卡方近似效果比较好。

例 2.11　为了研究销售方式对商品销售额的影响，选择 4 种商品(甲、乙、丙、丁)按 3 种不同的销售方式(Ⅰ、Ⅱ和Ⅲ)进行销售。这 4 种商品的销售额分别为 x_1、x_2、x_3、x_4，其数据如表 2.7 所示：

表 2.7　不同商品在不同销售方式下的销售数据

编号	销售方式Ⅰ				销售方式Ⅱ				销售方式Ⅲ			
	x_1	x_2	x_3	x_4	x_1	x_2	x_3	x_4	x_1	x_2	x_3	x_4
1	125	60	338	210	66	54	455	310	65	33	480	260
2	119	80	233	230	82	45	403	210	100	34	468	295
3	63	51	260	203	65	65	312	280	65	63	41	265
4	65	51	429	150	40	51	477	280	117	48	468	250

（续表）

编号	销售方式 I				销售方式 II				销售方式 III			
	x_1	x_2	x_3	x_4	x_1	x_2	x_3	x_4	x_1	x_2	x_3	x_4
5	130	65	403	205	67	54	481	293	114	63	395	380
6	69	45	350	190	38	50	468	210	55	30	546	235
7	46	60	585	200	42	45	351	190	64	51	507	320
8	146	66	273	250	113	40	390	310	110	90	442	225
9	87	54	585	240	80	55	520	200	60	62	440	248
10	110	77	507	270	76	60	507	189	110	69	377	260
11	107	60	364	200	94	33	260	280	88	78	299	360
12	130	61	391	200	60	51	429	190	73	63	390	320
13	80	45	429	270	55	40	390	295	114	55	494	240
14	60	50	442	190	65	48	481	177	103	54	416	310
15	81	54	260	280	69	48	442	225	100	33	273	312
16	135	87	507	260	125	63	312	270	140	61	312	345
17	57	48	400	285	120	56	416	280	80	36	286	250
18	75	52	520	260	70	45	468	370	135	54	468	345
19	76	65	403	250	62	66	416	224	130	69	325	360
20	55	42	411	170	69	60	377	280	60	57	273	260

我们现在需要检验

$$H_0 : \Sigma_1 = \Sigma_2 = \Sigma_3 , \quad H_1 : \Sigma_1 , \Sigma_2 , \Sigma_3 \text{ 中至少有两个不相等}$$

解： 经计算

$$|S_1| = 1.004\,8 \times 10^{12}, \quad |S_2| = 4.828\,9 \times 10^{11}$$

$$|S_3| = 2.033 \times 10^{12}, \quad |S_p| = 1.559\,7 \times 10^{12}$$

对其求自然对数得

$$\ln|S_1| = 27.635\,8, \quad \ln|S_2| = 26.903\,0, \quad \ln|S_3| = 28.341\,0, \quad \ln|S_p| = 28.075\,5$$

进一步计算

$$M = (60 - 3) \times 28.075\,5 - (20 - 1)(27.635\,8 + 26.903\,0 + 28.341\,0) = 25.587\,3$$

$$u = (1 - c)M = \left[1 - \frac{(2 \times 4^2 + 3 \times 4 - 1)(3 + 1)}{6 \times (4 + 1)(60 - 3)}\right] \times 25.587\,3 = 23.014$$

自由度为 $\frac{1}{2} \times (3 - 1) \times 4 \times (4 + 1) = 20$，查卡方分布表，有 $\chi^2_{0.05}(20) = 31.410 >$

$23.014 = u$。 故在 $\alpha = 0.05$ 水平下接受 H_0，表明 3 种销售方式的协方差矩阵之间无显著差异。

需要注意的是：

（1）对足够大的样本容量，多元方差分析对于非正态情形来说还是相当稳健的。

（2）M 检验对某些非正态情形非常敏感。

（3）当各总体的样本容量大且相等时，协方差矩阵的一些差别对多元方差分析检验几乎没有影响。即使 M 检验拒绝了 H_0，我们仍可继续使用通常的多元方差分析检验。

2.11 多个正态总体的均值向量和协方差矩阵同时检验

设有 k 个总体 $N_p(\mu^{(t)}, \Sigma_t)(t = 1, \cdots, k)$，$X_{(\alpha)}^{(t)}(t = 1, \cdots, k; \alpha = 1, \cdots, n_t)$ 为来自第 t 个总体 $N_p(\mu^{(t)}, \Sigma_t)$ 的随机样本。试检验：

$$H_0 : \mu^{(1)} = \mu^{(2)} = \cdots = \mu^{(k)}, \text{ 且 } \Sigma_1 = \Sigma_2 = \cdots = \Sigma_k,$$

$$H_1 : \mu^{(i)}(i = 1, \cdots, k) \text{ 或 } \Sigma_i(i = 1, \cdots, k) \text{ 至少有一对不相等}$$

记

$$\bar{X}^{(t)} = \frac{1}{n_t} \sum_{j=1}^{n_t} X_{(j)}^{(t)}, \ \bar{X} = \frac{1}{n} \sum_{t=1}^{k} \sum_{j=1}^{n_t} X_{(j)}^{(t)}, \ n = \sum_{t=1}^{k} n_t$$

$$A_t = \sum_{j=1}^{n_t} (X_{(j)}^{(t)} - \bar{X}^{(t)})(X_{(j)}^{(t)} - \bar{X}^{(t)})^{\mathrm{T}}, \ A = \sum_{t=1}^{k} A_t$$

$$T = \sum_{t=1}^{k} \sum_{j=1}^{n_t} (X_{(j)}^{(t)} - \bar{X})(X_{(j)}^{(t)} - \bar{X})^{\mathrm{T}}$$

$$= A + \sum_{t=1}^{k} n_t (\bar{X}^{(t)} - \bar{X})(\bar{X}^{(t)} - \bar{X})^{\mathrm{T}}$$

则检验以上假设 H_0 的似然比统计量为

$$\lambda_4 = \frac{\prod_{t=1}^{k} |A_t|^{\frac{n_t}{2}}}{|T|^{\frac{n}{2}}} \cdot \frac{n^{\frac{np}{2}}}{\prod_{t=1}^{k} n_t^{\frac{n_t p}{2}}}$$

若用 Λ 表示当协方差矩阵均相同时检验 k 个总体均值向量是否相等的似然比统计量，将发现这里的似然比统计量 $\lambda_4 = \Lambda \cdot \lambda_3$。 在实际应用中我们采用类似的修正方法，在 λ_4 中用 $n_t - 1$ 替代 n_t，用 $n - k$ 替代 n。 修正后的统计量记为 λ_4^*：

$$\lambda_4^* = \frac{\prod_{t=1}^{k} |A_t|^{\frac{n_t - 1}{2}}}{|T|^{\frac{n-k}{2}}} \cdot \frac{(n-k)^{\frac{(n-k)p}{2}}}{\prod_{t=1}^{k} (n_t - 1)^{\frac{(n_t - 1)p}{2}}}$$

当样本容量 n 很大，在 H_0 为真时，λ_4^* 有以下近似分布：

$$-2(1-b)\ln\lambda_4^* \sim \chi^2(f)$$

其中

$$f = \frac{1}{2}p(p+3)(k-1)$$

$$b = \left(\sum_{i=1}^{k}\frac{1}{n_i-1}-\frac{1}{n-k}\right)\left[\frac{2p^2+3p-1}{6(p+3)(k-1)}\right]-\frac{p-k+2}{(n-k)(p+3)}$$

例 2.12　例 2.7 中给出的身体指标化验数据，试判断三个组（即三个总体）的均值向量和协方差矩阵是否全都相等（$\alpha=0.05$）。

解：这是三个 4 元正态总体的均值向量和协方差矩阵是否同时相等的检验问题。取近似检验统计量为近似 χ^2 统计量：

$$\xi = -2(1-b)\ln\lambda_4^* \sim \chi^2(f)$$

由样本值计算这三个总体的样本协方差矩阵，以及所有样本的总离差矩阵 T。进一步计算可得

$$\left|\frac{1}{n-k}T\right| = \left|\frac{1}{57}T\right| = 1.121\,98\times10^9$$

$$|S_1| = 791\,325\,317, \quad |S_2| = 145\,821\,806, \quad |S_3| = 1.081\,16\times10^9$$

$$M_5 = -2\ln\lambda_4^* = 46.106\,7, \quad b = 0.064\,33, \quad f = 28$$

$$\xi = (1-b)M_5 = 43.140\,8$$

对于给定 $\alpha=0.05$，利用统计软件（如 SPSS）计算 p 值（此时检验统计量 $\xi \sim \chi^2(28)$）：

$$p = P\{\xi \geqslant 41.337\} = 0.033\,73$$

因 $p=0.033\,73 < 0.05 = \alpha$，故否定 H_0，这表明三个组的均值向量和协方差矩阵之间有显著的差异。

2.12　正态总体相关系数的推断

设正态总体 $X \sim N_p(\mu, \Sigma)$，$X_{(1)}, X_{(2)}, \cdots, X_{(n)}$ 为取自正态总体 $N_p(\mu, \Sigma)$ 的一个样本，Σ 为协方差矩阵，$S = (s_{ij})$ 为样本协方差矩阵。

1. 简单相关系数的推断

现欲检验：

$$H_0:\rho_{ij}=0,\ H_1:\rho_{ij}\neq 0$$

我们可以从样本相关系数

$$r_{ij}=\frac{s_{ij}}{\sqrt{s_{ii}s_{jj}}}$$

出发来构造检验统计量,当 $H_0:\rho_{ij}=0$ 成立时,检验统计量为 $\dfrac{\sqrt{n-2}\ |\ r_{ij}\ |}{\sqrt{1-r_{ij}^2}}\sim t(n-2)$。

对于给定的显著性水平 α,拒绝域为 $\dfrac{\sqrt{n-2}\ |\ r_{ij}\ |}{\sqrt{1-r_{ij}^2}}\geqslant t_{\frac{\alpha}{2}}(n-2)$。 如果我们希望检验:

$$H_0:\rho_{ij}=\rho_{ij_0},\ H_1:\rho_{ij}\neq\rho_{ij_0}$$

则可以使用一种近似的方法。在 n 很大的情况下,

$$\frac{1}{2}\ln\frac{1+r_{ij}}{1-r_{ij}}\sim N\left(\frac{1}{2}\ln\frac{1+\rho_{ij}}{1-\rho_{ij}},\ \frac{1}{n-2}\right)$$

利用这一结论可构造检验统计量为

$$\frac{\sqrt{n-2}}{2}\left(\ln\frac{1+r_{ij}}{1-r_{ij}}-\ln\frac{1+\rho_{\rho_{ij_0}}}{1-\rho_{\rho_{ij_0}}}\right)$$

当原假设 $H_0:\rho_{ij}=\rho_{\rho_{ij_0}}$ 成立时,它近似地服从标准正态分布,对于给定的 α,拒绝域为

$$\frac{\sqrt{n-2}}{2}\left|\ln\frac{1+r_{ij}}{1-r_{ij}}-\ln\frac{1+\rho_{\rho_{ij_0}}}{1-\rho_{\rho_{ij_0}}}\right|\geqslant Z_{\frac{\alpha}{2}}$$

2. 偏相关系数的推断

将 X、Σ、S 剖分如下:

$$X=\begin{pmatrix}X^{(1)}\\X^{(2)}\end{pmatrix}\begin{matrix}q\\p-q\end{matrix},\ \Sigma=\begin{pmatrix}\Sigma_{11}&\Sigma_{12}\\\Sigma_{21}&\Sigma_{22}\end{pmatrix}\begin{matrix}q\\p-q\end{matrix},\ S=\begin{pmatrix}S_{11}&S_{12}\\S_{21}&S_{22}\end{pmatrix}\begin{matrix}q\\p-q\end{matrix}$$

样本偏相关系数为

$$r_{ij\cdot q+1,\cdots,\,p}=\frac{s_{ij\cdot q+1,\cdots,\,p}}{\sqrt{s_{ii\cdot q+1,\cdots,\,p}\cdot s_{jj\cdot q+1,\cdots,\,p}}}$$

其中 $s_{11\cdot2}=(s_{ij\cdot q+1,\cdots,\,p})_{p\times p}$,$S_{11\cdot2}=S_{11}-S_{12}S_{22}^{-1}S_{21}$。 现欲检验假设:

$$H_0:\rho_{ij\cdot q+1,\cdots,\,p}=0,\ H_1:\rho_{ij\cdot q+1,\cdots,\,p}\neq 0$$

为此构造检验统计量为

$$\frac{\sqrt{n-p+q-2}\cdot|\ r_{ij\cdot q+1,\cdots,\,p}\ |}{\sqrt{1-r_{ij\cdot q+1,\cdots,\,p}^2}}\sim t(n-p+q-2)$$

对于给定的显著性水平 α，拒绝域为

$$\frac{\sqrt{n-p+q-2}\cdot|r_{ij\cdot q+1,\cdots,p}|}{\sqrt{1-r_{ij\cdot q+1,\cdots,p}^2}} \geqslant t_{\frac{\alpha}{2}}(n-p+q-2)$$

3. 复相关系数的推断

将 X、Σ、S 剖分如下：

$$X=\begin{pmatrix}X_1\\X^{(2)}\end{pmatrix},\ \Sigma=\begin{pmatrix}\sigma_{11}&\sigma_{12}\\\sigma_{21}&\Sigma_{22}\end{pmatrix},\ S=\begin{pmatrix}S_{11}&S_{12}\\S_{21}&S_{22}\end{pmatrix}$$

样本复相关系数为

$$r_{1\cdot 2,3,\cdots,p}=\left(\frac{S_{21}S_{22}^{-1}S_{12}}{S_{11}}\right)^{\frac{1}{2}}$$

其平方为

$$R^2=r_{1\cdot 2,3,\cdots,p}^2=\frac{S_{21}S_{22}^{-1}S_{12}}{S_{11}}$$

欲检验假设：$H_0:\rho_{ij\cdot q+1,\cdots,p}=0$，$H_1:\rho_{ij\cdot q+1,\cdots,p}\neq 0$

检验统计量为

$$\frac{n-p}{p-1}\cdot\frac{R^2}{1-R^2}\sim F(p-1,n-p)$$

对于给定的显著性水平 α，拒绝域为

$$\frac{n-p}{p-1}\cdot\frac{R^2}{1-R^2}\geqslant F_{\alpha}(p-1,n-p)$$

2.13　SPSS 软件应用与假设检验

2.13.1　参数假设检验——单样本 T 检验

T 检验是通过比较不同数据的均值，研究两组数据之间是否存在显著差异。在 SPSS 中，T 检验主要有以下几种：

单样本 T 检验：检验样本与总体均值是否存在显著差异。单样本 T 检验就是要利用来自某总体的样本数据，推断该总体的均值和指定的检验值之间是否存在显著差异。它是对总体均值的假设检验，检验的前提是总体服从正态分布。

独立样本 T 检验：检验两个总体均值是否存在显著差异。独立样本 T 检验的原假设为

两个总体均值之间不存在显著差异。

配对样本 T 检验：如果两个样本数据之间存在一一对应的关系，我们称之为配对样本或相关样本，判断它们的均值是否达到显著差异的检验称为配对样本 T 检验。

利用单样本 T 检验分析儿童的实际身高与人们给出的经验值是否存在显著差异（原始数据为周岁儿童身高数据.sav）。SPSS 软件操作步骤如下。

1. 数据导入

打开"周岁儿童身高数据.sav"文件，如图 2.2 所示：

图 2.2　单样本 T 检验数据导入

2. 参数设置

依次单击菜单"分析，均值比较，单一样本检验"，界面如图 2.3 所示。

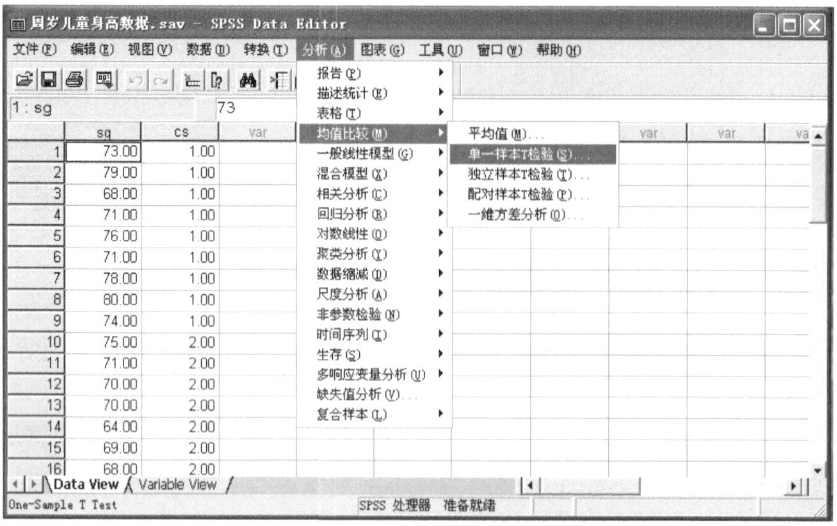

图 2.3　单样本 T 检验参数设置

在变量列表中选中身高变量,在底部的"检验值"输入框输入 70 作为总体均值(见图 2.4):

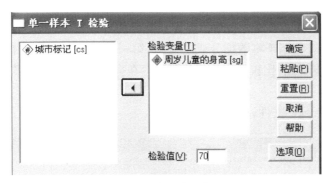

图 2.4　单样本 t 检验变量设置

根据实际所需,进行选项设置(见图 2.5):

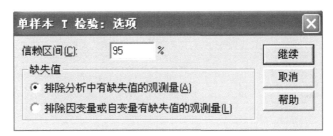

图 2.5　单样本 T 检验选项设置

3. 结果分析

单击"确定"按钮运行,结果如下(见图 2.6):

T-Test

One-Sample Statistics

	N	Mean	Std. Deviation	Std. Error Mean
周岁儿童的身高	21	71.8571	3.97851	0.86818

One-Sample Test

	Test Value = 70					
					95% Confidence Interval of the Difference	
	t	df	Sig. (2-tailed)	Mean Difference	Lower	Upper
周岁儿童的身高	2.139	20	0.045	1.85714	0.0461	3.6681

图 2.6　单样本 T 检验运行结果

双侧 sig 值为 0.045<0.05,拒绝原假设,认为在 0.05 的显著性水平下,测量身高与总体均值 70 有显著差异。

2.13.2 参数假设检验——两个独立样本 T 检验

利用两个独立样本 T 检验分析超市在促销前后的日销售额是否存在显著差异(原始数据为促销比较.sav)。相当于将数据分成了两组,第一组是促销前的日销售数据,第二组是促销后的日销售数据,然后比较两组的均值是否存在显著差异。SPSS 软件操作步骤如下:

1. 数据导入

打开"促销比较.sav"文件,如图 2.7 所示。

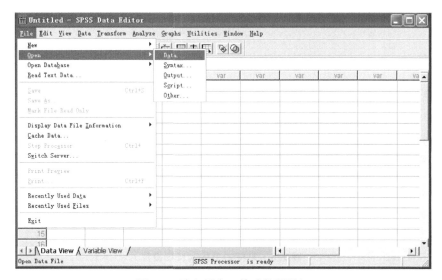

图 2.7 独立样本 T 检验数据导入

2. 参数设置

依次单击菜单"分析,均值比较,两独立样本 T 检验"(见图 2.8)。

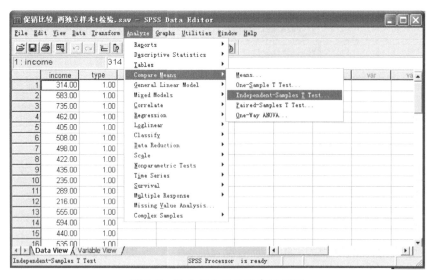

图 2.8 独立样本 T 检验参数设置

将日销售变量作为检验变量(见图 2.9):

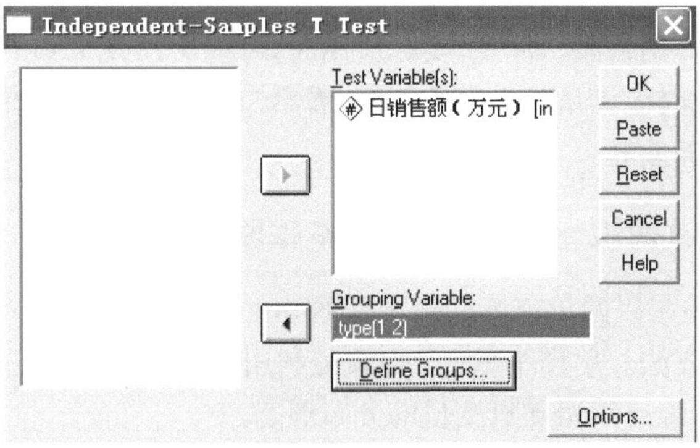

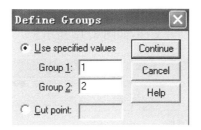

图 2.9　独立样本 T 检验变量设置

将类型变量选入"Grouping"。"Group"输入框分别键入要分析的 type 变量的两个类别,取值"1"和"2"(见图 2.10):

图 2.10　独立样本 T 检验类型变量设置

3. 结果分析

单击"确定"按钮运行,结果如图 2.11 所示。

T-Test

Group Statistics

	类型	N	Mean	Std. Deviation	Std. Error Mean
日销售额(万元)	无促销	18	445.4444	132.44631	31.21790
	有促销	16	529.8750	138.20076	34.55019

Independent Samples Test

		Levene's Test for Equality of Variances		t-test for Equality of Means						95% Confidence Interval of the Difference	
		F	Sig.	t	df	Sig. (2-tailed)	Mean Difference	Std. Error Difference	Lower	Upper
日销售额(万元)	Equal variances assumed	.225	0.638	-1.818	32	0.078	-84.43056	46.44480	-179.036	10.17440
	Equal variances not assumed			-1.813	31.163	0.079	-84.43056	46.56471	-179.380	10.51869

图 2.11　独立样本 T 检验运行结果

从 F 统计量的 Sig 值 0.638>0.1 看,不能否认方差相等的假设,所以应该参考第一行的 T 检验结果;第一行 T 检验的双侧 Sig 值 0.078<0.1,即在 0.1 的显著性水平上,认为促销能够显著性地提高日销售额。注意,实际应用时,可能会出现 F 统计量的 Sig 值小于显著性水平 0.1 的情况,此时应该认为方差不相等,看第二行的 T 检验结果,若显著,则仍然认为两样本的均值存在显著差异。

2.13.3 非参数假设检验——K-S 单样本检验

单样本 K-S 检验是以两位前苏联数学家 Kolmogorov 和 Smirnov 命名的,也是一种拟合优度的非参数检验方法。单样本 K-S 检验是利用样本数据推断总体是否服从某一理论分布的方法,适用于探索连续型随机变量的分布形态。

单样本 K-S 检验可以将一个变量的实际频数分布与正态分布、均匀分布、泊松分布、指数分布进行比较。其零假设 H_0 为样本来自的总体与指定的理论分布无显著差异。

利用 K-S 单样本检验检验分析 10~13 岁儿童的身高和体重是否服从正态分布(原始数据为儿童身高体重检验.sav)。SPSS 软件操作步骤如下:

1. 数据导入

打开"儿童身高体重检验.sav"文件,如图 2.12 所示。

图 2.12 K-S 单样本检验数据导入

2. 参数设置

依次单击菜单"分析,非参数检验,单个样本 K-S 检验"。

参数设置和变量及选项设置如图 2.13、图 2.14 所示:

图 2.13　K-S 单样本检验参数设置

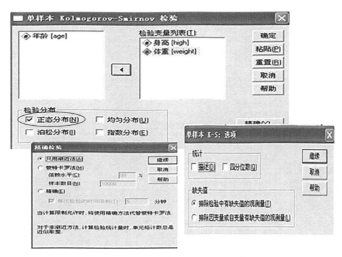

图 2.14　K-S 单样本检验变量及选项设置

3. 结果分析

单击"确定"按钮运行,结果如图 2.15 所示:

One-Sample Kolmogorov-Smirnov Test

		身高	体重
N		27	27
Normal Parameters [a,b]	Mean	1.5259	45.30
	Std. Deviation	0.06941	6.960
Most Extreme Differences	Absolute	0.154	0.166
	Positive	0.153	0.166
	Negative	-0.154	-0.125
Kolmogorov-Smirnov Z		0.801	0.865
Asymp. Sig. (2-tailed)		0.542	0.443

a. Test distribution is Normal.

b. Calculated from data.

图 2.15　K-S 单样本检验运行结果

　　由于身高和体重的双侧渐进显著性取值都大于 0.10,故不能否定原假设,即可以认为儿童的身高和体重服从正态分布。

2.14　T 检验与 Python 应用

　　下面一节我们用案例介绍如何使用 Python 进行 T 检验。

2.14.1　独立样本 T 检验

　　鸢尾花数据集是统计及机器学习领域非常经典的一个数据集,它来自 70 年前的加拿大加帕斯半岛。这个数据集中收集了 3 种花共 150 条数据,每一种花有 50 条记录,每一条数据包含 4 个特征,分别是花萼长度、花萼宽度、花瓣长度、花瓣宽度,单位均为 cm,数据预览如下:

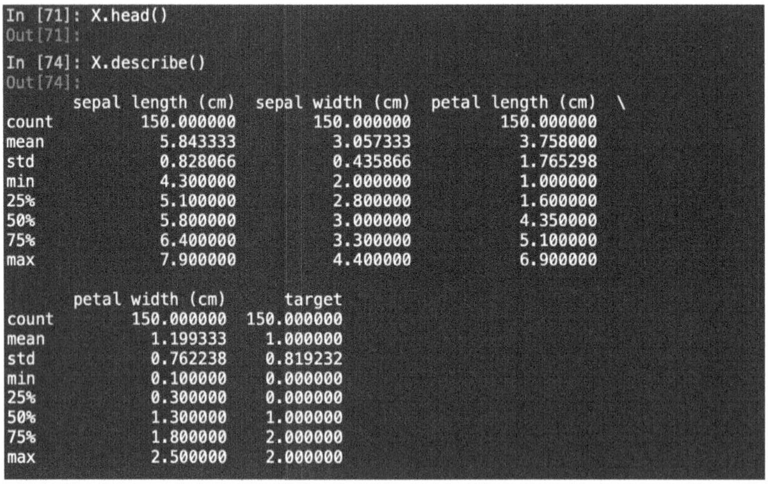

```
In [71]: X.head()
Out[71]:
In [74]: X.describe()
Out[74]:
       sepal length (cm)  sepal width (cm)  petal length (cm)  \
count         150.000000        150.000000         150.000000
mean            5.843333          3.057333           3.758000
std             0.828066          0.435866           1.765298
min             4.300000          2.000000           1.000000
25%             5.100000          2.800000           1.600000
50%             5.800000          3.000000           4.350000
75%             6.400000          3.300000           5.100000
max             7.900000          4.400000           6.900000

       petal width (cm)      target
count        150.000000  150.000000
mean           1.199333    1.000000
std            0.762238    0.819232
min            0.100000    0.000000
25%            0.300000    0.000000
50%            1.300000    1.000000
75%            1.800000    2.000000
max            2.500000    2.000000
```

图 2.16　4 个特征的数据预览图

数据描述性统计如下:

　　本小节的目标是用 Python 进行独立样本 T 检验,检验第一类和第二类的鸢尾花的花萼长度均值是否相同。

　　1. Python 代码

```
import pandas as pd
import numpy as np
from sklearn import datasets
from scipy import stats
#1 独立样本 T 检验
data = datasets.load_iris(as_frame=True)
X = data.frame
```

$$X1 = X[X['target'] == 0]['sepal \ length \ (cm)']$$
$$X2 = X[X['target'] == 1]['sepal \ length \ (cm)']$$
stats. ttest_ind(X1, X2)

2. 结果分析

从图 2.17 的结果中可以看出 $p = 8.98 * 10^{-18} < 0.001$，由此可以拒绝两种花花萼长度相等的原假设。

```
In [19]: stats.ttest_ind(X1, X2)
Out[19]: Ttest_indResult(statistic=-10.52098626754911, pvalue=8.985235037487079e-18)
```

图 2.17　关于花萼长度的运行值

将上述两种花的花萼长度绘制成图 2.18：

Python 代码：

import matplotlib. pyplot as plt

plt. scatter(range(50), X1, c = 'r', label = '0')

plt. scatter(range(50), X2, c = 'b', label = '1')

plt. xlabel('sample')

plt. ylabel('sepal length （cm）')

plt. legend()

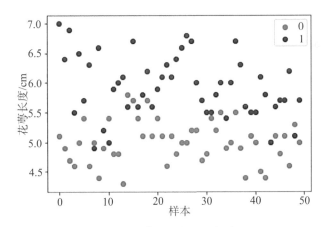

图 2.18　花萼长度数据运行结果

图 2.18 中黑色和灰色的点分别表示两种不同类型的花，纵坐标是它们的花萼长度，可以看出这两类鸢尾花的花萼长度确实差异比较大。

2.14.2　非独立样本 T 检验

本小节我们对发烧病人治疗前后的体温检测样本进行了两组随机抽样，得到了两组服从正态分布的样本，每组有 30 个人，这些人生理特征都相似。第一组为治疗后的，体温均值为 36，方差为 0.2，第二组为治疗前的，体温均值为 38，方差为 0.4。我们使用非独立样本 T 检验来检验这两组体温检测结果的均值是否有显著差异。

1. Python 代码

X1 = stats. norm. rvs(loc = 36,scale = 0. 2,size = 30)

X2 = stats. norm. rvs(loc = 36,scale = 0. 2,size = 30)＋stats. norm. rvs(loc = 2,scale = 0. 2,size = 30)

stats. ttest_rel(X1,X2)

2. 结果分析

从图 2.19 中可以看出 p＝7.5 * 10^{-22}＜0.001,由此可以拒绝这两组体温检测结果有相同的均值的原假设。

```
In [21]: stats.ttest_rel(X1, X2)
Out[21]: Ttest_relResult(statistic=-26.447044039722705, pvalue=7.503232748749223e-22)
```

图 2.19   关于体温检测结果的运行值

我们同样将这两组体温检测结果可视化(见图 2.20),使用的代码如下:

♯可视化

import matplotlib. pyplot as plt

plt. scatter(range(30),X1,c = 'r',label = '0')

plt. scatter(range(30),X2,c = 'b',label = '1')

plt. xlabel('sample')

plt. ylabel('temperature (centigrade)')

plt. legend()

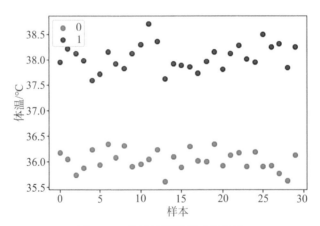

图 2.20   体温检测数据运行结果

图 2.17 中黑色的点表示治疗前的数据,灰色的点表示治疗后的数据,可以看出治疗前后的体温状况确实有明显的不同。

2.14.3   多于两组实验的比较

本案例继续沿用鸢尾花数据集。将第三类鸢尾花加入讨论,比较三种鸢尾花的花萼长度。

1. Python 软件操作代码

如果各组独立,则可用 Kruskal-Wallis 检验,如果各组不独立,那么可用 Friedman 检验。

Python 代码如下:

```
data = datasets.load_iris(as_frame=True)
X = data.frame
X1 = X[X['target']==0]['sepal length (cm)']
X2 = X[X['target']==1]['sepal length (cm)']
X3 = X[X['target']==2]['sepal length (cm)']
stats.kruskal(X1,X2,X3)
```

如果各组不独立,我们产生了七组服从正态分布的样本,作为跟踪监测治疗病人的体温状况的样本,使用 Friedman 检验判断其均值是否有显著差异。

注:因为 Friedman 检验要求样本数大于 10,组数大于 6,所以此处产生了七组样本。

```
X1 = stats.norm.rvs(loc = 36,scale = 0.2,size = 30)
X2 = stats.norm.rvs(loc = 36,scale = 0.2,size = 30)+stats.norm.rvs(loc = 2,scale = 0.2,size = 30)
X3 = stats.norm.rvs(loc = 36,scale = 0.2,size = 30)+stats.norm.rvs(loc = 0.2,scale = 0.2,size = 30)
X4 = stats.norm.rvs(loc = 36,scale = 0.2,size = 30)+stats.norm.rvs(loc = 1.5,scale = 0.2,size = 30)
X5 = stats.norm.rvs(loc = 36,scale = 0.2,size = 30)+stats.norm.rvs(loc = 0.1,scale = 0.2,size = 30)
X6 = stats.norm.rvs(loc = 36,scale = 0.2,size = 30)
X7 = stats.norm.rvs(loc = 36,scale = 0.2,size = 30)+stats.norm.rvs(loc = 0.15,scale = 0.2,size = 30)
stats.friedmanchisquare(X1,X2,X3,X4,X5,X6,X7)
```

2. 结果分析

鸢尾花数据集结果分析如下(见图 2.21):

```
In [28]: stats.kruskal(X1,X2,X3)
Out[28]: KruskalResult(statistic=96.93743600064833, pvalue=8.91873433246198e-22)
```

图 2.21 鸢尾花数据集结果

由上述结果可知,$p = 8.919\mathrm{e}^{-22} < 0.001$,由此可知,这三种花的花萼长度各不相同。

同样,我们可以得到上一节中案例 2 的发热病人体温跟踪监测结果(见图 2.22):

```
In [26]: stats.friedmanchisquare(X1,X2,X3,X4,X5,X6,X7)
Out[26]: FriedmanchisquareResult(statistic=133.9142857142857, pvalue=1.9249373106277856e-26)
```

图 2.22 体温跟踪监测结果

由上述结果可知，$p = 1.925\mathrm{e}^{-26} < 0.001$，由此可知，这七组体温均值各不同。

2.15 T 检验与 R 语言应用

下面一节我们用案例介绍如何使用 R 语言进行 T 检验。

2.15.1 独立样本 T 检验

本案例用到了 MASS 包中的 UScrime 数据集，包含了 1960 年某国 47 个州的刑罚制度对犯罪率影响的信息。包含变量 Prob：监禁的概率、U1：14～24 岁年龄段城市男性失业率、So：指示该州是否位于南方的指示变量，这些变量作为分组变量使用。

我们比较的对象是南方和非南方各州，因变量为监禁的概率。一个针对两组的独立样本 T 检验可以用于检验两个总体均值相等的假设。

1. R 语言代码

```
library(MASS)    ♯加载 MASS 包
t. test(Prob～So,data＝UScrime)    ♯双侧 T 检验
```

2. 结果分析

从图 2.23 中可以看出 $p = 0.000\,650\,6 < 0.001$，由此可以拒绝南方各州和非南方各州有相同监禁概率的假设。

```
          Welch  Two  Sample  t-test

data:  Prob by So
t = -3.8954, df = 24.925, p-value = 0.0006506
alternative hypothesis: true difference in means is not equal to 0
95 percent confidence interval:
 -0.03852569 -0.01187439
sample  estimates:
mean in group 0  mean in group 1
    0.03851265       0.06371269
```

图 2.23　案例数据结果

2.15.2 非独立样本 T 检验

依托上面的案例，本节探讨较年轻（14～24 岁）男性的失业率是否比年长（35～39 岁）男性的失业率更高？因为并不能够说明亚拉巴马州的年轻男性和年长男性的失业率之间没有关系，所以这两组数据并不独立。因此，R 语言操作如下：

1. R 语言代码

```
library(MASS)    ♯加载 MASS 包
sapply(UScrime[c("U1","U2")],function(x)(c(mean＝mean(x),sd＝sd(x))))    ♯
U1,U2 mean,sd
with(UScrime,t. test(U1,U2,paired＝TRUE))    ♯非独立样本 T 检验
```

2. 结果分析

从图 2.24 中可以看出 $p=2.2\mathrm{e}^{-16}<0.001$，由此可以拒绝年轻男性和年长男性失业率没有关系的假设。

```
                U1        U2
mean  95.46809  33.97872
sd    18.02878   8.44545
       Paired t-test

data:  U1 and U2
t = 32.407, df = 46, p-value < 2.2e-16
alternative hypothesis: true difference in means is not equal to 0
95 percent confidence interval:
 57.67003  65.30870
sample estimates:
mean of the differences
                  61.48936
```

图 2.24　操作结果

2.15.3　多于两组实验的比较

本案例考虑 state. x77 数据集，它包含了某国各州人口、收入、文盲率、预期寿命、谋杀率和高中毕业率数据，想比较一下某国四个地区（东北部、南部、中北部和西部）的文盲率。

1. R 语言代码

♯如果各组独立，则可用 Kruskal-Wallis 检验，如果各组不独立，那么可用 Friedman 检验

♯利用 Kruskal-Wallis 检验回答文盲率问题

states <− data. frame(state. region, state. x77)

kruskal. test(Illiteracy∼state. region, data=states)

2. 结果分析

```
Kruskal-Wallis rank sum test

data:  Illiteracy by state.region
Kruskal-Wallis chi-squared = 22.672, df = 3, p-value = 4.726e-05
```

图 2.25　文盲率数据结果

由图 2.25 可知，$p=4.726\mathrm{e}^{-05}<0.001$，由此可知，该国四个地区的文盲率各不相同。

小结

（1）T^2 分布可转换为 F 分布，从而 T^2 分布的分位点可以通过查 F 分布临界值表间接获得。

（2）多元正态总体均值向量的置信区域是一个实心椭圆（$p=2$）或椭球体（$p=3$）或超椭球体（$p>3$）。

(3) 假设检验与置信区域间联系密切。一般而言,被检验向量值包含在 $1-\alpha$ 的置信区域内,等价于原假设 H_0 在 α 下被接受。

(4) 联合置信区间通常有邦弗伦尼区间和 T^2 区间两种方法,邦弗伦尼区间通常比 T^2 区间窄,因而更精确。

(5) 对于成对试验的数据,两个样本一般并不独立。数据的成对出现避免了作为抽样误差来源之一的两个样本个体之间的差异,往往可以得到比独立样本方法更精确的统计结论。

(6) 偏相关系数与简单相关系数的检验方法是比较类似的,主要区别是检验统计量分布的自由度有所不同。

(7) 当 n 很大且 n 相对于 p 也很大时,对总体均值向量 μ(或 μ 的分量的线性组合)的推断可以不依赖于总体正态性的假定。在多元正态假定下的均值推断结论中,只需将其中的分位点 $T_\alpha^2(p, n-1)$ 替换为 $\chi_\alpha^2(p)$,或 $T_\alpha(p, n-1)$ 替换为 $\sqrt{\chi_\alpha^2(p)}$,或 $t_{\frac{\alpha}{2k}}(n-1)$ 替换为 $u_{\frac{\alpha}{2k}}$,相应推断结论仍成立。

(8) 当对 k 个多元正态总体使用联合协方差矩阵或对其均值向量进行比较检验时,通常可考虑先对 k 个总体协方差矩阵的相等性进行博克斯 M 检验。$k=2$ 时的 M 检验用于对两个总体协方差矩阵的相等性进行检验。

思考与练习

2.1 对某地区农村的 6 名两周岁男婴的身高、胸围和上半臂围进行测量,得相关数据如下。根据以往资料,该地区城市两周岁男婴的此三项指标的均值 $\mu_0=(90, 58, 16)^T$。 问在多元正态性的假定且检验显著性水平为 0.01 下该地区农村男婴是否与城市男婴有相同的均值? 其中

$$\overline{X}=(82.0, 60.2, 14.5)^T, S^{-1}=(23.13848)^{-1}\begin{pmatrix} 4.3107 & -14.6210 & 8.9464 \\ -14.6210 & 3.172 & -37.3760 \\ 8.9464 & -37.3760 & 35.5936 \end{pmatrix}$$

2.2 人的出汗多少与人体内钠和钾的含量有一定的关系。今测得 20 名健康成年女性的出汗量 X_1、钠的含量 X_2 和钾的含量 X_3,其数据列于表 2.8,假定 $X=(X_1, X_2, X_3)^T$ 服从三元正态分布。

表 2.8　出汗量 X_1、钠的含量 X_2 和钾的含量 X_3 数据

实验者	X_1	X_2	X_3
1	3.7	48.5	9.3
2	5.7	65.1	8.0
3	3.8	47.2	10.9

（续表）

实验者	X_1	X_2	X_3
4	3.2	53.2	12.0
5	3.1	55.5	9.7
6	4.6	36.1	7.9
7	2.4	24.8	14.0
8	7.2	33.1	7.6
9	6.7	47.4	8.5
10	5.4	54.1	11.3
11	3.9	36.9	12.7
12	4.5	58.8	12.3
13	3.5	27.8	9.8
14	4.5	40.2	8.4
15	1.5	13.5	10.1
16	8.5	56.4	7.1
17	4.5	71.6	8.2
18	6.5	52.8	10.9
19	4.1	44.1	11.2
20	5.5	40.9	9.4

（1）试检验：

$$H_0 : \mu = \mu_0 = (4, 50, 10)^{\mathrm{T}}, \quad H_1 : \mu \neq \mu_0 \, (\alpha = 0.05)$$

（2）试求 μ_1、μ_2、μ_3 的 95% 联合 T^2 置信区间和 95% 邦弗伦尼联合置信区间，并对两种区间进行比较。

2.3　对 9 根古人的头发完成了矿物分析，测得其中的铬（Cr）含量 X_1 和锶（Sr）含量 X_2（单位为 p.p.m，即百万分之一）分别如表 2.9 所示：

表 2.9　头发中铬（Cr）含量 X_1 和锶（Sr）含量 X_2 数据

X_1	0.48	40.53	2.19	0.55	0.74	0.66	0.93	0.37	0.22
X_2	12.57	73.68	11.13	20.03	20.29	0.78	4.64	0.43	1.08

已知铬含量较低（低于或等于 0.10 p.p.m）可能是糖尿病的表现，而锶含量的高低则说明动物蛋白摄入的多少。假定这 9 根古人头发代表一个来自属于某种特定古文化的随机样本，求出的 μ_1 与 μ_2 的 95% 联合 T^2 置信区间和 95% 邦弗伦尼联合置信区间。

2.4 设 $X \sim N_2(\mu, \Sigma)$，其中 $\Sigma = \begin{pmatrix} 2 & -1 \\ -1 & 2 \end{pmatrix}$，有一个独立同分布样本，样本容量 $n = 6$，假设 $\bar{X}^{\mathrm{T}} = \left(1, \dfrac{1}{2}\right)$，求解下列检验问题（其中 $\alpha = 0.05$）：

(1) $H_0: \mu = \left(2, \dfrac{2}{3}\right)^{\mathrm{T}}$，$H_1: \mu \neq \left(2, \dfrac{2}{3}\right)^{\mathrm{T}}$；

(2) $H_0: \mu_1 + \mu_2 = \dfrac{2}{7}$，$H_1: \mu_1 + \mu_2 \neq \dfrac{2}{7}$；

(3) $H_0: \mu_1 - \mu_2 = \dfrac{1}{2}$，$H_1: \mu_1 - \mu_2 \neq \dfrac{1}{2}$；

(4) $H_0: \mu_1 = 2$，$H_1: \mu_1 \neq 2$。

2.5 如题 2.4 中的 Σ 未知，但 $S = \begin{pmatrix} 2 & -1 \\ -1 & 2 \end{pmatrix}$。试比较与 2.4 的结果。

2.6 设 $X \sim N_2\left(\mu, \begin{pmatrix} 3 & \rho \\ \rho & 1 \end{pmatrix}\right)$，从中取出一个 $n = 5$ 的独立同分布的样本，其中 ρ 是一个未知参数。假设 $\bar{x}^{\mathrm{T}} = (1, 0)$，求 ρ 取值范围使得在 95% 置信水平下拒绝假设 $H_0: \mu^{\mathrm{T}} = (0, 0)$。

2.7 在太平洋入口的 3 条河流中抽取了一些鱼（同一品种），测量 3 个变量：长度、生长系数及年龄，每条河抽测 76 条鱼，算得

$$\bar{X}_1 = \begin{pmatrix} 441.16 \\ 0.13 \\ -3.36 \end{pmatrix}, \quad S_1 = \begin{pmatrix} 294.74 & * & * \\ -0.6 & 0.0013 & * \\ -32.57 & 0.073 & 4.23 \end{pmatrix}$$

$$\bar{X}_2 = \begin{pmatrix} 505.97 \\ 0.09 \\ -4.57 \end{pmatrix}, \quad S_2 = \begin{pmatrix} 1596.18 & * & * \\ -1.19 & 0.0009 & * \\ -91.05 & 0.071 & 5.76 \end{pmatrix}$$

$$\bar{X}_3 = \begin{pmatrix} 432.51 \\ 0.14 \\ -3.31 \end{pmatrix}, \quad S_3 = \begin{pmatrix} 182.67 & * & * \\ -0.42 & 0.001 & * \\ -22 & 0.056 & 3.14 \end{pmatrix}$$

假定 3 组均为正态总体且协方差矩阵相等，用 μ_1、μ_2、μ_3 分别表示这 3 组的总体均值，试在显著性水平 $\alpha = 0.01$ 下检验：

$$H_0: \mu_1 = \mu_2 = \mu_3, \quad H_1: \mu_1、\mu_2、\mu_3 \text{ 不全相等}$$

2.8 测得如表 2.10 所示某国高海拔地区 2 岁男童的一组身体数据，其中 CC（chest circumference）代表胸围，MUAC（mid-upper-arm-circumference）代表上臂中部肌围，所有测量数据以 cm 为单位。求：

(1) 假设同一国家低地的相同年纪的男童身高、CC 和 MUAC 的均值分别为 90、58 和 16 cm。检验 H_{01}：高海拔地区男童同低地男童身高、CC 和 MUAC 的均值相同；

(2) 检验 H_{02}：高海拔地区男童身高、CC 和 MUAC 的均值比例为 6 : 4 : 1；

（3）构建这些均值向量的 95% 联合置信区间。

表 2.10　某国高海拔地区 2 岁男童的一组身体数据

个体	身高	CC	MUAC
1	78	60.6	16.5
2	76	58.1	12.5
3	92	63.2	14.5
4	81	59.0	14.0
5	81	60.8	15.5
6	84	59.5	14.0

2.9　有甲和乙两种品牌的轮胎，现各抽取 6 只进行耐用性试验，试验分 3 阶段进行，第一阶段旋转 1 000 次，第二阶段旋转 1 000 次，第三阶段也旋转 1 000 次，耐用性指标测量值如表 2.11。

表 2.11　甲、乙两种品牌轮胎耐用性指标测量值

甲			乙		
1	2	3	1	2	3
194	192	141	239	127	90
208	188	165	189	105	85
233	217	171	224	123	79
241	222	201	243	123	110
265	252	207	243	117	100
269	283	191	226	125	75

试问在多元正态性及两总体协方差矩阵相等的假定下甲和乙两种品牌轮胎的耐用性指标在显著性水平 $\alpha = 0.05$ 下是否有显著的不同。如果有，是哪个阶段起了较大作用？

2.10　从 10 例腹泻病患者服用某种新药前和后 1 天的粪便中测得大肠杆菌（Baci）的数据如表 2.12 所示，试分析服药前后该新药对 Baci 的含量有无显著影响。（取 $\alpha = 0.05$）

表 2.12　腹泻病患者粪便中的大肠杆菌数据

编号	1	2	3	4	5	6	7	8	9	10
服药前含量	33.0	35.8	28.8	31.4	42.6	25.8	31.6	29.0	22.4	30.2
服药后含量	23.3	24.7	21.7	22.8	32.0	23.1	24.3	23.7	21.8	24.6

2.11　现要求城市污水处理工厂对它们排向河流的污水进行定期监测。出于对来自这些厂方自我监督方案之一的数据可靠性的关注，开展了一项研究工作：把污水的每个样品分成两份，分别送往甲、乙 2 个实验室进行检验，这 2 家实验室对 11 个样品分别提供了生化氧

(BOD)和悬浮固体(SS)含量的测量值,数据如表 2.13 所示:

表 2.13　样品中生化氧和悬浮固体含量的测量值数据

样品 j	甲实验室		乙实验室	
	X_{1j1} (BOD)	X_{2j1} (SS)	X_{1j2} (BOD)	X_{2j2} (SS)
1	6	27	25	15
2	8	23	28	13
3	18	64	36	22
4	8	44	35	29
5	11	30	15	31
6	34	75	44	64
7	28	26	42	30
8	71	124	54	64
9	43	54	34	56
10	33	30	29	20
11	20	14	39	21

试问:这两家实验室的化学分析结果是否一致? 若不一致,原因是什么?

2.12　用某两种安眠药片 A 和 B 分别对 10 个病人进行了实验,具体结果如表 2.14 所示:

表 2.14　安眠药片 A 和 B 的实验数据

药品	不同病人服药后增加的睡眠时数 t									
	1	2	3	4	5	6	7	8	9	10
A(x_1)	1.9	0.8	0.11	0.1	-0.1	4.4	5.5	1.6	4.6	3.4
B(x_2)	0.7	-1.6	-0.2	-1.2	-0.1	3.4	3.7	0.8	0.6	2.0

t 表示服药后增加的睡眠时数(单位为小时)。假定对每个病人的 2 个观测值(即其中每一列)是取自正态总体的 1 个样本,每对观测值都取自统一总体,在此基础上,分别用显著性水平 0.01 及 0.05,检验假设 H_0:2 种药片都没有安眠效果;然后对 μ 提供 1 个置信水平为 0.95 的置信域。

2.13　某小麦良种的 4 个主要经济性状的理论值为 $\mu_0 = (22.75, 32.75, 51.50, 61.50)^T$。现从外地引进 1 新品种,在 21 个地理条件相当的小区种植,取得如表 2.15 所示的数据。设新品种的 4 个性状 $X = (X_1, X_2, X_3, X_4)^T \sim N_4(\mu, \Sigma)$,试在 $\alpha = 0.01$ 水平下检验假设 $H_0: \mu = \mu_0$。

表 2.15　各地区新品种 4 个性状的数据

性状	区号										
	1	2	3	4	5	6	7	8	9	10	11
X_1	22.88	22.74	22.60	22.93	22.74	22.53	22.67	22.74	22.62	22.67	22.82
X_2	32.81	32.56	32.74	32.95	32.74	32.53	32.58	32.67	32.57	32.67	32.80
X_3	51.51	51.49	51.50	51.17	51.45	51.36	51.44	51.44	51.23	51.64	51.32
X_4	61.53	61.39	61.22	60.91	61.56	61.22	61.30	60.30	61.39	61.50	60.97

性状	区号									
	12	13	14	15	16	17	18	19	20	21
X_1	22.67	22.81	22.67	22.81	23.02	23.02	23.15	22.88	23.16	23.13
X_2	32.67	32.67	32.67	33.02	33.05	32.95	33.15	33.06	32.78	32.95
X_3	51.21	51.43	51.43	51.70	51.48	51.55	51.58	51.45	51.48	51.38
X_4	61.49	61.15	61.15	61.49	61.44	61.62	61.65	61.54	61.41	61.58

2.14　设 $X \sim N_3(\mu, \Sigma)$。从中取一个 $n=10$ 独立同分布样本,并有 $\overline{X}=(1, 0, 2)^{\mathrm{T}}$,

$$S = \begin{pmatrix} 3 & 2 & 1 \\ 2 & 3 & 1 \\ 1 & 1 & 4 \end{pmatrix}。\quad (\alpha = 0.05)$$

(1)求 μ_1、μ_2、μ_3 的联合置信区间;(2)判断 $\mu_1 = \dfrac{1}{2}(\mu_2 + \mu_3)$ 是否成立。

2.15　地质勘探中,在 A、B、C 3 个地区采集了一些岩石,测量其部分化学成分,其数据如表 2.16 所示。假定这 3 个地区岩石的成分遵从 $N_3(\mu^{(i)}, \Sigma_i)(i = 1, 2, 3)(\alpha = 0.05)$。

(1) 检验 $H_0 : \Sigma_1 = \Sigma_2 = \Sigma_3$,$H_1 : \Sigma_1, \Sigma_2, \Sigma_3$ 不全相等;

(2) 检验 $H_0 : \mu^{(1)} = \mu^{(2)}$,$H_1 : \mu^{(1)} \neq \mu^{(2)}$;

(3) 检验 $H_0 : \mu^{(1)} = \mu^{(2)} = \mu^{(3)}$,$H_1 :$ 存在 $i \neq j$,使得 $\mu^{(i)} \neq \mu^{(j)}$。

表 2.16　A、B、C 3 个地区岩石的部分化学成分数据

	SiO_2	FeO	K_2O
A 地区	47.22	5.06	0.10
	47.45	4.35	0.15
	47.52	6.85	0.12
	47.86	4.19	0.17
	47.31	7.57	0.18
B 地区	54.33	6.22	0.12
	56.17	3.31	0.15

(续表)

	SiO$_2$	FeO	K$_2$O
	54.40	2.43	0.22
	52.62	5.92	0.12
C 地区	43.12	10.33	0.05
	42.05	9.67	0.08
	42.50	9.62	0.02
	40.77	9.68	0.04

2.16 设总体 $X \sim N_p(\mu, \Sigma)$ $(\Sigma > 0)$，$X_{(\alpha)}$ $(\alpha=1, \cdots, n)$ $(n > p)$ 为来自 p 维正态总体 X 的样本，记 $\mu = (\mu_1, \cdots, \mu_p)^T$。$C$ 为 $k \times p$ 常数 $(k < p)$，$\mathrm{rank}(C) = k$，r 为已知 k 维向量。试给出检验 $H_0 : C\mu = r$ 的检验统计量及分布。

2.17 设总体 $X \sim N_p(\mu, \Sigma)$ $(\Sigma > 0)$，$X_{(\alpha)}$ $(\alpha=1, \cdots, n)$ $(n > p)$ 为来自 p 维正态总体 X 的样本，样本均值为 X，样本离差阵为 A。记 $\mu = (\mu_1, \cdots, \mu_p)^T$。为检验 $H_0 : \mu_1 = \mu_2 = \cdots = \mu_p$，$H_1 : \mu_1, \mu_2, \cdots, \mu_p$ 至少有一对不相等，令 $C =$
$$\begin{pmatrix} 1 & -1 & 0 & \cdots & 0 \\ 1 & 0 & -1 & \cdots & 0 \\ \vdots & \vdots & \vdots & \ddots & \vdots \\ 1 & 0 & 0 & \cdots & -1 \end{pmatrix}_{(p-1) \times p}$$，则上面的假设等价于 $H_0 : C\mu = 0_{p-1}$，$H_1 : C\mu \neq 0_{p-1}$，试求检验 H_0 的似然比统计量和分布。

2.18 设一个容量为 $n=3$ 的随机样本取自二维正态总体，其数据矩阵为 $X = \begin{pmatrix} 6 & 9 \\ 10 & 6 \\ 8 & 3 \end{pmatrix}$，试对 $\mu_0 = (9, 5)$ 计算 T^2 的观测值，并说明此时 T^2 的抽样分布是什么？

第3章

方差分析与多元线性回归分析

3.1　引言

在实践中，一个结果或试验指标往往要受到一种或多种因素的影响，而方差分析可以用来分析各种因素对结果或试验指标影响的大小。方差分析按影响因素的个数可分为单因素方差分析、双因素方差分析和多因素方差分析。单因素方差分析简单地说就是对试验数据或样本数据分析同一因素的不同水平对结果或试验指标的影响是否有显著差异，或者说检验方差相同的多个（多于两个）正态总体的均值是否相等，也就是检验多个方差相同的正态分布是否为同一分布。双因素方差主要分析两个因素（包括两个因素存在交互作用和不存在交互作用的两种情形）对试验结果或者指标是否有影响。本章我们主要介绍单因素方差分析与双因素方差分析。需要特别注意的是"方差分析"事实上不是真正的分析方差，而是利用偏差平方和来度量数据的变异。方差分析的基本思想是变异的分解，也就是研究均值的变异，这是统计学的一个重要思想。之所以在多元统计分析中有此专门章节来阐述方差分析是因为方差分析方法是在多元统计分析中得到广泛应用的统计技术之一，比如费希尔判别法中的判别函数系数的确定、多元回归系数向量的检验统计量的构造等。

回归分析已经是统计学中最成熟、最常用的统计工具之一。人们常用它来分析变量间的关系，进而来进行预测和控制分析。回归分析中自变量也可称为解释变量、控制变量、预测变量或者回归元（regressor），因变量也可称为被解释变量、被预测变量或回归子（regressand），回归分析就是研究两者之间关系的统计分析方法。实际问题可能更多需要考虑的是多个因变量对多个自变量的相互依赖关系，比如主要肉食品的价格和销售量之间的关系，这种同时考虑多个因变量和多个自变量的相互依赖关系，我们将其称为多变量的多元回归问题，简称多对多回归或者多重多元回归。但在本章中，我们主要先考虑一个因变量与多个自变量的多元回归模型，然后将这个模型推广到预测多个因变量的情形。

一元线性回归是用一个主要影响因素作为自变量来解释因变量的变化。但是在现实问题中，因变量的变化往往受多个重要因素的影响，如产品的销售额除受产品价格的影响外，还受产品广告费用、促销方式、销售队伍、促销力度与销售渠道等多种因素影响。多元回归分析就是用两个或两个以上的影响因素作为自变量来分析解释相互依赖的一个或者多个因变量。

3.2 方差分析

在工农业生产和科学试验中,经常会发现影响产品产量、质量和试验结果的因素有很多。例如考察玉米的产量,影响因素有种子品种、肥料品种、土质等,改变其中任何一个因素都可能影响玉米产量。为了提高玉米产量,有必要找出哪些因素对它的产量有显著影响,这样我们就可以因地制宜,对关键性的因素加以控制或者调节。进一步,如果我们掌握了某个关键性因素,例如我们知道哪种肥料能更显著性地提高玉米产量,那么我们今后就可以根据肥料的成本合理选择该种肥料。同样,如果发现土质也是一个关键因素,那么我们可以考虑改良土质,这样不但可以提高玉米产量,还可以降低成本。

为了实现上述目的,必须做一些试验,然后对试验结果进行分析,方差分析就是分析影响试验结果因素的一种有效统计方法。方差分析是分析可控因素(自变量,如种子品种)的不同水平是否对试验指标(也称观测变量,如玉米产量)产生了显著影响,如果可控因素的不同水平对观测变量有显著影响,那么它和随机因素的共同作用必然使试验指标的数据产生显著差异。因为在实际问题中影响总体均值的因素往往不止一个,因此,可以根据试验中可控因素的个数来选择进行单因素方差分析、双因素方差分析或多因素方差分析。对于引起试验结果变化的不同可控因素,我们通常用 A,B,C,$\cdots$ 表示。将因素在试验中所取的不同状态称为水平,A 的 s 个不同水平可用 A_1,A_2,$\cdots$,A_s 来表示,例如种子的不同品种就是品种这个因素取的不同水平值。

本章我们先讨论单因素方差分析,之后再讨论双因素方差分析。由于多因素方差分析和双因素方差分析十分类似,因此不再进行详述。

3.2.1 单因素方差分析

单因素方差分析是用来测试某一个可控因素的不同水平是否造成了试验指标的显著差异和变动的一种统计分析方法。

1. 数学模型

设在试验中只考察一个可控因素 A 对试验指标的影响。因素 A 在试验中取 s 种不同的水平,即 A_1,A_2,$\cdots A_j$,$\cdots$,A_s。将水平 A_j 固定进行试验($j=1,2,\cdots,s$),独立观测 n_j 次试验结果,记水平 A_j 的第 i 个试验结果为 $X_{ij}(i=1,2,\cdots,n_j)$。整个试验共做 $n_1+n_2+\cdots+n_s=n$ 次,即共需 n 个条件相同的试验单元分别固定 A_1,A_2,$\cdots$,A_s 进行试验,试验结果如表 3.1 所示:

表 3.1　试验结果

水平	A_1	A_2	$\cdots$	A_j	$\cdots$	A_s
观测值	X_{11}	X_{12}	$\cdots$	X_{1j}	$\cdots$	X_{1s}
	X_{21}	X_{22}	$\cdots$	X_{2j}	$\cdots$	X_{2s}
	$\vdots$	$\vdots$	$\cdots$	$\vdots$	$\cdots$	$\vdots$
	$X_{n_1 1}$	$X_{n_2 2}$	$\cdots$	$X_{n_j j}$	$\cdots$	$X_{n_s s}$
总体均值	μ_1	μ_2	$\cdots$	μ_j	$\cdots$	μ_s

假设不同水平下的 s 个总体,均来自正态总体(否则应采用非参数分析)且方差相同,即 $X_j \sim N(\mu_j, \sigma^2)$,其中 μ_j 与 σ^2 未知,$j=1, 2, \cdots, s$。X_{ij} 为取自 $N(\mu_j, \sigma^2)$ 的样本($i=1, 2, \cdots, n_j$),即

$$X_{ij} \sim N(\mu_j, \sigma^2), \mu_j \text{ 与 } \sigma^2 \text{ 未知}, i=1, 2, \cdots, n_j, j=1, 2, \cdots, s$$

并假设不同水平 A 下的样本(试验结果或者观测值)相互独立,则可得到单因素试验方差分析数学模型

$$\begin{cases} X_{ij} = \mu_j + \varepsilon_{ij}, i=1, 2, \cdots, n_j, j=1, 2, \cdots, s \\ \varepsilon_{ij} \sim N(0, \sigma^2) \\ \varepsilon_{ij} \text{ 相互独立,其中 } \mu_j, \sigma^2 \text{ 均为常数} \end{cases}$$

2. 假设检验

单因素方差分析的任务是检验因素 A 的 s 个总体均值是否有显著差异,即检验 s 个总体 $X_j \sim N(\mu_j, \sigma^2)$, $j=1, 2, \cdots, s$ 的均值是否相等。若无显著差异,则认为 A 因素对试验指标无显著影响。因此需要在模型中检验的假设为

$$H_0: \mu_1 = \mu_2 = \cdots = \mu_s, H_1: \mu_1, \mu_2, \cdots, \mu_s \text{ 不全相等}$$

记 $\delta_j = \mu_j - \mu$ 为水平 A_j 的效应($j=1, 2, \cdots, s$),即对每组均值进行分解,δ_j 反映了水平 A_j 对试验指标的贡献,也即第 j 个总体的效应。其中 $\mu = \dfrac{1}{n} \sum_{j=1}^{s} n_j \mu_j$ 被称为总平均, $n = \sum_{j=1}^{s} n_j$。容易看出,s 个总体的总效应满足关系式:$\sum_{j=1}^{s} \delta_j = 0$,则在这样的变换下,单因素方差分析的模型可以重新表述为

$$\begin{cases} X_{ij} = \mu + \delta_j + \varepsilon_{ij}, i=1, 2, \cdots, n_j, j=1, 2, \cdots, s \\ \sum_{j=1}^{s} \delta_j = 0 \\ \varepsilon_{ij} \sim N(0, \sigma^2) \\ \varepsilon_{ij} \text{ 相互独立,其中 } \mu_j, \sigma^2 \text{ 均为常数} \end{cases}$$

此时,上述假设也可等价表述为

$$H_0: \delta_1 = \delta_2 = \cdots = \delta_s = 0, \; H_1: \delta_1, \delta_2, \cdots, \delta_s \text{ 不全为零}$$

为了确定检验假设的统计量,首先需要分析是什么引起了 X_{ij} 的波动。这里主要有两方面原因:一方面是当假设为真时,则认为 X_{ij} 的波动完全是由于 ε_{ij} 的随机性引起的(也称组内波动性);另一方面是当假设不为真时,认为研究中的控制因素使得结果产生了显著的波动(也称组间波动性),即如果 H_0 被拒绝,说明因素 A 的各水平的效应之间有显著的差异。在玉米品种的例子中,就是 s 种玉米品种之间有显著差异。因此,我们需要一个统计量来描述 X_{ij} 之间的波动,并把引起波动的上述两个方面的原因用另外两个相关的量表述出来,以进行区分。这就是在方差分析中常用的平方和分解的基本思想。下面我们将从平方和分解的角度入手来导出 H_0 的检验统计量。

通常,变量的波动可以用样本取值 x_{ij} 与样本均值 $\bar{x}$ 之间的偏差平方和来反映。以 $\bar{x}$ 表示所有 x_{ij} 的总平均值,即

$$\bar{x} = \frac{1}{n} \sum_{j=1}^{s} \sum_{i=1}^{n_j} x_{ij}$$

试验指标所测得的数据参差不齐,它们的差异被称为总偏差平方和

$$\text{SST} = \sum_{j=1}^{s} \sum_{i=1}^{n_j} (x_{ij} - \bar{x})^2$$

总偏差的产生有两个原因,一个是试验误差(也称随机误差),另一个则是水平误差,即由控制因素的不同水平引起的差异。方差分析的基本思想就是把总偏差 SST 分解为试验误差 SSE(又称组内偏差)和水平误差 SSA(又称组间偏差)。在一定的意义下比较两者的差异,若差异不大,则说明因素水平变化对试验指标的影响不大,即该因素对试验指标的影响不显著;若水平误差比试验误差大得多,则说明该因素水平的变化对试验指标的结果有显著影响,不可忽视。下面对总偏差 SST 进行分解:

$$\begin{aligned}
\text{SST} &= \sum_{j=1}^{s} \sum_{i=1}^{n_j} (x_{ij} - \bar{x})^2 \\
&= \sum_{j=1}^{s} \sum_{i=1}^{n_j} (x_{ij} - \bar{x}_{\cdot j} + \bar{x}_{\cdot j} - \bar{x})^2 \\
&= \sum_{j=1}^{s} \sum_{i=1}^{n_j} \left[(x_{ij} - \bar{x}_{\cdot j})^2 + 2(x_{ij} - \bar{x}_{\cdot j})(\bar{x}_{\cdot j} - \bar{x}) + (\bar{x}_{\cdot j} - \bar{x})^2 \right]
\end{aligned}$$

其中 $\bar{x}_{\cdot j} = \dfrac{1}{n_j} \sum_{i=1}^{n_j} x_{ij}$, $j = 1, 2, \cdots, s$, $\bar{x}_{\cdot j}$ 为第 j 总体的样本均值。由于

$$\sum_{i=1}^{n_j} (x_{ij} - \bar{x}_{\cdot j})(\bar{x}_{\cdot j} - \bar{x}) = 0$$

所以有

$$\text{SST} = \sum_{j=1}^{s} \sum_{i=1}^{n_j} (x_{ij} - \bar{x}_{\cdot j})^2 + \sum_{j=1}^{s} \sum_{i=1}^{n_j} (\bar{x}_{\cdot j} - \bar{x})^2 = \text{SSE} + \text{SSA}$$

上式即为总偏差平方和＝误差平方和＋效应平方和。误差平方和(SSE)也称为组内偏差平方和,它反映了随机误差引起的差异,$(x_{ij}-\bar{x}._{j})^2$ 代表了水平 A_j 下样本观测值与样本均值的误差。效应平方和(SSA)也称组间偏差平方和,它反映了控制因素的不同水平引起的效应差异。SSA 也可以改写为

$$\text{SSA}=\sum_{j=1}^{s} n_j(\bar{x}._{j}-\bar{x})^2$$

上式即为水平 A_j 下样本均值与样本数据总均值的差异。为了构造有效的检验统计量,我们需要进一步明确 SSE、SSA 的统计分布特征,下面简要介绍在推导中需要用到的柯赫伦(Cochran)定理。

柯赫伦定理: 设 $\xi_1, \xi_2, \cdots, \xi_n$ 为 n 个相互独立的服从标准正态分布 $N(0,1)$ 的随机变量,则 $Q=\sum_{i=1}^{n}\xi_i^2$ 为服从自由度为 n 的 $\chi^2(n)$ 分布的变量。若 $Q=Q_1+Q_2+\cdots+Q_k$,其中 Q_i 为某些正态变量的平方和,这些正态变量平方和分别是标准正态变量 $\xi_1, \xi_2, \cdots, \xi_n$ 的线性组合,其自由度为 f_i,则这些 Q_i 相互独立且 $Q_i\sim\chi^2(f_i)$ 的充要条件是 $\sum_{i=1}^{k} f_i=n$。

证明: 首先证明必要性。已知 $Q_1, Q_2, \cdots, Q_k$ 相互独立,且 $Q_i\sim\chi^2(f_i)$, $i=1,2,\cdots, k$,则由 χ^2 分布的可加性得到

$$Q=\sum_{i=1}^{k}Q_i^2\sim\chi^2\left(\sum_{i=1}^{k} f_i\right)$$

而 $Q=\sum_{i=1}^{n}\xi_i^2\sim\chi^2(n)$,所以 $\sum_{i=1}^{k} f_i=n$。

其次是充分性。设 T_{ij} 为正态变量, $i=1,2,\cdots, k$; $j=1,2,\cdots, m_i$,且 $Q_i=\sum_{j=1}^{m_i} T_{ij}^2$。根据假定,在 $T_{i1}, T_{i2}, \cdots, T_{im_i}$ 中必可选出 f_i 个 T_{ij},而其余的正态变量可用选出的 f_i 个 T_{ij} 线性表示。因此,不妨设 $T_{i,f_{i+1}}, T_{i,f_{i+2}}, \cdots, T_{i,m_i}$ 可由 $T_{i1}, T_{i2}, \cdots, T_{if_i}$ 线性表示,将其代入 Q_i 后可得到 Q_i 的关于 $T_{i1}, T_{i2}, \cdots, T_{if_i}$ 的一个非负二次型,利用二次型的性质,将此二次型标准化后得

$$Q_i=\sum_{j=1}^{f_i} b_{ij}\widetilde{T}_{ij}^2$$

其中 $\widetilde{T}_{ij}$ 是 $T_{i1}, T_{i2}, \cdots, T_{if_i}$ 的线性组合,又由于 T_{ij} 是 $\xi_1, \xi_2, \cdots, \xi_n$ 的线性组合,故 $\widetilde{T}_{ij}$ 为独立正态变量 $\xi_1, \xi_2, \cdots, \xi_n$ 的线性组合,所以它仍为正态变量。由于 $b_{ij}=1$ 或 -1,从而

$$Q=\sum_{i=1}^{k}\sum_{j=1}^{f_i} b_{ij}\widetilde{T}_{ij}^2=\sum_{i=1}^{n}\xi_i^2$$

由于 Q 是正定的,且 $\sum_{i=1}^{k} f_i=n$,故 $\widetilde{T}_{ij}$ 共有 n 个,且一切 b_{ij} 全为 1。将 $\widetilde{T}_{ij}$ 重新编号为

$\widetilde{T}_1$，$\widetilde{T}_2$，$\cdots$，$\widetilde{T}_n$，则

$$Q = \sum_{i=1}^{n} \xi_i^2 = \sum_{i=1}^{n} \widetilde{T}_i^2$$

从而可知由 ξ_1，ξ_2，$\cdots$，ξ_n 到 $\widetilde{T}_1$，$\widetilde{T}_2$，$\cdots$，$\widetilde{T}_n$ 的线性变化是正交变换，所以 $\widetilde{T}_1$，$\widetilde{T}_2$，$\cdots$，$\widetilde{T}_n$ 仍是正态变量，且

$$E(\widetilde{T}_i) = 0$$

$$\mathrm{Cov}(\widetilde{T}_i, \widetilde{T}_j) = \begin{cases} 0, & i \neq j \\ 1, & i = j \end{cases} (i, j = 1, 2, \cdots, n)$$

这就说明 $\widetilde{T}_1$，$\widetilde{T}_2$，$\cdots$，$\widetilde{T}_n$ 也是相互独立的标准正态变量，故 Q_i 是相互独立的 $\chi^2(f_i)$ 变量。

定理证毕。

根据柯赫伦定理，下面给出 SSE、SSA 的统计特征，并进一步构造检验统计量。首先，利用因素的效应表达式

$$\bar{x}_{\cdot j} = \mu + \delta_j + \bar{\varepsilon}_{\cdot j}$$

$$\bar{x} = \mu + \bar{\varepsilon}$$

其中 $\bar{\varepsilon}_{\cdot j}$，$\bar{\varepsilon}$ 的意义同 $\bar{x}_{\cdot j}$，$\bar{x}$，从而可将 SSE 和 SSA 转化为

$$\mathrm{SSE} = \sum_{j=1}^{s} \sum_{i=1}^{n_j} (\varepsilon_{ij} - \bar{\varepsilon}_{\cdot j})^2$$

SSE 反映了误差的波动，称其为误差的偏差平方和。

$$\mathrm{SSA} = \sum_{j=1}^{s} n_j (\delta_j + \bar{\varepsilon}_{\cdot j} - \bar{\varepsilon})^2$$

在假设 H_0 为真时，SSA 反映了误差引起的波动；在假设 H_0 不为真时，SSA 则反映出因素 A 的不同水平的效应之间的差异（也包含误差），故称其为因子 A 的偏差平方和。

当假设 H_0 为真时，所有的 $x_{ij} \sim N(\mu, \sigma^2)$，且彼此相互独立，$\dfrac{1}{\sigma^2}\mathrm{SST} \sim \chi^2(n-1)$。

另外，根据误差的偏差平方和公式，以及对 ε_{ij} 的假定，利用 χ^2 分布的可加性可得

$$\frac{1}{\sigma^2}\mathrm{SSE} \sim \chi^2(n-s)$$

从效应平方和 SSA 公式中可以看出，SSA 是 s 个正态变量的平方和，由于

$$\sum_{j=1}^{s} n_j (\bar{x}_{\cdot j} - \bar{x}) = 0$$

因此，SSA 的自由度为 $s-1$，且由于

$$\frac{1}{\sigma^2}\mathrm{SST} = \frac{1}{\sigma^2}\mathrm{SSA} + \frac{1}{\sigma^2}\mathrm{SSE}$$

$$n - 1 = (s - 1) + (n - s)$$

基于以上条件,柯赫伦定理的全部要求得到满足,因此有 SSA 满足

$$\frac{1}{\sigma^2}\mathrm{SSA} \sim \chi^2(s - 1)$$

且 SSE 和 SSA 相互独立。此时,用于检验假设的统计量的分布完全确定,总结如下:

(1) $\dfrac{\mathrm{SSE}}{\sigma^2} \sim \chi^2(n - s)$, $E(\mathrm{SSE}) = (n - s)\sigma^2$。

(2) 当 $H_0 : \mu_1 = \mu_2 = \cdots = \mu_s$ 成立时,$\dfrac{\mathrm{SSA}}{\sigma^2} \sim \chi^2(s - 1)$, $E(\mathrm{SSA}) = (s - 1)\sigma^2$,且 SSE 与 SSA 相互独立。

为检验原假设 H_0,可构造统计量,记为

$$F = \frac{\mathrm{SSA}/(s - 1)}{\mathrm{SSE}/(n - s)}$$

当 H_0 成立时,F 满足

$$F = \frac{\mathrm{SSA}/(s - 1)}{\mathrm{SSE}/(n - s)} = \frac{\dfrac{\mathrm{SSA}}{\sigma^2}/(s - 1)}{\dfrac{\mathrm{SSE}}{\sigma^2}/(n - s)} \sim F(s - 1, n - s)$$

于是 F 可以作为原假设 H_0 的检验统计量。SSA 反映了不同效应水平引起的方差波动,SSE 反映了随机误差项引起的波动,在 H_0 不为真时,组间方差 SSA 更大,因此 F 统计量有偏大的趋势。所以在显著性水平 α 下,可得拒绝域为 $F > F_\alpha(s - 1, n - s)$,此时应该拒绝原假设,即认为因素 A 的 s 个水平效应有显著差异。最后,在计算中,有时也可以通过以下线性变换来简化数据从而减少计算工作量:

$$\widetilde{x}_{ij} = \frac{x_{ij} - a}{b}$$

其中,a,b 为常数,且 $b \neq 0$。 可以证明,用线性变化后的 $\widetilde{x}_{ij}$ 去进行方差分析时所得的 F 值不变。

3. 单因素方差分析检验步骤

(1) 建立原假设。

H_0:控制因素 A 的不同水平下各组间总体均值相等,H_1:各组间均值不等。

(2) 计算统计量。

$$F = \frac{\mathrm{SSA}/(s - 1)}{\mathrm{SSE}/(n - s)}$$

（3）计算特定置信水平 α 下的拒绝域：对应 $F_\alpha(s-1,\,n-s)$，查 F 分布分位数表。

（4）比较统计量与拒绝临界值，得出检验结论：

若 $F \geqslant F_\alpha$，则拒绝原假设 H_0，即认为因素 A 对试验结果有显著影响；

若 $F < F_\alpha$，则接受原假设 H_0，即认为因素 A 对试验结果无显著影响。

3.2.2 双因素方差分析

在实际问题中，我们常常要考虑两个或两个以上因素的试验。在双因素或多因素试验的方差分析中出现的新问题是，除了要考察不同因素对试验指标是否有显著影响外，还要考察不同因素的不同水平之间的搭配对实验指标有无显著影响，即还需要考虑两个因子在不同水平下的交互作用。例如，在前面玉米产量的例子中，我们可能希望同时分析玉米品种和肥料品种的影响，从而选出最佳的投产组合。下面，我们主要对包含两个因素的试验进行分析，多因素试验是双因素试验的拓展，方法类似，因此不再赘述。

数学模型：设被考察的控制因素分别为 A 和 B。因素 A 在试验中取 r 种不同的水平，即 A_1，A_2，$\cdots$，A_r，因素 B 在试验中取 s 种不同的水平，即 B_1，B_2，$\cdots$，B_s。在 A_i 和 B_j 的搭配组合下，试验共有 $r \times s$ 个水平，每一个水平做一次独立试验，试验结果 X_{ij} 相互独立，且 $X_{ij} \sim N(\mu_{ij},\, \sigma^2)$，$i=1,2,\cdots,r$，$j=1,2,\cdots,s$。试验资料具有如表 3.2 所示的结果：

表 3.2　试验资料

		因素 B						水平 A 均值
		B_1	B_2	$\cdots$	B_j	$\cdots$	B_s	
因素 A	A_1	X_{11}	X_{12}	$\cdots$	X_{1j}	$\cdots$	X_{1s}	$\overline{X}_1.$
	A_2	X_{21}	X_{22}	$\cdots$	X_{2j}	$\cdots$	X_{2s}	$\overline{X}_2.$
	$\vdots$	$\vdots$	$\vdots$	$\cdots$	$\vdots$	$\cdots$	$\vdots$	$\vdots$
	A_i	X_{i1}	X_{i2}	$\cdots$	X_{ij}	$\cdots$	X_{is}	$\overline{X}_i.$
	$\vdots$	$\vdots$	$\vdots$	$\cdots$	$\vdots$	$\cdots$	$\vdots$	$\vdots$
	A_r	X_{r1}	X_{r2}	$\cdots$	X_{rj}	$\cdots$	X_{rs}	$\overline{X}_r.$
水平 B 均值		$\overline{X}_{.1}$	$\overline{X}_{.2}$	$\cdots$	$\overline{X}_{.j}$	$\cdots$	$\overline{X}_{.s}$	$\overline{X}$

则总平均值：$\mu = \dfrac{1}{rs} \sum\limits_{i=1}^{r} \sum\limits_{j=1}^{s} \mu_{ij}$

A_i 水平的平均值：$\mu_i. = \dfrac{1}{s} \sum\limits_{j=1}^{s} \mu_{ij}$，$i=1,2,\cdots,r$

B_j 水平的平均值：$\mu_{.j} = \dfrac{1}{r} \sum\limits_{i=1}^{r} \mu_{ij}$，$j=1,2,\cdots,s$

A_i 水平的效应：$\alpha_i = \mu_i. - \mu$，$i=1,2,\cdots,r$

B_j 水平的效应：$\beta_j = \mu_{.j} - \mu$，$j=1,2,\cdots,s$

因素 A 和 B 的水平效应显然满足关系式：$\sum\limits_{i=1}^{r}\alpha_i=0$，$\sum\limits_{j=1}^{s}\beta_j=0$。根据因素 A 和 B 之间是否存在相互作用，我们可以分以下两种情况进行讨论。

1. 无交互作用的情形

若 $\mu_{ij}=\mu+\alpha_i+\beta_j$，此时因素 A 和 B 之间不存在相互作用，我们称之为无交互作用的方差分析模型。此时，只需对 A_i、B_j 的每一个组合作一次试验，又称为无重复试验的方差分析模型。

对应的数学模型可以写为

$$\begin{cases} X_{ij}=\mu+\alpha_i+\beta_j+\varepsilon_{ij}，i=1,2,\cdots,r，j=1,2,\cdots,s \\ \sum\limits_{i=1}^{r}\alpha_i=0，\sum\limits_{j=1}^{s}\beta_j=0 \\ \varepsilon_{ij} \text{ 相互独立，且 } \varepsilon_{ij}\sim N(0,\sigma^2)，i=1,2,\cdots,r，j=1,2,\cdots,s \end{cases}$$

作如下两组假设检验：

$H_{01}:\alpha_1=\alpha_2=\cdots=\alpha_r=0$，表明 A 的不同水平对试验指标作用不显著；

$H_{11}:\alpha_1,\alpha_2,\cdots,\alpha_r$ 不全为零。

$H_{02}:\beta_1=\beta_2=\cdots=\beta_s=0$，表明 B 的不同水平对试验指标作用不显著；

$H_{12}:\beta_1,\beta_2,\cdots,\beta_s$ 不全为零。

若检验结果 H_{01} 或 H_{02} 为不拒绝，则认为因素 A 或 B 的不同水平对结果没有显著影响。若两者均不拒绝，则说明因素 A 和 B 的不同水平组合对结果无显著影响。基于单因素方差分析中的平方和分解的思想，下面我们将导出 H_{01}、H_{02} 的检验统计量。

$$\sum_{i=1}^{r}\sum_{j=1}^{s}(x_{ij}-\bar{x})^2=\sum_{i=1}^{r}\sum_{j=1}^{s}(x_{ij}-\bar{x}_{i\cdot}-\bar{x}_{\cdot j}+\bar{x})^2+s\cdot\sum_{i=1}^{r}(\bar{x}_{i\cdot}-\bar{x})^2+r\cdot\sum_{j=1}^{s}(\bar{x}_{\cdot j}-\bar{x})^2$$

其中，$\bar{x}_{i\cdot}=\dfrac{1}{s}\sum\limits_{j=1}^{s}x_{ij}$，$i=1,2,\cdots,r$，为 A_i 水平的样本均值；

$\bar{x}_{\cdot j}=\dfrac{1}{r}\sum\limits_{i=1}^{r}x_{ij}$，$j=1,2,\cdots,s$，为 B_j 水平的样本均值；

$\bar{x}=\dfrac{1}{rs}\sum\limits_{i=1}^{r}\sum\limits_{j=1}^{s}x_{ij}$ 为样本总平均。

上式可记为 SST＝SSE＋SSA＋SSB。

其中，SSE 反映了随机误差引起的波动，SSA 和 SSB 除了反映误差的波动外，分别反映了假设 H_{01} 不为真与假设 H_{02} 不为真时，由控制因素的各个水平而引起的波动，即分别反映了因素 A 的效应间的差异以及因素 B 的效应间的差异。我们将 SSE、SSA、SSB 分别称为误差平方和、因素 A 效应平方和、因素 B 效应平方和，即总偏差平方和＝误差平方和＋因素 A 效应平方和＋因素 B 效应平方和。我们得到无重复实验的双因素方差分析的相关概念及含义（见表 3.3）。

表 3.3　双因素方差分析的相关概念及含义

名　称	含　义	自由度
总的偏差平方和 SST	反映了试验指标的总变异	$rs-1$
误差平方和 SSE	反映了随机误差引起的差异	$(r-1)(s-1)$
因素 A 的效应平方和 SSA	反映了因素 A 不同水平间的差异	$r-1$
因素 B 的效应平方和 SSB	反映了因素 B 不同水平间的差异	$s-1$

根据柯赫伦定理,SSE、SSA、SSB 满足以下统计特征:

$$\frac{\text{SSE}}{\sigma^2} \sim \chi^2((r-1)(s-1)),\ E(\text{SSE}) = (r-1)(s-1)\sigma^2$$

当 $H_{01}:\alpha_1 = \alpha_2 = \cdots = \alpha_r = 0$ 成立时,

$$\frac{\text{SSA}}{\sigma^2} \sim \chi^2(r-1),\ E(\text{SSA}) = (r-1)\sigma^2, 且 SSE 与 SSA 相互独立。$$

当 $H_{02}:\beta_1 = \beta_2 = \cdots = \beta_s = 0$ 成立时,

$$\frac{\text{SSB}}{\sigma^2} \sim \chi^2(s-1),\ E(\text{SSB}) = (s-1)\sigma^2, 且 SSE 与 SSB 相互独立。$$

基于以上性质,可构造检验统计量 $F_A = \dfrac{\text{SSA}/(r-1)}{\text{SSE}/[(r-1)(s-1)]} \sim F(r-1,(r-1)(s-1))$

$$F_B = \frac{\text{SSB}/(s-1)}{\text{SSE}/[(r-1)(s-1)]} \sim F(s-1,\ (r-1)(s-1))$$

于是 F_A(或 F_B)可以作为原假设 H_{01}(或 H_{02})的检验统计量。在 H_{01}(H_{02})不为真时,F_A(或 F_B)统计量具有偏大的趋势,所以对于给定的显著性水平 α,拒绝域为 $F_A \geqslant F_\alpha(r-1,\ (r-1)(s-1))$(或 $F_B \geqslant F_\alpha(s-1,\ (r-1)(s-1))$),此时拒绝原假设,认为因素 A 或 B 的 r 或 s 个水平效应有显著差异。

最后,总结得到无重复试验模型方差分析的拒绝域(见表 3.4)。

表 3.4　无重复试验模型方差分析的拒绝域

命　题	F 分布	拒绝域
若 H_{01} 成立时	$F_A = \dfrac{\overline{\text{SSA}}}{\overline{\text{SSE}}} \sim F(r-1,\ (r-1)(s-1))$	$F_A \geqslant F_\alpha(r-1,\ (r-1)(s-1))$
若 H_{02} 成立时	$F_B = \dfrac{\overline{\text{SSB}}}{\overline{\text{SSE}}} \sim F(s-1,\ (r-1)(s-1))$	$F_B \geqslant F_\alpha(s-1,\ (r-1)(s-1))$

其中,$\overline{\text{SSE}} = \dfrac{\text{SSE}}{(r-1)(s-1)}$,$\overline{\text{SSA}} = \dfrac{\text{SSA}}{r-1}$,$\overline{\text{SSB}} = \dfrac{\text{SSB}}{r-1}$。

2. 有交互作用的情形

若 $\mu_{ij} = \mu + \alpha_i + \beta_j + \delta_{ij}$,其中 δ_{ij} 称为水平 A_i 和 B_j 的交互效应,则被称为有交互作用

的方差分析模型。为了研究交互作用对试验结果是否有显著影响,需在 A_i 和 B_j 的每一个水平组合下作 t 次试验,总共需要进行 $i \times j \times t$ 次实验,因此又称为重复试验的方差分析模型。记 A_i、B_j 水平组合下第 k 次试验结果为 X_{ijk},则对应的数学模型可以写为

$$
\begin{cases}
X_{ijk} = \mu + \alpha_i + \beta_j + \delta_{ij} + \varepsilon_{ijk},\ i = 1, 2, \cdots, r,\ j = 1, 2, \cdots, s,\ k = 1, 2, \cdots, t \\
\sum\limits_{i=1}^{r} \alpha_i = 0,\ \sum\limits_{j=1}^{s} \beta_j = 0,\ \sum\limits_{j=1}^{r} \delta_{ij} = 0,\ \sum\limits_{i=1}^{s} \delta_{ij} = 0 \\
\varepsilon_{ijk}\ \text{相互独立,且}\ \varepsilon_{ijk} \sim N(0, \sigma^2),\ i = 1, 2, \cdots, r,\ j = 1, 2, \cdots, s,\ k = 1, 2, \cdots, t
\end{cases}
$$

假设检验:

$H_{01}: \alpha_1 = \alpha_2 = \cdots = \alpha_r = 0$(表明 A 的不同水平对试验指标作用不显著);

$H_{11}: \alpha_1, \alpha_2, \cdots, \alpha_r$ 不全为零;

$H_{02}: \beta_1 = \beta_2 = \cdots = \beta_s = 0$(表明 B 的不同水平对试验指标作用不显著);

$H_{12}: \beta_1, \beta_2, \cdots, \beta_s$ 不全为零;

$H_{03}: \delta_{ij} = 0,\ i = 1, 2, \cdots, r,\ j = 1, 2, \cdots, s$(表明 A 和 B 的交互作用对试验指标作用不显著);

$H_{13}: \delta_{ij}$ 不全为零。

下面我们将导出 H_{01}、H_{02}、H_{03} 的检验统计量,同样依照拆解总偏差平方和的思路:

$$
\sum_{i=1}^{r} \sum_{j=1}^{s} \sum_{k=1}^{t} (x_{ijk} - \bar{x})^2 = \sum_{i=1}^{r} \sum_{j=1}^{s} \sum_{k=1}^{t} (x_{ijk} - \bar{x}_{ij\cdot})^2
$$
$$
+ st \cdot \sum_{i=1}^{r} (\bar{x}_{i\cdot\cdot} - \bar{x})^2 + rt \cdot \sum_{j=1}^{s} (\bar{x}_{\cdot j\cdot} - \bar{x})^2 + t \cdot \sum_{i=1}^{r} \sum_{j=1}^{s} (\bar{x}_{ij\cdot} - \bar{x}_{i\cdot\cdot} - \bar{x}_{\cdot j\cdot} + \bar{x})^2
$$

其中:

$\bar{x}_{ij\cdot} = \dfrac{1}{t} \sum\limits_{k=1}^{t} x_{ijk},\ i = 1, 2, \cdots, r,\ j = 1, 2, \cdots, s$,为 A 和 B 水平下的样本均值,

$\bar{x}_{i\cdot\cdot} = \dfrac{1}{st} \sum\limits_{j=1}^{s} \sum\limits_{k=1}^{t} x_{ijk},\ i = 1, 2, \cdots, r$,为 A_i 水平下的样本均值,

$\bar{x}_{\cdot j\cdot} = \dfrac{1}{rt} \sum\limits_{i=1}^{r} \sum\limits_{k=1}^{t} x_{ijk},\ j = 1, 2, \cdots, s$,为 B_j 水平下的样本均值,

$\bar{x} = \dfrac{1}{rst} \sum\limits_{i=1}^{r} \sum\limits_{j=1}^{s} \sum\limits_{k=1}^{t} x_{ijk}$ 为样本总平均。

上式可表示为

$$
\text{SST} = \text{SSE} + \text{SSA} + \text{SSB} + \text{SS}_{A \times B}
$$

其中,SSE 反映了误差的波动,SSA、SSB 和 $\text{SS}_{A \times B}$ 除了反映误差的波动外,还分别反映了假设 H_{01} 不为真、假设 H_{02} 不为真、假设 H_{03} 不为真所引起的波动,即分别反映了因素 A 的效应间的差异、因素 B 的效应间的差异以及 A 和 B 交互效应的误差所引起的波动。我们将它们分别称为误差平方和、因素 A 效应平方和、因素 B 效应平方和以及因素 A 和 B 交互效应平方和,且它们之间满足总偏差平方和=误差平方和+因素 A 效应平方和+因素 B 效应平

方和+因素 A 和 B 交互效应平方和。我们总结重复实验的双因素方差分析的相关概念及含义如表 3.5 所示：

表 3.5　双因素方差分析的相关概念及含义

名　称	含　义	自由度
总的偏差平方和 SST	反映了试验指标的总变异	$rst-1$
误差平方和 SSE	反映了随机误差引起的变异	$rs(t-1)$
因素 A 效应平方和 SSA	反映了因素 A 不同水平间的差异	$r-1$
因素 B 效应平方和 SSB	反映了因素 B 不同水平间的差异	$s-1$
因素 A 和 B 效应平方和 $SS_{A\times B}$	反映了因素 A 和因素 B 不同水平组合间的差异	$(r-1)(s-1)$

根据柯赫伦定理，SSE、SSA、SSB、$SS_{A\times B}$ 满足以下统计特征：

$$\frac{SSE}{\sigma^2} \sim \chi^2(rs(t-1)),\ E(SSE)=rs(t-1)\sigma^2$$

当 $H_{01}:\alpha_1=\alpha_2=\cdots=\alpha_r=0$ 成立时，$\dfrac{SSA}{\sigma^2} \sim \chi^2(r-1),\ E(SSA)=(r-1)\sigma^2$。

当 $H_{02}:\beta_1=\beta_2=\cdots=\beta_s=0$ 成立时，$\dfrac{SSB}{\sigma^2} \sim \chi^2(s-1),\ E(SSB)=(s-1)\sigma^2$。

当 $H_{03}:\delta_{ij}=0,\ i=1,2,\cdots,r,\ j=1,2,\cdots,s$ 成立时，

$$\frac{SS_{A\times B}}{\sigma^2} \sim \chi^2((r-1)(s-1)),\ E(SS_{A\times B})=(r-1)(s-1)\sigma^2$$

同理对无重复试验的方差分析模型，可构造用于检验重复试验模型假设 H_{01}、H_{02}、H_{03} 的检验统计量 F_A、F_B、$F_{A\times B}$，其均满足 F 分布，同时可得到重复试验模型方差分析的拒绝域（见表 3.6）：

表 3.6　重复试验模型方差分析的拒绝域

命题	F 分布	拒绝域
若 H_{01} 成立时	$F_A=\dfrac{\overline{SSA}}{\overline{SSE}} \sim F(r-1,\ rs(t-1))$	$F_A \geqslant F_a(r-1,\ rs(t-1))$
若 H_{02} 成立时	$F_B=\dfrac{\overline{SSB}}{\overline{SSE}} \sim F(s-1,\ rs(t-1))$	$F_B \geqslant F_a(s-1,\ rs(t-1))$
若 H_{03} 成立时	$F_{A\times B}=\dfrac{\overline{SS_{A\times B}}}{\overline{SSE}} \sim F((r-1)(s-1),\ rs(t-1))$	$F_{A\times B} \geqslant F_a((r-1)(s-1),\ rs(t-1))$

其中，$\overline{\text{SSE}} = \dfrac{\text{SSE}}{rs(t-1)}$，$\overline{\text{SSA}} = \dfrac{\text{SSA}}{r-1}$，$\overline{\text{SSB}} = \dfrac{\text{SSB}}{r-1}$，$\overline{\text{SS}_{A \times B}} = \dfrac{\text{SS}_{A \times B}}{(r-1)(s-1)}$。

3. 重复实验的双因素方差分析检验步骤

（1）建立原假设：

H_{01}：控制因素 A 对试验指标无显著影响；

H_{02}：控制因素 B 对试验指标无显著影响；

H_{03}：控制因素交互作用 $A \times B$ 对试验指标无显著影响。

（2）分别计算统计量：

$$F_A = \frac{\overline{\text{SSA}}}{\overline{\text{SSE}}}, \quad F_B = \frac{\overline{\text{SSB}}}{\overline{\text{SSE}}}, \quad F_{A \times B} = \frac{\overline{\text{SS}_{A \times B}}}{\overline{\text{SSE}}}$$

（3）分别计算特定置信水平 α 下的拒绝域：

对应 $F_\alpha(r-1, rs(t-1))$、$F_\alpha(s-1, rs(t-1))$、$F_\alpha((r-1)(s-1), rs(t-1))$，查 F 分布分位数表。

（4）比较统计量与拒绝临界值，得出检验结论：

若 $F_A \geqslant F_{\alpha A}$，则拒绝原假设 H_{01}，即认为因素 A 对试验结果有显著影响；

若 $F_B \geqslant F_{\alpha B}$，则拒绝原假设 H_{02}，即认为因素 B 对试验结果有显著影响；

若 $F_{A \times B} \geqslant F_{\alpha A \times B}$，则拒绝原假设 H_{03}，即认为交互作用 $A \times B$ 对试验结果有显著影响。

需要注意：

（1）在进行重复实验的方差分析时，通常先检验交互效应，再检验因子的主效应；若首先拒绝了零假设，即认为存在交互效应，则代表因子 A 和 B 的主效应缺乏清晰解释，此时再对 A 和 B 分别进行多元检验假设的实际意义较弱；

（2）在进行多元方差分析时，若原始数据严重偏离正态分布时，需要对原始数据进行正态化变换，才能进行进一步检验。

3.3　经典多元线性回归

实际问题中的多个变量往往既互相联系，又相互影响和互相制约。一种情况是变量之间有完全确定的函数关系，例如电压 V、电阻 R 和电流强度 I 之间满足关系式 $V = IR$，圆面积 S 与半径 R 之间满足关系式 $S = \pi R^2$。另一种则是其中存在一些变量，它们之间虽然有着一定的关系，然而这种关系不满足特定的函数关系式，无法完全确定。例如正常人的血压与年龄有一定关系，通常年龄大的人血压相对较高，但是血压和年龄之间的关系无法用一个确定的函数关系式来描述，我们称这些变量之间存在相关关系或者因果关系。为了深入了解事物的本质和发展演变规律，有时我们需要去寻找这些变量之间的数量关系表达式。回归分析就是寻找这类具有因果关系或相关关系的变量之间的数量关系式的一种统计方法，主要是基于一个或多个自变量来预测一个或多个响应变量，并进行统计推断，其中最为常用的方法是线性回归分析。同时,解释变量可以为离散或者连续的,或者两者混合的。

一元线性回归模型只不过是多元线性回归的一种特例,由于多元线性回归分析在实际研究和工作中应用的范围更广,因此,我们着重讨论多元回归问题。本节重点介绍多元线性回归模型的参数估计及其性质、回归方程及回归系数的显著性检验以及多重共线性等问题。

3.3.1 多元线性回归数学模型

设 $x_1, x_2, \cdots, x_p$ 是 p 个自变量(又称为解释变量、预测变量或控制变量等),y 是因变量(又称为被解释变量、被预测变量或响应变量等),则经典多元线性回归模型的理论假设是

$$y = b_0 + b_1 x_1 + \cdots + b_p x_p + \varepsilon, \varepsilon \sim N(0, \sigma^2) \tag{3.1}$$

其中,y 为因变量,$x_1, x_2, \cdots, x_p$ 为自变量,$b_0, b_1, \cdots, b_p, \sigma^2$ 是 $p+2$ 个待估计参数,$\varepsilon \sim N(0, \sigma^2)$ 为随机误差。

式(3.1)中的因变量 y 的期望值 $E(y) = \mu(x_1, x_2, \cdots, x_p)$ 随着 $x_1, x_2, \cdots, x_p$ 的取值而定。

备注:线性一词指因变量的均值为待估计参数 $b_0, b_1, \cdots, b_p$ 的线性函数,自变量在模型中不一定是一阶项。

设自变量 $(x_1, x_2, \cdots, x_p)$ 取定一组值 $(x_{i1}, x_{i2}, \cdots, x_{ip})$,对应固定的 $i(i=1, 2, \cdots, n)$,此时有 $y_i = b_0 + b_1 x_{i1} + \cdots + b_k x_{ip} + \varepsilon_i$,其中 $\varepsilon_i \sim N(0, \sigma^2)$,也即此时 $y_i \sim N(b_0 + b_1 x_{i1} + \cdots + b_p x_{ip}, \sigma^2)$,从此特殊的总体中抽取一个简单随机样本 y_i。这样 y_i 和 $(x_{i1}, x_{i2}, \cdots, x_{ip})$ 之间的关系可以表示为

$$\begin{cases} y_1 = b_0 + b_1 x_{11} + \cdots + b_p x_{1p} + \varepsilon_1 \\ y_2 = b_0 + b_1 x_{21} + \cdots + b_p x_{2p} + \varepsilon_2 \\ \cdots\cdots \\ y_n = b_0 + b_1 x_{n1} + \cdots + b_p x_{np} + \varepsilon_n \end{cases} \tag{3.2}$$

其中误差项具有以下性质:

(1) $E(\varepsilon_i) = 0$,即对第 i 个响应变量来说,n 次观测之间不相关。

(2) $\mathrm{Var}(\varepsilon_i) = \sigma^2$,不同响应变量之间误差项的方差相等。

(3) $\mathrm{Cov}(\varepsilon_i, \varepsilon_j) = \begin{cases} \sigma^2, & i=j \\ 0, & i \neq j \end{cases}$。

即误差项的期望为零,方差为同一常数,且不同观测值的误差项之间互不相关。

我们称模型(3.2)为经典**多元线性回归模型**。

为了讨论方便,我们将模型用矩阵形式表示:

$$Y = \begin{bmatrix} y_1 \\ y_2 \\ \vdots \\ y_n \end{bmatrix}, \ X = \begin{bmatrix} 1 & x_{11} & \cdots & x_{1p} \\ 1 & x_{21} & \cdots & x_{2p} \\ \cdots & \cdots & \cdots & \cdots \\ 1 & x_{n1} & \cdots & x_{np} \end{bmatrix}, \ B = \begin{bmatrix} b_0 \\ b_1 \\ \vdots \\ b_p \end{bmatrix}, \ \varepsilon = \begin{bmatrix} \varepsilon_1 \\ \varepsilon_2 \\ \vdots \\ \varepsilon_n \end{bmatrix}$$

简记为

$$Y = XB + \varepsilon \tag{3.3}$$

其中 B、σ^2 为未知参数。于是，经典多元线性回归模型性质(3)可表示为：$E(\varepsilon) = 0$，且 $\text{Var}(\varepsilon) = \sigma^2 I$。

3.3.2　模型参数的最小二乘估计

我们将用最小二乘法估计多元线性模型中的未知参数。由式(3.2)知当 $(x_1, x_2, \cdots, x_p) = (x_{i1}, x_{i2}, \cdots, x_{ip})$ 时，相应的回归值 $\mu_i = b_0 + b_1 x_{i1} + \cdots + b_p x_{ip}$。总残差平方和可定义为 n 次试验的观测值(实际值)与相应的回归函数值(理论值)的偏差的平方和

$$Q(b_0, b_1, \cdots, b_p) = \sum_{i=1}^{n} (y_i - \mu_i)^2 = \sum_{i=1}^{n} (y_i - b_0 - b_1 x_{i1} - \cdots - b_p x_{ip})^2$$

求 $\hat{b}_0, \hat{b}_1, \cdots, \hat{b}_p$，使得

$$Q(\hat{b}_0, \hat{b}_1, \cdots, \hat{b}_p) = \min_{b_0, b_1, \cdots, b_p} Q(b_0, b_1, \cdots, b_p) = \min_{b_0, b_1, \cdots, b_p} \sum_{i=1}^{n} (y_i - \mu_i)^2$$

利用最小二乘法进行估计的准则为找到使残差平方和最小的参数估计值。称 $\hat{b}_0, \hat{b}_1, \cdots, \hat{b}_p$ 为参数 $b_0, b_1, \cdots, b_p$ 的最小二乘估计。在得到 $b_0, b_1, \cdots, b_p$ 的估计 $\hat{b}_0, \hat{b}_1, \cdots, \hat{b}_p$ 后，对于给定的 $x_1, x_2, \cdots, x_p$ 的值，就可以得到回归函数 $\mu(x_1, x_2, \cdots, x_p)$ 的估计，即 $\hat{\mu}(x_1, x_2, \cdots, x_k) = \hat{b}_0 + \hat{b}_1 x_1 + \cdots + \hat{b}_p x_p$，我们称之为 y 关于 $x_1, x_2, \cdots, x_p$ 经验回归函数，并记 $\hat{b}_0 + \hat{b}_1 x_1 + \cdots + \hat{b}_p x_p = \hat{y}$，方程

$$\hat{y} = \hat{b}_0 + \hat{b}_1 x_1 + \cdots + \hat{b}_p x_p \tag{3.4}$$

被称为 y 关于 $x_1, x_2, \cdots, x_p$ 的经验多元线性回归方程，简称多元线性回归方程；并且，我们称 $\hat{y}_i = \hat{b}_0 + \hat{b}_1 x_{i1} + \cdots + \hat{b}_p x_{ip}$ 为 y_i 的回归拟合值，称 $e_i = y_i - \hat{y}_i$ 为因变量 y_i 的残差。

1. 参数 B 的估计

下面我们求参数 $b_0, b_1, \cdots, b_p$ 的最小二乘估计：设 $B = (\hat{b}_0, \hat{b}_1, \cdots, \hat{b}_p)^{\mathrm{T}}$ 为参数 $(b_0, b_1, \cdots, b_p)$ 的最小二乘估计，则 $e = Y - XB$ 为最小化残差，于是有

$$Q(b) = e^{\mathrm{T}} e = (Y - XB)^{\mathrm{T}} (Y - XB) = Y^{\mathrm{T}} Y - 2 Y^{\mathrm{T}} XB + B^{\mathrm{T}} X^{\mathrm{T}} XB$$

要取 B 使得离差平方和最小，对参数 B 求一阶导，必有 $\dfrac{\partial Q(B)}{\partial B} = -2 X^{\mathrm{T}} Y + 2 X^{\mathrm{T}} XB = 0$，即

$$X^{\mathrm{T}} XB = X^{\mathrm{T}} Y \tag{3.5}$$

式(3.5)被称为最小二乘正规方程组。若 X 满秩，则 $X^{\mathrm{T}} X$ 可逆，于是正规方程组的解为 $B = (X^{\mathrm{T}} X)^{-1} X^{\mathrm{T}} Y$，也即最小二乘参数估计值的计算公式。

定理 3.1　设 X 满秩，即 X 秩 $= p + 1 \leqslant n$，式(3.5)中的 B 的最小二乘估计为

$$\hat{B} = (X^{\mathrm{T}}X)^{-1}X^{\mathrm{T}}Y$$

此时,拟合值 $\hat{Y} = X\hat{B} = X(X^{\mathrm{T}}X)^{-1}X^{\mathrm{T}}Y$,残差向量 $e = y - \hat{y} = [I - X(X^{\mathrm{T}}X)^{-1}X^{\mathrm{T}}]y$,我们

称 $S_E = e^{\mathrm{T}}e = \sum_{i=1}^{n}(y_i - \hat{y}_i)^2$ 为剩余偏差。

定理 3.2 若 $\hat{B}$ 为 B 的最小二乘估计,则 $\hat{B} \sim N_{p+1}(B, \sigma^2(X^{\mathrm{T}}X)^{-1})$。

证明: 由于 Y 服从 p 元正态分布,因此 $\hat{B}$ 也服从 p 元正态分布。又因为

$$E(\hat{B}) = E((X^{\mathrm{T}}X)^{-1}X^{\mathrm{T}}Y) = E((X^{\mathrm{T}}X)^{-1}X^{\mathrm{T}}(XB + \varepsilon)) = E(B) = B$$

$$\begin{aligned} D(\hat{B}) = \mathrm{Cov}(\hat{B}, \hat{B}) &= \mathrm{Cov}((X^{\mathrm{T}}X)^{-1}X^{\mathrm{T}}Y, (X^{\mathrm{T}}X)^{-1}X^{\mathrm{T}}Y) \\ &= (X^{\mathrm{T}}X)^{-1}X^{\mathrm{T}}\mathrm{Cov}(Y,Y)X(X^{\mathrm{T}}X)^{-1} = (X^{\mathrm{T}}X)^{-1}X^{\mathrm{T}}(\sigma^2 I)X(X^{\mathrm{T}}X)^{-1} \\ &= \sigma^2(X^{\mathrm{T}}X)^{-1} \end{aligned}$$

例 3.1 秤量设计:用天平称物体的重量总带有一定的误差。为提高测量的精度常要将物体称若干次,再取其平均。若要同时称几个物体,可以作为回归问题,希望安排一个称量方案,以便在不增加称量总次数的情况下增加每一物体重复称量的次数,以提高称量的精度。现设有 4 个物体 A、B、C、D,其重量分别为 b_1、b_2、b_3、b_4,按以下方案称重:

(1) 把 4 个物体都放在天平右盘,左盘放上砝码,使其平衡,记砝码重为 y_1,则有 $y_1 = b_1 + b_2 + b_3 + b_4 + \varepsilon_1$。

(2) 在天平右盘放 A 和 B,左盘 C 和 D。为使天平达到平衡,要放上砝码 y_2,若砝码放在左盘,则 $y_2 > 0$,若放在右盘,则 $y_2 < 0$,则有 $y_2 = b_1 + b_2 - b_3 - b_4 + \varepsilon_2$。

(3) 在天平右盘放 A 和 C,左盘放 B 和 D。为使天平达到平衡,要放上砝码 y_3,符号同(2),则有 $y_3 = b_1 - b_2 + b_3 - b_4 + \varepsilon_3$。

(4) 在天平右盘放 A 和 D,左盘放 B 和 C。为使天平达到平衡,要放上砝码 y_4,符号同(2),则有 $y_4 = b_1 - b_2 - b_3 + b_4 + \varepsilon_4$。

上述各次称量中都会产生误差,ε_1、ε_2、ε_3、ε_4 分别表示称量时发生的随机误差。则上述问题可以转化为求解 b_1、b_2、b_3、b_4 的最小二乘估计。

解: 首先写出矩阵 X 和 Y

$$X = \begin{pmatrix} 1 & 1 & 1 & 1 \\ 1 & 1 & -1 & -1 \\ 1 & -1 & 1 & -1 \\ 1 & -1 & -1 & 1 \end{pmatrix}, \quad Y = \begin{pmatrix} y_1 \\ y_2 \\ y_3 \\ y_4 \end{pmatrix}$$

然后求 $X^{\mathrm{T}}X = \begin{pmatrix} 4 & 0 & 0 & 0 \\ 0 & 4 & 0 & 0 \\ 0 & 0 & 4 & 0 \\ 0 & 0 & 0 & 4 \end{pmatrix}, \quad X^{\mathrm{T}}Y = \begin{pmatrix} y_1 + y_2 + y_3 + y_4 \\ y_1 + y_2 - y_3 - y_4 \\ y_1 - y_2 + y_3 - y_4 \\ y_1 - y_2 - y_3 + y_4 \end{pmatrix}$

依据前面给出的公式,我们按公式计算可以得到 B 的最小二乘估计为

$$\hat{B} = \begin{bmatrix} b_1 \\ b_2 \\ b_3 \\ b_4 \end{bmatrix} = (X^{\mathrm{T}}X)^{-1}X^{\mathrm{T}}Y = \begin{bmatrix} \dfrac{1}{4}(y_1 + y_2 + y_3 + y_4) \\ \dfrac{1}{4}(y_1 + y_2 - y_3 - y_4) \\ \dfrac{1}{4}(y_1 - y_2 + y_3 - y_4) \\ \dfrac{1}{4}(y_1 - y_2 - y_3 + y_4) \end{bmatrix}$$

备注: 参数 B 的极大似然估计与最小二乘估计值相同。

2. 参数 σ^2 的估计

剩余偏差 $S_E = \sum\limits_{i=1}^{n}(y_i - \hat{y}_i)^2 = e^{\mathrm{T}}e = y^{\mathrm{T}}(I - X(X^{\mathrm{T}}X)^{-1}X^{\mathrm{T}})y$。为了给出 σ^2 的无偏估计,我们给出一个定理: $E(S_E) = (n - p - 1)\sigma^2$,根据此定理可知

定理 3.3 $\hat{\sigma}^2 = \dfrac{S_E}{n - p - 1}$ 是 σ^2 的无偏估计,并且 $\hat{B}$ 与 S_E 独立。

证明: 令 $M = I - X(X^{\mathrm{T}}X)^{-1}X^{\mathrm{T}}$,可知 M 为对称幂等矩阵。

$$e = Y - X\hat{B} = XB + \varepsilon - X(X^{\mathrm{T}}X)^{-1}X^{\mathrm{T}}Y = XB + \varepsilon - X(X^{\mathrm{T}}X)^{-1}X^{\mathrm{T}}(XB + \varepsilon) = M\varepsilon$$

$$\begin{aligned} E(\hat{\sigma}^2) &= E\left(\dfrac{e^{\mathrm{T}}e}{n - p - 1} \mid X\right) = \dfrac{1}{n - p - 1}E(\varepsilon^{\mathrm{T}}M^{\mathrm{T}}M\varepsilon \mid X) = \dfrac{1}{n - p - 1}E(\varepsilon^{\mathrm{T}}M\varepsilon \mid X) \\ &= \dfrac{1}{n - p - 1}E(\mathrm{tr}(\varepsilon^{\mathrm{T}}M\varepsilon) \mid X) = \dfrac{1}{n - p - 1}E(\mathrm{tr}(M\varepsilon\varepsilon^{\mathrm{T}}) \mid X) \\ &= \dfrac{1}{n - p - 1}\mathrm{tr}(M\sigma^2) \\ &= \dfrac{\sigma^2}{n - p - 1}\mathrm{tr}(M) = \dfrac{\sigma^2}{n - p - 1}\mathrm{tr}(I - X(X^{\mathrm{T}}X)^{-1}X^{\mathrm{T}}) = \sigma^2 \end{aligned}$$

要证明 $\hat{B}$ 与 S_E 独立,只要证明 $\hat{B}$ 与 e 独立,因为相互独立的随机变量的各自函数也相互独立。注意到 $e = M\varepsilon$ 和 $\hat{B}$ 都是正态向量,因此只要证明它们的协方差矩阵为零即可。由于

$$\begin{aligned} \mathrm{Cov}(e, \hat{B}) &= \mathrm{Cov}(Y - X\hat{B}, \hat{B}) = \mathrm{Cov}(Y, \hat{B}) - \mathrm{Cov}(X\hat{B}, \hat{B}) \\ &= \mathrm{Cov}(Y, (X^{\mathrm{T}}X)^{-1}X^{\mathrm{T}}Y) - X\mathrm{Cov}(\hat{B}, \hat{B}) = D(Y)((X^{\mathrm{T}}X)^{-1}X^{\mathrm{T}})^{\mathrm{T}} - XD(\hat{B}) \\ &= \sigma^2 I(X(X^{\mathrm{T}}X)^{-1}) - X \cdot \sigma^2(X^{\mathrm{T}}X)^{-1} = 0 \end{aligned}$$

因此 $\hat{B}$ 与 e 独立,从而可得 $\hat{B}$ 与 S_E 独立。

3. 回归参数推断

在上文中我们假设了误差项 $\varepsilon \sim N(0, \sigma^2 I)$,此时 B 的极大似然估计量就是最小二乘估计量 $\hat{B}$,进而推导出 $\hat{B}$ 服从 $N_{p+1}(B, \sigma^2(X^{\mathrm{T}}X)^{-1})$ 分布。已知参数 $\hat{B}$ 的具体分布,则可以推导出其置信区间。

定理 3.4 设 $Y = XB + \varepsilon$,其中 $E(\varepsilon) = 0$,$\mathrm{Cov}(\varepsilon) = \sigma^2 I$,且 X 有满秩 $p + 1$,此时 B

的 $100(1-\alpha)\%$ 置信域为

$$(B-\hat{B})^{\mathrm{T}}X^{\mathrm{T}}X(B-\hat{B}) \leqslant (p+1)\hat{\sigma}^2 F_\alpha(p+1, n-p-1)$$

证明: 令 $U = (X^{\mathrm{T}}X)^{\frac{1}{2}}(B-\hat{B})$,那么 U 为正态向量,并且 $E(U) = E((X^{\mathrm{T}}X)^{\frac{1}{2}}(B-\hat{B})) = (X^{\mathrm{T}}X)^{\frac{1}{2}}E(B-\hat{B}) = 0$

$$\begin{aligned} D(U) &= D((X^{\mathrm{T}}X)^{\frac{1}{2}}(B-\hat{B})) = (X^{\mathrm{T}}X)^{\frac{1}{2}}D(\hat{B})(X^{\mathrm{T}}X)^{\frac{1}{2}} \\ &= \sigma^2(X^{\mathrm{T}}X)^{\frac{1}{2}}(X^{\mathrm{T}}X)^{-1}(X^{\mathrm{T}}X)^{\frac{1}{2}} \\ &= \sigma^2(X^{\mathrm{T}}X)^{\frac{1}{2}}(X^{\mathrm{T}}X)^{-\frac{1}{2}}(X^{\mathrm{T}}X)^{-\frac{1}{2}}(X^{\mathrm{T}}X)^{\frac{1}{2}} = \sigma^2 I \end{aligned}$$

因此 $U \sim N(0, \sigma^2 I)$,于是可得

$$U^{\mathrm{T}}U = (B-\hat{B})(X^{\mathrm{T}}X)^{\frac{1}{2}}(X^{\mathrm{T}}X)^{\frac{1}{2}}(B-\hat{B}) = (B-\hat{B})(X^{\mathrm{T}}X)(B-\hat{B}) \sim \sigma^2 \chi^2(p+1)$$

依据柯赫伦定理并通过总离差平方和分解公式 $S_T = S_R + S_E$ 可以证明 $\dfrac{S_E}{\sigma^2} = \dfrac{(n-p-1)\hat{\sigma}^2}{\sigma^2} \sim \chi^2(n-p-1)$,因此有

$$\begin{aligned} \frac{U^{\mathrm{T}}U/(p+1)}{S_E/(n-p-1)} &= \frac{((B-\hat{B})(X^{\mathrm{T}}X)^{\frac{1}{2}}(X^{\mathrm{T}}X)^{\frac{1}{2}}(B-\hat{B})/\sigma^2)/(p+1)}{(S_E/\sigma^2)/(n-p-1)} \\ &\sim F(p+1, n-p-1) \end{aligned}$$

因此可得

$$(B-\hat{B})^{\mathrm{T}}X^{\mathrm{T}}X(B-\hat{B}) \leqslant (p+1)\hat{\sigma}^2 F_\alpha(p+1, n-p-1)$$

3.3.3 回归方程的显著性检验

在求出线性回归方程后,还需要对 y 与 x_1, x_2, $\cdots$, x_p 之间是否有线性关系进行显著性检验,有两种检验方法:一种是针对回归模型(3.2)中的参数 $b_i (i=1, 2, \cdots, k)$ 是否显著性全为零的 F 检验,另一种是针对每一个参数(偏回归系数)是否显著性为零的 t 检验。

1. 拟合优度检验

对检验中涉及的方差平方和表示如下:

(1) 总偏差平方和:$S_T = \sum\limits_{i=1}^{n}(y_i - \bar{y})^2$,自由度 $f_T = n-1$。

(2) 回归平方和:$S_R = \sum\limits_{i=1}^{n}(\hat{y_i} - \bar{y})^2$,自由度 $f_R = p$。

(3) 残差平方和:$S_E = \sum\limits_{i=1}^{n}(y_i - \hat{y_i})^2$,自由度 $f_E = n-p-1$。

则有
$$S_T = S_R + S_E \tag{3.6}$$

式(3.6)称为总离差平方和分解公式,其中,回归平方和是回归模型所能解释的因变量的部分偏差,残差平方和是回归模型不能解释的因变量的部分偏差。

在此,我们假定误差 ε 服从正态分布(之后的显著性检验均基于此假设),则有 $\dfrac{S_E}{\sigma^2} \sim \chi^2(n-p-1)$ 且 $E(S_E) = (n-p-1)\sigma^2$;S_E 与 $\hat{B} = (\hat{b}_0, \hat{b}_1, \cdots, \hat{b}_p)^{\mathrm{T}}$ 相互独立。基于总离差平方和分解式(3.6),定义**判定系数**,R^2 也被称作拟合优度:

$$R^2 = \frac{S_R}{S_T} = 1 - \frac{S_E}{S_T}$$

备注:

(1) $R^2 = \dfrac{S_R}{S_T} = 1 - \dfrac{S_E}{S_T}$ 反映 y 的变化中可以用 $x_1, x_2, \cdots, x_p$ 所构建的线性模型能解释的百分比,定量描述了 $x_1, x_2, \cdots, x_p$ 对 y 的解释程度。$R^2 \in [0, 1]$,其越接近 1,则代表模型的拟合优度越高,即自变量对因变量波动的解释比例越大,回归模型的解释能力越强。

(2) 估计标准离差 $\hat{\sigma} = \sqrt{\dfrac{S_E}{n-p-1}}$ 是对误差项 ε 的方差的估计值,也用于反映回归模型的拟合度。

(3) $R = \sqrt{\dfrac{S_R}{S_T}} = \sqrt{1 - \dfrac{S_E}{S_T}}$ 用于反映自变量序列 $x_1, x_2, \cdots, x_p$ 与 y 间线性相关关系的强弱。

在实际应用中 R^2 会随着解释变量的增加而增加,这就给人一种错觉:要使模型拟合好,增加解释变量是法宝。其实不然,事实证明,由增加解释变量而引起的 R^2 的增大与模型的拟合效果好坏无关。在样本容量一定的情况下,增加解释变量必然使得自由度减少,因此可以将残差平方和以及总偏差平方和分别除以各自的自由度,以剔除变量个数对拟合优度的影响。于是定义**调整的判定系数**(adjusted R^2)

$$\overline{R}^2 = 1 - \frac{n-1}{n-p-1} \cdot (1-R^2) \tag{3.7}$$

实际应用中,因为进行了调整,修正后的多重判定系数 $\overline{R}^2$ 永远小于 R^2,而且不会由于模型中自变量的个数增加而越来越接近 1。因此,在多元回归分析中,通常用调整的判定系数。$\overline{R}^2$ 的平方根称为"多重相关系数",也称为复相关系数 R,它的意义是度量因变量与 k 个自变量的相关关系的密切程度。以上判定系数在利用统计软件进行分析时,都能自动得到计算结果。

与一元线性回归一样,多元回归中的估计标准误差也是对误差项 ε 的方差 σ^2 的一个估计值。它是衡量多元回归方程拟合优度的一个重要指标。

估计标准误差 S_e:

(1) 对误差项 ε 的标准差 σ 的一个估计值。

(2) 衡量多元回归方程的拟合优度。

（3）计算公式为

$$S_e = \sqrt{\frac{\sum\limits_{i=1}^{n}(y_i - \hat{y}_i)^2}{n-p-1}} = \sqrt{\frac{S_E}{n-p-1}}$$

多元回归中对 S_e 的解释与一元回归类似,其含义是根据自变量 $x_1, x_2, \cdots, x_p$ 来预测因变量 y 时的平均预测误差。同样,在统计软件的回归操作的结果中也直接给出了 S_e 的值。

2. 方程的显著性检验(F 检验)

在经典回归模型中我们假定因变量 y 与自变量 $x_1, x_2, \cdots, x_p$ 满足(3.1)的线性模型。因此我们需要对 y 与 $x_1, x_2, \cdots, x_p$ 之间是否有线性回归关系进行统计检验。

如果回归模型(3.1)中 x_i 的系数 $b_i(i=1, 2, \cdots, p)$ 全部为 0,那么 y 与 $x_1, x_2, \cdots, x_p$ 之间不可能存在线性关系,此时意味着求得多元线性回归方程没有意义。因此,我们有下面的假设检验问题:

$$H_0 : b_0 = b_1 = \cdots = b_p = 0, \quad H_1 : \text{至少有一个} b_j \neq 0, \quad (j=1, 2, \cdots, p) \quad (3.8)$$

对于假设检验(3.8),若 H_0 为真,则用柯赫伦定理可以证明 S_R 与 S_E 相互独立,$\dfrac{S_R}{\sigma^2} \sim \chi^2(p)$,于是构造检验统计量

$$F = \frac{S_R/p}{S_E/(n-p-1)} \sim F(p, n-p-1) \quad (3.9)$$

给定显著性水平 α,可得到临界值 $F_\alpha(p, n-p-1)$。 由样本求出统计量 F 的值,当原假设不成立时,F 统计量有偏大的趋势,从而可得到拒绝域:$F > F_\alpha(p, n-p-1)$。

由(3.7)与(3.9)可以得到

$$\bar{R}^2 = 1 - \frac{n-p-1}{n-p-1+pF} \quad \text{或} \quad F = \frac{\bar{R}^2/p}{(1-\bar{R}^2)/(n-p-1)} \quad (3.10)$$

由式(3.10)可以发现:F 与 $\bar{R}^2$ 是同向变化的,特别地,当 $F=0$ 时,$\bar{R}^2=0$。 因此,F 检验也是 $\bar{R}^2$ 的显著性检验,即 $H_0 : b_0 = b_1 = \cdots = b_p = 0$,等价于 $H_0 : \bar{R}^2 = 0$。

3. 单个自变量系数(偏回归系数)的显著性检验(t 检验)

检验目的:了解各偏回归系数对因变量 Y 作用的大小,剔除线性回归效果不显著的自变量。如果某变量 x_j 对 y 的作用不显著,那么模型中 x_j 前的系数 b_j 应为零。

假设 $H_0 : b_j = 0, H_1 : b_j \neq 0$,其中 $j=1, 2, \cdots, p$。 已知 $\hat{b}_j \sim N(b_j, \sigma^2 c_{jj})$,$\dfrac{S_E}{\sigma^2} = \dfrac{(n-k-1)\hat{\sigma}^2}{\sigma^2} \sim \chi^2(n-p-1)$,即 $t_j = \dfrac{\hat{b}_j - b_j}{\hat{\sigma}\sqrt{c_{jj}}} \sim t(n-p-1)$,这里 c_{jj} 为 $(X^TX)^{-1}$ 矩阵对角线上第 $j+1$ 个元素,因为 $\hat{B} \sim N_{p+1}(B, \sigma^2(X^TX)^{-1})$。 若 H_0 成立 $(b_j = 0)$,构造检验

统计量

$$t = \frac{\hat{b}_j}{\hat{\sigma}\sqrt{c_{jj}}} \sim t(n-p-1) \tag{3.11}$$

此时的拒绝域 $|t_j| > t_{\frac{\alpha}{2}}(n-p-1)$, $j = 1, 2, \cdots, p$。

例 3.2　表 3.7 为某住宅区 20 个家庭的数据,记 z_1 为总居住面积(以平方英尺为单位), z_2 为评估价值(千美元), Y 为售价(千美元),求回归方程 $(\alpha = 0.05)$。

表 3.7　房地产数据

序号	z_1	z_2	Y	序号	z_1	z_2	Y
1	15.31	57.3	74.8	11	15.18	62.6	71.5
2	15.20	63.8	74.0	12	14.44	63.4	71.0
3	16.25	65.4	72.9	13	14.87	60.2	78.9
4	14.33	57.0	70.0	14	18.63	67.2	86.5
5	14.57	63.8	74.9	15	15.20	57.1	68.0
6	17.33	63.2	76.0	16	25.76	89.6	102.0
7	14.48	60.2	72.0	17	19.05	68.6	84.0
8	14.91	57.7	73.5	18	15.37	60.1	69.0
9	15.25	56.4	74.5	19	18.06	66.3	88.0
10	13.89	55.6	73.5	20	16.35	65.8	76.0

解:用最小二乘法拟合模型 $Y_i = b_0 + b_1 z_{i1} + b_2 z_{i2} + \varepsilon_i$,经计算可得

$$(X^T X)^{-1} = \begin{pmatrix} 5.1523 & & \\ 0.2544 & 0.0512 & \\ -0.1463 & -0.0172 & 0.0067 \end{pmatrix}$$

$$\hat{B} = (X^T X)^{-1} X^T Y = \begin{pmatrix} 30.967 \\ 2.634 \\ 0.045 \end{pmatrix}$$

拟合的方程为 $\hat{Y} = 30.967 + 2.634 z_1 + 0.045 z_2$, $\hat{\sigma} = 3.473$。 经检验: z_2 不显著。

3.3.4　回归预测

回归预测是回归方程的一个重要应用,当多元线性回归方程检验通过以后就可以用来作预测分析。对于给定的 $X_0^T = (1, x_{01}, x_{02}, \cdots, x_{0p})$,根据式(3.4)有回归值

$$\hat{y}_0 = \hat{b}_0 + \hat{b}_1 x_{01} + \cdots + \hat{b}_p x_{0p} = X_0^T \hat{B}$$

它是式(3.2) $y_0 = X_0^T B + \varepsilon_0$ 的最小二乘估计。 由于 $E(\hat{y}_0) = E(X_0^T \hat{B}) = X_0^T E(\hat{B}) =$

$X_0^T B = E(y_0)$，也即 $\hat{y}_0$ 也为 $E(y_0)$ 的无偏估计量。因此回归值 $\hat{y}_0$ 是 y_0 和 Ey_0 的单值预测或者点预测。下面讨论 y_0 的预测区间和 Ey_0 的置信区间。

定理 3.5 给定 $X_0 = (1, x_{01}, x_{02}, \cdots, x_{0p})$，在置信水平为 $1-\alpha$ 下 y_0 的预测区间为

$$\big[X_0^T \hat{B} - t_{\alpha/2}(n-p-1)\hat{\sigma}\sqrt{1 + X_0^T(X^TX)^{-1}X_0},$$
$$X_0^T \hat{B} + t_{\alpha/2}(n-p-1)\hat{\sigma}\sqrt{1 + X_0^T(X^TX)^{-1}X_0} \big]$$

证明: 用 $\hat{y}_0$ 来预测 y_0，预测误差为 $y_0 - \hat{y}_0 = X_0^T B + \varepsilon_0 - X_0^T \hat{B} = X_0^T(B - \hat{B}) + \varepsilon_0$，由于 $E(y_0 - \hat{y}_0) = E(X_0^T(B - \hat{B}) + \varepsilon_0) = 0$，因此预测是无偏的。又由于 $\hat{B}$ 与 ε_0 独立，

$$D(y_0 - \hat{y}_0) = D(X_0^T(B - \hat{B})) + D(\varepsilon_0) = \sigma^2 X_0^T(X^TX)^{-1}X_0 + \sigma^2$$

由于 y_0 服从正态分布，因此 $\hat{B} = (X^TX)^{-1}X^T y$。也服从正态分布，于是 $\dfrac{y_0 - X_0^T \hat{B}}{\sqrt{\sigma^2(1 + X_0^T(X^TX)^{-1}X_0)}} \sim N(0, 1)$。另外，$\dfrac{S_E}{\sigma^2} = \dfrac{(n-p-1)\hat{\sigma}^2}{\sigma^2} \sim \chi^2(n-p-1)$，而且由定理 3.3 知 $\hat{B}$ 与 $S_E = (n-p-1)\hat{\sigma}^2$ 独立，因此

$$\frac{(y_0 - X_0^T \hat{B})/\sigma\sqrt{(1 + X_0^T(X^TX)^{-1}X_0)}}{\sqrt{\dfrac{(n-p-1)\hat{\sigma}^2}{\sigma^2}/(n-p-1)}} = \frac{(y_0 - X_0^T \hat{B})}{\hat{\sigma}\sqrt{(1 + X_0^T(X^TX)^{-1}X_0)}} \sim t(n-p-1)$$

由此可以得到置信水平为 $1-\alpha$ 的 y_0 的预测区间。

定理 3.6 给定 $X_0 = (1, x_{01}, x_{02}, \cdots, x_{0p})$，在置信水平为 $1-\alpha$ 下 Ey_0 的置信区间为

$$\big[X_0^T \hat{B} - t_{\alpha/2}(n-p-1)\hat{\sigma}\sqrt{X_0^T(X^TX)^{-1}X_0},$$
$$X_0^T \hat{B} + t_{\alpha/2}(n-p-1)\hat{\sigma}\sqrt{X_0^T(X^TX)^{-1}X_0} \big]$$

证明: $D(\hat{y}_0) = D(X_0^T \hat{B}) = D(X_0^T(X^TX)^{-1}Xy) = \sigma^2 X_0^T(X^TX)^{-1}X_0$，$E(\hat{y}_0) = X_0^T B$，因此

$$\frac{\hat{y}_0 - E(\hat{y}_0)}{\sqrt{D(\hat{y}_0)}} = \frac{X_0^T \hat{B} - X_0^T B}{\sqrt{\sigma^2 X_0^T(X^TX)^{-1}X_0}} = \frac{X_0^T \hat{B} - E(y_0)}{\sigma\sqrt{X_0^T(X^TX)^{-1}X_0}} \sim N(0, 1)$$

由于 $\dfrac{S_E}{\sigma^2} = \dfrac{(n-p-1)\hat{\sigma}^2}{\sigma^2} \sim \chi^2(n-p-1)$，而且 $\hat{B}$ 与 $\hat{\sigma}^2$ 独立，因此

$$\frac{(X_0^T \hat{B} - E(y_0))/\sigma\sqrt{X_0^T(X^TX)^{-1}X_0}}{\sqrt{\left(\dfrac{(n-p-1)\hat{\sigma}^2}{\sigma^2}\right)/(n-p-1)}} = \frac{X_0^T \hat{B} - E(y_0)}{\hat{\sigma}\sqrt{X_0^T(X^TX)^{-1}X_0}} \sim t(n-p-1)$$

因此可以得到置信水平为 $1-\alpha$ 的 $E(y_0)$ 的置信区间。

3.3.5 多重共线性问题

多重共线性定义为自变量之间存在线性关系或近似线性关系，即回归模型中存在两个

或两个以上的自变量彼此相关。多重共线性问题产生的原因主要有两类：第一类是由变量本身性质引起的，如自变量身高和体重本身就是高度相关的；第二类是由样本数据的问题引起的，如样本量过小、异常观测值、时序变量等。如果存在多重共线性问题，则一般情况下下列结构矩阵的列向量组线性相关：$\begin{bmatrix} 1 & x_{11} & x_{12} & \cdots & x_{1k} \\ 1 & x_{21} & x_{22} & \cdots & x_{2k} \\ \vdots & \vdots & \vdots & \cdots & \vdots \\ 1 & x_{n1} & x_{n2} & \cdots & x_{nk} \end{bmatrix}$。这样 $R(X^{\mathrm{T}}X) < k+1$，因此 $(X^{\mathrm{T}}X)^{-1}$ 不存在。此时回归系数的最小二乘法估计失效。

多重共线性问题的判别方法一般有以下几种：

1）自变量相关系数诊断法

计算自变量之间的相关系数 $r_{ij} = \dfrac{l_{ij}}{\sqrt{l_{ii}l_{jj}}}$，$i, j = 1, 2, \cdots, k, i \neq j$。美国计量经济学家克莱茵认为，当 $r_{ij}^2 > R^2$ 时，多重共线性是严重的。实际应用时，我们通常先进行相关系数的检验，得到自变量间的相关系数矩阵，当相关系数绝对值高于 0.8 时，一般就认为可能存在多重共线性问题。

2）利用容忍度 $1 - R_j^2$ 判断

R_j^2 为引入 x_j 前回归方程的确定系数，容忍度 $1 - R_j^2$ 为引入 x_j 前，回归方程中的自变量所无法解释的因变量变差的比例。x_j 容忍度越大，x_j 对因变量变差解释的贡献能力越强，与回归方程中自变量相关性越弱。与容忍度相对应的类似概念为方差膨胀系数 VIF（Variance inflation factor）：$\mathrm{VIF} = \dfrac{1}{1 - R_j^2}$。一般来说，容忍度大于 0.1 或 VIF 小于 10 是可以接受的范围，表明自变量间没有严重的共线性问题存在。

3）其他检验统计量

（1）调整后的 $\bar{R}^2$：$\bar{R}^2 = 1 - \dfrac{n-1}{n-k-1} \cdot \dfrac{S_E}{S_T} = 1 - \dfrac{\text{均方误差}}{\text{因变量的样本方差}}$。

（2）R^2 的改变量：$R_{\mathrm{ch}}^2 = R^2 - R_j^2$，反映了自变量 x_j 和因变量的关系密切程度。其中 R_j^2 为回归方程当前的确定系数，R^2 为引入 x_j 前回归方程的确定系数。

（3）F 的改变量：$F_{\mathrm{ch}} = \dfrac{R_{\mathrm{ch}}^2(n-k-1)}{1-R^2}$。如果由于自变量 x_j 的引入使得 F_{ch} 是显著的（观测 F_{ch} 的相伴概率 < 0.05），那么可以认为该自变量对方程的贡献显著，应保留在回归方程内，且 $F_{\mathrm{ch}} = t_i^2$。

（4）部分相关系数：$\rho_{\mathrm{part}} = \sqrt{R_{ch}^2}$，反映出在排除了方程中其他自变量对因变量的影响之后，自变量 x_j 和因变量的相关程度。

（5）偏相关系数：$\rho_{\mathrm{partial}} = \sqrt{\dfrac{R_{ch}^2}{1-R_j^2}}$ 为自变量 x_j 和因变量的偏相关系数。如果 ρ_{partial} 较大，则说明自变量 x_j 解释了剩余因变量变差中的较大份额，该统计量对因变量的解释能力较强。

多重共线性问题的处理主要有如下几种方法:①保留重要的解释变量,去掉次要的解释变量;②用相对数变量替代绝对数变量;③差分法;④逐步回归分析;⑤主成分回归法;⑥偏最小二乘回归;⑦岭回归;⑧增加样本容量。

应当注意,在实际问题分析中,多重共线性问题是普遍存在的,轻微的多重共线性问题可以不采取处理措施。若通过经验或模型结果发现严重的多重共线性问题,如某些重要的解释变量的 t 值很低,则可以参考以上方法进行针对性处理。当回归模型仅仅用于预测时,我们往往只追求较高的模型拟合度,此时,多重共线性问题往往不会对预测结果产生影响。

3.3.6   模型检查

假如我们使用最小二乘估计得到的回归模型是正确的,我们就可以根据回归方程进行预测,但在此之前,我们需要检查模型的合适性。在回归过程中,没有被模型解释的样本信息均包含在残差中:

$$\hat{e}_i = y_i - \hat{b}_0 - \hat{b}_1 x_{i1} - \cdots - \hat{b}_k x_{ip} (i = 1, 2, \cdots, n)$$

若模型成立,则每个 $\hat{e}_i$(残差项)均为误差项 ε_i 的估计,误差项被假定为服从正态分布,均值为 0,方差为 σ^2。虽然残差 $\hat{e} = ((I - X(X^TX)^{-1}X^T))\varepsilon$,均值向量为 0,但其协方差矩阵 $\sigma^2(I - X(X^TX)^{-1}X^T) = \sigma^2 M = \sigma^2(I - H)$ 却不是对角矩阵,即残差有不同的方差和非零相关系数。一般相关系数往往很小,而且各个方差也接近于相等。但是如果 $H = X(X^TX)^{-1}X^T$ 的各个对角元素 h_{ii}(又称杠杆率)有很大差别,则各 ε_i 的方差就可能会有很大变化。因此,许多统计学家用学生化残差来作图形诊断,用来直观判断误差项是否服从正态分布这一假定。学生化残差是残差除以它的标准差后得到的数值,用残差均方 s^2 作为 σ^2 的估计,这样因为 $\widehat{\text{Var}(\hat{\varepsilon}_i)} = s^2(1 - h_{jj})$ 就可以得到学生化残差为 $\varepsilon_i^* = \dfrac{\hat{\varepsilon}_i}{\sqrt{s^2(1 - h_{ii})}}$,通过学生化残差对残差用各种方式作图,可以观察残差的分布情况以及残差是否有特定的趋势等,以此诊断残差的方差是否为常数以及模型设定是否正确等问题。

虽然残差分析对评价模型的拟合情况很有用,但是如果因变量或者自变量的数据中可能存在异常值,它们对分析可能会产生很大的影响,这在考察残差图时不易被发现。事实上,这些异常值可能对拟合结果起决定作用。杠杆率 h_{jj} 可以用两种方式解释。首先,在解释变量空间中,杠杆率是第 j 个数据点到其他 $n-1$ 个数据点距离远近的度量。对于只有一个解释变量的简单线性回归有

$$h_{ii} = \frac{1}{n} + \frac{(x_i - \bar{x})^2}{\sum\limits_{i=1}^{n}(x_i - \bar{x})^2}$$

可以证明对于 p 个解释变量的简单线性回归的平均杠杆率为 $\dfrac{p+1}{n}$。另外,杠杆率是对单个观测值从拟合中被拖开程度的度量。我们有预测值向量

$$\hat{y} = X\hat{B} = X(X^TX)^{-1}X^Ty = Hy$$

其中第 i 行用观测值将拟合值 $\hat{y}_i$ 表示为 $\hat{y}_i = h_{ii}y_i + \sum_{k \neq i} h_{ik}y_k$, 当所有其他 y 值固定时, $\hat{y}_i$ 的变化, 即如果 i 的杠杆率相对于其他 h_{ik} 较大, 则 y_i 对 $\hat{y}_i$ 的贡献是主要的。数据中对分析结果有显著影响的那些观测值称为有影响的观测值, 评估影响大小的方法是根据被考察的观测值剔除后, 参数估计值向量 $\hat{B}$ 的变化程度。此外, 还需对残差的正态性进行检查。通过对残差绘制 Q-Q 图、直方图、点图的方式有助于发现非正常数据或者严重不符合正态性的情况; 若 n 很大, 则残差正态性的少许缺陷不会对系数的推断产生太大影响。

3.4 多重多元回归

在实际问题中, 我们将会遇到更一般的情况, 有时会同时考察多个自变量与多个因变量的相关关系, 比如一组商品的价格和销量指标之间的关系, 成品的多个质量指标和原材料的多个质量指标之间的关系, 大气中各污染气体的含量与污染源的排放量以及气象因子(风向、风速、湿度等)有关。考察多个因变量与多个自变量的依赖关系的实际问题是广泛存在的, 因而研究多因变量的多元线性回归模型具有重要的实践意义。

面对多自变量与多因变量的回归问题, 最直观的想法是将它转化为多个经典多元线性回归的问题来解决。但是通常多个因变量之间会存在某种相关关系, 如果分开求解各自的回归关系式, 那么将会丢失一部分它们之间相互联系的信息。比如上面的例子中, 多种污染气体是来自同一大气样品, 它们之间可能有某种相关关系, 若分别对各种污染气体求其与污染源、气象因子的回归方程, 则就明显忽略了污染气体间相关联的信息, 进而可能造成统计分析结果偏离实际。我们下面介绍多对多的多重多元回归模型。沿用前面的分析思路, 我们主要从以下几个模块对该问题进行讲解: 数学模型、参数估计、回归系数 B 的显著性检验。

3.4.1 数学模型

假定 p 个自变量 $x_1, x_2, \cdots, x_p$ 和 q 个因变量 $y_1, y_2, \cdots, y_q$ 之间存在线性相关关系。今有 n 组自变量与因变量的实验数据, 记为 $(x_{t1}, x_{t2}, \cdots, x_{tp}; y_{t1}, y_{t2}, \cdots, y_{tq})(t = 1, 2, \cdots, n)$。 可以将数据写成矩阵的形式, 则有

$$X = \begin{pmatrix} x_{11} & x_{12} & \cdots & x_{1p} \\ x_{21} & x_{22} & \cdots & x_{2p} \\ \vdots & \vdots & \vdots & \vdots \\ x_{n1} & x_{n2} & \cdots & x_{np} \end{pmatrix}, Y = \begin{pmatrix} y_{11} & y_{12} & \cdots & y_{1q} \\ y_{21} & y_{22} & \cdots & y_{2q} \\ \vdots & \vdots & \vdots & \vdots \\ y_{n1} & y_{n2} & \cdots & y_{nq} \end{pmatrix}, C = \begin{pmatrix} 1 & x_{11} & \cdots & x_{1p} \\ 1 & x_{21} & \cdots & x_{2p} \\ \vdots & \vdots & \vdots & \vdots \\ 1 & x_{n1} & \cdots & x_{np} \end{pmatrix}$$

则 n 组数据满足:

$$y_{tj} = b_{0j} + b_{1j}x_{t1} + b_{2j}x_{t2} + \cdots + b_{pj}x_{tp} + \varepsilon_{tj}(t = 1, 2, \cdots, n, j = 1, 2, \cdots, q)$$

记:

$$B = \begin{pmatrix} b_{01} & b_{02} & \cdots & b_{oq} \\ b_{11} & b_{12} & \cdots & b_{1q} \\ \vdots & \vdots & \vdots & \vdots \\ b_{p1} & b_{p2} & \cdots & b_{pq} \end{pmatrix} = \begin{pmatrix} b_{(0)}^{\mathrm{T}} \\ b_{(1)}^{\mathrm{T}} \\ \vdots \\ b_{(p)}^{\mathrm{T}} \end{pmatrix} = (b_1, b_2, \cdots, b_q)$$

$$E = \begin{pmatrix} \varepsilon_{11} & \varepsilon_{12} & \cdots & \varepsilon_{1q} \\ \varepsilon_{21} & \varepsilon_{22} & \cdots & \varepsilon_{2q} \\ \vdots & \vdots & \vdots & \vdots \\ \varepsilon_{n1} & \varepsilon_{n2} & \cdots & \varepsilon_{nq} \end{pmatrix} = \begin{pmatrix} \varepsilon_{(1)}^{\mathrm{T}} \\ \varepsilon_{(2)}^{\mathrm{T}} \\ \vdots \\ \varepsilon_{(n)}^{\mathrm{T}} \end{pmatrix} = (\varepsilon_1, \varepsilon_2, \cdots, \varepsilon_q)$$

写成矩阵的表达形式即有

$$Y = CB + E \tag{3.12}$$

其中：

(1) C 为 $n \times (p+1)$ 的已知矩阵 $C = (1_n \vdots X)$，且 $\mathrm{rank}(C) = p+1$。

(2) 自变量 $x_1, x_2, \cdots, x_p$ 为可以精确测量的变量。

(3) 通常假设 $\varepsilon_{(i)} = (\varepsilon_{i1}, \varepsilon_{i2}, \cdots, \varepsilon_{iq})^{\mathrm{T}} (i = 1, 2, \cdots, n)$ 是相互独立的,且均值向量为 0,协方差矩阵相等且均为 Σ,进一步可以假设 $\varepsilon_{(i)} \sim N_q(0, \Sigma)(i = 1, 2, \cdots, n)$。

(4) B 和 Σ 为未知参数矩阵。

3.4.2 参数估计

用最小二乘法给出回归参数,并通过残差矩阵构造协方差的估计量,由此得到多重多元回归方程并可进行预测分析。

1. 参数矩阵 B 的最小二乘估计

将所建立的数学模型(3.12)称为多重多元线性回归模型。设 $\vec{A}$ 表示矩阵 A 的按列依次"接龙"排列所形成的向量,那么式(3.12)可以写成 $\vec{Y} = D\vec{B} + \vec{E}$,其中 $D_{nq \times (p+1)q} = \begin{pmatrix} C & \cdots & 0 \\ \vdots & & \vdots \\ 0 & \cdots & C \end{pmatrix}$ 为对角矩阵,由剩余偏差的定义我们给出符号 Q,记为

$$Q = \sum_{i=1}^{n} \sum_{j=1}^{q} \varepsilon_{ij}^2 = \vec{E}^{\mathrm{T}} \vec{E} = [\vec{Y} - D\vec{B}]^{\mathrm{T}} [\vec{Y} - D\vec{B}] = \vec{Y}^{\mathrm{T}} \vec{Y} - 2\vec{B}^{\mathrm{T}} D^{\mathrm{T}} \vec{Y} + \vec{B}^{\mathrm{T}} D^{\mathrm{T}} D\vec{B}$$

为了使剩余偏差取最小值,我们可以对上式进行求导运算,在 $D^{\mathrm{T}}D$ 满秩的条件下,求解得到 $(\hat{\vec{B}}) = (D^{\mathrm{T}}D)^{-1} D^{\mathrm{T}} \vec{Y}$,进一步地,将 D 还原为 C,我们可以得到

$$(\hat{\vec{B}}) = \begin{pmatrix} (C^{\mathrm{T}}C)^{-1} C^{\mathrm{T}} Y_1 \\ (C^{\mathrm{T}}C)^{-1} C^{\mathrm{T}} Y_2 \\ \vdots \\ (C^{\mathrm{T}}C)^{-1} C^{\mathrm{T}} Y_q \end{pmatrix} \tag{3.13}$$

为方便计算,我们对已得到的形式进行进一步转化。我们把 $C^\mathrm{T}CB = C^\mathrm{T}Y$ 中的 $(p+1) \times q$ 的参数矩阵 B 分为两块:b_0 为 $1 \times q$ 矩阵,B 为 $p \times q$ 矩阵,则有 $\hat{B} = \begin{pmatrix} \hat{b}_0 \\ \hat{b} \end{pmatrix} = (C^\mathrm{T}C)^{-1}C^\mathrm{T}Y$,由分块矩阵求逆(假设 $\mathrm{rank}(C) = p+1$),

$$
(C^\mathrm{T}C)^{-1} = \begin{pmatrix} 1_n^\mathrm{T}1_n & 1_n^\mathrm{T}X \\ X^\mathrm{T}1_n & X^\mathrm{T}X \end{pmatrix}^{-1} = \begin{pmatrix} \dfrac{1}{n} + \bar{X}^\mathrm{T}L_{XX}^{-1}X & -\bar{X}^{-1}L_{XX}^{-1} \\ -L_{XX}^{-1}X & L_{XX}^{-1} \end{pmatrix}^{-1}
$$

其中

$$
L_{XX} = X^\mathrm{T}\left(I_n - \frac{1}{n}1_n1_n^\mathrm{T}\right)X
$$

$$
\bar{X} = \frac{1}{n}X^\mathrm{T}1_n = (\bar{x}_1, \cdots, \bar{x}_p)^\mathrm{T}, \quad \bar{Y} = \frac{1}{n}Y^\mathrm{T}1_n = (\bar{y}_1, \cdots, \bar{y}_p)^\mathrm{T}
$$

$$
L_{YY} = Y^\mathrm{T}\left(I_n - \frac{1}{n}1_n1_n^\mathrm{T}\right)Y, \quad L_{XY} = X^\mathrm{T}\left(I_n - \frac{1}{n}1_n1_n^\mathrm{T}\right)Y = L_{YX}^\mathrm{T}
$$

进一步计算得到

$$
\begin{pmatrix} \hat{b}_0 \\ \hat{b} \end{pmatrix} = \begin{pmatrix} \bar{Y}^\mathrm{T} - \bar{X}^\mathrm{T}L_{XX}^{-1}L_{XY} \\ L_{XX}^{-1}L_{XY} \end{pmatrix} \tag{3.14}
$$

由此,我们得到了关于参数矩阵 B 的完整的估计方法。将结果与多元线性回归所得到的结果进行对比,我们可以直观地观测到在多对多的回归模型下,回归系数矩阵的最小二乘估计等于对各个因变量分别建立回归模型时所得的估计量。这两者的一致性在某种意义下降低了多对多回归模型的作用。因此,为了体现多对多回归模型的重要性,必须设法提取更多的其他信息,这样我们可以进行多个因变量的逐步回归。

2. 参数矩阵 Σ 的估计

利用以上求得 B 的最小二乘估计 $\hat{B} = (b_{ij})_{(p+1)\times q}$,可以得到 q 个因变量的回归方程为

$$
\hat{Y}_j = b_{0j} + b_{1j}x_1 + b_{2j}x_2 + \cdots + b_{pj}x_p, (j = 1, 2, \cdots, q)
$$

将其转化成矩阵的形式,即为

$$
\hat{Y} = (1_n \quad X)\begin{pmatrix} \hat{b}_0 \\ \hat{b} \end{pmatrix} = 1_n\hat{b}_0 + X\hat{b} = 1_n\bar{Y}^\mathrm{T} + \left(I_n - \frac{1}{n}1_n1_n^\mathrm{T}\right)X\hat{b}
$$

我们可以利用实测值 Y 与估计值 $\hat{Y}$ 的差值,即残差来构造 Σ 的估计量。令

$$
Q = (Y - \hat{Y})^\mathrm{T}(Y - \hat{Y}) = L_{YY} - L_{YX}L_{XX}^{-1}L_{XY} = Y^\mathrm{T}(I_n - C(C^\mathrm{T}C)^{-1}C^\mathrm{T})Y
$$

Q 为 $q \times q$ 矩阵,当 $q = 1$ 时(即经典多元线性回归模型),数值 Q 即为残差平方和(剩余偏差)。对一般的 q,Q 为 $q \times q$ 矩阵,它是残差平方和的推广,被称为残差矩阵。自然地,我

们用 Q 作为随机误差向量 $\varepsilon_{(i)}$ 的协方差矩阵 Σ 的估计,考虑到无偏性,一般取 $\hat{\Sigma} = \dfrac{1}{n-p-1}Q$ 作为 Σ 的估计。

3.4.3 回归系数 B 的显著性检验

假设 $H_0 : B_{(i)} = 0_q$,$H_1 : B_{(i)} \neq 0_q$。已知 $L_{XX}^{-1} = (l^{ij})$,$\hat{B}_i = \hat{b}_{(i)}^T \sim N_q(B_{(i)}, l^{ii}\Sigma)$,$T^2 = (n-p-1)\hat{B}_{(i)}^T Q^{-1} \hat{B}_{(i)} / l^{ii} \sim T^2(q, n-p-1)$,则统计量 $F = \dfrac{(n-p-1)-q+1}{(n-p-1)q} T^2 \sim F(q, n-p-q)$。

若 H_0 成立,$f_i = \dfrac{(n-p-q)}{q} \hat{B}_{(i)}^T Q^{-1} \hat{B}_{(i)} / l^{ii} \sim F(q, n-m-q)$,此时的拒绝域为 $|f_i| > F_a(q, n-p-q)$。

3.5 实例分析与统计软件 SPSS 应用

通过对实际问题的分析,建立多元线性回归模型,运用 SPSS 等统计软件得到多元回归方程并进行数值分析,进而提出解决问题的策略,这也是需要培养的一项重要技能。

3.5.1 多元回归常遇到的问题

前面得到的多元回归方法大多是在一些严格的假设下得到的,但实践问题方程往往满足不了这些标准的假设条件。因此在应用多元回归方法分析和解决实际问题时需要注意方法的应用条件是否满足。

1. 自变量的选择

自变量的选择是多元回归分析中经常碰到的问题。在选择时,一方面尽量不漏掉重要的解释变量,另一方面尽可能减少解释变量的个数,使模型做到精简。在确定解释变量时,首先列出所有可能的解释变量,然后根据不同解释变量的组合来选择合适的模型。统计学中常用的变量选择方法:向前法、向后法、逐步回归法。

(1) 向前法。事先给定一个自变量进入模型的标准。开始时,模型中除常数外没有自变量,然后按照自变量对因变量的贡献大小依次挑选进入方程。每选入一个自变量进入方程,则重新计算方程外各自变量对因变量的贡献。直至方程外自变量均达不到入选标准为止。该方法只考虑选入变量,一旦被选入,则不再考虑。

(2) 向后法。事先给定一个提出变量的标准。开始时全部变量都在方程中,根据各自变量对因变量的贡献依次剔除贡献较小的自变量。每剔除一个自变量则重新计算未被剔除的自变量对因变量的贡献。直至方程中所有变量均符合入选标准,没有自变量被剔除为止。这种方法只考虑剔除,自变量一旦被剔除,就不再考虑。

(3) 逐步回归法。基本思想为"有进有出",具体做法为:根据全部自变量对因变量的贡献大小,由大到小逐个引入回归方程中,引入变量的条件是偏回归平方和经检验为显著的,对因变量贡献不大的自变量可能始终不会引入回归方程中。当引入新变量后,一些已被引入的自变量可能会失去其重要性,而需要从回归方程中剔除。因此,在模型中引入一个新变量或剔除一个已有变量都被称为逐步回归的一步,每一步都要进行检验,以保证再引入新变量之前,回归方程只含有对因变量影响显著的变量,而不显著的变量已被剔除。这个过程反复进行,直到没有需要加入或剔除的自变量。

在把变量选入模型的这个步骤中,如果出现了遗漏,即模型中没有考虑某些重要的预测变量,此时使用最小二乘法得出的估计量将是不可靠的。

2. 异方差问题

在经典回归模型中,我们假定随机扰动项具有相同的方差。但实际情况常常违背这种假设,即不同的样本点上,误差的取值是不同的,这种情形被称为异方差问题。例如,大公司的利润变化幅度通常大于小公司的利润变化幅度,即大公司利润的方差可能大于小公司利润的方差。如果随机误差存在异方差性,此时再用经典最小二乘估计,参数估计量仍然是无偏和一致的,但不再是有效估计量,即不再具有方差最小性。同时检验假设的统计量将不再成立,异方差使我们低估了参数估计量的方差,使得 t 检验的值偏高,导致假设检验的效果受到影响。

对于异方差的检验,常用方法有图形检验法、等级相关系数法、怀特(White)检验。这些方法的共同思想是检验随机扰动项的方差与解释变量之间的相关性,通过扰动项的估计量即残差来实现。如果存在相关性,则原回归模型中存在异方差性。处理异方差性时,可以通过变换,使得变换后的模型的随机扰动项具有同方差性,然后再用最小二乘法进行估计。特别地,若异方差存在,且知道异方差的具体数值,可用加权最小二乘法估计。

3. 自相关问题

对于随时间推移而收集的数据,不同时期的观测往往是有关联的或者说是自相关的,因此在回归模型中因变量的观测值(或误差)不可能独立。与我们在讨论相关性时可能出现的问题类似,虽然参数估计量仍然是无偏和一致的,但 OLS 估计不再有效,且观测值之间的时间相依性,会使建立在独立性假定基础上的统计推断不成立,变量显著性检验失去意义,模型的预测失效。类似地,当用回归模型去拟合按时间顺序排序的数据并使用标准回归假定时,回归分析的结论会产生误差。

对于自相关的检验,主要有相关图示法、回归检验法、杜宾-瓦尔森(D－W)检验、游程检验。图示法就是通过残差序列图分析来判断残差序列间是否存在相关关系。此外,通过一阶自相关系数的大小可以大致判断回归模型中,除了误差之外,是否还存在某种依附性。这种依附性使得针对自变量系数的 t 检验和与之相联系的 P 值无效。修正这个模型的第一步是,将回归模型中的独立误差用可能有的相依噪音序列代替,即自回归模型。对于存在自相关问题的模型,常用的补救方法有:一阶差分法、广义差分法、德宾两步法等。

4. 定性自变量问题

在实际建模过程中,被解释变量不仅受定量自变量的影响,还受定性自变量的影响。如以收入为因变量的模型中,它除了受教育年限与工作年限的影响外,还受工作岗位类别等定性变量的影响。在建模的时候这些随机因素应该包括在模型中,若要将定性变量引入回归模型中,则需引入虚拟变量。

由于定性变量通常表示的是某种特征的有和无,所以可以用 0 和 1 来量化这种特征。我们称这种变量为虚拟变量或指标变量。一般地,在虚拟变量的设置中,基础类型或否定类型的取值常为 0,而比较类型或肯定类型的取值为 1。

若定性变量中含有 m 个类别,应引入 $m-1$ 个虚拟变量,否则会导致多重共线性。另外,定性变量中哪个取 0 哪个取 1 是任意的,不影响检验结果。定性变量中取值为 0 所对应的类别称为基础类别。虚拟变量应用于回归模型中,对其系数的估计与检验与定量变量相同。只是其经济含义有所变化,它反映了某一类别与基础类别相比所具有的特定效应。

3.5.2　SPSS 应用

本节中我们主要阐述如何运用 SPSS 软件进行实际问题的研究和分析。我们选取的例子为"利用多元回归分析影响汇率的因素",其中所要研究的影响因素包括通货膨胀率、一年期名义利率、美元利率、GDP、净出口、居民总储蓄、居民消费、直接投资、外资金额、实际使用外资金额、外汇储备,共 11 个因素。下面我们依据相应的步骤对数据进行导入、操作,并展示运行结果。

1. 数据导入

打开"影响汇率的数据.sav"文件,导入数据文件,如图 3.1 所示。

图 3.1　导入数据文件

2. 参数设置

依次单击菜单"Analyze Regression Linear",在变量列表中选中汇率(X2)变量,将它选入 Dependent 选框作为因变量;将 Zx3-Zx13 的所有变量选入 Independent(s)列表作为自变量,单击 Method 后的下拉表,选中 Backward 选框,采用逐步回归法,如图 3.2、图 3.3 所示。

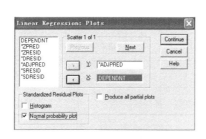

图 3.2　回归分析设置　　　　　　　　　　图 3.3　变量选择

根据所需设置相应的统计量设置、模型分析内容设置、保存设置,如图 3.4~图 3.6 所示。

图 3.4　统计量设置　　　　　　　　图 3.5　模型分析内容设置

图 3.6　保存设置

3. 结果分析

单击"OK"按钮,进行结果运行。

(1) 如表 3.8 所示,模型的 R^2 和调整 $\overline{R}^2$ 统计量均达到 0.99 以上,表明模型的整体拟合效果不错。最终模型 6 的 F 值检验 Sig 值远小于 0.01,说明最终的模型的整体线性关系是显著成立的。

表 3.8 拟合分析

Model	R	R Square	Adjusted R Square	Std. Error of the Estimate	Durbin-Watson
1	0.999[a]	0.999	0.995	0.153 20	
2	0.999[b]	0.999	0.996	0.137 08	
3	0.999[c]	0.999	0.997	0.128 01	
4	0.999[d]	0.998	0.997	0.125 10	
5	0.999[e]	0.998	0.996	0.133 90	
6	0.999[f]	0.998	0.996	0.135 97	2.943

Model		Sum of Squares	df	Mean Square	F	Sig.
6	Regression	71.808	6	11.968	647.355	0.000[f]
	Residual	0.166	9	0.018		
	Total	71.975	15			

(2) 模型的参数估计。表 3.9 是从 coefficients 表中截取的部分表格。结果模型中的所有变量系数的 t 检验 Sig 值都接近或小于 0.01,说明这些系数都显著不为 0,即这些变量对最终模型的贡献都是显著的。最右一列的共线性统计量,外汇储备的 VIF 值较大(大于10),故认为它与其他变量间可能存在共线性问题。

表 3.9 参数估计分析

Model		Unstandardized Coefficients		Standardized Coefficients	t	Sig.	Collinearity Statistics	
		B	Std. Error	Beta			Tolerance	VIF
6	(Constant)	6.085	0.034		179.011	0.000		
	Zscore:一年期名义利率	−0.233	0.065	−0.107	−3.591	0.006	0.292	3.426
	Zscore:美元利率	−0.217	0.068	−0.099	−3.180	0.011	0.265	3.779
	Zscore:GDP(亿元)	−1.304	0.110	−0.595	−11.804	0.000	0.101	9.901

（续表）

Model	Unstandardized Coefficients		Standardized Coefficients	t	Sig.	Collinearity Statistics	
	B	Std. Error	Beta			Tolerance	VIF
Zscore:居民总储蓄（亿元）	1.474	0.099	0.673	14.872	0.000	0.126	7.968
Zscore:直接投资	−0.438	0.108	−0.200	−4.055	0.003	0.106	9.467
Zscore:外汇储备（亿美元）	2.109	0.122	0.963	17.315	0.000	0.083	12.033

表 3.10 是从 excluded variables 图中截取的部分表格。

表 3.10　已排除变量表分析

	Model	Unstandardized Coefficients		Standardized Coefficients	t	Sig.	Collinearity Statistics	
		B	Std. Error	Beta			Tolerance	VIF
6	Zscore:通货膨胀率	0.030[a]	0.689	0.510	0.237	0.144	6.939	0.079
	Zscore:居民消费（亿元）	0.134[a]	0.971	0.360	0.325	0.014	73.889	0.014
	Zscore:外资金额（亿美元）	0.027[a]	0.324	0.754	0.114	0.040	24.709	0.040
	Zscore:净出口（亿美元）	−0.057[a]	−1.093	0.306	−0.361	0.093	10.728	0.044
	Zscore:实际使用外资金额（亿美元）	0.033[a]	1.131	0.291	0.371	0.286	3.495	0.060

"已排除变量"表给出的是所有未进入最终模型的变量检验信息，可以发现它们的 t 检验的 Sig 值都大于 0.1，说明这些变量对模型的贡献都不显著，所以它们都不在最终的模型方程里。

（3）预测检验图。汇率的散点图是以汇率观测值为横轴，汇率的调整预期值为纵轴所作的图形。如图 3.7 所示，图上所有的散点部分在对角线的附近，说明预测值和观测值非常接近，模型的预测效果较好。

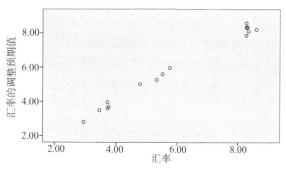

图 3.7　汇率散点图

（4）预测效果图。分析结束后，在当前的数据集自动生成名为 PRE - 1 的变量，记录了预测的汇率值。依次点击菜单"Analyze，Time Series，Sequence Charts"，按时间序列作图。将汇率 X2 和预测 1 变量作为 Y 轴变量，将年份 X1 变量作为 X 轴变量。图 3.8 为操作界面。

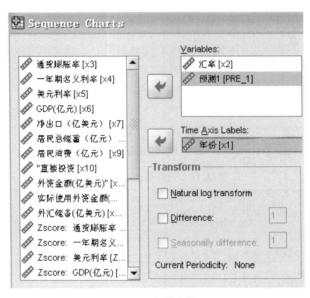

图 3.8　变量设置

运行结果如图 3.9 所示。从图上可以直观地发现，两条线的接近程度很高，从而判断预测值对观测值的拟合效果很好。

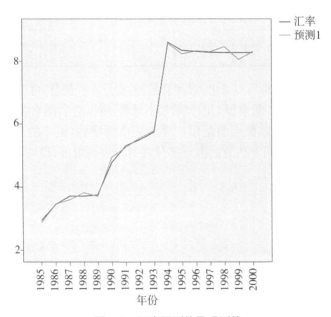

图 3.9　汇率预测值及观测值

（5）进一步分析与应用。在 Independent 列表中只保留一年名义利率、美元利率、GDP、

居民总储蓄和直接投资 5 个变量,其他设置不变,单击"OK"按钮运行。运行结果如表 3.11 所示:

表 3.11　5 个变量模型分析表

Model Summary[a]

Model	R	R Square	Adjusted R Square	Std. Error of the Estimate	Durbin-Watson
1	0.960[a]	0.921	0.881	0.755 61	

ANOVA[a]

	Model	Sum of Squares	df	Mean Square	F	Sig.
1	Regression	66.265	5	13.253	23.212	0.000[a]
	Residual	5.709	10	0.571		
	Total	71.975	15			

R^2 大于 90%,调整 $\overline{R}^2$ 也大于 85%,代表模型线性关系是否成立的 F 检验显著性值 Sig 也远小于 0.01,说明模型的整体拟合优度不错。系数表里的 VIF 统计量也都小于 10,说明共线性有所削弱。但是多个变量系数的 t 检验不再显著,如表 3.12 所示,说明模型还有改进的余地。

表 3.12　多变量系数 t 检验

Coefficients[a]

	Model	Unstandardized Coefficients		Standardized Coefficients	t	Sig.	Collinearity Statistics	
		B	Std. Error	Beta			Tolerance	VIF
1	(Constant)	6.085	0.189		32.212	0.000		
	Zscore:一年期名义利率	−0.389	0.358	−0.178	−1.088	0.302	0.298	3.360
	Zscore:美元利率	−0.515	0.367	−0.235	−1.402	0.191	0.283	3.540
	Zscore:GDP(亿元)	−0.037	0.460	−0.017	−0.081	0.937	0.180	5.559
	Zscore:居民总储蓄(亿元)	2.095	513	0.956	4.081	0.002	0.144	6.923
	Zscore:直接投资	−0.382	0.600	−0.174	−0.637	0.538	0.106	9.459

(6)回归模型的进一步改进。将 t 检验不显著的变量再次剔除。最后,在 Independent 列表中只保留一年名义利率、GDP、居民总储蓄和外汇储备 4 个变量,其他设置不变,单击 "OK"按钮运行。运行结果如表 3.13 所示:

表 3.13　4 个变量模型分析表

Model Summary[b]

Model	R	R Square	Adjusted R Square	Std. Error of the Estimate	Durbin-Watson
1	0.997[a]	0.993	0.991	0.206 92	2.556

ANOVA[b]

Model		Sum of Squares	df	Mean Square	F	Sig.
1	Regression	71.504	4	17.876	417.496	0.000[a]
	Residual	0.471	11	0.043		
	Total	71.975	15			

Coefficients[a]

Model		Unstandardized Coefficients		Standardized Coefficients	t	Sig.	Collinearity Statistics	
		B	Std. Error	Beta			Tolerance	VIF
1	(Constant)	6.085	0.052		117.629	0.000		
	Zscore：一年期名义利率	−0.357	0.087	−0.163	−4.092	0.002	0.375	2.668
	Zscore：居民总储蓄（亿元）	1.244	0.123	0.568	10.091	0.000	0.188	5.326
	Zscore：GDP（亿元）	−1.329	0.160	−0.607	−8.323	0.000	0.112	8.931
	Zscore：外汇储备（亿美元）	−2.103	0.168	0.960	12.505	0.000	0.101	9.906

此模型的拟合度要优于上一个模型,模型的 R^2 和调整 $\overline{R}^2$ 统计量均达到 0.99 以上,且证明模型线性关系成立的 F 值检验 Sig 值远小于 0.01;自变量的 VIF 共线性检验统计量也没有特别大的异常值;同时所有变量系数的 t 检验都十分显著,即这些自变量对模型的贡献都是显著的。从系数表可得改进的汇率预测模型为:汇率＝6.085−0.357*一年名义利率−1.329*GDP+1.244*居民总储蓄＋2.103*外汇储备。同样可以从预测趋势图(见图 3.10)看出预测曲线对观测曲线的拟合,效果很不错。

两个回归模型的比较:可以采用相同的方法,把汇率的观测值,初始模型预测值(预测 1)和最近改进模型预测值(模型 2)放在一个图中进行比较(具体操作略),可以发现改进后的模型以较少的变量就达到和初始模型不分伯仲的预测效果,建议使用改进后的模型进行其他分析和应用。

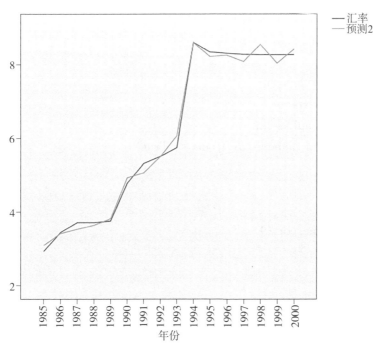

图 3.10　修正后的汇率预测值及观测值

3.6　实例分析与 Python 应用

　　本节我们介绍如何使用 Python 并借助 sklearn 自带的糖尿病数据集作为研究对象来进行回归分析。糖尿病数据集共有 11 个特征，442 个样本。其中前 10 个特征分别为年龄、性别、bmi 指数、平均血压以及六次血清测量指标，第 11 个特征为响应变量，为一年后患者身体状况的定量指标。该数据集中的所有数据均已经过标准化处理，数据预览如图 3.11 所示。

```
In [89]: data.frame.head(10)
Out[89]:
        age       sex       bmi        bp        s1        s2        s3  \
0  0.038076  0.050680  0.061696  0.021872 -0.044223 -0.034821 -0.043401
1 -0.001882 -0.044642 -0.051474 -0.026328 -0.008449 -0.019163  0.074412
2  0.085299  0.050680  0.044451 -0.005671 -0.045599 -0.034194 -0.032356
3 -0.089063 -0.044642 -0.011595 -0.036656  0.012191  0.024991 -0.036038
4  0.005383 -0.044642 -0.036385  0.021872  0.003935  0.015596  0.008142
5 -0.092695 -0.044642 -0.040696 -0.019442 -0.068991 -0.079288  0.041277
6 -0.045472  0.050680 -0.047163 -0.015999 -0.040096 -0.024800  0.000779
7  0.063504  0.050680 -0.001895  0.066630  0.090620  0.108914  0.022869
8  0.041708  0.050680  0.061696 -0.040099 -0.013953  0.006202 -0.028674
9 -0.070900 -0.044642  0.039062 -0.033214 -0.012577 -0.034508 -0.024993

         s4        s5        s6  target
0 -0.002592  0.019908 -0.017646  151.0
1 -0.039493 -0.068330 -0.092204   75.0
2 -0.002592  0.002864 -0.025930  141.0
3  0.034309  0.022692 -0.009362  206.0
4 -0.002592 -0.031991 -0.046641  135.0
5 -0.076395 -0.041180 -0.096346   97.0
6 -0.039493 -0.062913 -0.038357  138.0
7  0.017703 -0.035817  0.003064   63.0
8 -0.002592 -0.014956  0.011349  110.0
9 -0.002592  0.067736 -0.013504  310.0
```

图 3.11　数据预览图

1. Python 代码

```
import pandas as pd
import numpy as np
from sklearn import datasets
from scipy import stats
import statsmodels. api as sm
data = datasets. load_diabetes(as_frame = True)
X = data. data
Y = data. target
#相关系数
X_corr = data. frame. corr()
X_corr. round(2)
#pairplot
import seaborn as sns
sns. pairplot(data. frame)
#相关系数检验
stats. pearsonr(X['sex'],Y)
#回归
del X['sex']
X = sm. add_constant(X)
model = sm. OLS(Y,X)
result = model. fit()
result. summary()
```

2. 结果分析

我们接下来对相关结果进行分析,包括相关性以及回归分析。

(1) 相关性分析。系统中输出的相关系数如图 3.12 所示。

```
In [34]: X_corr.round(2)
Out[34]:
          age   sex   bmi    bp    s1    s2    s3    s4    s5    s6  target
age      1.00  0.17  0.19  0.34  0.26  0.22 -0.08  0.20  0.27  0.30    0.19
sex      0.17  1.00  0.09  0.24  0.04  0.14 -0.38  0.33  0.15  0.21    0.04
bmi      0.19  0.09  1.00  0.40  0.25  0.26 -0.37  0.41  0.45  0.39    0.59
bp       0.34  0.24  0.40  1.00  0.24  0.19 -0.18  0.26  0.39  0.39    0.44
s1       0.26  0.04  0.25  0.24  1.00  0.90  0.05  0.54  0.52  0.33    0.21
s2       0.22  0.14  0.26  0.19  0.90  1.00 -0.20  0.66  0.32  0.29    0.17
s3      -0.08 -0.38 -0.37 -0.18  0.05 -0.20  1.00 -0.74 -0.40 -0.27   -0.39
s4       0.20  0.33  0.41  0.26  0.54  0.66 -0.74  1.00  0.62  0.42    0.43
s5       0.27  0.15  0.45  0.39  0.52  0.32 -0.40  0.62  1.00  0.46    0.57
s6       0.30  0.21  0.39  0.39  0.33  0.29 -0.27  0.42  0.46  1.00    0.38
target   0.19  0.04  0.59  0.44  0.21  0.17 -0.39  0.43  0.57  0.38    1.00
```

图 3.12   相关系数图

(2) 矩阵散点图。矩阵散点图如 3.13 图所示。

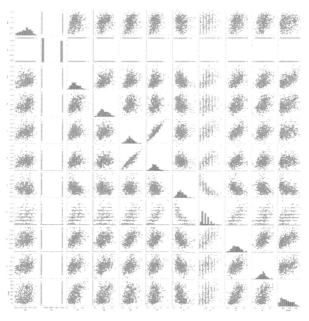

图 3.13　矩阵散点图

（3）相关系数检验。通过系统输出的相关系数我们可以拒绝原假设（见图 3.14），所以将性别从数据中删除，接下来进行回归分析。

```
In [53]: stats.pearsonr(X['sex'],Y)
Out[53]: (0.043061998451605396, 0.3664292946517888)
```

图 3.14　相关系数结果图

（4）回归分析。回归结果如图 3.15 所示。

```
Out[44]:
<class 'statsmodels.iolib.summary.Summary'>
"""
                            OLS Regression Results
==============================================================================
Dep. Variable:                 target   R-squared:                       0.501
Model:                            OLS   Adj. R-squared:                  0.490
Method:                 Least Squares   F-statistic:                     48.11
Date:                Thu, 27 Jan 2022   Prob (F-statistic):           8.80e-60
Time:                        16:42:59   Log-Likelihood:                -2393.7
No. Observations:                 442   AIC:                             4807.
Df Residuals:                     432   BIC:                             4848.
Df Model:                           9
Covariance Type:            nonrobust
==============================================================================
                 coef    std err          t      P>|t|      [0.025      0.975]
------------------------------------------------------------------------------
const        152.1335      2.618     58.105      0.000     146.987     157.280
age          -33.1791     60.435     -0.549      0.583    -151.962      85.604
bmi          557.0556     66.936      8.322      0.000     425.495     688.617
bp           276.0860     65.307      4.227      0.000     147.727     404.445
s1          -712.8060    423.044     -1.685      0.093   -1544.287     118.675
s2           420.5672    344.309      1.221      0.223    -256.162    1097.296
s3           139.5107    215.802      0.646      0.518    -284.641     563.662
s4           126.2804    163.605      0.772      0.441    -195.280     447.841
s5           756.3691    174.728      4.329      0.000     412.947    1099.791
s6            48.9170     66.895      0.731      0.465     -82.563     180.397
==============================================================================
Omnibus:                        5.600   Durbin-Watson:                   2.018
Prob(Omnibus):                  0.061   Jarque-Bera (JB):                4.045
Skew:                           0.094   Prob(JB):                        0.132
Kurtosis:                       2.571   Cond. No.                         227.
==============================================================================

Notes:
[1] Standard Errors assume that the covariance matrix of the errors is correctly specified.
"""
```

图 3.15　回归结果图

由上述结果可知，F 统计量 p 值小于 0.01，表明回归模型有意义。其中，bmi、平均血压以及血清测量的第一项和第五项指标对结果有显著影响。

3.7　实例分析与 R 语言应用

本节我们介绍如何使用 R 语言来探讨 1997—1999 年（t：年份）间，影响财政收入的 9 个因素 $x_1 \sim x_9$（x_1：GDP，x_2：能源消费总量，x_3：从业人员总数，x_4：全社会固定资产投资总额，x_5：实际利用外资总额，x_6：全国城乡居民储蓄存款年底余额，x_7：居民人均消费水平，x_8：消费品零售总额，x_9：居民消费价格指数）对我国财政收入状况（y：财政收入）的影响。数据如表 3.14 所示。

表 3.14　1979—1999 年财政收入

y	x_1	x_2	x_3	x_4	x_5	x_6	x_7	x_8	x_9
1 146.38	4 038.2	58 588	41 024	849.36	31.14	281.0	197	1 800.0	102.0
1 159.93	4 517.8	60 257	42 361	910.90	31.14	399.5	236	2 140.0	108.1
1 175.79	4 860.3	59 447	43 725	961.0	31.14	523.7	249	2 350.0	110.7
1 212.33	5 301.8	62 067	45 295	1 230.4	31.14	675.4	266	2 570.0	112.8
1 366.95	5 957.4	66 040	46 436	1 430.1	19.81	892.5	289	2 849.4	114.5
1 642.86	7 206.7	70 904	48 197	1 832.9	27.05	1 214.7	327	3 376.4	117.7
2 004.82	8 986.1	7 668	49 873	2 543.2	46.47	1 622.6	437	4 305.0	128.1
2 122.01	10 201.4	80 850	51 282	3 120.6	72.58	2 238.5	452	4 950.0	135.8
2 199.35	11 954.5	86 632	52 783	3 791.7	84.52	3 081.4	550	5 820.0	145.7
2 357.24	14 922.3	92 997	54 334	4 753.8	102.26	3 822.2	693	7 440.0	172.7
2 664.90	16 917.8	96 934	55 329	4 410.4	100.59	5 196.4	762	8 101.4	203.4
2 937.10	18 598.4	98 703	63 909	4 517.0	102.89	7 119.8	803	8 300.1	207.7
3 149.48	21 662.5	103 783	64 799	5 594.5	115.54	9 241.6	896	9 415.6	213.7
3 483.37	26 651.9	109 170	65 554	8 080.1	192.02	11 759.4	1 070	10 993.7	225.2
4 348.95	34 560.5	115 993	66 373	13 072.3	389.60	15 203.5	1 331	12 462.1	254.9
5 218.10	46 670.0	122 737	67 199	17 042.1	432.13	21 518.8	1 746	16 264.7	310.2
6 242.20	57 494.9	131 176	67 947	20 019.3	481.33	29 662.3	2 236	20 620.0	356.1
7 407.99	66 850.5	138 948	68 850	22 913.5	548.04	38 520.8	2 641	24 774.1	377.8
8 651.14	73 142.7	138 173	69 600	24 914.1	644.08	46 279.8	2 834	27 298.5	380.8
9 875.95	76 967.1	132 214	69 957	28 406.2	585.57	53 407.5	2 972	29 152.5	370.9
11 444.08	80 422.8	122 000	70 586	29 854.7	526.59	59 621.8	3 143	31 134.7	359.8

数据来源：中国统计出版社《中国统计年鉴》。

1. R 语言代码

（1）数据导入：Chapter3＝read.table("clipboard",header＝T)　♯先将数据从 Excel 的 Chapter3 中复制，后在 Rstudio 中执行此代码。

（2）相关分析：cor(Chapter3)　♯相关系数；pairs(Chapter3)　♯矩阵散点图；library(mvstats)　♯将 mvstats 包下载安装到 library 文件夹下，加载 mvstats 包。

corr. test(Chapter3)　♯相关系数检验

（3）线性回归分析：fm＝lm(y～. ,data＝Chapter3)　♯线性回归模型；summary(fm)　♯总体模型 F 检验、回归系数 t 检验等。

2. 结果分析

我们接下来对 R 语言输出的相关结果进行分析，包括相关性以及回归分析。

（1）相关性分析。我们得到相关系数和矩阵散点图，如图 3.16 所示：

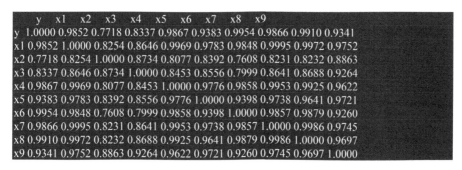

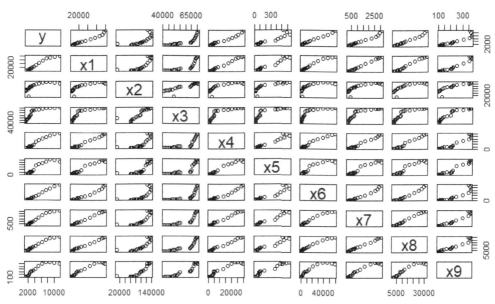

图 3.16　相关系数及矩阵散点图

由图 3.17 的输出结果可知，y 与 x_1—x_9 相关系数均大于 0.7718，p 值均小于 0.001。由此表明，财政收入的各项因素与财政收入有较强的线性关系，且关系显著，所以可以进行线性回归分析。

由图 3.18 的结果可知，F 统计量 p 值小于 0.01，表明回归模型有意义。其中，x_4（全社会固定资产投资总额）、x_6（全国城乡居民储蓄存款年底余额）对财政收入影响显著。

```
corr test:
        y      x1    x2     x3     x4    x5     x6     x7    x8   x9
y   0.000   0.000 0.000  0.000  0.00  0.00 0.0000  0.00  0.00  0
x1 25.095   0.000 0.000  0.000  0.00  0.00 0.0000  0.00  0.00  0
x2  5.291   6.373 0.000  0.000  0.00  0.00 0.0001  0.00  0.00  0
x3  6.580   7.500 7.817  0.000  0.00  0.00 0.0000  0.00  0.00  0
x4 26.430  55.373 5.972  6.895  0.00  0.00 0.0000  0.00  0.00  0
x5 11.829  20.558 6.727  7.203 20.24  0.00 0.0000  0.00  0.00  0
x6 45.361  24.731 5.109  5.810 25.60 11.99 0.0000  0.00  0.00  0
x7 26.346 131.547 6.319  7.485 45.02 18.68 25.4801  0.00  0.00  0
x8 32.219  57.818 6.320  7.649 35.35 15.83 27.7906 82.39  0.00  0
x9 11.402  19.188 8.341 10.724 15.41 18.05 10.6892 18.92 17.31  0
lower is t value, upper is p value
```

图 3.17　相关系数

```
Call:
lm(formula = y ~ ., data = Chapter3)

Residuals:
  Min    1Q Median   3Q   Max
-282.0 -63.3  26.9  90.6  200.8

Coefficients:
            Estimate Std. Error t value Pr(>|t|)
(Intercept) -1.43e+02  6.28e+02  -0.23   0.824
x1          -1.14e-01  1.03e-01  -1.10   0.293
x2          -4.42e-03  2.85e-03  -1.55   0.149
x3           3.04e-02  1.58e-02   1.92   0.082 .
x4           2.29e-01  7.38e-02   3.11   0.010 *
x5          -7.92e-01  1.46e+00  -0.54   0.598
x6           1.16e-01  4.35e-02   2.68   0.022 *
x7          -1.49e+00  2.71e+00  -0.55   0.592
x8           3.01e-01  1.59e-01   1.89   0.085 .
x9           2.52e+00  6.84e+00   0.37   0.719
---
Signif. codes: 0 '***' 0.001 '**' 0.01 '*' 0.05 '.' 0.1 ' ' 1

Residual standard error: 161 on 11 degrees of freedom
Multiple R-squared: 0.999,   Adjusted R-squared: 0.997
F-statistic: 815 on 9 and 11 DF, p-value: 3.14e-14
```

图 3.18　回归系数

小结

(1) 方差分析就是检验方差相同的多个(多于两个)正态总体的均值是否相等,从而判断各因素以及因素间的交互效应对试验指标的影响是否显著。

(2) 多元线性回归模型的一般形式为

$$y_i = b_0 + b_1 x_{i1} + \cdots + b_p x_{ip} + \varepsilon_i, \ \varepsilon_i \sim N(0, \sigma^2)$$

其中因变量 Y 为随机变量，x_{i1}，x_{i2}，$\cdots$，x_{ip} 为自变量 x_1，x_2，$\cdots$，x_p 的取值（$i=1$，2，$\cdots$，n）且相互之间不存在依赖关系，b_0，b_1，$\cdots$，b_p 是 $p+1$ 个待估计参数，$\varepsilon_i \sim N(0, \sigma^2)$ 为随机误差。

(3) $\hat{b}_0$，$\hat{b}_1$，$\cdots$，$\hat{b}_p$ 为参数 b_0，b_1，$\cdots$，b_p 的最小二乘估计，需满足的条件为离差平方和：

$$Q(b_0, b_1, \cdots, b_k) = \sum_{i=1}^n (y_i - b_0 - b_1 x_{i1} - \cdots - b_p x_{ip})^2 \text{ 最小。}$$

(4) 总离差平方和分解公式：$S_T = S_R + S_E$。

(5) 构造检验统计量 $F = \dfrac{S_R/p}{S_E/(n-p-1)} \sim F(p, n-p-1)$ 来检验因变量 y 与自变量 x_1，x_2，$\cdots$，x_p 之间是否有线性关系。

(6) 在对模型进行评价时，可以关注 R^2，R^2 越大，模型的拟合优度越高。

(7) 多元多重回归是多元线性回归的延伸和拓展，一般矩阵形式为：$Y = CB + \varepsilon$，其中：

① C 为 $n \times (p+1)$ 的矩阵且 $C = (1_n \vdots X)$，且 $rank(C) = p+1$；

② 自变量 x_1，x_2，$\cdots$，x_p 为可以精确测量的确定性变量；

③ 通常假设 $\varepsilon_{(i)} = (\varepsilon_{i1}, \varepsilon_{i2}, \cdots, \varepsilon_{ip})^{\mathrm{T}}$（$i=1, 2, \cdots, n$）是相互独立的，且均值向量为 0，协方差矩阵相等且均为 Σ，进一步可以假设 $\varepsilon_{(i)} \sim N_p(0, \Sigma)$（$i=1, 2, \cdots, n$）；

④ B 和 Σ 为未知参数矩阵。运用 SPSS 软件可以对一个实际统计问题进行多元回归分析。特别地，自变量的选择是多元回归分析中经常碰到的问题。在选择时，一方面尽量不漏掉重要的解释变量，另一方面尽可能减少解释变量的个数，使模型做到精简。在确定解释变量时，首先列出所有可能的解释变量，然后根据不同解释变量的组合来选择合适的模型。

思考与练习

3.1　证明总离差平方和分解公式：$SST = SSR + SSE$。

3.2　在经典线性回归模型基本假定下，对于含有三个自变量的多元回归模型

$$Y = \beta_0 + \beta_1 X_1 + \beta_2 X_2 + \beta_3 X_3 + \varepsilon$$

其中 $\varepsilon \sim N(0, \sigma^2)$，欲检验假设 $H_0 : \beta_1 - 2\beta_2 = 1$。

(1) 用 $\hat{\beta}_1$、$\hat{\beta}_2$ 的方差及其协方差求出 $\mathrm{Var}(\hat{\beta}_1 - 2\hat{\beta}_2)$；

(2) 写出 $H_0 : \beta_1 - 2\beta_2 = 1$ 的 t 统计量；

3.3　设变量 X 的均值为 0，$\Sigma = \begin{pmatrix} 1 & 0 \\ 0 & 2 \end{pmatrix}$。令 $Y = X_1 + X_2$，求 $\mathrm{Var}(Y)$。

3.4　在多元线性回归中，设 $\hat{y}_i = \hat{\beta}_0 + \hat{\beta}_1 x_{1i} + \cdots + \hat{\beta}_k x_{ki}$，$e_i = y_i - \hat{y}_i = y_i - \hat{\beta}_0 - \hat{\beta}_1 x_{1i} - \cdots - \hat{\beta}_k x_{ki}$，证明：

(1) $\sum e_i = 0$；

(2) $\sum \hat{y}_i e_i = \sum (\hat{\beta}_0 + \hat{\beta}_1 x_{1i} + \cdots + \hat{\beta}_k x_{ki}) e_i = 0$。

3.5 对不同的元麦堆测得的 6 组数据如表 3.15 所示：

表 3.15　元素堆的重量及跨度数据

堆号	1	2	3	4	5	6
重量 $p(0.5\,\text{kg})$	2 813	2 705	11 103	2 590	2 131	5 181
跨度 $l(\text{m})$	3.25	3.20	5.07	3.14	2.90	4.02

试求重量对跨度的回归方程,并求出标准差 σ 的估计值。

3.6 设 $y_i = \beta_0 + \beta_1 x_i + \beta_2 (3x_i^2 - 2) + \varepsilon_i (i = 1, 2, 3)$,$x_1 = -1, x_2 = 0, x_3 = 1$,其中 ε_1、ε_2、ε_3 相互独立,服从 $N(0, \sigma^2)$。

(1) 写出矩阵 X;

(2) 求 β_0、β_1、β_2 的最小二乘估计;

(3) 证明当 $\beta_2 = 0$ 时,β_0 与 β_1 的最小二乘估计不变。

3.7 表 3.16 是某种商品的需求量、价格和消费者收入 10 年的时间序列资料:

表 3.16　某种商品的时间序列资料

序号	1	2	3	4	5	6	7
需求量	59 190	65 450	62 360	64 700	67 400	64 440	68 000
价格	23.56	24.44	32.07	32.56	31.15	35.13	35.3
收入	76 200	913 00	106 700	111 600	119 000	129 200	143 400

求:(1) 已知商品需求量 Y 是其价格 x_1 和消费者收入 x_2 的函数,试求 Y 对 x_1 和 x_2 的最小二乘回归方程:$\hat{Y} = \hat{\beta}_0 + \hat{\beta}_1 x_1 + \hat{\beta}_2 x_2$;

(2) 求 Y 的总方差中未被 x_1 和 x_2 解释的部分,并对回归方程进行显著性检验,显著性水平 $\alpha = 0.05$;

(3) 对回归参数 $\hat{\beta}_1$、$\hat{\beta}_2$ 进行显著性检验,显著性水平 $\alpha = 0.05$。

3.8 用光电比色计检验尿汞,可测得尿汞含量(mg/L)与消光系数的结果如表 3.17 所示:

表 3.17　测试结果

尿汞含量 X	2	4	6	8	10
消光系数 Y	64	138	205	285	360

已知它们之间有下述关系式:$y_i = \beta_0 + \beta_1 x_i + \varepsilon_i$, $i = 1, 2, 3, 4, 5$,其中各 ε_i 相互独立,均服从 $N(0, \sigma^2)$ 分布,试求 β_0 与 β_1 的最小二乘估计,并给出检验假设 $H_0: \beta_1 = 0$ 的拒绝域 $(\alpha = 0.05)$。

3.9 证明在多对多回归模型下,参数估计有如下性质:

(1) $\hat{B} = \begin{pmatrix} \hat{b}_0 \\ \hat{b} \end{pmatrix}$ 是 B 的无偏估计量；(2) $\hat{\Sigma} = \dfrac{1}{n-m-1}Q$ 是 Σ 的无偏估计量。

3.10 设

$$\begin{cases} y_i = \bar{v} + \varepsilon_i, & i = 1, 2, \cdots, m \\ y_{m+i} = \theta + \varphi + \varepsilon_{m+i}, & i = 1, 2, \cdots, m \\ y_{2m+i} = \theta - 2\varphi + \varepsilon_{2m+i}, & i = 1, 2, \cdots, n \end{cases}$$

各 ε_i 独立,且均服从 $N(0, \sigma^2)$,求 θ 与 φ 的最小二乘估计。

3.11 研究货运总量 y(万吨)与工业总产值 x_1(亿元)、农业总产值 x_2(亿元)、居民非商品支出 x_3(亿元)的关系。数据如表 3.18 所示:

表 3.18　变量数据

编号	y(万吨)	x_1(亿元)	x_2(亿元)	x_3(亿元)
1	160	70	35	1.0
2	260	75	40	2.4
3	210	65	40	2.0
4	265	74	42	3.0
5	240	72	38	1.2
6	220	68	45	1.5
7	275	78	42	4.0
8	160	66	36	2.0
9	275	70	44	3.2
10	250	65	42	3.0

(1) 求 y 关于 x_1、x_2、x_3 的三元线性回归方程;

(2) 对所求的方程作拟合优度检验;

(3) 对回归方程作显著性检验($\alpha = 0.05$);

(4) 对每一个回归系数作显著性检验($\alpha = 0.05$);

(5) 如果有的回归系数没通过显著性检验,将其提出,重新建立回归方程,再做回归系数的显著性检验($\alpha = 0.05$)。

3.12 子女的受教育水平 (Y) 往往受到父母的受教育水平 (X_1, X_2) 以及家庭经济条件(X_3)的影响,我们对某单位 10 个人进行了调查,得到表 3.19:

表 3.19　调查数据

	被调查者受教育年数 (Y)	父亲受教育年数(X_1)	母亲受教育年数(X_2)	家庭经济条件(X_3)
1	15	9	8	中
2	12	8	9	中

（续表）

	被调查者受教育年数（Y）	父亲受教育年数（X_1）	母亲受教育年数（X_2）	家庭经济条件（X_3）
3	15	12	11	上
4	19	15	12	上
5	9	7	5	中
6	10	8	8	下
7	9	6	7	中
8	14	9	9	下
9	16	10	12	中
10	18	14	12	上

根据数据统计：

（1）求出各 X 变量的回归系数，写出回归方程；（2）计算 X 与 Y 的决定系数。

3.13 某地区通过一个样本容量为 722 的调查数据得到劳动力受教育的一个回归方程为：$Y = 10.36 - 0.094X_1 + 0.131X_2 + 0.210X_3$，$R^2 = 0.214$。其中，$Y$ 为劳动力受教育年数，X_1 为该劳动力家庭中兄弟姐妹的人数，X_2 和 X_3 分别为母亲与父亲受教育的年数，问：

（1）X_1 是否具有预期的影响？为什么？X_2 和 X_3 保持不变，为了使预测的受教育水平减少一年，需要增加多少 X_1？

（2）请对 X_2 的系数给予适当的解释。

（3）如果两个劳动力都没有兄弟姐妹，但其中一个的父母受教育的年数为 12 年，另一个的父母受教育的年数为 16 年，则两人受教育的年数预期相差多少？

3.14 1960—1982 年某国对仔鸡的需求。为了研究某国每人的仔鸡消费量，我们提供如表 3.20 所示的数据：

表 3.20　某国每人的仔鸡消费量数据

年份	Y	X_2	X_3	X_4	X_5	X_6
1960	27.8	397.5	42.2	50.7	78.3	65.8
1961	29.9	413.3	38.1	52.0	79.2	66.9
1962	29.8	439.2	40.3	54.0	79.2	67.8
1963	30.8	459.7	39.5	55.3	79.2	69.6
1964	31.2	92.9	37.3	54.7	77.4	68.7
1965	33.3	528.6	38.1	63.7	80.2	73.6
1966	35.6	560.3	39.3	69.8	80.4	76.3
1967	36.4	624.6	37.8	65.9	83.9	77.2
1968	36.7	666.4	38.4	64.5	85.5	78.1

（续表）

年份	Y	X_2	X_3	X_4	X_5	X_6
1969	38.4	717.8	40.1	70.0	93.7	84.7
1970	40.4	768.2	38.6	73.2	106.1	93.3
1971	40.3	843.3	39.8	67.8	104.8	89.7
1972	41.8	911.6	39.7	79.1	114.0	100.7
1973	40.4	931.1	52.1	85.4	124.1	113.5
1974	40.7	1 021.5	48.9	94.2	127.6	115.3
1975	40.1	1 165.9	58.3	123.5	142.9	136.7
1976	42.7	1 349.6	57.9	129.9	143.6	139.2
1977	44.1	1 449.4	56.5	117.6	139.2	132.0
1978	46.7	1 575.5	63.7	130.9	165.5	132.1
1979	50.6	1 759.1	61.6	129.8	203.3	154.4
1980	350.1	1 994.2	58.9	128.0	219.6	174.9
1981	51.7	2 258.1	66.4	141.0	221.6	180.8
1982	52.9	2 478.7	70.4	168.2	232.6	189.4

资料来源：Y 数据来自城市数据库；X 数据来自某国农业部。

注：实际价格是用食品的消费者价格指数去除名义价格得到的。

其中，Y＝每人的仔鸡消费量（磅）

　　X_2＝每人实际可支配收入（美元）

　　X_3＝仔鸡每磅实际零售价格（美分）

　　X_4＝猪肉每磅实际零售价格（美分）

　　X_5＝牛肉每磅实际零售价格（美分）

　　X_6＝仔鸡替代品每磅综合实际价格（美分）。这是猪肉和牛肉每磅实际零售价格的加权平均。

其权数是在猪肉和牛肉的总消费量中两者各占的相对消费量。

现考虑下面的需求函数：

$$① \ln Y_t = \alpha_1 + \alpha_2 \ln X_{2t} + \alpha_3 \ln X_{3t} + \varepsilon_t$$

$$② \ln Y_t = r_1 + r_2 \ln X_{2t} + r_3 \ln X_{3t} + r_4 \ln X_{4t} + \varepsilon_t$$

$$③ \ln Y_t = \lambda_1 + \lambda_2 \ln X_{2t} + \lambda_3 \ln X_{3t} + \lambda_4 \ln X_{5t} + \varepsilon_t$$

$$④ \ln Y_t = \theta_1 + \theta_2 \ln X_{2t} + \theta_3 \ln X_{3t} + \theta_4 \ln X_{4t} + \theta_5 \ln X_{5t} + \varepsilon_t$$

$$⑤ \ln Y_t = \beta_1 + \beta_2 \ln X_{2t} + \beta_3 \ln X_{3t} + \beta_4 \ln X_{6t} + \varepsilon_t$$

由微观经济学得知，对一种商品的需求通常较依赖消费者的实际收入、该商品的实际价格，以及互替和互补商品的实际价格。按照这些思考，回答以下问题。

（1）从这里列举的需求函数中你会选择哪一个？为什么？

（2）你怎么理解这些模型中的 $\ln X_2$ 和 $\ln X_3$ 的系数？

（3）函数②和函数④的设定有什么不同？

（4）如果你采用函数④你会见到什么问题？（提示：猪肉和牛肉价格都同仔鸡价格一道被引进）

（5）因为函数⑤中含有牛肉和猪肉的综合价格，你会认为需求函数⑤优于函数④吗？为什么？

（6）假定函数⑤是正确的需求函数，估计此函数模型的参数，算出 R^2 和修正的 R^2。

（7）现假设你选了"不正确"的函数②，通过考虑 r_2 和 r_3 值分别同 β_2 和 β_3 的关系，来评估这一错误设定的后果。

3.15　设有 3 台机器，用来生产规格相同的金属板，取样测量金属板的厚度，得到如表 3.21 所示的数据：

表 3.21　测量数据　　　　　　　　　　　　　　　　　　单位：mm

机器 1	机器 2	机器 3
0.236	0.257	0.258
0.238	0.253	0.264
0.248	0.255	0.259
0.245	0.254	0.267
0.243	0.261	0.262

现需考察各台机器所生产的金属板厚度有无明显差异。（单因素检验，$\alpha = 0.05$）

3.16　（经典回归模型）假设经典回归模型（rank$(Z) = r + 1$）为

$$Y = Z_1\beta_1 + Z_2\beta_2 + \varepsilon$$

其中 rank$(Z_1) = q + 1$ 且 rank$(Z_2) = r - q$，如果预先确定 β_2 为主要回归参数，则证明 β_2 的 $100(1-\alpha)\%$ 置信区间为

$$(\hat{\beta}_2 - \beta_2)^{\mathrm{T}}(Z_2^{\mathrm{T}}Z_2 - Z_2^{\mathrm{T}}Z_1(Z_1^{\mathrm{T}}Z_1)^{-1}Z_1^{\mathrm{T}}Z_2)(\hat{\beta}_2 - \beta_2) \leqslant s^2(r-q)F_\alpha(r-q, n-r-1)$$

3.17　（多元多重回归）表 3.22 为某农学院育种研究室 2002 年品种区试的部分资料，其中 X_1 为冬季分蘖（单位：万），X_2 为株高（单位：厘米），Y_1 为每穗粒数，Y_2 为千粒重（单位：克），进行 Y_1、Y_2 关于 X_1、X_2 的回归分析（求解回归方程并对方程及系数进行检验，$\alpha = 0.05$）。

表 3.22　某农学院育种研究室 2002 年品种区试的部分资料

品种	X_1	X_2	Y_1	Y_2
小偃 6 号	11.5	95.3	26.4	39.2
7576/3 矮 790	9.0	97.7	30.8	46.8
68G(2)8	7.9	110.7	39.7	39.1
79190－1	9.1	89.0	35.4	35.3

（续表）

品种	X_1	X_2	Y_1	Y_2
9615_1	11.6	88.0	29.3	37.0
9615 - 13	13.0	87.7	24.6	44.8
73(36)	11.6	79.7	25.6	43.7
丰产 3 号	10.7	119.3	29.9	38.8
矮丰 3 号	11.1	87.7	32.2	35.6

3.18 表 3.23 列出了电池性能失效数据,利用这些数据:

(1) 求 $\ln(Y)$ 对预测变量的线性回归方程;

(2) 对(1)中拟合的模型作残差图,并作出解释。

表 3.23 电池性能失效数据

X_1 充电率	X_2 放电率	X_3 放电深度	X_4 温度	X_5 充电电压极限	Y 失效周期
0.375	3.13	60.0	40	2.00	101
1.000	3.13	76.8	30	1.99	141
1.000	3.13	60.0	20	2.00	96
1.000	3.13	60.0	20	1.98	125
1.625	3.13	43.2	10	2.01	43
1.625	3.13	60.0	20	2.00	16
1.625	3.13	60.0	20	2.02	188
0.375	5.00	76.8	10	2.01	10
1.000	5.00	43.2	10	1.99	3
1.000	5.00	43.2	30	2.01	386
1.000	5.00	100.0	20	2.00	45
1.625	5.00	76.8	10	1.99	2
0.375	1.25	76.8	10	2.01	76
1.000	1.25	43.2	10	1.99	78
1.000	1.25	76.8	30	2.00	160
1.000	1.25	60.0	0	2.00	3
1.625	1.25	43.2	30	1.99	216
1.625	1.25	60.0	20	2.00	73
0.375	3.13	76.8	30	1.99	314
0.375	3.13	60.0	20	2.00	170

第4章

判别分析

4.1 引言

　　无论是在科学研究还是在日常生活中,我们都会遇到类似于判别新的样品所属类别的问题。例如在经济学中判定一个国家所属经济发展的类型;在市场营销中判断产品未来的销售形势;在体育运动中判定一个游泳运动员适合练蛙泳、仰泳、自由泳或蝶泳;在医学中根据多种检验指标,诊断某人有病还是无病,或者判断一个病人是患感冒还是肺炎;在气象学中预判某个地区未来的天气状况;在考古学中鉴定一个出土文物所属朝代;在地质勘探中判定岩石标本所属的地质年代等等。在面临这些问题时,我们需要根据个体的特征信息通过判别分析方法识别个体的所属类别。

　　判别分析这种统计方法最早被用在种族的判别上,Pearson 在 1921 年称之为种族相似系数法。判别分析的基本思想是每一类视为一个总体,根据已掌握的每个类的特征信息(如均值、方差等)或者其中的样品数据信息,建立判别公式与判别准则并依此对新样品归属于哪个总体进行判别。判别分析的主要目的是识别一个个体所属的类别,其潜在的应用除了前述应用背景外还包括预测新产品的成功或失败、决定一个学生是否被录取、按职业兴趣对学生分组、确定某人信用风险的类型或者预测一个公司是否会成功等等。判别分析中需要解决的问题是如何确定判别准则和判别函数。所谓判别准则是指用来衡量新样品与已知组别接近程度的方法准则。在统计分析中我们常用的判别准则有距离准则、贝叶斯准则、费希尔准则等,依据不同的准则形成了不同的方法,如距离判别法、贝叶斯判别法、费希尔判别法、逐步判别法等。所谓判别函数是根据判别准则构建的用于衡量新样品与已知组别接近程度的函数表达式。判别分析最基本的要求是用于判别函数的解释变量必须是可测变量或者说不能是潜变量或隐变量。

　　判别分析将每一类视为一个总体,判别分析讨论的是依据各个总体的分布或分布的特征来判断某一样品或新的观测值 $X = (x_1, x_2, \cdots, x_p)^T$ 属于哪一个总体。判别方法的核心就是给出 p 维空间 R^p 的一种划分 $D = \{D_1, D_2, \cdots, D_k\}$,判别准则是当样品 X 落入 D_i 时则判定 X 属于 G_i。因此,一种划分对应一种判别方法,不同的划分法就是不同的判别方法。

本章在 4.1 介绍了判别分析的基本概念和基本思想,4.2 节介绍了距离判别法,4.3 节介绍了贝叶斯判别法,4.4 节介绍了费希尔判别法,4.5 节介绍了逐步判别法,4.6、4.7、4.8 三节分别采用 SPSS、Python 和 R 语言进行了实例分析。判别分析的方法各具特色,在不同的应用场景下有着不同的效果,因此在学习本章的过程中,建议结合实际案例来理解判别分析的基本方法与思想,理论与实践相结合,从而加深对判别分析的理解与掌握。

4.2 距离判别法

距离判别法是最为直观的判别方法,其基本思想是如果各类(每一类视为一总体或母体)的均值未知,则先根据已知的各类的样本数据,分别计算每一类的样本均值(重心),判别准则是计算任一给定的新样品与各类重心之间的距离,若与第 i 类的重心距离最近,则认为其来自第 i 类。距离判别法对各类总体的分布没有特定的要求,可适用于任意分布的总体。

4.2.1 距离的定义

在用距离判别法进行判别分析时,关键是定义合适的距离。在统计分析中,定义样本与样本之间或者样本与总体之间的距离有多种方法,这节我们主要介绍在判别分析中常用的马氏距离与欧氏距离。

距离的基本定义与性质:设 S 是任一非空集合,对于 S 中的任意两点 x、y 均有一个实数 $d(x, y)$ 与之对应,一般满足以下三个条件,则称 $d(x, y)$ 为 S 中的一个距离。

(1) 非负性:$d(x, y) \geqslant 0$,且 $d(x, y) = 0$ 当且仅当 $x = y$。

(2) 对称性:$d(x, y) = d(y, x)$。

(3) 三角不等式:$d(x, z) + d(y, z) \geqslant d(x, y)$。

在定义中我们可以将一个 p 维向量视作 p 维欧式空间 R^p 中的一个点。首先我们考虑最常用的欧氏距离。

欧氏距离 设 $X = (x_1, x_2, \cdots, x_p)^T$ 和 $Y = (y_1, y_2, \cdots, y_p)^T$ 为 p 维欧氏空间的两点,则 X 与 Y 的欧氏距离为

$$d(X, Y) = \sqrt{(x - y)^T (x - y)} = \sqrt{(x_1 - y_1)^2 + (x_2 - y_2)^2 + \cdots + (x_p - y_p)^2}$$

为方便,我们一般使用平方欧氏距离

$$d^2(X, Y) = (x - y)^T (x - y) = (x_1 - y_1)^2 + (x_2 - y_2)^2 + \cdots + (x_p - y_p)^2$$

在多元统计分析中,使用欧氏距离进行距离判断存在一定局限性。因为如果各分量的单位不全相同,比如,第一个分量表示身高,第二个分量表示体重,第三个分量表示年龄等,这样定义欧氏距离缺乏实际意义的解释。即便各分量的单位相同,但如果不同分量的变异性差异很大,那么变异性大的分量将在分类中起决定作用,这就需要对变量进行标准化处

理。虽然欧氏距离经标准化后能够消除单位和变异性的影响,但欧氏距离没有考虑到变量之间存在相关性的影响。

考虑一元的情形,设两个正态总体:$X \sim N(\mu_1, \sigma^2)$,$Y \sim N(\mu_2, 4\sigma^2)$,以及某一新的观测值 A,如图 4.1 所示:

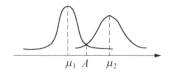

图 4.1　欧氏距离判别法

假设 A 距离总体 X 的均值 μ_1 的欧氏距离 2σ 远,距离总体 Y 的均值 μ_2 的欧氏距离 3σ 远。如果**从几何角度**,即采用欧氏距离,A 距离总体 X 更近一点,但**从概率论的角度**,即采用马氏距离,A 位于距 μ_1 的 $2\sigma = 2\sigma_x$ 处,而位于距 μ_2 的 $3\sigma = 3\sigma_x = 1.5\sigma_y$ 处,所以可以认为 A 距离 Y"更近些"。

为了将变量之间存在的相关性考虑在内,在多元统计分析中通常考虑采用印度统计学家马哈拉诺比斯(Mahalanobis)提出的距离度量公式来弥补欧氏距离的不足之处。

马氏距离　设多元总体为 Π,该总体的均值和方差分别为 μ 和 $\Sigma(>0)$,X 与 Y 为取自总体的两个样品,则 X 与 Y 之间的平方马氏距离为

$$d^2(X, Y) = (X-Y)^{\mathrm{T}}\Sigma^{-1}(X-Y)$$

定义 X 到总体 Π 的平方马氏距离为

$$d^2(X, \Pi) = (X-\mu)^{\mathrm{T}}\Sigma^{-1}(X-\mu)$$

因为 Σ 为正定矩阵,因此 Σ^{-1} 也为正定矩阵。

需要注意的是:在实践中,μ 和 Σ 均未知,需要利用样本数据抽样进行估计。在接下来的内容中,我们将讨论不同情形下判别分析的应用方法,具体内容如图 4.2 所示。

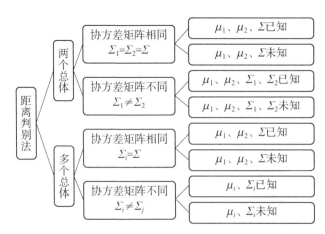

图 4.2　距离判别法情形

4.2.2　两个总体的情形

当 G_1 与 G_2 的均值向量 μ_1、μ_2 和协方差矩阵 Σ_1、Σ_2 已知时,则 X 到 G_1 与 G_2 的距离为

$$D^2(X, G_i) = (X - \mu_i)^{\mathrm{T}} \Sigma_i^{-1}(X - \mu_i), \ i = 1, 2$$

实际问题中 G_1 和 G_2 的总体均值参数 μ_1、μ_2 和协方差矩阵 Σ_1、Σ_2 未知,我们可以通过从总体 G_1 与 G_2 中抽取样本来对这些分布特征参数进行估计。

接下来我们可以用如下的规则进行判别:若样品 X 到总体 G_1 的距离小于到总体 G_2 的距离,则认为样品 X 属于总体 G_1,反之,则认为样品 X 属于总体 G_2;若样品 X 到总体 G_1 和 G_2 的距离相等,则让它处于待定状态。这个判别准则可作如下描述:

$$\begin{cases} X \in G_1 \leftrightarrow D(X, G_1) < D(X, G_2) \\ X \in G_2 \leftrightarrow D(X, G_1) > D(X, G_2) \\ 待定 \leftrightarrow D(X, G_1) = D(X, G_2) \end{cases} \tag{4.1}$$

上一节介绍欧氏距离与马氏距离时已经提到,在多元统计分析中度量两点之间的统计意义上的远近,马氏距离要比欧氏距离更为合适,因为欧氏距离未能将变量之间的相关性考虑在内,以致易产生不合理的结果,而马氏距离却能很好地弥补此种不足。因此,在距离判别分析中,我们主要使用平方马氏距离,通过构造合适的判别函数 $W(X)$,根据判别准则对要判别的样品进行距离判别分析。

1. 假设协方差矩阵相同,即 $\Sigma_1 = \Sigma_2 = \Sigma$

若 μ_1、μ_2 和 Σ 已知,样品 X 到两总体的距离平方之差如下:

$$D^2(X, G_2) - D^2(X, G_1) = (X - \mu_2)^{\mathrm{T}} \Sigma^{-1}(X - \mu_2) - (X - \mu_1)^{\mathrm{T}} \Sigma^{-1}(X - \mu_1)$$
$$= (X^{\mathrm{T}} \Sigma^{-1} X - 2X^{\mathrm{T}} \Sigma^{-1} \mu_2 + \mu_2^{\mathrm{T}} \Sigma^{-1} \mu_2) - (X^{\mathrm{T}} \Sigma^{-1} X - 2X^{\mathrm{T}} \Sigma^{-1} \mu_1 + \mu_1^{\mathrm{T}} \Sigma^{-1} \mu_1)$$
$$= 2X^{\mathrm{T}} \Sigma^{-1}(\mu_1 - \mu_2) - (\mu_1 + \mu_2)^{\mathrm{T}} \Sigma^{-1}(\mu_1 - \mu_2) = 2(X - \bar{\mu})^{\mathrm{T}} \Sigma^{-1}(\mu_1 - \mu_2)$$

其中 $\bar{\mu} = \dfrac{1}{2}(\mu_1 + \mu_2)$。

定义该情况下的判别函数:

$$W(X) = \frac{1}{2}[D^2(X, G_2) - D^2(X, G_1)] = (X - \bar{\mu})^{\mathrm{T}} \Sigma^{-1}(\mu_1 - \mu_2) \tag{4.2}$$

则判别准则为

$$\begin{cases} X \in G_1 \leftrightarrow W(X) > 0 \\ X \in G_2 \leftrightarrow W(X) < 0 \\ 待定 \leftrightarrow W(X) = 0 \end{cases}$$

令 $a = \Sigma^{-1}(\mu_1 - \mu_2) \triangleq (a_1, a_2, \cdots, a_p)^{\mathrm{T}}$,则式(4.2)可简化为 $W(X) = (X - \bar{\mu})^{\mathrm{T}} a = a^{\mathrm{T}}(X - \bar{\mu})$,不难发现此时 $W(X)$ 为 $x_1, x_2, \cdots, x_p$ 的线性函数,因此 $W(X)$ 称为**线性判别函数**,其中 a 为**判别系数**。线性判别函数使用最方便,在实际应用中也最广泛。

若 μ_1、μ_2、Σ 未知,设样品 $X_{(1)}^{(1)}$,$X_{(2)}^{(1)}$,$\cdots$,$X_{(n_1)}^{(1)}$ 来自总体 G_1,样品 $X_{(1)}^{(2)}$,$X_{(2)}^{(2)}$,$\cdots$,$X_{(n_2)}^{(2)}$ 来自总体 G_2,可得 G_1 和 G_2 的样本均值 $\bar{X}^{(1)} = (\bar{X}_1^{(1)}, \bar{X}_2^{(1)}, \cdots, \bar{X}_{n_1}^{(1)})^\mathrm{T}$,$\bar{X}^{(2)} = (\bar{X}_1^{(2)}, \bar{X}_2^{(2)}, \cdots, \bar{X}_{n_2}^{(2)})^\mathrm{T}$,并令 $\hat{\Sigma} = S_p = \dfrac{1}{n_1 + n_2 - 2}((n_1 - 1)S_1 + (n_2 - 1)S_2)$,其中 $S_i = \dfrac{1}{n_i - 1}\sum\limits_{j=1}^{n_i}(X_{ij} - \bar{X}_i)(X_{ij} - \bar{X}_i)^\mathrm{T}$。易知 $\bar{X}^{(1)}$ 和 $\bar{X}^{(2)}$ 为 μ_1、μ_2 的无偏估计量,S_p 为 Σ 的无偏估计。

给定要判别的样品 $X = (x_1, x_2, \cdots, x_p)^\mathrm{T}$,定义 X 到 G_1 与 G_2 的距离为 X 到 G_1 与 G_2 的样本均值的距离:$D(X, G_1) = d(X, \bar{X}^{(1)})$,$D(X, G_2) = d(X, \bar{X}^{(2)})$。 同理可得到此时的判别函数为

$$W(X) = (X - \bar{X})^\mathrm{T}\hat{\Sigma}^{-1}(\bar{X}^{(1)} - \bar{X}^{(2)}),\text{其中}\bar{X} = \frac{1}{2}(\bar{X}^{(1)} + \bar{X}^{(2)})$$

2. 假设协方差矩阵不同,即 $\Sigma_1 \neq \Sigma_2$

若 μ_1、μ_2、Σ_1、Σ_2 已知,易知判别函数

$$W(X) = D^2(X, G_2) - D^2(X, G_1) = (X - \mu_2)^\mathrm{T}\Sigma_2^{-1}(X - \mu_2) - (X - \mu_1)^\mathrm{T}\Sigma_1^{-1}(X - \mu_1)$$

显然 $W(X)$ 为 X 的二次函数。

若 μ_1、μ_2、Σ_1、Σ_2 未知,类似协方差矩阵相同的情形,所有参数都用样本进行估计,其中 $\hat{\Sigma}_i = S_i$ 作为 $\Sigma_i(i=1, 2)$ 的估计;这样我们就可以写出判别函数

$$W(X) = (X - \bar{X}^{(2)})^\mathrm{T}\hat{\Sigma}_2^{-1}(X - \bar{X}^{(2)}) - (X - \bar{X}^{(1)})^\mathrm{T}\hat{\Sigma}_1^{-1}(X - \bar{X}^{(1)})$$

4.2.3　多个总体的情形

设 k 个 p 元总体 $G_i(i=1, 2, \cdots, k)$,均值向量分别为 $\mu_i(i=1, 2, \cdots, k)$,协方差矩阵分别为 $\Sigma_i(>0)(i=1, 2, \cdots, k)$,$X_{(1)}^{(i)}$,$X_{(2)}^{(i)}$,$\cdots$,$X_{(n_i)}^{(i)}(i=1, 2, \cdots, k)$ 为来自总体 G_i 的样本。接下来计算样本到各个母体的距离,X 到总体 G_i 的马氏距离为

$$D^2(X, G_i) = (X - \mu_i)^\mathrm{T}\Sigma_i^{-1}(X - \mu_i), i = 1, 2, \cdots, k$$

令判别函数 $W_{ij}(X) = \dfrac{1}{2}[D^2(X, G_j) - D^2(X, G_i)]$。 判别方法是:若 $D^2(X, G_i) = \min\limits_{1 \leqslant i \leqslant k} D^2(X, G_i)$,则 $X \in G_i$。 由此可得相应的判别准则:

$$\begin{cases} X \in G_i \leftrightarrow W_{ij}(X) > 0 \text{ 对于任意的 } j \neq i \\ \text{待定} \leftrightarrow \text{若存在某个 } W_{ij}(X) = 0 \end{cases} \tag{4.3}$$

1. 假设协方差矩阵全相同,即 $\Sigma_i = \Sigma(i=1, 2, \cdots, k)$

若 μ_i、Σ 已知,此时判别函数为

$$W_{ij}(X) = \frac{1}{2}[D^2(X, G_j) - D^2(X, G_i)] = (X - \bar{\mu})^\mathrm{T}\Sigma^{-1}(\mu_i - \mu_j)$$

其中 $\bar{\mu} = \dfrac{1}{2}(\mu_i + \mu_j)$，相应的判别准则如式(4.3)。

若 μ_i、Σ 未知，考虑一般情况，即 μ_i、Σ 都是未知的，这种情况下只需对 μ_i 和 Σ 进行估计：

$$\hat{\mu}_i = \bar{X}^{(i)} = \frac{1}{n_i}\sum_{j=1}^{n_i} X_j^{(i)}, \ i = 1, 2, \cdots, k$$

$$\hat{\Sigma} = S_p = \frac{\displaystyle\sum_{i=1}^{k} A_i}{n - k}$$

其中 $n = \displaystyle\sum_{i=1}^{k} n_i$，$A_i = \displaystyle\sum_{j=1}^{n_i}(X_{(j)}^{(i)} - \bar{X}^{(i)})(X_{(j)}^{(i)} - \bar{X}^{(i)})^{\mathrm{T}}$ 为样本离差矩阵。

此时判别函数 $W_{ij}(X) = \left(X - \dfrac{1}{2}(\hat{\mu}_i + \hat{\mu}_j)\right)^{\mathrm{T}} \hat{\Sigma}^{-1}(\hat{\mu}_i - \hat{\mu}_j)$，判别规则如式(4.3)。

2. 假设协方差矩阵不同

(1) 若 μ_i、Σ_i 已知，此时判别函数 $W_{ij}(X) = (X - \mu_j)^{\mathrm{T}} \Sigma_j^{-1}(X - \mu_j) - (X - \mu_i)^{\mathrm{T}}\Sigma_i^{-1}(X - \mu_i)$，判别规则如式(4.3)。

(2) 若 μ_i、Σ_i 未知，则对未知的 μ_i、Σ_i 作估计，不妨设 $i = 1, 2, \cdots, k$，于是 $\hat{\mu}_i = \bar{X}^{(i)} = \dfrac{1}{n_i}\displaystyle\sum_{j=1}^{n_i} X_j^{(i)}$，$\hat{S}_i = \dfrac{A_i}{n_i - 1}$，则判别函数 $W_{ij}(X) = (X - \bar{X}^{(j)})^{\mathrm{T}} \hat{S}_j^{-1}(X - \bar{X}^{(j)}) - (X - \bar{X}^{(i)})^{\mathrm{T}} \hat{S}_i^{-1}(X - \bar{X}^{(i)})$，判别规则如式(4.3)。

需要注意的是，线性判别函数容易计算，二次判别函数计算比较复杂，为此需要一些计算方法。因 $\Sigma_i > 0$，存在唯一的下三角矩阵 V_i，其对角元素均为正，使得 $\Sigma_i = V_i V_i^{\mathrm{T}}$，从而 $\Sigma_i^{-1} = (V_i^{\mathrm{T}})^{-1} V_i^{-1}$，$L_i = V_i^{-1}$ 仍为下三角矩阵。我们可事先将 $L_1, L_2, \cdots, L_k$ 算出。令 $Z_i = L_i(x - \mu_i)$，则

$$D^2(X, G_i) = (X - \mu_i)^{\mathrm{T}} L_i^{\mathrm{T}} L_i(X - \mu_i) = Z_i^{\mathrm{T}} Z_i, \ i = 1, 2, \cdots, k$$

备注: 通常情况下协方差矩阵 Σ_i 不太可能完全相等，那么我们只需要关心的是 Σ_i 之间的差距是否明显，为此可进行假设检验

$$H_0 : \Sigma_i = \Sigma, \ H_1 : \Sigma_i \ 不全相等$$

如果假设检验的结果为接受 H_0，则可以假定 $\Sigma_i = \Sigma$，这时判别函数为线性函数；如果假设检验的结果为拒绝 H_0，则假定 Σ_i 不全相等，此时判别函数为二次判别函数。

在 Σ 未知的情形下，如果 H_0 为真，则采用联合估计量 S_p 去估计 Σ，从而使用线性判别函数进行判别分析，因为这可以将分散在各组中的若干协方差矩阵的少量信息集中起来，得到一个更为准确的 Σ 估计。如果拒绝了 H_0，则分别用 $\hat{\Sigma}_i = S_i$ 对 Σ_i 进行估计，从而使用二次判别函数进行判别分析，此时各 Σ_i 都可以得到较为精确的估计。

另外，在两个总体的情形下，除非两个总体分离得很好，否则所作的判别分类也许是不

太有效的。对于多个总体的情形也是类似的,除非各个总体的均值之间有明显的差异,否则就不适合作判别分析。因此,在各个总体的数据满足一定条件的情况下,我们可以先通过多元方差分析对各总体的均值进行检验。如果检验结果是各个总体的均值之间不存在显著差异,那么就意味着各个总体分离得不好,此时进行判别分类的意义不大;如果检验结果是各个总体的均值之间存在显著差异,那么可以考虑进行判别分类,但并不意味着所作的判别一定有效,还需要对判别效果进行进一步检验。

例 4.1 (盐泉含钾性判别)某地区经勘探证明,A 盆地是一个钾盐矿区,B 盆地是一个钠盐(不含钾)矿区,其他盐盆地是否含钾盐有待做出判别。今从 A 和 B 两盆地各抽取 5 个盐泉样品,从其他盐地抽得 8 个盐泉样品,18 个盐泉的特征值如表 4.1 所示。试对后 8 个待判盐泉进行含钾性判别。

表 4.1 盐泉的相关数据

盐泉类别	序号	$K \cdot 10^3/Cl(X_1)$	$Br \cdot 10^3/Cl(X_2)$	$K \cdot 10^3/\Sigma(X_3)$	$K/Br(X_4)$	类别号
第一类:含钾盐泉(A 盆地)	1	13.85	2.79	7.80	49.60	A
	2	22.31	4.67	12.31	47.80	A
	3	28.82	4.63	16.18	62.15	A
	4	15.29	3.54	7.50	43.20	A
	5	28.79	4.90	16.12	58.10	A
第二类:含钠盐泉(B 盆地)	6	2.18	1.06	1.22	20.60	B
	7	3.85	0.80	4.06	47.10	B
	8	11.40	0.00	3.50	0.00	B
	9	3.66	2.42	2.14	15.10	B
	10	12.10	0.00	5.68	0.00	B
待判盐泉	1	8.85	3.38	5.17	26.10	
	2	28.60	2.40	1.20	127.00	
	3	20.70	6.70	7.60	30.20	
	4	7.90	2.40	4.30	33.20	
	5	3.19	3.20	1.43	9.90	
	6	12.40	5.10	4.43	24.60	
	7	16.80	3.40	2.31	31.30	
	8	15.00	2.70	5.02	64.00	

解:把 A 盆地和 B 盆地看作两个不同的总体,并假定两总体协方差矩阵相等。本例中变量个数 $p=4$,两类总体各有 5 个训练样品($n_1=n_2=5$),另有 8 个待判样品,并使用 SPSS 软件进行判别归类。

计算结果:首先给出两组间的平方距离(即马氏距离)为 37.028 76,检验 $H_0: \mu^{(1)} = \mu^{(2)}$ 的 F 统计量为 14.463 46,相应的 $p=0.0059 < 0.01$。这说明 A 盆地和 B 盆地的盐泉特征有显著差异,因此讨论判别归类问题是有意义的。

然后得出线性判别函数为

$$Y_1(x) = -42.247\,3 + 7.674\,1X_1 + 5.548\,8X_2 - 13.963\,1X_3 + 1.181\,3X_4$$

$$Y_2(x) = -5.1627 + 2.1627X_1 + 1.3857X_2 - 5.3738X_3 + 0.4588X_4$$

判别结果对来自 A 盆地或 B 盆地的 10 个盐泉样品都判别正确;对 8 个待判样品判别的结果为:第 2、3、6、7、8 五个盐泉为含钾盐泉,其余三个即为含钠盐泉。

4.2.4　判别效果的检验

在用判别分析解决实际问题时,一般可以通过错判概率或错判率对判别效果进行检验。

1. 错判概率

所谓错判概率是指当判别样品 X 归属两个总体 $G_1 \sim N(\mu_1, \Sigma)$ 和 $G_2 \sim N(\mu_2, \Sigma)$ 中的一个时,如果 X 本属于 G_1 但被错判为 G_2 的概率,或 X 本属于 G_2 但被错判为 G_1 的概率,则记为 $P(G_2 \mid G_1)$ 或 $P(G_1 \mid G_2)$。 下面我们求解错判概率。

(1) 一元情形 ($p=1$)。 此时,$G_1 \sim N(\mu_1, \sigma^2)$,$G_2 \sim N(\mu_2, \sigma^2)$,不妨设 $\mu_1 < \mu_2$,则当 $X < \bar{\mu}$ 时 $W(X) = (X - \bar{\mu})^{\mathrm{T}}(\sigma^2)^{-1}(\mu_1 - \mu_2) > 0$,则 $X \in G_1$,因此错判概率 $P(X \in G_1 \mid X \in G_2) = P(X < \bar{\mu} \mid X \in G_2) = F(\bar{\mu}) = \Phi\left(\dfrac{\bar{\mu} - \mu_2}{\sigma}\right) = 1 - \Phi\left(\dfrac{\mu_2 - \mu_1}{2\sigma}\right)$,如图 4.3 所示。

同理可得,$P(X \in G_2 \mid X \in G_1) = 1 - \Phi\left(\dfrac{\mu_2 - \mu_1}{2\sigma}\right)$。

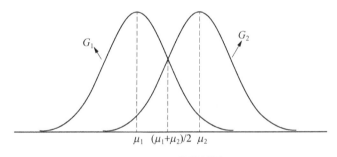

图 4.3　误差错判图

(2) 多元情形 ($p > 1$)。 由式 (4.2) 知此时判别函数 $W(X) = a^{\mathrm{T}}(X - \bar{\mu}) \sim N(a^{\mathrm{T}}(EX - \bar{\mu}), a^{\mathrm{T}}\Sigma a)$。 其中,$a = \Sigma^{-1}(\mu_1 - \mu_2)$。 若 $X \in G_1$,则 $W(X) = a^{\mathrm{T}}(X - \bar{\mu}) \sim N\left(\dfrac{1}{2}a^{\mathrm{T}}(\mu_1 - \mu_2), a^{\mathrm{T}}\Sigma a\right)$。 令 $\Delta^2 = (\mu_1 - \mu_2)^{\mathrm{T}}\Sigma^{-1}(\mu_1 - \mu_2)$,则 $a^{\mathrm{T}}\Sigma a = a^{\mathrm{T}}(\mu_1 - \mu_2) = (\mu_1 - \mu_2)^{\mathrm{T}}\Sigma^{-1}(\mu_1 - \mu_2) = \Delta^2$,因此 $W(X) \sim N\left(\dfrac{1}{2}\Delta^2, \Delta^2\right)$。 由此可得错判概率

$$P(X \in G_2 \mid X \in G_1) = P(W(X) < 0 \mid X \in G_1) = P\left(\dfrac{W(X) - \dfrac{1}{2}\Delta^2}{\Delta} < -\dfrac{\Delta}{2}\right)$$

$$= \Phi\left(-\dfrac{\Delta}{2}\right) = 1 - \Phi\left(\dfrac{\Delta}{2}\right)。$$

需要注意的是,$\dfrac{W(X) - \dfrac{1}{2}\Delta^2}{\Delta}$ 服从标准正态分布,当 $\mu_1 = \mu_2$ 时有 $\Delta = 0$,此时达到最大

误判概率 $\frac{1}{2}$，事实上如果 $\mu_1 = \mu_2$，由于两个总体的协方差矩阵相同，因此 G_2 和 G_1 为同一分布的总体，则误判概率显然为 $\frac{1}{2}$。

同理可以求得

$$P(X \in G_1 \mid X \in G_2) = P(W(X) > 0 \mid X \in G_2) = \Phi\left(-\frac{\Delta}{2}\right) = 1 - \Phi\left(\frac{\Delta}{2}\right)$$

2. 错判率

在之前的分析中，我们的推导都是建立在各组母体服从多元正态分布的假设上。在实际问题中，这个假设条件未必能满足，我们更关注的是各组随机变量的分布是否能用多元正态这一经典的分布来近似，而且即使能用多元正态分布来近似，我们也很难评估其近似程度。因此，应用上述的误判概率法来判断类别归属不一定可靠。接下来介绍一种非参数方法。

我们常用交叉核实法来计算距离判别法的错判率。该方法的基本思想是设总体为 G_1，G_2，$\cdots$，G_k，从总体中抽出的样品数分别为 n_1，n_2，$\cdots$，n_k，欲验证第 i 个样品的判别是否正确，首先删除第 i 个样本的数据集，然后利用剩下的数据集建立判别函数，最后利用此判别函数判别第 i 个样品。对每个样品依次做同样处理。

设 T_{ij} 为来自总体 G_i 却被判为总体 G_j 的样本数，定义错判率为

$$P(G_j \mid G_i) = \frac{T_{ij}}{n_i}$$

交叉核实法可用来检验所选判别法的有效性，或者是检验判别方法的稳定性，如果样本数据既用来构造判别函数，又用来评价该判别函数的准确性，那么这种信息的重复利用会影响对函数准确性的判断，而交叉核实法则避免了这种缺陷，同时构造函数时只损失了一个样本观测值，并不会损失太多信息。但是受计算量等方面的影响，这种方法不一定适用于样本容量很大的情形。

4.3 贝叶斯判别法

贝叶斯统计分析的基本方法是根据新获得的样本信息对未知参数的先验信息用贝叶斯公式推断得到该参数的后验信息，并据此分析与未知参数相关的统计推断问题。

4.3.1 基本思想

贝叶斯判别法的基本思想是已知各个总体出现的概率（先验概率），根据要判别的样品信息用贝叶斯方法来修正已有的认识（先验概率）而得到后验概率，取最大后验概率对应的那个总体作为该样品归属的总体。

　　与距离判别法不同,贝叶斯判别法并不考虑建立判别公式和判别规则,而是计算要判别的样品属于各个总体的后验概率。

4.3.2　最大后验概率法

　　假设有 k 个总体 G_1, G_2, $\cdots$, G_k,各个总体出现的概率(先验概率)分别为 q_1, q_2, $\cdots$, q_k,它们的密度函数为 $f_1(X)$, $f_2(X)$, $\cdots$, $f_k(X)$,则在观测到一个新的样品 X 的基础上,由贝叶斯公式可计算 X 来自 G_i 的后验概率

$$P(G_i \mid X) = \frac{q_i f_i(X)}{\sum\limits_{j=1}^{k} q_j f_j(X)}, \; i = 1, 2, \cdots, k \tag{4.4}$$

　　后验概率是在考虑给定相关数据信息后得到的条件概率。后验概率相当于根据新信息对先验概率进行修正而得到的概率,也可称为修正概率。因此如果再得到新信息,那么可以继续对后验概率再修正。根据式(4.4)可建立贝叶斯判别准则

$$X \in G_l \leftrightarrow P(G_l \mid X) = \max_{1 \leqslant i \leqslant k} P(G_i \mid X)$$

即计算个体属于各个总体的后验概率,取概率最大的类别作为要判别样品 X 归属的总体或类别。

　　后验概率给出了对样品 X 归属哪一类作出正确判断的确信程度。例如,考虑两总体的情形,欲判别 X 属于总体 G_1 还是总体 G_2。若 $P(G_1 \mid X) = 0.54$,$P(G_2 \mid X) = 0.46$,则虽判断 X 属于总体 G_1,但正确判断的确信程度较低,不太有把握;若 $P(G_1 \mid X) = 0.97$,$P(G_2 \mid X) = 0.03$,则虽同样判断 X 属于总体 G_1,但此时对判断的正确性是比较有把握的。

　　例 4.2　设有 G_1、G_2 和 G_3 三个总体,欲判别某样品 X_0 属于哪一总体,已知 $p_1 = 0.05$,$p_2 = 0.65$,$p_3 = 0.30$,$f_1(X_0) = 0.10$,$f_2(X_0) = 0.63$,$f_3(X_0) = 2.4$。现计算 X_0 属于各个总体的后验概率如下:

$$P(G_1 \mid X_0) = \frac{p_1 f_1(X_0)}{\sum\limits_{i=1}^{3} p_i f_i(X_0)} = \frac{0.05 \times 0.10}{0.05 \times 0.10 + 0.65 \times 0.63 + 0.30 \times 2.4}$$

$$= \frac{0.005}{1.1345} = 0.004$$

$$P(G_2 \mid X_0) = \frac{p_2 f_2(X_0)}{\sum\limits_{i=1}^{3} p_i f_i(X_0)} = \frac{0.65 \times 0.63}{1.1345} = 0.361$$

$$P(G_3 \mid X_0) = \frac{p_3 f_3(X_0)}{\sum\limits_{i=1}^{3} p_i f_i(X_0)} = \frac{0.30 \times 2.4}{1.1345} = 0.635$$

所以应将 X_0 判为总体 G_3。

由于实际问题中许多总体服从正态分布,下面我们给出 p 元正态总体的贝叶斯判别法。

设 p 元正态分布密度函数,则第 i 个总体的概率分布函数为

$$f_i(X) = (2\pi)^{-\frac{p}{2}} |\Sigma_i|^{-\frac{1}{2}} \exp\left\{-\frac{1}{2}(X-\mu_i)^{\mathrm{T}}\Sigma_i^{-1}(X-\mu_i)\right\}$$

其中,μ_i 和 Σ_i 为第 i 类总体的均值向量和协方差矩阵。

由式(4.4)知后验概率 $P(i \mid X)$ 的分母为常数,所以只需比较分子 $q_i f_i(X)(i=1,$ $2, \cdots, k)$ 的大小。由于对数函数具有单调性,因此比较 $q_i f_i(X)$ 等价于比较其对数函数的大小。

记

$$T(G_i \mid X) = \ln(q_i f_i(X)) = \ln q_i - \frac{p}{2}\ln(2\pi) - \frac{1}{2}\ln|\Sigma_i| - \frac{1}{2}(X-\mu_i)^{\mathrm{T}}\Sigma_i^{-1}(X-\mu_i)$$

$$(4.5)$$

考虑 $-\frac{p}{2}\ln(2\pi)$ 是与总体无关的项,因此由式(4.5)我们可以得到 p 元正态总体的贝叶斯判别函数如下:

$$W(G_i \mid X) = \ln q_i - \frac{1}{2}\ln|\Sigma_i| - \frac{1}{2}(X-\mu_i)^{\mathrm{T}}\Sigma_i^{-1}(X-\mu_i) \qquad (4.6)$$

相应的判别准则为找到判别函数最大的类别

$$X \in G_l \leftrightarrow W(G_l \mid X) = \max_{1 \leqslant i \leqslant k} W(G_i \mid X)$$

相应的后验概率为

$$P(G_i \mid X) = \frac{\exp[T(G_i \mid X)]}{\sum\limits_{i=1}^{k} \exp[T(G_i \mid X)]}$$

备注:

(1) 若 k 个总体的协方差矩阵相等,即 $\Sigma_1 = \Sigma_2 = \cdots = \Sigma_k = \Sigma$,则可用 $W(G_i \mid X) = \ln q_i - \frac{1}{2}(X-\mu_i)^{\mathrm{T}}\Sigma_i^{-1}(X-\mu_i)$ 表示 p 元正态总体的贝叶斯判别函数。

(2) 若 k 个总体的协方差矩阵及先验概率均相等,则贝叶斯判别函数退化为距离判别的判别函数。

(3) 对于先验概率 q_i,如果我们事先无法确定,可通过抽样用样品频率代替。另外若 μ_i 和 Σ_i 未知,可用相应的样本估计值代替。

4.3.3 最小平均误判代价法

在进行判别分析的过程中难免会发生误判,各种误判所产生的后果可能是不同的。例如,将一批不合格的药品误判为合格的药品比将合格的药品误判为不合格的药品显然有着

更加严重的后果;贷款给一个拖欠者的代价远超过拒绝贷款给一个非拖欠者导致的损失;在医疗诊断中,错误地把一位肺炎患者诊断为感冒的代价可能超过错误地把一个感冒人诊断为患有肺炎的代价。在各种误判代价有明显差异的情况下,贝叶斯判别法仅依据最大后验概率做出判断显然有其不合理之处,需要考虑误判代价这一因素。例如,经过计算 $P(G_1 \mid X) = 0.6$,$P(G_2 \mid X) = 0.4$,但如果将 G_2 中的样品 X 误判给 G_1 的代价远大于将 G_1 中的样品 X 误判给 G_2 的代价,那么仅仅根据后验概率的大小,将 X 误判给 G_1 显得不合理,而综合考虑误判代价得出 $X \in G_2$ 也许更合理。从另一种角度来看,误判代价也可以理解为一种权重,即我们需要着重考虑损失更大的情形,进而考虑最优的判别结果。下面我们阐述基于最小平均误判代价的贝叶斯判别法及判别准则。

设有 k 个总体 G_1,G_2,$\cdots$,G_k,各个总体出现的先验概率分别为 q_1,q_2,$\cdots$,q_k,它们的密度函数为 $f_1(X)$,$f_2(X)$,$\cdots$,$f_k(X)$。设 D_1,D_2,$\cdots$,D_n 是 R^p 的一个划分,判别准则是当样品 X 落入 D_i 时,则判定 X 属于 G_i,$P(D_j \mid D_i)$ 表示来自总体 G_i 的样本被误判为 G_j 的概率,则 $C(j \mid i)$ 表示相应的误判代价,记 $L(D_1, D_2, \cdots, D_n)$ 为所对应的总平均误判代价(expected cost of misclassification,记为 ECM)

$$L(D_1, D_2, \cdots, D_n) = \sum_{i=1}^{k} q_i \sum_{j=1}^{k} C(j \mid i) P(D_j \mid D_i)$$

一种判别法对应一种划分,那接下来的问题就是寻找使平均误判代价最小的划分 D_1,D_2,$\cdots$,D_n。为此我们需要用到贝叶斯判别法的基本定理:

定理 4.1　设有 k 个总体 G_1,G_2,$\cdots$,G_k,密度函数分别为 $f_1(X)$,$f_2(X)$,$\cdots$,$f_k(X)$,出现的先验概率分别为 q_1,q_2,$\cdots$,q_k,$C(j \mid i)$ 表示总体 G_i 的样本被误判为 G_j 的误判代价。使总平均误判代价最小的判别法为:若 $X \in D_i$,则 $X \in G_i$,其中 $D_i = \{X \mid h_i(X) < h_j(X), j \neq i, j = 1, 2, \cdots, k\}$,$(i = 1, 2, \cdots, k)$,这里 $h_j(X) = \sum_{i=1}^{k} q_i C(j \mid i) f_i(X)$,并称划分 $(D_1, D_2, \cdots, D_n)$ 为贝叶斯判别的解。尤其当 $C(j \mid i) = 1 - \delta_{ij}$ 时,即如果错判损失都相等,则贝叶斯判别的解为 $(D_1^*, D_2^*, \cdots, D_n^*)$,其中 $D_i^* = \{X \mid q_i f_i(X) > q_j f_j(X), j \neq i, j = 1, 2, \cdots, k\}$

证明:
$$L(D_1, D_2, \cdots, D_n) = \sum_{i=1}^{k} q_i \sum_{j=1}^{k} C(j \mid i) P(D_j \mid G_i)$$
$$= \sum_{i=1}^{k} q_i \sum_{j=1}^{k} C(j \mid i) \int_{D_j} f_i(x) dx$$
$$= \sum_{j=1}^{k} \int_{D_j} \sum_{i=1}^{k} q_i C(j \mid i) f_i(x) dx = \sum_{j=1}^{k} \int_{D_j} h_j(x) dx$$

同理可得,对于任意给定的划分 $(\widetilde{D}_1, \widetilde{D}_2, \cdots, \widetilde{D}_n)$,对应的总平均误判代价为

$$L(\widetilde{D}_1, \widetilde{D}_2, \cdots, \widetilde{D}_n) = \sum_{j=1}^{k} \int_{\widetilde{D}_j} h_j(x) dx$$

因此

$$L(D_1, D_2, \cdots, D_n) - L(\widetilde{D}_1, \widetilde{D}_2, \cdots, \widetilde{D}_n) = \sum_{j=1}^{k} \int_{D_j} h_j(x)dx - \sum_{j=1}^{k} \int_{\widetilde{D}_j} h_j(x)dx$$

$$= \sum_{j=1}^{k} \sum_{i=1}^{k} \int_{D_i \cap \widetilde{D}_j} (h_i(x) - h_j(x))dx$$

由于在 D_i 上 $h_i(X) - h_j(X) < 0$,于是可得 $L(D_1, D_2, \cdots, D_n) < L(\widetilde{D}_1, \widetilde{D}_2, \cdots, \widetilde{D}_n)$,因此划分 $(D_1, D_2, \cdots, D_n)$ 为贝叶斯判别的解。当 $C(j \mid i) = 1 - \delta_{ij}$ 时,则

$$h_j(X) = \sum_{i=1}^{k} q_i C(j \mid i) f_i(X) = \sum_{i \neq j} q_i f_i(X) = \sum_{i=1}^{k} q_i f_i(X) - q_j f_j(X)$$

因此可得 $D_i^* = \{X \mid q_i f_i(X) > q_j f_j(X), j \neq i, j = 1, 2, \cdots, k\}$。

例 4.3 设总体 G_1 和 G_2 的概率密度分别为 $f_1(X)$ 和 $f_2(X)$,又知 $C(1 \mid 2) = 12$ 个单位,$C(2 \mid 1) = 4$ 个单位,根据以往经验给出 $p_1 = 0.6, p_2 = 0.4$,则最小 ECM 判别规则为

$$\begin{cases} X \in G_1, & 若\dfrac{f_1(X)}{f_2(X)} \geqslant \dfrac{C(1 \mid 2) \times p_2}{C(2 \mid 1) \times p_1} \dfrac{12 \times 0.4}{4 \times 0.6} = 2 \\ X \in G_2, & 若\dfrac{f_1(X)}{f_2(X)} < \dfrac{C(1 \mid 2) \times p_2}{C(2 \mid 1) \times p_1} \dfrac{12 \times 0.4}{4 \times 0.6} = 2 \end{cases}$$

假定一个新样品 X_0 的 $f_1(X_0) = 0.36, f_2(X_0) = 0.24$,于是 $\dfrac{f_1(X)}{f_2(X)} = \dfrac{0.36}{0.24} = 1.5 < 2$。因此,判定 X_0 来自总体 G_2。

从定理 4.1 和例 4.3 可以看出,我们只需要知道密度函数比、误判代价比和先验概率比这三个比值,就可以通过最小平均误判代价法对一个新样品 X_0 的归属作出判断。在这三个比值之中,误判代价比最富有实际意义,因为在很多实际场景中,很难直接确定误判代价,但根据科学常识和实践经验确定误判代价比要相对容易得多。例如,对一个做手术有一定危险,而不做手术又无法治愈的患者而言,很难确定其做或不做手术的代价,但我们能相对较为容易地给出这两种代价的一个比较符合实际的比值。另外,有时候在实际应用中误判代价不容易确定,常见的简化做法是令 $C(1 \mid 2) = C(2 \mid 1)$。

由于实际问题中许多总体服从正态分布,此时的判别方法简单而高效,因此下面我们给出两个 p 元正态总体的最小平均误判代价法。现假设 $G_1 \sim N(\mu_1, \Sigma_1)$ 和 $G_2 \sim N(\mu_2, \Sigma_2)$。

(1) 假设协方差矩阵相同,即 $\Sigma_1 = \Sigma_2 = \Sigma$,由定理 4.1 知此时的最小 ECM 判别规则为

$$\begin{cases} X \in G_1 \leftrightarrow a^\top(X - \bar{\mu}) \geqslant \ln\left[\dfrac{C(1 \mid 2) \times p_2}{C(2 \mid 1) \times p_1}\right] \\ X \in G_2 \leftrightarrow a^\top(X - \bar{\mu}) < \ln\left[\dfrac{C(1 \mid 2) \times p_2}{C(2 \mid 1) \times p_1}\right] \end{cases} \tag{4.7}$$

其中,$a = \Sigma^{-1}(\mu_1 - \mu_2)$,$\bar{\mu} = \dfrac{1}{2}(\mu_1 + \mu_2)$。若进一步假定 $p_1 = p_2, C(1 \mid 2) = C(2 \mid 1)$,则

可以得出在两个总体皆为正态分布且协方差矩阵相等的情形下,距离判别等价于不考虑先验概率和误判代价时的贝叶斯判别。

（2）假设协方差矩阵不同,由定理 4.1 知此时的最小 ECM 判别规则为

$$
\begin{cases}
X \in G_1 \leftrightarrow d^2(X, G_1) - d^2(X, G_2) \leqslant 2\ln\left[\dfrac{C(2 \mid 1)p_1|\Sigma_2|^{1/2}}{C(1 \mid 2)p_2|\Sigma_1|^{1/2}}\right] \\[3mm]
X \in G_2 \leftrightarrow d^2(X, G_1) - d^2(X, G_2) > 2\ln\left[\dfrac{C(2 \mid 1)p_1|\Sigma_2|^{1/2}}{C(1 \mid 2)p_2|\Sigma_1|^{1/2}}\right]
\end{cases}
$$

其中, $d^2(X, G_1) = (X-\mu_i)^{\mathrm{T}}\Sigma_i^{-1}(X-\mu_i)$ 为 X 到总体 G_i 的平方马氏距离（$i=1, 2$）。在 $p_1 = p_2$, $C(1 \mid 2) = C(2 \mid 1)$ 的情况下,上式可简化为

$$
\begin{cases}
X \in G_1 \leftrightarrow d^2(X, G_1) - d^2(X, G_2) \leqslant 2\ln\left(\dfrac{|\Sigma_2|^{1/2}}{|\Sigma_1|^{1/2}}\right) \\[3mm]
X \in G_2 \leftrightarrow d^2(X, G_1) - d^2(X, G_2) > 2\ln\left(\dfrac{|\Sigma_2|^{1/2}}{|\Sigma_1|^{1/2}}\right)
\end{cases}
$$

基于二次函数的判别规则相比线性判别规则,其判别效果更依赖于多元正态性的假定。实践中,为了达到较理想的判别效果,可以考虑先将各组的非正态性数据变换成接近正态性的数据,然后再作判别分析。

4.4　费希尔判别法

费希尔判别法也称典型判别法,是由费希尔 1936 年在生物学的植物分类中提出来的。该方法的本质是(当只有一个判别函数时)通过线性变换将 p 维总体的判别问题转化为(一元总体)更低维的判别问题。该方法对总体的分布并没有特别要求。值得一提的是,在大数据时代费希尔判别法对于处理高维总体的判别问题和高维数据的快速聚类问题特别有用。

4.4.1　基本思想

基本思想是构造判别函数 $y = C_1x_1 + C_2x_2 + \cdots + C_px_p$,并通过判别函数将要判别的样品 X 和若干个 p 元总体转化为一元个体和若干个一元总体,其中系数 $C_i(i=1, 2, \cdots, p)$ 确定的原则是这些一元总体均值差异尽可能大而又使各一元总体方差尽可能小,类似于一元方差分析的处理思想,即依据组间均方差与组内均方差之比最大的原则来确定系数 C_i,进而判别 X 的归属。

4.4.2　总体参数已知的费希尔判别法

假设有 k 个总体 G_1, G_2, $\cdots$, G_k,其均值分别为 μ_1, μ_2, $\cdots$, μ_k,协方差矩阵分别为

Σ_1，Σ_2，$\cdots$，Σ_k 的判别函数为

$$y = C_1 x_1 + C_2 x_2 + \cdots + C_p x_p = C^T X \tag{4.8}$$

当 $X \in G_i$ 时由于

$$E(C^T X) = E(C^T X \mid G_i) = C^T \mu_i, \ i = 1, 2, \cdots, k$$

$$D(C^T X) = D(C^T X \mid G_i) = C^T \Sigma_i C, \ i = 1, 2, \cdots, k$$

因此 $\{C^T X \mid X \in G_i\}$ 为服从均值为 $C^T \mu_i$，方差为 $C^T \Sigma_i C$ 的一元总体。记 $\Sigma = \sum\limits_{i=1}^{k} \Sigma_i$，

$A = \sum\limits_{i=1}^{k} (\mu_i - \bar{\mu})(\mu_i - \mu)^T$，$\bar{\mu} = \dfrac{1}{k} \sum\limits_{i=1}^{k} \mu_i$，则

$$\sum_{i=1}^{k} (C^T(\mu_i - \bar{\mu}))(C^T(\mu_i - \bar{\mu}))^T = C^T \sum_{i=1}^{k} (\mu_i - \bar{\mu})(\mu_i - \bar{\mu})^T C = C^T A C,$$

$$\sum_{i=1}^{k} C^T \Sigma_i C = C^T \sum_{i=1}^{k} \Sigma_i C = C^T \Sigma C$$

令 $I(C) = \dfrac{C^T A C}{C^T \Sigma C}$，现在问题转化为：寻找恰当的 $C \neq 0$ 使得 $I(C) = \dfrac{C^T A C}{C^T \Sigma C}$ 达到最大。

显然 E 为 p 阶正定矩阵，A 为 p 阶对称矩阵。由附录 B 可知：$I = \dfrac{C^T A C}{C^T \Sigma C}$ 的最大值即为矩阵 $\Sigma^{-1} A$ 的最大特征根，即 $\max\limits_{C \neq 0} \dfrac{C^T A C}{C^T \Sigma C} = \lambda$，$\lambda$ 为矩阵 $\Sigma^{-1} A$ 的 p 个特征根中的最大特征根。设 C 为 $\Sigma^{-1} A$ 对应于 λ 的特征向量，则有 $\Sigma^{-1} A C = \lambda C \Rightarrow A C = \lambda \Sigma C$，所以 $\dfrac{C^T A C}{C^T \Sigma C} = \dfrac{C^T \lambda \Sigma C}{C^T \Sigma C} = \lambda$。

因此当 C 为 $\Sigma^{-1} A$ 对应于 λ 的特征向量时，I 达到最大。因此我们有以下结论：

结论： 线性判别函数 $y(X) = C_1 x_1 + C_2 x_2 + \cdots + C_p x_p$ 的系数向量 C 为 $\Sigma^{-1} A$ 对应于 λ 的特征向量。

备注：

（1）一般情况下 Σ 正定，A 非负定，此时 $\Sigma^{-1} A$ 的非零特征根必为正根，且个数 $m < \min(k-1, p)$。

（2）如果组数 k 太大，讨论的指标太多，则一个判别函数是不够的。这时需要寻找第二个，甚至更多个线性判别函数。记 $\lambda_1 > \lambda_2 > \cdots > \lambda_m$，其中 $\lambda_i (i = 1, 2, \cdots, m)$ 为 $\Sigma^{-1} A$ 的特征根，则可以构造 m 个判别函数 $y_i(X) = C_i X (i = 1, 2, \cdots, m)$。

（3）对于每个判别函数而言都有一个衡量其判别能力的指标：$p_i = \dfrac{\lambda_i}{\sum\limits_{j=1}^{m} \lambda_j} (i = 1, 2, \cdots, m)$。

（4）关于需要几个判别函数的问题，则判断累计判别效率是否达到 85% 以上，即需要构

造 m_0 个判别函数,使得 $\sum\limits_{i=1}^{m_0} p_i = \dfrac{\sum\limits_{j=1}^{m_0} \lambda_j}{\sum\limits_{j=1}^{m} \lambda_j} > 85\%$。

最后,假设我们以上面的方法得到了 m 个线性判别函数。

我们可以得到待判样品 $X = (x_1, x_2, \cdots, x_p)$ 的以下几种判别法:

(1) 若 $m_0 = 1$,即一个判别函数的情况。

不加权情形的判别规则 $X \in G_i \leftrightarrow |y(X) - C^{\mathrm{T}}\mu_i| = \min\limits_{1 \leqslant i \leqslant k} |y(X) - C^{\mathrm{T}}\mu_i|$;加权情形的判别规则为:设 $C^{\mathrm{T}}\mu_i$ 从小到大排列为 $C^{\mathrm{T}}\mu_{n1} < C^{\mathrm{T}}\mu_{n2} < \cdots < C^{\mathrm{T}}\mu_{nk}$,$\{y(X) \mid X \in G_i\}$ 的标准差记为 $\sigma_i = \sqrt{C^{\mathrm{T}}\Sigma_i C}$。 取其中一种定义相邻一维总体的分界点方法(这两种方法在实际中都经常使用) $d_{i,i+1} = \dfrac{C^{\mathrm{T}}\mu_{ni} + C^{\mathrm{T}}\mu_{ni+1}}{2}$ 或者 $d_{i,i+1} = \dfrac{\sigma_{ni}C^{\mathrm{T}}\mu_{ni} + \sigma_{ni+1}C^{\mathrm{T}}\mu_{ni+1}}{\sigma_{ni} + \sigma_{ni+1}}$ $(i = 1, 2, \cdots, k-1)$,则判别规则为 $X \in G_i \leftrightarrow d_{i-1,i} < y(X) < d_{i,i+1}$。

(2) 若 $m_0 > 1$,即多个判别函数的情况。选取 m_0 个较大的特征根,从而确保其加和与全部特征根和的比值超过一定比例。设判别函数 $y_l(X) = C_l X (l = 1, 2, \cdots, m_0)$。

不加权情形:$\{y(X) \mid X \in G_i\}$ 的均值 $\mu_l^{(i)} = C_l\mu_i (l = 1, 2, \cdots, m_0; i = 1, 2, \cdots, k)$。

计算 $D_i^2 = \sum\limits_{l=1}^{m_0} (y_l(X) - \mu_l^{(i)})^2$,则判别规则为 $X \in G_m \leftrightarrow D_m^2 = \min\limits_{1 \leqslant i \leqslant k} D_i^2$

加权情形:考虑每一个判别函数判断能力的不同,记 $D_i^2 = \sum\limits_{l=1}^{m_0} (y_l(X) - \mu_l^{(i)})^2 \lambda_l (i = 1, 2, \cdots, k)$,其中 λ_l 为 $\Sigma^{-1}AC = \lambda C$ 求出的特征根,则判别规则为 $X \in G_m \leftrightarrow D_m^2 = \min\limits_{1 \leqslant i \leqslant k} D_i^2$。

4.4.3　总体参数未知的费希尔判别法

在解决实践问题时,各个总体参数 $\mu_1, \mu_2, \cdots, \mu_k$ 和 $\Sigma_1, \Sigma_2, \cdots, \Sigma_k$ 未知,需要通过样本估计,下面我们讨论在参数未知时如何建立 $I(C) = \dfrac{C^{\mathrm{T}}AC}{C^{\mathrm{T}}\Sigma C}$:

可以从 k 个总体中分别抽取容量为 $n_1, n_2, \cdots, n_k$ 的样本 $X_{(1)}^{(i)}, X_{(2)}^{(i)}, \cdots, X_{(n_i)}^{(i)} (i = 1, 2, \cdots, k)$。 第 i 个总体中抽取的第 α 个样品的观测向量为 $X_{(\alpha 1)}^{(i)}, X_{(\alpha 2)}^{(i)}, \cdots, X_{(\alpha p)}^{(i)}$,$\alpha = 1, 2, \cdots, n_i$。

判别函数 $y(X) = C_1 x_1 + C_2 x_2 + \cdots + C_p x_p = C^{\mathrm{T}}X$ 将 p 维空间上的点映射到一维空间上来。如下所示:

$$
\begin{pmatrix} X_{(1)}^{(i)} \\ X_{(2)}^{(i)} \\ \vdots \\ X_{(n_i)}^{(i)} \end{pmatrix} \xrightarrow{\ y(X) = C^{\mathrm{T}}X\ } \begin{pmatrix} y_{(1)}^{(i)} \\ y_{(2)}^{(i)} \\ \vdots \\ y_{(n_i)}^{(i)} \end{pmatrix}
$$

不难证明以下分解恒成立:

$$\sum_{i=1}^{k}\sum_{\alpha=1}^{n_i}(y_{(\alpha)}^{(i)}-\bar{y})^2=\sum_{i=1}^{k}\sum_{\alpha=1}^{n_i}(y_{(\alpha)}^{(i)}-\bar{y}^{(i)})^2+\sum_{i=1}^{k}\sum_{\alpha=1}^{n_i}(\bar{y}^{(i)}-\bar{y})^2 \tag{4.9}$$

这里 $\bar{y}^{(i)}=\dfrac{1}{n_i}\sum\limits_{\alpha=1}^{n_i}y_{(\alpha)}^{(i)}$，$\bar{y}=\dfrac{1}{k}\sum\limits_{i=1}^{k}\bar{y}^{(i)}$。$\sum\limits_{i=1}^{k}\sum\limits_{\alpha=1}^{n_i}(y_{(\alpha)}^{(i)}-\bar{y}^{(i)})^2$ 表示类内偏差平方和，

$\sum\limits_{i=1}^{k}\sum\limits_{\alpha=1}^{n_i}(\bar{y}^{(i)}-\bar{y})^2$ 表示类间偏差平方和，那么式(4.9)告诉我们 $y(X)$ 的总偏差平方和可分解成类内偏差平方和与类间偏差平方和之和。借用一元方差分析的思想，设 $I(C)$ 为类间偏差平方和与类内偏差平方和的比值，利用 $y(X)=C^{\mathrm{T}}X$，可得 $\hat{\sigma}_i^2=C^{\mathrm{T}}S_iC$，$S_i=\dfrac{1}{(n_i-1)}$

$\sum\limits_{\alpha=1}^{n_i}(x_{(\alpha)}^{(i)}-\bar{x}^{(i)})^2$，可以得到

$$I(C)=\frac{\text{组间偏差平方和}}{\text{组内偏差平方和}}=\frac{\sum\limits_{i=1}^{k}\sum\limits_{\alpha=1}^{n_i}(\bar{y}^{(i)}-\bar{y})^2}{\sum\limits_{i=1}^{k}\sum\limits_{\alpha=1}^{n_i}(y_{(\alpha)}^{(i)}-\bar{y}^{(i)})^2}$$

$$=\frac{C^{\mathrm{T}}\sum\limits_{i=1}^{k}n_i(\bar{X}^{(i)}-\bar{X})(\bar{X}^{(i)}-\bar{X})^{\mathrm{T}}C}{C^{\mathrm{T}}\sum\limits_{i=1}^{k}(n_i-1)S_iC}$$

因此 $I(C)=\dfrac{C^{\mathrm{T}}AC}{C^{\mathrm{T}}\Sigma C}$，其中设 $A=\sum\limits_{i=1}^{k}n_i(\bar{X}^{(i)}-\bar{X})(\bar{X}^{(i)}-\bar{X})^{\mathrm{T}}$，$\Sigma=\sum\limits_{i=1}^{k}(n_i-1)S_i$。

特别地，当 $k=2$ 时，我们可求得 C 的解析表达式，从而得到两个总体在参数未知时的显性判别式：

此时 $A=\sum\limits_{i=1}^{2}n_i(\bar{X}^{(i)}-\bar{X})(\bar{X}^{(i)}-\bar{X})^{\mathrm{T}}=n_1(\bar{X}^{(1)}-\bar{X})(\bar{X}^{(1)}-\bar{X})^{\mathrm{T}}+n_2(\bar{X}^{(2)}-\bar{X})$

$(\bar{X}^{(2)}-\bar{X})^{\mathrm{T}}$，将 $\bar{X}=\dfrac{n_1\bar{X}^{(1)}+n_2\bar{X}^{(2)}}{n_1+n_2}$ 带入上式，得

$$A=\frac{n_1n_2}{n_1+n_2}(\bar{X}^{(1)}-\bar{X}^{(2)})(\bar{X}^{(1)}-\bar{X}^{(2)})^{\mathrm{T}}=\frac{n_1n_2}{n_1+n_2}dd^{\mathrm{T}}=d^{\mathrm{T}}\frac{n_1n_2}{n_1+n_2}d$$

$$E=\sum_{i=1}^{2}(n_i-1)S_i=(n_1-1)S_1+(n_2-1)S_2=(n_1+n_2-2)S_p>0$$

其中，$n_1+n_2-2>p$，则可得 $\Sigma^{-1}A$ 与 $\dfrac{n_1n_2}{n_1+n_2}d^{\mathrm{T}}\Sigma^{-1}d$ 有相同的唯一特征根 λ，且 $\lambda=\dfrac{n_1n_2}{n_1+n_2}d^{\mathrm{T}}\Sigma^{-1}d>0$。（解释：因为 Σ 是正定矩阵，因此 Σ^{-1} 也是正定矩阵。）

令 C 为对应于 λ 的特征向量，也即 A 的最大特征值对应的特征向量，它应满足

$$(\Sigma^{-1}A - \lambda I)C = 0 \rightarrow (A - \lambda\Sigma)C = 0$$

即 $AC = \lambda\Sigma C$，带入上述的 A 与 λ 可推出 $dd^{\mathrm{T}}C = d^{\mathrm{T}}\Sigma^{-1}dEC$。易见 $C = \Sigma^{-1}d$ 满足方程，故可以推出

$$C = [(n_1 + n_2 - 2)S_p]^{-1}d = \frac{1}{n_1 + n_2 - 2}S_p^{-1}(\bar{X}^{(1)} - \bar{X}^{(2)}) \tag{4.10}$$

其中，S_p^{-1}、$\bar{X}^{(1)}$、$\bar{X}^{(2)}$ 可以由样本数据进行计算。

对于两总体的判别，典型判别函数只有一个。因此，两总体的典型判别等价于协方差矩阵相等的距离判别。对于两个正态总体而言，也等价于协方差矩阵相等且先验概率和误判代价也都相同的贝叶斯判别。接下来即可通过计算 $y = C^{\mathrm{T}}x$ 得到所有投影点和各投影中心 $C^{\mathrm{T}}x_i$，进而进行判别分析。

假设我们以上面的方法得到了 m 个线性判别函数（具体讨论同 4.4.2 的备注）。有了判别函数后，我们可以得到待判样品 $X = (x_1, x_2, \cdots, x_p)$ 的以下几种判别法：

（1）若 $m_0 = 1$，即一个判别函数的情况。不加权情形的判别规则 $X \in G_l \leftrightarrow |y(X) - \bar{y}^{(l)}| = \min\limits_{1 \leqslant i \leqslant k} |y(X) - \bar{y}^{(i)}|$；加权情形的判别规则为：设 $\bar{y}^{(1)} \leqslant \bar{y}^{(2)} \leqslant \cdots \leqslant \bar{y}^{(k)}$，相应的样本标准差为 $s^{(i)}$。定义 G_i 和 G_{i+1} 的分界点 $d_{i,i+1} = \dfrac{n_{(i)}\bar{y}^{(i)} + n_{(i+1)}\bar{y}^{(i+1)}}{n_{(i)} + n_{(i+1)}}$ 或 $d_{i,i+1} = \dfrac{s^{(i+1)}\bar{y}^{(i)} + s^{(i)}\bar{y}^{(i+1)}}{s^{(i)} + s^{(i+1)}}$ $(i = 1, 2, \cdots, k-1)$，则判别规则为 $X \in G_i \leftrightarrow d_{i-1,i} < y(X) < d_{i,i+1}$。

（2）若 $m_0 > 1$，即多个判别函数的情况。选取 m_0 个较大的特征根，确保累计判别效率超过一定比例。设判别函数 $y_l(X) = C_l X (l = 1, 2, \cdots, m_0)$。

不加权情形：$\{y_l(X) \mid X \in G_i\}$ 的样本均值 $\bar{y}_l^{(i)} = C_l \bar{X}^{(i)} (l = 1, 2, \cdots, m_0; i = 1, 2, \cdots, k)$。计算：$D_i^2 = \sum\limits_{l=1}^{m_0} (y_l(X) - \bar{y}_l^{(i)})^2$，则判别规则为 $X \in G_l \leftrightarrow D_l^2 = \min\limits_{1 \leqslant i \leqslant k} D_i^2$。

加权情形：考虑每一个判别函数判断能力的不同，记 $D_i^2 = \sum\limits_{l=1}^{m_0} (y_l(X) - \bar{y}_l^{(i)})^2 \lambda_l (i = 1, 2, \cdots, k)$，其中 λ_l 为 $\Sigma^{-1}AC = \lambda C$ 求出的特征根，则判别规则为 $X \in G_l \leftrightarrow D_l^2 = \min\limits_{1 \leqslant i \leqslant k} D_i^2$。

4.5 逐步判别法

前面我们讨论了如何根据观测到的变量数据进行判别分析，其实还有一个问题很重要，就是变量选择的问题。变量选择的好坏直接影响回归的结果，如果在某个判别问题中将最主要的指标忽略了，由此得到的判别函数效果一定不好。但是，在许多问题中，事先并不十分清楚哪些指标是主要的。若指标太多，不仅带来大量的计算，而且许多对判别无作用的指

标反而会干扰我们的判断。因此,适当筛选变量就成为一件很重要的事情。凡具有筛选变量能力的判别方法统称为逐步判别法。和通常的判别分析一样,逐步判别也有许多不同的原则,从而产生了不同的方法。

4.5.1 基本思想

在实际应用中,各个总体的维数就是变量的个数,这些变量反映的是各类的特征。因此,应主要根据与所研究问题有关的专业知识和经验选择变量,所选择的变量的数据信息应是相对容易获得的,且应能在一定程度上反映各类之间的差别,也就是各总体的特征参数是有差异的,比如方差矩阵相等但均值向量不等,或者方差矩阵也不同。有时经过初步选择得到的变量较多,在这种情况下,我们希望选择一个包含较少变量同时又能保留与原变量集几乎一样多信息的子集,这就是逐步判别的基本目标。

逐步判别的基本思想类似于逐步回归分析,采用"有进有出"的算法,即按照变量是否重要,逐步引入变量,每引入一个"最重要"的变量进入判别式,同时要考虑较早引入的变量是否由于其后变量的引入丧失了重要性而变得不显著了(例如其作用被后引入的某几个变量的组合所代替),这时应及时从判别式中把它剔除,直到判别式中没有不重要的变量需要剔除。判别式中没有重要的变量可以引入时,逐步筛选结束。也就是说,每步引入一个剔除变量,都要作相应的统计检验,使最后的判别函数仅保留"重要"的变量。

逐步判别法是判别分析中一种自动搜索变量子集的方法,它未必最优,但往往是有效的,是一种应用最广泛的判别变量选择方法。逐步判别法的基本思想及基本步骤类似于回归分析中的逐步回归法。

4.5.2 变量选择的方法

类似于回归分析,判别分析的变量选择方法也相应地有前进法、后退法和逐步判别法。前进法开始时没有用作判别的变量,每次选入一个对判别能力的提高有最显著作用的变量,过程只进不出,当不再有未被选入的变量时,前进选入的过程停止。后退法的过程与前进法相反,开始时引入所有变量,每次剔除一个对判别能力的提高最不显著的变量,过程只出不进,当余下的变量都达到用作判别的标准时,后退剔除的过程停止。逐步判别法是前进法和后退法的结合,在变量的选择过程中有进有出。实践中,逐步判别法往往最受欢迎,以下仅给出这一种方法的详细步骤,读者不难从中得到另两种方法的具体步骤。

为表述方便,又不失一般性,假设选入的变量是按自然的次序。给定显著性水平 α,逐步判别法的基本步骤如下:

(1) 对 x_i,计算其一元方差分析的 F 统计量 $F(x_i)$,设 $F(x_1) = \max_i F(x_i)$,即 x_1 有最大的判别能力。若 $F(x_1) < F_a(k-1, n-k)$ 则表明没有一个变量可以选入;若 $F(x_1) \geqslant F_a(k-1, n-k)$,则 x_1 选入,并进入下一步。

(2) 对(1)中每一个未选入的变量,计算偏 $F(x_i \mid x_1)$,不妨设 $F(x_2 \mid x_1) = \max_{2 \leqslant i \leqslant p} F(x_i \mid x_1)$,即 x_2 对判别能力的提升有最大贡献。若 $F(x_2 \mid x_1) < F_a(k-1, n-k-1)$,则选变量过程结束;若 $F(x_2 \mid x_1) \geqslant F_a(k-1, n-k-1)$,则 x_2 选入,并进入下一步。

一般地,如已选入了 r 个变量,不妨设是 x_1, x_2, $\cdots$, x_r,并设 $F(x_{r+1} \mid x_1, x_2, \cdots, x_r) = \max\limits_{r+1 \leqslant i \leqslant p} F(x_i \mid x_1, x_2, \cdots, x_r)$。若 $F(x_{r+1} \mid x_1, x_2, \cdots, x_r) < F_a(k-1, n-k-r)$,则选变量过程结束;若 $F(x_{r+1} \mid x_1, x_2, \cdots, x_r) \geqslant F_a(k-1, n-k-r)$,则 x_{r+1} 选入,并进入下一步。

(3) 在第 $r+1$ 个变量选入后,要重新核实较早选入的 r 个变量,应将对判别效果不再有显著作用的变量剔除出去。

不妨设 $F(x_i \mid x_1, \cdots, x_{i-1}, x_{i+1}, \cdots, x_{r+1}) = \min\limits_{1 \leqslant i \leqslant r} F(x_i \mid x_1, \cdots, x_{i-1}, x_{i+1}, \cdots, x_{r+1})$,若 $F(x_i \mid x_1, \cdots, x_{i-1}, x_{i+1}, \cdots, x_{r+1}) \geqslant F_a(k-1, n-k-r)$,则没有变量需剔除,回到(2);若 $F(x_i \mid x_1, \cdots, x_{i-1}, x_{i+1}, \cdots, x_{r+1}) < F_a(k-1, n-k-r)$,则剔除变量 x_i,再对其余 $r-1$ 个变量继续进行核实,直至无变量可剔除为止。

(4) 经过(2)和(3)的不断选入和剔除的过程,最后既不能选入新变量,也不能剔除已选入的变量,变量选择过程到此结束。

如果选入变量的临界值 $F_{进}$ 和剔除变量的临界值 $F_{出}$ 相同,则有很小的可能性会使得变量的选入和剔除过程无休止、连续不断地循环进行下去。但只要在确定临界值时让 $F_{出}$ 比 $F_{进}$ 略微小一点,这种可能性就可以被排除。

进行逐步判别实际上是在作逐步多元方差分析,在变量的筛选过程中没有任何判别函数被计算。在变量筛选完成后,我们方可以对选择的变量计算判别函数和建立判别规则。

4.6　实例分析与统计软件 SPSS 应用

在这一章节,我们将 SPSS 软件在判别分析中的应用加以简单的介绍。采用一些财务数据进行财务危机的判别分析,部分数据如图 4.4 所示:

	股票代	股票简称	总资产	所有者权益合计包含少数股东权益	净资产收益率营业利润	资产收益率	净利润率	总资产增长率	营业利润增长率	流动比率	速动比率
1	2	深万科A	15534422530	6304447542	0	07	11	47	54	2.41	73
2	4	北大高科	214270248.80	122627717.9	0	-02	-04	-10	-1.59	1.88	1.56
3	6	深振业A	4020543825.0	1129776821	0	01	03	01	-1.13	1.21	63
4	7	深宝声A	1048420272.0	95138256.73	-1	-13	-1.04	-06	-2.50	58	25
5	9	深宝安A	4969875855.0	1673828973	0	00	01	17	58	1.31	44
6	10	深华新A	862143244.00	346051152.9	0	-02	-06	-01	-49	1.44	1.17
7	12	南玻A	4740610244.0	2457175839	0	08	18	35	68	57	39
8	14	沙河股份	1167163498.0	291461667.3	0	03	06	36	01	1.21	32
9	16	深康佳A	9597845797.0	3442408810	0	01	01	00	-01	1.32	74
10	18	深中冠A	529067471.00	342434456.0	0	00	00	36	-58	1.32	76
11	19	深深宝A	464298066.10	238658831.4	0	01	07	05	-09	59	50
12	21	深科技A	4007567776.0	2662740394	0	05	03	-09	-21	2.02	1.74
13	22	深赤湾A	4257118245.0	2552728428	0	14	35	32	63	33	31
14	23	深天地A	737710148.10	251523755.1	0	01	02	02	-2.92	80	75

图 4.4　SPSS 部分数据

1. 参数设置

依次单击菜单"Analyze, Classify, Discriminant",如图 4.5 所示:

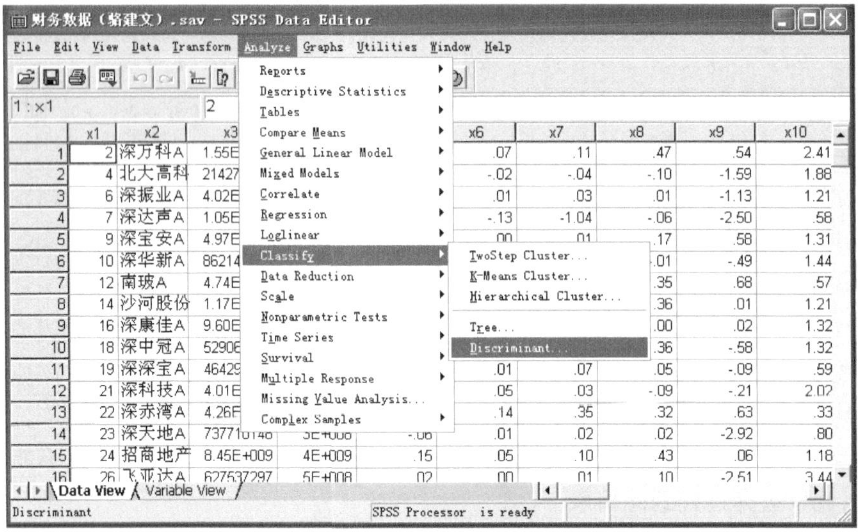

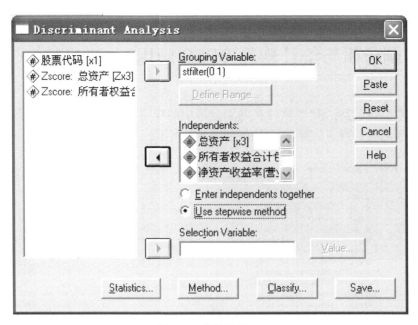

图 4.5　参数设置-1

将 06/07 是否为 ST(stfilter)变量选入"Grouping Variable"选框，作为目标变量；将总资产至固定资产周转率的所有变量选入"Independents"列表，作为自变量；单击"Use stepwise method"单选框，使用逐步分析法，如图 4.6 所示：

图 4.6　参数设置-2

在"Grouping Variable"选框，单击选中"stfilter"变量，单击"Define Range"按钮，在取值范围定义对话框中分别在 Minimum，Maximum 后面输入最小值 0，最大值 1，单击"Continue"回到主面板，如图 4.7 所示：

根据所需设置相应的统计量设置、方法设置、分类设置，如图 4.8 所示：

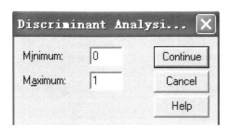

图 4.7　参数设置-3

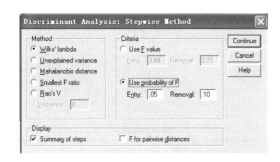
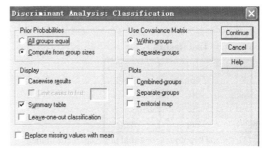

图 4.8　参数设置-4

2. 初始模型结果分析

单击"OK"按钮运行。"分类结果"表显示,初始判别模型的分类准确率达到了 92.4%。"检验结果"表里,Box's M 检验的显著性值 Sig 远小于 0.01,如图 4.9 所示。所以认为协方差矩阵相等的假设不成立。进一步改进,采用"Separate-groups"进行分析。

Test Results

Box's M		996.781
F	Approx.	61.493
	df1	15
	df2	7601.207
	Sig.	0.000

Tests null hypothesis of equal population covariance matrices.

图 4.9　初始模型结果分析

3. 改进模型的参数设置和结果分析

单击选中"Separate-groups"单选框,指定使用每个类别的协方差矩阵进行分类。其他设置同前,如图 4.10 所示。单击"OK"按钮运行。

协方差检验结果:改进后判别模型的 Box's M 检验的显著性值 Sig 远小于 0.01,所以认为协方差矩阵相等的假设不成立。典型判别函数的检验:Wilks' Lambda 检验都很显著(Sig 远小于 0.01),表示这个判别函数的判别作用是显著的,如图 4.11 所示:

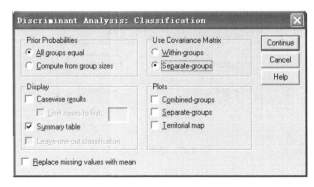

图 4.10　改进模型的参数设置

Test Results

Box's M		57.867
F	Approx.	57.289
	df1	1
	df2	16168.456
	Sig.	0.000

Tests null hypothesis of equal population covariance matrices of canonical discriminant functions.

Wilks' Lambda

Test of Function(s)	Wilks' Lambda	Chi-square	df	Sig.
1	0.572	100.694	5	.000

图 4.11　改进模型的参数设置和结果分析

4. 最终判别的结果总结表

判别模型对所有案例的分类准确率达到了 93%，比初试模型的 92.4% 的分类准确率有所提高，由此说明使用"Separate-groups"选项还是较为合理的。如图 4.12 所示，原始数据里未 ST 的 159 家公司，经过模型判别的有 156 家仍判别为未 ST；原始数据里的首 ST 的 26 家公司，经过模型判别有 16 仍判别为首 ST 的，有 10 家首 ST 公司的财务状况预测错误。从后验概率的角度看，预测出 19 家财务危机预警的上市公司里，有 16 家发生了财务危机。

Classification Results[a]

		06/07是否ST	Predicted Group Membership		Total
			06/07未ST	06/07首ST	
Original	Count	06/07未ST	150	9	159
		06/07首ST	7	19	26
	%	06/07未ST	94.3	5.7	100.0
		06/07首ST	26.9	73.1	100.0

a. 91.4% of original grouped cases correctly classified.

图 4.12　最终判别的结果总结表

4.7　实例分析与 Python 应用

我们继续使用鸢尾花数据集对 Python 的判别分析作说明，数据如图 4.13 所示。

```
In [71]: X.head()
Out[71]:
   sepal length (cm)  sepal width (cm)  petal length (cm)  petal width (cm)  \
0                5.1               3.5                1.4               0.2
1                4.9               3.0                1.4               0.2
2                4.7               3.2                1.3               0.2
3                4.6               3.1                1.5               0.2
4                5.0               3.6                1.4               0.2
```

图 4.13　鸢尾花数据

1. Python 代码

我们在 Python 中依次输入以下代码：

```
import pandas as pd
import numpy as np
from sklearn import datasets
from scipy import stats
import statsmodels.api as sm
import seaborn as sns
from sklearn.discriminant_analysis import LinearDiscriminantAnalysis
import matplotlib.pyplot as plt
data = datasets.load_iris(as_frame = True)
X = data.data
Y = data.target
target_names = data.target_names
#数据预览
X.head()
#矩阵散点图
sns.pairplot(X)
#线性判别
lda = LinearDiscriminantAnalysis(n_components=1)
X_r = lda.fit(X.iloc[:,:2],Y).transform(X.iloc[:,:2])
lda.coef_
#线性判别可视化
Y = np.array(Y)
X = np.array(X.iloc[:,:2])
plt.scatter(X[Y==0, 0],X[Y==0, 1],c = 'r',label = '0')
plt.scatter(X[Y==1,0],X[Y==1,1],c = 'g',label = '1')
plt.scatter(X[Y==2,0],X[Y==2,1],c = 'b',label = '2')
plt.xlabel('sepal length')
plt.ylabel('sepal width')
plt.legend()
plt.show()
```

```
plt. figure()
c = ['r','g','b']
for i in range(3):
    plt. scatter(range(len(Y[Y==i])),X_r[Y==i],c = c[i])
plt. xlabel('sample')
plt. ylabel('result')
# 贝叶斯判别
from sklearn. model_selection import train_test_split
from sklearn. naive_bayes import GaussianNB
X,y = datasets. load_iris(return_X_y=True)
X_train,X_test,y_train,y_test = train_test_split(X,y,test_size=0.5,random_state=0)
gnb = GaussianNB()
y_pred = gnb. fit(X_train,y_train). predict(X_test)
print((y_test ! = y_pred). sum())
```

2. 结果分析

线性距离判别如下(见图 4.14):

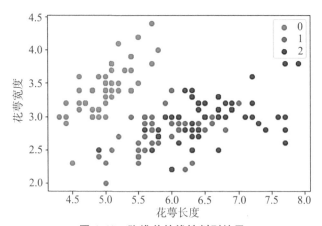

```
In [91]: lda = LinearDiscriminantAnalysis(n_components=1)
    ...: X_r = lda.fit(X.iloc[:,:2], Y).transform(X.iloc[:,:2])
    ...: lda.coef_
Out[91]:
array([[-5.95894955,  8.0007359 ],
       [ 1.69844931, -3.85496192],
       [ 4.26050024, -4.14577398]])
```

图 4.14　线性距离判别结果

降维前的线性判别样本如图 4.15 所示:

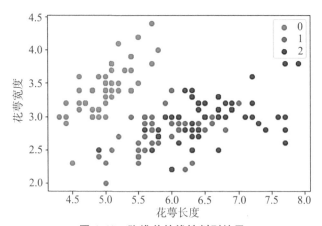

图 4.15　降维前的线性判别结果

线性判别结果可视化如图 4.16 所示:

根据贝叶斯判别,模型在测试集上的得分为 0.946,测试集共 25 个,错判的有 4 个(见图 4.17)。

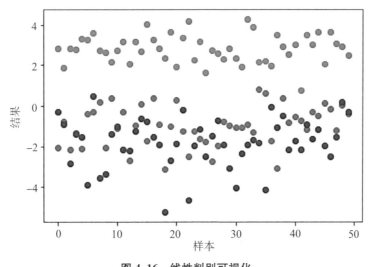

图 4.16　线性判别可视化

```
In [102]: print(gnb.score(X_test,y_test))
0.9466666666666667

In [103]: print((y_test != y_pred).sum())
4
```

图 4.17　模型结果

4.8　实例分析与 R 语言应用

表 4.2 中列出了 1994 年我国 30 个省、直辖市、自治区影响各地区经济增长差异的制度变量数据，分为两组。其中，x_1 为经济增长率（%）；x_2 为非国有化水平（%）；x_3 为开放度（%）；x_4 为市场化程度（%）。借助 R 软件，分别用两总体的距离判别法、费希尔判别法和贝叶斯判别法进行判别分析，并对"江苏"、"安徽"和"陕西"三个待判地区作出判定。（注：样本号为 28，29，30 的待判样品的类别先暂定为 2，待实际判别分析后再确定，这样做的好处是录入和处理数据较为方便。）

表 4.2　1994 年我国 30 个省、直辖市、自治区影响各地区经济增长差异的制度变量数据

	A	B	C	D	E	F	G	H
1	类别	序号	地区	G	x_1	x_2	x_3	x_4
2		1	辽宁	1	11.2	57.25	13.47	73.41
3	第一组	2	河北	1	14.9	67.19	7.89	73.09
4		3	天津	1	14.3	64.74	19.41	72.33

（续表）

	A	B	C	D	E	F	G	H
5		4	北京	1	13.5	55.63	20.59	77.33
6		5	山东	1	16.2	75.51	11.06	72.08
7		6	上海	1	14.3	57.63	22.51	77.35
8		7	浙江	1	20.0	83.94	15.99	89.50
9		8	福建	1	21.8	68.03	39.42	71.90
10		9	广东	1	19.0	78.31	83.03	80.75
11		10	广西	1	16.0	57.11	12.57	60.91
12		11	海南	1	11.9	49.97	30.70	69.20
13		12	黑龙江	2	8.7	30.72	15.41	60.25
14		13	吉林	2	14.3	37.65	12.95	66.42
15		14	内蒙古	2	10.1	34.63	7.68	62.96
16		15	山西	2	9.1	56.33	10.30	66.01
17		16	河南	2	13.8	65.23	4.69	64.24
18		17	湖北	2	15.3	55.62	6.06	54.74
19		18	湖南	2	11.0	55.55	8.02	67.47
20	第二组	19	江西	2	18.0	62.85	6.40	58.83
21		20	甘肃	2	10.4	30.01	4.61	60.26
22		21	宁夏	2	8.2	29.28	6.11	50.71
23		22	四川	2	11.4	62.88	5.31	61.49
24		23	云南	2	11.6	28.57	9.08	68.47
25		24	贵州	2	8.4	30.23	6.03	55.55
26		25	青海	2	8.2	15.96	8.04	40.26
27		26	新疆	2	10.9	24.75	8.34	46.01
28		27	西藏	2	15.6	21.44	28.62	46.01
29		28	江苏	2	16.5	80.05	8.81	73.04
30	待判样品	29	安徽	2	20.6	81.24	5.37	60.43
31		30	陕西	2	8.6	42.06	8.88	56.37

1. R 语言代码

先输入数据，然后把两总体距离判别程序"DDA2. R"放到当前工作目录下，再载入 R 并执行,还可以用 var(classG1)和 var(classG2)分别计算两个训练样本的协方差,发现它们明显不相等,R 代码及结果如下:

```
> setwd("/Users/yvonnezhang/Desktop/R-data") #设定工作路径
> case4.2<-read.csv("case5.1.csv",header=T,fileEncoding="GBK") #读入数据
> c4.2=case4.2[,-1] #数据第一列是非数值型的地名,和判别分析无关,去掉
> rownames(c4.2)= case4.2[,1]
> classG1=c4.2[1:11,2:5] #选取第一类训练样本
> classG2=c4.2[12:27,2:5] #选取第二类训练样本
> newdata=c4.2[28:30,2:5] #选取测试集
> #进行距离判别
> source("DDA2.R",encoding="utf-8")
> DDA2(classG1,classG2) #执行程序DDA2.R
      1 2 3 4 5 6 7 8 9 10 11 12 13 14 15 16 17 18 19 20 21 22 23 24 25 26 27
blong 1 1 1 1 1 1 1 1 1  2  1  2  2  2  2  2  2  2  2  2  2  2  2  2  2  2  2
```

2. 结果分析

(1) 距离判别法。根据距离判别法的回代判别的结果说明只有第 10 号样本"广西"被错判入第二组,判别符合率为 26/27＝96.3％。最后对"江苏"、"安徽"和"陕西"三个样本进行判定(样本号为 28,29,30),数据已包含在 newdata 中,R 程序及结果为:

```
> DDA2(classG1,classG2,newdata) #对测试集进行判定
      1 2 3
blong 1 2 2
> attach(c4.2) #将数据变量名读入内存
```

输出结果第一行中的 1,2,3 分别表示"江苏"、"安徽"和"陕西"三个待测样本(样本号为 28,29,30),判别结果是"江苏"被判入第一组,"安徽"和"陕西"均被判入第二组。

(2) 费希尔判别法。沿用上面作距离判别时的数据变量名称:

```
> library(MASS)
> ld=lda(G~x1+x2+x3+x4,data=c4.2[1:27,])
> ld
Call:
lda(G ~ x1 + x2 + x3 + x4, data = c4.2[1:27, ])

Prior probabilities of groups:
        1         2
0.4074074 0.5925926

Group means:
        x1       x2        x3     x4
1 15.73636 65.02818 25.149091 74.350
2 11.56250 40.10625  9.228125 58.105

Coefficients of linear discriminants:
          LD1
x1 -0.06034498
x2 -0.01661878
x3 -0.02532111
x4 -0.08078449
```

以上输出结果中包括 lda()所用的公式、先验概率、各组均值向量、第一线性判别函数的系数。再用 predict()函数对原始数据进行回判分类,将 lda()判别的输出结果与原始数据真正的分类进行对比。R 程序及结果如下:

```
> Z=predict(ld) #回判结果
> newG=Z$class #新分类
> cbind(G[1:27],newG,Z$post,Z$x) #合并原分类、回判分类、回判后验概率集判别函数值
              newG        1            2          LD1
辽  宁 1      1 0.6493599485 0.3506400515 -0.63659812
河  北 1      1 0.7582879842 0.2417120158 -0.85792242
天  津 1      1 0.8188528145 0.1811471855 -1.01130242
北  京 1      1 0.8875720083 0.1124279917 -1.24543069
山  东 1      1 0.8397377916 0.1602622084 -1.07331477
上  海 1      1 0.9152842026 0.0847157974 -1.37717647
浙  江 1      1 0.9979436459 0.0020563541 -2.97482100
福  建 1      1 0.9789707300 0.0210292700 -1.99050372
广  东 1      1 0.9997191793 0.0002808207 -3.81157537
广  西 1      1 0.2389141234 0.7610858766 0.10866776
海  南 1      1 0.6587554857 0.3412445143 -0.65403492
黑龙江 2      2 0.0388684147 0.9611315853 0.96916164
吉  林 2      2 0.2515886153 0.7484113847 0.07991118
内蒙古 2      2 0.0575003563 0.9424996437 0.79650544
山  西 2      2 0.2080318163 0.7919681837 0.18348880

河  南 2      2 0.2713144156 0.7286855844 0.03700020
湖  北 2      2 0.0522608437 0.9477391563 0.83895200
湖  南 2      2 0.2786341142 0.7213658858 0.02158276
江  西 2      2 0.1952456946 0.8047543054 0.21684898
甘  肃 2      2 0.0255542679 0.9744457321 1.15103468
宁  夏 2      2 0.0032269109 0.9967730891 2.02943559
四  川 2      2 0.1281328808 0.8718671192 0.42734057
云  南 2      2 0.1575563726 0.8424436274 0.32612569
贵  州 2      2 0.0086602691 0.9913397309 1.61260749
青  海 2      2 0.0002874222 0.9997125778 3.04612599
新  疆 2      2 0.0018439125 0.9981560875 2.26500826
西  藏 2      2 0.0107013110 0.9892986890 1.52288285
>
> tab=table(G[1:27],newG)
> tab
   newG
     1  2
  1 10  1
  2  0 16
> sum(diag(prop.table(tab)))
[1] 0.962963
```

可见,只有第一组中的第 10 号样品"广西"被错判入第二组,与距离判别法结果一致,最后对三个待判样本——28 号"江苏"、29 号"安徽"、30 号"山西"(newdata)进行判定。

```
> predict(ld,newdata= newdata)
$class
[1] 1 2 2
Levels: 1 2

$posterior
              1          2
江  苏 0.87303785 0.1269622
安  徽 0.48273895 0.5172611
陕  西 0.01957491 0.9804251

$x
              LD1
江  苏 -1.1874481
安  徽 -0.3488418
陕  西 1.2655298
```

说明:由 $class 可以看出"江苏"被判入第一组,"安徽"和"陕西"被判入第二组,结果与距离判别法一致;对应的后验概率决定了三个待判样本的归类。

(3)贝叶斯判别法:贝叶斯判别法和费希尔判别法类似,不同的是在使用函数 lda()时要输入先验概率。它们的先验概率用各组数据出现的比例(11/27,16/27)来估计(默认情形),并假设误判损失相等。为了说明不同的先验概率的影响,这里我们采用先验概率(0.5, 0.5)来判别,具体操作及结果如下:

```
> library(MASS)
> ld=lda(G~x1+x2+x3+x4,prior=c(0.5,0.5),data=c4.2[1:27,])
> ld
Call:
lda(G ~ x1 + x2 + x3 + x4, data = c4.2[1:27, ], prior = c(0.5,
    0.5))

Prior probabilities of groups:
  1   2
0.5 0.5

Group means:
        x1       x2        x3     x4
1 15.73636 65.02818 25.149091 74.350
2 11.56250 40.10625  9.228125 58.105

Coefficients of linear discriminants:
          LD1
x1 -0.06034498
x2 -0.01661878
x3 -0.02532111
x4 -0.08078449
```

再用回判预测，R 程序及结果如下：

```
> Z=predict(ld)
> newG=Z$class
> cbind(G[1:27],newG,Z$post,Z$x)
          newG              1            2        LD1
辽　宁 1     1 0.729269686 0.2707303139 -0.4160866
河　北 1     1 0.820245210 0.1797547898 -0.6374109
天　津 1     1 0.867988328 0.1320116722 -0.7907909
北　京 1     1 0.919891235 0.0801087655 -1.0249192
山　东 1     1 0.884010766 0.1159892342 -0.8528032
上　海 1     1 0.940174077 0.0598259235 -1.1566649
浙　江 1     1 0.998585348 0.0014146525 -2.7543095
福　建 1     1 0.985446738 0.0145532620 -1.7699922
广　东 1     1 0.999806919 0.0001930812 -3.5910638
广　西 1     2 0.313469502 0.6865304984  0.3291793
海　南 1     1 0.737389946 0.2626100536 -0.4335234
黑龙江 2     2 0.055554371 0.9444456288  1.1896732
吉　林 2     2 0.328392604 0.6716073961  0.3004227
内蒙古 2     2 0.081506583 0.9184934170  1.0170170

山　西 2     2 0.276450588 0.7235494117  0.4040003
河　南 2     2 0.351313505 0.6486864948  0.2575117
湖　北 2     2 0.074251923 0.9257480765  1.0594635
湖　南 2     2 0.359726012 0.6402739879  0.2420943
江　西 2     2 0.260844315 0.7391556848  0.4373605
甘　肃 2     2 0.036743053 0.9632569475  1.3715462
宁　夏 2     2 0.004686814 0.9953131860  2.2499471
四　川 2     2 0.176117619 0.8238823814  0.6478521
云　南 2     2 0.213857195 0.7861428052  0.5466372
贵　州 2     2 0.012547363 0.9874526374  1.8331190
青　海 2     2 0.000418014 0.9995819860  3.2666375
新　疆 2     2 0.002679809 0.9973201914  2.4855198
西　藏 2     2 0.015490195 0.9845098046  1.7433944
> tab=table(G[1:27],newG)
> tab
   newG
     1  2
  1 10  1
  2  0 16
> sum(diag(prop.table(tab)))
[1] 0.962963
```

回判结果与距离判别法和费希尔判别法一致，都是只有"广西"被错判入第二组，对三个
待判样本进行判定，R 程序及结果如下：

```
> prenew=predict(ld,newdata= newdata);prenew
$class
[1] 1 1 2
Levels: 1 2

$posterior
                   1           2
江  苏 0.90910729 0.09089271
安  徽 0.57581623 0.42418377
陕  西 0.02822149 0.97177851

$x
             LD1
江  苏 -0.9669366
安  徽 -0.1283303
陕  西  1.4860414

> cbind(prenew$class,prenew$post,prenew$x)
                   1           2         LD1
江  苏 1 0.90910729 0.09089271 -0.9669366
安  徽 1 0.57581623 0.42418377 -0.1283303
陕  西 2 0.02822149 0.97177851  1.4860414
```

　　贝叶斯判别法对三个待判样本的判定结果与费希尔判别法有所不同,对 29 号样本"安徽",费希尔判别法判入第二组,而贝叶斯判别法判入第一组,原因是用了新的后验概率 $(0.5,0.5)$ 而不是默认的先验概率 $(11/27,16/27)$。

小结

(1) 在作判别分析前需要先检验各个类的均值是否有显著差异,以确定各类的差异不仅仅由随机因素所致。

(2) 要注意使用尽可能少的预测变量来作判别分析,使用较少的变量意味着节省资源和易于对结果进行解释,但提取的变量应能反映各类的特征及差异,并且用提取的变量所构造的判别函数能把属于不同类别的样本点尽可能地区别开来。

(3) 费希尔准则的判别函数并不唯一,费希尔判别函数也不一定是线性的,当只有一个判别函数时,费希尔判别函数等于将 p 元判别问题转化为一元判别问题。

(4) 判别分析要求先知道各类总体情况才能判别新样品的归类。当总体分类不清楚时,可先对各总体的未知参数进行估计,然后再用判别分析建立判别式以对新样品进行判别。

(5) 距离判别法的基本思想是考虑新的观测值和已有类之间的距离来判断新观测值所属的类,由于欧氏距离在多元统计分析应用中的一些缺陷,因此在使用距离判别法时,一般使用马氏距离。

(6) 贝叶斯判别法需要先知道先验概率,这是贝叶斯判别法不同于其他两种判别法的地方。

最大后验概率准则只考虑先验概率而忽略了误判代价,而最小平均误判代价准则同时考虑先验概率和误判代价。

(7) 费希尔判别法处理的基本思想是降维,其本质是通过线性变换将多元总体判别问题转化为一元总体的判别问题。对于两个类的判别,典型判别法等价于协方差矩阵相同的距离判别法,也等价于协方差矩阵相同、先验概率相同以及误判代价也相同的贝叶斯判别法。

思考与练习

4.1　设对来自组 π_1、π_2 的两个样本有 $\bar{x}_1 = \begin{pmatrix} 4 \\ 2 \end{pmatrix}$,$\bar{x}_2 = \begin{pmatrix} 3 \\ -1 \end{pmatrix}$,$S_p = \begin{pmatrix} 6.5 & 1.1 \\ 1.1 & 8.4 \end{pmatrix}$,试用距离判别法给出判别规则,并将 $x_0 = \begin{pmatrix} 2 \\ 1 \end{pmatrix}$ 分到组 π_1 或 π_2,假定 $\Sigma_1 = \Sigma_2$。

4.2　设先验概率、误判代价以及概率密度值已列于表 4.3,试用贝叶斯判别法将样品 x_0 分到 π_1、π_2、π_3 中的一个,如果不考虑误判代价,判别结果又将如何?

表 4.3　先验概率、误判代价以及概率密度值

判别分析			
	π_1	π_2	π_3
π_1	$C(1 \mid 1) = 0$	$C(2 \mid 1) = 20$	$C(3 \mid 1) = 80$
π_2	$C(1 \mid 2) = 400$	$C(2 \mid 1) = 0$	$C(3 \mid 2) = 200$
π_3	$C(1 \mid 3) = 100$	$C(2 \mid 31) = 20$	$C(3 \mid 3) = 0$
	π_1	π_2	π_3
先验概率	$p_1 = 0.55$	$p_2 = 0.15$	$p_3 = 0.30$
概率密度	$f_1(x_0) = 0.46$	$f_2(x_0) = 1.5$	$f_3(x_0) = 0.70$

4.3　一名研究员想确定一种在两个多元总体之间进行判别的方法,他能获得足够多的数据来估计分别与总体 π_1、π_2 相联系的密度函数 $f_1(x)$ 和 $f_2(x)$。设 $C(2 \mid 1) = 50$,$C(1 \mid 2) = 100$,此外已知大约有 20% 的可能项目(可以记录它们的 x 测量值)属于 π_2。

(1) 给出将一个新的观测值分入两个总体之一的最小 ECM 法则(一般形式);

(2) 对于一个新项目记录的观测值产生的密度函数值 $f_1(x) = 0.3$ 和 $f_2(x) = 0.5$,根据以上信息,将此新项目分到 π_1 或 π_2。

4.4　假定 $\pi_i \sim N_p(\mu_i, \Sigma_i)$,$\Sigma_i > 0 (i = 1, 2)$,则当 $\Sigma_1 \neq \Sigma_2$ 时,证明:最小误判准则可以写成:

$$\begin{cases} X \in \pi_1 \leftrightarrow d^2(x, \pi_1) - d^2(x, \pi_2) \leqslant 2\ln\left[\dfrac{C(2 \mid 1) \times p_1 |\Sigma_2|^{\frac{1}{2}}}{C(1 \mid 2) \times p_2 |\Sigma_1|^{\frac{1}{2}}}\right] \\[4mm] X \in \pi_2 \leftrightarrow d^2(x, \pi_1) - d^2(x, \pi_2) \geqslant 2\ln\left[\dfrac{C(2 \mid 1) \times p_1 |\Sigma_2|^{\frac{1}{2}}}{C(1 \mid 2) \times p_2 |\Sigma_1|^{\frac{1}{2}}}\right] \end{cases}$$

$$d^2(x, \pi_i) = (x - \mu_i)^{\mathrm{T}} \Sigma^{-1} (x - \mu_i)$$

4.5 证明:若 $\Sigma_1 = \Sigma_2 = \Sigma$,其他情况和第四题相同,则

$$\begin{cases} X \in \pi_1 \leftrightarrow a^{\mathrm{T}}(X - \bar{\mu}) \geqslant \ln\left[\dfrac{C(1 \mid 2) \times p_2}{C(2 \mid 1) \times p_1}\right] \\[4mm] X \in \pi_2 \leftrightarrow a^{\mathrm{T}}(X - \bar{\mu}) \leqslant \ln\left[\dfrac{C(1 \mid 2) \times p_2}{C(2 \mid 1) \times p_1}\right] \end{cases}$$

其中,$a = \Sigma^{-1}(\mu_1 - \mu_2)$,$\bar{\mu} = \dfrac{1}{2}(\mu_1 + \mu_2)$。

4.6 考虑线性函数 $Y = a^{\mathrm{T}}X$。当 X 属于总体 π_1 时,记 $E(X) = \mu_1$ 和 $\mathrm{Cov}(X) = \Sigma$。当 X 属于总体 π_2 时,记 $E(X) = \mu_2$ 和 $\mathrm{Cov}(X) = \Sigma$。令 $m = \dfrac{1}{2}(\mu_{1Y} + \mu_{2Y}) = \dfrac{1}{2}(a^{\mathrm{T}}\mu_1 + a^{\mathrm{T}}\mu_2)$。给定:$a^{\mathrm{T}} = (\mu_1 - \mu_2)^{\mathrm{T}} \Sigma^{-1}$,试证明:

(1) $E(a^{\mathrm{T}}X \mid \pi_1) - m = a^{\mathrm{T}}\mu_1 - m > 0$;

(2) $E(a^{\mathrm{T}}X \mid \pi_2) - m = a^{\mathrm{T}}\mu_2 - m < 0$;

提示:由于 Σ 是满秩的,因而也是正定的,故 Σ^{-1} 存在且也是正定的。

4.7 根据经验,今天与昨天的湿度差 x_1 及今天的压温差(气压与温度之差)x_2,是预报明天是否下雨的两个重要因素,现收集到一批样本数据列于表 4.4:

表 4.4　样本数据

π_1（雨天）		π_2（非雨天）	
x_1	x_2	x_1	x_2
−1.9	3.2	0.2	6.2
−6.9	10.4	−0.1	7.5
5.2	2.0	0.4	14.6
5.0	2.5	2.7	8.3
7.3	0.0	2.1	0.8
6.8	12.7	−4.6	4.3
0.9	−15.4	−1.7	10.9
−12.5	−2.5	−2.6	13.1
1.5	1.3	2.6	12.8
3.8	6.8	−2.8	10.0

今测得 $x_1 = 0.6$，$x_2 = 3.0$，假定两组的协方差矩阵相等。

(1) 假定两组的 $x = (r_1, x_2)^\mathrm{T}$ 均服从二元正态分布，试用距离判别法预报明天是否会下雨；

(2) 根据其他信息及经验给出先验概率 $p_1 = 0.3$，$p_2 = 0.7$，试用贝叶斯判别法预报明天是否会下雨；

(3) 假定你为明天安排一项活动，该活动在时间上有紧迫性，但又不适合在雨天进行，并认为 $C(2 \mid 1) = 3C(1 \mid 2)$，那么你明天是否会安排这项活动？

4.8 设有三个组 π_1、π_2 和 π_3，欲判别某样品 x_0 属于何组，已知 $p_1 = 0.05$，$p_2 = 0.65$，$p_3 = 0.30$，且 $f_1(x_0) = 0.10$，$f_2(x_0) = 0.63$，$f_3(x_0) = 2.4$，先计算 x_0 属于各组的后验概率，并判别 x_0 应属于哪一组。

4.9 为构造一个查明带 A 型血友病基因者的方法，研究人员分析了两组女性的血样，并记录了一下两个变量：

$$X_1 = \log_{10}(\text{AHF 活性})$$

$$X_2 = \log_{10}(\text{类 AHF 抗原})$$

(AHF 代表抗血友病因子)

第一组妇女 $n_1 = 30$ 人，来自不携带血友病基因的女性总体，这个组称为正常组。

第二组妇女 $n_2 = 22$ 人，来自已知的 A 型血友病患者总体，这一组称为必然携带组。

先研究人员获得以下数据：

$$\bar{x}_1 = \begin{pmatrix} -0.0065 \\ -0.0390 \end{pmatrix}, \quad \bar{x}_2 = \begin{pmatrix} -0.2483 \\ -0.0262 \end{pmatrix} \text{ 以及 } S_p^{-1} = \begin{pmatrix} 131.158 & -90.423 \\ -90.423 & 108.147 \end{pmatrix}$$

假定有两组均服从相同协方差矩阵的二元正态分布，并有相同的代价和相同的先验概率，试根据最小误判准则 $x_0 = (x_1, x_2)$ 给出判别法则。

4.10 设对于 $|x| < 1$，$f_1(x) = (1 - |x|)$，对于 $-0.5 \leqslant x \leqslant 1.5$，$f_2(x) = \dfrac{1}{2}(1 - |x - 0.5|)$

(1) 对两个密度函数作图；

(2) 当 $p_1 = p_2$，$C(1 \mid 2) = C(2 \mid 1)$，确定分类域；

(3) 当 $p_1 = 0.2$，$C(1 \mid 2) = C(2 \mid 1)$，确定分类域。

4.11 设总体 π_1 和 π_2 如表 4.5 所示：

表 4.5 总体 π_1 和 π_2

总体	$f_1(x)$	$f_2(x)$
分布	正态	正态
均值	$(10, 15)^\mathrm{T}$	$(20, 25)^\mathrm{T}$

（续表）

总体	$f_1(x)$	$f_2(x)$
协方差矩阵	$\Sigma_1 = \begin{pmatrix} 18 & 12 \\ 12 & 32 \end{pmatrix}$	$\Sigma_2 = \begin{pmatrix} 20 & -7 \\ -7 & 5 \end{pmatrix}$

设先验概率相同且 $C(1\mid 2)=75$，$C(2\mid 1)=10$，试问样品 $X_{(1)}=(20\quad 20)^{\mathrm{T}}$、$X_{(2)}=(15\quad 20)^{\mathrm{T}}$ 各应归判哪一类?

（1）根据费希尔准则；

（2）根据贝叶斯准则$\left(\text{假设 } \Sigma_1=\Sigma_2=\begin{pmatrix} 18 & 12 \\ 12 & 32 \end{pmatrix}\right)$。

4.12 已知总体 $G_i(p=1)$ 分布为 $N(\mu_i, \sigma_i^2)(i=1, 2)$，按距离判别法，判别法则为（不妨设 $\mu_1 > \mu_2$，$\sigma_1 < \sigma_2$）

$$\begin{cases} x \in G1 \leftrightarrow \mu^* < x < \mu_* \\ x \in G2 \leftrightarrow x \leqslant \mu^* \text{ 或 } x \geqslant \mu_* \end{cases}$$

其中，$\mu^* = \dfrac{\mu_1\sigma_2 + \mu_2\sigma_1}{\sigma_1 + \sigma_2}$，$\mu_* = \dfrac{\mu_1\sigma_2 - \mu_2\sigma_1}{\sigma_2 - \sigma_1}$，求判错概率 $P(2\mid 1)$ 和 $P(1\mid 2)$。

4.13 设三个总体 G_1、G_2 和 G_3 的分布分别为 $N(2, 0.5^2)$，$N(0, 2^2)$，$N(3, 1^2)$，试问样品 $x=2.5$ 应归于哪一类?

（1）根据距离判别法；

（2）根据贝叶斯判别法$\left(\text{取 } q_1=q_2=q_3=\dfrac{1}{3}，C(j\mid i)=\begin{cases} 1, & i \neq j \\ 0, & i=j \end{cases}\right)$。

4.14 已知 $x_{(i)}^{(t)}$，$(t=1, 2; i=1, 2, \cdots, n_i)$ 为来自 G_i 的样本，记

$$d = \bar{X}^{(1)} - \bar{X}^{(2)}$$

其中，$\bar{X}^{(t)} = \dfrac{1}{n_i}\sum_{j=1}^{n_i} x_{(j)}^{(t)}$，$t=1, 2$；$S = \dfrac{1}{n_1 + n_2 - 2}(A_1 + A_2)$。

试证：$a = S^{-1}d$ 使比值 $(a^{\mathrm{T}}d)^2/(a^{\mathrm{T}}Sa)$ 达到最大值，且最大值为马氏距离 $D^2(D^2 = d^{\mathrm{T}}S^{-1}d)$。

4.15 两个 p 元总体 $N_p(\mu_i, \Sigma)(i=1, 2)$，设 μ_1, μ_2, Σ 均为已知，又设线性判别函数：

$$W(X) = (X - \bar{\mu})^{\mathrm{T}}\Sigma^{-1}(\mu_1 - \mu_2)，\quad \bar{\mu} = \frac{1}{2}(\mu_1 + \mu_2)$$

判别准则为

$$\begin{cases} x \in G_1 \leftrightarrow W(X) > 0 \\ x \in G_2 \leftrightarrow W(X) < 0 \\ \text{待定} \quad W(X) = 0 \end{cases}$$

试求错判概率 $P(2\mid 1)$ 和 $P(1\mid 2)$。

4.16 已知两个总体的分布为 $N_p(\mu_i,\Sigma)(i=1,2)$，设 μ_1、μ_2、Σ 均为已知，先验概率为 q_1 和 $q_2(q_1+q_2=1)$，错判代价为 $C(1\mid 2)$ 和 $C(2\mid 1)$，试写出距离判别法和贝叶斯判别法的判别准则，并说明它们之间的关系。

4.17 设 G_i 的均值为 $\mu^{(i)}(i=1,2)$，同协方差矩阵 Σ。记 $\bar{\mu}=\dfrac{1}{2}(a^{\mathrm{T}}\mu^{(1)}+a^{\mathrm{T}}\mu^{(2)})$，其中 $a=\Sigma^{-1}(\mu^{(1)}-\mu^{(2)})$。试证明：$(1)E(a^{\mathrm{T}}X\mid G_1)>\bar{\mu}$；$(2)E(a^{\mathrm{T}}X\mid G_2)<\bar{\mu}$。

4.18（在假定有公共协方差矩阵的条件下计算样本判别得分）让我们在 $g=3$ 个总体且有相同协方差矩阵的二元正态分布下来计算线性判别得分。来自总体 π_1、π_2 和 π_3 的随机样本、均值向量和样本协方差阵为

$$\pi_1:\boldsymbol{X}_1=\begin{pmatrix}-2 & 5\\ 0 & 3\\ -1 & 1\end{pmatrix},\ n_1=3,\ \bar{x}_1=\begin{pmatrix}-1\\ 3\end{pmatrix},\ \boldsymbol{S}_1=\begin{pmatrix}1 & -1\\ -1 & 4\end{pmatrix}$$

$$\pi_2:\boldsymbol{X}_2=\begin{pmatrix}0 & 6\\ 2 & 4\\ 1 & 2\end{pmatrix},\ n_2=3,\ \bar{x}_2=\begin{pmatrix}1\\ 4\end{pmatrix},\ \boldsymbol{S}_2=\begin{pmatrix}1 & -1\\ -1 & 4\end{pmatrix}$$

$$\pi_3:\boldsymbol{X}_3=\begin{pmatrix}1 & -2\\ 0 & 0\\ -1 & 4\end{pmatrix},\ n_3=3,\ \bar{x}_3=\begin{pmatrix}0\\ -2\end{pmatrix},\ \boldsymbol{S}_3=\begin{pmatrix}1 & 1\\ 1 & 4\end{pmatrix}$$

给定 $p_1=p_2=0.25$，$p_3=0.50$，对 $x_0^{\mathrm{T}}=(x_{01},x_{02})=(-2,-1)$ 进行分类。

4.19 对破产的企业收集它们在破产前两年的年度财务数据，同时对财务良好的企业也收集同一时期的数据。数据涉及四个变量：$x_1=$ 现金流量/总债务，$x_2=$ 净收入/总资产，$x_3=$ 流动资产/流动债务，以及 $x_4=$ 流动资产/净销售额。Ⅰ组为破产企业，Ⅱ组为非破产企业。已知共收集了 46 个企业的破产状况数据，其中 21 个企业为Ⅰ组，其余为Ⅱ组，研究人员获得以下数据：

(1) 假定两组协方差矩阵相同，S_p 为 Σ 的联合无偏估计。试将某个未判企业 $x=(-0.16,-0.10,1.45,0.51)^{\mathrm{T}}$ 分到Ⅰ组或Ⅱ组。

(2) 若已知破产企业所占的比例约为 10%，即可取 $p_1=0.1$，$p_2=0.9$，假定两组均为正态，且 $\Sigma_1=\Sigma_2=\Sigma$，试根据后验概率将未判企业 $x=(-0.16,-0.10,1.45,0.51)^{\mathrm{T}}$ 分到Ⅰ组或Ⅱ组。

$$\bar{x}_1=\begin{pmatrix}-0.0690\\ -0.0814\\ 1.3667\\ 0.4376\end{pmatrix},\ \bar{x}_2=\begin{pmatrix}0.2352\\ 0.0556\\ 2.5936\\ 0.4268\end{pmatrix}$$

$$S_p^{-1}=\begin{pmatrix}67.9692 & -106.2364 & -3.8556 & 12.2182\\ -106.2364 & 262.2058 & 3.6899 & -21.5137\\ -3.8556 & 3.6899 & 1.9020 & -2.1693\\ 12.2182 & -21.5137 & -2.1693 & 32.5632\end{pmatrix}$$

4.20 从胃癌患者、萎缩性胃炎患者和非胃炎患者中分别抽取五个病人进行四项生化指标的化验:血清铜蛋白 X_1、蓝色反应 X_2、尿吲哚乙酸 X_3 和中性硫化物 X_4,数据如表 4.6 所示。试用距离判别法建立判别函数,并根据此判别函数对原样本进行回判。

表 4.6　胃癌患者、萎缩性胃炎患者和非胃炎患者的生化指标数据

类别	病人编号	X_1	X_2	X_3	X_4
胃癌患者	1	228	134	20	11
	2	245	134	10	40
	3	200	167	12	27
	4	170	150	7	8
	5	100	167	20	14
萎缩性胃炎患者	6	225	125	7	14
	7	130	100	6	12
	8	150	117	7	6
	9	120	133	10	26
	10	160	100	5	10
非胃炎患者	11	185	115	5	19
	12	170	125	6	4
	13	165	142	5	3
	14	135	108	2	12
	15	100	117	7	2

第5章

聚类分析

5.1　引言

　　"物以类聚,人以群分"。现实生活和科学研究中存在着大量的"分类"问题。例如电子商务网站根据消费者的商品购买特征将顾客细分为不同的客户群,组织行为研究根据组织的形态、架构和管理模式的差异将其细分为不同类型,经济学研究中根据人均国民收入、人均工农业生产总值、人均消费水平等多种指标对各个国家的经济发展状况进行分类,生物学中根据不同生物的形态特征和行为方式的差异将其细分为不同门类等等。这些应用背景体现了聚类分析的基本应用场景,聚类分析正是用于解决分类问题的一种多元统计分析方法。

　　聚类分析起源于考古中的分类学,主要研究样品和指标的分类问题,即根据事物各方面的特征,按照一定的类定义准则对所研究的事物进行分类,这些类不是事先给定的,而是根据数据的特征确定的,因此不必预先假定类的数目和结构。聚类分析的主要思路是通过对分类对象进行分析处理,构建一种能较好量度研究对象(样本或变量)之间相似性(或亲疏关系)的统计量,由此建立起分类方法,并按接近程度对研究对象给出合理的分类。聚类分析使得同一类中对象的相似性要比与其他类中对象的相似性更强,从而使同类内对象的同质性最大化和不同类之间对象的异质性最大化。

　　分类方法也是目前热门的机器学习领域使用最广泛的技术之一,研究事物分类问题的多元统计基本方法有两种:一是上一章讲述的判别分析,二是聚类分析,它们之间既有区别也有联系。区别在于:判别分析是在研究对象类型和各类特征已知的情况下构建相应的判别函数和规则,根据观察得到的新样品数据资料对新样品的归属作出判断,即判别分析中涉及的总体类别已经给定;而在聚类分析中我们事先并不知道所研究的对象应当分为几类,更不知道具体如何分类,其主要目的在于实现类内相似性高、类间相似性低的分类结果。因此判别分析是一种有监督学习,聚类分析为无监督学习。它们的联系在于:在实际统计分析中,如果样本类别未知,可以首先通过聚类分析探索得到若干特征明显的类别,再通过判别分析确定新样本的类别归属。本书之所以将聚类分析内容置于判别分析之后是因为判别分析是实现快速聚类的一种重要方法。

　　根据分类对象的不同,聚类分析可以分为 Q 型聚类分析和 R 型聚类分析。其中 Q 型聚类指对样本进行聚类,R 型聚类指对变量进行聚类。

5.2 相似性的度量

采用聚类分析方法对研究对象(样本或变量)进行分类时,为了从复杂的数据中产生出比较简单的类结构,首先要确定一种合适的度量指标对样本(或变量)间的相似程度(或接近程度)进行度量。在选择相似性度量时,不仅要考虑变量的性质(离散型、连续型、二值型),还要考虑测量值的尺度(名目尺度、顺序尺度、间隔尺度、比例尺度)。

本节主要介绍两种相似性的度量——统计距离和相似系数。前者常用于样本之间相似性的度量(即 Q 型聚类),而后者主要用于度量变量之间的相似性(即 R 型聚类),相似系数的绝对值越接近1,其相似程度就越高。统计距离和相似系数二者根据不同的具体变量类型又有着多种不同的定义,因而有必要先对变量的类型进行回顾。

在统计学中,变量根据其取值的不同主要分为定量变量和定性变量两大类。其中定量变量又叫间隔尺度变量、连续变量,是由测量或计数、统计所得到的量,变量用连续的量来表示,如长度、重量、温度、速度、人口等。定量变量具有数值特征,且取值是连续变化的。定性变量可细分为有序尺度变量和名义尺度变量,定性变量的取值并没有确切的数量变化,只有性质上的差异,且一般是离散变化的。其中,有序尺度变量的取值没有数量关系但存在次序关系,如产品质量的一等、二等、三等,文化程度分为文盲、小学、中学、大学等。而名义尺度变量的取值彼此之间既无数量关系也无次序关系,如性别(男、女)、职业(工人、教师、干部、农民等)等。此外,常采用相似系数度量基于有序或名义变量的样品之间的相似性。由于在统计分析和科学研究实际中遇到更多的是间隔尺度变量的聚类分析问题,因此本节主要介绍这类变量的相似性度量方法。

5.2.1 样本数据的变换

多元统计分析中,样本数据常由多个变量或指标构成,而不同的变量往往量纲不同。为了避免变量之间的不同量纲对统计分析造成影响,我们通常需要对原始数据进行变换。设样本量为 n,变量个数为 p 的原始资料矩阵为

$$X = \begin{bmatrix} X_{11} & X_{12} & \cdots & X_{1p} \\ X_{21} & X_{22} & \cdots & X_{2p} \\ \cdots & \cdots & \cdots & \cdots \\ X_{n1} & X_{n2} & \cdots & X_{np} \end{bmatrix}$$

下面介绍三种常用的样本数据变换方法。

1. 中心化变换

样本数据的中心化变换是指对数据进行坐标轴平移处理。首先计算出每个变量的样本均值,再用变量减去它的样本均值,即可得到中心化变换后的数据 X_{ij}^*,即

$$\bar{X}_j = \frac{1}{n}\sum_{i=1}^{n}X_{ij} \quad X_{ij}^* = X_{ij} - \bar{X}_j \quad i = 1,\ 2,\ \cdots,\ n;\ j = 1,\ 2,\ \cdots,\ p \qquad (5.1)$$

中心化变换使得每列数据的和均为 0，且每列数据的平方和为该列变量样本方差的 $(n-1)$ 倍，便于计算方差及协方差。

2. 归一化变换

归一化变换是一种样本数据无量纲化的处理方式，尤其适合变量间量纲差距悬殊时使用。首先从原始资料矩阵的每个变量中找到最大值和最小值，并求出极差 $R_j = \max_{1 \leqslant k \leqslant n} X_{kj} - \min_{1 \leqslant k \leqslant n} X_{kj}$，随后用每个原始数据减去该变量的最小值再除以极差，即可得到归一化变换后的数据 X_{ij}^*，即

$$X_{ij}^* = \frac{X_{ij} - \min\limits_{1 \leqslant k \leqslant n} X_{kj}}{R_j} \quad i = 1,\ 2,\ \cdots,\ n;\ j = 1,\ 2,\ \cdots,\ p \qquad (5.2)$$

归一化变换使得每列数据最大值为 1，最小值为 0，其余数据均在 0 和 1 之间，消去了量纲的影响。但是归一化变换与极值有关，非常容易受噪声数据的影响，这也是归一化变换的缺点。

3. 标准化变换

标准化变换首先将每个变量进行中心化变换，再利用该变量的样本标准差进行标准化，设

$$\bar{X}_j = \frac{1}{n}\sum_{i=1}^{n}X_{ij} \quad S_j^2 = \frac{1}{n-1}\sum_{i=1}^{n}(X_{ij} - \bar{X}_j)^2 \quad j = 1,\ 2,\ \cdots,\ p \qquad (5.3)$$

其中，$\bar{X}_j$ 为第 j 个变量的样本均值，S_j^2 为第 j 个变量的样本均方差。标准化变换后的数据为

$$X_{ij}^* = \frac{X_{ij} - \bar{X}_j}{S_j} \quad i = 1,\ 2,\ \cdots,\ n;\ j = 1,\ 2,\ \cdots,\ p \qquad (5.4)$$

标准化变换使得每列数据均值为 0，方差为 1，且不具有量纲。任意两列数据的乘积之和是两个变量相关系数的 $(n-1)$ 倍，便于比较变量间关系。

5.2.2　统计距离

在对样本进行 Q 型聚类时，常常采用统计距离来度量样本之间的相似性。这里的距离不是指物理空间的距离，而是指用于衡量显性指标的样本之间相似性的度量方法。距离越小，则认为样本间相似程度越高；反之，则越低。在聚类分析中，最初每个样品都是一类，通过计算所有样本两两之间的距离再将距离最近的两类合并从而达到聚类的效果。

假设 p 维变量均在实数范围内取值，则每个样本的取值范围为空间 R^p。n 个样品就是 R^p 中的 n 个点，在 R^p 中需定义某种距离，将第 i 个样本与第 j 个样本之间的距离记为 d_{ij}，一般地，d_{ij} 须满足下列条件：

(1) 非负性：$d_{ij} \geqslant 0$，对任意 i、j，$d_{ij} = 0$ 当且仅当 $x_i = x_j$。

(2) 对称性：$d_{ij} = d_{ji}$，对任意 i、j 成立。

(3) 三角不等式:$d_{ij} \leqslant d_{ik} + d_{kj}$,对任意 i、j、k 成立。

在统计分析中定义的距离有时不一定满足三角不等式,但在广义的角度上也可以成为距离,当然统计分析中有时定义的距离可满足比三角不等式更强的条件 $d_{ij} \leqslant \max \{d_{ik}, d_{kj}\}$,我们称之为极端距离。

不妨设总体 $X = (X_1, X_2, \cdots, X_p)^{\mathrm{T}}$,同时得到 n 个样本观测值 $x_1, x_2, \cdots, x_n$,样本数据 $x_{ij}(i = 1, 2, \cdots, n; j = 1, 2, \cdots, p)$ 如表 5.1 所示。

表 5.1 数据矩阵

样本	变量			
	x_1	x_2	$\cdots$	x_p
1	x_{11}	x_{12}	$\cdots$	x_{1p}
$\vdots$	$\vdots$	$\vdots$	$\vdots$	$\vdots$
n	x_{n1}	x_{n2}	$\cdots$	x_{np}

常用的距离有以下几种:

1. 明可夫斯基(Minkowski)距离

样本 i 与 j 之间的明可夫斯基距离(简称明氏距离)定义为

$$d_{ij}(q) = \left[\sum_{k=1}^{p} |x_{ik} - x_{jk}|^q\right]^{\frac{1}{q}} \tag{5.5}$$

这里 q 为某一自然数。明氏距离有以下三种特殊形式:

(1) 当 $q = 1$ 时,$d_{ij}(1) = \sum_{k=1}^{p} |x_{ik} - x_{jk}|$,称为绝对值距离,被形象地称作"城市街区"距离,当对需要考虑彼此之间路程的城市位置点进行聚类时,可以使用该距离。

(2) 当 $q = 2$ 时,$d_{ij}(2) = \sqrt{\sum_{k=1}^{p} (x_{ik} - x_{jk})^2}$,称为欧氏距离,是大家最熟悉的,也是 Q 型聚类分析中最常用的一种距离。

(3) 当 $q \to \infty$ 时,$d_{ij}(\infty) = \max_{1 \leqslant k \leqslant p} |x_{ik} - x_{jk}|$,称为切比雪夫(Chebyshev)距离。

明氏距离(特别是欧氏距离)是聚类分析中被广泛采用的距离,其中 q 值越大,差值大的指标在距离计算中所起的作用就越大。可以发现当 $q \to \infty$ 时,切比雪夫距离将完全由最大的异常值决定。同理,欧氏距离比绝对值距离受异常值的影响程度更高。

但明氏距离也存在一些缺点:①明氏距离与各指标的量纲有关。当指标单位发生变化时,距离值对应地也会改变;②明氏距离没有考虑到指标间的相关性,在一个指标可能反映多个特征时,各个特征之间不容易平衡;③明氏距离没有考虑到各指标方差的不同。

因此,当各指标的单位不同或变异性相差很大时,不能直接使用明氏距离,而要先对数据做标准化处理或采用其他方法对不同指标加权,然后用标准化后的数据计算距离。

2. 马氏(Mahalanobis)距离

设 Σ 为协方差矩阵,则样本 i 与 j 之间的(平方)马氏距离定义为

$$d_{ij}^2(M) = (x_i - x_j)^{\mathrm{T}} \Sigma^{-1} (x_i - x_j) \tag{5.6}$$

其中，$x_i = (x_{i1}, x_{i2}, \cdots, x_{ip})^{\mathrm{T}}$，$x_j = (x_{j1}, x_{j2}, \cdots, x_{jp})^{\mathrm{T}}$，如 Σ 未知则用样本协方差 S 作为 Σ 的估计。

马氏距离的优点：不受量纲的影响，两点之间的马氏距离与原始数据的测量单位无关；由标准化数据和中心化数据（即原始数据与均值之差）计算出的两点之间马氏距离相同；马氏距离排除了各指标间相关性的干扰。

然而聚类过程是一个动态过程，类一直变化着，导致利用马氏距离聚类时存在样本协方差矩阵 S 无法确定的缺点，即同一类样本间的马氏距离应该用该类样本的协方差矩阵计算，而样本的分类形成又依赖于样本间的距离，没有关于不同类的先验知识，S 就无法计算。因此，在实际聚类分析中，马氏距离一般不是理想的距离。

3. 兰氏(Lance)距离

样本 i 与 j 之间的兰氏距离定义为

$$d_{ij}^2(L) = \sum_{k=1}^{p} \frac{|x_{ik} - x_{jk}|}{x_{ik} + x_{jk}} \tag{5.7}$$

兰氏距离是一个无量纲的量，克服了明氏距离与各指标量纲有关的缺点，且兰氏距离对大的异常值不敏感，故适用于高度偏斜的数据。但是兰氏距离没有考虑到指标之间的相关性，适用于各个指标值均大于 0 且与各指标的量纲无关的样本。

以上几种距离的定义均要求为间隔尺度变量，如果需要计算有序尺度变量或名义尺度变量，则需采用其他定义样本之间距离的方法。下例给出了一种对二值名义变量的简单距离定义方法。

例 5.1　某机构举办艺术技能培训，从报名者的信息中提取出下列六个变量（括号内为取值）：

x_1：性别（男，女）；x_2：学历（学士，硕士）；x_3：专业（艺术类，非艺术类）；

x_4：职业（教师，非教师）；x_5：技能经历（有，无）；x_6：参与时间（周六，周日）

现有两位报名者：

$$x = (男，学士，艺术类，非教师，无，周日)^{\mathrm{T}}$$

$$y = (女，硕士，非艺术类，非教师，无，周六)^{\mathrm{T}}$$

这两位报名者的第四个变量都取值"非教师"，称为配合的；第一个变量分别取值"男"和"女"，称为不配合的。一般地，若记配合的变量数为 m_1，不配合的变量数为 m_2，则它们之间的距离可定义为

$$d_{ij} = \frac{m_2}{m_1 + m_2}$$

按此定义，本例中样本间距离为 2/3。我们尽可能地采用"真实"距离（式 5.5—5.7）来聚类对象，当项目不能由有意义的 p 维度量来表示时，则根据某些特征的存在与否将各项目重新进行比较（例 5.1），使得相似项目比不相似项目拥有更多的相同特征，即一个特

征是否存在,可以从数学上引进一个二值变量来表示(当特征存在时取 1,当特征不存在时取 0)。

5.2.3 相似系数

在对样本进行 R 型聚类时,常常采用相似系数来度量变量之间的相似性。变量间的这种相似性度量,在一些应用中要看相似系数的大小,而在另一些应用中要看相似系数绝对值的大小。相似系数(或其绝对值)越大,则认为变量间相似程度越高;反之,则越低。聚类时,相似程度高的变量倾向于归为一类,相似程度低的变量归属不同的类。

设第 i 个变量 $x_i = (x_{1i}, x_{2i}, \cdots, x_{pi})^{\mathrm{T}}$ 与第 j 个变量 $x_j = (x_{1j}, x_{2j}, \cdots, x_{pj})^{\mathrm{T}}$ 间的相似系数为 c_{ij},一般要求 c_{ij} 须满足下列条件:

(1) $c_{ij} = \pm 1$,当且仅当 $x_i = a x_j + b$,$a (\neq 0)$ 和 b 是常数。

(2) $|c_{ij}| \leqslant 1$,对任意 i、j 成立。

(3) $c_{ij} = c_{ji}$,对任意 i、j 成立。

最常用的相似系数有以下两种:

1. 夹角余弦

由于变量 x_i 是总体中第 i 个变量在 n 次观测值$(x_{1i}, x_{2i}, \cdots, x_{ni})$上取值,故可视为 R^n 空间上的向量。根据向量间夹角的定义,变量 x_i 与 x_j 的夹角余弦可定义为

$$\cos\theta_{ij} = \frac{\sum_{k=1}^{n} x_{ki} x_{kj}}{\sqrt{\sum_{k=1}^{n} x_{ki}^2 \sum_{k=1}^{n} x_{kj}^2}} \quad (i, j = 1, 2, \cdots, p) \tag{5.8}$$

其中,$\cos\theta_{ij}$ 取值在$[-1, 1]$之间,当 $\cos\theta_{ij} = 1$ 时变量 x_i 与 x_j 完全相似;当 $\cos\theta_{ij} = -1$ 时变量 x_i 与 x_j 完全相异;而当 $\cos\theta_{ij} = 0$ 时变量 x_i 与 x_j 介于以上两种情况之间,存在一定的相似性。

2. 相关系数

变量 x_i 与 x_j 的相关系数可表示为

$$r_{ij} = \frac{\sum_{k=1}^{n} (x_{ki} - \bar{x}_i)(x_{kj} - \bar{x}_j)}{\sqrt{\sum_{k=1}^{n} (x_{ki} - \bar{x}_i)^2 \sum_{k=1}^{n} (x_{kj} - \bar{x}_j)^2}} \quad (i, j = 1, 2, \cdots, p) \tag{5.9}$$

其中,$\bar{x}_i = \frac{1}{n} \sum_{k=1}^{n} x_{ki}$,$\bar{x}_j = \frac{1}{n} \sum_{k=1}^{n} x_{kj}$。可以看到,若数据事先经过标准化处理,则变量间的夹角余弦就是它们的相关系数。一般来说,距离主要用于对样本间相似性的度量,然而有些时候距离同样可以用来度量变量之间的相似性,如可将变量 i 与 j 间的距离定义为 $d_{ij} = 1 - |c_{ij}|$ 或 $d_{ij}^2 = 1 - c_{ij}^2$,也可以借助样本协方差矩阵 $S = (s_{ij})_{p \times q}$,将距离定义为 $d_{ij} = s_{ii} + s_{jj} - 2s_{ij}$。

此外,我们在前面所介绍的主要用于 Q 型聚类分析的明氏距离、马氏距离和兰氏距离

均能类似地被引入到变量相似性的度量中。对于变量 i 的样本数据：$x_i = (x_{1i}, x_{2i}, \cdots, x_{ni})^{\mathrm{T}}$ 和变量 j 的样本数据：$x_j = (x_{1j}, x_{2j}, \cdots, x_{nj})^{\mathrm{T}}$ 而言，它们之间的以上三种距离可分别表示为

$$d_{ij}(q) = \Big[\sum_{k=1}^n |x_{ki} - x_{kj}|^q \Big]^{1/q} \tag{5.10}$$

$$d_{ij}^2(M) = (x_i - x_j)^{\mathrm{T}} S^{-1} (x_i - x_j) \tag{5.11}$$

$$d_{ij}^2(L) = \sum_{k=1}^n \frac{|x_{ik} - x_{jk}|}{x_{ik} + x_{jk}} \tag{5.12}$$

需要注意的是，式(5.11)中的矩阵 $S = (s_{ij})$，其中

$$s_{ij} = \frac{1}{p-1} \sum_{k=1}^p (x_{ki} - \bar{x}_i)(x_{kj} - \bar{x}_j)$$

$$\bar{x}_i = \frac{1}{p} \sum_{k=1}^p x_{ik}, \quad \bar{x}_j = \frac{1}{p} \sum_{k=1}^p x_{jk}$$

本节主要介绍了变量类型为间隔尺度变量时度量样本和变量间相似程度的方法，主要采用统计距离和相似系数两种度量方式，每种方式下又分别给出多种常用计算方法。一般来说，同一批数据采用不同的相似性度量，会得到不同的分类结果。在进行聚类分析的过程中，应根据实际情况选取合适的相似性度量。

5.3 分层聚类方法

分层聚类法(hierarchical clustering method)，也称系统聚类法，是聚类分析诸方法中应用最为广泛的一种，是通过一系列相继的合并或分割来进行的，分为聚集系统法和分割系统法两种，适用于样本数目不是非常大的情形。下面我们以 Q 型聚类分析为例阐述它的基本思想，分层聚类的主要分析思路是：首先定义各样本之间的距离以及类与类之间的距离，并在开始时将每个样本各自作为独立的一类；然后将相互间距离最近的两类合并成一个新类，并计算剩余的其他类与这个新类之间的距离；再接下来根据当前分类下各类之间的距离，将相互间距离最近的两类再聚成一个新类；如此反复计算和合并，每次减少一类，直到所有的样本合为一类。

假设有 N 个待聚类的样本，分层聚类法的具体步骤如下：

（1）把每个样本单独归为一类，初始情况下共有 N 类，计算每两个类之间的距离（即不同样本之间的相似度）。

（2）寻找各个类之间距离最近的两类，把它们归为一类，使类的总数减少一个。

（3）重新计算新生成的类与各个旧类之间的距离（即相似度）。

（4）重复（2）和（3）直到所有样本点都归为一类，结束。

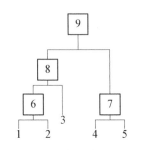

图 5.1 分层聚类法的图例($N=5$)

在上述步骤中,记录每两类样品合并时的编号及合并时的距离,并绘制出相应的谱系图(见图 5.1),实际应用时可以根据需求选取合适的临界水平和类的个数。每次聚类时将相应编号的样品以"Π"形线条相接,因为它很像一张家谱,因此叫作聚类图或谱系图,还可以叫做树形图或聚类树。由图 5.1 可以看到,样本可以分为一类:{1, 2, 3, 4, 5}或者分为两类:{1, 2, 3},{4, 5},或者分为三类:{1, 2},{3},{4, 5}。整个聚类过程其实是建立了一棵树,在建立的过程中,可以在第(2)步设置一个阈值,当最近的两个类的距离大于这个阈值,则终止聚类的迭代过程。另外关键的就是第(3)步,即如何确定两个新类之间的距离(相似度)。注意统计软件可以直接生成并输出树形图。

分层聚类法的聚类原则决定于类间距离的定义方法,例如定义类与类之间的距离为相距最近的两类中样本之间的距离,或者定义类与类之间的距离为两类重心之间的距离等等,类间距离的不同定义就产生了不同的分层聚类法。

本节将主要介绍六种分层聚类方法,即最短距离法、最长距离法、中间距离法、类平均法、重心法以及离差平方和法,另外两种方法即可变法和可变类平均法仅在分层聚类法的统一中略以提及。它们的基本思想与上述思路一致,差别仅在于类与类之间距离的计算方法不同。我们设样本数据仍如表 5.1 所示,用 d_{ij} 表示第 i 个样本与第 j 个样本之间的距离,G_1,G_2,$\cdots$ 表示类,D_{pq} 表示类 G_p 与 G_q 之间的距离,$D_{(i)}$ 表示经过第 i 次聚类后各类间的距离矩阵。在本节介绍的所有方法中,初始时每个样本各成一类,此时类与类间的距离与样本间距离相同(除离差平方和法外),即 $D_{kl} = d_{kl}$,所以初始距离矩阵可以记为 $D_{(0)} = (d_{ij})$。

5.3.1 最短距离法

将类间距离定义为两类中相距最近的样本之间的距离,即将 D_{pq} 定义为

$$D_{pq} = \min_{x_i \in G_p,\, x_j \in G_q} d_{ij} \tag{5.13}$$

这种方法也称为单连接法,它的具体聚类步骤如下:

(1) 每个样本自成一类,计算初始距离矩阵 $D_{(0)} = (d_{ij})$。

(2) 选择 $D_{(0)}$ 中非对角线最小元素,不妨设其为 d_{pq},则将 G_p 与 G_q 聚成一个新类 G_r,即 $G_r = \{G_p, G_q\}$。

(3) 重新计算新类 G_r 与其他任一类 G_k 之间的距离 D_{kr}:

$$D_{kr} = \min\{D_{kp}, D_{kq}\} \ (k \neq p,\, q) \tag{5.14}$$

$D_{(0)}$ 中,G_p 与 G_q 所在的行和列合并成新行与新列,新行和新列上的距离值可由式(5.14)求得,而其他行列上的距离值保持不变,因而可得到新的距离矩阵 $D_{(1)}$。

(4) 对 $D_{(1)}$ 重复(2)和(3),直到所有元素并成一类为止。

最短距离法取两个类中距离最近的两个样本的距离作为这两个类之间的距离,也就是

说,两个最近样本之间的距离越小,就认为这两个类之间的相似度越大,如图 5.2 所示。这种方法虽然操作简单且比较直观也容易理解,但集合中选取的某一个点不能够充分代表这个类的中心位置,两类元素明明从"大局"上离得比较远,只是由于其中个别特殊的点距离很近就被合并

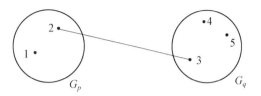

图 5.2 最短距离法的图示

了,显然这种情况下的合并是不够合理的,合并结果可能会是比较松散的一个新类。

例 5.2 设抽取五个样本,每个样本只测得一个指标,它们是 1、2、3.5、7、9。试用最短距离法对五个样本进行分类。

解:用绝对值距离定义样本间距离:$d_{ij} = |x_i - x_j|$ $(i, j = 1, 2, 3, 4, 5)$,则各步聚类分析的距离矩阵 $D_{(i)}$ 的变化过程可表示如下:

$$D_{(0)} = \begin{array}{c} \\ 1 \\ 2 \\ 3 \\ 4 \\ 5 \end{array} \begin{array}{ccccc} 1 & 2 & 3 & 4 & 5 \\ \left[\begin{array}{ccccc} 0 & & & & \\ 1^* & 0 & & & \\ 2.5 & 1.5 & 0 & & \\ 6 & 5 & 3.5 & 0 & \\ 8 & 7 & 5.5 & 2 & 0 \end{array} \right] \end{array} \Rightarrow D_{(1)} = \begin{array}{c} \\ 1,2 \\ 3 \\ 4 \\ 5 \end{array} \begin{array}{cccc} 1,2 & 3 & 4 & 5 \\ \left[\begin{array}{cccc} 0 & & & \\ 1.5^* & 0 & & \\ 5 & 3.5 & 0 & \\ 7 & 5.5 & 2 & 0 \end{array} \right] \end{array}$$

$$\Rightarrow D_{(2)} = \begin{array}{c} 1,2,3 \\ 4 \\ 5 \end{array} \begin{array}{ccc} 1,2,3 & 4 & 5 \\ \left(\begin{array}{ccc} 0 & & \\ 3.5 & 0 & \\ 5.5 & 2^* & 0 \end{array} \right) \end{array} \Rightarrow D_{(3)} = \begin{array}{c} 1,2,3 \\ 4,5 \end{array} \begin{array}{cc} 1,2,3 & 4,5 \\ \left(\begin{array}{cc} 0 & \\ 3.5 & 0 \end{array} \right) \end{array}$$

上述聚类过程可以画成一张树形图,如图 5.3 所示,其中纵坐标为类的编号,横坐标为各类间的距离度量值,从图上看,分两类较为合适,即$\{1, 2, 3\}$和$\{4, 5\}$。当然,具体分为多少类,可以按照实际研究的需求在树形图上进行切割,根据实际需求确定分成几类。

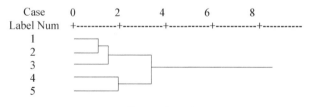

图 5.3 最短距离法的树形图

5.3.2 最长距离法

将类间距离定义为两类中相距最远的样本之间的距离的分层聚类法称为最长距离法或完全连接法。图 5.4 是最长距离法的图示。即将 D_{pq} 定义为

$$D_{pq} = \max_{x_i \in G_p, x_j \in G_q} d_{ij} \tag{5.15}$$

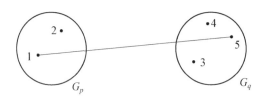

图 5.4 最长距离法的图示

最长距离法的具体步骤与最短距离法的并类步骤完全相同,只是在计算类与类之间距离时所用到的递推公式有所不同,即新类 G_r 与其他任一类 G_k 之间的距离 D_{kr} 表示为

$$D_{pq} = \max\{D_{kp}, D_{kq}\} (k \neq p, q) \tag{5.16}$$

例 5.3 对例 5.2 中的样本 $\{1、2、3.5、7、9\}$ 采用最长距离法进行聚类。

解: 用绝对值距离定义样本间距离,各步聚类分析的距离矩阵的变化过程可表示如下:

$$D_{(0)} = \begin{array}{c} 1 \\ 2 \\ 3 \\ 4 \\ 5 \end{array}
\begin{array}{ccccc} 1 & 2 & 3 & 4 & 5 \\ \begin{bmatrix} 0 & & & & \\ 1^* & 0 & & & \\ 2.5 & 1.5 & 0 & & \\ 6 & 5 & 3.5 & 0 & \\ 8 & 7 & 5.5 & 2 & 0 \end{bmatrix} \end{array}
\Rightarrow D_{(1)} = \begin{array}{c} 1,2 \\ 3 \\ 4 \\ 5 \end{array}
\begin{array}{cccc} 1,2 & 3 & 4 & 5 \\ \begin{bmatrix} 0 & & & \\ 2.5 & 0 & & \\ 6 & 3.5 & 0 & \\ 8 & 5.5 & 2^* & 0 \end{bmatrix} \end{array}$$

$$\Rightarrow D_{(2)} = \begin{array}{c} 1,2 \\ 3 \\ 4,5 \end{array}
\begin{array}{ccc} 1,2 & 3 & 4,5 \\ \begin{pmatrix} 0 & & \\ 2.5^* & 0 & \\ 8 & 5.5 & 0 \end{pmatrix} \end{array}
\Rightarrow D_{(3)} = \begin{array}{c} 1,2,3 \\ 4,5 \end{array}
\begin{array}{cc} 1,2,3 & 4,5 \\ \begin{pmatrix} 0 & \\ 8 & 0 \end{pmatrix} \end{array}$$

上述聚类过程的树形图如图 5.5 所示,该树形图与最短距离法时的树形图(图 5.3)形状类似,但并类的距离更大,仍分为两类为宜。

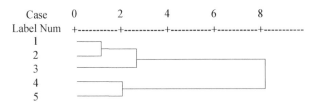

图 5.5 最长距离法的树形图

要注意的是,这里的"最长距离法"和后续介绍的"中间距离法"、"重心法"、"类平均法"、"离差平方和法"等都是用于定义类与类之间距离的,确定合并新类时仍然选择相互间距离最近的两类,需要聚类的两类由上述距离矩阵中带 * 的最短距离对应的两类确定。

对比最长距离法和最短距离法的聚类过程,二者的初始距离矩阵 $D_{(0)}$ 由样本间绝对值距离决定,因此一致;不同之处在于聚成的新类与其他样本间的距离值。以距离矩阵 $D_{(1)}$ 中新类(1,2)与其他样本的距离值为例,最短距离法中该值为距离其他样本较近的样本 2 与其他样本的距离,最长距离法中该值则取决于距离其他样本较远的样本 1 与其他样本的距离。可见,最长距离法是最短距离法的反面极端,取两个集合中距离最远的两个点的距离作为两个类的距离,因此与最短距离法有类似的局限性,其效果却与最短距离法刚好相反。

由于异常值通常出现在 p 维空间的"边远"区域,使得一个类内的异常值常常位于离其他大多样本较远的位置,从而容易造成用最长距离法算出的距离被异常值过分夸大导致严重扭曲的后果。两个类之间的元素即使已经很接近了,但是只要有个别偏远的点存在,这两个集合就很难合并成一个新类。最短距离法和最长距离法对距离(即相似度)的定义方法存在的共性问题就是只考虑了某个数据的特点,而没有考虑类内数据的整体特点。

5.3.3　中间距离法

中间距离法既不取两类最近样本间的距离,也不取两类最远样本间的距离,而是取介于二者中间的距离。中间距离法的聚类步骤与上面两种方法类似,不同之处在于计算由 G_p 与 G_q 所组成的新类 G_r 与其他类 G_k 之间的距离的递推公式如下:

$$D_{kr}^2 = \frac{1}{2}D_{kp}^2 + \frac{1}{2}D_{kq}^2 - \frac{1}{4}D_{pq}^2 \qquad (5.17)$$

式(5.17)有着较为明显的几何意义解释:如图 5.6 所示,考虑由 D_{kp}、D_{kq}、D_{pq} 为边长组成的三角形,同时假设其 3 个"顶点"分别为 G_k、G_p、G_q,则由余弦定理可得边 D_{pq} 上的中线长度的平方 D_{kr}^2 恰可表示为 D_{kp}、D_{kq}、D_{pq} 的表达式 $\frac{1}{2}D_{kp}^2 + \frac{1}{2}D_{kq}^2 - \frac{1}{4}D_{pq}^2$,即取 G_k、G_p、G_q 的"中点"间的距离作为 G_k 和新类 G_r 间的距离。

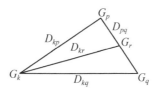

图 5.6　中间距离法的几何表示

中间距离法还可以推广为更一般的情形,将式(5.17)三项的系数依赖于某个参数 $\beta(0 \leqslant \beta \leqslant 1)$,则可将中间距离法的类间距离递推公式推广为

$$D_{kr}^2 = \frac{1-\beta}{2}(D_{kp}^2 + D_{kq}^2) + \beta D_{pq}^2 \qquad (5.18)$$

以式(5.18)计算类间距离的层次聚类方法称为可变法,因此可变聚类法的本质是中间距离法在一般情形下的推广。

例 5.4　对例 5.2 中的样本{1、2、3.5、7、9}采用中间距离法进行聚类。

解:用欧氏距离定义样本间距离,为方便计算,距离矩阵中的类间距离采用平方距离,即 $d_{ij}^2 = D_{ij}^2 = (x_i - x_j)^2 (i, j = 1, 2, 3, 4, 5)$,各步聚类分析的距离矩阵变化过程可表示如下:

$$D_{(0)} = \begin{array}{c} \\ 1 \\ 2 \\ 3 \\ 4 \\ 5 \end{array} \begin{array}{ccccc} 1 & 2 & 3 & 4 & 5 \\ \left[\begin{array}{ccccc} 0 & & & & \\ 1^* & 0 & & & \\ 6.25 & 2.25 & 0 & & \\ 36 & 25 & 12.25 & 0 & \\ 64 & 49 & 30.25 & 4 & 0 \end{array} \right] \end{array} \Rightarrow D_{(1)} = \begin{array}{c} \\ 1,2 \\ 3 \\ 4 \\ 5 \end{array} \begin{array}{cccc} 1,2 & 3 & 4 & 5 \\ \left[\begin{array}{cccc} 0 & & & \\ 4^* & 0 & & \\ 30.25 & 12.25 & 0 & \\ 56.25 & 30.25 & 4^* & 0 \end{array} \right] \end{array}$$

$$\Rightarrow D_{(2)} = \begin{array}{c} 1,2,3 \\ 4,5 \end{array} \begin{array}{cc} 1,2,3 & 4,5 \\ \left(\begin{array}{cc} 0 & \\ 30.25 & 0 \end{array} \right) \end{array}$$

上述聚类过程的树形图如图 5.7 所示。

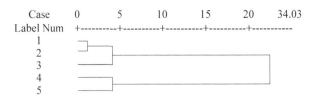

图 5.7　中间距离法的树形图

注意在距离矩阵 $D_{(1)}$ 中类 $(1,2)$ 与类 (3)、类 (4) 和类 (5) 之间的距离均是 4,且为矩阵中最小元素,这种某一步中最小元素不止一个的现象称为结(tie),此时同时对以上两类进行合并加以化简得到 $D_{(2)}$,我们同样可以对上述两对距离相等的类任选一对合并的方法加以处理,最后聚类分析的结果不变。本例中相同的距离出现在不同的两类之间[即类 $(1,2)$ 与类 (3),类 (4) 与类 (5) 的距离相同],某些情形下若在并类之前类 1 与类 2、类 2 与类 3 的距离相等,则通常任选一对先行合并而不是将三个样本同时合并为一类。前一情形中的化简本质是省略了聚类步骤,而后者则强调的是尽量按照两两合并的原则进行聚类。

5.3.4　类平均法

类平均法也称平均连接法,有两种定义:一种是把类与类之间的距离定义为类中所有样品两两之间的平均距离,即定义 G_p 和 G_q 之间的距离为

$$D_{pq} = \frac{1}{n_p n_q} \sum_{x_i \in G_p} \sum_{x_j \in G_q} d_{ij} \tag{5.19}$$

其中, n_p 、 n_q 分别为 G_p 与 G_q 中的样本数, d_{ij} 为 G_p 中的样品 i 与 G_q 中样品 j 之间的距离,容易得到它的一个递推公式

$$D_{kr} = \frac{1}{n_k n_r} \sum_{x_i \in G_k} \sum_{x_j \in G_r} d_{ij}$$

$$= \frac{1}{n_k n_r} \left(\sum_{x_i \in G_k} \sum_{x_j \in G_p} d_{ij} + \sum_{x_i \in G_k} \sum_{x_j \in G_q} d_{ij} \right) = \frac{n_p}{n_r} D_{kp} + \frac{n_q}{n_r} D_{kq} \tag{5.20}$$

如果忽略 n_p 和 n_q 的差异,可以更简单地有

$$D_{kr} = \frac{1}{2}(D_{kp} + D_{kq}) \tag{5.21}$$

上述两个公式定义的系统聚类法可以分别称为加权平均法和平均距离法。

另一种定义方法是将类与类之间的距离平方定义为各类中样本对之间平方距离的平均值,即对于由 G_p 与 G_q 所组成的新类 G_r 与其他类 G_k,它们间的距离可由下式计算

$$D_{pq}^2 = \frac{1}{n_p n_q} \sum_{x_i \in G_p} \sum_{x_j \in G_q} d_{ij}^2 \tag{5.22}$$

其中,n_p、n_q 分别为 G_p 与 G_q 中的样本数,而类平均法的距离计算递推公式为

$$\begin{aligned}
D_{kr}^2 &= \frac{1}{n_k n_r} \sum_{x_i \in G_k} \sum_{x_j \in G_r} d_{ij}^2 \\
&= \frac{1}{n_k n_r} \left(\sum_{x_i \in G_k} \sum_{x_j \in G_p} d_{ij}^2 + \sum_{x_i \in G_k} \sum_{x_j \in G_q} d_{ij}^2 \right) = \frac{n_p}{n_r} D_{kp}^2 + \frac{n_q}{n_r} D_{kq}^2
\end{aligned} \tag{5.23}$$

类平均法中,若考虑类 G_k 与由 G_p 与 G_q 所组成的新类 G_r 的距离不仅与类 G_k 到 G_p 的距离 D_{kp} 以及类 G_k 到 G_q 的距离 D_{kq} 有关,还很可能与组成新类的两个类 G_p 与 G_q 之间的距离有关,如果类 G_p 与 G_q 之间距离过大,可能会影响到类 G_k 与 G_r 之间的距离。在递推公式 (5.23) 中,G_p 与 G_q 的类间距离 D_{pq} 未能得到反映,若将 D_{pq} 引入类平均法的递推公式,则有

$$D_{kr}^2 = (1 - \beta)\left(\frac{n_p}{n_r} D_{kp}^2 + \frac{n_q}{n_r} D_{kq}^2 \right) + \beta D_{pq}^2 \tag{5.24}$$

其中,β 是可变的且 $\beta < 1$,根据上式计算类间距离的层次聚类法又称为可变类平均法,可变类平均法的本质是类平均法在一般情形中的拓展。图 5.8 是类平均法(平均连接法)的图示。

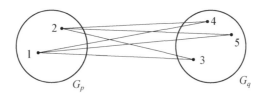

图 5.8　类平均法(平均连接)的图示

类平均法较好地利用了所有样本之间的信息,在很多情况下它被认为是一种比较好的分层聚类法。

例 5.5　对例 5.2 中的样本 {1、2、3.5、7、9} 采用类平均法进行聚类。

解:用欧氏距离定义样本间的距离,为方便计算,距离矩阵中采用平方距离(不影响聚类结果),每次将距离最小的样本合并为一类,使用递推公式重复合并步骤,各步聚类分析的距离矩阵的变化过程可表示如下:

$$D_{(0)} = \begin{array}{c} \\ 1 \\ 2 \\ 3 \\ 4 \\ 5 \end{array} \begin{array}{ccccc} 1 & 2 & 3 & 4 & 5 \\ \left[\begin{array}{ccccc} 0 & & & & \\ 1^* & 0 & & & \\ 6.25 & 2.25 & 0 & & \\ 36 & 25 & 12.25 & 0 & \\ 64 & 49 & 30.25 & 4 & 0 \end{array} \right] \end{array} \Rightarrow D_{(1)} = \begin{array}{c} \\ 1,2 \\ 3 \\ 4 \\ 5 \end{array} \begin{array}{cccc} 1,2 & 3 & 4 & 5 \\ \left[\begin{array}{cccc} 0 & & & \\ 4.25 & 0 & & \\ 30.5 & 12.25 & 0 & \\ 56.5 & 30.25 & 4^* & 0 \end{array} \right] \end{array}$$

$$\Rightarrow D_{(2)} = \begin{array}{c} \\ 1,2 \\ 3 \\ 4,5 \end{array} \begin{array}{ccc} 1,2 & 3 & 4,5 \\ \left(\begin{array}{ccc} 0 & & \\ 4.25^* & 0 & \\ 43.5 & 21.25 & 0 \end{array} \right) \end{array} \Rightarrow D_{(3)} = \begin{array}{c} \\ 1,2,3 \\ 4,5 \end{array} \begin{array}{cc} 1,2,3 & 4,5 \\ \left(\begin{array}{cc} 0 & \\ 36.08 & 0 \end{array} \right) \end{array}$$

为便于理解,以距离矩阵 $D_{(1)}$ 中"30.5"的计算过程对公式应用进行详细说明,其中类 (1)为 $G_p : n_p = 1$,类(2)为 $G_q : n_q = 1$,合并后类(1, 2)为 $G_r : n_r = 2$,G_r 与类(4) $G_k : n_k = 1$ 的距离为

$$D_{(1,2)(4)}^2 = \frac{n_p}{n_r} D_{kp}^2 + \frac{n_q}{n_r} D_{kq}^2 = \frac{1}{2} \times 36 + \frac{1}{2} \times 25 = 30.5$$

同理,距离矩阵 $D_{(3)}$ 中新类 $G_r(1, 2, 3) : n_r = 3$,$G_p(1, 2) : n_p = 2$,$G_q(3) : n_q = 1$,

$$D_{(1,2,3)(4,5)}^2 = \frac{2}{3} \times 43.5 + \frac{1}{3} \times 21.25 = 36.08$$

上述聚类过程的树形图如图 5.9 所示。

图 5.9 类平均法的树形图

5.3.5 重心法

在重心法中,类与类之间的距离定义为它们的重心(均值)之间的平方欧氏距离,设类 G_p 与 G_q 的重心分别为 $\bar{X}_p$ 和 $\bar{X}_q$,则 G_p 与 G_q 之间的距离平方为

$$D_{pq}^2 = d_{\bar{X}_p \bar{X}_q}^2 = (\bar{X}_p - \bar{X}_q)^{\mathrm{T}} (\bar{X}_p - \bar{X}_q) \tag{5.25}$$

合并 G_p 与 G_q 之后新的类 G_r 是

$$\bar{X}_r = \frac{n_p \bar{X}_p + n_q \bar{X}_q}{n_r} \tag{5.26}$$

它是 $\bar{X}_p$ 和 $\bar{X}_q$ 的加权平均,其中 $n_r = n_p + n_q$ 为新类 G_r 的样本个数。

这种系统聚类法称为重心法,它的递推公式为

$$D_{kr}^2 = \frac{n_p}{n_r}D_{kp}^2 + \frac{n_q}{n_r}D_{kq}^2 - \frac{n_pn_q}{n_r^2}D_{pq}^2 \tag{5.27}$$

图 5.10 是重心法的图示。

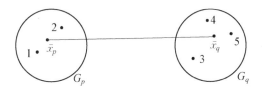

图 5.10　重心法的图示

例 5.6　对例 5.2 中的样本 $\{1、2、3.5、7、9\}$ 采用重心法进行聚类。

解:用欧氏距离定义样本间距离,为方便用式(5.25)、式(5.27)计算类间距离,距离矩阵中采用平方距离值,各步聚类分析的距离矩阵变化过程可表示如下:

$$D_{(0)} = \begin{matrix} & 1 & 2 & 3 & 4 & 5 \\ 1 \\ 2 \\ 3 \\ 4 \\ 5 \end{matrix} \begin{pmatrix} 0 \\ 1^* & 0 \\ 6.25 & 2.25 & 0 \\ 36 & 25 & 12.25 & 0 \\ 64 & 49 & 30.25 & 4 & 0 \end{pmatrix} \Rightarrow D_{(1)} = \begin{matrix} & 1,2 & 3 & 4 & 5 \\ 1,2 \\ 3 \\ 4 \\ 5 \end{matrix} \begin{pmatrix} 0 \\ 4^* & 0 \\ 30.25 & 12.25 & 0 \\ 56.25 & 30.25 & 4^* & 0 \end{pmatrix}$$

$$\Rightarrow D_{(2)} \begin{matrix} & 1,2,3 & 4,5 \\ 1,2,3 \\ 4,5 \end{matrix} \begin{pmatrix} 0 \\ 34.03 & 0 \end{pmatrix}$$

上述聚类过程的树形图如图 5.11 所示:

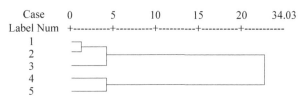

图 5.11　重心法的树形图

在实际数据中异常值往往只占很小的比例,类内的异常值与其余值进行平均后对聚类的影响将会大大削弱。与其他聚类方法相比,重心法在处理异常值方面更为稳健,但是在别的方面不如类平均法和离差平方和法效果好。

因为重心并不能够代表类的一切特征,以图 5.12 的 G_1 和 G_2 两类为例,如果图 5.12 - a 中 G_1 的重心不动,将 G_1 旋转 $90°$,得图 5.12 - b。从直观上看,图 a 中两类的相对关系与

图 b 中的不同,但按重心法计算,图 a 和 b 中 G_1 和 G_2 两类间的距离完全一致,这说明用重心法来代表整个类是不全面的。

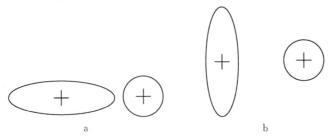

图 5.12　重心法的特例图示

5.3.6　离差平方和法(Ward 方法)

这个方法首先是由沃德(Ward)提出来的,因此许多文献中也将其称作 Ward 方法,其思想来自方差分析,推导过程如下:

设从第一个总体抽取了 n_1 个样本,从第二个总体中抽取了 n_2 个样本,从第 p 个总体中抽取了 n_p 个样品。各总体中抽出的均值分别是 $\bar{X}_1$,$\bar{X}_2$,…,$\bar{X}_p$,即

$$\bar{X}_i = \frac{1}{n_i} \sum_{j=1}^{n_i} x_{ij} \quad i = 1, 2, \cdots, p$$

则各个总体内的离差平方和总和为

$$S = \sum_{i=1}^{P} \sum_{j=1}^{n_i} (x_{ij} - \bar{X}_i)^2$$

各个总体间的离差平方和为

$$B = \sum_{i=1}^{P} n_i (\bar{X}_i - \bar{X})^2$$

其中

$$n = \sum_{i=1}^{P} n_i, \quad \bar{X} = \frac{1}{n} \sum_{i=1}^{P} \sum_{j=1}^{n_i} x_{ij}$$

在第三章方差分析部分已证明如下的平方和分解公式

$$\sum_{i=1}^{P} \sum_{j=1}^{n_i} (x_{ij} - \bar{X})^2 = S + B$$

如果各总体间存在显著差异,各总体间距离 B 应当较大,总体内样本间距离 S 应当较小。将这个思想用到聚类分析中,就是在归类时设法使 S 尽可能地小,相应地 B 尽可能地大。但是在聚类分析中每个 x_{ij} 都是一个 p 维向量,因此在上述公式中形式上略有变化,但总体思想是类似的。类中各样本到类重心(均值)的平方欧氏距离之和称为(类内)离差平方和。设类 G_p 的重心为 $\bar{X}_p$,G_p 中样本元素个数为 n_p,则 G_p 的离差平方和可表示为

$$S_p = \sum_{i=1}^{n_p} (\bar{X}_i - \bar{X}_p)^{\mathsf{T}} (\bar{X}_i - \bar{X}_p) \tag{5.28}$$

离差平方和反映了类内样本的分散程度,因而离差平方和法的基本思想是:如果分类正确,那么同类样品的类内离差平方和应当较小,而类与类之间的离差平方和应当较大。离差平方和法的具体步骤可总结如下:先将 n 个样品各自成一类,此时 $S=0$;然后每次缩并一类,每缩并一类时选择使 S 增量最小的两类合并,直至所有样品归为一类为止。

对类 G_p 和 G_q 而言,如果它们相距较近,则合并为新类 G_r 之后所增加的离差平方和 $S_r - S_p - S_q$ 应该较小,否则应较大。于是我们定义 G_p 和 G_q 之间的平方距离为

$$D_{pq}^2 = S_r - S_p - S_q \tag{5.29}$$

可以验证,D_{pq}^2 可等价地由下式表达

$$D_{pq}^2 = \frac{n_p n_q}{n_r} (\bar{X}_p - \bar{X}_q)^{\mathsf{T}} (\bar{X}_p - \bar{X}_q) \tag{5.30}$$

这种分层聚类方法称为离差平方和法或 Ward 法,这种方法本质上是在每一步合并类时使离差平方和的增量达到最小。要注意的是,不同于前述方法中距离计算公式的多样性,Ward 法中距离的计算公式 5.29 是唯一的(如最大/最小法聚类过程中,可采取绝对值距离或欧氏距离)。由上式给出的距离可以看出,该式与重心法给出的距离只相差一个常数倍数 $\frac{n_p n_q}{n_r}$,换句话说,重心法的类间距离与两类的样本容量大小无关,而离差平方和法的类间距离与两类的样本容量大小有较大关系。

同时我们也不难推导出离差平方和法的类间距离递推公式

$$D_{kr}^2 = \frac{n_k + n_p}{n_r + n_k} D_{kp}^2 + \frac{n_k + n_q}{n_r + n_k} D_{kq}^2 - \frac{n_k}{n_r + n_k} D_{pq}^2 \tag{5.31}$$

为了更深入地理解离差平方和法与重心法之间的区别,将式(5.30)中的系数写为

$$\frac{n_p n_q}{n_r} = \frac{1}{1/n_p + 1/n_q}$$

可见,n_p 和 n_q 越大,$\frac{n_p n_q}{n_r}$ 就越大,因此离差平方和法使得两个容量大的类之间距离较大而不容易合并;相反,两个容量小的类却因为距离较小而易于合并,这往往符合我们对聚类的实际需求。但是相较于重心法,离差平方和法的缺点在于对异常值较敏感,系数 $\frac{n_p n_q}{n_r}$ 往往会将异常值的影响放大许多倍。实际应用中,离差平方和法在许多场合下优于重心法,是一种较好的分层聚类法。

例 5.7 对例 5.2 中的样本 1、2、3.5、7、9 采用离差平方和法进行聚类。

解:用式(5.30)和式(5.31)计算类间距离,各步聚类分析的距离矩阵的变化过程可表示如下:

$$D_{(0)} = \begin{array}{c} 1 \\ 2 \\ 3 \\ 4 \\ 5 \end{array} \begin{pmatrix} \begin{array}{ccccc} 1 & 2 & 3 & 4 & 5 \end{array} \\ 0 \\ 0.5^* & 0 \\ 3.125 & 1.125 & 0 \\ 18 & 12.5 & 6.125 & 0 \\ 32 & 24.5 & 15.125 & 2 & 0 \end{pmatrix} \Rightarrow D_{(1)} = \begin{array}{c} 1,2 \\ 3 \\ 4 \\ 5 \end{array} \begin{pmatrix} \begin{array}{cccc} 1,2 & 3 & 4 & 5 \end{array} \\ 0 \\ 2.667 & 0 \\ 20.167 & 6.125 & 0 \\ 37.5 & 15.125 & 2^* & 0 \end{pmatrix}$$

$$\Rightarrow D_{(2)} = \begin{array}{c} 1,2 \\ 3 \\ 4,5 \end{array} \begin{pmatrix} \begin{array}{ccc} 1,2 & 3 & 4,5 \end{array} \\ 0 \\ 2.667^* & 0 \\ 42.25 & 13.5 & 0 \end{pmatrix} \Rightarrow D_{(3)} = \begin{array}{c} 1,2,3 \\ 4,5 \end{array} \begin{pmatrix} \begin{array}{cc} 1,2,3 & 4,5 \end{array} \\ 0 \\ 40.83 & 0 \end{pmatrix}$$

举例详细说明计算过程：

距离矩阵 $D_{(0)}$ 中，类(1)为 $G_p(n_p=1)$，类(2)为 $G_q(n_q=1)$，$G_r(1,2)$，$n_r=2$，

$$D_{(1)(2)} = \frac{n_p n_q}{n_r}(\bar{X}_p - \bar{X}_q)^{\mathrm{T}}(\bar{X}_p - \bar{X}_q) = \frac{1}{2} \times 1 \times 1 = 0.5$$

距离矩阵 $D_{(3)}$ 中，类(4,5)为 $G_k(n_k=2)$，$G_r = \{G_p, G_q\} = \{(1,2),(3)\}$，$n_r=3$。

$$D_{(1,2,3)(4,5)}^2 = D_{kr}^2 = \frac{n_k + n_p}{n_r + n_k}D_{kp}^2 + \frac{n_k + n_q}{n_r + n_k}D_{kq}^2 - \frac{n_k}{n_r + n_k}D_{pq}^2$$

$$= \frac{4}{5} \times 42.25 + \frac{3}{5} \times 13.5 - \frac{2}{5} \times 2.667 = 40.83$$

上述聚类过程的树形图如图 5.13 所示：

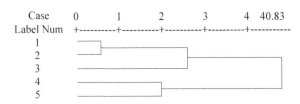

图 5.13　离差平方和法的树形图

5.3.7　分层聚类方法的统一

上面所介绍的六种分层聚类法的聚类步骤及合并规则完全一样,彼此之间的不同之处在于类与类之间距离的定义方式,因而得到不同的计算递推公式。兰斯(Lance)和威廉姆斯(Williams)对上述分层聚类方法给出了统一公式,这样为编制统一的计算程序提供了很大的方便。

与前文类似,假设类 G_p 和 G_q 合并为新类 $G_r = \{G_p, G_q\}$，则新类 G_r 和其他类 $G_k(k \neq p, q)$ 的平方距离为

$$D_{kr}^2 = \alpha_p D_{kp}^2 + \alpha_q D_{kq}^2 + \beta D_{pq}^2 + \gamma |D_{kp}^2 - D_{kq}^2| \tag{5.32}$$

其中，α_p、α_q、β、γ 是参数，上述六种聚类方法有不同的参数取值（详见表 5.2）。此外，表 5.2 还给出了另外两种系统聚类法（分别称为可变法和可变类平均法）的参数取值。

表 5.2 分层聚类法的参数表

方　　法	α_p	α_q	β	γ
最短距离法	1/2	1/2	0	$-1/2$
最长距离法	1/2	1/2	0	1/2
中间距离法	1/2	1/2	$-1/4$	0
可变法	$(1-\beta)/2$	$(1-\beta)/2$	$\beta < 1$	0
重心法	$\dfrac{n_p}{n_r}$	$\dfrac{n_q}{n_r}$	$-\alpha_p \alpha_q$	0
类平均法	$\dfrac{n_p}{n_r}$	$\dfrac{n_q}{n_r}$	0	0
可变类平均法	$(1-\beta)\dfrac{n_p}{n_r}$	$(1-\beta)\dfrac{n_q}{n_r}$	$\beta < 1$	0
离差平方和法	$\dfrac{n_k + n_p}{n_r + n_k}$	$\dfrac{n_k + n_q}{n_r + n_k}$	$-\dfrac{n_k}{n_r + n_k}$	0

注：不同方法初始关于 D_{pq} 的计算公式可能不同。

5.3.8　分层聚类方法的性质

每种聚类方法都适用于不同的应用场景，而具体选择哪种方法要根据数据的实际特征和处理需求而确定。为了能取得较好的聚类效果，有必要对聚类的一些性质有较为清楚的认识，下面介绍分层聚类法的三个性质。

（1）单调性。令 D_i 为系统聚类法中第 i 次并类时的距离，如果一种分层聚类方法能满足 $D_1 \leqslant D_2 \leqslant D_3 \leqslant \cdots$，则称它具有单调性。可以证明，最短距离法、最长距离法、类平均法、离差平方和法、可变法以及可变类平均法都具有单调性，但重心法和中间距离法不具有单调性。这种单调性符合分层聚类法的思想：先合并较相近的类，后合并疏远的类。

（2）空间的浓缩与扩张。从之前的例子中可以看出，对同一个问题采用不同的分层聚类方法时，作出的树形图中并类距离坐标的范围可以相差很大。若以类平均法作为标准，最短距离法和重心法使空间浓缩，最长距离法使空间扩张，可变类平均法根据 β 值的不同可以使空间浓缩或扩张。太浓缩的方法不够灵敏，不容易分辨小的类；而扩张的方法却会将细枝末节的东西都呈现出来，又可能因为灵敏度过高而失真，同时也会干扰我们的注意力。因此浓缩扩张程度较为适中的类平均法在这方面是较为理想的分层聚类法。

（3）最短连接性。假如用某种方法得到了 k 类 G_1、G_2、$\cdots$、G_k，在每一类里作最小支撑树 L_1、L_2、$\cdots$、L_k，如果这些最小支撑树是互不相交的，则称分类具有最短连接性。可以证明最短距离法具有最短连接性，而最长距离法和重心法没有最短连接性。

5.3.9　类的个数

通过系统聚类的步骤进行计算,最终可以得到树状图或聚类谱系图,如何确定最后的类的个数是一个十分困难但又至关重要的问题。在聚类过程中,关于聚类究竟聚成多少类的问题,常常是需要与实际研究需求相结合的,并没有明确的标准。下面介绍几个统计学角度的类别个数确定方法,仅供参考:

1. 给定阈值法

通过观测树形图,给出一个合适的阈值 T,要求聚类结果中类与类之间的距离大于 T,但这种方法主观性较强,可能会出现有些样本归不了类或者自成一类的现象。

2. 散点图观测法

如果只有两三个变量,则可以通过观测数据的散点图来确定类的个数。如果数据是高于三维的向量,则需要考虑每一种聚类结果,将所有样本的前两个费希尔判别函数得分绘制成散点图或螺旋图,从而观测类之间是否分离得好,并确定分类的个数。这种方法能够评估聚类的效果,也有助于判断目前聚类的类别数目是否合适。

3. 统计量法

通过使用统计量来评估聚类效果能够较为精确地求出合适的类别个数,在 SAS 软件中,提供了一些基于方差分析思想(离差平方和层次聚类法也是基于该思想)的统计量来近似检验类个数的选择是否合适。

(1) R^2 统计量。设总样品数为 n,聚类时把所有样品合并成 k 个类 G_1、G_2、$\cdots$、G_k,类 G_i 的样品数和重心分别是 n_i 和 $\bar{x}_i$,$i=1,2,\cdots,k$,则 $\sum\limits_{i=1}^{k} n_i = n$,所有样品的总重心 $\bar{x} = \dfrac{1}{n}\sum\limits_{i=1}^{k} n_i \bar{x}_i$。令 W 为所有样品的总离差平方和

$$W = \sum_{j=1}^{n} (x_j - \bar{x})^{\mathrm{T}}(x_j - \bar{x}) \tag{5.33}$$

令 W_i 为类 G_i 中样品的类内离差平方和

$$W_i = \sum_{j=1}^{n} (x_j - \bar{x}_i)^{\mathrm{T}}(x_j - \bar{x}_i) \tag{5.34}$$

令 P_k 为 k 个类的类内离差平方和之和

$$P_k = \sum_{i=1}^{k} W_i \tag{5.35}$$

则 W 可做如下分解:

$$W = \sum_{j=1}^{n} (x_j - \bar{x})^{\mathrm{T}}(x_j - \bar{x}) = P_k + \sum_{i=1}^{k} n_i (\bar{x}_i - \bar{x})^{\mathrm{T}}(\bar{x}_i - \bar{x}) \tag{5.36}$$

最后,令 $R^2 = 1 - P_k/W = \sum\limits_{i=1}^{k} n_i (\bar{x}_i - \bar{x})^{\mathrm{T}}(\bar{x}_i - \bar{x})/W$。$\dfrac{P_k}{W}$ 值越小,R^2 值越大,表明

类内离差平方和之和在总离差平方和中所占比例越小,也就说明 k 个类分得越开。因此, R^2 统计量可用于评价合并成 k 个类时的聚类效果, R^2 值越大,聚类效果越好。

R^2 的取值范围在 0 与 1 之间,它总是随着分类个数的减少而变小。聚类刚开始时, n 个样品各自为一类,这时 $R^2=1$;当 n 个样品最后合并成一类时 $R^2=0$ 。 一般来说,我们希望类的个数尽可能少,同时 R^2 又保持较大。因此,类个数的进一步减少不应以 R^2 的大幅减少作为代价。假定分为 5 类之前的并类过程 R^2 的减少是缓慢的、变化不大的;分为 5 类时, $R^2=0.70$;而下一次合并后分为 3 类时, R^2 下降许多, $R^2=0.20$ 。 这时我们可以认为分为 5 类是最合适的。

(2)半偏 R^2 统计量。在把类 G_p 和类 G_q 合并为类 G_r 时,定义半偏相关 R^2 统计量:
$$半偏 R^2 = B_{pq}/T$$
其中, $B_{pq}=S_r-(S_p+S_q)$ 为合并类引起的类内离差平方和的增量; S_T 为类 G_T 的类内离差平方和。半偏 R^2 用于评价单次合并效果,其值越大,说明上次合并效果越好。

(3)伪 F 统计量
$$伪 F = \frac{(T-P_k)/(k-1)}{P_k/(n-k)}$$

上式也可写成伪 $F = \frac{n-k}{k-1} \cdot \frac{R^2}{1-R^2}$,其中, $\frac{R^2}{1-R^2}$ 与(1)中 R^2 的作用一样,它也随分类个数 k 的减少而变小。 $\frac{n-k}{k-1}$ 可看作是一个随 k 减小而增大的调整系数,能够使得伪 F 值不随 k 的减少而变小,并且可以直接根据伪 F 值的大小作出判断来确定分几类最为合适。

伪 F 统计量可以用于评价聚类分析分为 k 个类的效果,伪 F 统计量越大,表示聚类分为 k 类是合理的。通常取伪 F 统计量较大而类数小的聚类水平。

(4)伪 t^2 统计量
$$t^2 = B_{pq} \Big/ \left(\frac{(S_p+S_q)}{n_p+n_q-2} \right)$$

伪 t^2 值大表示 G_p 和 G_q 合并成新类 G_r 后,类内离差平方和的增量 D_{pq}^2 相对于原 G_p 和 G_q 两类的类内离差平方和是很大的,这说明被合并的两个类 G_p 和 G_q 是很分开的,也即上一次聚类效果是好的。伪 t^2 统计量是确定类个数的有效指标,但不具有像随机变量 t^2 那样的分布。如果数据是来自多元正态总体的独立样本,且聚类方法将各样品随机分类(仅有理论意义,实践中做不到,这样的聚类没有实际意义),则伪 F 统计量将服从自由度 $p(k-1)$ 和 $p(n-k)$ 的 F 分布(k 为分类个数),伪 t^2 统计量将服从自由度为 p 和 $p(n_p+n_q-2)$ 的 F 分布。

用伪 t^2 统计量评价合并类 G_p 和类 G_q 的效果,该值大说明合并的类 G_p 和类 G_q 是相距较远的,这个合并不成功,应该取合并前的聚类结果。

4. 谱系图法

德米尔曼(Demirmen)于 1972 年提出了根据研究目的来确定恰当的分类方法,并提出了一些根据聚类谱系图来分析的方法和准则。

(1)准则 1:各类重心的距离必须很大。

（2）准则 2：确定的类中，各类所包含的元素不要太多。

（3）准则 3：类的个数必须符合实用目的。

（4）准则 4：若采用不同的聚类方法处理，则在各自的聚类图中应发现相同的类。

目前并没有统一的确定类的个数的方法，以上方法均可参考使用，关键是要具体问题具体分析。一般而言，类的个数可以根据分析结果、相关专业知识和实际需求等因素自行确定，要既有利于统计解释和刻画各类的特征，又有利于制定各类的对策或决策。

5.4 非分层聚类方法

由于分层聚类法的具体过程是在样本间距离矩阵的基础上进行的，故当样本容量很大时，分层聚类方法的计算量可能会很大，将占据大量的计算资源，有时甚至会因计算时间的限制而无法进行。因此，实际应用中对大容量样本进行聚类时，我们需要一种计算量远远小于系统聚类法的聚类方法——非分层聚类分析方法，如动态聚类法（或称逐步聚类法）等。该方法不必确定距离矩阵，在计算机运行中不必存储基本数据，因此同系统聚类法相比，这种方法更适用于大的数据集，而且 n 越大，它的优越性就越明显。此外，不同于系统聚类法对于已经分类的样品不再提供重新分类的机会，动态聚类法允许一个样品从一个类移动到另一个类中。

5.4.1 动态聚类法

动态聚类法的基本思想：首先对研究对象进行粗略分类，然后按照某种最优原则修改不合理的分类，直至类分得比较合理为止，这样就形成一个最终的分类结果。动态聚类法具有计算量较小、方法简单的优点，适用于大样本的 Q 型聚类分析。为了获取对象的初始分类，有时需要先选取一批"凝聚点"，然后让样本向距离最近的凝聚点聚集，这样由凝聚点聚集形成的类，就成为初始分类。动态聚类法的基本步骤如图 5.14 所示。

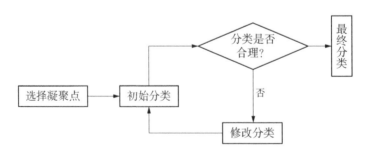

图 5.14 动态聚类法的基本步骤

本节中我们主要介绍动态聚类法中两种比较常用的方法——k 均值法和爬山法。

1. k 均值法

k 均值法由麦奎因（MacQueen）提出，其基本步骤为：

（1）根据具体问题人为地选择将样本分为 k 类。

（2）选择 k 个类的初始中心点（即初始凝聚点），或将所有样本分为 k 个初始类，将这 k 个类的重心（均值）作为初始凝聚点。

（3）对除凝聚点以外的所有样本用判别分析法逐个归类，计算各个样本到 k 个凝聚点的距离，将每个样本归入距离它最近的凝聚点所代表的类。

（4）重新计算各类的重心，选择新的凝聚点。

（5）重复步骤（3）、（4）直到所有的样本都不能再分配为止。

k 均值聚类法最终的分类结果在某种程度上依赖于初始分组或初始种子点的选择。经验显示，聚类过程中的绝大多数重要变化均发生在第一次再分配中。此外，k 均值法很容易受到异常点的影响，比如某个簇内样本在某个维度上的值特别大，这就使得聚簇中心偏向于异常点，从而导致不太好的聚类效果。另外，k 的取值需要事先确定，然而在一些聚类任务上，由于并不知道数据集究竟有多少类别或者分多少类合适，所以很难确定 k 的取值。

例 5.8　（用 k 均值法聚类）假定我们对 A、B、C、D 四个项目分别测量两个变量：x_1 和 x_2，得到如表 5.3 所示的数据：

表 5.3　变量数据

项目	变量	
	x_1	x_2
A	5	3
B	-1	1
C	1	-2
D	-3	-2

我们的目标是将这些项目分成 $k=2$ 个聚类，使每个聚类内部的项目之间的距离比分别属于不同聚类的项目之间的距离小。为了实施 $k=2$ 均值法，我们将这些项目先随意分成两个聚类，比如说 (AB) 和 (CD)，然后计算这两个聚类的中心（均值）的坐标 $(\bar{x}_1, \bar{x}_2)$。

这样，在步骤 1 中我们有如表 5.4 所示的结果：

表 5.4　中心的坐标

聚类	中心的坐标	
	$\bar{x}_1$	$\bar{x}_2$
AB	$\dfrac{5+(-1)}{2}=2$	$\dfrac{3+1}{2}=2$
CD	$\dfrac{1+(-3)}{2}=-1$	$\dfrac{-2+(-2)}{2}=2$

在步骤 2 中，计算每个项目到组中心的欧氏距离，然后将每个项目重新分配给最近的一组。若组中的项目发生了变动，则该组的中心（均值）在进行下一步操作之前要重新计算。先计算 A 到两个聚类的平方距离

$$d^2(A,(AB))=(5-2)^2+(3-2)^2=10$$
$$d^2(A,(CD))=(5+1)^2+(3+2)^2=61$$

由于 A 到 (AB) 的距离小于到 (CD) 的距离,因此 A 不用重新分配。计算 B 到两个聚类的平方距离,我们得到

$$d^2(B,(AB))=(-1-2)^2+(1-2)^2=10$$
$$d^2(B,(CD))=(-1+1)^2+(1+2)^2=9$$

结果 B 应重新分配到聚类 (CD),得到聚类 (BCD)。接下来更新中心的坐标(见表 5.5):

表 5.5 更新中心的坐标

聚类	中心的坐标	
	$\bar{x}_1$	$\bar{x}_2$
A	5	3
BCD	-1	-1

然后再次检查每个项目,以决定是否需要重新分类。计算各平方距离,得出结果(见表 5.6):

表 5.6 项目到聚类中心的平方距离

聚类	项目到聚类中心的平方距离			
	A	B	C	D
A	0	40	41	89
BCD	52	4	5	5

我们看到,现在的每个项目都已被分给具有最近中心(均值)的聚类,因此分类过程到此结束。最终得到的 $k=2$ 个聚类为 (A) 和 (BCD)。

为检查聚类结果的稳定性,应该以新的初始分割重新启动算法。一旦聚类被确定,就可通过对项目表中诸项目的重新排列来对聚类作直观解释:使处于第一个聚类中的项目排在最前面,处于第二个聚类中的项目排在下一个位置,等等。一份列有各聚类中心坐标和每个聚类内部方差的表同样有助于刻画组与组之间的差别。

例 5.9(用 k 均值法对公用事业公司进行聚类)

从某国 22 家公用事业公司中搜集到的 1975 年的数据如表 5.7 所示。试用 k 均值法对这 22 家公司进行聚类。

表 5.7 某国 22 家公用事业公司数据(1975 年)

公司	变量							
	X_1	X_2	X_3	X_4	X_5	X_6	X_7	X_8
1	1.06	9.2	151	54.4	1.6	9 077	0	0.628
2	0.89	10.3	202	57.9	2.2	5 088	25.3	1.555

（续表）

公司	变量							
	X_1	X_2	X_3	X_4	X_5	X_6	X_7	X_8
3	1.43	15.4	113	53.0	3.4	9 212	0.0	1.058
4	1.02	11.2	168	56.0	0.3	6 423	34.3	0.700
5	1.49	8.8	192	51.2	1.0	3 300	15.6	2.044
6	1.32	13.5	111	60.0	2.2	11 127	22.5	1.241
7	1.22	12.2	175	67.6	2.2	7 642	0.0	1.652
8	1.10	9.2	245	57.0	3.3	13 082	0.0	0.309
9	1.34	13.0	168	60.4	7.2	8 406	0.0	0.862
10	1.12	12.4	197	53.0	2.7	6 455	39.2	0.623
11	0.75	7.5	173	51.5	6.5	17 441	0.0	0.768
12	1.13	10.9	178	62.0	3.7	6 154	0.0	1.897
13	1.15	12.7	199	53.7	6.4	7 179	50.2	0.527
14	1.09	12.0	96	49.8	1.4	9 673	0.0	0.588
15	0.96	7.6	164	62.2	0.1	6 468	0.9	1.400
16	1.16	9.9	252	56.0	9.2	15 991	0.0	0.620
17	0.76	6.4	136	61.9	9.0	5 714	8.3	1.920
18	1.05	12.6	150	56.7	2.7	10 140	0.0	1.108
19	1.16	11.7	104	54.0	−2.1	13 507	0.0	0.636
20	1.20	11.8	148	59.9	3.5	7 287	41.1	0.702
21	1.04	8.6	204	61.0	3.5	6 650	0.0	2.116
22	1.07	9.3	174	54.3	5.9	10 093	26.6	1.306

变量定义：X_1：固定费用周转比（收入/债务）；X_2：资本回报率；X_3：每千瓦容量成本；X_4：年载荷因子；X_5：自 1974 年至 1975 年高峰期千瓦时需求增长；X_6：销售量（年千瓦时用量）；X_7：核能所占百分比；X_8：总燃料成本（美分/千瓦时）。

公司代号：1——亚利桑那公共服务公司，2——波士顿爱迪生公司，3——中央路易斯安那电气公司，4——联邦爱迪生公司，5——联合爱迪生公司（纽约），6——佛罗里达电力与电灯公司，7——夏威夷电气公司，8——爱达荷电力公司，9——肯塔基公用事业公司，10——麦迪逊天然气与电力公司，11——内华达电力公司，12——新英格兰电气公司，13——北方电力公司，14——俄克拉荷马天然气与电力公司，15——太平洋天然气与电力公司，16——普盖特桑德电力与电灯公司，17——圣地亚哥天然气与电力公司，18——南方公司，19——得克萨斯公用事业公司，20——威斯康星电力公司，21——联合照明公司，22——弗吉尼亚电气与电力公司。

采用 k 均值法,并对 k 取若干个不同的值。我们把 $k=4$ 和 $k=5$ 时分类结果汇总如表 5.8 和表 5.9 所示。一般来说,特定 k 值的选择并不是明确无误的,应该看到非分层聚类方法在事先不固定聚类数目 k 时也有局限,比如若两个或更多个初始点碰巧处于同一聚类之中,所得到的最终聚类结果会难以区分;或者当存在某个离群值时,至少会产生一个所含项目非常分散(不集中)的聚类。即使知道总体由 k 个类别组成,抽样过程也有可能产生这样的结果:来自最稀疏的一组数据未出现在样本之中,这种情况下,强行将数据分成 k 组会造成某些毫无意义的聚类。

特定 k 值的选择应该依赖于对分类对象的背景知识的了解和基于数据的评估以及解决问题的需要和是否容易进行统计解释等因素。基于数据的评估也包括选择 k 值,以使组间方差相对组内方差达到最大。有关的量度可以是 $|W|/|B+W|$ 和 $\mathrm{tr}(W^{-1}B)$。

表 5.8 $k=4$ 时的聚类结果

聚类	聚类中的公司数	公 司
1	5	爱达荷电力公司(8),内华达电力公司(11),普盖特桑德电力与电灯公司(16),弗吉尼亚电气与电力公司(22),肯塔基公用事业公司(9)
2	6	中央路易斯安那电气公司(3),俄克拉荷马天然气与电力公司(14),南方公司(18),得克萨斯公用事业公司(19),亚利桑那公共服务公司(1),佛罗里达电力与电灯公司(6)
3	5	新英格兰电气公司(12),太平洋天然气与电力公司(15),圣地亚哥天然气与电力公司(17),联合照明公司(21),夏威夷电气公司(7)
4	6	联合爱迪生公司(纽约)(5),波士顿爱迪生公司(2),麦迪逊天然气与电力公司(10),北方电力公司(13),威斯康星电力公司(20),联邦爱迪生公司(4)

聚类中心之间的距离如下:

$$
\begin{array}{c}
\quad\;\; 1 \qquad 2 \qquad 3 \qquad 4 \\
\begin{array}{c} 1 \\ 2 \\ 3 \\ 4 \end{array}
\left[
\begin{array}{cccc}
0 & & & \\
3.08 & 0 & & \\
3.29 & 3.56 & 0 & \\
3.05 & 2.84 & 3.18 & 0
\end{array}
\right]
\end{array}
$$

表 5.9 $k=5$ 时的聚类结果

聚类	聚类中的公司数	公 司
1	5	内华达电力公司(11),普盖特桑德电力与电灯公司(16),爱达荷电力公司(8),弗吉尼亚电气与电力公司(22),肯塔基公用事业公司(9)
2	6	中央路易斯安那电气公司(3),得克萨斯公用事业公司(19),俄克拉荷马天然气与电力公司(14),南方公司(18),亚利桑那公共服务公司(1),佛罗里达电力与电灯公司(6)

（续表）

聚类	聚类中的公司数	公　　司
3	5	新英格兰电气公司(12)，太平洋天然气与电力公司(15)，圣地亚哥天然气与电力公司(17)，联合照明公司(21)，夏威夷电气公司(7)
4	2	联合爱迪生公司(纽约)(5)，波士顿爱迪生公司(2)
5	4	联邦爱迪生公司(4)，麦迪逊天然气与电力公司(10)，北方电力公司(13)，威斯康星电力公司(20)

聚类中心之间的距离如下：

$$
\begin{array}{c}
\quad\quad 1 \quad\quad 2 \quad\quad 3 \quad\quad 4 \quad\quad 5 \\
\begin{array}{c} 1 \\ 2 \\ 3 \\ 4 \\ 5 \end{array}
\begin{bmatrix}
0 & & & & \\
3.08 & 0 & & & \\
3.29 & 3.56 & 0 & & \\
3.63 & 3.46 & 2.63 & 0 & \\
3.18 & 2.99 & 3.81 & 2.89 & 0
\end{bmatrix}
\end{array}
$$

$k=5$ 时，八个变量按组间方差与组内方差之比从大到小的顺序排列。我们有

$$
F=\frac{\text{聚类间核能百分比的均方}}{\text{聚类内核能百分比的均方}}=\frac{3.335}{0.255}=13.1
$$

可见不同聚类的公司之间的核能百分比方差很大，而同一聚类内部的公司其核能百分比的方差很小，燃料成本和年销售额在区分聚类方面看来也有某种重要性。回顾五个聚类中的公司可以看到，k 均值法给出的结果一般与平均连接分层法的结果一致：具有相同地理位置的公司聚集在一起，处于同一聚类中的公司其核能百分比大致相同。

正如我们在全书一直强调的那样，在聚类过程中评价单个变量的重要性时一定要小心，这种评价必须从多元的角度判断。所有变量（多元观测值）决定各个聚类均值和各个项目的归属。此外，度量个别变量重要性的描述性统计量的值是聚类个数及最终聚类结构的函数，在得出结果之后，有些描述性量度可能有助于评估聚类方法是否有效。

2. 爬山法

爬山法的一般步骤是：

（1）定义一个分类目标函数 E。

（2）给出初始分类。

（3）将样品依次归入能使函数 E 为最小的那一类。

（4）重复(3)直至分类稳定。

爬山法也有许多算法，它们的区别主要表现在选取的分类函数 E 不同，以下介绍常用分类函数 E 的推导。

设 n 个样本分成了 K 类，$G_1,\cdots,G_K$，用 x_{it} 表示 G_i 中的第 t 个样品，n_i 是 G_i 中的样品数，$\bar{x}_i$ 是 G_i 的重心，$\bar{x}$ 是全体样品的重心，则 G_i 中样品的离差矩阵为

$$W_t = \sum_{i=1}^{n_t} (X_{it} - \bar{X}_t)(X_{it} - \bar{X}_t)^{\mathrm{T}}$$

总的类内离差矩阵

$$W = \sum_{t=1}^{K} W_t = \sum_{t=1}^{K} \sum_{i=1}^{n_t} (X_{it} - \bar{X}_t)(X_{it} - \bar{X}_t)^{\mathrm{T}}$$

类内离差矩阵

$$B = \sum_{t=1}^{N} n_t (\bar{X}_t - \bar{X})(\bar{X}_t - X)^{\mathrm{T}}$$

所有样品的离差矩阵

$$T = \sum_{t=1}^{K} \sum_{i=1}^{n_r} (X_{it} - \bar{X})(X_{it} - \bar{X})^{\mathrm{T}}$$

常用的分类函数基本建立在这几个离差矩阵的基础上,下面列举常用的三个:

(1) 类内平方和:$E_1 = \mathrm{tr}(W)$。

(2) Wilks 比:$E_2 = \dfrac{|T|}{|W|} = |I + W^{-1}B|$。

(3) Hotelling 迹准则:$E_3 = \mathrm{tr}(W^{-1}B)$。

5.4.2　有序样品的聚类

在实际中有时会要求样品分类时不打乱样品次序,这类问题统称为有序样品的聚类,可采用最优分段法等方法进行分类。

在 n 个样本中,如果要求同类的样本必须是互相邻接的,那么类一定是这样的形式:$\{X_i, X_{i+1}, \cdots, X_{i+k}\}$。 费希尔在 1958 年提出一种方法,可以求得有序数据分类的精确最优解,该方法被称为最优分段法,主要步骤如下:

(1) 定义类的直径。对于某一类 $G\{X_i, X_{i+1}, \cdots, X_{i+k}\}$,定义其直径

$$D(i, i+k) = \sum_{t=i}^{i+k} (X_t - \bar{X}_G)^{\mathrm{T}}(X_t - \bar{X}_G)$$

其中,$\bar{X}_G = \dfrac{1}{k+1} \sum_{t=i}^{i+k} X_t$。

(2) 定义分类的损失函数。用 $b(n, k)$ 表示将 n 个有序样品分为 k 类的某一种分类法,设 $G_t = \{X_{it}, X_{it+1}, \cdots, X_{it+1} - 1\}$,$t = 1, 2, \cdots, k-1$。 $G_k = \{i_k, i_{k+1}, \cdots, n\}$,其中分点为 $1 = i_1 < i_2 < \cdots < i_k < n = i_{k+1} - 1$。 则该分类法的损失函数为

$$L[b(n, k)] = \sum_{t=1}^{k} D(i_t, i_{t+1} - 1)$$

(3) 寻求分类使得各类离差平方和最小。当 n、k 固定时,损失函数 $L[b(n, k)]$ 越小表示各类的离差平方和越小,分类是合理的。因此目标为寻找一种分类法使得分类损失函数 L 最小,该思想与极大似然估计类似,记 $P(n, k)$ 为最优分类法。

费希尔算法递推公式为

$$L[b(n,2)]=\min_{2\leqslant j\leqslant n}\{D(1,j-1)+D(j,n)\}$$

$$L[b(n,k)]=\min_{k\leqslant j\leqslant n}\{L[P(j-1,k-1)]+D(j,n)\}$$

5.5　实例分析与统计软件 SPSS 应用

下面我们根据 2010 年全国及各省、自治区、直辖市的有关劳动统计数据，应用 SPSS 软件对全国不同地区的工资水平进行聚类分析，分别采用分层聚类法和 k 均值聚类法对软件分析过程进行说明。

数据来源和描述：该数据集来源于《2011 年中国劳动统计年鉴》，记录了全国 31 个省市（港澳台除外）各行业的平均工资水平状况。其中行业划分为 19 个主要行业，这 19 个行业包括农林牧渔业、采矿业、制造业、电力、燃气及水的生产和供应业、建筑业等，具体数据格式如图 5.15 所示。

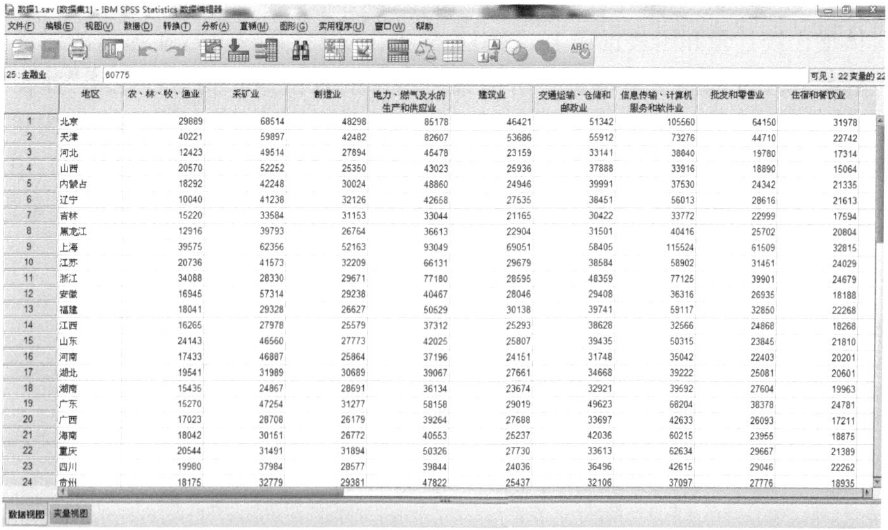

	地区	农、林、牧、渔业	采矿业	制造业	电力、燃气及水的生产和供应业	建筑业	交通运输、仓储和邮政业	信息传输、计算机服务和软件业	批发和零售业	住宿和餐饮业
1	北京	29889	68514	48298	85178	46421	51342	105560	64150	31978
2	天津	40221	59897	42482	82607	53686	55912	73276	44710	22742
3	河北	12423	49514	27894	45478	23159	33141	38840	19780	17314
4	山西	20570	52252	25350	43023	25936	37888	33916	18890	15064
5	内蒙古	18292	42248	30024	48860	24946	39991	37530	24342	21335
6	辽宁	10040	41238	32126	42658	27535	38451	56013	28616	21613
7	吉林	15220	33584	31153	33044	21165	30422	33772	22999	17594
8	黑龙江	12916	39793	26764	36613	22904	31501	40416	25702	20804
9	上海	39575	62356	52163	93049	69051	58405	115524	61509	32815
10	江苏	20736	41573	32209	66131	29679	38584	58902	31461	24029
11	浙江	34088	28330	29671	77180	28595	48359	77125	39901	24679
12	安徽	16945	57314	29238	40467	28046	29408	36316	26935	18188
13	福建	18041	29328	26627	50629	30138	39741	59117	32850	22268
14	江西	16265	27978	25579	37312	25293	38628	32566	24868	18268
15	山东	24143	46560	27773	42025	25807	39435	50315	23845	21810
16	河南	17433	46887	25864	37196	24151	31748	35042	22403	20201
17	湖北	19541	31989	30689	39067	27661	34668	39222	25081	20601
18	湖南	15435	24867	28691	36134	23674	32921	39592	27604	19963
19	广东	15270	47254	31277	58158	29019	49623	68204	38378	24781
20	广西	17023	28708	26179	39264	27688	33697	42633	26093	17211
21	海南	18042	30151	26772	40553	25237	42036	60215	23955	18875
22	重庆	20544	31491	31894	50326	27730	33613	62634	29667	21389
23	四川	19980	37984	28577	39844	24036	36496	42615	29046	22262
24	贵州	18175	32779	29381	47822	25437	32106	37097	27776	18935

图 5.15　各地区分行业工资水平数据

5.5.1　实验分析过程（分层聚类法）

我们将对上述数据分别采用分层聚类法（系统聚类法）、k 均值聚类法开展聚类分析。首先采用系统聚类法，在数据编辑窗口的主菜单依次选择“分析”、“分类”、“系统聚类”，如图 5.16 所示。

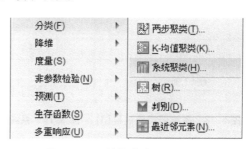

图 5.16　系统聚类法过程(1)

在"系统聚类分析"对话框中,我们将除"地区"外的其他变量选入"变量"框;将"地区"选入"标注个案"框作为标示各个样本的变量;在"聚类"复选框中选择"个案";在"输出"复选框中勾选"统计量"和"图",如图 5.17 所示。

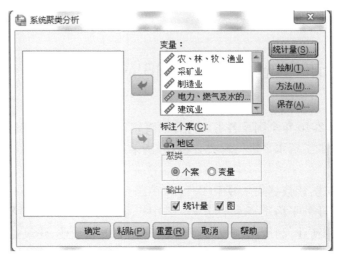

图 5.17 系统聚类法过程(2)

在具体输出统计量和图表选项上,我们首先点击"统计量"按钮,在弹出的对话框(见图5.18)中选择"合并进程表"(显示每一阶段聚类结果的表格)和"相似性矩阵"并在"聚类成员"复选框中选择"无";在"绘制"按钮弹出的对话框(见图 5.19)中,我们选择"树状图"并在"冰柱"复选框中选择"所有聚类";最后,在"方法"按钮弹出的对话框(见图 5.20)中,我们选择"聚类方法"为"组间联接",选择"度量标准"为"平方 Euclidean 距离",并对变量进行标准化变换(选择"全距从 0 到 1")。

图 5.18 系统聚类法过程(3)   图 5.19 系统聚类法过程(4)   图 5.20 系统聚类法过程(5)

5.5.2 实验结果描述(分层聚类法)

图 5.21 显示的是用平方欧氏距离计算的相似性矩阵表,其中的数值表示各个样本之间的相似系数,数值越大,表示两样本距离越大。

Case	1:北京	2:天津	3:河北	4:山西	5:内蒙古	6:辽宁	7:吉林	8:黑龙江	9:上海	10:江苏	11:浙江	12:安徽	13:福建	14:江西	15:山东	16:河南	17:湖北
1:北京	.000	2.157	10.149	11.903	7.753	7.655	11.489	10.271	.756	4.472	3.483	9.610	7.063	11.247	7.390	10.073	8.915
2:天津	2.157	.000	6.761	7.716	4.909	4.981	7.861	7.280	2.107	2.360	1.671	6.453	4.373	7.414	4.580	6.660	5.734
3:河北	10.149	6.761	.000	.639	.540	.513	.693	.266	12.411	1.854	4.338	.388	.863	.658	.501	.335	.441
4:山西	11.903	7.716	.639	.000	1.368	1.000	.440	.571	14.243	3.192	5.554	.400	1.708	.470	.987	.423	.746
5:内蒙古	7.753	4.909	.540	1.368	.000	.508	1.335	.570	9.327	.942	2.462	.882	.420	.977	.220	.745	.543
6:辽宁	7.655	4.981	.513	1.000	.508	.000	.647	.381	9.749	1.122	2.983	.534	.445	.594	.379	.442	.277
7:吉林	11.489	7.861	.693	.440	1.335	.647	.000	.335	14.101	2.822	5.271	.408	1.372	.231	1.009	.299	.335
8:黑龙江	10.271	7.280	.266	.571	.570	.381	.335	.000	12.623	2.051	4.329	.315	.802	.326	.487	.219	.246
9:上海	.756	2.107	12.411	14.243	9.327	9.749	14.101	12.623	.000	5.706	3.983	12.000	8.616	13.520	9.197	12.504	10.967
10:江苏	4.472	2.360	1.854	3.192	.942	1.122	2.822	2.051	5.706	.000	.841	2.076	.637	2.482	.949	2.026	1.419
11:浙江	3.483	1.671	4.338	5.554	2.462	2.983	5.271	4.329	3.983	.841	.000	4.547	1.814	4.521	2.459	4.369	3.324
12:安徽	9.610	6.453	.388	.400	.882	.534	.408	.315	12.000	2.076	4.547	.000	1.125	.576	.584	.147	.418
13:福建	7.063	4.373	.863	1.708	.420	.445	1.372	.802	8.616	.637	1.814	1.125	.000	.889	.378	.869	.451
14:江西	11.247	7.414	.658	.470	.977	.594	.231	.326	13.520	2.482	4.521	.576	.889	.000	.746	.302	.258
15:山东	7.390	4.580	.501	.987	.220	.379	1.009	.487	9.197	.949	2.459	.584	.378	.746	.000	.444	.309
16:河南	10.073	6.660	.335	.423	.745	.442	.299	.219	12.504	2.026	4.369	.147	.869	.302	.444	.000	.239
17:湖北	8.915	5.734	.441	.746	.543	.277	.335	.246	10.967	1.419	3.324	.418	.451	.258	.309	.239	.000
18:湖南	10.169	6.933	.626	.795	.823	.412	.221	.243	12.492	2.013	3.999	.553	.658	.123	.623	.286	.124
19:广东	3.591	2.396	2.232	3.356	1.285	1.165	3.091	2.288	5.084	.473	1.224	2.347	.977	2.712	1.170	2.344	1.748
20:广西	10.085	6.689	.605	.552	.906	.451	.205	.289	12.336	2.005	3.931	.440	.682	.115	.622	.279	.153
21:海南	9.450	5.855	.879	.691	.892	.399	.516	.548	11.350	1.815	3.252	.744	.600	.288	.620	.530	.358
22:重庆	7.262	4.587	.719	1.278	.681	.298	.781	.579	9.153	.909	2.374	.752	.330	.724	.387	.631	.212
23:四川	7.949	5.323	.591	.885	.616	.296	.514	.328	10.144	1.308	3.070	.461	.540	.479	.290	.345	.122
24:贵州	10.598	7.104	.601	.420	.991	.581	.188	.303	12.844	2.353	4.424	.386	.911	.178	.773	.268	.270
25:云南	11.176	7.490	.791	.437	1.266	.674	.143	.436	13.570	2.663	4.673	.607	1.135	.158	1.020	.467	.378
26:西藏	5.557	3.595	2.291	4.035	1.220	1.686	3.427	2.405	6.822	.581	1.149	2.916	.776	2.855	1.361	2.636	1.823

图 5.21 样本间的相似性矩阵

图 5.22 显示的是系统聚类法的合并进程表,图中详细描述了每一步距离的具体过程(哪两个类合并成新类及二者之间的相关系数)。

Stage	Cluster Combined		Coefficients	Stage Cluster First Appears		Next Stage
	Cluster 1	Cluster 2		Cluster 1	Cluster 2	
1	18	20	.092	0	0	2
2	14	18	.119	0	1	7
3	17	23	.122	0	0	9
4	24	25	.122	0	0	6
5	16	28	.122	0	0	8
6	7	24	.166	0	4	7
7	7	14	.188	6	2	15
8	12	16	.192	0	5	16
9	17	22	.210	3	0	12
10	5	15	.220	0	0	13
11	3	8	.266	0	0	16
12	17	27	.267	9	0	14
13	5	29	.283	10	0	21
14	6	17	.337	0	12	18
15	7	21	.341	7	0	17
16	3	12	.343	11	8	17
17	3	7	.448	16	15	20
18	6	13	.457	14	0	21
19	10	19	.473	0	0	26
20	3	4	.509	17	0	23
21	5	6	.510	13	18	23
22	30	31	.544	0	0	24
23	3	5	.692	20	21	24
24	3	30	.752	23	22	29
25	1	9	.756	0	0	28
26	10	26	.803	19	0	27

图 5.22 合并进程表

　　图 5.23、图 5.24 是最终的聚类分析结果描述（冰柱图和树状聚类图），从图中可以看出将样本划分为若干类的最终结果。

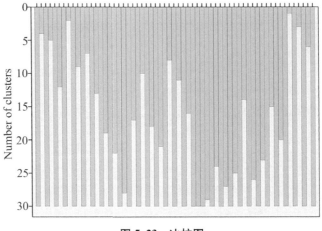

图 5.23　冰柱图

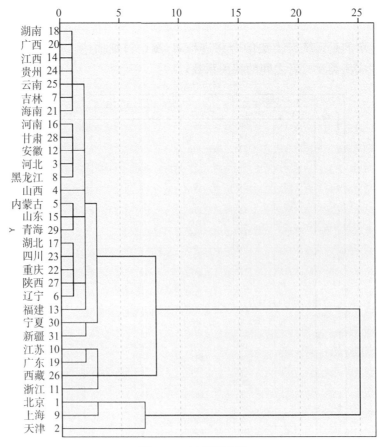

图 5.24　树状聚类图

表 5.10 列举了通过组间联接法将不同地区按照工资水平进行聚类的结果。按照聚类分析习惯,分别讨论聚类为两类、三类、四类的情况。从上表可以清楚看出,若将地区聚为两类,则北京、上海、天津为一类,剩下的城市为第二类。而在分为三类的时候,西藏地区被分为第二类,可能是由于西藏地区物价和人工成本均较高,因此相应的工资水平也应当较高。在分为四类的时候,天津地区被聚为第二类,高于江苏、广东、西藏和浙江地区。

表 5.10 聚类分析结果

	分类	城市
两类	第一类	北京、上海、天津
	第二类	其他地区
三类	第一类	北京、上海、天津
	第二类	江苏、广东、西藏、浙江
	第三类	其他地区
四类	第一类	北京、上海
	第二类	天津
	第三类	江苏、广东、西藏、浙江
	第四类	其他地区

5.5.3 实验分析过程(k 均值聚类法)

下面我们继续讨论采用 k 均值法对样本进行聚类的具体过程。与系统聚类法类似,在数据编辑窗口的主菜单依次选择"分析"、"分类"、"k 均值聚类",如图 5.25 所示。在随后弹出的对话框中将变量依次选入右边的"变量"和"个案标记依据"框内,步骤与系统聚类法类似,在"方法"选项卡中选择"仅分类",在初始分类数空框中填"3",即假设将样本最终分为 3类,其余设置均按系统默认选择,具体过程如图 5.26 所示。

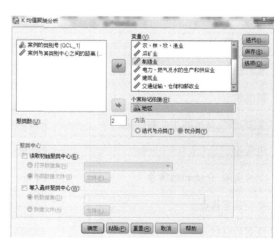

图 5.25 k 均值聚类法过程(1)

图 5.26 k 均值聚类法过程(2)

在具体输出统计量和图表选项上,点击"迭代"按钮,对弹出的对话框(见图5.27)按系统默认设置处理;点击"保存"按钮,在"聚类成员"和"与聚类中心的距离"选项卡中打钩(见图5.28);点击"选项"按钮,分别勾选"初始聚类中心"、"每个个案的聚类信息"、"按列表排除个案"(见图5.29)。

图5.27 k均值聚类法过程(3)

图5.28 k均值聚类法过程(4)

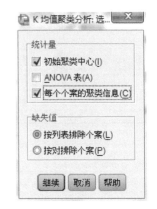
图5.29 k均值聚类法过程(5)

5.5.4 实验结果描述(k均值聚类法)

由于最初分类个数(初始凝聚点个数)选为3,所以最后的k均值聚类结果也为3类:第一类为北京、上海;第二类为天津、江苏、浙江、广东;第三类为其他地区。其中第一类平均工资水平最高,第二类次之,第三类工资水平最低。与系统聚类法的最终结果相比,k均值聚类法的结果基本相同,表明二者结果的相对一致性。表5.11显示了各样本最终的分类情况和相对于各类别中心的距离,表5.12显示的是最终的3个类别中聚类中心的各指标数值。

表5.11 聚类中心的各指标数值

	聚类		
	1	2	3
农、林、牧、渔业	34 732	26 111	18 233
采矿业	65 435	40 674	39 889
制造业	72 474	51 385	31 357
电力、燃气及水的生产和供应业	89 114	65 060	42 323
建筑业	49 560	42 804	27 007
交通运输、仓储和邮政业	54 874	46 302	36 006
批发和零售业	62 830	38 780	25 744
住宿和餐饮业	32 397	23 664	19 325

（续表）

	聚类		
	1	2	3
金融业	160 203	89 405	50 474
租赁和商务服务业	62 350	32 026	25 956
科学研究、技术服务和地质勘查业	85 678	66 157	40 413
居民服务和其他服务业	31 426	33 494	25 331
教育	67 444	55 005	35 274
卫生、社会保障和社会福利业	71 826	53 919	33 740
公共管理和社会组织	64 377	59 888	33 704

表 5.12 各样本的聚类分析结果

聚类成员				聚类成员			
案例号	地区	聚类	距离	案例号	地区	聚类	距离
1	北京	1	0.000	17	湖北	3	30 686.209
2	天津	2	54 220.829	18	湖南	3	29 112.596
3	河北	3	30 020.188	19	广东	2	47 488.599
4	山西	3	23 223.140	20	广西	3	36 656.209
5	内蒙古	3	38 502.394	21	海南	3	51 352.605
6	辽宁	3	46 512.232	22	重庆	3	58 007.923
7	吉林	3	18 949.324	23	四川	3	39 254.615
8	黑龙江	3	24 429.317	24	贵州	3	34 348.455
9	上海	1	38 160.994	25	云南	3	35 315.267
10	江苏	2	47 989.764	26	西藏	2	53 360.056
11	浙江	2	0.000	27	陕西	3	34 492.462
12	安徽	3	25 802.671	28	甘肃	3	0.000
13	福建	3	63 115.850	29	青海	3	43 063.629
14	江西	3	21 747.270	30	宁夏	3	45 345.899
15	山东	3	42 831.980	31	新疆	3	35 727.828
16	河南	3	16 315.309				

5.6 实例分析与 Python 应用

本节我们依然沿用之前的鸢尾花案例数据,运用 Python 软件对四个鸢尾花特征进行聚类分析。

1. Python 代码

在 Python 中我们输入以下代码。

```
import numpy as np
import matplotlib. pyplot as plt
from sklearn. cluster import KMeans
from sklearn import datasets
from hopkins import hopkins
import pandas as pd
from sklearn. metrics import silhouette_score
from scipy. spatial. distance import cdist
iris = datasets. load_iris()
X = iris. data
#聚类趋势
H = hopkins(pd. DataFrame(X))
print(H)
#聚类簇数
K=range(2,20)
score=[]
for k in K:
    kmeans=KMeans(n_clusters=k)
    kmeans. fit(X)
    score. append(silhouette_score(X,kmeans. labels_,metric='euclidean'))
plt. plot(K,score,'r * −')
plt. show()
K=range(1, 20)
sse_result=[]
for k in K:
    kmeans=KMeans(n_clusters=k)
    kmeans. fit(X)
sse_result. append(sum(np. min(cdist(X, kmeans. cluster_centers_, 'euclidean'),
axis=1))/X. shape[0])
```

```
plt. plot(K, sse_result, 'gx—')
plt. show()
#可视化
kmeans = kmeans=KMeans(n_clusters=3)
kmeans. fit(X)
label = kmeans. labels_
plt. scatter(X[:,0],X[:,1],c = label)
plt. xlabel('Sepal. Length')
plt. ylabel('Sepal. Width')
plt. show()
#层次聚类
from sklearn. preprocessing import normalize
X_scaled = normalize(X)
import scipy. cluster. hierarchy as shc
plt. figure(figsize=(10,7))
plt. title("Dendrograms")
dend = shc. dendrogram(shc. linkage(X_scaled,method='ward'))
plt. figure(figsize=(10,7))
plt. title("Dendrograms")
dend = shc. dendrogram(shc. linkage(X_scaled,method='ward'))
plt. axhline(y=0. 5,color='r',linestyle='--')
from sklearn. cluster import AgglomerativeClustering
cluster = AgglomerativeClustering(n_clusters = 3, affinity = 'euclidean', linkage =
'ward')
cluster. fit_predict(X_scaled)
plt. figure(figsize=(10,7))
plt. scatter(X[:,0],X[:,1],c=cluster. labels_)
```

2. 结果分析

我们首先对数据进行描述性分析,如图 5.30 所示。

```
In [106]: data.frame.describe()
Out[106]:
       sepal length (cm)  sepal width (cm)  petal length (cm)  \
count        150.000000        150.000000         150.000000
mean           5.843333          3.057333           3.758000
std            0.828066          0.435866           1.765298
min            4.300000          2.000000           1.000000
25%            5.100000          2.800000           1.600000
50%            5.800000          3.000000           4.350000
75%            6.400000          3.300000           5.100000
max            7.900000          4.400000           6.900000

       petal width (cm)      target
count        150.000000  150.000000
mean           1.199333    1.000000
std            0.762238    0.819232
min            0.100000    0.000000
25%            0.300000    0.000000
50%            1.300000    1.000000
75%            1.800000    2.000000
max            2.500000    2.000000
```

图 5.30　数据描述性统计

（1）聚类趋势判断。使用 Hopkins 统计量判断样本中是否存在可聚类的非随机结构。当该值位于 0.5 以下时，说明数据不具有统计意义上的集群。当该值等于 0.5 时，意味着数据均匀分布。当该值大于 0.7 时，表示聚类趋势较强。

由图 5.31 可知 Hopkins 统计量大于 0.7，可以继续聚类。

图 5.31　Hopkins 值

（2）K-Means 聚类簇数判断。分别使用轮廓系数和肘部法则进行判断，如图 5.32、图 5.33 所示：

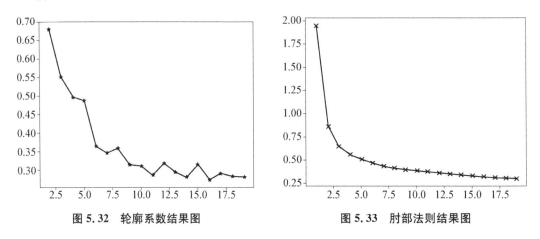

图 5.32　轮廓系数结果图　　　　　　　　　图 5.33　肘部法则结果图

由图示结果可知，按照轮廓系数的判断结果为 2 类，肘部法则的判断结果为 3 类。

（3）K-Means 聚类及可视化。假设聚成三类，将聚类结果可视化，如图 5.34 所示：

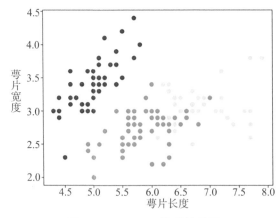

图 5.34　K-Means 聚类结果图

而实际的三类花朵的可视化结果如图 3.35 所示：

聚类的结果比较接近真实的结果，但仍有差异。我们首先画出层次聚类图（见图 5.36），判断合适的聚类分割点。

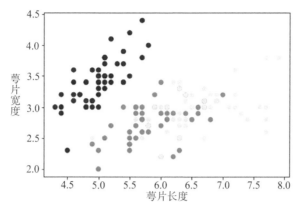

图 5.35　实际聚类结果图

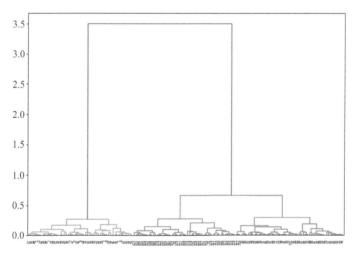

图 5.36　层次聚类图(系统树图)

我们选择 0.5 作为分割点(见图 5.37)。

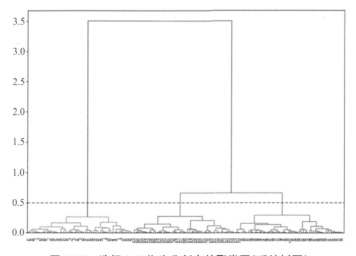

图 5.37　选择 0.5 作为分割点的聚类图(系统树图)

　　我们将聚类结果可视化,如图 5.38 所示,其聚类效果与真实情况非常接近。

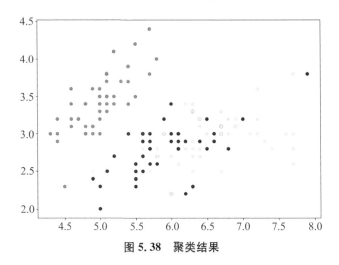

图 5.38　聚类结果

5.7　实例分析与 R 语言应用

　　本节我们使用 R 语言对全国区域经济进行聚类分析,根据 1998 年 16 个反映经济发展的指标 x_1:人均 GDP(元);x_2:第三产业占 GDP 的比重(%);x_3:商品出口依存度(%);x_4:研究与开发占 GDP 的比重(%);x_5:工业化进程;x_6:人均财政教育经费(元);x_7:人口自然增长率(%);x_8:城镇人口比重(%);x_9:信息化综合指数(%);x_{10}:城镇居民恩格尔系数(%);x_{11}:城镇人均房屋使用面积(平方米);x_{12}:平均每名医生服务人口(人);x_{13}:"三废"处理治理达标率(%);x_{14}:耕地垦殖指数(%);x_{15}:城市人均公共绿地面积(平方米);x_{16}:污染治理项目投资占 GDP 比重(%)。数据如图 5.39 所示。

　　1. R 语言代码

Chapter5＝read. table("clipboard",header＝T);Chapter5　　♯ 先将数据从 Excel 的 Chapter5 中复制,后在 Rstudio 中执行此代码

```
summary(Chapter5)
♯系统聚类法
Z＝scale(Chapter5)    ♯数据标准化
hc＝hclust(dist(Z))
plot(hc);rect. hclust(hc,2);cutree(hc,2)    ♯分2类
plot(hc);rect. hclust(hc,3);cutree(hc,3)    ♯分3类
plot(hc);rect. hclust(hc,4);cutree(hc,4)    ♯分4类
plot(hc);rect. hclust(hc,5);cutree(hc,5)    ♯分5类
♯ kmenas 聚类法
```

	X1	X2	X3	X4	X5	X6	X7	X8	X9	X10	X11	X12	X13	X14	X15	X16
北京	18482	56.6	43.3	8.39	0.8918	335	0.7	58.9	68.3	0.41	14.83	240	89.2	23.8	8	0.1777
天津	14808	45.1	34.1	1	0.9089	234	3.4	51.5	54.9	0.44	12.58	309	89.5	38.7	1.06	0.1896
河北	6525	32.5	6.1	0.16	0.4786	83	6.83	18.6	32.9	0.4	12.86	632	79.4	34.7	5.61	0.1161
山西	5040	33.6	4.6	0.39	0.5962	91	9.92	74.1	30.1	0.43	11.97	441	61.5	24.3	3.83	0.2129
内蒙	5068	31.1	3.7	0.25	0.41	104	8.23	33.8	29	0.41	12.07	451	76.2	4.6	5.9	0.1551
辽宁	9333	38.5	17.2	0.59	0.6797	119	4.58	44.8	39.4	0.45	11.68	424	81.4	22.6	5.88	0.1446
吉林	5916	34.1	4	0.64	0.3945	106	6.05	42.5	33.3	0.46	11.72	448	79.7	21.1	5.74	0.096
黑龙江	7544	30.5	2.7	0.24	0.699	97	6.36	43.7	32.9	0.44	11.45	496	84.1	19.8	6.45	0.2116
上海	28253	47.8	35.8	1.47	1.1922	487	-1.8	65.2	68.1	0.51	13.91	293	92.4	50	2.84	0.1703
江苏	10021	35.3	18	0.42	0.6603	125	4.13	26.9	37	0.45	14.72	619	86.8	43.4	7.7	0.324
浙江	11247	33	18	0.19	0.7365	121	4.82	20.4	43.4	0.43	19.86	637	81.9	16.2	6.93	0.1384
安徽	4576	29	4.4	0.23	0.4109	64	9.2	18.9	25.4	0.5	11.44	909	85.1	30.7	6.68	0.1113
福建	10369	38.3	24.8	0.11	0.6772	141	5.33	19.6	40.8	0.52	16.96	785	77.7	9.9	6.5	0.0861
江西	4484	35.7	4.6	0.21	0.4045	67	9.8	21.2	25.8	0.49	13.31	791	78.2	13.8	5.65	0.0489
山东	8120	34.8	12	0.21	0.5828	101	5.46	26	31.4	0.4	14.69	665	83.7	44.6	6.55	0.2412
河南	4712	29.2	2.3	0.32	0.3873	62	7.8	17.6	27.8	0.43	13.21	871	85.4	42.5	5.1	0.1253
湖北	6300	32.5	3.8	0.7	0.5716	73	5.88	27.5	28.8	0.44	14.29	585	79.1	18.1	7.86	0.0965
湖南	4953	33.9	3.3	0.37	0.4095	61	5.21	19.2	26.1	0.44	13.73	699	69.2	15.5	4.78	0.0518
广东	11143	36.9	79.1	0.31	0.7674	154	10.9	31.1	52.4	0.44	17.68	680	77.4	13	8.33	0.0598
广西	4076	34.2	7.8	0.23	0.3789	74	9.01	17.2	25.8	0.46	14.24	779	72.3	11	7.08	0.0901
海南	6022	42	14.4	0.29	0.3504	105	12.92	24.7	31	0.55	15.17	579	81.8	12.7	11.26	0.0327
重庆	4684	38.1	3	0.37	0.4165	58	5.51	20.1	29.5	0.45	12.17	712	71.1	19.4	2.29	0.0692
四川	4339	35.4	2.7	1.04	0.3957	58	7.48	17.2	26.7	0.45	13.61	669	66.6	9.3	4.16	0.071
贵州	2342	29.8	3.8	0.29	0.3014	63	14.26	14.1	23.4	0.48	11.09	831	52.5	10.8	7.63	0.1551
云南	4355	31.1	5.2	0.42	0.5916	121	12.1	14.6	28.6	0.44	13.36	702	60.3	7.6	7.54	0.1129
西藏	3716	43.5	4.4	0.31	0.3855	208	15.9	13.5	13.8	0.53	18.97	504	34.1	0.2	29.54	0
陕西	3834	38.4	7.1	2.37	0.3745	73	7.13	21.8	30	0.41	10.63	571	78.6	16.5	3.74	0.1754
甘肃	3456	32.8	3.3	0.97	0.3376	77	10.04	18.7	28.3	0.46	11.24	663	76.4	7.7	3.5	0.2453
青海	4367	40.9	3.9	0.45	0.4552	119	14.48	26.4	26.4	0.45	8.72	503	79.5	0.8	3.02	0.0365
宁夏	4270	37.3	7.6	0.47	0.3858	111	13.08	28.3	35.6	0.42	11.24	489	72.5	12.2	3.85	0.2607
新疆	6229	35.4	5.5	0.24	0.5737	137	12.81	35.3	30.8	0.45	12.46	406	70.3	2	5.79	0.2305

图 5.39　1998 年全国区域经济数据

kmeans(Z,2)\$cluster　♯分 2 类

kmeans(Z,3)\$cluster　♯分 3 类

kmeans(Z,4)\$cluster　♯分 4 类

kmeans(Z,5)\$cluster　♯分 5 类

2. 结果分析

我们首先对数据进行描述性分析,如图 5.40 所示。

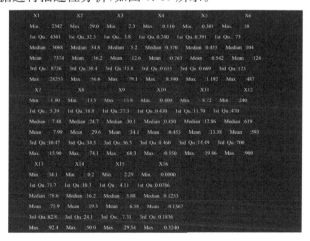

图 5.40　数据描述性统计

1）系统聚类法

我们用系统聚类法分别把全国区域分成几类进行分析。

（1）分两类，如图 5.41 所示。

聚类树状图

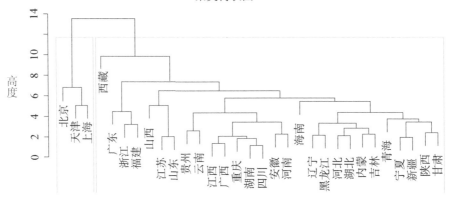

图 5.41　分成两类（系统聚类法）

（2）分三类，如图 5.42 所示。

聚类树状图

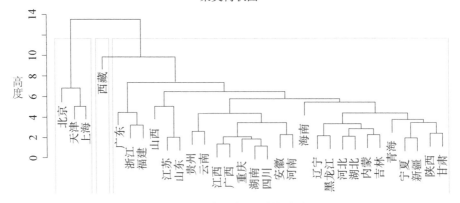

图 5.42　分成三类（系统聚类法）

（3）分四类,如图 5.43 所示。

北京	天津	河北	山西	内蒙	辽宁	吉林	黑龙江	上海	江苏	浙江	安徽	福建	江西
1	1	2	2	2	2	2	2	1	2	3	2	3	2

山东	河南	湖北	湖南	广东	广西	海南	重庆	四川	贵州	云南	西藏	陕西	甘肃
2	2	2	2	3	2	2	2	2	2	2	4	2	2

青海	宁夏	新疆
2	2	2

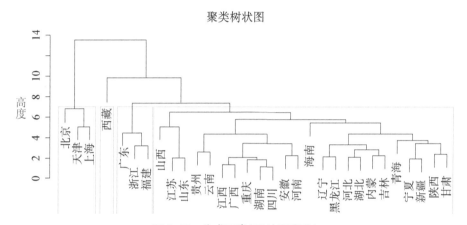

图 5.43　分成四类(系统聚类法)

（4）分五类,如图 5.44 所示。

北京	天津	河北	山西	内蒙	辽宁	吉林	黑龙江	上海	江苏	浙江	安徽	福建	江西
1	2	3	3	3	3	3	3	2	3	4	3	4	3

山东	河南	湖北	湖南	广东	广西	海南	重庆	四川	贵州	云南	西藏	陕西	甘肃
3	3	3	3	4	3	3	3	3	3	3	5	3	3

青海	宁夏	新疆
3	3	3

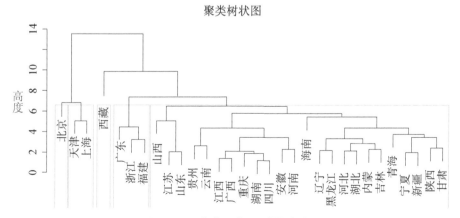

图 5.44　分成五类(系统聚类法)

2）K-Means 聚类法

同样，我们使用 K-Means 聚类法进行分析。

（1）分两类，如图 5.45 所示。

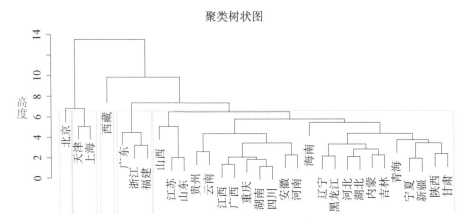

图 5.45 分成两类（K-Means 聚类法）

（2）分三类，如图 5.46 所示。

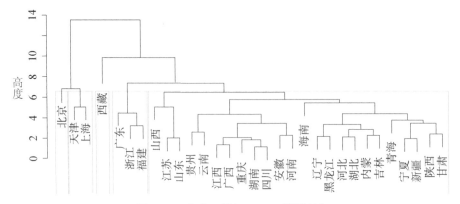

图 5.46 分成三类（K-Means 聚类法）

（3）分四类，如图 5.47 所示。

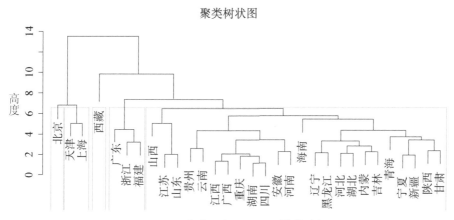

图 5.47　分成四类（K-Means 聚类法）

（4）分五类，如图 5.48 所示。

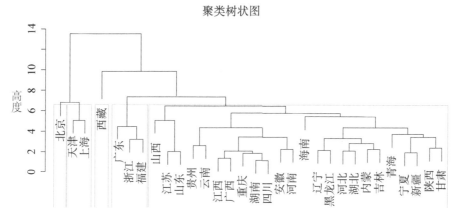

图 5.48　分成五类（K-Means 聚类法）

由上述聚类结果可知，1998 年以前我国经济发展不平衡，综合经济实力位于第一梯队的是北京、上海、天津。位于第二梯队的主要是沿海经济开放地区：广东、海南、浙江、福建；

而西部、北部和一些内陆省份,如青海、甘肃、宁夏、陕西、黑龙江、吉林、辽宁、新疆、内蒙古等经济比较落后。

小结

(1) 聚类分析是分析与解决现实中样品和变量的"分类"问题的多元统计分析方法。它按照研究对象(样本或变量)的数据特征,通过度量样本或变量之间的相似性,将相似程度较高的研究对象聚为一类并使相似程度较高的类再合并成一个更大的类。聚类分析使得同一类中对象之间的相似性要比与其他类中的对象之间的相似性更强,从而实现类内对象的同质性最大化和类与类间对象的异质性最大化。聚类分析根据分类对象不同分为 Q 型和 R 型聚类分析。

(2) 聚类分析中度量对象间相似程度的指标主要有统计距离和相似系数。统计距离和相似系数的定义与变量的性质(测量尺度)有着密切的关系。通常变量可分为定量变量和定性变量,定性变量又包括有序尺度变量和名义尺度变量。本章主要讨论定量变量的聚类分析。

(3) 距离主要用于度量样本之间的相似程度,聚类分析中常用的距离有明氏距离(包括绝对值距离、欧氏距离、切比雪夫距离等特例,其中欧氏距离最为常用)、马氏距离、兰氏距离等。不同的距离度量各有其优点和缺点,在实际运用中我们应当采用适当的度量距离。相似系数主要用于度量变量之间的相似程度,聚类分析中常用的相似系数主要有夹角余弦和相关系数。

(4) 分层聚类法是最常用的一种聚类方法。常用的类间距离计算方法有最短距离法、最长距离法、中间距离法、类平均法、重心法、离差平方和法等,所有这些方法各有其适用的场合和需要注意的问题。最短距离法和最长距离法只考虑了某个数据的特点,而没有考虑类内数据的整体特点,容易被异常值严重扭曲。类平均法能够较好地利用所有样本之间的信息,通常被认为是一种比较好的分层聚类方法。重心法在处理异常值方面更为稳健,但是在别的方面不如类平均法和离差平方和法效果好。实际运用中,离差平方和法在许多场合下优于重心法,是一种较好的分层聚类法。但是相较于重心法,离差平方和法对于异常值很敏感。

(5) 动态聚类法是非分层聚类方法中一种较常见的聚类方法,主要用于大数据集的处理分析,本章主要介绍了 k 均值聚类法,判别分析方法在非分层聚类分析或快速聚类中起了非常重要的作用。

思考与练习

5.1 试证明下列结论:

(1) 由两个距离的和所组成的函数仍是距离；

(2) 由一个正常数乘上一个距离所组成的函数仍是距离；

(3) 设 d 是一个距离, $c > 0$ 是常数,则 $d^* = d/(d+c)$ 仍是一个距离；

(4) 由两个距离的乘积所组成的函数不一定是距离。

(提示:考虑函数作为距离需满足的三个性质。)

5.2 试推导重心法的距离计算递推公式 5.27。

5.3 试推导离差平方和法(Ward 法)的距离计算公式 5.31。

5.4 设有 5 个样本,每个样本只测量了一个指标,分别是 1、2、6、8、11。试分别使用最短距离法、最长距离法、中间距离法、类平均法、重心法以及离差平方和法(Ward 法)作聚类分析(样本间距离选择参照本章相关例题,下同)。

5.5 检测某类产品的重量,抽了六个样品,每个样品只测了 1 个指标,分别为 1、2、3、6、9、11。试用最短距离法和重心法进行聚类分析。

5.6 下面是 5 个样本两两间的距离矩阵

$$D_{(0)} = \begin{array}{c} \\ 1 \\ 2 \\ 3 \\ 4 \\ 5 \end{array} \begin{array}{ccccc} 1 & 2 & 3 & 4 & 5 \\ \left[\begin{array}{ccccc} 0 & & & & \\ 4 & 0 & & & \\ 6 & 9 & 0 & & \\ 1 & 7 & 10 & 0 & \\ 6 & 3 & 5 & 8 & 0 \end{array}\right] \end{array}$$

试用最长距离法做分层聚类,并画出聚类树形图。

5.7 考虑样本距离矩阵

$$D_{(0)} = \begin{array}{c} \\ 1 \\ 2 \\ 3 \\ 4 \end{array} \begin{array}{cccc} 1 & 2 & 3 & 4 \\ \left[\begin{array}{cccc} 0 & & & \\ 1 & 0 & & \\ 11 & 2 & 0 & \\ 5 & 3 & 4 & 0 \end{array}\right] \end{array}$$

用下述方法对以上 4 个样本进行聚类:

①最短距离法;②最长距离法;③类平均法。

5.8 下面给出了 5 种股票间的相关系数矩阵,试应用公式 $d_{ij} = 1 - |c_{ij}|$ 求出它们之间的距离矩阵,利用练习 5.7 中的 3 种方法进行聚类,画出树形图并比较所得结果。

$$\begin{bmatrix} 1 & & & & \\ 0.63 & 1 & & & \\ 0.51 & 0.57 & 1 & & \\ 0.12 & 0.32 & 0.18 & 1 & \\ 0.16 & 0.21 & 0.15 & 0.68 & 1 \end{bmatrix}$$

5.9　一本书中词汇的"丰富性"可以通过统计用过 1 次的词、用过 2 次的词等来描述，根据这些统计数据，一个语言学家某本书各章之间的距离如下：

$$
\begin{array}{c}
 & \begin{array}{ccccc} 1 & 2 & 3 & 4 & 5 \end{array} \\
\begin{array}{c} 1 \\ 2 \\ 3 \\ 4 \\ 5 \end{array} &
\left[\begin{array}{ccccc}
0 & & & & \\
0.76 & 0 & & & \\
2.97 & 0.80 & 0 & & \\
4.88 & 4.17 & 0.21 & 0 & \\
3.86 & 1.92 & 1.51 & 0.51 & 0
\end{array} \right]
\end{array}
$$

用练习 5.7 中的 3 种聚类方法对该书各章进行聚类，画出树形图并比较结果。

5.10　用"中子活化"方法测得有 6 个铅弹头中 7 种微量元素的含量数据（见表 5.13）。

表 5.13　微量元素的含量数据

样品号	元素						
	银	铝	铜	钙	锑	铋	锡
1	0.057 98	5.515 0	347.10	21.910	8 586	1 742	61.69
2	0.084 41	3.970 0	347.20	19.710	7 947	2 000	2 440
3	0.072 17	1.153 0	54.85	3.052	3 860	1 445	9 497
4	0.150 10	1.702 0	307.50	15.030	12 290	1 461	6 380
5	5.744 00	2.854 0	229.60	9.657	8 099	1 266	12 520
6	0.213 00	0.705 8	240.30	13.910	8 980	2 820	4 135

（1）试用多种分层聚类法对 6 个铅弹头进行分类，并比较分类结果；

（2）试用多种方法对 7 种微量元素进行分类。

5.11　试根据信息基础设施的发展情况（见表 5.14），对世界 19 个国家进行聚类分析。描述信息基础设施的变量主要有 6 个：Call——每千人拥有电话线数；Movecall——每千户居民蜂窝移动电话数；Fee——高峰时期每 3 分钟国际电话成本；Computer——每千人拥有的计算机数；Mips——每千人中计算机功率（每秒百万指令）；Net——每千人互联网络户主数。

表 5.14　19 个国家信息基础设施变量的发展情况

序号	国家	Call	Movecall	Fee	Computer	Mips	Net
1	美国	631.6	161.9	0.36	403	26 073	35.34
2	日本	498.4	143.2	3.57	176	10 223	6.26
3	德国	557.6	70.6	2.18	199	11 571	9.48
4	瑞典	684.1	281.8	1.40	286	16 660	29.39
5	瑞士	644.0	93.5	1.98	234	13 621	22.68

（续表）

序号	国家	Call	Movecall	Fee	Computer	Mips	Net
6	丹麦	620.3	248.6	2.56	296	17 210	21.84
7	新加坡	498.4	147.5	2.50	284	13 578	13.49
8	韩国	434.5	73.0	3.36	99	5 795	1.66
9	巴西	81.9	16.3	3.02	19	876	0.52
10	智利	138.6	8.2	1.40	31	1 411	1.28
11	墨西哥	92.2	9.8	2.61	31	1 751	0.35
12	俄罗斯	174.9	5.0	5.12	24	1 101	0.48
13	波兰	169.0	6.5	3.68	40	1 796	1.45
14	匈牙利	262.2	49.4	2.66	68	3 067	3.09
15	马来西亚	195.5	88.4	4.19	53	2 734	1.25
16	泰国	78.6	27.8	4.95	22	1 662	0.11
17	印度	13.6	0.3	6.28	2	101	0.01
18	法国	559.1	42.9	1.27	201	11 702	4.76
19	英国	521.1	122.5	0.98	248	14 461	11.91

5.12 表 5.15 是 15 个上市公司 2001 年的一些主要财务指标,使用系统聚类法和 k 均值聚类法分别对这些公司进行聚类,并对结果进行比较分析。

表 5.15　15 个上市公司 2001 年的一些主要财务指标

公司编号	净资产收益率	每股净利润	总资产周转率	资产负债率	流动负债比率	每股净资产	净利润增长率	总资产增长率
1	11.09	0.21	0.05	96.98	70.53	1.86	−44.04	81.99
2	11.96	0.59	0.74	51.78	90.73	4.95	7.02	16.11
3	0.00	0.03	0.03	181.99	100.00	−2.98	103.33	21.18
4	11.58	0.13	0.17	46.07	92.18	1.14	6.55	−56.32
5	−6.19	−0.09	0.03	43.30	82.24	1.52	−1 713.5	−3.36
6	10.00	0.47	0.48	68.40	86.00	4.70	−11.56	0.85
7	10.49	0.11	0.35	82.98	99.87	1.02	100.23	30.32
8	11.12	−1.69	0.12	132.14	100.00	−0.66	−4 454.39	−62.75
9	3.41	0.04	0.20	67.86	98.51	1.25	−11.25	−11.43
10	1.16	0.01	0.54	43.70	100.00	1.03	−87.18	−7.41
11	30.22	0.16	0.40	87.36	94.88	0.53	729.41	−9.97

（续表）

公司编号	净资产收益率	每股净利润	总资产周转率	资产负债率	流动负债比率	每股净资产	净利润增长率	总资产增长率
12	8.19	0.22	0.38	30.31	100.00	2.73	−12.31	−2.77
13	95.79	−5.20	0.50	252.34	99.34	−5.42	−9 816.52	−46.82
14	16.55	0.35	0.93	72.31	84.05	2.14	115.95	123.41
15	−24.18	−1.16	0.79	56.26	97.80	4.81	−533.89	−27.74

5.13 表 5.16 是某年我国 16 个地区农民支出情况的抽样调查数据，每个地区调查了反映每人平均生活消费支出情况的六个经济指标。试通过统计分析软件用不同的方法进行系统聚类分析，并比较何种方法与人们观察到的实际情况较接近。

表 5.16　某年我国 16 个地区农民支出情况的抽样调查数据

地区	食品	衣着	燃料	住房	交通和通信	娱乐教育文化
北京	190.33	43.77	9.73	60.54	49.01	9.04
天津	135.20	36.40	10.47	44.16	36.49	3.94
河北	95.21	22.83	9.30	22.44	22.81	2.80
山西	104.78	25.11	6.40	9.89	18.17	3.25
内蒙	128.41	27.63	8.94	12.58	23.99	2.27
辽宁	145.68	32.83	17.79	27.29	39.09	3.47
吉林	159.37	33.38	18.37	11.81	25.29	5.22
黑龙江	116.22	29.57	13.24	13.76	21.75	6.04
上海	221.11	38.64	12.53	115.65	50.82	5.89
江苏	144.98	29.12	11.67	42.60	27.30	5.74
浙江	169.92	32.75	12.72	47.12	34.35	5.00
安徽	135.11	23.09	15.62	23.54	18.18	6.39
福建	144.92	21.26	16.96	19.52	21.75	6.73
江西	140.54	21.50	17.64	19.19	15.97	4.94
山东	115.84	30.26	12.20	33.60	33.77	3.85
河南	101.18	23.26	8.46	20.20	20.50	4.30

5.14 表 5.17 是 2003 年我国省会城市和计划单列市的主要经济指标：人均 GDP X_1（元）、人均工业产值 X_2（元）、客运总量 X_3（万人）、货运总量 X_4（万吨）、地方财政预算内收入 X_5（亿元）、固定资产投资总额 X_6（亿元）、在岗职工占总人口的比例 X_7（%）、在岗职工人均工资额 X_8（元）、城乡居民年底储蓄余额 X_9（亿元）。试通过统计分析软件进行系统聚类分析，并比较何种方法与人们观察到的实际情况较接近。

表 5.17　2003 年我国省会城市和计划单列市的主要经济指标(不含港澳台地区)

城市	X_1	X_2	X_3	X_4	X_5	X_6	X_7	X_8	X_9
北京	31 886	33 168	30 520	30 671	593	2 000	37.8	25 312	6 441
天津	26 433	43 732	3 507	34 679	205	934	18.8	18 648	1 825
石家庄	15 134	13 159	11 843	10 008	49	416	9.5	12 306	1 044
太原	15 752	15 831	2 975	15 248	33	197	22.8	12 679	660
呼和浩特	18 991	11 257	3 508	4 155	21	182	13.5	14 116	255
沈阳	23 268	15 446	6 612	14 636	81	557	14.8	14 961	1 423
大连	29 145	27 615	11 001	21 081	111	407	14.7	17 560	1 310
长春	18 630	21 045	6 999	10 892	46	294	12.5	13 870	831
哈尔滨	14 825	7 561	6 458	9 518	76	423	17.7	12 451	1 154
上海	46 586	77 083	7 212	63 861	899	2 274	21.0	27 305	6 055
南京	27 547	43 853	16 790	14 805	136	794	15.4	22 190	1 134
杭州	32 667	49 823	21 349	16 815	150	717	11.8	24 667	1 466
宁波	32 543	47 904	24 938	13 797	139	555	10.9	23 691	1 060
合肥	10 621	11 714	6 034	4 641	36	245	8.3	13 901	359
福州	22 281	21 310	9 680	8 250	67	376	11.8	15 053	876
厦门	53 590	93 126	4 441	3 055	70	238	38.6	19 024	397
南昌	14 221	9 205	5 728	4 454	31	210	11.0	13 913	483
济南	23 437	22 634	5 810	14 354	76	429	13.5	16 027	758
青岛	24 705	35 506	14 666	30 553	120	548	14.5	15 335	908
郑州	16 674	14 023	10 709	7 847	66	373	12.7	13 538	1 048
武汉	21 278	17 083	11 882	16 610	80	623	17.4	13 730	1 286
长沙	15 446	8 873	10 609	10 631	60	434	10.0	16 987	705
广州	48 220	55 404	29 751	28 859	275	1 089	25.1	28 805	3 727
深圳	191 838	347 519	10 989	6 793	291	875	69.6	31 053	2 199
南宁	8 176	3 390	7 016	5 893	36	170	8.3	13 171	451
海口	16 442	14 553	13 284	3 304	12	99	16.5	14 819	284
重庆	7 190	5 076	58 290	32 450	162	1 187	6.5	12 440	1 897
成都	17 914	9 289	72 793	28 798	90	788	11.9	15 274	1 494
贵阳	11 046	10 350	18 511	5 318	40	231	15.8	12 181	345

（续表）

城市	X_1	X_2	X_3	X_4	X_5	X_6	X_7	X_8	X_9
昆明	16 215	11 601	5 126	12 338	60	342	14.6	14 255	709
西安	13 140	8 913	11 413	9 392	65	446	15.9	13 505	1 211
兰州	14 459	17 136	2 209	5 581	21	203	18.0	13 489	468
西宁	7 066	5 605	2 788	2 037	8	76	10.1	14 629	175
银川	11 787	11 013	2 146	2 127	12	134	21.9	13 497	193
乌鲁木齐	22 508	17 137	2 188	12 754	41	180	26.1	16 509	420
南宁	31 886	33 168	30 520	30 671	593	2 000	37.8	25 312	6 441
海口	26 433	43 732	3 507	34 679	205	934	18.8	18 648	1 825

第6章

主成分分析

6.1 引言

实践中我们经常会遇到多指标问题,但指标之间相关性会造成信息重叠或冗余,同时太多的指标及其复杂性也会增加揭示指标取值的统计规律及解决相关问题的难度。如果能找到少数互不相关且蕴含或能解释原有指标的大部分变异信息的新指标,那么少数的新指标就可以代替原来的多指标。这种在损失很少信息的前提下,把多个指标转化为少数几个综合指标(主成分)的多元统计方法叫作主成分分析或主分量分析。主成分分析(principal component analysis,PCA)最早由皮尔逊(Pearson)在 1901 年首先引入,后来被霍特林(Hotelling)于 1933 年提出并发展,其方法的实质是一种降维技术,事实上除了主成分分析外,因子分析、费希尔判别法、偏最小二乘回归等统计方法都是运用了降维技术,在大数据时代降维的统计思想或方法特别有助于处理高维数据问题。

主成分分析的一般应用包括将多个有相关关系的变量转化为少数几个不相关的主成分,这些主成分是能够反映原始指标绝大部分信息的线性组合,且由于互不相关的各主成分各具有实际背景和意义,这使得主成分比原始指标具有某些更优越的性能。应该说明的是,只要知道原变量的总体协方差矩阵就可以得到主成分,也就是说主成分是属于总体的特征指标,与样本数据无关,只有在总体协方差矩阵未知时才通过样本数据去求得样本主成分并作为总体主成分的估计。在更多的时候,主成分分析只是作为达到目标的一个中间步骤或充当一种数据处理技术。例如,将主成分分析与回归分析结合应用可以克服由于自变量的高度相关而带来的分析困难问题,通过方差接近于零的主成分发现原始变量间的多重共线性关系,也可将主成分用于评估正态性和寻找异常值等等。在本章我们只讨论主成分分析应用的一般目的,即数据的降维与主成分的统计解释。

6.2 主成分分析的基本思想

主成分分析将事物之间的复杂关系化为简单关系,其蕴含的解释变异的能力仅仅以方差来衡量,不受其他因素的影响,而且还可消除原始数据成分间的相互影响的因素,计算方法简单易实现。

主成分分析法是一种降维的统计方法,它的基本思想是通过正交变换,将与其分量相关的原随机向量转化为分量不相关的新随机向量,这实际上是将原随机向量的协方差矩阵变换成对角矩阵,新随机向量的每一个分量都是原分量的线性组合。由于变量的方差大小反映了数据的变异程度或者说蕴含了反映变异的信息量多少,因此方差较大的几个新变量可以解释原变量的大部分变异或者说蕴含了反映原变量变异的大部分信息量,这样我们就可以选择方差大的新变量用以代替原变量,我们把选择的方差较大的新变量称为主成分。虽然这么做也会损失原变量的部分信息,但变量数目减少会使问题得到简化和容易处理。如服装生产中需要考虑人的身材的 16 项指标:身高、坐高、袖长、胸围、头高、裤长、下档、手长、领围、前胸、后背、腰围、肩宽、肩厚、肋围和腿肚。服装生产商不可能把每一个指标分成很多规格,否则服装型号数目将是个天文数字,要实现规模效应既不可行也不现实,因此只能从这 16 个指标中综合出少数几个综合指标作为制定服装规格型号的依据,这几个综合指标必须是互不相关的,并且要尽可能反映人体身材差异的绝大多数信息,比如从 16 个指标中提取出能够大体反映人体身材差异的高矮、胖瘦和体特三个综合指标,这三个综合指标就称为主成分。

从统计学上讲,主成分分析是设法将原来众多具有一定相关性的 p 个指标重新组合成一组新的互相无关的综合指标来代替原来的指标。通常的处理就是将原来 p 个指标作线性组合,作为新的综合指标。

假如我们希望综合指标 F_1 能尽可能多包含原来 p 个变量变异的信息,怎么实现这一点呢?最经典的做法就是在所有的 X_1,X_2,$\cdots$,X_p 线性组合中选取方差最大的作为 F_1,也就是说 F_1 是一切线性组合中能解释原变量的变异程度最大的变量。因此称 F_1 为第一主成分。

如果第一主成分不足以解释代表原来 p 个指标的绝大部分变异,那么需要再考虑选取方差次大的线性组合即综合指标 F_2,而且第二主成分 F_2 不应该再包含第一个主成分信息 F_1,也就是两个主成分不相关或者说它们的协方差为零,因此我们要求 $\mathrm{Cov}(F_1,F_2)=0$。依此类推可以构造第三,第四,$\cdots$,第 p 个主成分。可以看出,综合指标需要满足以下原则:

(1) 主成分方差递减,$\mathrm{Var}(F_1) > \mathrm{Var}(F_2) > \mathrm{Var}(F_3) > \cdots > \mathrm{Var}(F_p)$。

(2) 相互之间不相关,$\mathrm{Cov}(F_i,F_j)=0$,$i \neq j$,$i,j=1,2,\cdots,p$。

因此,如上方法提取的主成分方差递减,且互不相关。实际应用中通常取包含原来指标的大部分变异信息的前几个方差最大的主成分即可,这样为研究问题提供了简化与方便。

6.3　主成分的导出

设 $X=(X_1,X_2,\cdots,X_p)^{\mathrm{T}}$,我们将建立主成分分析模型,在协方差矩阵 $D(X)=\Sigma$ 已知情况下推导出总体主成分和在协方差 Σ 未知情况下推导出样本主成分。

6.3.1　总体主成分的导出

设 $X = (X_1, X_2, \cdots, X_p)^{\mathrm{T}}$，假定协方差矩阵 $D(X) = \Sigma$ 已知，那么我们可以由此推导出总体主成分。

对指标 $X_1, X_2, \cdots, X_p$ 作线性组合，得到一系列综合指标：

$$\begin{cases} F_1 = a_{11}X_1 + a_{21}X_2 + \cdots + a_{p1}X_p = a_1^{\mathrm{T}}X \\ F_2 = a_{12}X_1 + a_{22}X_2 + \cdots + a_{p2}X_p = a_2^{\mathrm{T}}X \\ \qquad\qquad\qquad \cdots \\ F_p = a_{1p}X_1 + a_{2p}X_2 + \cdots + a_{pp}X_p = a_p^{\mathrm{T}}X \end{cases}$$

简写成：$F_i = a_{1i}X_1 + a_{2i}X_2 + \cdots + a_{pi}X_p (i = 1, 2, \cdots, p)$，且有 $\mathrm{Var}(F_i) = a_i^{\mathrm{T}}\Sigma a_i (i = 1, 2, \cdots, p)$，$\mathrm{Cov}(F_i, F_j) = a_i^{\mathrm{T}}\Sigma a_j (i, j = 1, 2, \cdots, p)$。于是，我们得到 p 个综合指标：F_1, $F_2, \cdots, F_p$。

主成分是 $F_1, F_2, \cdots, F_p$，并且 $\mathrm{Var}(F_i) = a_i^{\mathrm{T}}\Sigma a_i (i = 1, 2, \cdots, p)$ 尽可能得大。第一主成分是有最大方差的线性组合，即它使 $\mathrm{Var}(F_1) = a_1^{\mathrm{T}}\Sigma a_1$ 最大化。显然，$\mathrm{Var}(F_1) = a_1^{\mathrm{T}}\Sigma a_1$ 会因为任何 a_1 乘以某个常数而增大，为消除这种不确定性，一个方便的办法是关注有单位长度的系数向量。因此我们对系数作归一化处理，即对组合系数 $a_i^{\mathrm{T}} = (a_{1i}, a_{2i}, \cdots, a_{pi})$ 作如下要求：

$$a_{1i}^2 + a_{2i}^2 + \cdots + a_{pi}^2 = a_i^{\mathrm{T}}a_i = 1 \quad (i = 1, 2, \cdots, p) \tag{6.1}$$

且由下列原则决定：

(1) 第一主成分 F_1，是在 $a_1^{\mathrm{T}}a_1 = 1$ 时，$X_1, X_2, \cdots, X_p$ 的一切线性组合中使 $\mathrm{Var}(a_1^{\mathrm{T}}X)$ 最大的。

(2) 第二主成分 F_2，是在 $a_2^{\mathrm{T}}a_2 = 1$ 和 $\mathrm{Cov}(a_1^{\mathrm{T}}X, a_2^{\mathrm{T}}X) = 0$ 时，$X_1, X_2, \cdots, X_p$ 的一切线性组合中使 $\mathrm{Var}(a_2^{\mathrm{T}}X)$ 最大的。

(3) 第 i 主成分 F_i，是在 $a_i^{\mathrm{T}}a_i = 1$ 和 $\mathrm{Cov}(a_i^{\mathrm{T}}X, a_k^{\mathrm{T}}X) = 0 (k < i)$ 时，$X_1, X_2, \cdots, X_p$ 的一切线性组合中使 $\mathrm{Var}(a_i^{\mathrm{T}}X)$ 最大的。

满足上述要求的综合指标量 $F_1, F_2, \cdots, F_p$ 就是主成分，这 p 个主成分所蕴含的反映原始指标变异的信息量是依次递减的，并且用方差的大小来度量。

设 $F = a_1X_1 + a_2X_2 + a_3X_3 + \cdots + a_pX_p = a^{\mathrm{T}}X$，求主成分即寻找 X 的线性组合，使得 $\mathrm{Var}(F) = \mathrm{Var}(a^{\mathrm{T}}X) = a^{\mathrm{T}}\mathrm{Var}(X)a = a^{\mathrm{T}}\Sigma a$ 达到最大。

设 X 的协方差矩阵 $\mathrm{Var}(X) = \Sigma$ 的特征值 $\lambda_1 > \lambda_2 > \cdots > \lambda_p > 0$，相应的单位特征向量为 $e_1, e_2, \cdots, e_p$，由线性代数的谱分解定理：

$$\Sigma = \sum_{i=1}^{p} \lambda_i e_i e_i^{\mathrm{T}} = P\Lambda P^{\mathrm{T}}$$

其中，$P = (e_1, e_2, \cdots, e_p)$ 为正交矩阵，$\Lambda = \mathrm{diag}(\lambda_1, \lambda_2, \cdots, \lambda_p)$。

$$\mathrm{Var}(F) = \mathrm{Var}(a^{\mathrm{T}}X) = a^{\mathrm{T}}\mathrm{Var}(X)a = a^{\mathrm{T}}\Sigma a = \sum_{i=1}^{p}\lambda_i a^{\mathrm{T}}e_i e_i^{\mathrm{T}}a = \sum_{i=1}^{p}\lambda_i (a^{\mathrm{T}}e_i)^2 \leqslant$$

$$\lambda_1 \sum_{i=1}^{p}(a^{\mathrm{T}}e_i)^2 = \lambda_1 a^{\mathrm{T}}PP^{\mathrm{T}}a = \lambda_1$$

则满足 $a^{\mathrm{T}}a = 1$ 的 X 的线性组合的最大方差 $\mathrm{Var}(a^{\mathrm{T}}X) = \lambda_1$。特别地,当 $a = e_1$ 时,

$$\mathrm{Var}(e_1^{\mathrm{T}}X) = e_1^{\mathrm{T}}\sum_{i=1}^{p}\lambda_i e_i e_i^{\mathrm{T}}e_1 = \sum_{i=1}^{p}\lambda_1(e_1^{\mathrm{T}}e_i)^2 = \lambda_1$$

。令 $F_1 = e_1^{\mathrm{T}}X$,则 $\mathrm{Var}(F_1) = \lambda_1$ 达到最大。

同理可得:$\mathrm{Var}(F_i) = \mathrm{Var}(e_i^{\mathrm{T}}X) = \lambda_i$,且 $i \neq j$ 时,有

$$\mathrm{Cov}(F_i, F_j) = \mathrm{Cov}(e_i^{\mathrm{T}}X, e_j^{\mathrm{T}}X) = e_i^{\mathrm{T}}\Sigma e_j = \sum_{k=1}^{p}\lambda_i e_i^{\mathrm{T}}e_k e_k^{\mathrm{T}}e_j = 0$$

上述证明过程中利用了协方差矩阵 Σ 不同特征根的特征向量相互正交这一性质(可以证明实对称矩阵的特征根均为实数且不同特征根的特征向量相互正交)。无论 Σ 的各特征根是否存在相等的情况,对应的标准化特征向量总是存在的,我们总是可以找到对应各特征根的彼此正交的特征向量。这样,求主成分的问题应变成求特征根与特征向量的问题。

因此,当 $a_1 = e_1$ 时,$D(F_1) = \mathrm{Var}(a_1^{\mathrm{T}}X) = \lambda_1$ 达到了最大值,e_i 表明了第 i 主成分的方向,F_i 是 x 在 e_i 上的投影值(其绝对值即为投影长度),λ_i 是这些值的方差,它反映了在 e_i 上投影点的分散程度。其中,X 投影到 e_i 上的值为 $F_i = \|X\|\cos\theta_i = \|X\|\dfrac{e_i^{\mathrm{T}}X}{\|e_i\|\|X\|} = \dfrac{e_i^{\mathrm{T}}}{\|e_i\|}X = t_i^{\mathrm{T}}X$,$\theta_i$ 是 e_i 与 X 的夹角。于是主成分向量与原始向量之间的关系式可以写为

$$F = \begin{bmatrix} F_1 \\ F_2 \\ \cdots \\ F_p \end{bmatrix} = \begin{bmatrix} e_1^{\mathrm{T}}X \\ e_2^{\mathrm{T}}X \\ \cdots \\ e_p^{\mathrm{T}}X \end{bmatrix} = \begin{bmatrix} t_1^{\mathrm{T}} \\ t_2^{\mathrm{T}} \\ \cdots \\ t_p^{\mathrm{T}} \end{bmatrix} X = TX \tag{6.2}$$

其中,$T = (t_1^{\mathrm{T}}, t_2^{\mathrm{T}}, \cdots, t_p^{\mathrm{T}})^{\mathrm{T}}$ 是正交矩阵。

式(6.2)给出了正交变换:$F = TX$。它的几何意义是将 R^p 中由 $X_1, X_2, \cdots, X_p$ 构成的原 p 维坐标轴作正交旋转,一组正交单位向量 $t_1, t_2, \cdots, t_p$ 表明了 p 个新坐标轴的方向,这些新坐标轴彼此仍保持正交。

从代数观点看,主成分就是 p 个原始变量的一些特殊的线性组合;而从几何上看,这些线性组合正是把由 $X_1, X_2, \cdots, X_p$ 构成的坐标系经旋转而产生的新坐标系,新坐标轴通过原变量变异最大的方向(或者说具有最大的方差)。

一般来说,当变量的尺度改变时,主成分的结果并非是不变的。因此,当出现以下两种情况时,通常不适合直接从协方差矩阵 Σ 出发进行主成分分析:

(1)各变量的单位不全相同,此时对同样的变量使用不同的单位,其主成分分析的结果一般不相同,甚至差异巨大,使得分析失去意义。

(2)各变量的单位虽然相同,但它们各自的方差相差较大,以至于主成分分析的结果过于考虑了方差大的变量,而相对忽略了方差较小的变量。

在上述情形下,在进行主成分分析前,我们一般需要将各个原始变量标准化处理,先考虑如下变量 $Z_i = \dfrac{(X_i - \mu_i)}{\sqrt{\sigma_{ii}}}, (i = 1, 2, \cdots, p)$,即

$$Z = (D^{1/2})^{-1}(X - \mu) \tag{6.3}$$

其中,$D^{1/2} = \mathrm{diag}(\sqrt{\sigma_{11}}, \sqrt{\sigma_{22}}, \cdots, \sqrt{\sigma_{pp}})$,$X = (X_1, X_2, \cdots, X_p)^{\mathrm{T}}$,$\mu = (\mu_1, \mu_2, \cdots, \mu_p)^{\mathrm{T}}$。

由式(6.3)可知 $E(Z) = 0$,$\mathrm{Var}(Z) = (D^{1/2})^{-1} \Sigma (D^{1/2})^{-1} = R$。易知标准化后的随机向量 Z 的协方差矩阵就是原随机向量 X 的相关矩阵 R,于是 Z 的主成分可从 X 的相关矩阵 R 的特征向量中得到。类似地,我们可以得到标准化变量的主成分性质。

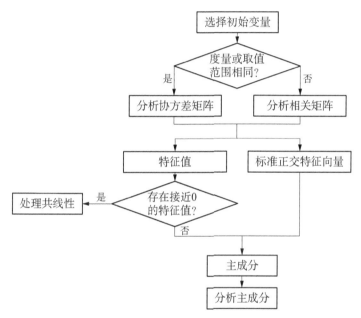

图 6.1 主成分分析的逻辑框图

6.3.2 样本主成分及其导出

上一节我们知道了如何从协方差矩阵 Σ 或相关系数矩阵 R 出发进行主成分分析,但实际问题中,Σ 和 R 一般都是未知的,需要我们根据样本数据来估计。

设样本数据矩阵为

$$X = \begin{bmatrix} x_{11} & x_{12} & \cdots & x_{1p} \\ x_{21} & x_{22} & \cdots & x_{2p} \\ \vdots & \vdots & \vdots & \vdots \\ x_{n1} & x_{n2} & \cdots & x_{np} \end{bmatrix} = (X_1, X_2, \cdots, X_n)^{\mathrm{T}}$$

其中,$X_i = (X_{i1}, X_{i2}, \cdots X_{ip})^{\mathrm{T}}$,$i = 1, 2, \cdots, n$,则样本协方差矩阵和样本相关系数矩阵

分别为

$$S = \frac{1}{n-1}A = \frac{1}{n-1}\sum_{i=1}^{n}(X_i - \bar{X})(X_i - \bar{X})^{\mathsf{T}} = (s_{ij})_{p \times p}$$

$$\hat{R} = (r_{ij}), \quad r_{ij} = \frac{s_{ij}}{\sqrt{s_{ii}}\sqrt{s_{jj}}} (i, j = 1, 2, \cdots, p)$$

其中，$\bar{X} = \frac{1}{n}\sum_{i=1}^{n}X_i$，$s_{ij} = \frac{1}{n-1}\sum_{t=1}^{n}(x_{ti} - \bar{x}_i)(x_{tj} - \bar{x}_j)$。对样本的主成分分析只需用样本协方差矩阵 S 或样本相关系数矩阵 $\hat{R}$ 代替协方差矩阵 Σ 或相关系数矩阵 R，其余步骤和上一节相同。

6.3.3 主成分分析的基本步骤

至此，我们可以总结主成分分析的步骤如下：

以从协方差矩阵出发为例：若总体的协方差矩阵 Σ 已知，从（2）开始，若未知，则

（1）计算样品数据的协方差矩阵：$S = (s_{ij})_{p \times p}$。

（2）求出样本协方差矩阵 S 或 Σ 的特征值 $\lambda_1 \geqslant \lambda_2 \geqslant \cdots \geqslant \lambda_p > 0$ 及相应的正交化单位特征向量：

$$a_1 = \begin{pmatrix} a_{11} \\ a_{21} \\ \vdots \\ a_{p1} \end{pmatrix}, a_2 = \begin{pmatrix} a_{12} \\ a_{22} \\ \vdots \\ a_{p2} \end{pmatrix}, \cdots, a_p = \begin{pmatrix} a_{1p} \\ a_{2p} \\ \vdots \\ a_{pp} \end{pmatrix}$$

则 S 的第 i 个主成分为 $F_i = a_i^{\mathsf{T}}X (i = 1, 2, \cdots, p)$。

（3）选择主成分。在已确定的全部 p 个主成分中合理选择 m 个来实现最终的评价分析。一般用方差贡献率，解释主成分 F_i 所反映的信息量的大小，m 的确定以方差累计贡献率

$$\frac{\sum_{i=1}^{m}\lambda_i}{\sum_{i=1}^{p}\lambda_i} \tag{6.4}$$

达到足够大（一般在 85% 以上）为原则。

（4）计算主成分得分。

计算 n 个样品在 m 个主成分上的得分：

$$F_i = a_{1i}X_1 + a_{2i}X_2 + \cdots + a_{pi}X_p, i = 1, 2, \cdots, m$$

（5）如需要，解释各主成分的实际意义。

例 6.1 （标准化数据的样本主成分）5 支股票的周回报率数据取自纽约证券交易所，周回报率定义为（当周收盘价－上周收盘价）/上周收盘价，并根据拆分和分红进行调整。连续

103 周的观测显示是独立分布的,但是股票之间的回报率是相关的,因为如所预期的,股票对一般经济条件的反应趋于一致。

用 $x_1, x_2, \cdots, x_5$ 分别记 5 支股票的周回报率,则

$$\bar{X} = (0.001\,1 \quad 0.000\,7 \quad 0.001\,4 \quad 0.004\,0 \quad 0.004\,0)^{\mathrm{T}}$$

且

$$R = \begin{bmatrix} 1.000 & 0.632 & 0.511 & 0.115 & 0.155 \\ 0.632 & 1.000 & 0.574 & 0.322 & 0.213 \\ 0.511 & 0.574 & 1.000 & 0.183 & 0.146 \\ 0.115 & 0.322 & 0.183 & 1.000 & 0.683 \\ 0.155 & 0.213 & 0.146 & 0.683 & 1.000 \end{bmatrix}$$

注意 R 是标准化观测 $z_1, z_2, \cdots, z_5$ 的协方差矩阵。由计算机得到 R 的特征值和特征向量为

$$\lambda_1 = 2.437, \; a_1^{\mathrm{T}} = (0.469, 0.532, 0.465, 0.387, 0.361)$$
$$\lambda_2 = 1.407, \; a_2^{\mathrm{T}} = (-0.368, -0.236, -0.315, 0.585, 0.606)$$
$$\lambda_3 = 0.501, \; a_3^{\mathrm{T}} = (-0.604, -0.136, 0.772, 0.093, -0.109)$$
$$\lambda_4 = 0.400, \; a_4^{\mathrm{T}} = (0.363, -0.629, 0.289, -0.381, 0.493)$$
$$\lambda_5 = 0.255, \; a_5^{\mathrm{T}} = (0.384, -0.496, 0.071, 0.595, -0.498)$$

用标准化变量,我们得到前两个样本主成分

$$F_1 = 0.469z_1 + 0.532z_2 + 0.465z_3 + 0.387z_4 + 0.361z_5$$
$$F_2 = -0.368z_1 - 0.326z_2 - 0.315z_3 + 0.585z_4 + 0.606z_5$$

计算可得,这两个主成分的累计方差贡献率为 $\dfrac{\lambda_1 + \lambda_2}{\lambda_1 + \lambda_2 + \lambda_3 + \lambda_4 + \lambda_5} = 77\%$。

关于这两个主成分有个有趣的解释:第一主成分中 5 支股票有大致相同的加权或"指标"。这个主成分可以解释为一般股票市场成分,或简称为市场成分。第二主成分表示银行股与石油股之间的对照(在第二主成分中,银行股的权有负号,而石油股的权有正号,且绝对值大致相同)。这个主成分可称为行业成分。这样,我们看到这些股票回报率的变化主要是由市场活动和与之相关的行业活动造成的。

6.4 主成分的几何意义及性质

对主成分分析的几何意义的了解有助于深刻理解主成分的性质。了解主成分的性质有助于理解和掌握主成分的应用和更好地进行主成分的解释。

6.4.1　主成分分析的几何意义

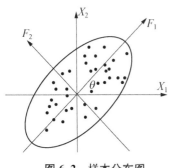

图 6.2　样本分布图

为了方便,我们仅在二维空间中讨论主成分的几何意义,所得结论可以很容易地扩展到多维的情况。

设有 n 个样本,每个样本有两个观测变量 X_1,X_2,这样,在由变量 X_1,X_2 组成的坐标空间中,n 个样本的分布情况如带状(见图 6.2)。显然,在坐标系 X_1OX_2 中,n 个点的坐标 X_1 和 X_2 呈现某种(线性)相关性。

由图可以看出,这 n 个样品无论沿 X_1 轴还是沿 X_2 轴方向,均有较大的离散性,其离散程度可以分别用观测变量 X_1 和 X_2 的方差定量地表示。显然,若只考虑 X_1 和 X_2 中的任何一个,原始数据中的信息均会有较大的损失。我们的目的是考虑 X_1 和 X_2 的线性组合,使原始样本数据可以由新的变量 F_1 和 F_2 来刻画。在几何上表示就是将坐标轴按逆时针方向旋转 θ 角度,得到新坐标轴 F_1 和 F_2,坐标旋转公式为

$$\begin{cases} F_1 = X_1\cos\theta + X_2\sin\theta \\ F_2 = -X_1\sin\theta + X_2\cos\theta \end{cases}$$

其矩阵形式为

$$\begin{pmatrix} F_1 \\ F_2 \end{pmatrix} = \begin{pmatrix} \cos\theta & \sin\theta \\ -\sin\theta & \cos\theta \end{pmatrix} \begin{pmatrix} X_1 \\ X_2 \end{pmatrix} = UX$$

其中,U 为旋转变换矩阵。

经过这样的旋转之后,n 个样本点在 F_1 轴上的方差最大,即在此方向上所含的有关 n 个样品间差异的信息是最多的。变量 F_1 代表了原始数据的绝大部分信息,我们称 F_1 为第一主成分。而在与 F_1 轴正交的 F_2 轴上,有着较小的方差,称 F_2 为第二主成分。这样,在研究实际问题时,即使不考虑变量 F_2 也无损大局。因此,经过上述旋转变换就可以把原始数据的信息集中到 F_1 轴上,对数据中包含的信息起到了浓缩的作用。主成分分析的目的就是找出变换矩阵 U,而主成分分析的作用与几何意义也就很明显了。

下面我们用服从正态分布的变量进行分析,以使主成分分析的几何意义更为明显。为方便起见,我们以二元正态分布为例。对于多元正态总体的情况,有类似的结论。

设变量 X_1 和 X_2 服从二元正态分布,分布密度为

$$f(X_1, X_2) = \frac{1}{2\pi\sigma_1\sigma_2\sqrt{1-\rho^2}}\exp\left\{-\frac{1}{2\sigma_1^2\sigma_2^2(1-\rho^2)}\left[(X_1-\mu_1)^2\sigma_2^2 \right.\right.$$
$$\left.\left. -2\sigma_1\sigma_2\rho(X_1-\mu_1)(X_2-\mu_2) + (X_2-\mu_2)^2\sigma_1^2\right]\right\}$$

令 Σ 为变量 X_1 和 X_2 的协方差矩阵,其形式如下:

$$\Sigma = \begin{pmatrix} \sigma_1^2 & \rho\sigma_1\sigma_2 \\ \rho\sigma_1\sigma_2 & \sigma_2^2 \end{pmatrix}$$

则上述二元正态分布的密度函数有如下矩阵形式：

$$f(X_1, X_2) = \frac{1}{2|\Sigma|^{\frac{1}{2}}} e^{-\frac{1}{2}(X-\mu)^{\mathrm{T}}\Sigma^{-1}(X-\mu)}$$

考虑 $(X-\mu)^{\mathrm{T}}\Sigma^{-1}(X-\mu) = d^2$（$d$ 为常数），为方便，不妨设 $\mu = 0$，则有如下展开形式：

$$\frac{1}{1-\rho^2}\left[\left(\frac{X_1}{\sigma_1}\right)^2 - 2\rho\left(\frac{X_1}{\sigma_1}\right)\left(\frac{X_2}{\sigma_2}\right) + \left(\frac{X_2}{\sigma_2}\right)^2\right] = d^2$$

令 $Z_1 = \dfrac{X_1}{\sigma_1}$，$Z_2 = \dfrac{X_2}{\sigma_2}$，则上面的方程变为

$$Z_1^2 - 2\rho Z_1 Z_2 + Z_2^2 = d^2(1-\rho^2)$$

这是一个椭圆的方程，长短轴分别为 $2d\sqrt{1\pm\rho}$。

又令 $\lambda_1 \geqslant \lambda_2 > 0$ 为 Σ 的特征根，e_1，e_2 为对应的标准正交特征向量。

$P = (e_1, e_2)$，则 P 为正交矩阵，$\Lambda = \begin{pmatrix} \lambda_1 & 0 \\ 0 & \lambda_2 \end{pmatrix}$，则有

$$\Sigma = P\Lambda P^{\mathrm{T}},\ \Sigma^{-1} = P\Lambda^{-1}P^{\mathrm{T}}$$

因此，在 $\mu = 0$ 时有 $d^2 = (X-\mu)^{\mathrm{T}}\Sigma^{-1}(X-\mu) = X^{\mathrm{T}}\Sigma^{-1}X$，化简可得 $d^2 = \dfrac{F_1^2}{\lambda_1} + \dfrac{F_2^2}{\lambda_2}$。

与上面一样，这也是一个椭圆方程，且在 F_1，F_2 构成的坐标系中，其主轴的方向恰恰是 F_1，F_2 坐标轴的方向。因为 $F_1 = e_1^{\mathrm{T}}X$，$F_2 = e_2^{\mathrm{T}}X$，所以 F_1，F_2 就是原始变量 X_1 和 X_2 的两个主成分，它们的方差分别为 λ_1，λ_2，经常有 λ_1 远大于 λ_2。因此，在 F_1 方向上集中的 X_1 和 X_2 的方差远大于在 F_2 方向上集中的方差。这样，我们就可以只研究原始数据在 F_1 方向上的变化而不至于损失过多信息，而 λ_1，λ_2 就是椭圆在原始坐标系中的主轴方向，也是坐标转换的系数向量。

对于多维的情况，椭圆变为（超）椭球，上面的结论依然成立。椭球半轴分别为 $F_1 = e_1^{\mathrm{T}}X$，$F_2 = e_2^{\mathrm{T}}X \cdots F_n = e_n^{\mathrm{T}}X$，这些轴的方向相互垂直，并且第一主成分方向的椭球轴最长，第二主成分次之，其后主成分依次递减。

这样，我们对主成分分析的几何意义有了一个充分的了解。主成分分析的过程就是坐标系旋转的过程，各主成分表达式就是新坐标系与原坐标系的转换关系，在新坐标系中，各坐标轴的方向就是原始数据方差最大的方向。

6.4.2　主成分的性质

确定主成分的个数、分析主成分对原变量变异的解释作用和计算方差贡献率等都需要用到主成分的统计性质。

性质 6.1　设 Σ 是随机向量 $X^{\mathrm{T}} = (X_1, X_2, \cdots, X_p)$ 的协方差矩阵，其特征值 $\lambda_1 \geqslant \lambda_2 \geqslant \cdots \geqslant \lambda_p \geqslant 0$，对应的单位特征向量分别为 e_1，e_2，$\cdots$，e_p。$F_i = e_i^{\mathrm{T}}X\,(i=1, 2, \cdots, p)$ 是主成分，则

$$\sum_{i=1}^{p}\lambda_i = \sum_{i=1}^{p}\sigma_{ii}, \text{ 即 } \sum_{i=1}^{p}\text{Var}(F_i) = \sum_{i=1}^{p}\text{Var}(X_i) \tag{6.5}$$

证明:记原始变量对应的协方差矩阵为 $\Sigma=(\sigma_{ij})_{p\times p}$,令 $P=(e_1,e_2,\cdots,e_p)$,则 P 为正交矩阵。F 对应的协方差矩阵的对角阵为 Λ,则有 $\Sigma=P\Lambda P^{\mathrm{T}}$,因此 $P^{\mathrm{T}}\Sigma P=\Lambda$,于是

$$\sum_{i=1}^{p}\sigma_{ii} = \text{tr}(\Sigma) = \text{tr}(\Sigma PP^{\mathrm{T}}) = \text{tr}(P^{\mathrm{T}}\Sigma P) = \text{tr}(\Lambda) = \sum_{i=1}^{p}\lambda_i = \sum_{i=1}^{p}\text{Var}(F_i)$$

备注:主成分分析将 p 个原始变量 X_1,X_2,$\cdots$,X_p 的总方差 $T_r(\Sigma)$ 分解为 p 个不相关变量 F_1,F_2,$\cdots$,F_p 的方差之和。由于 F_1,F_2,$\cdots$,F_p 的方差是依次减少的,因此这种分解最大限度地保障前几个主成分在总方差中占的比例相当大,有利于确定主成分的个数,也有利于降维。

定义 6.1 主成分贡献率:总方差中属于第 i 主成分 F_i(或被 F_i 所解释)的比例为 $\dfrac{\lambda_i}{\sum\limits_{i=1}^{p}\lambda_i}$,我们称其为主成分 F_i 的贡献率,则前 m 个主成分的累计贡献率为

$$\frac{\sum\limits_{i=1}^{m}\lambda_i}{\sum\limits_{i=1}^{p}\lambda_i} \tag{6.6}$$

进行主成分分析的目的之一是降维,也就是减少变量的个数,所以一般不会取 p 个主成分,我们忽略一些带有较小方差的主成分不会给总方差带来大的影响,因此取 $m<p$ 个主成分,m 取多少比较合适,是一个很实际的问题,通常以所取 m 使得累积贡献率达到 85% 以上为宜,此时既能起到降维的作用,信息的损失量又不太多。不过,累积贡献率的大小仅表达 m 个主成分提取了 X_1,X_2,$\cdots$,X_p 蕴含的变异信息多少,但它没有表达某个变量被提取了多少信息。另外,选取主成分还可根据特征值的变化来确定。图 6.3 为 SPSS 统计软件生成的碎石图。碎石图是将特征值从大到小排列然后按顺序绘制所得的图。

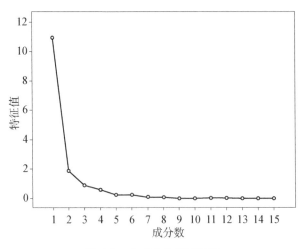

图 6.3　主成分分析碎石图

　　由图 6.3 可知,第二个及第三个特征值变化的趋势已经开始趋于平稳,取前两个或是前三个主成分是比较合适的。这种比较直观方法确定的主成分个数与按累积贡献率确定的主成分个数往往是一致的。在实际应用中,有些研究工作者习惯于保留特征值大于 1 的那些主成分,这主要是因为原变量已经标准化了,也就是原始变量的方差均为 1,因此保留解释能力大于平均水平的主成分。

　　定义 6.2　第 i 个主成分 F_i 与原始变量 X_j 的相关系数 $\rho(F_i, X_j)$ 被称为因子负荷量(因子载荷量)。因子载荷量反映主成分对特定原变量变异的解释能力,因子载荷的绝对值大小刻画了该主成分的主要意义及其成因。

　　性质 6.2　若 $F_i = e_i^{\mathrm{T}} X (i = 1, 2, \cdots, p)$ 是从协方差矩阵 Σ 所得到的主成分,则

$$\rho(F_i, X_j) = \frac{e_{ji} \sqrt{\lambda_i}}{\sqrt{\sigma_{jj}}}, \ i, j = 1, 2, \cdots, p$$

是主成分 F_i 和变量 X_j 之间的相关系数,这里 $\lambda_1, \lambda_2, \cdots, \lambda_p$ 是 Σ 的特征值,$e_1, e_2, \cdots, e_p$ 是对应的特征向量。

　　由该性质知因子载荷量 $\rho(F_i, X_j)$ 与变换系数 e_{ij} 成正比,与 X_j 的标准差成反比关系,因此,绝不能将因子载荷量与系数向量混为一谈。在解释主成分的成因或是第 j 个变量对第 i 个主成分的重要性时,应当依据因子载荷量,而不能仅仅根据 F_i 与 X_j 的变换系数 e_{ij}。

　　证明:

$$\rho(F_i, X_j) = \frac{\mathrm{Cov}(F_i, X_j)}{\sqrt{\mathrm{Var}(F_i) \cdot \mathrm{Var}(X_j)}} = \frac{\mathrm{Cov}(a_i^{\mathrm{T}} X, u_j^{\mathrm{T}} X)}{\sqrt{\lambda_i \cdot \sigma_{jj}}}$$

其中,$u_j = (0, \cdots, 0, 1, 0, \cdots, 0)^{\mathrm{T}}$,它是除第 j 个元素为 1 外,其余元素均为 0 的单位向量,e_i 是 Σ 对应于 λ_i 的特征向量。再利用协方差的性质可知

$$\mathrm{Cov}(e_i^{\mathrm{T}} X, u_j^{\mathrm{T}} X) = e_i^{\mathrm{T}} D(X) u_j = e_i^{\mathrm{T}} \Sigma u_j = u_j^{\mathrm{T}} \Sigma e_i = \lambda_i u_j^{\mathrm{T}} e_i = \lambda_i e_{ji}$$

即得 $\rho(F_i, X_j) = \dfrac{e_{ji} \sqrt{\lambda_i}}{\sqrt{\sigma_{jj}}}, \ i, j = 1, 2, \cdots, p$。

　　定义 6.3　设 $F_i = e_i^{\mathrm{T}} X = e_{i1} X_1 + e_{i2} X_2 + \cdots + e_{ip} X_p (i = 1, 2, \cdots, p)$,我们称 e_{ij} 为第 i 主成分 F_i 在第 j 个原始变量 X_j 上的载荷。因子载荷量度量了 X_j 对 F_i 的重要程度。在解释主成分时,我们需要考察载荷,同时也应考察相关系数。前者是从多变量的角度,后者是从单变量的角度,因而前者更值得重视。

　　例 6.2　设随机变量 X_1、X_2、X_3 有协方差矩阵,求主成分。

$$\begin{pmatrix} 1 & -2 & 0 \\ -2 & 5 & 0 \\ 0 & 0 & 2 \end{pmatrix}$$

　　解:经计算,Σ 的特征值和特征向量为

$$\lambda_1 = 5.83, \; e_1^{\mathrm{T}} = (0.383, -0.924, 0)$$
$$\lambda_2 = 2, \; e_2^{\mathrm{T}} = (0, 0, 1)$$
$$\lambda_3 = 0.17, \; e_3^{\mathrm{T}} = (0.924, 0.383, 0)$$

因此,主成分为

$$F_1 = e_1^{\mathrm{T}} X = 0.383 X_1 - 0.924 X_2$$
$$F_2 = e_2^{\mathrm{T}} X = X_3$$
$$F_3 = e_3^{\mathrm{T}} X = 0.924 X_1 + 0.383 X_2$$

可以验证

$$\begin{aligned}
\mathrm{Var}(F_1) &= \mathrm{Var}(0.383 X_1 - 0.924 X_2) \\
&= (0.383)^2 \mathrm{Var}(X_1) + (-0.924)^2 \mathrm{Var}(X_2) \\
&\quad + 2 \times 0.383 \times (-0.924) \times \mathrm{Cov}(X_1, X_2) = 5.83 = \lambda_1
\end{aligned}$$

$$\mathrm{Cov}(F_1, F_2) = \mathrm{Cov}(0.383 X_1 - 0.924 X_2, X_3) = 0$$

这很好地说明了性质 6.1。也容易看出

$$\sigma_{11} + \sigma_{22} + \sigma_{33} = 1 + 5 + 2 = \lambda_1 + \lambda_2 + \lambda_3 = 5.83 + 2 + 0.17$$

证明性质 6.2 成立。

第一主成分的贡献率为 $\dfrac{\lambda_1}{\lambda_1 + \lambda_2 + \lambda_3} = 0.73$,前两个主成分的累计贡献率为

$\dfrac{\lambda_1 + \lambda_2}{\lambda_1 + \lambda_2 + \lambda_3} = 0.98$,此时主成分 F_1 和 F_2 可以代替原先的三个变量而不会有什么信息损失。

$$\rho(F_1, X_1) = \frac{e_{11} \sqrt{\lambda_1}}{\sqrt{\sigma_{11}}} = \frac{0.383 \times \sqrt{5.83}}{\sqrt{1}} = 0.925$$

$$\rho(F_1, X_2) = \frac{e_{12} \sqrt{\lambda_1}}{\sqrt{\sigma_{22}}} = \frac{-0.924 \times \sqrt{5.83}}{\sqrt{5}} = -0.998$$

注意这里的变量 X_2 有系数 -0.998,在主成分 F_1 中拥有最大的权数,它也有与 F_1 最大(按绝对值)的相关系数。X_1 和 F_1 的相关系数为 0.925,几乎与前者一样大,这表明 X_1 和 X_2 对第一主成分来说大致同样重要。然而 X_1 和 X_2 的系数的相对大小说明,对于 F_1 的确定,X_2 的贡献比 X_1 要多。在这种情况下,由于两个系数均相当地大且有相反的正负号,我们将认为这两个变量均有助于解释 F_1。

$$\rho(F_2, X_1) = \rho(F_2, X_2) = 0 \text{ 和 } \rho(F_2, X_3) = \frac{\sqrt{\lambda_2}}{\sqrt{\sigma_{33}}} = \frac{\sqrt{2}}{\sqrt{2}} = 1 \text{（正如所期）}$$

性质 6.3 $\quad \sum\limits_{j=1}^{p} \rho^2(F_i, X_j) \sigma_{jj} = \lambda_i$

证明: 由性质 6.3 有

$$\sum_{j=1}^{p} \rho^2(F_i, X_j)\sigma_{jj} = \sum_{j=1}^{p} \lambda_i e_{ij}^2 = \lambda_i \sum_{j=1}^{p} e_{ij}^2 = \lambda_i$$

性质 6.4　$\sum_{i=1}^{p} \rho^2(F_i, X_j) = 1 (i = 1, 2, \cdots, p)$

证明:

记系数矩阵 $A = (e_1, e_2, \cdots, e_p)$，因为由 $A^{\mathrm{T}}\Sigma A = \Lambda$，可得 $\Sigma = A\Lambda A^{\mathrm{T}}$，故有

$$\sigma_{jj} = (e_{i1}, e_{i2}, \cdots, e_{ip})\Lambda \begin{pmatrix} e_{i1} \\ e_{i2} \\ \vdots \\ e_{ip} \end{pmatrix} = \sum_{i=1}^{p} \lambda_i e_{ij}^2,$$

因此，$\sum_{i=1}^{p} \rho^2(F_i, X_j) = \frac{1}{\sigma_{jj}}\sum_{i=1}^{p} \lambda_i e_{ij}^2 = 1 (i = 1, 2, \cdots, p)$。事实上，主成分 $F_i (i = 1,$ $2, \cdots, p)$ 是变量 $X_1, X_2, \cdots, X_p$ 的线性组合。反过来，X_i 也可以表示为 $F_1, F_2, \cdots, F_p$ 的线性组合，又因 $F_1, F_2, \cdots, F_p$ 互不相关，由回归分析的知识可知 X_i 与 $F_1, F_2, \cdots, F_p$ 的全相关系数的平方等于 1，即得性质 6.4。

性质 6.5　设 $\lambda_1^*, \lambda_2^*, \cdots, \lambda_p^*$ 是 R 的特征值，$e_1^*, e_2^*, \cdots, e_p^*$ 是对应的特征向量，则

(1) 标准化变量 $Z = (Z_1, Z_2, \cdots, Z_p)^{\mathrm{T}}$ 的第 i 主成分由 $F_i^* = (e_i^*)^{\mathrm{T}}Z = e_i^{*\mathrm{T}}$ $(D^{1/2})^{-1}(X - \mu)(i = 1, 2, \cdots, p)$ 给出。

(2) $\sum_{i=1}^{p} \mathrm{Var}(F_i^*) = \sum_{i=1}^{p} \mathrm{Var}(Z_i) = \sum_{i=1}^{p} \lambda_i^* = p$。

(3) $\rho_{F_i, Z_k} = e_{ik}^* \sqrt{\lambda_i}$，$i, k = 1, 2, \cdots, p$。

不难发现：第 k 个主成分解释的总方差所占的比例为 $\frac{\lambda_k^*}{p}$。一个很自然的问题就是，从协方差矩阵和相关矩阵得到的主成分是否是一样的呢？下面的一个例子将告诉我们答案是否定的。

例 6.3　考虑协方差矩阵 $\Sigma = \begin{pmatrix} 1 & 4 \\ 4 & 100 \end{pmatrix}$ 和导出的相关矩阵 $R = \begin{pmatrix} 1 & 0.4 \\ 0.4 & 1 \end{pmatrix}$，求主成分。

解: 由 Σ 得出的特征值和特征向量分别是 $\lambda_1 = 100.16$，$e_1^{\mathrm{T}} = (0.04, 0.999)$；$\lambda_2 = 0.84$，$e_2^{\mathrm{T}} = (0.999, -0.04)$。相应的主成分分别为

$$F_1 = 0.04X_1 + 0.999X_2, \quad F_2 = 0.999X_1 - 0.04X_2$$

由 R 得出的特征值和特征向量是 $\lambda_1^* = 1.4$，$e_1^{*\mathrm{T}} = (0.707, 0.707)$；$\lambda_2^* = 0.6$，$e_2^{*\mathrm{T}} = (0.707, -0.707)$。相应的主成分分别为

$$F_1^* = 0.707Z_1 + 0.707Z_2 = 0.707(X_1 - \mu_1) + 0.0707(X_2 - \mu_2),$$

$$F_2^* = 0.707Z_1 - 0.707Z_2 = 0.707(X_1 - \mu_1) - 0.0707(X_2 - \mu_2)$$

可以发现：①由 Σ 确定的第一主成分解释的总体总方差比例为 $\dfrac{\lambda_1}{\lambda_1 + \lambda_2} = 0.992$，由 R 确定的第一主成分解释的总体总方差比例为 $\dfrac{\lambda_k^*}{p} = 0.7$。 ②由 Σ 确定的第一主成分由 X_1 和 X_2 表示时，权数的相对大小分别为 0.04 和 0.999；而由 R 确定的主成分由 X_1 和 X_2 表示时，权数的相对大小分别为 0.707 和 0.0707。

总之，由 Σ 导出的主成分与由 R 导出的主成分是不同的，而且一组主成分也不是另外一组主成分的简单函数。这说明，标准化不是无关紧要的。一般而言，如果在不同的范围内测量变量，或者测量单位不是同一量纲的，那么变量可能要标准化。

例 6.4　设 $X = (X_1, X_2, X_3)^{\mathrm{T}}$ 的协方差矩阵为 $\begin{pmatrix} 16 & 2 & 30 \\ 2 & 1 & 4 \\ 30 & 4 & 100 \end{pmatrix}$，求主成分及其贡献率。

解：经计算，Σ 的特征值及特征向量为

$$\lambda_1 = 109.793, \ \lambda_2 = 6.469, \ \lambda_3 = 0.738$$

$$e_1 = \begin{pmatrix} 0.305 \\ 0.041 \\ 0.951 \end{pmatrix}, \ e_2 = \begin{pmatrix} 0.944 \\ 0.120 \\ -0.308 \end{pmatrix}, \ e_3 = \begin{pmatrix} -0.127 \\ 0.992 \\ -0.002 \end{pmatrix}$$

相应的主成分分别为

$$F_1 = 0.305X_1 + 0.041X_2 + 0.951X_3$$
$$F_2 = 0.944X_1 + 0.120X_2 - 0.308X_3$$
$$F_3 = -0.127X_1 + 0.992X_2 - 0.002X_3$$

可见，方差大的原始变量 X_3 在很大程度上控制了第一主成分 F_1，方差小的原始变量 X_2 几乎完全控制了第三主成分 F_3，方差介于中间的 X_1 则基本控制了第二主成分 F_2。F_1 的贡献率为

$$\frac{\lambda_1}{\lambda_1 + \lambda_2 + \lambda_3} = \frac{109.793}{117} = 0.938$$

这么高的贡献率首先归因于 X_3 的方差比 X_1 和 X_2 的方差大得多，其次是 X_1，X_2，X_3 相互之间存在着一定的相关性。F_3 的特征值相对很小，表明 X_1，X_2，X_3 之间有这样一个线性依赖关系：

$$-0.127X_1 + 0.992X_2 - 0.002X_3 \approx c$$

其中，$c = -0.127\mu_1 + 0.992\mu_2 - 0.002\mu_3$ 为一常数。

从相关系数矩阵出发求主成分：

$$\lambda_1^* = 2.114, \ \lambda_2^* = 0.646, \ \lambda_3^* = 0.240$$

$$e_1^* = \begin{pmatrix} 0.627 \\ 0.497 \\ 0.600 \end{pmatrix}, \ e_2^* = \begin{pmatrix} -0.241 \\ 0.856 \\ -0.457 \end{pmatrix}, \ e_3^* = \begin{pmatrix} -0.741 \\ 0.142 \\ 0.656 \end{pmatrix}$$

相应的主成分分别为

$$F_1^* = 0.627X_1 + 0.497X_2 + 0.600X_3$$
$$F_2^* = -0.241X_1 + 0.856X_2 - 0.457X_3$$
$$F_3^* = -0.741X_1 + 0.142X_2 + 0.656X_3$$

F_1^* 的贡献率为 $\dfrac{\lambda_1^*}{\lambda_1^* + \lambda_2^* + \lambda_3^*} = \dfrac{2.114}{3} = 0.705$。

现在比较本例中从 R 出发和从 Σ 出发的主成分计算结果。从 R 出发的 F_1 的贡献率 0.705 明显小于从 Σ 出发的 F_1 的贡献率 0.938。事实上,原始变量方差之间的差异越大,这一点也就倾向于越明显。可见,F_1 在原变量 X_1,X_2,X_3 上的载荷相对大小与第一种方法 F_1 在 X_1,X_2,X_3 上的载荷相对大小之间有着非常大的差异。这说明,标准化后的结论完全可能会发生很大的变化,因此标准化不是无关紧要的。

一般而言,对于度量单位不同的指标或取值范围彼此差异非常大的指标,应该考虑将数据标准化。对于取值范围相差不大或度量相同的指标,直接从协方差矩阵求解主成分更为合适。因为在上述讨论中,我们已经发现标准化处理前后主成分分析的结果有较大区别。这是由于对数据进行标准化的过程实际上也就是削弱原始变量离散程度差异的过程,即削弱了一部分重要信息,使得标准化后各变量在对主成分构成中的作用趋于相等。因此在实际工作中分别从不同角度出发求解主成分并研究其结果的差别,看看是否存在明显差异且这种差异产生的原因在何处,以确定哪种结果更符合实际和解决问题的需要。

6.5　主成分分析的应用

我们在做主成分分析时,首先应保证所提取的前几个主成分的累计贡献率达到一个较高的水平,即变量降维后的信息量应保持在一个较高的水平。一般而言,若前 m 个主成分的累计贡献率达到 85% 以上,则认为其基本包含了全部测量指标所蕴含的信息。

利用主成分分析法,我们可以实现以下功能:

1. 样品分类

主成分分析可以实现样品的分类。具体的样品分类步骤如下:对 p 个变量(指标)观测 n 次,得 n 个样品,记 $X_{(i)} = (x_{i1}, x_{i2}, \cdots, x_{ip})^{\mathrm{T}}$ 为第 i 个样品,看成 p 维空间的点,可按距离相近的程度进行分类,即如果 $\|X_{(i)} - X_{(j)}\| \approx 0$,则把第 i 个样品和第 j 个样品归为一类。

仍用 X_i 和 X_j 表示这两个变量的 n 次观测向量,在 n 维空间中即为两个点。设 X_1,X_2,$\cdots$,X_p 标准化或 n 次观测数据矩阵 X 已经标准化,设样本主成分为 $F_i = a_i^{\mathrm{T}} X (i = 1,$

$2, \cdots, m)$，令 $x_{ik}^* = \sum\limits_{j=1}^m a_{kj} F_{ij} (i=1, 2, \cdots, n)$，$X_k^* = (x_{1k}^*, x_{2k}^*, \cdots, x_{nk}^*)^{\mathrm{T}} = \sum\limits_{i=1}^m a_{ki} F_i$，

$X^* = (X_1^*, X_2^*, \cdots, X_p^*)^{\mathrm{T}}$。其中，$F_{ij}$ 为第 i 个主成分在第 j 个样品上的得分。可以证明

$\sum\limits_{j=1}^p \sum\limits_{i=1}^n (x_{ij} - x_{ij}^*)^2 = (n-1) \sum\limits_{k=m+1}^p \lambda_k$，因此有 $X \cong X^*$，由此可得到 $\| X_{(i)} - X_{(j)} \| \approx$

$\| X_{(i)}^* - X_{(j)}^* \|$，又因为

$$X_{(i)}^* = \begin{bmatrix} x_{i1}^* \\ \vdots \\ x_{ip}^* \end{bmatrix} = \begin{bmatrix} a_{11} & \cdots & a_{1m} \\ \vdots & & \vdots \\ a_{p1} & \cdots & a_{pm} \end{bmatrix} \begin{bmatrix} F_{i1} \\ \vdots \\ F_{im} \end{bmatrix}$$

$$= (a_1, \cdots, a_m) \begin{bmatrix} F_{i1} \\ \vdots \\ F_{im} \end{bmatrix}$$

因此，$\| X_{(i)}^* - X_{(j)}^* \|^2 = \left\| \sum\limits_{l=1}^m a_l (F_{il} - F_{jl}) \right\|^2 = (F_{i1} - F_{j1})^2 + \cdots + (F_{im} - F_{jm})^2$。这样就把考察两个 p 维空间点的靠近程度转化为考察两个 $m (m < p)$ 维空间点的靠近程度。若取 $m = 2$，n 个样品点可在平面上表示出，然后利用点的分布规律对样品进行分类。

2. 样品排序或系统排序评估

对 p 元总体 X 的样本进行主成分分析往往不是最终目的，而是完成某个实际问题的一种中间过程。在实际工作中常会遇到多指标系统的排序评估问题，比如对某类企业的经济效益进行评估比较，如何更科学、更客观地将一个多指标问题综合为单个指数的形式，主成分分析为样品排序或多指标系统评估问题提供了可行的方法。

对多指标系统进行排序评估的主要方法是加权评估法，比如专家评估法、综合评估法、层次分析法等。随着多元统计方法的普及与应用，主成分分析方法也成为构造系统排序评估指数的常用方法之一。

设 Z_1 是标准化随机向量 $X = (X_1, \cdots, X_p)^{\mathrm{T}}$ 的第一主成分。由主成分的性质可知，Z_1 与原始标准化向量 $X_1, X_2, \cdots, X_p$ 的综合相关程度最强，即 $\sum\limits_{k=1}^p \rho^2 (Z_1, X_k) = \lambda_1$ 达到最大。其中 λ_1 为 X 的相关阵 R 的最大特征值。如果只选一个综合变量来代表原来所有的原始变量，最佳的选择就是 Z_1。另外，由于第一主成分 Z_1 对应于数据变异最大的方向，这说明 Z_1 是使数据信息损失最小、精度最高的一维综合变量，因此它可用于构造系统排序评估指数。

3. 主成分回归

在考虑因变量 Y 与 p 个自变量 $X_1, \cdots, X_p$ 的回归模型中，当自变量间有较强的线性相关（多重共线性）时，利用经典的回归方法求回归系数的最小二乘估计，一般效果较差。利用 p 个变量的主成分 $Z_1, \cdots, Z_p$ 所具有的性质，如它们是互不相关的，$\mathrm{Var}(Z_i) = \lambda_i$ 为第 i 大特征值等，可由前 m 个主成分 $Z_1, \cdots, Z_m$ 来建立主成分回归模型：

$$Y = b_0 + b_1 Z_1 + \cdots + b_m Z_m (m \leqslant p)$$

由原始变量的观测数据计算前 m 个主成分的得分值，将其作为主成分 $Z_1, \cdots, Z_m$ 的观

测值,建立 Y 与 Z_1, $\cdots$, Z_m 的回归模型即主成分回归方程。这时就把 p 元数据降为 m 元。这样既简化了回归方程的结构,又消除了变量间相关性带来的影响。但主成分回归也给回归模型的解释带来一定的复杂性,因为主成分是原始变量的线性组合,不是直接观测的变量,其含义有时不明确。在求得主成分回归方程后,经常又需要使用逆转换将其变为原始变量的回归方程。因此,当原始变量间有较强的多重共线性,其主成分又有特殊的含义时,往往采用主成分回归,其效果比较好。

4. 主成分检验法

设 $X_{(i)}=(x_{i1}, \cdots, x_{ip})^\mathrm{T}(i=1, \cdots, n)$ 为来自 p 元总体 X 的样本,可以用主成分检验法检验总体 X 是否为 p 元正态总体。

设 $D(X)=\Sigma$,如果 Σ 是对角矩阵,即 p 维向量的分量间不相关,这时可把 p 元正态性检验问题转化为 p 个一元正态性检验问题。一般情况下,Σ 不是对角矩阵,即分量间是相关的。利用主成分分析法求得 X 的 p 个主成分 Z_1, $\cdots$, Z_p(不相关),并由原样本值计算 p 个主成分的得分值,作为 p 个不相关的综合变量的样本值。这时就把 p 元正态性检验问题化为 p 个一元综合变量(主成分)的正态性检验。这就是多元正态性检验的主成分检验法。实际检验时,利用主成分的性质,只需对前 $m(m<p)$ 个主成分得分数据逐个做正态性检验。

6.6　实例分析与统计软件 SPSS 应用

本节将以一个例子来说明主成分分析的应用及其在 SPSS 软件中的实现过程。

(1) 数据输入。相关数据如表 6.1 所示,相关变量的设置:X_1——GDP,X_2——人均GDP,X_3——农业增加值,X_4——工业增加值,X_5——第三产业增加值,X_6——固定资产投资,X_7——基本建设投资,X_8——社会消费品零售总额,X_9——海关出口总额,X_{10}——地方财政收入。

(2) 点击"分析/降维/因子分析",弹出因子分析对话框。

(3) 把 $X_1 \sim X_{10}$ 选入变量框,如图 6.4 所示。

(4) 描述:在相关性矩阵框组中选中系数,然后点击"继续",返回因子分析对话框。

(5) 点击"确定"。

表 6.1　沿海 10 个省市经济数据(来源:中国统计年鉴 2003)

地区	GDP	人均GDP	农业增加值	工业增加值	第三产业增加值	固定资产投资	基本建设投资	社会消费品零售总额	海关出口总额	地方财政收入
辽宁	5 458.2	13 000	14 883.3	1 376.2	2 258.4	1 315.9	529.0	2 258.4	123.7	399.7
山东	10 550.0	11 643	1 390.0	3 502.5	3 851.0	2 288.7	1 070.7	3 181.9	211.1	610.2
河北	6 076.6	9 047	950.2	1 406.7	2 092.6	1 161.6	597.1	1 968.3	45.9	302.3
天津	2 022.6	22 068	83.9	822.8	960.0	703.7	361.9	941.4	115.7	171.8

（续表）

地区	GDP	人均GDP	农业增加值	工业增加值	第三产业增加值	固定资产投资	基本建设投资	社会消费品零售总额	海关出口总额	地方财政收入
江苏	10 636.0	14 397	1 122.6	3 536.3	3 967.2	2 320.0	1 141.3	3 215.8	384.7	643.7
上海	5 408.8	40 627	86.2	2 196.2	2 755.8	1 970.2	779.3	2 035.2	320.5	709.0
浙江	7 670.0	16 570	680.0	2 356.5	3 065.0	2 296.6	1 180.6	2 877.5	294.2	566.9
福建	4 682.0	13 510	663.0	1 047.1	1 859.0	964.5	397.9	1 663.3	173.7	272.9
广东	11 770.0	15 030	1 023.9	4 224.6	4 793.6	3 022.9	1 275.5	5 013.6	1 843.7	1 202.0
广西	2 437.2	5 062	591.4	367.0	995.7	542.2	352.7	1 025.2	15.1	186.7

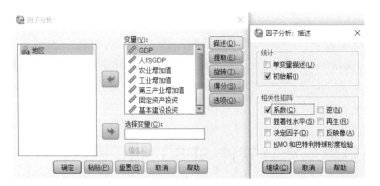

图 6.4　因子分析对话框与描述对话框

SPSS 在调用因子分析过程进行分析时，会自动对原始数据进行标准化处理，所以在得到计算结果后的变量都是指经过标准化处理后的变量，但 SPSS 不会直接给出标准化后的数据，如需要得到标准化数据，则需调用描述过程进行计算。

从表 6.2 可知 GDP 与工业增加值，第三产业增加值、固定资产投资、基本建设投资、社会消费品零售总额、地方财政收入这几个指标存在着极其显著的关系，与海关出口总额存在着显著关系。可见许多变量之间直接的相关性比较强，说明它们存在信息上的重叠，应先对变量作主成分分析的处理。

主成分个数提取原则为主成分对应的特征值大于 1 的前 m 个主成分。（注：特征值在某种程度上可以被看成是表示主成分影响力度大小的指标，如果特征值小于 1，说明该主成分的解释力度还不如直接引入一个原变量的平均解释力度大，因此一般可以用特征值大于 1 作为纳入标准）。通过表 6.3 可知，提取 2 个主成分为宜，即 $m=2$。从表 6.4 可知 GDP、工业增加值、第三产业增加值、固定资产投资、基本建设投资、社会消费品零售总额、海关出口总额、地方财政收入在第一主成分上有较高载荷，说明第一主成分基本反映了这些指标的信息；人均 GDP 和农业增加值指标在第二主成分上有较高载荷，说明第二主成分基本反映了人均 GDP 和农业增加值两个指标的信息。所以提取两个主成分是可以基本反映全部指标的信息，因此可以用两个新变量来代替原来的十个变量。但这两个新变量的表达还不能从输出窗口中直接得到，因为"成分矩阵"是指初始因子载荷矩阵，每一个载荷量表示主成分与对应变量的相关系数。

　　用表 6.4 中的数据除以主成分相对应的特征值开平方根便得到两个主成分中每个指标所对应的系数。将初始因子载荷矩阵中的两列数据输入数据编辑窗口(为变量 B_1、B_2),然后利用"转换/计算变量",在计算变量对话框中输入"$A_1 = B_1/\text{SQR}(7.22)$"(注:第二主成分 SQR 后的括号中填 0.235),即可得到特征向量 A_1。同理可得特征向量 A_2。将得到的特征向量与标准化的数据相乘,即得到主成分表达式。

表 6.2　相关系数矩阵

	GDP	人均GDP	农业增加值	工业增加值	第三产业增加值	固定资产投资	基本建设投资	社会消费品零售总额	海关出口总额	地方财政收入
GDP	1.000	−0.094	−0.052	0.967	0.979	0.923	0.922	0.941	0.637	0.826
人均 GDP	−0.094	1.000	−0.171	0.113	0.074	0.214	0.093	−0.043	0.081	0.273
农业增加值	−0.052	−0.171	1.000	−0.132	−0.050	−0.098	−0.176	0.013	−0.125	−0.086
工业增加值	0.967	0.113	−0.132	1.000	0.985	0.963	0.939	0.935	0.705	0.898
第三产业增加值	0.979	0.074	−0.050	0.985	1.000	0.973	0.940	0.962	0.714	0.913
固定资产投资	0.923	0.214	−0.098	0.963	0.973	1.000	0.971	0.937	0.717	0.934
基本建设投资	0.922	0.093	−0.176	0.939	0.940	0.971	1.000	0.897	0.624	0.848
社会消费品零售总额	0.941	−0.043	0.013	−0.935	0.962	0.937	0.897	1.000	0.836	0.929
海关出口总额	0.637	0.081	−0.125	0.705	0.714	0.717	0.624	0.836	1.000	0.882
地方财政收入	0.826	0.273	−0.086	0.898	0.913	0.934	0.848	0.929	0.882	1.000

表 6.3　方差分解主成分提取分析表

成分	初始特征值			提取载荷平方和		
	总计	方差百分比	累积百分比	总计	方差百分比	累积百分比
1	7.220	72.205	72.205	7.220	72.205	72.205
2	1.235	12.346	84.551	1.235	12.346	84.551
3	0.877	8.769	93.319			
4	0.547	5.466	98.786			
5	0.085	0.854	99.640			
6	0.021	0.211	99.850			
7	0.012	0.119	99.970			
8	0.002	0.018	99.988			
9	0.001	0.012	100.000			
10	−1.098E−16	−1.098E−15	100.000			

注:提取方法为主成分分析法。

表 6.4　初始因子载荷矩阵

变量	成分	
	1	2
GDP	0.949	0.195
人均 GDP	0.112	−0.824
农业增加值	−0.109	0.677
工业增加值	0.978	−0.005
第三产生增加值	0.986	0.070
固定资产投资	0.983	−0.068
基本建设投资	0.947	−0.024
社会消费品零售总额	0.977	0.176
海关出口总额	0.800	−0.051
地方财政收入	0.954	−0.128

注:提取方法为主成分分析法。

前文提到 SPSS 会自动对数据进行标准化,但不会直接给出,需要我们自己另外计算,因此我们可以通过"分析"、"描述统计"、"描述"对话框来实现:弹出描述对话框后,把 $X_1 \sim X_{10}$ 选入变量框,在"将标准化值另存为变量"前的方框打上钩,如图 6.5 所示,点击"确定",经标准化的数据会自动填入数据窗口中,并以 Z 开头命名。

图 6.5　"描述"对话框

以每个主成分所对应的特征值占所提取主成分总的特征值之和的比例作为权重计算主成分综合模型:$F = \dfrac{\lambda_1}{\lambda_1 + \lambda_2} F_1 + \dfrac{\lambda_2}{\lambda_1 + \lambda_2} F_2$,即可得到主成分综合模型:$F = 0.327X_1 - 0.072X_2 + 0.054X_3 + 0.310X_4 + 0.323X_5 + 0.304X_6 + 0.297X_7 + 0.334X_8 + 0.248X_9 + 0.286X_{10}$。

根据主成分综合模型即可计算综合主成分值,并对其按综合主成分值进行排序,即可对各地区进行综合评价比较,结果如表 6.5 所示。

表 6.5　综合主成分值

城市	第一主成分 F_1	排名	第二主成分 F_2	排名	综合主成分 F	排名
广东	5.23	1	0.11	6	4.48	1
江苏	2.25	2	0.23	5	1.96	2
山东	1.96	3	0.50	2	1.75	3
浙江	1.16	4	−0.19	8	0.96	4
上海	0.30	5	−2.36	10	−0.09	5
辽宁	−1.24	6	1.96	1	−0.78	6
河北	−1.35	7	0.41	4	−1.10	7
福建	−1.97	8	−0.07	7	−1.70	8
天津	−3.04	9	−1.01	9	−2.74	9
广西	−3.29	10	0.41	3	−2.75	10

对得出的综合主成分(评价)值,我们可用实际结果、经验与原始数据作聚类分析并进行检验,对有争议的结果,可用原始数据作判别分析以解决争议。

6.7　实例分析与 Python 应用

本节使用 Python 自带的葡萄酒数据集进行主成分分析。首先,对 13 个特征进行降维,这 13 个特征分别是 alcohol, malic acid, ash, alcalinity of ash, magnesium, total phenols, flavanoids, nonflavanoid phenols, proanthocyanins, color intensity, hue, od280/od315 of diluted wines, proline,数据预览如图 6.6 所示。

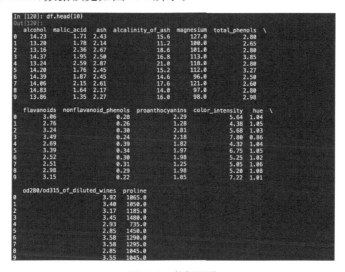

图 6.6　数据预览

1. Python 代码

```
from sklearn import datasets
from sklearn.decomposition import PCA
import matplotlib.pyplot as plt
from factor_analyzer.factor_analyzer import calculate_bartlett_sphericity, calculate_kmo
import pandas as pd
wine = datasets.load_wine()
X = wine.data
Y = wine.target
df = pd.DataFrame(X,columns=wine.feature_names)
df.head(10)
target_names = wine.target_names
calculate_kmo(X)
calculate_bartlett_sphericity(X)
pca = PCA(n_components=5)
X_p = pca.fit_transform(X)
print(pca.explained_variance_ratio_)
plt.scatter(X_p[:,0],X_p[:,1],c = Y)
plt.xlabel('PC1')
plt.ylabel('PC2')
plt.show()
```

2. 结果分析

我们首先对数据进行相关的检验。

(1) Bartlett 球形检验。p 值小于 0.001(见图 6.7)。

```
In [127]: calculate_bartlett_sphericity(X)
Out[127]: (1317.1808094724358, 2.4686170324272425e-224)
```

图 6.7 Bartlett 球形检验结果

(2) KMO 检验。KMO 值大于 0.6,通过以上两个检验(见图 6.8)。

```
In [126]: calculate_kmo(X)
Out[126]:
(array([0.72774368, 0.79914148, 0.43568404, 0.6833771 , 0.6831886 ,
       0.87340807, 0.81364063, 0.82529666, 0.8545572 , 0.61705698,
       0.7879142 , 0.86771036, 0.81900965]),
 0.7786821205606516)
```

图 6.8 KMO 检验结果

(3) 主成分方差。两个主成分方差解释比例已达 99%(见图 6.9)。

(4) 可视化结果。选择前两个主成分进行可视化,如图 6.10 所示。不同颜色的点表示不同类型的葡萄酒。

```
In [128]: print(pca.explained_variance_ratio_)
[9.98091230e-01 1.73591562e-03 9.49589576e-05 5.02173562e-05
 1.23636847e-05]
```

图 6.9　主成分方差结果

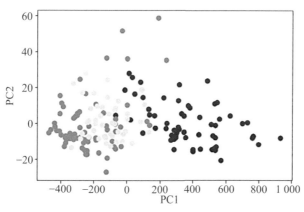

图 6.10　主成分可视化

6.8　实例分析与 R 语言应用

本节我们使用 R 语言分析广东省 2001 年各地区电信业发展的差异性,探求引起差异的原因,找出解决问题的方法。这些城市分别是:广州市、珠海市、汕头市、深圳市、佛山市、韶关市、河源市、梅州市、惠州市、汕尾市、东莞市、中山市、江门市、阳江市、湛江市、茂名市、肇庆市、清远市、潮州市、揭阳市、云浮市。筛选出了有关电信业发展的如下 7 个指标:

x_1:电信业务总量(万元);x_2:每百人拥有固定电话数(个);x_3:每百人拥有移动电话数(个);x_4:国际互联网用户(万户);x_5:互联网用户使用时长(万分钟);x_6:长途电话通话量(万次);x_7:长途电话通话时长(万分钟)。数据如表 6.6 所示。

1. R 语言代码

Chapter6＝read. table("clipboard",header＝T);Chapter6　 ♯ 先将数据从 Excel 的 Chapter6 中复制,后在 Rstudio 中执行此代码

library(mvstats)　 ♯ 加载 mvstats 包

H. clust(scale(Chapter6))　 ♯ 聚类

PC＝princomp(Chapter6,cor＝T)　 ♯ 主成分分析

summary(PC)　 ♯ 主成分汇总图

screeplot(PC,type＝"lines")　 ♯ 碎石图确定主成分

m＝2　 ♯ 选取两个主成分

PC $ loadings[,1:m]　 ♯ 主成分荷载

princomp. rank(PC,m)　 ♯ 主成分得分及排名

princomp. rank(PC,m,plot＝T)　 ♯ 主成分作图

表 6.6 广东省 21 个地级市 2001 年度电信业发展数据

	x_1	x_2	x_3	x_4	x_5	x_6	x_7
广州市	2 504 685.0	0.76	1.38	315.95	360 697.50	224 645.30	850 957.00
珠海市	336 312.9	0.77	1.56	24.57	51 261.21	28 622.46	118 923.30
汕头市	459 623.2	1.03	1.39	67.76	90 426.76	39 189.25	140 527.60
深圳市	2 407 800.0	2.54	5.38	255.09	260 939.50	244 179.30	1 003 601.00
佛山市	872 521.0	0.62	1.15	95.03	99 551.34	95 465.15	349 089.60
韶关市	146 567.8	1.28	1.23	13.97	19 184.27	9 921.97	39 182.47
河源市	105 169.6	1.46	1.51	6.33	11 927.68	7 523.68	28 804.30
梅州市	163 800.8	2.74	2.45	10.84	28 824.38	10 664.08	40 965.00
惠州市	407 695.3	2.64	3.91	47.32	39 881.16	40 954.59	160 412.80
汕尾市	124 567.6	1.11	1.02	6.14	12 402.01	9 817.33	36 103.81
东莞市	1 521 224	1.29	3.05	57.28	132 547.80	179 611.40	710 268.90
中山市	463 105.7	0.64	1.17	71.38	49 292.22	46 733.02	178 235.40
江门市	391 794.7	0.94	1.31	19.74	31 922.63	31 839.73	120 902.50
阳江市	129 929.7	0.87	0.82	24.88	12 496.82	8 751.72	33 261.07
湛江市	268 156.9	0.67	0.70	13.49	32 280.37	16 984.95	66 716.39
茂名市	194 854.9	0.78	0.64	8.99	41 158.33	13 168.95	50 628.09
肇庆市	190 803.3	1.63	1.82	19.26	26 969.57	14 207.31	53 703.97
清远市	151 625.2	0.92	1.24	19.43	20 661.24	11 381.77	43 122.04
潮州市	168 024.5	1.73	2.11	9.72	35 179.34	13 768.05	49 586.07
揭阳市	249 834.6	1.29	1.32	10.40	28 149.39	20 449.77	73 266.40
云浮市	89 079.83	1.52	1.36	8.81	12 218.77	6 563.50	24 170.14

2. 结果分析

我们首先通过聚类分析广东各城市在电信业务发展方面的相似性和差异性。

(1)聚类情况,如图 6.11 所示。

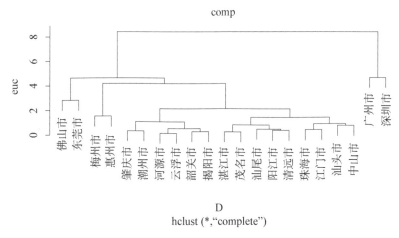

图 6.11 聚类情况

（2）总方差解释表。

前两个成分方差累计贡献率达到 96.14%（见图 6.12），说明几乎可以解释全部指标，则选前两个为主成分是合理的。

Importance of components:							
	Comp.1	Comp.2	Comp.3	Comp.4	Comp.5	Comp.6	Comp.7
Standard deviation	2.2728344	1.2505211	0.44970504	0.227971879	0.120498454	0.0355324091	2.079601e-02
Proportion of Variance	0.7379681	0.2234004	0.02889066	0.007424454	0.002074268	0.0001803646	6.178203e-05
Cumulative Proportion	0.7379681	0.9613685	0.99025913	0.997683585	0.999757853	0.9999382180	1.000000e+00

图 6.12 总方差解释结果

（3）主成分荷载。

由图 6.13 的结果可知，第一主成分（Comp.1）主要由 x_1：电信业务总量；x_4：国际互联网用户；x_5：互联网用户使用时长；x_6：长途电话通话量；x_7：长途电话通话时长所决定的。这 5 个指标反映了一个城市整体的电信业规模及电信业务发展水平。

	Comp.1	Comp.2
X1	-0.43531245	0.10527537
X2	-0.09736587	-0.75949960
X3	-0.28191843	-0.58832016
X4	-0.41276726	0.16026171
X5	-0.42003081	0.18131474
X6	-0.43278870	0.07136618
X7	-0.43293904	0.04800887

图 6.13 主成分荷载结果

第二主成分（Comp.2）主要有 x_2：每百人拥有固定电话数；x_3：每百人拥有移动电话数，这两个指标反映了电信行业中的电话人均普及情况。

我们提取第一主成分、第二主成分进行各个城市的综合考量。

（4）主成分得分及排名。

通过图 6.14 中结果可知，排名前几位的地区有深圳、广州、东莞、惠州、佛山等。排名比较靠后的地区有汕尾、湛江、茂名和阳江等。

	Comp.1	Comp.2		PC rank
广州市	-5.9067991	2.55970083	-3.9393748677	2
珠海市	0.7333979	0.56847242	0.6950729384	11
汕头市	0.1481683	0.54948062	0.2414242293	7
深圳市	-6.6864413	-1.98309171	-5.5934886122	1
佛山市	-0.8354561	1.39474668	-0.3172070806	5
韶关市	1.3050370	-0.01633091	0.9979807958	16
河源市	1.3377517	-0.42049544	0.9291746232	14
梅州市	0.7234574	-2.38860477	0.0002841044	6
惠州市	-0.3941757	-2.85692104	-0.9664623754	4
汕尾市	1.4768554	0.26395929	1.1950056172	18
中山市	0.3390609	1.06722611	0.5082701336	9
江门市	0.8325441	0.45906655	0.7457563025	12
阳江市	1.4745838	0.69356088	1.2930916256	21
湛江市	1.3101524	1.04963109	1.2496131380	19
茂名市	1.3822931	0.94188228	1.2799515515	20
肇庆市	0.9606084	-0.70611954	0.5732982810	10
清远市	1.3041414	0.42559417	1.0999867457	17
潮州市	0.9043253	-0.98540256	0.4651949955	8
揭阳市	1.0743640	-0.03218726	0.8172263747	13
云浮市	1.3753608	-0.41150020	0.9601344707	15

图 6.14　主成分得分及排名

（5）主成分作图（第一主成分为横轴，第二主成分为纵轴），如图 6.15 所示。

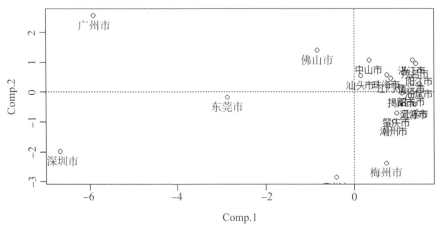

图 6.15　主成分图

由图 6.15 可以知道：①深圳离两个主成分轴的距离都比较远，深圳第一主成分、第二主成分得分都比较高。众所周知，深圳作为经济特区搭上了改革开放快速发展的东风，经济的日益发达也推动了整个城市电信业的发展水平，扩大了整个城市电信业的规模，也在相当程度上提高了电话的普及率。②广州第一主成分得分很高仅次于深圳，说明整个城市的电信业通信业务整体发展不错,但第二主成分得分较低,说明电信行业电话的人均普及程度并不是很高,可能由于广州作为广东省的省会城市人口较多,而拉低了平均水平。③东莞的第一主成分得分与第二主成分得分也比较靠前,说明城市整体电信业规模相当可观,同时电信行业电话的人均普及程度也很高。④佛山第一主成分较高,说明电信业务总量方面取得的成绩表现较好,但第二主成分得分较低,说明电信业务的人均普及程度还有待提高。⑤梅州有较高的第二主成分得分,说明电信业务的人均普及程度表现较好,可能是因为其人口相较于前面提及的城市较少;其第一主成分得分较低,说明其电信业务整体总量上并不是很有优势。

小结

（1）主成分与原始变量在几何上是正交旋转的关系。

（2）第一主成分的解释原始变量变异的能力或所蕴含的信息量最大,其他依次递减,各主成分互不相关。

（3）特征值很小的主成分能够揭示原始变量的共线性关系。

（4）当各变量的单位不同或者变异性很大时,可以考虑用相关矩阵 R 来求主成分。

（5）成功的主成分分析应该首先是在维数大为减少的同时,所提取的主成分仍然保留着原始变量的绝大部分信息;其次,要给出主成分的符合实际背景和意义的解释。

（6）解释主成分时,既要考虑主成分在原始变量上的载荷,也应考察主成分和原始变量的相关系数,而考虑前者更为重要。如果是从相关矩阵出发求出主成分,两者则是等价的。

（7）所选取的前几个主成分的累计贡献率必须达到一个较高的比例,通常认为应至少大于85%。比例越高,所作的分析就越可靠。

（8）主成分分析更多的是一种达到目的的中间步骤,而非目的本身,比如可以将主成分分析插到多重回归或聚类分析中。

思考与练习

6.1　设 $X = (X_1, X_2, \cdots X_p)^{\mathrm{T}}$ 的相关矩阵为

$$R = \begin{pmatrix} 1 & \rho & \cdots & \rho \\ \rho & 1 & \cdots & \rho \\ \vdots & \vdots & \ddots & \vdots \\ \rho & \rho & \cdots & 1 \end{pmatrix}$$

试求 R 的特征值、特征向量及主成分的贡献率。

6.2　求总体方差中每一个主成分解释的比例,已知此时协方差矩阵为

$$\Sigma = \begin{pmatrix} \sigma^2 & \sigma^2\rho & 0 \\ \sigma^2\rho & \sigma^2 & \sigma^2\rho \\ 0 & \sigma^2\rho & \sigma^2 \end{pmatrix}, \quad -\frac{1}{\sqrt{2}} < \rho < \frac{1}{\sqrt{2}}$$

6.3　令 U 为在 $[0,1]$ 上均匀分布的随机变量。假设 $X=(X_1, X_2, X_3, X_4)^{\mathrm{T}}$,这里 $X_1=U_1$, $X_2=U_2$, $X_3=U_1+U_2$, $X_4=U_1-U_2$,其中 U_1 与 U_2 独立。

(1) 计算 X 的相关矩阵 P,试求有多少个主成分是有意义的;

(2) 证明: $\gamma_1 = \left(\frac{1}{\sqrt{2}}, \frac{1}{\sqrt{2}}, 1, 0\right)^{\mathrm{T}}$, $\gamma_2 = \left(\frac{1}{\sqrt{2}}, \frac{-1}{\sqrt{2}}, 0, 1\right)^{\mathrm{T}}$ 为 P 对应于 λ 的特征向量,解释得到的前两个标准化主成分。

6.4　证明性质 6.3 和性质 6.4。

6.5　已知 $X=(X_1, X_2, X_3)^{\mathrm{T}}$ 的协方差矩阵为

$$\begin{bmatrix} 11 & \dfrac{\sqrt{3}}{2} & \dfrac{3}{2} \\[2mm] \dfrac{\sqrt{3}}{2} & \dfrac{21}{4} & \dfrac{5\sqrt{3}}{4} \\[2mm] \dfrac{3}{2} & \dfrac{5\sqrt{3}}{4} & \dfrac{31}{4} \end{bmatrix}$$

试进行主成分分析。

6.6　设 $X=(X_1, X_2, \cdots, X_p)^{\mathrm{T}}$ 的协方差矩阵为

$$\Sigma = \sigma^2 \begin{bmatrix} 1 & \rho & \cdots & \rho \\ \rho & 1 & \cdots & \rho \\ \vdots & \vdots & \ddots & \vdots \\ \rho & \rho & \cdots & 1 \end{bmatrix}_{p \times q}$$

证明: $\lambda_1 = \sigma^2[1-\rho(1-\rho)]$ 为最大特征根,其对应的主成分为 $\dfrac{1}{\sqrt{\rho}}\sum\limits_{i=1}^{p} x_i$。

6.7　设 $X=(X_1, X_2)^{\mathrm{T}}$ 的协方差矩阵 $\Sigma = \begin{pmatrix} 1 & 4 \\ 4 & 100 \end{pmatrix}$,试分别从 Σ 和相关矩阵 R 出发求出总体主成分,并加以比较。

6.8　利用主成分分析法,综合评价 6 个工业行业的经济效益指标(见表 6.7)。

表 6.7　6 个工业行业的经济效益指标

单位:亿元

行业名称	资产总计	固定资产均值平均余额	产品销售收入	利润总额
煤炭开采业	6 917.2	3 032.7	683.3	61.6
石油和天然气开采业	5 675.9	3 926.2	717.5	33 877.0

（续表）

行业名称	资产总计	固定资产均值平均余额	产品销售收入	利润总额
黑色金属矿采选业	768.1	221.2	96.5	13.8
有色金属矿采选业	622.4	248.0	116.4	21.6
非金属矿采选业	699.9	291.5	84.9	6.2
其他采矿业	1.6	0.5	0.3	0.0

6.9 设 $X = (X_1, X_2)^\mathrm{T} \sim N_2(0, \Sigma)$，协方差矩阵 $\Sigma = \begin{pmatrix} 1 & \rho \\ \rho & 1 \end{pmatrix}$，其中 ρ 为 X_1 和 X_2 的相关系数（$\rho > 0$）。求：

(1) 从 Σ 出发求 X 的两个总体主成分；

(2) 求 X 的等概率密度椭圆的主轴方向；

(3) 当 ρ 取多大时才能使得第一主成分的贡献率达 95% 以上。

6.10 二维随机向量 $x = (x_1, x_2)^\mathrm{T}$ 的相关矩阵总能表示为 $R = \begin{pmatrix} 1 & \rho \\ \rho & 1 \end{pmatrix}$。故当 $\rho \neq 0$ 时从 R 出发的 x 的主成分及其贡献率应有统一的表达式，试求之。主成分所在方向与 ρ 有关吗？

6.11 设 3 维总体 X 的协方差矩阵为

$$\Sigma = \begin{pmatrix} 4 & 0 & 0 \\ 0 & 4 & 0 \\ 0 & 0 & 2 \end{pmatrix}$$

试求总体主成分。

6.12 设 4 维随机向量 X 的协方差矩阵是

$$\Sigma = \begin{pmatrix} \sigma^2 & \sigma_{12} & \sigma_{13} & \sigma_{14} \\ \sigma_{12} & \sigma^2 & \sigma_{14} & \sigma_{13} \\ \sigma_{13} & \sigma_{14} & \sigma^2 & \sigma_{12} \\ \sigma_{14} & \sigma_{13} & \sigma_{12} & \sigma^2 \end{pmatrix}$$

其中，$\sigma_{12} > \sigma_{13} > \sigma_{14}$，试求 X 的主成分。

6.13 表 6.8 是某年我国 16 个地区农民支出情况的抽样调查数据，每个地区调查了反映每人平均生活消费支出情况的 6 个经济指标。利用主成分分析法对这些地区进行分类。

表 6.8 某年我国 16 个地区农民支出情况的抽样调查数据

地区	食品	衣着	燃料	住房	交通和通信	娱乐教育文化
北京	190.33	43.77	9.73	60.54	49.01	9.04
天津	135.20	36.40	10.47	44.16	36.49	3.94

（续表）

地区	食品	衣着	燃料	住房	交通和通信	娱乐教育文化
河北	95.21	22.83	9.30	22.44	22.81	2.80
山西	104.78	25.11	6.40	9.89	18.17	3.25
内蒙	128.41	27.63	8.94	12.58	23.99	2.27
辽宁	145.68	32.83	17.79	27.29	39.09	3.47
吉林	159.37	33.38	18.37	11.81	25.29	5.22
黑龙江	116.22	29.57	13.24	13.76	21.75	6.04
上海	221.11	38.64	12.53	115.65	50.82	5.89
江苏	144.98	29.12	11.67	42.60	27.30	5.74
浙江	169.92	32.75	12.72	47.12	34.35	5.00
安徽	135.11	23.09	15.62	23.54	18.18	6.39
福建	144.92	21.26	16.96	19.52	21.75	6.73
江西	140.54	21.50	17.64	19.19	15.97	4.94
山东	115.84	30.26	12.20	33.60	33.77	3.85
河南	101.18	23.26	8.46	20.20	20.50	4.30

6.14 表 6.9 是某年 30 家能源类上市公司的有关经营数据。其中 X_1＝主营业务利润，X_2＝净资产收益率，X_3＝每股收益，X_4＝总资产周转率，X_5＝资产负债率，X_6＝流动比率，X_7＝主营业务收入增长率，X_8＝资本积累率。进行主成分分析并确定主成分的数量。

表 6.9 某年 30 家能源类上市公司的有关经营数据

股票简称	X_1	X_2	X_3	X_4	X_5	X_6	X_7	X_8
海油工程	19.751	27.01	1.132	0.922	50.469	1.237	25.495	10.620
中海油服	33.733	12.99	0.498	0.510	25.398	3.378	46.990	−1.576
中国石化	13.079	18.26	0.634	1.835	54.584	0.674	55.043	43.677
中国石油	33.441	19.90	0.735	0.923	28.068	1.043	42.682	45.593
广聚能源	6.790	15.65	0.441	1.188	13.257	3.602	38.446	17.262
鲁润股份	5.315	0.50	0.011	1.879	52.593	1.222	207.370	33.721
海越股份	3.357	15.48	0.538	0.626	48.830	0.807	33.438	54.972
国际实业	29.332	10.34	0.299	0.662	53.140	1.218	16.579	7.622
靖远煤电	29.961	16.04	0.255	0.662	36.596	0.700	20.902	−3.682
美锦能源	23.342	18.58	0.497	0.923	60.963	0.992	1.271	12.128
神火股份	26.042	42.50	1.640	0.990	69.776	0.510	50.138	52.066

（续表）

股票简称	X_1	X_2	X_3	X_4	X_5	X_6	X_7	X_8
金牛能源	35.022	15.73	0.725	0.944	39.267	0.953	9.002	−3.877
煤气化	25.809	14.98	0.677	0.928	45.768	0.949	−3.851	24.881
西山煤电	39.506	17.82	0.868	0.703	45.450	1.525	9.162	−85.430
露天煤业	29.895	22.45	0.709	0.800	40.977	1.321	3.310	4.369
郑州煤电	18.160	12.74	0.299	1.374	52.962	1.240	−100.00	85.688
兰花科创	41.402	20.07	1.414	0.617	52.916	1.060	6.789	14.259
黑化股份	8.783	1.43	0.033	0.753	48.061	0.545	−11.66	6.856
兖州煤业	45.592	13.73	0.548	0.688	22.350	2.158	21.199	21.953
国阳新能	16.061	14.92	1.030	1.623	48.386	0.973	15.342	20.860
盘江股份	11.003	6.66	0.260	1.187	30.201	1.682	41.657	75.804
上海能源	24.876	17.95	0.709	0.968	48.674	0.510	20.548	14.526
山西焦化	12.825	4.45	0.331	0.849	48.476	1.417	43.676	29.419
恒源煤电	32.228	17.82	1.070	0.449	72.079	0.515	9.872	149.840
开滦股份	24.423	20.67	1.102	0.845	54.198	1.102	73.285	26.542
大同煤业	44.005	12.99	0.597	0.667	47.554	1.843	30.621	15.668
中国神华	48.180	15.40	0.994	0.408	37.687	2.097	27.813	46.229
潞安环能	28.567	21.71	1.534	1.023	54.261	1.590	48.315	29.610
中煤能源	41.214	16.68	0.441	0.669	40.932	2.058	29.903	11.350
国投新集	30.015	9.68	0.222	0.350	64.471	0.630	24.278	36.437

6.15 对表 6.10 中的 50 名学生成绩进行主成分分析，可以选择几个综合变量来代表这些学生的六门课程成绩？

表 6.10 50 名学生的各科成绩   单位：分

学生代码	数学	物理	化学	语文	历史	英语
1	71	64	94	52	61	52
2	78	96	81	80	89	76
3	69	56	67	75	94	80
4	77	90	80	68	66	60
5	84	67	75	60	70	63
6	62	67	83	71	85	77
7	74	65	75	72	90	73

（续表）

学生代码	数学	物理	化学	语文	历史	英语
8	91	74	97	62	71	66
9	72	87	72	79	83	76
10	82	70	83	68	77	85
11	63	70	60	91	85	82
12	74	79	95	59	74	59
13	66	61	77	62	73	64
14	90	82	98	47	71	60
15	77	90	85	68	73	76
16	91	82	84	54	62	60
17	78	84	100	51	60	60
18	90	78	78	59	72	66
19	80	100	83	53	73	70
20	58	51	67	79	91	85
21	72	89	88	77	80	83
22	64	55	50	68	68	65
23	77	89	80	73	75	70
24	72	68	77	83	92	79
25	72	67	61	92	92	88
26	73	72	70	88	86	79
27	77	81	62	85	90	87
28	61	65	81	98	94	95
29	79	95	83	89	89	79
30	81	90	79	73	85	80
31	85	77	75	52	73	59
32	68	85	70	84	89	86
33	85	91	95	63	76	66
34	91	85	100	70	65	76
35	74	74	84	61	80	69
36	88	100	85	49	71	66
37	63	82	66	89	78	80

（续表）

学生代码	数学	物理	化学	语文	历史	英语
38	87	84	100	74	81	76
39	81	98	84	57	65	69
40	64	79	64	72	76	74
41	60	51	60	78	74	76
42	75	84	76	65	76	73
43	59	75	81	82	77	73
44	64	59	56	71	79	67
45	64	61	49	100	99	95
46	56	48	61	85	82	80
47	62	45	67	78	76	82
48	86	78	92	87	87	77
49	66	72	79	81	87	66
50	61	66	48	98	100	96

6.16 用主成分分析方法探讨城市工业主体结构，表 6.11 为某城市工业部门 13 个行业 8 项指标的数据。

表 6.11 某城市工业部门 13 个行业 8 项指标的数据

	年末固定资产净值/万元	职工人数/人	工业总产值/万元	全员劳动生产率/(元/人年)	百元固定原资产值实现产值/元	资金利税率/%	标准燃料消费量/吨	能源利用效果/(万元/吨)
1(冶金)	90 342	52 455	101 091	19 272	82.000	16.1	197 435	0.172
2(电力)	4 903	1 973	2 035	10 313	34.200	7.1	592 077	0.003
3(煤炭)	6 735	21 139	3 767	1 780	36.100	8.2	726 396	0.003
4(化学)	49 454	36 241	81 557	22 504	98.100	25.9	348 226	0.985
5(机械)	139 190	203 505	215 898	10 609	93.200	12.6	139 572	0.628
6(建材)	12 215	16 219	10 351	6 382	62.500	8.7	145 818	0.066
7(森工)	2 372	6 572	8 103	12 329	184.400	22.2	20 921	0.152
8(食品)	11 062	23 078	54 935	23 804	370.400	41.0	65 486	0.263
9(纺织)	17 111	23 907	52 108	21 796	221.500	21.5	63 806	0.276
10(缝纫)	1 206	3 930	6 126	15 586	330.400	29.5	1 840	0.437
11(皮革)	2 150	5 704	6 200	10 870	184.200	12.0	8 913	0.274

（续表）

	年末固定资产净值/万元	职工人数/人	工业总产值/万元	全员劳动生产率/(元/人年)	百元固定原资产值实现产值/元	资金利税率/%	标准燃料消费量/吨	能源利用效果/(万元/吨)
12(造纸)	5 251	6 155	10 383	16 875	146.400	27.5	78 796	0.151
13(文教艺术用品)	14 341	13 203	19 396	14 691	94.600	17.8	6 354	1.574

（1）试用主成分分析方法确定 8 项指标的样本主成分(综合变量)，若要求损失信息不超过 15%，应取几个主成分，并对这几个主成分进行解释；

（2）利用主成分分析法对 13 个行业进行排序。

6.17 某市为了全面分析机械类企业的经济效益，选择了 8 个不同的利润指标，14 个企业关于这 8 个指标的统计数据如表 6.12 所示，试进行主成分分析。

表 6.12 相关数据

变量 企业 序号	净产值利润率 x_1/%	固定资产利润率 x_2/%	总产值利润率 x_2/%	销售收入利润率 x_3/%	产品成本利润率 x_5/%	物耗利润率 x_6/%	人均利润率 x_7/(千元/人)	流动资金利润率 x_8/%
1	40.4	24.7	7.2	6.1	8.3	8.7	2.442	20.0
2	25.0	12.7	11.2	11.0	12.9	20.2	3.542	9.1
3	13.2	3.3	3.9	4.3	4.4	5.5	0.578	3.6
4	22.3	6.7	5.6	3.7	6.0	7.4	0.176	7.3
5	34.3	11.8	7.1	7.1	8.0	8.9	1.726	27.5
6	35.6	12.5	16.4	16.7	22.8	29.3	3.017	26.6
7	22.0	7.8	9.9	10.2	12.6	17.6	0.847	10.6
8	48.4	13.4	10.9	9.9	10.9	13.9	1.772	17.8
9	40.6	19.1	19.8	19.0	29.7	39.6	2.449	35.8
10	24.8	8.0	9.8	8.9	11.9	16.2	0.789	13.7
11	12.5	9.7	4.2	4.2	4.6	6.5	0.874	3.9
12	1.8	0.6	0.7	0.7	0.8	1.1	0.056	1.0
13	32.3	13.9	9.4	8.3	9.8	13.3	2.126	17.1
14	38.5	9.1	11.3	9.5	12.2	16.4	1.327	11.6

第7章

因子分析

7.1　引言

　　因子分析最早由统计学家皮尔逊和心理学家斯皮尔曼等学者提出,早期主要应用于解决心理学和教育学方面的问题,现在因子分析在经济、社会、医学、体育等各领域都取得了广泛而成功的应用。因子分析根据研究对象不同可以分为 R 型和 Q 型因子分析。R 型因子分析研究变量之间的相关关系,从变量间的相关矩阵出发,找出影响所有变量的公共因子,是针对变量所作的因子分析;Q 型因子分析研究样本间的相关关系,从样本间的相关系数矩阵出发,找出影响所有样本的公共因子,是针对样本所作的因子分析。这两种因子分析虽然出发点不同,但处理方法相同,本章主要介绍 R 型因子分析。

　　一般而言,原变量之间相关性越强越容易作因子分析。因子分析通过少数几个互不相关的不可观测的潜变量(因子)来描述原变量之间的协方差或者相关关系,其中因子可以分为公共因子和特殊因子。每一个原变量都可以分解表示为一组公共因子的线性函数和一个与公共因子不相关的特殊因子之和的形式,或者也可以说每一个原变量的变异信息都可以用一组公共因子来解释,解释不了的部分用与其对应的特殊因子来解释。

　　例如,为研究奥林匹克十项全能比赛项目,共收集 100 米跑、跳远、铅球、跳高、400 米跑、110 米跨栏、铁饼、撑竿跳高、标枪、1 500 米跑 10 个项目的若干运动员成绩。总体来说,上述 10 个项目衡量了运动员的耐力、爆发性臂力、短跑速度、爆发性腿力,因此我们可以用这 4 个因子来分析一个运动员 10 个项目的得分情况。这 4 个因子即为公共因子,每一个项目都还蕴含着不能被这 4 个公共因子解释的变异信息,这部分不能被公共因子解释的变异信息就可由各自的特殊因子来解释,如跳高还与跳高技术息息相关等。又例如对一个商品的品牌价值进行调研,问卷设计了 30 个问题,内容涉及品牌识别、品牌认同、品牌形象、品牌信任、品牌忠诚等方面,我们将每一方面称为一个因子。在经济领域,为反映某一类商品的价格变动情况(如对其中的每一个商品价格都进行全面调查可能会耗时耗力),由于同一类商品价格间会存在明显的相关性或依赖性,只需选取具有代表性的商品,编制这一类商品的综合价格,也许就可以反映这类商品的整体变动情况,这个综合价格即为提取出来的公共因子。同理,也可从具有错综复杂关系的经济现象中找出少数几个主要因子,利用这些主要因子代表经济变量间相互依赖的经济作用,进而对复杂的经济问题进行分析和解释。

　　因子分析的主要目的有:①解析数据结构。在众多原变量存在高度相关性时,可用较少的因子表达原变量;②寻找原指标变异的原因。不相关的公共因子不仅可解释原变量的变异,而且也可以进行后续的聚类分析、回归分析等;③综合评价。通过计算因子得分,对分析对象进行综合评价。

7.2　因子分析模型

　　因子分析是将原变量分解表示为公共因子的线性组合和特殊因子的和,因子分析数学模型是进行因子分析的基础。这一节主要介绍因子模型及其参数的统计意义。

7.2.1　因子分析数学模型

　　假设 p 元总体 $X = (X_1, X_2, \cdots, X_p)^{\mathrm{T}}$,这 p 个分量之间存在相关性(否则难以从原变量中提取出公共因子),记其均值向量为 $\mu = (\mu_1, \mu_2, \cdots, \mu_p)^{\mathrm{T}}$,协方差矩阵为 $\Sigma = (\sigma_{ij})_{p \times p}$。令 $F_1, F_2, \cdots, F_m$ 表示 m 个公共因子,$\varepsilon_1, \varepsilon_2, \cdots, \varepsilon_p$ 表示特殊因子,则因子分析数学模型为

$$\begin{cases} X_1 = \mu_1 + a_{11}F_1 + a_{12}F_2 + \cdots + a_{1m}F_m + \varepsilon_1 \\ X_2 = \mu_2 + a_{21}F_1 + a_{22}F_2 + \cdots + a_{2m}F_m + \varepsilon_2 \\ \quad\quad\quad\quad\quad\quad \vdots \\ X_p = \mu_p + a_{p1}F_1 + a_{p2}F_2 + \cdots + a_{pm}F_m + \varepsilon_p \end{cases} \tag{7.1}$$

用向量和矩阵的形式表示为

$$X = \mu + AF + \varepsilon \tag{7.2}$$

其中,p 个可观测的随机变量 $X_1, X_2, \cdots, X_p$ 用 $m + p$ 个不可观测的随机变量 $F_1, F_2, \cdots, F_m$ 和 $\varepsilon_1, \varepsilon_2, \cdots, \varepsilon_p$ 表示;$F = (F_1, F_2, \cdots, F_m)^{\mathrm{T}}$ 称为 X 的**公共因子**,对 X 的每个分量都起作用;$\varepsilon = (\varepsilon_1, \varepsilon_2, \cdots, \varepsilon_p)^{\mathrm{T}}$ 为**特殊因子**,是原始变量中不能被公共因子所解释的部分,仅对 X 的分量 X_i 起作用;矩阵

$$A = \begin{pmatrix} a_{11} & a_{12} & \cdots & a_{1m} \\ a_{21} & a_{22} & \cdots & a_{2m} \\ \vdots & \vdots & \cdots & \vdots \\ a_{p1} & a_{p2} & \cdots & a_{pm} \end{pmatrix}$$

称为**因子载荷矩阵**,元素 a_{ij} 称为因子载荷,是第 i 个原始变量 X_i 在第 j 个因子 F_j 上的**载荷**,a_{ij} 的绝对值越大(X_i 标准化后有 $|a_{ij}| \leqslant 1$),X_i 与 F_j 的相关程度越大。并且假设:

　　(1) $m < p$,即因子变量数少于原始变量数。

(2) $E(F)=0$，$D(F)=E(FF^{\mathrm{T}})=\begin{pmatrix} 1 & 0 & 0 & \cdots & 0 \\ 0 & 1 & 0 & \cdots & 0 \\ 0 & 0 & & \ddots & 0 \\ 0 & 0 & 0 & \cdots & 1 \end{pmatrix}=I_m$，即随机变量 $F=(F_1$，

F_2，$\cdots$，$F_m)^{\mathrm{T}}$ 的均值为 0，方差为 1。

(3) $E(\varepsilon)=0$，$D(\varepsilon)=E(\varepsilon\varepsilon^{\mathrm{T}})=\begin{pmatrix} \sigma_1^2 & 0 & 0 & \cdots & 0 \\ 0 & \sigma_2^2 & 0 & \cdots & 0 \\ 0 & 0 & & \ddots & 0 \\ 0 & 0 & 0 & \cdots & \sigma_p^2 \end{pmatrix}$，即随机变量

$\varepsilon=(\varepsilon_1$，$\varepsilon_2$，$\cdots$，$\varepsilon_p)^{\mathrm{T}}$ 均值为 0，方差为 σ_1^2，σ_2^2，$\cdots$，σ_p^2，且与 ε_1，ε_2，$\cdots$，ε_p 之间互不相关，误差 ε_1，ε_2，$\cdots$，ε_p 的方差不同，一般假设 $\varepsilon_i \sim N(0, \sigma_i^2)$，$i=1, 2, \cdots, p$。

(4) $\mathrm{Cov}(\varepsilon, F)=E(\varepsilon F^{\mathrm{T}})=0$，即特殊因子 ε 与公共因子 F 互不相关。

由(2)、(3)和(4)可知公共因子之间、特殊因子之间、公共因子和特殊因子之间均互不相关，需要注意，$E(F)=0$，$E(\varepsilon)=0$ 以及 $D(F_i)=1(i=1, 2, \cdots, m)$ 是在不失一般性的前提下为使因子模型具有尽可能简单的结构而作的假设。在以上假设条件下称模型(7.1)为正交因子模型。

7.2.2　因子分析模型参数的统计意义

了解正交因子模型参数的统计意义有助于更好地理解为什么初始因子通过正交变换可以寻找到能更清楚解释原变量的新因子的原因，也有助于更好地对因子分析结果作统计解释。

1. 因子载荷矩阵元素 a_{ij} 的统计意义

在因子模型中，假定公共因子 F_1，F_2，$\cdots$，F_m 彼此不相关且具有单位方差，即 $D(F)=I_m$，特殊因子的协方差矩阵 $D(\varepsilon)=D$，在这种情况下

$$\Sigma=D(X)=E[(X-\mu)(X-\mu)^{\mathrm{T}}]=E[(AF+\varepsilon)(AF+\varepsilon)^{\mathrm{T}}]$$
$$=AD(F)A^{\mathrm{T}}+D(\varepsilon)=AA^{\mathrm{T}}+D$$

即 Σ 可分解为

$$\Sigma=AA^{\mathrm{T}}+D \tag{7.3}$$

$$\sigma_{jk}=a_{j1}a_{k1}+a_{j2}a_{k2}+\cdots+a_{jm}a_{km}(j\neq k)$$
$$\sigma_{jj}=a_{j1}^2+a_{j2}^2+\cdots+a_{jm}^2+\sigma_j^2(j=k)$$

若原始变量已被标准化，则可用相关系数矩阵代替协方差矩阵。在此意义上，公共因子解释了观测变量间的相关性，用因子模型预测的相关和实际相关之间的差异即为剩余相关，考察剩余相关的大小是评估因子模型拟合优度的方法之一。

$$\mathrm{Cov}(X, F)=E[(X-E(X))(F-E(F))^{\mathrm{T}}]=E[(X-\mu)F^{\mathrm{T}}]=E[(AF+\varepsilon)F^{\mathrm{T}}]$$
$$=AE(FF^{\mathrm{T}})+E(\varepsilon F^{\mathrm{T}})=A$$

$$\tag{7.4}$$

由式(7.4)可知,因子载荷矩阵 A 中元素 a_{ij} 刻画了变量 X_i 与 F_j 之间的相关性, a_{ij} 称为 X_i 在 F_j 上的因子载荷。式(7.3)和(7.4)称为正交因子模型的**协方差结构**。

因此,若原始变量已被标准化,那么 a_{ij} 即为第 i 个原始变量和第 j 个公共因子的相关系数,反映了第 i 个原始变量在第 j 个公共因子上的相对重要性。 a_{ij} 的绝对值越大,原始变量 X_i 和公共因子 F_j 的相关程度越大。

2. 变量 X_i 的共同度 h_i^2 的统计意义

由模型(7.1)知, $X_i = \mu_i + a_{i1}F_1 + a_{i2}F_2 + \cdots + a_{im}F_m + \varepsilon_i$,等式两端同时取方差,则有

$$D(X_i) = a_{i1}^2 D(F_1) + a_{i2}^2 D(F_2) + \cdots + a_{im}^2 D(F_m) + D(\varepsilon_i) \tag{7.5}$$

由于 $D(F) = I_m$,所以 $D(X_i) = a_{i1}^2 + a_{i2}^2 + \cdots + a_{im}^2 + \sigma_i^2$,记变量 X_i 的共同度 $h_i^2 = \sum_{j=1}^{m} a_{ij}^2$,即因子载荷矩阵 A 中第 i 行元素的平方和。因此 $D(X_i) = h_i^2 + \sigma_i^2$,这说明以下事实成立:

(1) 变量 X_i 的方差由共同度 h_i^2 和特殊因子方差 σ_i^2 两部分构成。其中,共同度 h_i^2 亦称共性方差,表达了全部公共因子 F_1 , F_2 , $\cdots$, F_m 对变量 X_i 的方差贡献,反映了公共因子对 X_i 变异的解释能力;特殊因子方差 σ_i^2 ,亦称特殊方差,表达了特殊因子 ε_i 对变量 X_i 的方差贡献,反映了变量 X_i 中不能被公共因子解释的部分。

(2) 共同度 h_i^2 与剩余方差 σ_i^2 具有互补的关系, h_i^2 越大,表明公共因子对原始变量的解释力度越大,因子分析的效果越好。特别地,若 X_i 为标准化后的变量,则有 $D(X_i) = 1 = h_i^2 + \sigma_i^2$,当 h_i^2 越接近1, σ_i^2 越接近0时,公共因子 F_1 , F_2 , $\cdots$, F_m 对变量 X_i 的贡献程度越大。因此,共同度 h_i^2 是衡量因子模型效果的重要指标。

3. 公共因子 F_j 的方差贡献

由式(7.5)知, $D(X_i) = a_{i1}^2 D(F_1) + a_{i2}^2 D(F_2) + \cdots + a_{im}^2 D(F_m) + D(\varepsilon_i)$,等式两端同时求和,得到

$$\begin{aligned}
\sum_{i=1}^{p} D(X_i) &= \sum_{i=1}^{p} a_{i1}^2 D(F_1) + \sum_{i=1}^{p} a_{i2}^2 D(F_2) + \cdots \\
&\quad + \sum_{i=1}^{p} a_{im}^2 D(F_m) + \sum_{i=1}^{p} D(\varepsilon_i) \\
&= \sum_{i=1}^{p} a_{i1}^2 + \sum_{i=1}^{p} a_{i2}^2 + \cdots + \sum_{i=1}^{p} a_{im}^2 + \sum_{i=1}^{p} \sigma_i^2
\end{aligned} \tag{7.6}$$

记公共因子 F_j 的方差贡献为 $S_j^2 = \sum_{i=1}^{p} a_{ij}^2$,即因子载荷矩阵 A 第 j 列元素的平方和。因此,

$$\sum_{i=1}^{p} D(X_i) = S_1^2 + S_2^2 + \cdots + S_m^2 + \sum_{i=1}^{p} \sigma_i^2$$

上式说明:

(1) S_j^2 反映了第 j 个公共因子 F_j 对所有原始变量 X_1 , X_2 , $\cdots$, X_p 的方差贡献, S_j^2 是衡量公共因子 F_j 重要性的指标。 S_j^2 越大,该因子的解释能力越强,重要程度越高。

（2）计算因子载荷矩阵 A 的各列平方和，按从大到小排序：$S_{(1)}^2 \geqslant S_{(2)}^2 \geqslant S_{(3)}^2 \geqslant \cdots \geqslant S_{(m)}^2$，以此为依据，找出因子模型中最具有影响力的公共因子。

因此，S_j^2 是衡量公共因子相对重要性的重要指标。

4. 公共因子 F_1，F_2，$\cdots$，F_m 总的方差贡献

因子载荷矩阵 A 的元素平方和可表示为

$$\sum_{i=1}^{p} \sum_{j=1}^{m} a_{ij}^2 = \mathrm{tr}(AA^{\mathrm{T}}) = \sum_{i=1}^{p} h_i^2 \text{ 或 } \sum_{j=1}^{m} \sum_{i=1}^{p} a_{ij}^2 = \mathrm{tr}(A^{\mathrm{T}}A) = \sum_{j=1}^{m} S_j^2$$

上述两式反映了公共因子 F_1，F_2，$\cdots$，F_m 对总方差的累计贡献：

$$累计贡献率 = \frac{\sum_{i=1}^{p} h_i^2}{\sum_{i=1}^{p} D(X_i)} = \frac{\sum_{j=1}^{m} S_j^2}{\sum_{i=1}^{p} D(X_i)} = \frac{\mathrm{tr}(AA^{\mathrm{T}})}{\mathrm{tr}(\Sigma)}$$

公共因子 F_1，F_2，$\cdots$，F_m 所解释的总方差的累计比例（累计贡献率）越高，公共因子对原始变量的解释能力越强，因子分析的效果越好。

7.2.3　因子模型的注意事项

根据因子模型定义可知，因子模型不受量纲单位影响，而且满足条件的公共因子有很多，因此因子载荷矩阵可以有很多选择，这就使得寻找能更好解释原变量的新因子及其对应的因子载荷矩阵成为可能。

1. 因子载荷矩阵有无数个可能的选择

因子载荷矩阵 A 不唯一是因子分析模型的核心特征之一。令 Γ 为任意 $m \times m$ 正交矩阵，则因子模型 $X = \mu + AF + \varepsilon$ 可改写为

$$X = \mu + (A\Gamma)(\Gamma^{\mathrm{T}}F) + \varepsilon$$

易验证

$$E(\Gamma^{\mathrm{T}}F) = \Gamma^{\mathrm{T}}E(F) = 0, \ D(\Gamma^{\mathrm{T}}F) = \Gamma^{\mathrm{T}}D(F)\Gamma = \Gamma^{\mathrm{T}}\Gamma = I$$
$$\mathrm{Cov}(\Gamma^{\mathrm{T}}F, \ \varepsilon) = \Gamma^{\mathrm{T}}\mathrm{Cov}(F, \ \varepsilon) = 0$$

满足因子模型对公共因子的要求，因此可将 $\Gamma^{\mathrm{T}}F$ 视为新的公共因子，将 $A\Gamma$ 视为对应的因子载荷矩阵。由于存在无数个 m 阶正交矩阵，所以因子载荷矩阵也可以有无数个可能的选择。

2. 因子模型不受单位影响

假设原始变量的单位发生改变，$X^* = CX$，其中 $C = \mathrm{diag}(c_1, c_2, \cdots, c_p)$，$c_i > 0$，$i = 1, 2, \cdots, p$，由式（7.2）得

$$X^* = C\mu + CAF + C\varepsilon$$

令 $\mu^* = C\mu$，$A^* = CA$，$\varepsilon^* = C\varepsilon$，则有

$$X^* = \mu^* + A^* F + \varepsilon^*$$

其中, $E(F) = 0, D(F) = I$

$$E(\varepsilon^*) = E(C\varepsilon) = CE(\varepsilon) = 0, \ D(\varepsilon^*) = D(C\varepsilon) = C^2 D(\varepsilon) = C^2 D$$
$$\mathrm{Cov}(F, \varepsilon^*) = \mathrm{Cov}(F, C\varepsilon) = C\mathrm{Cov}(F, \varepsilon) = 0$$

满足因子模型的四条假设。因此,单位变换后的模型仍为正交因子模型,即因子模型不受量纲单位影响,新的因子载荷矩阵为变化对角矩阵与单位变化前因子载荷矩阵的乘积。

7.3 因子分析模型的参数估计方法

为建立因子模型,首要任务是根据样本数据估计因子载荷矩阵 $A = (a_{ij})$ 和特殊因子方差矩阵 $D = \mathrm{diag}(\sigma_1^2, \sigma_2^2, \cdots, \sigma_p^2)$。 常见的估计方法包括主成分法、主因子法、极大似然法、最小二乘法、α 因子提取法等,不同估计方法所得结果不完全相同。下面将介绍最常用的主成分法、主因子法和极大似然法。

7.3.1 主成分法

设随机向量 $X = (X_1, X_2, \cdots, X_p)^{\mathrm{T}}$ 的协方差矩阵为 Σ, $\lambda_1 \geqslant \lambda_2 \geqslant \cdots \geqslant \lambda_p$ 为 Σ 的 p 个特征根, $e_1, e_2, \cdots, e_p$ 为对应的标准化正交特征向量。由谱分解定理得

$$\Sigma = \sum_{i=1}^{p} \lambda_i e_i e_i^{\mathrm{T}} = (\sqrt{\lambda_1} e_1, \sqrt{\lambda_2} e_2, \cdots, \sqrt{\lambda_p} e_p) \begin{pmatrix} \sqrt{\lambda_1} e_1^{\mathrm{T}} \\ \sqrt{\lambda_2} e_2^{\mathrm{T}} \\ \vdots \\ \sqrt{\lambda_p} e_p^{\mathrm{T}} \end{pmatrix}, \ \lambda_1 \geqslant \lambda_2 \geqslant \cdots \geqslant \lambda_p \quad (7.7)$$

设因子模型 $X = \mu + AF + \varepsilon$ 中特殊因子 $\varepsilon = 0$, 对 $X = \mu + AF$ 两端取方差,可得

$$\Sigma = D(X) = D(AF) = AD(F)A^{\mathrm{T}} = AA^{\mathrm{T}} \quad (7.8)$$

综合式(7.7)及式(7.8)可知,初始因子载荷矩阵 A 的第 j 列元素可取 $\sqrt{\lambda_j} e_j$, 即 $A = (\sqrt{\lambda_1} e_1, \sqrt{\lambda_2} e_2, \cdots, \sqrt{\lambda_p} e_p)$。 由于此时初始因子载荷矩阵的列向量与协方差矩阵 Σ 的第 j 个主成分仅相差一个倍数 $\sqrt{\lambda_j}$, 因此被称为**主成分解**。

由式(7.8)得到的 Σ 表达式是精确的,公共因子能完全解释原始变量,但它要求公共因子个数与原始变量个数相同 ($p = m$),这不符合因子分析用较少的公共因子解释原始变量的目的,不具有实际价值。因此,只取前 m 个较大的特征根,忽略后面 $p - m$ 项对 Σ 的贡献,使得累计贡献率 $\dfrac{\sum\limits_{i=1}^{m} \lambda_i}{\sum\limits_{i=1}^{p} \lambda_i}$ 达到一个较高水平(一般取 85%),则近似有

$$\Sigma \approx (\sqrt{\lambda_1}\, e_1,\ \sqrt{\lambda_2}\, e_2,\ \cdots,\ \sqrt{\lambda_m}\, e_m) \begin{pmatrix} \sqrt{\lambda_1}\, e_1^{\mathrm{T}} \\ \sqrt{\lambda_2}\, e_2^{\mathrm{T}} \\ \vdots \\ \sqrt{\lambda_m}\, e_m^{\mathrm{T}} \end{pmatrix} = A A^{\mathrm{T}}$$

因此,因子载荷矩阵 $A = (a_{ij})_{p \times m} = (\sqrt{\lambda_1}\, e_1,\ \sqrt{\lambda_2}\, e_2,\ \cdots,\ \sqrt{\lambda_m}\, e_m)$。此时,协方差矩阵 Σ 分解为

$$\Sigma \approx A D(F) A^{\mathrm{T}} + D(\varepsilon) = A A^{\mathrm{T}} + D$$

$$= (\sqrt{\lambda_1}\, e_1,\ \sqrt{\lambda_2}\, e_2,\ \cdots,\ \sqrt{\lambda_m}\, e_m) \begin{pmatrix} \sqrt{\lambda_1}\, e_1^{\mathrm{T}} \\ \sqrt{\lambda_2}\, e_2^{\mathrm{T}} \\ \vdots \\ \sqrt{\lambda_m}\, e_m^{\mathrm{T}} \end{pmatrix} + \begin{pmatrix} \sigma_1^2 & 0 & \cdots & 0 \\ 0 & \sigma_2^2 & \cdots & 0 \\ 0 & 0 & \ddots & 0 \\ 0 & 0 & \cdots & \sigma_p^2 \end{pmatrix}$$

在实际运用中,总体协方差矩阵 Σ 一般未知,需使用样本协方差矩阵 S 对 Σ 进行估计,进而求得对应的 $\hat{A}$ 和 $\hat{D}$。设 $X_i = (X_{i1},\ X_{i2},\ \cdots,\ X_{ip})^{\mathrm{T}} (i = 1, 2, \cdots, n)$ 是总体的一组 p 维样本,总体均值向量 μ 和协方差矩阵 Σ 用样本均值和样本协方差估计可得

$$\bar{X} = \frac{1}{n} \sum_{i=1}^{n} X_i, \quad S = \frac{1}{n-1} \sum_{i=1}^{n} (X_i - \bar{X})(X_i - \bar{X})^{\mathrm{T}} = (s_{ij})_{p \times p}$$

对样本协方差矩阵 S 进行分解,可得

$$S \approx \hat{A}\hat{A}^{\mathrm{T}} + \hat{D}(\varepsilon)$$

$$= \left(\sqrt{\hat{\lambda}_1}\, \hat{e}_1,\ \sqrt{\hat{\lambda}_2}\, \hat{e}_2,\ \cdots,\ \sqrt{\hat{\lambda}_m}\, \hat{e}_m\right) \begin{pmatrix} \sqrt{\hat{\lambda}_1}\, \hat{e}_1^{\mathrm{T}} \\ \sqrt{\hat{\lambda}_2}\, \hat{e}_2^{\mathrm{T}} \\ \vdots \\ \sqrt{\hat{\lambda}_m}\, \hat{e}_m^{\mathrm{T}} \end{pmatrix} + \begin{pmatrix} \hat{\sigma}_1^2 & 0 & \cdots & 0 \\ 0 & \hat{\sigma}_2^2 & \cdots & 0 \\ 0 & 0 & \ddots & 0 \\ 0 & 0 & \cdots & \hat{\sigma}_p^2 \end{pmatrix}$$

由上式可知:

(1) 初始因子载荷矩阵 $\hat{A} = \left(\sqrt{\hat{\lambda}_1}\, \hat{e}_1,\ \sqrt{\hat{\lambda}_2}\, \hat{e}_2,\ \cdots,\ \sqrt{\hat{\lambda}_m}\, \hat{e}_m\right)$。

(2) 特殊因子 ε 的协方差矩阵 $\hat{D} = \mathrm{diag}(\hat{\sigma}_1^2,\ \hat{\sigma}_2^2,\ \cdots,\ \hat{\sigma}_m^2)$,其中 $\hat{\sigma}_i^2 = s_{ii} - \sum\limits_{j=1}^{m} \hat{a}_{ij}^2$,$i = 1, 2, \cdots, p$。

(3) 残差矩阵 $E = S - (\hat{A}\hat{A}^{\mathrm{T}} + \hat{D}) = \begin{pmatrix} 0 & \varepsilon_{12} & \cdots & \varepsilon_{1p} \\ \varepsilon_{21} & 0 & \cdots & \varepsilon_{2p} \\ \vdots & \vdots & \ddots & \vdots \\ \varepsilon_{p1} & \varepsilon_{p2} & \cdots & 0 \end{pmatrix}$。

残差矩阵 $E = S - (\hat{A}\hat{A}^{\mathrm{T}} + \hat{D})$ 表示被忽略的后 $p - m$ 项对 Σ 的贡献。残差矩阵的对角

线元素为 0,当非对角线元素较小时,认为前 m 项对 Σ 的解释力度较强,因子模型拟合效果较好。残差矩阵 E 的元素平方和 $Q(m)$ 满足以下不等式

$$Q(m) = \sum_{i=1}^{p} \sum_{j=1}^{p} \varepsilon_{ij}^2 \leqslant \hat{\lambda}_{m+1}^2 + \cdots + \hat{\lambda}_p^2$$

证明: 由谱分解定理 $S = \sum_{i=1}^{p} \hat{\lambda}_i \hat{e}_i \hat{e}_i^{\mathrm{T}} = \sum_{i=1}^{m} \hat{\lambda}_i \hat{e}_i \hat{e}_i^{\mathrm{T}} + \sum_{i=m+1}^{p} \hat{\lambda}_i \hat{e}_i \hat{e}_i^{\mathrm{T}}$,其中 $\hat{\lambda}_1 \geqslant \hat{\lambda}_2 \geqslant \cdots \geqslant \hat{\lambda}_p$ 为 S 的特征根,$\hat{e}_1$,$\hat{e}_2$,$\cdots$,$\hat{e}_p$ 为对应的标准化的正交特征向量。

记 $\hat{A} = \left(\sqrt{\hat{\lambda}_1} \, \hat{e}_1, \sqrt{\hat{\lambda}_2} \, \hat{e}_2, \cdots, \sqrt{\hat{\lambda}_m} \, \hat{e}_m \right)$,$\hat{B} = \left(\sqrt{\hat{\lambda}_{m+1}} \, \hat{e}_{m+1}, \sqrt{\hat{\lambda}_{m+2}} \, \hat{e}_{m+2}, \cdots, \right.$

$\left. \sqrt{\hat{\lambda}_p} \, \hat{e}_p \right)$,$E = \begin{pmatrix} 0 & \varepsilon_{12} & \cdots & \varepsilon_{1p} \\ \varepsilon_{21} & 0 & \cdots & \varepsilon_{2p} \\ \vdots & \vdots & \ddots & \\ \varepsilon_{p1} & \varepsilon_{p2} & \cdots & 0 \end{pmatrix}$,则样本协方差矩阵 S 可表示为

$$S = \hat{A}\hat{A}^{\mathrm{T}} + \hat{B}\hat{B}^{\mathrm{T}}$$

由残差矩阵 $E = S - (\hat{A}\hat{A}^{\mathrm{T}} + \hat{D}) = (\hat{A}\hat{A}^{\mathrm{T}} + \hat{B}\hat{B}^{\mathrm{T}}) - (\hat{A}\hat{A}^{\mathrm{T}} + \hat{D}) = \hat{B}\hat{B}^{\mathrm{T}} - \hat{D}$,得

$$\hat{B}\hat{B}^{\mathrm{T}} = E + \hat{D} = \left(\sqrt{\hat{\lambda}_{m+1}} \, \hat{e}_{m+1}, \sqrt{\hat{\lambda}_{m+2}} \, \hat{e}_{m+2}, \cdots, \sqrt{\hat{\lambda}_p} \, \hat{e}_p \right) \begin{pmatrix} \sqrt{\hat{\lambda}_{m+1}} \, \hat{e}_{m+1}^{\mathrm{T}} \\ \sqrt{\hat{\lambda}_{m+2}} \, \hat{e}_{m+2}^{\mathrm{T}} \\ \cdots \\ \sqrt{\hat{\lambda}_p} \, \hat{e}_p^{\mathrm{T}} \end{pmatrix}$$

$$\hat{B}^{\mathrm{T}}\hat{B} = \begin{pmatrix} \hat{\lambda}_{m+1} & 0 & \cdots & 0 \\ 0 & \hat{\lambda}_{m+2} & \cdots & 0 \\ 0 & 0 & \ddots & 0 \\ 0 & 0 & \cdots & \hat{\lambda}_p \end{pmatrix}$$

$$E\hat{D}^{\mathrm{T}} = \begin{pmatrix} 0 & \varepsilon_{12} & \cdots & \varepsilon_{1p} \\ \varepsilon_{21} & 0 & \cdots & \varepsilon_{2p} \\ \vdots & \vdots & \ddots & \\ \varepsilon_{p1} & \varepsilon_{p2} & \cdots & 0 \end{pmatrix} \begin{pmatrix} \sigma_1^2 & 0 & \cdots & 0 \\ 0 & \sigma_2^2 & \cdots & 0 \\ 0 & 0 & \ddots & 0 \\ 0 & 0 & \cdots & \sigma_p^2 \end{pmatrix} = \begin{pmatrix} 0 & \varepsilon_{12}\sigma_2^2 & \cdots & \varepsilon_{1p}\sigma_p^2 \\ \varepsilon_{21}\sigma_1^2 & 0 & \cdots & \varepsilon_{2p}\sigma_p^2 \\ \vdots & \vdots & \ddots & \\ \varepsilon_{p1}\sigma_1^2 & \varepsilon_{p2}\sigma_2^2 & \cdots & 0 \end{pmatrix}$$

则

$$\mathrm{tr}(E\hat{D}^{\mathrm{T}}) = \mathrm{tr}(\hat{D}E^{\mathrm{T}}) = 0$$

$$\sum_{i=m+1}^{p} \hat{\lambda}_i^2 = \mathrm{tr}(\hat{B}^{\mathrm{T}}\hat{B} \cdot \hat{B}^{\mathrm{T}}\hat{B}) = \mathrm{tr}(\hat{B}\hat{B}^{\mathrm{T}} \cdot \hat{B}\hat{B}^{\mathrm{T}}) = \mathrm{tr}((E + \hat{D}) \cdot (E + \hat{D})^{\mathrm{T}})$$

$$=\mathrm{tr}(EE^{\mathrm{T}}+E\hat{D}^{\mathrm{T}}+\hat{D}E^{\mathrm{T}}+\hat{D}\hat{D}^{\mathrm{T}})=\sum_{i=1}^{p}\sum_{j=1}^{p}\varepsilon_{ij}^{2}+0+0+\sum_{i=1}^{p}\hat{\sigma}_{i}^{4}$$

$$=Q(m)+\sum_{i=1}^{p}\hat{\sigma}_{i}^{4}$$

因此,残差矩阵 $E=S-(\hat{A}\hat{A}^{\mathrm{T}}+\hat{D})$ 的元素平方和 $Q(m)=\sum_{i=m+1}^{p}\hat{\lambda}_{i}^{2}-\sum_{i=1}^{p}\hat{\sigma}_{i}^{4}\leqslant\hat{\lambda}_{m+1}^{2}+\cdots+\hat{\lambda}_{p}^{2}$,得证。

由该结论可知,当选择的公共因子个数 m 恰当,使被略去的 $p-m$ 个特征值的平方和较小,即不能被公共因子解释的部分较少时,能够得到较好的因子模型。

运用主成分法求解因子载荷矩阵的特点有:

(1) λ_{j} 为第 j 个公共因子 F_{j} 对原始变量的总方差贡献。主成分法求解的因子载荷矩阵中,因子载荷矩阵 A 的第 j 列元素平方和为

$$g_{j}^{2}=(\sqrt{\lambda_{j}}e_{j})^{\mathrm{T}}(\sqrt{\lambda_{j}}e_{j})=\lambda_{j}$$

因此,协方差矩阵第 j 个特征根 λ_{j} 可看作第 j 个公共因子 F_{j} 对原始变量 X 的总方差贡献。

(2) 增加因子数不改变原因子载荷矩阵。当因子数 m 增加时,新因子载荷矩阵在原有因子载荷矩阵的基础上添加新列 $\sqrt{\lambda_{j}}e_{j}$ 即可,例如 $m=1$ 时, $A=(\sqrt{\lambda_{1}}e_{1})$, $m=2$ 时, $A=(\sqrt{\lambda_{1}}e_{1},\sqrt{\lambda_{2}}e_{2})$,不改变原因子载荷矩阵。

需要指出,因子分析的主成分法与主成分分析虽有着相似的名称,且主成分法在第 j 个公共因子上的载荷与主成分分析第 j 个主成分只相差了 $\sqrt{\lambda_{j}}$ 倍,但本质上是两个不同的概念。

例 7.1　（股票价格数据的因子分析主成分法）从某交易所取某段时间内的 5 只股票的周回报率（（当周收盘价－上周收盘价）/上周收盘价）。用 X_{1}、X_{2}、$\cdots$、X_{5} 分别记 5 支股票的周回报率可得:

$$样本均值 \ \overline{X}=[0.0011,\ 0.0007,\ 0.0016,\ 0.0040,\ 0.0040]^{\mathrm{T}}$$

$$相关系数矩阵\ R=\begin{bmatrix}1.000 & 0.632 & 0.511 & 0.115 & 0.155\\ 0.632 & 1.000 & 0.574 & 0.322 & 0.213\\ 0.511 & 0.574 & 1.000 & 0.183 & 0.146\\ 0.115 & 0.322 & 0.183 & 1.000 & 0.683\\ 0.155 & 0.213 & 0.146 & 0.683 & 1.000\end{bmatrix}$$

请分别求 $m=1$, $m=2$ 时所对应的因子载荷矩阵、累计方差贡献率、特殊方差及残差矩阵。

解: 从相关系数矩阵 R 出发,求得的特征值及特征向量分别为

$$\lambda_{1}=2.438,\ e_{1}=(0.469,\ 0.532,\ 0.465,\ 0.387,\ 0.361)^{\mathrm{T}}$$
$$\lambda_{2}=1.406,\ e_{2}=(-0.368,\ -0.236,\ -0.315,\ 0.585,\ 0.606)^{\mathrm{T}}$$
$$\lambda_{3}=0.500,\ e_{3}=(-0.605,\ -0.136,\ 0.771,\ 0.096,\ -0.111)^{\mathrm{T}}$$
$$\lambda_{4}=0.400,\ e_{4}=(0.362,\ -0.631,\ 0.291,\ -0.380,\ 0.492)^{\mathrm{T}}$$
$$\lambda_{5}=0.256,\ e_{5}=(0.385,\ -0.495,\ 0.068,\ 0.595,\ -0.498)^{\mathrm{T}}$$

由 $A=(\sqrt{\lambda_1}\,e_1,\ \sqrt{\lambda_2}\,e_2,\ \cdots,\ \sqrt{\lambda_m}\,e_m)$，$D=\mathrm{diag}(\sigma_1^2,\ \sigma_2^2,\ \cdots,\ \sigma_m^2)$，$\sigma_i^2=R_{ii}-\sum\limits_{i=1}^{m}a_{ii}^2$，$i=1,\ 2,\ \cdots,\ p$，得 $m=1, m=2$ 时所对应的因子载荷矩阵、特殊方差及累计方差贡献率，如表 7.1 所示：

表 7.1　因子分析主成分法结果

变量	单因子解		双因子解		
	因子载荷估计	特殊方差	因子载荷估计		特殊方差
			F_1	F_2	
X_1	0.732	0.46	0.732	-0.437	0.27
X_2	0.831	0.31	0.831	-0.28	0.23
X_3	0.726	0.47	0.726	-0.374	0.33
X_4	0.605	0.63	0.605	0.694	0.15
X_5	0.563	0.68	0.563	0.719	0.17
所解释的样本总方差的累积比例 $\dfrac{\sum\limits_{i=1}^{m}\lambda_i}{\sum\limits_{i=1}^{p}\lambda_i}$	0.487		0.487	0.769	

$m=2$ 时，因子模型的残差矩阵 $E=R-(AA^{\mathrm{T}}+D)=$

$$\begin{pmatrix} 0 & -0.099 & -0.185 & -0.025 & 0.056 \\ -0.099 & 0 & -0.134 & 0.014 & -0.054 \\ -0.185 & -0.134 & 0 & 0.003 & 0.006 \\ -0.025 & 0.014 & 0.003 & 0 & -0.156 \\ 0.056 & -0.054 & 0.006 & -0.156 & 0 \end{pmatrix}$$

7.3.2　主因子法

主因子法是在主成分法的基础上，对其进行改进。假定原始变量 X 已作标准化变换，则可用相关系数矩阵 R 表示协方差矩阵 Σ，有 $R=AA^{\mathrm{T}}+D$，令

$$R^*=R-D=AA^{\mathrm{T}}=\begin{pmatrix} h_1^2 & r_{12} & \cdots & r_{1p} \\ r_{21} & h_2^2 & \cdots & r_{2p} \\ \vdots & \vdots & & \vdots \\ r_{p1} & r_{p2} & \cdots & h_p^2 \end{pmatrix}$$

R^* 称为 X 的约化相关矩阵。R^* 的对角线元素为 $h_i^2=1-\sigma_i^2=\sum\limits_{j=1}^{m}a_{ij}^2$，而非 1，非对角线元素与 R 中的非对角元素完全一致（因为 D 的非对角元素为 0）。由于 $AA^{\mathrm{T}}\geqslant 0$，则 R^*

为非负定矩阵。

当特殊因子的方差 D 已知时,问题较易求解。设 $\hat{\sigma}_i^2$ 是特殊因子的方差 σ_i^2 的初始估计,则约化相关矩阵可表示为

$$
\hat{R}^* = \hat{R} - \hat{D} = \hat{A}\hat{A}^{\mathrm{T}} = \begin{pmatrix} \hat{h}_1^2 & r_{12} & \cdots & r_{1p} \\ r_{21} & \hat{h}_2^2 & \cdots & r_{2p} \\ \vdots & \vdots & & \vdots \\ r_{p1} & r_{p2} & \cdots & \hat{h}_p^2 \end{pmatrix}
$$

其中,$\hat{R} = (r_{ij})_{p \times p}$,$\hat{D} = \mathrm{diag}(\hat{\sigma}_1^2, \hat{\sigma}_2^2, \cdots, \hat{\sigma}_p^2)$,$\hat{h}_i^2 = 1 - \hat{\sigma}_i^2$ 为 h_i^2 的初始估计。

设 $\hat{R}^*$ 的前 m 个特征值依次为 $\hat{\lambda}_1^* \geqslant \hat{\lambda}_2^* \geqslant \cdots \geqslant \hat{\lambda}_m^* > 0$,相应的标准化正交单位特征向量为 $\hat{e}_1^*$,$\hat{e}_2^*$,$\cdots$,$\hat{e}_m^*$,则 A 的主因子解为

$$
\hat{A} = (\sqrt{\hat{\lambda}_1^*}\, \hat{e}_1^*, \sqrt{\hat{\lambda}_2^*}\, \hat{e}_2^*, \cdots, \sqrt{\hat{\lambda}_m^*}\, \hat{e}_m^*)
$$

$$
\hat{D} = \begin{pmatrix} 1 - \hat{h}_1^2 & 0 & \cdots & 0 \\ 0 & 1 - \hat{h}_2^2 & \cdots & 0 \\ \vdots & \vdots & & \vdots \\ 0 & 0 & \cdots & 1 - \hat{h}_p^2 \end{pmatrix}
$$

由此可以重新估计特殊因子的方差 σ_i^2:

$$
\hat{\sigma}_i^2 = 1 - \hat{h}_i^2 = 1 - \sum_{j=1}^{m} \hat{a}_{ij}^2, \quad i = 1, 2, \cdots, p
$$

为求得拟合程度更好的解,可将上式中的 $\hat{\sigma}_i^2$ 继续作为特殊方差的初始估计,重复上述步骤,直至解稳定。该估计方法称为**迭代主因子法**,但该迭代方法对某些数据不收敛,且可能导致共性方差 $\hat{h}_i^2 > 1$。

在实际应用中,特殊因子的方差 D 往往未知,该情况下可通过一组样本估计 h_i^2 的初始值,构造出 R^*。h_i^2 的估计可用以下 5 种方法:

(1) 取 $\hat{h}_i^2 = 1$,此时 $\hat{\sigma}_i^2 = 1 - \hat{h}_i^2 = 0$,主因子解与主成分解等价。

(2) 取 $\hat{h}_i^2 = \max_{j \neq i} |r_{ij}| \ (j \neq i)$,即 $\hat{h}_i^2$ 的初始估计值取原始变量 X_i 与其余 X_j 相关系数绝对值的最大值。

(3) 取 $\hat{h}_i^2 = \dfrac{1}{p-1} \sum_{j=1,\, i \neq j}^{p} r_{ij} > 0$。

(4) 取 $\hat{h}_i^2 = R_i^2$,R_i^2 为原始变量 X_i 与其他 $p-1$ 个原始变量的复相关系数的平方,即 X_i 对其他 $p-1$ 个原始变量回归方程的判定系数。

(5) 取 $\hat{h}_i^2 = \dfrac{1}{r^{ii}}$,$r^{ii}$ 是 $\hat{R}$ 逆矩阵的第 i 个对角线元素。这是最常用的一种初始估计方法,但该方法要求 $\hat{R}$ 满秩。

运用主因子法求解因子载荷矩阵的特点有:

（1）$\hat{R}^*$ 往往有小的负特征值。其原因在于：其一，实践中因子模型的假定未必完全成立，导致 $\hat{R}^* = \hat{R} - \hat{D} = \hat{A}\hat{A}^{\mathrm{T}}$ 的后一等号未必准确成立；其二，即使总体的 $R - D$ 为非负定矩阵，由于真实的 R 和 D 未知，需通过样本估计得到 $\hat{R}$ 和 $\hat{D}$，估计的误差可能使 $\hat{R}^* = \hat{R} - \hat{D}$ 不再保持非负定的特征；

（2）当因子数增加时，原有因子载荷矩阵不变，第 j 个公共因子 F_j 对 X 的总方差贡献仍为 $\hat{g}_j^2 = \hat{\lambda}_j^*$。

例 7.2 （股票价格数据的因子分析主因子法）如例 7.1，已知：

5 支股票周回报率的样本均值 $\overline{X}^{\mathrm{T}} = (0.0011, 0.0007, 0.0016, 0.0040, 0.0040)$

$$相关系数矩阵 R = \begin{bmatrix} 1.000 & 0.632 & 0.511 & 0.115 & 0.155 \\ 0.632 & 1.000 & 0.574 & 0.322 & 0.213 \\ 0.511 & 0.574 & 1.000 & 0.183 & 0.146 \\ 0.115 & 0.322 & 0.183 & 1.000 & 0.683 \\ 0.155 & 0.213 & 0.146 & 0.683 & 1.000 \end{bmatrix}$$

求解 $m = 2$ 时的因子载荷矩阵、累计方差贡献率及特殊方差。

解： $\hat{D} = \mathrm{diag}(\hat{\sigma}_1^2, \hat{\sigma}_2^2, \cdots, \hat{\sigma}_p^2)$，取 $\hat{\sigma}_i^2 = 1/r^{ii}$，其中 r^{ii} 是 R^{-1} 的第 i 个对角线元素，

$$可得 \hat{R}^* = R - \hat{D} = \begin{bmatrix} 0.452 & 0.632 & 0.511 & 0.115 & 0.155 \\ 0.632 & 0.534 & 0.574 & 0.322 & 0.213 \\ 0.511 & 0.574 & 0.367 & 0.183 & 0.146 \\ 0.115 & 0.322 & 0.183 & 0.516 & 0.683 \\ 0.155 & 0.213 & 0.146 & 0.683 & 0.478 \end{bmatrix}$$

$\hat{R}^*$ 的非负特征值为

$$\lambda_1 = 1.9092, \quad e_1^{\mathrm{T}} = (0.4612, 0.5459, 0.4384, 0.4022, 0.3678)$$
$$\lambda_2 = 0.8867, \quad e_2^{\mathrm{T}} = (-0.3787, -0.2710, -0.2986, 0.5878, 0.5903)$$

因子分析主因子法结果如表 7.2 所示。

表 7.2　因子分析主因子法结果

	因子载荷估计		特殊方差
	F_1	F_2	
X_1	0.6373	−0.3566	0.4667
X_2	0.7543	−0.2552	0.3659
X_3	0.6058	−0.2812	0.5540
X_4	0.5558	0.5535	0.3847
X_5	0.5082	0.5558	0.4328
所解释的（标准化）样本总方差的累积比例	0.8139	1.1919	

$$m = 2 \text{ 时,残差矩阵 } E = \begin{pmatrix} 0 & -0.060 & 0.025 & -0.042 & 0.029 \\ 0.060 & 0 & 0.045 & 0.044 & -0.029 \\ 0.025 & 0.0450 & 0 & 0.002 & -0.006 \\ -0.042 & 0.0440 & 0.002 & 0 & 0.093 \\ 0.029 & -0.029 & -0.006 & 0.093 & 0 \end{pmatrix}$$

需要注意的是,上表中累积比例超过 1 是由于 $\hat{R}^*$ 的特征值中含有负数解。

结合例 7.1 的结果可以发现,与主成分法相比,残差矩阵更接近于 0。因此,主因子法是主成分法的修正。

7.3.3 极大似然法

若公共因子 F 和特殊因子 ε 均服从正态分布,则可用极大似然估计求解因子载荷矩阵和特殊因子方差矩阵。设原始向量 $X \sim N_p(\mu, \Sigma)$,公共因子 $F \sim N_m(0, I)$,特殊因子 $\varepsilon \sim N_p(0, D)$,且 F 与 ε 相互独立。由来自正态总体 $N_p(\mu, \Sigma)$ 的一组随机样本 X_1,X_2,$\cdots$,X_n 计算可得似然函数 $L(\mu, \Sigma)$。由于 $\Sigma = AA^{\mathrm{T}} + D$,因此似然函数可进一步表示为 $L(\mu, A, D)$。根据极大似然估计的思想,

$$L(\hat{\mu}, \hat{A}, \hat{D}) = \max L(\mu, A, D)$$

此时,$\hat{\mu}$,$\hat{A}$,$\hat{D}$ 为 μ,A,D 的极大似然估计值。可以证明 $\hat{\mu} = \bar{X}$,$\hat{A}$,$\hat{D}$ 满足下列方程组

$$\begin{cases} \hat{\Sigma}\hat{D}^{-1}\hat{A} = \hat{A}(I_m + (\hat{A})^{\mathrm{T}}\hat{D}^{-1}\hat{A}) \\ \hat{D} = \mathrm{diag}(\hat{\Sigma} - \hat{A}\hat{A}^{\mathrm{T}}) \end{cases}$$

其中,$\hat{\Sigma} = \dfrac{1}{n}\sum_{i=1}^{n}(X_i - \bar{X})(X_i - \bar{X})^{\mathrm{T}}$。

由于因子分析可进行正交变换,所以 A 的解不唯一。

运用极大似然法求解因子载荷矩阵的特点有:

(1) 用极大似然法得到的公共因子 F_1,F_2,$\cdots$,F_m,对总方差的解释不一定依次递减。

(2) 当因子数增加时,原有因子载荷矩阵会相应发生改变。

(3) 在不满足正态条件时,若由样本计算的残差矩阵接近零,也可以使用极大似然法。残差矩阵越接近零,得到的因子解越好,因子模型拟合程度越高。

例 7.3 (股票价格数据的因子分析极大似然法)由例 7.1,已知:

5 支股票周回报率的样本均值 $\bar{X}^{\mathrm{T}} = (0.0011, 0.0007, 0.0016, 0.0040, 0.0040)$

$$相关系数矩阵 R = \begin{pmatrix} 1.000 & 0.632 & 0.511 & 0.115 & 0.155 \\ 0.632 & 1.000 & 0.574 & 0.322 & 0.213 \\ 0.511 & 0.574 & 1.000 & 0.183 & 0.146 \\ 0.115 & 0.322 & 0.183 & 1.000 & 0.683 \\ 0.155 & 0.213 & 0.146 & 0.683 & 1.000 \end{pmatrix}$$

求解 $m=2$ 时的因子载荷矩阵、累计方差贡献率及特殊方差。

解:使用 stata 极大似然法因子分析,经过四次迭代收敛得到如表 7.3 所示的因子分析极大似然法结果

表 7.3 因子分析极大似然法结果

	因子载荷估计		特殊方差
	F_1	F_2	
X_1	0.115 0	0.755 6	0.415 9
X_2	0.322 0	0.787 5	0.276 2
X_3	0.183 0	0.652 0	0.541 5
X_4	1.000 0	0.000 0	0.384 7
X_5	0.683 0	0.032 8	0.532 4
所解释的(标准化)样本总方差的累积比例	0.5	1	

$$m=2 \text{ 时,残差矩阵 } E=\begin{pmatrix} 0 & 0 & -0.0026 & 0 & 0.0517 \\ 0 & 0 & 0.0017 & 0 & -0.0328 \\ -0.0026 & 0.0017 & 0 & 0 & -0.0004 \\ 0 & 0 & 0 & 0 & 0 \\ 0.0517 & -0.0328 & -0.0004 & 0 & 0 \end{pmatrix}$$

与例 7.1 的主成分解和例 7.2 的主因子解相比,在本题数据背景下,极大似然解的残差矩阵更接近于 0,因子模型拟合程度更高。

例 7.4 已知 $X=(X_1,X_2,X_3,X_4)^{\mathrm{T}}$ 的协方差矩阵 Σ 为

$$\begin{pmatrix} 19 & 30 & 2 & 12 \\ 30 & 57 & 5 & 23 \\ 2 & 5 & 38 & 47 \\ 12 & 23 & 47 & 68 \end{pmatrix}$$

试求解因子载荷矩阵 A 和特殊因子的协方差矩阵 D,并计算 X_1 的共同度与公共因子所解释的总方差的累计比例。

解:根据因子载荷矩阵的估计方法,可得

$$\Sigma=\begin{pmatrix} 4 & 1 \\ 7 & 2 \\ -1 & 6 \\ 1 & 8 \end{pmatrix}\begin{pmatrix} 4 & 7 & -1 & 1 \\ 1 & 2 & 6 & 8 \end{pmatrix}+\begin{pmatrix} 2 & 0 & 0 & 0 \\ 0 & 4 & 0 & 0 \\ 0 & 0 & 1 & 0 \\ 0 & 0 & 0 & 3 \end{pmatrix}$$

因而,因子载荷矩阵 A 和特殊因子的协方差矩阵 D 分别为

$$A = \begin{pmatrix} 4 & 1 \\ 7 & 2 \\ -1 & 6 \\ 1 & 8 \end{pmatrix}, \ D = \begin{pmatrix} 2 & 0 & 0 & 0 \\ 0 & 4 & 0 & 0 \\ 0 & 0 & 1 & 0 \\ 0 & 0 & 0 & 3 \end{pmatrix}$$

即 X 的协方差矩阵 Σ 具有 $m=2$ 的正交因子模型结构,且 X_1 的共同度为 $h_1^2 = 4^2 + 1^2 = 17$, 第一个特殊因子 ε_1 的方差 $\sigma_1^2 = 2$, X_1 的方差可分解为 $19 = 17 + 2$,即方差=共同度+特殊方差。同理, X_2 的共同度为 $h_2^2 = 7^2 + 2^2 = 53$, X_3 的共同度为 $h_3^2 = (-1)^2 + 6^2 = 37$, X_4 的共同度为 $h_4^2 = 1^2 + 8^2 = 65$。公共因子所解释的总方差的累计比例为

$$\frac{\sum_{i=1}^{p} h_i^2}{\sum_{i=1}^{p} D(X_i)} = \frac{17 + 53 + 37 + 65}{19 + 57 + 38 + 68} = 0.945$$

7.4　因子旋转与因子得分

因子分析的目的不仅在于找出公共因子,更在于公共因子对原始变量的解释和确定公共因子的意义。对初始公共因子进行旋转,使最终的因子载荷矩阵中每列元素向 0 或 ± 1 趋近,能够得到实际意义更明显的公共因子。最终,结合专业知识和经验,对旋转后的公共因子进行合理的解释,并赋予其具有实际意义的定义或名称。在此基础上对公共因子的得分进行分析,并由此计算每个样本 X_i 在各个公因子上的得分,以实现降维后对样本进行评价、排名等目的。

7.4.1　因子旋转

公共因子的可解释性主要取决于因子载荷矩阵 A 的元素结构,但初始因子载荷矩阵的元素可能不利于公共因子对原始变量的解释,因此需要寻找新的因子使得对应的因子载荷矩阵结构更简化,这里的结构简化是指每个原变量仅在一个公共因子上有较大的载荷而在其他公共因子上相对比较小。不失一般性,假设原始变量已单位化或者假设 A 由从相关矩阵 R 出发求得,则因子载荷 a_{ij} 为原始变量 X_i 与公共因子 F_j 的相关系数,因此 $|a_{ij}| \leqslant 1$, 即 A 的所有元素均在 -1 和 1 之间。若公共因子上的一部分载荷接近 ± 1,其他载荷接近 0, 则该公共因子对那些接近 ± 1 的原始变量解释能力较强而对于因子载荷接近于零的原始变量解释能力较弱或较不相关,这样使得因子解释大为简化,这种载荷矩阵 A 称为简单结构。反之,若载荷矩阵 A 的元素在 $[-1, 1]$ 间均匀分布,则公共因子难以对原始变量作出直观、合理的解释。通过对因子的旋转变换得到更简化的载荷矩阵是寻找新因子的一种主要途径。

设因子模型 $X = \mu + AF + \varepsilon$, Γ 为任意 $m \times m$ 阶正交矩阵,则新的公共因子为 $\Gamma^{\mathrm{T}} F$, 新

的因子模型为 $X = \mu + (A\Gamma)(\Gamma^{\mathrm{T}}F) + \varepsilon$，此时 $A\Gamma$ 为新的因子载荷矩阵，且满足因子模型的条件

$$
\begin{cases}
\mathrm{Cov}(\Gamma^{\mathrm{T}}F, \varepsilon) = \Gamma^{\mathrm{T}}\mathrm{Cov}(F, \varepsilon) = 0 \\
E(\Gamma^{\mathrm{T}}F) = \Gamma^{\mathrm{T}}E(F) = 0 \\
D(\Gamma^{\mathrm{T}}F) = \Gamma^{\mathrm{T}}D(F)\Gamma = I_m
\end{cases}
$$

这种变换即为因子旋转。不难证明，因子的正交旋转不会改变共同度 h_i^2 和因子的累计贡献率及残差矩阵。

因子旋转有正交旋转和斜交旋转两类，核心思想均为使因子载荷 a_{ij} 尽可能接近 ± 1 或 0。正交旋转对初始载荷矩阵 A 右乘正交矩阵，通过正交旋转得到新公共因子，且因子间保持彼此不相关的性质；而斜交旋转不要求公共因子间彼此不相关，适用于正交旋转后公共因子依旧得不到满意解释的场景。以下介绍典型的正交旋转法和斜交旋转法。

1. 正交旋转法

正交旋转法主要包括方差最大正交旋转法、四次方最大正交旋转法和等量最大正交旋转法，我们重点介绍方差最大正交旋转法。

因子旋转的目的是使旋转后的载荷矩阵每一列的元素平方值向 0 和 ± 1 两极分化，而方差最大正交旋转法从方差角度分析，核心思想是使旋转后载荷矩阵的每一列元素平方值的方差尽可能大。

设因子模型 $X = \mu + AF + \varepsilon$，因子载荷矩阵 $A = (a_{ij})_{p \times m}$，变量 X_i 的共同度 $h_i^2 = \sum_{j=1}^m a_{ij}^2$。对上式两端同除以 h_i^2，得到 $1 = \sum_{j=1}^m \dfrac{a_{ij}^2}{h_i^2}$。定义 $d_{ij}^2 = \dfrac{a_{ij}^2}{h_i^2}$，则因子载荷矩阵第 j 列的方差可定义为

$$
V_j = \frac{\sum_{i=1}^p (d_{ij}^2 - \overline{d_j^2})}{p}，\text{其中 } \overline{d_j^2} = \frac{1}{p}\sum_{t=1}^p d_{tj}^2。
$$

根据方差最大正交旋转的思想，要通过旋转最大化上式的 V_j。

以 $m = 2$ 为例进行说明，当公共因子个数为 2 时，不妨设原因子载荷矩阵 $A = \begin{pmatrix} a_{11} & a_{12} \\ a_{21} & a_{22} \\ \vdots & \vdots \\ a_{p1} & a_{p2} \end{pmatrix}$，取正交矩阵 $\Gamma = \begin{pmatrix} \cos\varphi & -\sin\varphi \\ \sin\varphi & \cos\varphi \end{pmatrix}$，为逆时针旋转方向。

此时，$X = (A\Gamma)(\Gamma^{\mathrm{T}}F) + \varepsilon$，$\Gamma^{\mathrm{T}}F$ 为新的公共因子，令 B 为新的因子载荷矩阵，则

$$
B = A\Gamma = \begin{pmatrix} a_{11}\cos\varphi + a_{12}\sin\varphi & -a_{11}\sin\varphi + a_{12}\cos\varphi \\ \vdots & \vdots \\ a_{p1}\cos\varphi + a_{p2}\sin\varphi & -a_{p1}\sin\varphi + a_{p2}\cos\varphi \end{pmatrix}_{p \times 2} = \begin{pmatrix} b_{11} & b_{12} \\ b_{21} & b_{22} \\ \vdots & \vdots \\ b_{p1} & b_{p2} \end{pmatrix} \tag{7.9}
$$

从几何角度看，相当于将原公共因子所确定的平面逆时针旋转 φ 度。新得到的因子载

荷矩阵的方差为

$$V_t = \frac{1}{p^2}\left[p\sum_{i=1}^{p}\frac{b_{it}^4}{h_i^4} - \left(\sum_{i=1}^{p}\frac{b_{it}^2}{h_i^2}\right)^2 \right] \quad (t=1,\ 2)$$

为使总方差达到最大,对上式求导,即 $\dfrac{\partial V}{\partial \varphi}=0$,整理得

$$\tan 4\varphi = \frac{d - 2\alpha\beta/p}{c - (\alpha^2 - \beta^2)/p} \tag{7.10}$$

记 $\mu_j = \left(\dfrac{a_{j1}}{h_j}\right)^2 - \left(\dfrac{a_{j2}}{h_j}\right)^2$,$\nu_j = 2\dfrac{a_{j1}a_{j2}}{h_j^2}$,则有 $\alpha = \sum\limits_{j=1}^{p}\mu_j$,$\beta = \sum\limits_{j=1}^{p}\nu_j$,$c = \sum\limits_{j=1}^{p}(\mu_j^2 - \nu_j^2)$,

$d = 2\sum\limits_{j=1}^{p}\mu_j\nu_j$,根据式(7.10)得到角度 φ,进而根据式(7.9)得到旋转后新的因子载荷矩阵。

当 $m>2$ 时,可逐次对每两个公共因子作上述旋转,共需旋转 C_m^2 次。当完成旋转后,若仍无法得到易于解释的因子载荷矩阵,则可继续进行第二轮 C_m^2 次旋转。每一轮旋转后,因子载荷矩阵各列的方差之和总会大于上一轮所得矩阵,直至收敛到某一极限。当载荷矩阵的总方差改变不大时,即可停止旋转,得到最终的公共因子及对应的因子载荷矩阵。

正交旋转的其他方法中,四次方最大正交旋转法的核心思想为简化因子载荷矩阵的每一行,要求旋转后每个变量只在一个因子上有较高的载荷,在其他因子上的载荷较低,从而使旋转后的载荷矩阵每一行元素平方值的方差尽可能大;等量最大正交旋转法则结合了最大方差正交旋转法与四次方最大正交旋转法的思想,要求行与列的因子载荷平方值的方差加权平均达到最大。

2. 斜交旋转法

若正交旋转后,公共因子仍未有合理、直观的解释,可考虑进行斜交旋转。斜交旋转的核心思想也是使新的因子载荷尽可能地接近 ± 1 或 0,但在旋转的过程中,不要求因子间互不相关或者相互独立(原变量为正态情形),使得旋转后的新公共因子更容易解释。

显然正交因子模型是公共因子的协方差矩阵为单位矩阵时的特殊的斜交因子模型,同时也可以通过变换将斜交因子模型转化为正交因子模型。常见的方法有直接斜交旋转和斜交旋转两种。但斜交旋转由于计算量大,在实际应用中较少使用。

7.4.2　因子得分

建立因子模型和参数估计后得到公共因子,我们希望用新的 m 个公共因子的得分取代 p 个原始变量,计算每个样本 X_i 的得分,以实现降维后对样本进行评价、排名、分类的目的。因此,需要测度公共因子,给出公共因子的值。需要注意的是,因子得分不是常规意义下的参数估计,而是对不可观测的随机变量 F_1,F_2,$\cdots$,F_m 取值的估计。

对于因子模型 $X_i = \mu_i + a_{i1}F_1 + a_{i2}F_2 + \cdots + a_{im}F_m + \varepsilon_i$,$i=1,2,\cdots,p$,可以反过来将公共因子表示为原始变量的线性组合,即

$$F_j = b_{j0} + b_{j1}X_1 + b_{j2}X_2 + \cdots + b_{jp}X_p,\ j=1,2,\cdots,m \tag{7.11}$$

上式称为因子得分函数,用该函数可计算每个公共因子的得分。例如,若 $m=2$,则将每个样本的 p 个变量值代入上式可得因子得分 F_1 和 F_2。由式(7.11)可知,要获得因子得分,首先需通过因子模型获得因子得分函数,然后将原始变量 X_1,X_2,$\cdots$,X_p 的数据代入,得到因子得分,从而可根据因子得分确定样本在因子空间中的具体位置,直观而形象地达到分类的目的。因此,必须求解因子得分函数的系数,然而由于 $p > m$,无法得到精确的得分函数,需对因子得分函数进行估计。常用的估计方法有回归法和加权最小二乘法两种。

1. 回归法

设公共因子 F_j 对变量 X_1,X_2,$\cdots$,X_p 的回归方程,即因子得分函数为

$$\hat{F}_j = b_{j0} + b_{j1}X_1 + b_{j2}X_2 + \cdots + b_{jp}X_p, \quad j = 1, 2, \cdots, m \tag{7.12}$$

不失一般性,设 $\overline{X}_i$ 为标准化后的变量,对式(7.12)两端取期望,易得 $b_{j0} = 0$

又由因子载荷矩阵的统计意义得

$$\begin{aligned} a_{ij} = r_{X_i F_j} = E(X_i F_j) &= E[X_i(b_{j1}X_1 + b_{j2}X_2 + \cdots + b_{jp}X_p)] \\ &= b_{j1}r_{i1} + b_{j2}r_{i2} + \cdots + b_{jp}r_{ip} \end{aligned}$$

$$i = 1, 2, \cdots, p, \quad j = 1, 2, \cdots, m$$

按行展开得

$$\begin{cases} b_{j1}r_{11} + b_{j2}r_{12} + \cdots + b_{jp}r_{1p} = a_{1j} \\ b_{j1}r_{21} + b_{j2}r_{22} + \cdots + b_{jp}r_{2p} = a_{2j} \\ \quad\quad\quad\quad\quad \vdots \\ b_{j1}r_{p1} + b_{j2}r_{p2} + \cdots + b_{jp}r_{pp} = a_{pj} \end{cases}, \quad j = 1, 2, \cdots, m$$

或

$$\begin{bmatrix} r_{11} & r_{12} & \cdots & r_{1p} \\ r_{21} & r_{22} & \cdots & r_{2p} \\ & & \vdots & \\ r_{p1} & r_{p2} & \cdots & r_{pp} \end{bmatrix} \begin{bmatrix} b_{j1} \\ b_{j2} \\ \vdots \\ b_{jp} \end{bmatrix} = \begin{bmatrix} a_{j1} \\ a_{j2} \\ \vdots \\ a_{jp} \end{bmatrix}$$

即 $Rb_j = a_j$,其中 R 为原始变量的相关系数矩阵,$b_j = (b_{j1}, b_{j2}, \cdots, b_{jp})^T$,$a_j = (a_{1j}, a_{2j}, \cdots, a_{pj})^T$。因此有 $b_j = R^{-1}a_j$,$j = 1, 2, \cdots, m$。代入因子得分函数(7.11)得

$$\hat{F}_j = b_{j1}X_1 + b_{j2}X_2 + \cdots + b_{jp}X_p = b_j^T X = (R^{-1}a_j)^T X = a_j^T R^{-1} X$$

即 $\hat{F} = A^T R^{-1} X$。由此得到的因子得分方法称为**回归法**,此方法由汤普森(Thompson)于 1939 年首次提出,因此也被称为汤普森因子得分。

2. 加权最小二乘法

加权最小二乘法采用线性回归模型中最小二乘法的思想,通过使加权的"偏差"平方和最小,得到一组估计 $\hat{F}_1$,$\hat{F}_2$,$\cdots$,$\hat{F}_m$,即

$$\underset{\hat{F}_1,\hat{F}_2,\cdots,\hat{F}_m}{\text{Min}}\sum_{i=1}^{p}\frac{\varepsilon_i^2}{\sigma_i^2}=\sum_{i=1}^{p}\frac{[X_i-(\mu_i+a_{i1}\hat{F}_1+a_{i2}\hat{F}_2+\cdots+a_{im}\hat{F}_m)]^2}{\sigma_i^2}\qquad(7.13)$$

通过对上式求导,求得的 $\hat{F}_1,\hat{F}_2,\cdots,\hat{F}_m$ 即为加权最小二乘法下的因子得分,有时也称为巴特莱特(Bartlett)因子得分。也可用矩阵表示式(7.13),有

$$\underset{\hat{F}}{\text{Min}}(X-\mu-A\hat{F})^{\mathrm{T}}D^{-1}(X-\mu-A\hat{F})$$

同样用求导的方式,解得因子得分为

$$\hat{F}=(A^{\mathrm{T}}D^{-1}A)^{-1}A^{\mathrm{T}}D^{-1}(X-\mu)$$

在实践中,用样本估计值 $\bar{X},\hat{A},\hat{D}$ 代替 X,A,D,并将样本数据 X_j 代入上式,得到公共因子 F_j 的因子得分为: $\hat{F}_j=(\hat{A}^{\mathrm{T}}\hat{D}^{-1}\hat{A})^{-1}\hat{A}^{\mathrm{T}}\hat{D}^{-1}(X_j-\bar{X})$。

3. 两种估计方法的比较

记回归法得到的因子得分为 $\hat{F}_a=A^{\mathrm{T}}D^{-1}X$,加权最小二乘得到的因子得分为 $\hat{F}_b=(\hat{A}^{\mathrm{T}}\hat{D}^{-1}\hat{A})^{-1}\hat{A}^{\mathrm{T}}\hat{D}^{-1}(X-\mu)$,两个估计量的区别在于:

(1) 从无偏性角度看, $\hat{F}_a$ 是有偏的, $\hat{F}_b$ 是无偏的。该视角下,加权最小二乘法优于回归法。

(2) 从有效性角度看, $\hat{F}_a$ 的方差较小, $\hat{F}_b$ 的方差较大。因此用回归法估计的因子得分比用加权最小二乘法估计的因子得分有更高的估计精度,回归法优于最小二乘法,在实际应用中,回归法应用的更为广泛。

例 7.5　利用因子分析方法分析表 7.4 中 30 名学生成绩的因子构成,并分析各名学生较适合学文科还是理科,计算学生文理综合排名。

表 7.4　30 名学生的各科成绩得分

序号	数学	物理	化学	语文	历史	英语
1	65	61	72	84	81	79
2	77	77	76	64	70	55
3	67	63	49	65	67	57
4	80	69	75	74	74	63
5	74	70	80	84	81	74
6	78	84	75	62	71	64
7	66	71	67	52	65	57
8	77	71	57	72	86	71
9	83	100	79	41	67	50
10	86	94	97	51	63	55
11	74	80	88	64	73	66
12	67	84	53	58	66	56

(续表)

序号	数学	物理	化学	语文	历史	英语
13	81	62	69	56	66	52
14	71	64	94	52	61	52
15	78	96	81	80	89	76
16	69	56	67	75	94	80
17	77	90	80	68	66	60
18	84	67	75	60	70	63
19	62	67	83	71	85	77
20	74	65	75	72	90	73
21	91	74	97	62	71	66
22	72	87	72	79	83	76
23	82	70	83	68	77	85
24	63	70	60	91	85	82
25	74	79	95	59	74	59
26	66	61	77	62	73	64
27	90	82	98	47	71	60
28	77	90	85	68	73	76
29	91	82	84	54	62	60
30	78	84	100	51	60	60

解: 运用 SPSS 软件可以得到如表 7.5 所示的结果。

表 7.5 总方差解释

因子	初始特征值			提取载荷平方和			旋转载荷平方和
	总计	方差百分比	累积百分比	总计	方差百分比	累积百分比	总计
1	3.238	53.972	53.972	3.238	53.972	53.972	2.572
2	1.277	21.288	75.260	1.277	21.288	75.260	1.944
3	0.681	11.346	86.607				
4	0.458	7.634	94.240				
5	0.212	3.526	97.767				
6	0.134	2.233	100.000				

将特征值大于 1 作为因子数量的确定原则,由表 7.5 可知,本题数据得到两个大于 1 的特征值,此情况下双因子累积贡献率达到 75.26%。

表 7.6　因子旋转

变量	因子载荷		旋转后的因子载荷		共同度
	F_1	F_2	F_1	F_2	
数学	-0.662	0.503	-0.245	0.795	0.691
物理	-0.530	0.478	-0.152	0.698	0.509
化学	-0.555	0.605	-0.099	0.815	0.674
语文	0.900	0.233	0.867	-0.335	0.864
历史	0.857	0.357	0.904	-0.209	0.862
英语	0.816	0.498	0.953	-0.072	0.914

注:提取方法为主成分分析法,提取了 2 个成分。

由于因子载荷分布较为均匀不易于解释,因此进行因子旋转,使因子载荷趋近于 0 或 ± 1,如表 7.6 所示。可以观测到,旋转后 F_1 在数学、物理、化学上因子载荷较小,在语文、历史、英语上因子载荷较大,因此应当被命名为文科倾向因子;相对地,F_2 应当被命名为理科倾向因子。由此可得到因子得分系数矩阵,如表 7.7 所示。

表 7.7　因子得分系数矩阵

变量	因子得分系数	
	F_1(文科倾向因子)	F_2(理科倾向因子)
数学	0.064	0.439
物理	0.085	0.400
化学	0.137	0.484
语文	0.332	-0.014
历史	0.378	0.073
英语	0.432	0.169

注:旋转方法为凯撒正态化最大方差法,旋转在 3 次迭代后已收敛。

进而可求得每个学生在 F_1 与 F_2 上的得分,比较 F_1 与 F_2 的大小可得出每个学生的文科与理科适合情况。在因子得分散点图中,分界线以上的学生适合选择理科,分界线以下的学生适合选择文科(见图 7.1)。

最后,将 F_1 与 F_2 得分相加得到综合得分,30 名学生的文理综合得分、综合排名及其他数值如表 7.8 所示。

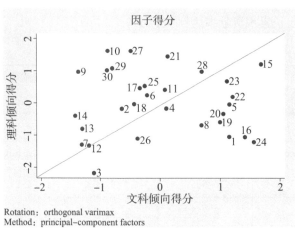

图 7.1　因子得分散点图

表 7.8　30 名学生的文理综合排名

序号	文科得分	理科得分	综合得分	综合排名	文理选择
1	1.148	−1.050	0.098	18	文科
2	−0.638	−0.174	−0.813	24	理科
3	−1.106	−2.176	−3.282	30	文科
4	0.102	−0.167	−0.065	21	文科
5	1.151	−0.045	1.106	7	文科
6	−0.216	0.245	0.029	19	理科
7	−1.312	−1.298	−2.610	29	理科
8	0.684	−0.689	−0.005	20	文科
9	−1.370	0.966	−0.403	22	理科
10	−0.872	1.625	0.753	8	理科
11	0.081	0.415	0.496	10	理科
12	−1.189	−1.327	−2.517	28	文科
13	−1.303	−0.801	−2.104	27	理科
14	−1.423	−0.393	−1.816	26	理科
15	1.683	1.199	2.882	1	文科
16	1.411	−1.058	0.353	12	文科
17	−0.337	0.466	0.129	17	理科
18	−0.433	−0.034	−0.467	23	理科
19	0.996	−0.592	0.404	11	文科

（续表）

序号	文科得分	理科得分	综合得分	综合排名	文理选择
20	1.051	−0.332	0.719	9	文科
21	0.126	1.448	1.574	4	理科
22	1.206	0.191	1.396	5	文科
23	1.112	0.672	1.783	2	文科
24	1.561	−1.216	0.345	13	文科
25	−0.255	0.532	0.277	15	理科
26	−0.377	−1.104	−1.481	25	文科
27	−0.489	1.619	1.130	6	理科
28	0.689	0.975	1.664	3	理科
29	−0.796	1.082	0.286	14	理科
30	−0.883	1.020	0.137	16	理科

7.5　因子分析一般步骤

应用因子分析的主要步骤如图 7.2 所示。

（1）原始数据标准化。由于变量间单位和量级等不一致，导致具有较大数值的变量在分析中支配数据较小的变量，因此通过数据标准化去除量纲或数据大小差异的影响。

（2）建立相关系数矩阵。经过标准化处理后的协方差矩阵即为相关系数矩阵。

（3）判断是否适合作因子分析。若变量间的相关性偏低，说明变量间相关程度低、结构松散，难以得到有效的公共因子，不适合作因子分析。常用的适合度检验方法有：

KMO 取样适合度检验：用于检验变量间的偏相关性，取值在 0～1 之间。KMO 值越接近 1，变量间的偏相关性越强，因子分析效果越好。实际运用中，KMO 值若大于 0.7，则适合作因子分析，若小于 0.5，则不适合。

Bartlett 球形检验：用于判断相关矩阵是否为单位矩阵，即变量间是否有较强的相关性。若 $P < \alpha$，不服从球形检验，拒绝各变量独立的假设，说明变量间有较强的相关性，适合作因子分析；若 $P > \alpha$，服从球形检验，说明各变量相关独立，不适合作因子分析（可取 $\alpha = 0.05$）。

（4）求相关系数矩阵 R 的特征值及对应的正交单位特征向量，$\lambda_1 \geqslant \lambda_2 \geqslant \cdots \geqslant \lambda_p \geqslant 0$。

（5）确定因子个数。确定因子变量个数的方法主要有：

根据特征值 λ_i 确定：若原变量已标准化，可取 λ_i 大于 1 的特征值个数。

根据累计贡献率确定：一般取特征值之和占总特征值之和的 70% 以上的特征值个数。

根据碎石图确定:当碎石图折线由陡峭突然变得平稳时,则以陡峭到平稳对应的因子个数为参考提取因子个数。

(6) 因子旋转。通过正交旋转或斜交旋转,使每个变量在尽可能少的因子上有较高的载荷,即让变量在某个因子上的载荷趋近于±1,而在其他因子上的载荷趋于0,从而使因子能够成为接近于±1对应的原始变量的典型代表,使模型的意义更加明确。

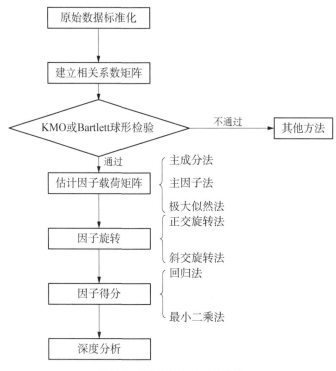

图 7.2　因子分析的一般步骤

(7) 计算因子得分。因子得分函数将因子变量表示为原始变量的线性函数,可用于评价每个样本在各个因子上的分值,并可在每个公共因子上进行得分排序等统计分析。此外,因子得分可作为自变量代替原始变量进行其他统计分析,比如回归分析和聚类分析等。

7.6　实例分析与统计软件 SPSS 应用

本节通过案例展示使用 SPSS 软件进行因子分析的主要步骤。例:对某医科大学同年级学生35门学科的成绩进行因子分析(原始数据为某药科大学综合成绩表35科.sav)。

首先打开 SPSS,导入数据文件。点击"文件""打开""数据文件",如图 7.3 所示,打开"某药科大学综合成绩表35科.sav":

在变量视图中,将变量标签设置为与之对应的变量名,并将变量名改为类似"x1"的格式便于后续分析处理。

图 7.3 成绩文件打开

依次点击菜单"分析"、"降维"、"因子分析",将"学号"之外的所有变量拉入变量列表,如图 7.4 所示。

图 7.4 变量设置

接着根据所需在"描述"、"抽取"、"旋转"等选项中勾选适当的复选框,图 7.5 列出了常见的参数设置窗口(参数设置不唯一)。

参数设置完成后,点击"确定",即可得到初始变量相关系数矩阵、KMO 检验、方差解释表、旋转前后的因子载荷矩阵、因子得分矩阵和综合评分等。

如图 7.6 所示的 KMO 检验反映了研究变量间的偏相关性,即数据相互之间的冗余性。一般而言,KMO 统计量大于 0.9 时效果最佳,0.7 以上可以接受,0.5 以下则不宜作因子分析。本例 KMO 取值 0.857,适宜作因子分析。

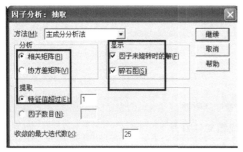 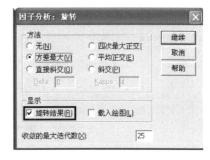

图 7.5 分析设置

KMO and Bartlett's Test

Kaiser-Meyer-Olkin Measure of Sampling Adequacy.		.857
Bartlett's Test of Sphericity	Approx. Chi-Square	2160.400
	df	595
	Sig.	.000

图 7.6 KMO 检验和 Bartlett 球形检验

图 7.7 的方差解释结果展示了每个因子解释的总方差比例。由图 7.3 可得,前 8 个公共因子对方差的累计解释达到 68.558%,总体中将近 70% 的信息可由这 8 个公共因子解释。

Total Variance Explained

Compone	Initial Eigenvalues			traction Sums of Squared Loadin			otation Sums of Squared Loading		
	Total	o of Varianc	umulative %	Total	o of Varianc	umulative %	Total	o of Varianc	umulative %
1	12.262	35.034	35.034	12.262	35.034	35.034	4.655	13.300	13.300
2	2.621	7.487	42.521	2.621	7.487	42.521	4.262	12.178	25.478
3	2.177	6.221	48.742	2.177	6.221	48.742	3.398	9.708	35.186
4	1.684	4.811	53.554	1.684	4.811	53.554	3.255	9.300	44.485
5	1.493	4.265	57.819	1.493	4.265	57.819	3.074	8.783	53.268
6	1.427	4.077	61.896	1.427	4.077	61.896	2.357	6.735	60.003
7	1.277	3.650	65.546	1.277	3.650	65.546	1.668	4.765	64.768
8	1.054	3.012	68.558	1.054	3.012	68.558	1.327	3.790	68.558
9	.905	2.586	71.144						
10	.864	2.469	73.613						
11	.818	2.338	75.951						
12	.739	2.110	78.061						
13	.703	2.007	80.069						
14	.683	1.950	82.019						

图 7.7 方差解释结果

利用如图 7.8 所示的因子得分系数矩阵,将系数与对应的课程相乘后再求和,得到最终的因子得分。例如,因子 1 的得分公式为:$F_1 = -0.152 \times$ 无机 $-0.065 \times$ 哲学 $+0.232 \times$ 思品 $\cdots$,依此类推可获得 8 个公共因子的得分。对每个学生的 8 个因子的得分进行加权求和(权重可取方差贡献率),得到每个学生的综合得分,进而对学生成绩进行更为科学的判断、评价和排序。

Component Score Coefficient Matrix

	Component							
	1	2	3	4	5	6	7	8
无机	-.152	.198	-.023	.046	.102	.043	-.105	.002
哲学	-.065	.265	.029	-.046	-.064	-.017	-.082	-.050
思品	.232	.045	-.099	-.032	-.076	-.204	.062	.148
高数I	-.054	-.075	-.045	-.101	.362	.093	-.006	.227
体育I	-.088	.123	.046	-.110	-.109	.045	.417	.244
大学英语I	-.002	.079	.266	-.049	-.160	-.027	-.040	.110
有机I	.136	-.133	.143	-.077	.080	-.043	-.028	.008
毛概	.086	.069	.079	-.082	-.073	-.111	.128	-.015
高数II	-.010	-.072	-.087	-.014	.299	.027	.029	-.164
物理	.109	-.095	.180	-.065	.017	-.056	.034	-.001
体育II	.064	-.105	.013	.029	.045	.011	-.002	.637
大学英语II	-.080	-.079	.407	-.034	-.066	-.002	-.001	.011
有机II	.152	-.093	.033	-.054	.173	-.079	-.224	.020
分化I	.350	-.078	.004	-.106	-.184	-.023	-.032	.063
数统	-.145	.014	-.058	.075	.372	-.106	-.044	.013
体育III	-.096	.010	-.049	.012	.028	.433	-.001	-.001
大学英语III	-.115	.335	-.013	-.043	-.109	-.015	.009	-.120
计算机基础与应用	.015	.002	-.105	.042	.116	-.053	.261	.178
分化II	.146	-.021	.032	.030	-.065	.021	-.034	-.060
物化I	.080	-.047	.000	.048	.076	.092	-.104	-.108

图 7.8　因子得分系数矩阵

为了得出成绩所反映出的不同类型学生的学习情况,需要对各公共因子所反映的特征进一步分析。通过对因子载荷矩阵(见图 7.9)作进一步的分析,可以发现,影响因子 1 的主

	1	2	3
无机	.135	.554	.226
哲学	.279	.711	.316
思品	.516	.359	-.005
高数I	.132	.074	.125
体育I	-.021	.334	.165
大学英语I	.270	.448	.682
有机I	.513	.164	.502
毛概	.458	.482	.392
高数II	.322	.137	.092
物理	.499	.251	.581
体育II	-.027	-.124	.019
大学英语II	.068	.123	.874
有机II	.504	.173	.303
分化I	.717	.165	.122
数统	.047	.246	.169
体育III	.112	.062	-.019
大学英语III	.173	.756	.203
计算机基础与应用	.284	.291	.040
分化II	.602	.334	.303
物化I	.545	.273	.272
体育IV	.205	.045	.068
大学英语IV	-.037	-.201	.552
计算机技术基础	.421	.593	.229
世贸	.379	.637	-.142
物化II	.423	.218	.240
药物化学	.609	.373	.130
生物化学	.703	.167	-.037
人体解剖生理学	.366	.546	.120
新药开发	.046	-.079	.076
药剂学	.203	.324	.094
药分1	.195	.362	.391
微生物	.401	-.005	.112
天然药化	.177	-.124	.398
专业英语	-.041	-.056	-.202
药理学	-.011	.308	.161

图 7.9　因子得分矩阵

要变量为思想品德、有机 1、有机 2、分化 1、分化 2、物化 1、物化 2、药物化学、生物化学,影响因子 2 的主要变量为无机、哲学、美术、大学英语 3、计算机技术基础、世贸、人体解剖生理学。以此类推,各个公共因子的主要影响变量如表 7.9 所示。

表 7.9 对各公共因子影响最大的变量

	主要影响变量
因子 1	思想品德、有机 1、有机 2、分化 1、分化 2、物化 1、物化 2、药物化学、生物化学
因子 2	无机、哲学、美术、大学英语 3、计算机技术基础、世贸、人体解剖生理学
因子 3	大学英语 1、大学英语 2、大学英语 4、物理
因子 4	药剂学、药分 1、微生物、天然药化、专业英语、药理学
因子 5	高数 1、高数 2、数统
因子 6	体育 3、体育 4
因子 7	体育 2、极速计算机应用与基础、新药开发
因子 8	体育 1

通过对因子主要影响变量的分析,发现影响因子 1 的主要变量与医药、化学高度相关,因此因子 1 可以总结为"专业课水平";影响因子 2 的变量为大学的基础平台课,因此因子 2 可归结为"基础课水平";影响因子 3 的主要变量是英语课,可以总结为"英语水平";同样地,因子 4、5 可分别总结为"专业高级水平"、"数学水平";因子 6、7、8 的主要影响变量均为体育课程,因此可将它们合为一个因子,命名为"身体素质水平"。由此我们得到了评价某医科大学同年级学生的 6 个方面因素:专业课水平、基础课水平、英语水平、专业高级水平、数学水平和身体素质水平。

结合之前的因子得分函数,可以计算出每个学生在这 6 个方面的得分情况,并判断该学生擅长的学习类别。进一步探究,通过对每个学生 6 个因素的得分进行分类,以观测他们整体学习情况的分布态势,进而有针对性地为每一类学生制订个性化、差异化的培养计划。

7.7 实例分析与 Python 应用

本节继续使用前面章节中的鸢尾花数据集探索在目前四个特征下是否存在隐变量可以对样本降维。

1. Python 代码

```
import matplotlib.pyplot as plt
import numpy as np
```

```
import seaborn as sns
from factor_analyzer import FactorAnalyzer
from factor_analyzer. factor_analyzer import calculate_bartlett_sphericity,calculate
_kmo
from sklearn. preprocessing import StandardScaler
from sklearn. datasets import load_iris
import pandas as pd
data = load_iris()
X = StandardScaler(). fit_transform(data["data"])
feature_names = data["feature_names"]
chi_stat,p = calculate_bartlett_sphericity(X)
print(p)
kmo_all,kmo_model = calculate_kmo(X)
print(kmo_model)
df = pd. DataFrame(X,columns =  data. feature_names)
sns. pairplot(df)
fa = FactorAnalyzer(4,rotation=None)
fa. fit(X)
ev,v = fa. get_eigenvalues()
plt. plot(range(1,X. shape[1]+1),ev,'r*—')
plt. xlabel('Factors')
plt. ylabel('Eigenvalue')
plt. grid()
plt. show()
fa = FactorAnalyzer(2,rotation="varimax")
fa. fit(X)
print(fa. loadings_)
df_cm = pd. DataFrame(np. abs(fa. loadings_), index=['sepal_length','sepal
_width',
    'petal_length','petal_width'])
fig,ax = plt. subplots(figsize=(12,10))
sns. heatmap(df_cm,annot=True,cmap='BuPu',ax=ax)
ax. tick_params(axis='x',labelsize=15)
ax. set_title("Factor Analysis",fontsize=12)
fig. show()
```

2. 结果分析

我们首先进行 KMO 检验和 Bartlett 球形检验,如下所示:

我们发现通过 Bartlett 球形检验,未通过 KMO 检验,但接近要求的 KMO 值(见

图 7.10）。因此,接下来我们进行因子分析。

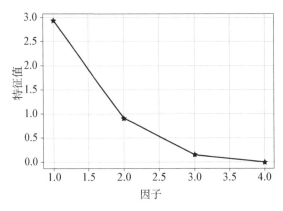

图 7.10　Bartlett 球形检验结果

（1）选择因子个数,如图 7.11 所示。

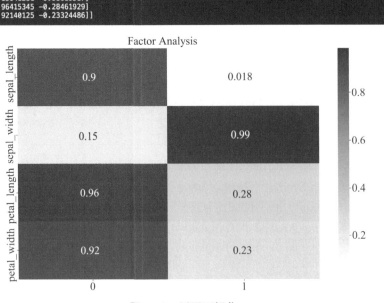

图 7.11　因子个数

（2）根据肘部法则我们选择 2 或 3 个因子输出因子载荷;选择 2 个因子,输出因子载荷矩阵,并得到因子可视化,如图 7.12 所示。

图 7.12　因子可视化

7.8 实例分析与 R 语言应用

上市公司的经营业绩是多种因素共同作用的结果,各种财务指标为上市公司的经营业绩提供了丰富的信息,同时也提高了分析问题的复杂程度。由于指标间存在一定的相关关系,因此可以通过因子分析的方法用较少的综合指标分别分析存在于各单项指标的信息,而且互不相关,即各综合指标代表的信息不重叠,代表各类信息的综合指标即为公共因子。本节以 2017 年上市公司中的汽车零配件行业为例,应用 R 语言中因子分析模型评价分析公司经营业绩,选取了财务报表中的 12 个主要财务指标如下: x_1 为存货周转率(%), x_2 为总资产周转率(%), x_3 为流动资产周转率(%), x_4 为营业利润率(%), x_5 为毛利率(%), x_6 为成本费用利润率(%), x_7 为总资产报酬率(%), x_8 为净资产收益率-加权(扣除非经常性损益)(%), x_9 为每股收益(元), x_{10} 为扣除非经常性损益后每股收益(%), x_{11} 为每股未分配利润(元), x_{12} 为每股净资产(元)。具体如表 7.10 所示。

表 7.10 2017 年上市公司中的汽车零配件行业财务数据

证券名称	x_1	x_2	x_3	x_4	x_5	x_6	x_7	x_8	x_9	x_{10}	x_{11}	x_{12}
亚太股份	4.65	0.71	1.25	2.69	14.93	2.77	1.49	2.41	0.11	0.09	0.87	3.61
贝斯特	2.83	0.52	1.02	24.08	37.91	30.39	10.87	10.32	0.70	0.61	1.64	6.27
长鹰信质	4.72	0.79	1.14	13.47	23.07	15.34	8.39	13.75	0.64	0.62	2.42	4.82
万向钱潮	5.22	0.97	1.58	9.10	20.67	9.97	7.65	17.31	0.32	0.29	0.59	1.83
湖南天雁	3.36	0.43	0.55	−15.15	14.03	−12.88	−6.21	−15.12	−0.09	−0.10	−0.88	0.59
蓝黛传动	3.75	0.52	0.92	11.91	25.23	13.63	5.40	9.88	0.29	0.27	0.76	2.88
越博动力	5.76	0.6	0.69	9.79	26.78	10.89	6.27	12.06	1.6	1.35	3.12	11.70
富奥 B	9.12	0.74	1.48	12.81	18.51	12.85	8.56	14.76	0.64	0.62	2.63	4.45
中原内配	3.07	0.46	1.04	22.57	41.55	27.01	8.50	10.72	0.46	0.44	1.88	3.95
日上集团	1.34	0.55	0.76	3.84	14.21	3.92	1.86	2.41	0.10	0.06	0.55	2.61
远东传动	4.86	0.58	0.97	14.50	30.04	16.45	7.14	7.16	0.33	0.29	1.35	4.18
西菱动力	2.58	0.60	1.25	18.43	36.23	23.07	9.84	16.23	0.84	0.77	2.59	5.19
美力科技	3.18	0.56	1.06	14.05	33.41	16.01	6.64	6.61	0.27	0.23	1.11	3.77
北特科技	3.47	0.48	0.86	8.96	25.57	10.30	3.86	4.36	0.22	0.17	0.89	4.13
凌云股份	6.26	1.08	1.89	5.88	18.65	6.29	3.03	8.23	0.73	0.67	3.17	8.32
新坐标	2.74	0.55	0.9	44.68	63.91	79.2	21.46	19.87	1.72	1.73	4.14	9.55
猛狮科技	4.56	0.45	0.85	−5.69	20.54	−4.04	−1.56	−7.24	−0.24	−0.35	0.17	4.96

证券名称	x_1	x_2	x_3	x_4	x_5	x_6	x_7	x_8	x_9	x_{10}	x_{11}	x_{12}
宗申动力	10.51	0.76	1.28	7.55	19.34	7.85	4.12	6.03	0.24	0.19	1.50	3.29
西仪股份	3.00	0.8	1.39	1.55	18.35	2.49	1.75	0.95	0.06	0.03	0.15	3.05
云意电气	3.02	0.31	0.46	24.18	35.98	29.82	6.86	6.85	0.16	0.13	0.51	1.96
德尔股份	4.26	0.82	1.54	6.57	30.47	7.04	4.21	7.33	1.25	1.25	4.17	15.80
隆盛科技	2.19	0.37	0.57	11.10	29.57	14.87	4.47	4.21	0.27	0.19	1.26	4.99
东安动力	6.90	0.44	0.92	2.32	13.46	2.36	1.05	1.44	0.09	0.06	0.66	4.06
常熟汽饰	5.72	0.43	0.97	17.46	22.03	18.97	7.23	10.03	0.81	0.77	2.63	8.00
亚普股份	5.67	1.34	2.41	5.34	16.14	5.58	6.34	16.34	0.74	0.74	2.82	4.69
宁波华翔	6.13	1.00	1.86	9.75	21.11	10.55	5.37	13.51	1.27	1.40	5.51	12.48
金麒麟	4.27	0.65	1.07	13.90	30.72	16.61	7.54	9.18	0.83	0.79	2.88	10.10
均胜电子	6.55	0.73	1.57	3.94	16.39	3.79	1.09	−0.36	0.42	−0.05	1.99	13.37
光洋股份	4.07	0.62	1.25	1.08	23.60	1.67	0.51	0.09	0.03	0.00	0.55	3.21
鹏翎股份	3.46	0.67	1.07	12.30	25.94	13.37	6.94	7.45	0.59	0.55	3.46	7.91
兴民智通	1.48	0.45	0.82	6.09	19.87	6.43	1.51	2.57	0.12	0.10	1.01	4.05
东风科技	14.81	1.20	1.91	5.15	16.32	5.35	2.74	11.17	0.44	0.43	2.50	3.99
万里扬	4.51	0.53	1.21	15.62	22.93	17.46	6.77	8.01	0.48	0.35	1.09	4.51
万通智控	5.21	0.82	1.20	12.54	31.14	14.8	9.00	9.27	0.18	0.17	0.34	2.06
潍柴动力	6.59	0.86	1.72	6.85	21.84	7.43	3.86	19.25	0.85	0.81	3.49	4.41
腾龙股份	2.87	0.66	1.05	18.19	35.07	22.10	9.47	13.48	0.60	0.58	2.20	4.56
继峰股份	3.70	0.92	1.31	18.84	33.00	22.92	14.20	17.62	0.46	0.45	1.22	2.74
斯太尔	0.75	0.06	0.17	−70.13	3.61	−16.63	−6.26	−23.22	−0.22	−0.57	−0.48	2.30
交运股份	8.21	1.04	1.80	6.42	10.43	6.69	4.96	4.72	0.43	0.25	1.79	5.47
众泰汽车	8.34	1.12	1.96	6.58	18.77	7.06	6.10	9.05	0.56	0.69	0.72	8.24
湘油泵	3.76	0.79	1.40	15.99	32.76	18.02	10.66	13.88	1.37	1.11	4.47	8.61
联明股份	3.79	0.73	1.56	14.65	21.04	17.34	8.21	12.36	0.59	0.57	2.81	4.80
苏威孚B	4.78	0.48	0.82	31.32	25.01	35.00	13.72	16.73	2.55	2.30	9.72	14.7
双林股份	4.24	0.71	1.45	6.26	24.03	7.10	3.01	7.33	0.45	0.48	2.68	6.87
兆丰股份	5.74	0.44	0.53	39.11	53.63	62.77	14.95	23.72	3.07	3.54	7.17	24.42
渤海汽车	4.17	0.37	0.68	11.72	20.87	11.8	3.54	4.55	0.25	0.21	0.86	4.74
今飞凯达	3.66	0.77	1.56	2.85	16.57	2.89	1.81	3.87	0.27	0.15	1.58	4.10

（续表）

证券名称	x_1	x_2	x_3	x_4	x_5	x_6	x_7	x_8	x_9	x_{10}	x_{11}	x_{12}
恒立实业	2.42	0.14	0.16	−61.46	16.20	−35.98	−6.35	−15.44	−0.06	−0.07	−1.02	0.44
浙江仙通	4.32	0.63	0.87	27.04	43.69	36.71	14.72	17.23	0.63	0.59	1.34	3.67
岱美股份	2.69	1.02	1.44	20.88	37.05	26.82	18.25	25.48	1.43	1.45	3.64	7.58
浙江世宝	3.62	0.55	0.92	2.81	17.75	2.83	1.56	0.94	0.04	0.02	0.46	1.87
合力科技	1.63	0.58	0.90	16.96	33.97	21.18	8.82	15.09	0.73	0.82	2.95	7.41
隆基机械	3.27	0.58	0.98	3.50	17.22	3.59	1.87	2.91	0.13	0.14	0.94	5.36
华域汽车	13.9	1.22	1.92	7.34	14.47	7.81	5.68	15.89	2.08	2.00	6.76	13.09
富奥股份	9.12	0.74	1.48	12.81	18.51	12.85	8.56	14.76	0.64	0.62	2.63	4.45
秦安股份	2.52	0.49	1.07	17.95	26.30	21.91	7.48	8.55	0.43	0.44	2.70	5.60
长春一东	3.69	0.78	1.05	5.04	31.02	5.76	1.81	3.59	0.13	0.10	0.90	2.80
双环传动	2.54	0.46	0.88	10.08	22.72	11.06	4.26	6.95	0.35	0.32	1.41	4.57
圣龙股份	6.88	0.86	2.00	8.57	22.18	9.05	5.16	10.72	0.46	0.40	1.37	4.03
金固股份	3.70	0.53	0.91	1.19	16.44	1.10	0.95	−1.11	0.08	−0.05	0.05	6.81

资料来源：http://webapi.cninfo.com.cn。

先读取数据，求财务指标间的相关系数矩阵，R 程序如下：

```
case8.1<−read.csv("case8.1.csv",header=T)
#将 case8.1.xls 中的数据读到 R 中
data<−case8.1[,−1]
name<−case8.1[,1]
da<−scale(data)
da
dat<−cor(da)
dat

library(xtable)
library(flextable)
m1=xtable_to_flextable(xtable(dat))
m1
```

借助 flextable 包，计算财务指标间的相关系数矩阵，如表 7.11 所示。

表 7.11 12 个财务指标的样本相关矩阵

	x_1	x_2	x_3	x_4	x_5	x_6	x_7	x_8	x_9	x_{10}	x_{11}	x_{12}
x_1	1.0	0.6	0.6	0.1	−0.3	−0.1	0.0	0.3	0.2	0.2	0.3	0.2

（续表）

	x_1	x_2	x_3	x_4	x_5	x_6	x_7	x_8	x_9	x_{10}	x_{11}	x_{12}
x_2	0.6	1.0	0.9	0.2	-0.1	0.0	0.2	0.5	0.2	0.2	0.3	0.1
x_3	0.6	0.9	1.0	0.2	-0.2	-0.0	0.2	0.4	0.2	0.2	0.3	0.1
x_4	0.1	0.2	0.2	1.0	0.7	0.9	0.8	0.8	0.5	0.6	0.5	0.4
x_5	-0.3	-0.1	-0.2	0.7	1.0	0.9	0.8	0.6	0.5	0.5	0.3	0.3
x_6	-0.1	0.0	-0.0	0.9	0.9	1.0	0.9	0.7	0.6	0.7	0.5	0.5
x_7	0.0	0.2	0.2	0.8	0.8	0.9	1.0	0.9	0.7	0.7	0.6	0.4
x_8	0.3	0.5	0.4	0.8	0.6	0.7	0.9	1.0	0.7	0.7	0.7	0.4
x_9	0.2	0.2	0.2	0.5	0.5	0.6	0.7	0.7	1.0	1.0	0.9	0.8
x_{10}	0.2	0.2	0.2	0.6	0.5	0.7	0.7	0.7	1.0	1.0	0.9	0.8
x_{11}	0.3	0.3	0.3	0.5	0.3	0.5	0.6	0.7	0.9	0.9	1.0	0.8
x_{12}	0.2	0.1	0.1	0.4	0.3	0.5	0.4	0.4	0.8	0.8	0.8	1.0

　　由上面的相关系数矩阵可知,财务指标间存在较强的线性相关关系,为了更直观地描述变量间的相关关系,利用 R 语言绘制热力图,代码如下所示:

```
da_cor<－round(cor(data),2)

data2<－melt(da_cor)

da_cor<－ggplot(data2,aes(x＝Var1,y＝Var2,fill＝value))

p2<－da_cor＋geom_raster()＋scale_fill_gradient2(low＝"red",high＝"darkgreen",
mid＝"white")
```

　　得到 12 个财务指标间的相关热力图,如图 7.13 所示。

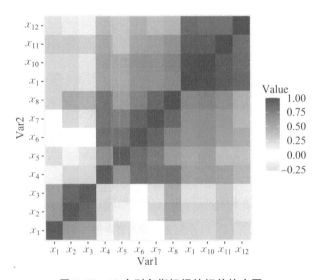

图 7.13　12 个财务指标间的相关热力图

由上述分析可知变量间相关性较强,适合用因子分析模型进行分析。下面分别用主成分法、主因子法、极大似然估计法进行因子分析,3 种方法的 R 语言代码如下,旋转后的因子载荷估计结果如表 7.12 所示。

```
♯主成分法
fac=principal(da,3)   ♯进行主成分因子分析,取 3 个因子
fac   ♯显示因子分析结果
fac1=principal(da,3,rotate="varimax")   ♯用主成分法采用方差最大化作因子正交
旋转
fac1   ♯显示因子旋转后分析结果
write.csv(fac$loadings,"test0.csv",row.names=FALSE)   ♯将因子分析结果输出
到 csv 文件中以便后续比较
plot(fac1$loadings,type="n",xlab="Factor1",ylab="Factor2")   ♯输出因子载
荷图
text(fac1$loadings,paste("x",1:12,sep=""),cex=1.5)   ♯添加标签
fac1_plotdata<-fac1$scores   ♯提取因子分析中得分以便绘图
rownames(fac1_plotdata)<-unlist(name)   ♯将证券名称与因子得分进行对应,便
于在图形上绘制标签
plot.text(fac1_plotdata)   ♯绘制第一个因子和第二个因子的因子得分图
pic<-biplot(fac1_plotdata,fac1$loadings)   ♯因子得分图和原坐标在因子方向上
的图


A<-fac1$loadings   ♯正交旋转后的因子载荷矩阵
K<-as.vector(colSums(A*A))   ♯将列和结果转为向量
K1<-K/nrow(dat)   ♯各因子解释的总方差的比例
K1   ♯显示因子解释比例
numpy.savetxt('new.csv',K1,delimiter=',')
com<-diag(A%*%t(A))   ♯计算共性方差
psi<-diag(dat)-diag(A%*%t(A))   ♯计算特殊方差
tbl<-cbind(A,com,psi)   ♯将结果进行合并,方便查看
tbl   ♯显示结果
write.csv(tbl,"test.csv",row.names=FALSE)   ♯将因子分析结果输出到 csv 文件
中以便后续比较
D<-matrix(0,nrow=nrow(dat),ncol=ncol(dat))   ♯构建为 0 的矩阵
for(i in 1:nrow(dat)){
    D[i,i]<-psi[i]
    i=i+1
}
D   ♯特殊因子的协方差矩阵
```

```
#极大似然法
fac3=fa(da,nfactors=3,fm="ml",rotate="none")
fac3
plot(fac3 $ loadings,type="n",xlab="Factor1",ylab="Factor2")
text(fac3 $ loadings,paste("x",1:12,sep=" "),cex=1.5)
fac3_plotdata<-fac3 $ scores
rownames(fac3_plotdata)<-unlist(name)    #将证券名称与因子得分进行对应,便
于在图形上绘制标签
plot.text(fac3_plotdata)    #绘制第一个因子和第二个因子的因子得分图
pic<-biplot(fac3_plotdata,fac3 $ loadings)    #因子得分图和原坐标在因子方向上
的图
A<-fac3 $ loadings    #正交旋转后的因子载荷矩阵
K<-as.vector(colSums(A * A))    #将列和结果转为向量
K1<-K/nrow(dat)    #各因子解释的总方差的比例
K1    #显示因子解释比例
numpy.savetxt('new.csv',K1,delimiter=',')
com<-diag(A%*%t(A))    #计算共性方差
psi<-diag(dat)-diag(A%*%t(A))    #计算特殊方差
tbl<-cbind(A,com,psi)    #将结果进行合并,方便查看
tbl    #显示结果
write.csv(tbl,"test2.csv",row.names=FALSE)    #将因子分析结果输出到 csv 文件
中以便后续比较
D<-matrix(0,nrow=nrow(dat),ncol=ncol(dat))    #构建为 0 的矩阵
for(i in 1:nrow(dat)){
   D[i,i]<-psi[i]
   i=i+1
}
D    #特殊因子的协方差矩阵

#主因子法
f<-solve(dat)    #求逆矩阵
psiini<-diag(1/f[row(f)==col(f)])    #对角矩阵
psi<-psiini    #特殊方差的初始估计
for(i in 1:100){
   ee<-eigen(dat-psi)
   eigval<-ee $ values[1:3]
   eigvec<-ee $ vectors[,1:3]
   EE<-matrix(eigval,nrow(dat),ncol=3,byrow=T)
```

```
QQ<-sqrt(EE)*eigvec
psiold=psi
psi=diag(as.vector(1-t(colSums(t(QQ*QQ)))))
i=i+1
z=psi-psiold
convergence<-z[row(z)==col(z)]
}  #迭代求解
QQ   #迭代求解得到的因子载荷矩阵
pfm<-varimax(QQ)  #对因子载荷矩阵作最大方差正交旋转
load<-pfm$loadings  #正交旋转后的因子载荷矩阵
ld<-cbind(load[,1],load[,2],load[,3])  #取正交旋转后的因子载荷矩阵前三列
数据
K<-as.vector(colSums(ld*ld))  #将结果向量化
K1<-K/nrow(dat)  #各因子解释的总方差的比例
K1  #显示因子解释比例
com<-diag(ld%*%t(ld))  #计算共性方差
psi<-diag(dat)-diag(ld%*%t(ld))  #计算特殊方差
tbl<-cbind(load[,1],load[,2],load[,3],com,psi)  #将结果合并
tbl  #显示结果
write.csv(tbl,"test3.csv",row.names=FALSE)
```

表 7.12　三种方法旋转后的因子载荷估计

变量	主成分			主因子			极大似然		
	Factor 1	Factor 2	Factor 3	Factor 1	Factor 2	Factor 3	Factor 1	Factor 2	Factor 3
存货周转率	−0.15	0.26	0.76	−0.11	−0.64	0.23	0.24	0.59	−0.24
总资产周转率	0.13	0.07	0.94	0.12	−0.94	0.08	0.27	0.92	0.01
流动资产周转率	0.08	0.02	0.95	0.06	−0.94	0.03	0.18	0.94	0.00
营业利润率	0.88	0.22	0.16	0.84	−0.16	0.24	0.59	0.10	0.67
毛利率	0.85	0.21	−0.32	0.82	0.30	0.21	0.53	−0.33	0.63
成本费用利润率	0.89	0.35	−0.12	0.90	0.12	0.34	0.69	−0.19	0.64
总资产报酬率	0.91	0.30	0.10	0.91	−0.10	0.30	0.71	0.04	0.65
净资产收益率-加权	0.79	0.34	0.42	0.78	−0.42	0.35	0.73	0.34	0.49
每股收益	0.40	0.89	0.12	0.39	−0.12	0.91	0.99	−0.03	−0.08
扣除非经常性损益后每股收益	0.43	0.87	0.12	0.43	−0.12	0.88	0.99	−0.03	−0.04
每股未分配利润	0.31	0.87	0.23	0.31	−0.24	0.85	0.92	0.10	−0.12
每股净资产	0.15	0.92	0.04	0.17	−0.06	0.85	0.83	−0.07	−0.25

（续表）

变量	主成分			主因子			极大似然		
	Factor 1	Factor 2	Factor 3	Factor 1	Factor 2	Factor 3	Factor 1	Factor 2	Factor 3
所解释的总方差的比例	0.35	0.30	0.23	0.34	0.22	0.30	0.48	0.20	0.17
所解释的总方差的累积比例	0.35	0.65	0.88	0.34	0.56	0.86	0.48	0.68	0.85

由表 7.12 可知，主成分法提取的因子方差贡献率最大，因此本案例选用主成分法作因子分析，结果如表 7.13 所示。

表 7.13　当 $m=3$ 时的主成分分解（旋转后）

变　量	Factor 1	Factor 2	Factor 3	共性方差	特殊因子方差
	−0.15	0.26	0.76	0.67	0.33
总资产周转率	0.13	0.07	0.94	0.91	0.09
流动资产周转率	0.08	0.02	0.95	0.90	0.10
营业利润率	0.88	0.22	0.16	0.85	0.15
毛利率	0.85	0.21	−0.32	0.86	0.14
成本费用利润率	0.89	0.35	−0.12	0.93	0.07
总资产报酬率	0.91	0.30	0.10	0.93	0.07
净资产收益率-加权	0.79	0.34	0.42	0.92	0.08
每股收益	0.40	0.89	0.12	0.97	0.03
扣除非经常性损益后每股收益	0.43	0.87	0.12	0.96	0.04
每股未分配利润	0.31	0.87	0.23	0.90	0.10
每股净资产	0.15	0.92	0.04	0.87	0.13
所解释的总方差的比例	0.35	0.30	0.23		
所解释的总方差的累积比例	0.35	0.65	0.88		

由表 7.13 可知，营业利润率、毛利率、成本费用利润率、总资产报酬率、净资产收益率-加权（扣除非经常性损益）在第一公因子上的因子载荷分别为 0.88、0.85、0.89、0.91、0.79，这五个指标为反映企业盈利能力的指标，因此将第一公因子命名为企业盈利能力因子；每股收益、扣除非经常性损益后每股收益、每股未分配利润、每股净资产在第二公因子上的因子载荷分别为 0.89、0.87、0.87、0.92，这四个财务指标都是反映股东回报的，因此将其命名为股东回报因子；存货周转率、总资产周转率、流动资产周转率在第三公因子上的载荷分别为 0.76、0.94、0.95，这三个财务指标都是反映企业运营能力的，因此将其命名为企

业运营能力因子。

运用主成分法(旋转)得到的因子分析模型为

$$\begin{cases} x_1^* = -0.15f_1 + 0.26f_2 + 0.76f_3 + \epsilon_1 \\ x_2^* = 0.13f_1 + 0.07f_2 + 0.94f_3 + \epsilon_2 \\ x_3^* = 0.08f_1 + 0.02f_2 + 0.95f_3 + \epsilon_3 \\ x_4^* = 0.88f_1 + 0.22f_2 + 0.16f_3 + \epsilon_4 \\ x_5^* = 0.85f_1 + 0.21f_2 - 0.32f_3 + \epsilon_5 \\ x_6^* = 0.89f_1 + 0.35f_2 - 0.12f_3 + \epsilon_6 \\ x_7^* = 0.91f_1 + 0.30f_2 + 0.10f_3 + \epsilon_7 \\ x_8^* = 0.79f_1 + 0.34f_2 + 0.42f_3 + \epsilon_8 \\ x_9^* = 0.40f_1 + 0.89f_2 + 0.12f_3 + \epsilon_9 \\ x_{10}^* = 0.43f_1 + 0.87f_2 + 0.12f_3 + \epsilon_{10} \\ x_{11}^* = 0.31f_1 + 0.87f_2 + 0.23f_3 + \epsilon_{11} \\ x_{12}^* = 0.15f_1 + 0.92f_2 + 0.04f_3 + \epsilon_{12} \end{cases}$$

绘制前两个因子载荷、得分及信息重叠图,R 程序如下:

plot(fac1 $ loadings,type="n",xlab="Factor1",ylab="Factor2")　♯输出因子载荷图

text(fac1 $ loadings,paste("x",1:12,sep=""),cex=1.5)　♯添加标签

fac1_plotdata<-fac1 $ scores　♯提取因子分析中得分以便绘图

rownames(fac1_plotdata)<-unlist(name)　♯将证券名称与因子得分进行对应,便于在图形上绘制标签

plot.text(fac1_plotdata)　♯绘制第一个因子和第二个因子的因子得分图

pic<-biplot(fac1_plotdata,fac1 $ loadings)　♯因子得分图和原坐标在因子方向上的图

因子载荷图如图 7.14 所示。

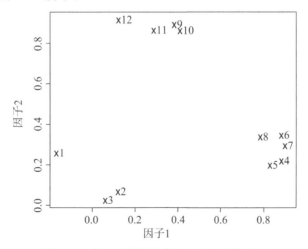

图 7.14　第一个因子和第二个因子的载荷图

因子得分图如 7.15 所示。

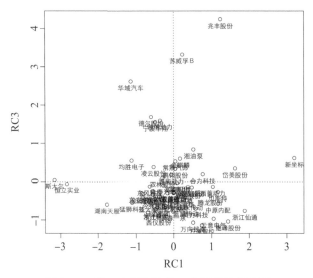

图 7.15   第一个因子和第二个因子的得分图

由因子得分图可知,新坐标的盈利能力和兆丰股份、苏威孚 B、华域汽车的股东回报大大领先于其他企业。

信息重叠图如图 7.16 所示。

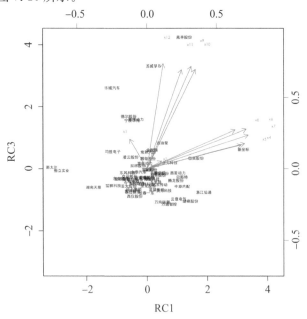

图 7.16   各上市公司的因子得分图和原坐标在因子方向上的图

因此,我们可以得到下面各种排序,包括单因子排序和综合因子排序,如表 7.14 至表 7.17 所示,从盈利能力角度考量,新坐标、浙江仙通、岱美股份、继峰股份、兆丰股份排名比较靠前。

表 7.14 按盈利能力因子得分 F_1 的排序（加权最小二乘法）

序号	证券名称	F_1	序号	证券名称	F_1	序号	证券名称	F_1
1	新坐标	3.30	21	万里扬	0.32	41	日上集团	-0.48
2	浙江仙通	1.97	22	富奥 B	0.24	42	东风科技	-0.49
3	岱美股份	1.58	23	富奥股份	0.24	43	交运股份	-0.49
4	继峰股份	1.48	24	苏威孚 B	0.23	44	西仪股份	-0.50
5	兆丰股份	1.28	25	金麒麟	0.17	45	浙江世宝	-0.50
6	贝斯特	1.16	26	隆盛科技	0.16	46	隆基机械	-0.55
7	中原内配	1.12	27	常熟汽饰	0.14	47	宁波华翔	-0.56
8	云意电气	1.09	28	鹏翎股份	0.04	48	光洋股份	-0.57
9	西菱动力	0.96	29	圣龙股份	0.01	49	今飞凯达	-0.59
10	腾龙股份	0.93	30	双环传动	-0.02	50	亚太股份	-0.61
11	万通智控	0.76	31	北特科技	-0.03	51	凌云股份	-0.61
12	合力科技	0.73	32	渤海汽车	-0.11	52	德尔股份	-0.74
13	美力科技	0.52	33	亚普股份	-0.11	53	东安动力	-0.75
14	万向钱潮	0.52	34	潍柴动力	-0.13	54	金固股份	-0.79
15	秦安股份	0.50	35	长春一东	-0.15	55	均胜电子	-1.04
16	远东传动	0.46	36	宗申动力	-0.24	56	猛狮科技	-1.09
17	湘油泵	0.40	37	众泰汽车	-0.24	57	华域汽车	-1.12
18	长鹰信质	0.40	38	双林股份	-0.36	58	湖南天雁	-1.92
19	联明股份	0.39	39	兴民智通	-0.39	59	恒立实业	-2.87
20	蓝黛传动	0.33	40	越博动力	-0.41	60	斯太尔	-2.93

从股东回报来看，排在前面的是兆丰股份、苏威孚 B、华域汽车、越博动力、德尔股份。

表 7.15 按股东回报得分 F_2 的排序（加权最小二乘法）

序号	证券名称	F_2	序号	证券名称	F_2	序号	证券名称	F_2
1	兆丰股份	4.24	8	新坐标	0.63	15	鹏翎股份	0.18
2	苏威孚 B	3.38	9	岱美股份	0.54	16	均胜电子	0.15
3	华域汽车	2.74	10	金麒麟	0.48	17	合力科技	0.15
4	越博动力	1.77	11	常熟汽饰	0.45	18	双林股份	0.03
5	德尔股份	1.59	12	凌云股份	0.38	19	斯太尔	0.03
6	宁波华翔	1.50	13	潍柴动力	0.32	20	西菱动力	-0.03
7	湘油泵	0.97	14	恒立实业	0.22	21	富奥 B	-0.09

（续表）

序号	证券名称	F_2	序号	证券名称	F_2	序号	证券名称	F_2
22	富奥股份	-0.09	35	万里扬	-0.39	48	中原内配	-0.59
23	亚普股份	-0.09	36	今飞凯达	-0.40	49	蓝黛传动	-0.63
24	众泰汽车	-0.11	37	隆基机械	-0.41	50	浙江世宝	-0.69
25	长鹰信质	-0.12	38	隆盛科技	-0.41	51	光洋股份	-0.69
26	联明股份	-0.19	39	东安动力	-0.41	52	美力科技	-0.71
27	东风科技	-0.25	40	金固股份	-0.44	53	长春一东	-0.73
28	秦安股份	0.27	41	圣龙股份	-0.47	54	猛狮科技	-0.74
29	贝斯特	-0.28	42	兴民智通	-0.47	55	浙江仙通	-0.78
30	双环传动	-0.29	43	北特科技	-0.52	56	西仪股份	-0.79
31	交运股份	-0.30	44	宗申动力	-0.52	57	万向钱潮	-0.96
32	湖南天雁	-0.32	45	亚太股份	-0.56	58	继峰股份	-1.00
33	腾龙股份	-0.35	46	远东传动	-0.57	59	云意电气	-1.01
34	渤海汽车	-0.37	47	日上集团	-0.58	60	万通智控	-1.12

从运营能力来看,排在前面的是亚普股份、东风科技、华域汽车、众泰汽车、凌云股份。

表 7.16　按运营能力得分 F_3 的排序(加权最小二乘法)

序号	证券名称	F_3	序号	证券名称	F_3	序号	证券名称	F_3
1	亚普股份	2.62	15	继峰股份	0.58	29	西菱动力	-0.16
2	东风科技	2.18	16	宗申动力	0.57	30	万里扬	-0.21
3	华域汽车	2.12	17	联明股份	0.55	31	腾龙股份	-0.24
4	众泰汽车	1.70	18	均胜电子	0.50	32	金麒麟	-0.24
5	凌云股份	1.52	19	德尔股份	0.43	33	隆基机械	-0.29
6	交运股份	1.49	20	西仪股份	0.41	34	远东传动	-0.39
7	宁波华翔	1.34	21	双林股份	0.36	35	浙江世宝	-0.40
8	圣龙股份	1.28	22	湘油泵	0.33	36	东安动力	-0.43
9	万向钱潮	1.19	23	长鹰信质	0.31	37	美力科技	-0.45
10	潍柴动力	1.19	24	万通智控	0.29	38	蓝黛传动	-0.45
11	岱美股份	0.82	25	亚太股份	0.26	39	金固股份	-0.50
12	富奥B	0.78	26	长春一东	-0.01	40	秦安股份	-0.51
13	富奥股份	0.78	27	光洋股份	-0.05	41	合力科技	-0.53
14	今飞凯达	0.61	28	鹏翎股份	-0.14	42	浙江仙通	-0.54

（续表）

序号	证券名称	F_3	序号	证券名称	F_3	序号	证券名称	F_3
43	常熟汽饰	-0.55	49	中原内配	-0.73	55	隆盛科技	-1.25
44	日上集团	-0.57	50	苏威孚 B	-0.74	56	新坐标	-1.31
45	越博动力	-0.57	51	猛狮科技	-0.74	57	云意电气	-1.53
46	双环传动	-0.65	52	兴民智通	-0.76	58	兆丰股份	-1.65
47	北特科技	-0.67	53	渤海汽车	-0.96	59	恒立实业	-1.92
48	贝斯特	-0.69	54	湖南天雁	-1.13	60	斯太尔	-2.26

从综合指标来看,排在前面的是兆丰股份、新坐标、苏威孚 B、华域汽车、岱美股份。以上因子得分是用加权最小二乘法得出的,读者还可以用回归法来估计因子分析。

表 7.17　按因子综合得分的排序(加权最小二乘法)

序号	证券名称	F_4	序号	证券名称	F_4	序号	证券名称	F_4
1	兆丰股份	1.36	21	长鹰信质	0.18	41	均胜电子	-0.20
2	新坐标	1.06	22	合力科技	0.18	42	双环传动	-0.25
3	苏威孚 B	0.94	23	万向钱潮	0.17	43	云意电气	-0.27
4	华域汽车	0.92	24	贝斯特	0.17	44	长春一东	-0.27
5	岱美股份	0.91	25	腾龙股份	0.17	45	西仪股份	-0.32
6	宁波华翔	0.57	26	圣龙股份	0.16	46	北特科技	-0.32
7	亚普股份	0.54	27	金麒麟	0.15	47	亚太股份	-0.33
8	湘油泵	0.51	28	交运股份	0.08	48	隆盛科技	-0.36
9	继峰股份	0.35	29	常熟汽饰	0.06	49	渤海汽车	-0.37
10	浙江仙通	0.33	30	中原内配	0.05	50	隆基机械	-0.39
11	潍柴动力	0.32	31	鹏翎股份	0.04	51	光洋股份	-0.42
12	德尔股份	0.32	32	万通智控	0.00	52	兴民智通	-0.46
13	西菱动力	0.29	33	秦安股份	-0.02	53	日上集团	-0.48
14	众泰汽车	0.27	34	双林股份	-0.04	54	浙江世宝	-0.48
15	越博动力	0.26	35	万里扬	-0.05	55	东安动力	-0.49
16	东风科技	0.25	36	远东传动	-0.10	56	金固股份	-0.53
17	凌云股份	0.25	37	宗申动力	-0.11	57	猛狮科技	-0.78
18	富奥 B	0.24	38	美力科技	-0.13	58	湖南天雁	-1.04
19	富奥股份	0.24	39	蓝黛传动	-0.18	59	恒立实业	-1.39
20	联明股份	0.20	40	今飞凯达	-0.19	60	斯太尔	-1.55

小结

(1) 因子分析实质是用有限个不可观测的公共变量去描述原始变量之间的相关关系,并据此对原始变量进行解释及分类等。因子载荷矩阵中的元素有较为明确、清晰的统计意义。

(2) 因子分析起到降维的效果,通过因子模型得到的公共因子数目应远远小于原始变量数目,但公共因子的数目取决于原变量的相关程度或者原变量协方差矩阵的特征值。Σ 与 $AA^{\mathrm{T}}+D(\varepsilon)$ 之间的值越接近,表明因子模型拟合得越好,不能被公共因子解释的部分称为残差矩阵。估计因子载荷矩阵和特殊因子方差矩阵常用的方法有主成分法、主因子法和极大似然法。

(3) 因子旋转通过让因子载荷中的元素尽可能地趋近于 ± 1 或 0,使得旋转后的公共因子具有更鲜明、直接的实际意义。因子旋转不改变共同度及公共因子的方差解释,常用的方法有方差最大正交旋转法和斜交旋转法。

(4) 为实现降维后对样本进行评价、排名、分类的目的,需计算公共因子的因子得分,常用的因子得分估计方法有回归法和加权最小二乘法,回归法由于有着更好的估计精度而在实践中得到更广泛的使用。

(5) 在实际应用中,当变量的单位不同或数值变异性相差较大时,可以用相关矩阵 R 代替协方差矩阵 Σ 构建因子模型。

思考与练习

7.1 证明：$p=3$ 的标准化随机变量 Z_1、Z_2、Z_3 的协方差矩阵

$$\Sigma = \begin{pmatrix} 1.0 & 0.63 & 0.45 \\ 0.63 & 1.0 & 0.35 \\ 0.45 & 0.35 & 1.0 \end{pmatrix}$$

可以由以下 $m=1$ 的因子模型生成

$$\begin{cases} Z_1 = 0.9F_1 + \varepsilon_1 \\ Z_2 = 0.7F_2 + \varepsilon_2 \\ Z_3 = 0.5F_3 + \varepsilon_3 \end{cases}$$

其中,$\mathrm{Var}(F_1)=1$, $\mathrm{Cov}(F_1, \varepsilon)=0$,且 $\Psi = \mathrm{Cov}(\varepsilon) = \begin{pmatrix} 0.19 & 0 & 0 \\ 0 & 0.51 & 0 \\ 0 & 0 & 0.75 \end{pmatrix}$ (提示:$\Sigma =$

$AA^{\mathrm{T}}+\Psi)$。

7.2　计算上题中各变量的共同度,并说明公共因子对哪个原始变量的影响最大。

7.3　若 7.1 中 Σ 的特征值和特征向量为

$$\lambda_1 = 1.96, e_1^{\mathrm{T}} = (0.625 \quad 0.59 \quad 0.507)$$
$$\lambda_2 = 0.68, e_2^{\mathrm{T}} = (-0.219 \quad -0.491 \quad 0.843)$$
$$\lambda_3 = 0.36, e_3^{\mathrm{T}} = (0.749 \quad 0.638 \quad -0.177)$$

(1) 假设因子模型 $m=1$,利用主成分法计算载荷矩阵 A 和方差矩阵 Ψ;

(2) 第一公共因子解释的总体方差的比例是多少?

7.4　证明公共因子个数为 m 的主成分解,误差平方和 $Q(m)$ 满足以下不等式

$$Q(m) = \sum_{i=1}^{p} \sum_{j=1}^{p} \varepsilon_{ij}^2 \leqslant \sum_{j=m+1}^{p} \lambda_j^2$$

其中 $E = \Sigma - (AA^{\mathrm{T}} + D) = (\varepsilon_{ij})$,$\Sigma$ 为协方差矩阵,A 和 D 为因子模型的主成分估计。

7.5　假设因子模型中原始变量个数 $p=2$,公共因子个数 $m=1$,试证明 $\sigma_{11} = a_{11}^2 + \psi_1$,$\sigma_{22} = a_{22}^2 + \psi_2$ 和 $\sigma_{12} = \sigma_{21} = a_{11} a_{21}$,并证明对给定 σ_{11}、σ_{22}、σ_{12},对 A 和 Ψ 存在无限多的选择(注:$\Sigma = (\sigma_{ij})$,$\Psi = \mathrm{diag}(\psi_1, \psi_2)$)。

7.6　设总体的协方差矩阵 $\Sigma = \begin{pmatrix} 1.0 & 0.4 & 0.9 \\ 0.4 & 1.0 & 0.7 \\ 0.9 & 0.7 & 1.0 \end{pmatrix}$,在因子模型取 $m=1$ 时,证明:

(1) 对满足 $\Sigma = AA^{\mathrm{T}} + \Psi$ 的 A 和 Ψ 有唯一选择;

(2) 因 $\psi_3 < 0$,所以上述选择不可取。

7.7　设某客观现象可用 $X = (X_1, X_2, X_3)^{\mathrm{T}}$ 来描述,在因子分析中,从约化相关阵出发计算出特征值为 $\lambda_1 = 1.754, \lambda_2 = 1, \lambda_3 = 0.255$。$\lambda_1$ 和 λ_2 对应的正则化特征向量分别为 $(0.707, -0.316, 0.632)^{\mathrm{T}}$ 和 $(0, 0.899, 0.447)^{\mathrm{T}}$。

(1) 计算因子载荷矩阵 A,并建立因子模型;

(2) 计算第一公因子对 X 的"贡献"。

7.8　简述因子模型 $X = AF + \varepsilon$ 中载荷矩阵 A 的统计意义。

7.9　某汽车组织欲根据一系列指标来预测汽车的销售情况,为了避免有些指标间的相关关系影响到预测结果,需首先进行因子分析来简化指标系统。表 7.18 是抽查某汽车市场 7 个品牌不同型号的汽车的各种指标数据。试用因子分析法找出其简化的指标系统。

表 7.18　抽查某汽车市场 7 个品牌不同型号的汽车的各种指标数据

品牌	价格	发动机	功率	轴距 1	宽	长	轴距 2	燃料容量	燃料效率
A	21 500	1.8	140	101.2	67.3	172.4	2.639	13.2	28
A	28 400	3.2	225	108.1	70.3	192.9	3.517	17.2	25
A	42 000	3.5	210	114.6	71.4	196.6	3.85	18.0	22

(续表)

品牌	价格	发动机	功率	轴距1	宽	长	轴距2	燃料容量	燃料效率
B	23 990	1.8	150	102.6	68.2	178.0	2.998	16.4	27
B	33 950	2.8	200	108.7	76.1	192.0	3.561	18.5	22
B	62 000	4.2	310	113.0	74.0	198.2	3.902	23.7	21
C	26 990	2.5	170	107.3	68.4	176.0	3.179	16.6	26
C	33 400	2.8	193	107.3	68.5	176.0	3.197	16.6	24
C	38 900	2.8	193	111.4	70.9	188.0	3.472	18.5	25
D	21 975	3.1	175	109.0	72.7	194.6	3.368	17.5	25
D	25 300	3.8	240	109.0	72.7	196.2	3.543	17.5	23
D	31 965	3.8	205	113.8	74.7	206.8	3.778	18.5	24
D	27 885	3.8	205	112.2	73.5	200.0	3.591	17.5	25
E	39 895	4.6	275	115.3	74.5	207.2	3.978	18.5	22
E	39 665	4.6	275	108.0	75.5	200.6	3.843	19.0	22
E	31 010	3.0	200	107.4	70.3	194.8	3.770	18.0	22
E	46 225	5.7	255	117.5	77.0	201.2	5.572	30.0	15
F	13 260	2.2	115	104.1	67.9	180.9	2.676	14.3	27
F	16 535	3.1	170	107.0	69.4	190.4	3.051	15.0	25
F	18 890	3.1	175	107.5	72.5	200.9	3.330	16.6	25
F	19 390	3.4	180	110.5	72.7	197.9	3.340	17.0	27
F	24 340	3.8	200	101.1	74.1	193.2	3.500	16.8	25
F	45 705	5.7	345	104.5	73.6	179.7	3.210	19.1	22
F	13 960	1.8	120	97.1	66.7	174.3	2.398	13.2	33
F	9 235	1.0	55	93.1	62.6	149.4	1.895	10.3	45
F	18 890	3.4	180	110.5	73.0	200.0	3.389	17.0	27
G	19 840	2.5	163	103.7	69.7	190.9	2.967	15.9	24
G	24 495	2.5	168	106.0	69.2	193.0	3.332	16.0	24
G	22 245	2.7	200	113.0	74.4	209.1	3.452	17.0	26
G	16 480	2.0	132	108.0	71.0	186.0	2.911	16.0	27
G	28 340	3.5	253	113.0	74.4	207.7	3.564	17.0	23
G	29 185	3.5	253	113.0	74.4	197.8	3.567	17.0	23

7.10 表 7.19 给出在某城市十二个标准大都市居民统计地区中进行人口调查获得的

五个社会经济变量,分别是人口总数(x_1)、居民的教育程度(x_2)、佣人总数(x_3)、各种服务行业的人数(x_4)和房价中位数(x_5)。试利用表 7.19 中的数据作因子分析。

表 7.19　某城市地区中进行人口调查获得的 5 个社会经济变量数据

编号	x_1(千人)	x_2(受教育年限)	x_3(千人)	x_4(千人)	x_5(美元)
1	5 700	12.8	2 500	270	25 000
2	1 000	10.9	600	10	10 000
3	3 400	8.8	1 000	10	9 000
4	3 800	13.6	1 700	140	25 000
5	4 000	12.8	1 600	140	25 000
6	8 200	8.3	2 600	60	12 000
7	1 200	11.4	400	10	16 000
8	9 100	11.5	3 300	60	14 000
9	9 900	12.5	3 400	180	18 000
10	9 600	13.7	3 600	390	25 000
11	9 600	9.6	3 300	80	12 000
12	9 400	11.4	4 000	100	13 000

7.11　根据习题 6.14 的数据:

(1) 检验该数据是否适合进行因子分析。

(2) 进行因子分析,并对 30 家上市公司的因子综合得分进行排序。

7.12　如果事先确定两个因子来代表习题 6.15 中 50 名学生的六门课成绩,试对该数据进行因子分析,得到的两个因子是否有合理的现实意义?

7.13　在一项顾客偏好的调查中,询问顾客对一件新产品几种品质的评分,将顾客的回答列表并构造品质相关矩阵,该矩阵如表 7.20 所示:

表 7.20　品质相关矩阵

变量名称	爱好	价格合适	调味品	适于快餐	提供充沛精力
爱好	1.00	0.02	0.96	0.42	0.01
价格合适	0.02	1.00	0.13	0.71	0.85
调味品	0.96	0.13	1.00	0.50	0.11
适于快餐	0.42	0.71	0.50	1.00	0.79
提供充沛精力	0.01	0.85	0.11	0.79	1.00

(1) 从该相关矩阵出发进行因子分析,指出所保留的公共因子的个数并提供依据;

(2) 计算前两个因子的累计方差贡献率,并指出当保留 2 个公共因子,即 $m=2$ 时,对应的因子载荷矩阵、共同度和特殊方差。

第8章

典型相关分析

8.1 引言

统计分析中,两个随机变量之间的线性相关关系可以用简单相关系数来研究,一个随机变量与多个随机变量之间的线性相关关系可以用复相关系数来研究,而多个随机变量与多个随机变量之间的线性相关关系可以用典型相关系数来研究。典型相关分析方法最早由霍特林(Hotelling)于 1936 年在论文《两组变量之间的关系》中提出。

典型相关分析研究的是两组变量之间的整体线性相关关系。典型相关分析的基本思想是每组变量通过线性组合成为一个典型变量,寻找使两个典型变量的相关性最大的组合系数,由此可得到一对典型相关变量及典型相关系数。类似地,可找到第二对、第三对……典型相关变量在这个过程中须注意要确保不同组的成对的典型变量之间相关性达到最大而同一组变量内先后找出的各典型变量之间互不相关,不同组之间不成对变量也互不相关。典型相关变量之间的简单相关系数称为典型相关系数。

在实际问题中,可采用典型相关分析来研究两组变量之间的相关关系的例子有很多:如几种主要肉品(猪肉、牛肉、羊肉等)的价格和它们的销售量之间的相关关系问题,可归结为两组变量之间的相互依赖关系,这可由第一组变量构造一种价格指数,由第二组变量构造一种销售量指数,这两种指数分别为这两组变量的典型变量,然后研究这两种指数之间的相关关系。又如,一个产成品的多个质量指标和原材料多个质量指标之间的相关关系也可用典型相关分析方法来分析。再如研究生入学考试的各科成绩与本科阶段主要课程成绩之间的相互关系;某个城市的经济发展水平与居民生活水平间的相关关系;运动员成绩水平与身体各项素质之间的相关关系;学习能力方面因素与自控力方面因素的相关关系等等。

典型相关分析与其他分析各种变量之间关系的方法是不同的:函数用来表示非随机变量之间的关系,而典型相关分析用来研究随机变量之间的关系。这里需要说明的是典型相关分析中涉及的每一个随机变量都是可测变量或者显变量,如果其中存在潜变量或隐变量,那么需要运用结构方程模型来研究两组随机变量之间的相关关系。

8.2 典型相关分析的数学模型

为研究两组变量 X_1, X_2, $\cdots$, X_p 和 Y_1, Y_2, $\cdots$, Y_q 之间的相关关系,最原始的方法是分别计算两组变量之间的全部相关系数。但当 p 和 q 较大时,用简单相关系数来衡量两组变量之间的相关关系会导致较大的计算量,而且也难以分析两组变量整体之间的相关关系,因此需要采用新的方法。典型相关分析采用类似主成分分析的降维思想,将一对多的复相关系数的定义及方法推广到多变量对多变量之间的相关性定义及分析中。

一般地,设 X_1, X_2, $\cdots$, X_p 和 Y_1, Y_2, $\cdots$, Y_q 为两组存在相关性的随机变量,其中 $D(X)=\Sigma_{11}>0$, $D(Y)=\Sigma_{22}>0$, $\mathrm{Cov}(X,Y)=\Sigma_{12}\neq0$, $D\binom{X}{Y}=\begin{pmatrix}\Sigma_{11} & \Sigma_{12}\\ \Sigma_{21} & \Sigma_{22}\end{pmatrix}$, $\Sigma_{12}^{\mathrm{T}}=\Sigma_{21}$。

想研究两组变量 X 和 Y 之间的相关关系,我们先分别对两组变量作线性组合而得到单变量 $u=a^{\mathrm{T}}X$ 和 $v=b^{\mathrm{T}}Y$,再计算 u 与 v 的相关系数并使之达到最大,设

$$u=a_1X_1+a_2X_2+\cdots+a_pX_p=a^{\mathrm{T}}X \tag{8.1}$$

$$v=b_1Y_1+b_2Y_2+\cdots+b_qY_q=b^{\mathrm{T}}Y \tag{8.2}$$

其中 $a=(a_1,a_2,\cdots,a_p)^{\mathrm{T}}$, $b=(b_1,b_2,\cdots,b_q)^{\mathrm{T}}$ 为任意非零常系数向量,可以得出

$$D(u)=D(a^{\mathrm{T}}X)=a^{\mathrm{T}}D(X)a=a^{\mathrm{T}}\Sigma_{11}a$$
$$D(v)=D(b^{\mathrm{T}}Y)=b^{\mathrm{T}}D(Y)b=b^{\mathrm{T}}\Sigma_{22}b$$
$$\mathrm{Cov}(u,v)=\mathrm{Cov}(a^{\mathrm{T}}X,b^{\mathrm{T}}Y)=a^{\mathrm{T}}\mathrm{Cov}(X,Y)b=a^{\mathrm{T}}\Sigma_{12}b$$

进而可得出变量 u 与 v 的相关系数,如下

$$\rho_{uv}=\frac{\mathrm{Cov}(u,v)}{\sqrt{D(u)}\times\sqrt{D(v)}}=\frac{a^{\mathrm{T}}\Sigma_{12}b}{\sqrt{a^{\mathrm{T}}\Sigma_{11}a}\times\sqrt{b^{\mathrm{T}}\Sigma_{22}b}} \tag{8.3}$$

我们需要寻找或者选择使组合变量 u 与 v 的相关系数最大的线性组合系数,在两组所有的线性组合中记相关系数最大的一对变量为 u_1、v_1。 如果 u_1、v_1 提取的原始变量的信息还不够,那么可接着从各组中剩余的线性组合中挑选与第一对不相关的线性组合配对变量 u_2、v_2。 如此继续下去直到两组变量之间的相关性被提取完毕为止。这些选出的线性组合配对称为典型相关变量,它们对应的相关系数称为典型相关系数。通过这种方法使两组变量间的相关关系由几对典型相关变量来表达或体现。由以上分析可知典型相关分析的核心是求解如下的最优化问题

$$\max_{a,b}\rho_{uv}=\frac{a^{\mathrm{T}}\Sigma_{12}b}{\sqrt{a^{\mathrm{T}}\Sigma_{11}a}\times\sqrt{b^{\mathrm{T}}\Sigma_{22}b}} \tag{8.4}$$

8.3　总体典型相关

设 X_1，X_2，$\cdots$，X_p 和 Y_1，Y_2，$\cdots$，Y_q 的总体协方差矩阵 $\begin{pmatrix} X \\ Y \end{pmatrix} = \begin{pmatrix} \Sigma_{11} & \Sigma_{12} \\ \Sigma_{21} & \Sigma_{22} \end{pmatrix}$。当 Σ_{12} $\neq 0$ 时，我们可以求总体的典型相关系数和典型相关变量。

8.3.1　典型变量的一般求解

由上一节的分析可知，典型相关分析的主要任务是寻找合适的 a 和 b 使得 ρ_{uv} 达到最大。由于对任意非零常数 k_1 和 k_2 有 $\rho(k_1 u, k_2 v) = \rho(u, v)$，因此我们不妨假定 $D(u) = a^{\mathrm{T}} \Sigma_{11} a = 1$ 且 $D(v) = b^{\mathrm{T}} \Sigma_{22} b = 1$。这样问题(8.4)可归结为在约束 $a^{\mathrm{T}} \Sigma_{11} a = 1$，$b^{\mathrm{T}} \Sigma_{22} b = 1$ 下，寻求 $a \in IR^p$ 和 $b \in IR^q$，使得 $\rho_{uv} = \dfrac{a^{\mathrm{T}} \Sigma_{12} b}{\sqrt{a^{\mathrm{T}} \Sigma_{11} a} \times \sqrt{b^{\mathrm{T}} \Sigma_{22} b}} = a^{\mathrm{T}} \Sigma_{12} b$ 达到最大值，即

$$\max_{a, b} \frac{a^{\mathrm{T}} \Sigma_{12} b}{\sqrt{a^{\mathrm{T}} \Sigma_{11} a} \times \sqrt{b^{\mathrm{T}} \Sigma_{22} b}}$$

$$s. t. \begin{cases} a^{\mathrm{T}} \Sigma_{11} a = 1 \\ b^{\mathrm{T}} \Sigma_{22} b = 1 \end{cases}$$

引入拉格朗日乘子，将问题转化为求 a 和 b 使得 $\varphi(a, b, \lambda_1, \lambda_2) = a^{\mathrm{T}} \Sigma_{12} b - \dfrac{\lambda_1}{2}(a^{\mathrm{T}} \Sigma_{11} a - 1) - \dfrac{\lambda_2}{2}(b^{\mathrm{T}} \Sigma_{22} b - 1)$ 达到最大，其中 $-\lambda_1/2$、$-\lambda_2/2$ 为拉格朗日乘子。极值的必要条件为

$$\begin{cases} \dfrac{\partial \varphi}{\partial \alpha} = \Sigma_{12} b - \lambda_1 \Sigma_{11} a = 0 \\ \dfrac{\partial \varphi}{\partial b} = \Sigma_{21} a - \lambda_2 \Sigma_{22} b = 0 \end{cases}$$

分别以 a^{T} 和 b^{T} 左乘上式方程组得到 $\begin{cases} a^{\mathrm{T}} \Sigma_{12} b = \lambda_1 a^{\mathrm{T}} \Sigma_{11} a = \lambda_1 \\ b^{\mathrm{T}} \Sigma_{21} a = \lambda_2 b^{\mathrm{T}} \Sigma_{22} b = \lambda_2 \end{cases}$。

由于 $\Sigma_{12}^{\mathrm{T}} = \Sigma_{21}$，因此 $a^{\mathrm{T}} \Sigma_{12} b = b^{\mathrm{T}} \Sigma_{21} a$，这样有 $\lambda_1 = \lambda_2 = a^{\mathrm{T}} \Sigma_{12} b = \dfrac{a^{\mathrm{T}} \Sigma_{12} b}{\sqrt{1} \sqrt{1}} = \rho_{uv}$。于是 $\lambda_1 = \lambda_2 = \lambda$ 恰好是线性组合 u 和 v 之间的相关系数，因此可得

$$\begin{cases} -\lambda \Sigma_{11} a + \Sigma_{12} b = 0 \\ \Sigma_{21} a - \lambda \Sigma_{22} b = 0 \end{cases} \tag{8.5}$$

以 $\Sigma_{21} \Sigma_{11}^{-1}$ 左乘式(8.5)的第一式，整理得

$$(\Sigma_{21}\Sigma_{11}^{-1}\Sigma_{12} - \lambda^2\Sigma_{22})b = 0 \tag{8.6}$$

以 $\Sigma_{12}\Sigma_{22}^{-1}$ 左乘式(8.5)的第二式,整理得

$$(\Sigma_{12}\Sigma_{22}^{-1}\Sigma_{21} - \lambda^2\Sigma_{11})a = 0 \tag{8.7}$$

结合式(8.6)与(8.7)可得

$$\begin{cases} (\Sigma_{11}^{-1}\Sigma_{12}\Sigma_{22}^{-1}\Sigma_{21} - \lambda^2 I_p)a = 0 \\ (\Sigma_{22}^{-1}\Sigma_{21}\Sigma_{11}^{-1}\Sigma_{12} - \lambda^2 I_q)b = 0 \end{cases} \tag{8.8}$$

令 $A = \Sigma_{11}^{-1}\Sigma_{12}\Sigma_{22}^{-1}\Sigma_{21}$ 和 $B = \Sigma_{22}^{-1}\Sigma_{21}\Sigma_{11}^{-1}\Sigma_{12}$,则式(8.8)可整理为如下形式:

$$\begin{cases} Aa = \lambda^2 a \\ Bb = \lambda^2 b \end{cases} \tag{8.9}$$

式(8.9)说明 λ^2 既是 A 又是 B 的特征根,a 和 b 是 λ^2 相应于 A 和 B 的特征向量。换言之,A 或 B 的特征根的平方根为 u 和 v 的相关系数。A 和 B 的特征根具有如下性质:

性质8.1 A 和 B 的特征根的性质:

(1) A 和 B 具有相同的非零特征根。

(2) A 和 B 的特征根非负。

(3) A 和 B 的全部特征根在 0 与 1 之间。

证明:(1) $A = \Sigma_{11}^{-1}\Sigma_{12}\Sigma_{22}^{-1}\Sigma_{21} = (\Sigma_{11}^{-1}\Sigma_{12})(\Sigma_{22}^{-1}\Sigma_{21})$

令 $\Sigma_{11}^{-1}\Sigma_{12} = C$,$\Sigma_{22}^{-1}\Sigma_{21} = D$,因此 $A = CD$,$B = DC$。

由 $|\lambda I - CD| = |\lambda I - DC|$ 具有相同的非零特征根可知 A 和 B 具有相同的非零特征根,得证。

(2) 记 $K = \Sigma_{11}^{-\frac{1}{2}}\Sigma_{12}\Sigma_{22}^{-\frac{1}{2}}$,则

$$A_1 = KK^{\mathrm{T}} = \Sigma_{11}^{-\frac{1}{2}}\Sigma_{12}\Sigma_{22}^{-1}\Sigma_{21}\Sigma_{11}^{-\frac{1}{2}} = \Sigma_{11}^{-\frac{1}{2}}\Sigma_{12}\Sigma_{22}^{-\frac{1}{2}}\Sigma_{22}^{-\frac{1}{2}}\Sigma_{21}\Sigma_{11}^{-\frac{1}{2}}$$
$$= (\Sigma_{11}^{-\frac{1}{2}}\Sigma_{12}\Sigma_{22}^{-\frac{1}{2}})(\Sigma_{11}^{-\frac{1}{2}}\Sigma_{12}\Sigma_{22}^{-\frac{1}{2}})^{\mathrm{T}} \geqslant 0$$

因此 A_1 的特征根非负;又 $A = (\Sigma_{11}^{-\frac{1}{2}})(\Sigma_{11}^{-\frac{1}{2}}\Sigma_{12}\Sigma_{22}^{-1}\Sigma_{21})$ 与 $A_1 = (\Sigma_{11}^{-\frac{1}{2}}\Sigma_{12}\Sigma_{22}^{-1}\Sigma_{21})(\Sigma_{11}^{-\frac{1}{2}})$ 有相同的非零特征根,因此 A 的特征根非负。

同理,令 $B_1 = K^{\mathrm{T}}K$,则 B 和 B_1 具有相同的非零特征根,B 的特征根非负,得证。

(3) 记 A、B 的特征根为 λ^2,则 $\rho_{uv} = \pm\lambda$,因为 $-1 \leqslant \rho_{uv} = \lambda \leqslant 1$,因此 $0 \leqslant \lambda^2 \leqslant 1$,即 A 和 B 的全部特征根在 0 与 1 之间,得证。

定理 设 $\alpha_1, \alpha_2, \cdots, \alpha_r$ 和 $\beta_1, \beta_2, \cdots, \beta_r$ 分别为 A_1,B_1 对应于 $\lambda_1^2, \lambda_2^2, \cdots, \lambda_r^2$ 的单位正交向量,则 $a_1, a_2, \cdots, a_r$ 和 $b_1, b_2, \cdots, b_r$ 分别为 A,B 对应于 $\lambda_1^2, \lambda_2^2, \cdots, \lambda_r^2$ 的正交非零单向量,其中 $a_i = \Sigma_{11}^{-\frac{1}{2}}\alpha_i$ 和 $b_i = \Sigma_{22}^{-\frac{1}{2}}\beta_i$。当取 $u_i = a_i^{\mathrm{T}}X$ 和 $v_i = b_i^{\mathrm{T}}Y$ 时,满足约束条件 $a_i^{\mathrm{T}}\Sigma_{11}a_i = 1$,$b_i^{\mathrm{T}}\Sigma_{22}b_i = 1$ 且 $\rho_{u_i v_i} = a_i^{\mathrm{T}}\Sigma_{12}b_i$ 达到最大值 λ_i。

我们称 $u_i = a_i^{\mathrm{T}}X$,$v_i = b_i^{\mathrm{T}}Y$ 为第 i 对典型变量,其中 a_i,b_i 为第 i 对典型系数向量,λ_i

为第 i 个典型相关系数（$i = 1, 2, \cdots, r$）。

证明：由 $KK^{\mathrm{T}}\alpha_i = \lambda_i^2 \alpha_i$ 知 $(\Sigma_{11}^{-\frac{1}{2}}\Sigma_{12}\Sigma_{22}^{-\frac{1}{2}})(\Sigma_{11}^{-\frac{1}{2}}\Sigma_{12}\Sigma_{22}^{-\frac{1}{2}})^{\mathrm{T}}\alpha_i = \lambda_i^2 \alpha_i$，因此 $(\Sigma_{11}^{-\frac{1}{2}}\Sigma_{12}\Sigma_{22}^{-1}\Sigma_{21}\Sigma_{11}^{-\frac{1}{2}})\alpha_i = \lambda_i^2\Sigma_{11}^{-\frac{1}{2}}\alpha_i$，即 $(\Sigma_{11}^{-1}\Sigma_{12}\Sigma_{22}^{-1}\Sigma_{21})a_i = \lambda_i^2 a_i$，因此 a_i 为 A 的对应于 λ_i^2 的正交非零单位向量。同理可证 $(\Sigma_{11}^{-1}\Sigma_{12}\Sigma_{22}^{-1}\Sigma_{21})b_i = \lambda_i^2 b_i$，即 b_i 为 B 的对应于 λ_i^2 的非零单位正交向量。

令 $\alpha = \Sigma_{11}^{\frac{1}{2}}a$，$\beta = \Sigma_{22}^{\frac{1}{2}}b$，于是约束条件 $a^{\mathrm{T}}\Sigma_{11}a = 1$，$b^{\mathrm{T}}\Sigma_{22}b = 1$ 可以化简为 $\alpha^{\mathrm{T}}\alpha = 1$，$\beta^{\mathrm{T}}\beta = 1$，利用柯西不等式可得

$$
\begin{aligned}
(a^{\mathrm{T}}\Sigma_{12}b)^2 &= (\alpha^{\mathrm{T}}\Sigma_{11}^{-\frac{1}{2}}\Sigma_{12}\Sigma_{22}^{-\frac{1}{2}}\beta)^2 \\
&\leqslant (\alpha^{\mathrm{T}}\alpha)\big[(\Sigma_{11}^{-\frac{1}{2}}\Sigma_{12}\Sigma_{22}^{-\frac{1}{2}}\beta)^{\mathrm{T}}(\Sigma_{11}^{-\frac{1}{2}}\Sigma_{12}\Sigma_{22}^{-\frac{1}{2}}\beta)\big] \\
&= \beta^{\mathrm{T}}\Sigma_{22}^{-\frac{1}{2}}\Sigma_{21}\Sigma_{11}^{-1}\Sigma_{12}\Sigma_{22}^{-\frac{1}{2}}\beta
\end{aligned}
$$

设 $\Sigma_{22}^{-\frac{1}{2}}\Sigma_{21}\Sigma_{11}^{-1}\Sigma_{12}\Sigma_{22}^{-\frac{1}{2}}$ 相应于其余 $q - r$ 个零特征值的单位特征向量为 $\beta_{r+1}, \cdots, \beta_q$，故 $\sum\limits_{k=r+1}^{q}\lambda_k^2\beta_k\beta_k^{\mathrm{T}} = 0$，同时，设 $Q = (\beta_1, \beta_2, \cdots, \beta_q)$ 是正交矩阵，因此将上式进行谱分解有

$$
\begin{aligned}
(a^{\mathrm{T}}\Sigma_{12}b)^2 &\leqslant \beta^{\mathrm{T}}\Sigma_{22}^{-\frac{1}{2}}\Sigma_{21}\Sigma_{11}^{-1}\Sigma_{12}\Sigma_{22}^{-\frac{1}{2}}\beta = \beta^{\mathrm{T}}\Big(\sum_{k=1}^{r}(\lambda_k)^2\beta_k\beta_k^{\mathrm{T}} + \sum_{k=r+1}^{q}(\lambda_k)^2\beta_k\beta_k^{\mathrm{T}}\Big)\beta \\
&= \sum_{k=1}^{r}(\lambda_k)^2(\beta_k\beta^{\mathrm{T}})^2 \leqslant (\lambda_1)^2\sum_{k=1}^{r}(\beta_k\beta^{\mathrm{T}})^2 = (\lambda_1)^2\beta^{\mathrm{T}}\sum_{k=1}^{r}\beta_k\beta_k^{\mathrm{T}}\beta \\
&= (\lambda_1)^2\beta^{\mathrm{T}}QQ^{\mathrm{T}}\beta = (\lambda_1)^2\beta^{\mathrm{T}}\beta = (\lambda_1)^2
\end{aligned}
$$

当取 $a = a_1\Big(= \dfrac{1}{\lambda_1}\Sigma_{11}^{-1}\Sigma_{12}\Sigma_{22}^{-\frac{1}{2}}\beta_1\Big)$，$b = b_1(= \Sigma_{22}^{-\frac{1}{2}}\beta_1)$ 时，显然满足约束条件 $a^{\mathrm{T}}\Sigma_{11}a = 1$，$b^{\mathrm{T}}\Sigma_{22}b = 1$，且

$$
a_1^{\mathrm{T}}\Sigma_{12}b_1 = \frac{1}{\lambda_1}\beta_1^{\mathrm{T}}\Sigma_{22}^{-\frac{1}{2}}\Sigma_{12}\Sigma_{11}^{-1}\Sigma_{12}\Sigma_{22}^{-\frac{1}{2}}\beta_1 = \frac{1}{\lambda_1}\beta_1^{\mathrm{T}}(\lambda_1^2\beta_1) = \lambda_1
$$

其中 β_1 是 $B_1 = K^{\mathrm{T}}K = \Sigma_{22}^{-\frac{1}{2}}\Sigma_{21}\Sigma_{11}^{-1}\Sigma_{12}\Sigma_{22}^{-\frac{1}{2}}$ 对应于特征值 λ_1^2 的特征向量，因此有 $\Sigma_{22}^{-\frac{1}{2}}\Sigma_{21}\Sigma_{11}^{-1}\Sigma_{12}\Sigma_{22}^{-\frac{1}{2}}\beta_1 = \lambda_1^2\beta_1$，从而使 $\rho_{u_1 v_1} = a_1^{\mathrm{T}}\Sigma_{12}b_1$ 达到最大值 λ_1。类似可以证明 $\rho_{u_i v_i} = a_i^{\mathrm{T}}\Sigma_{12}b_i = \lambda_i(1 \leqslant i \leqslant r)$。

第一对典型变量 u_1、v_1 提取了原始变量 X 与 Y 之间相关的最主要部分，如果这一部分的解释能力还不够，则可以在剩余相关中再求出第二对典型变量 $u_2 = a_2^{\mathrm{T}}X$，$v_2 = b_2^{\mathrm{T}}Y$，且使得第二对典型变量不包括第一对典型变量所含的信息，即

$$
\rho(u_1, u_2) = a_1^{\mathrm{T}}\Sigma_{11}a_2 = 0; \ \rho(v_1, v_2) = b_1^{\mathrm{T}}\Sigma_{22}b_2 = 0
$$

在这些约束下使得 $\rho(u_2, v_2) = \rho(a_2^{\mathrm{T}}X, b_2^{\mathrm{T}}Y) = a_2^{\mathrm{T}}\Sigma_{12}b_2$ 达到最大。以此类推，可以得到第（$1 \leqslant i \leqslant r$）对典型变量 $u_i = a_i^{\mathrm{T}}X$，$v_i = b_i^{\mathrm{T}}Y$。

为方便起见,我们可以用以下方法求解。

(1) 由特征方程 $|\Sigma_{11}^{-1}\Sigma_{12}\Sigma_{22}^{-1}\Sigma_{21}-\lambda_i^2 I|=0$ 求典型相关系数的平方 λ_i^2。

(2) 再由式 $\Sigma_{11}^{-1}\Sigma_{12}\Sigma_{22}^{-1}\Sigma_{21}a_i=\lambda_i^2 a_i$ 和 $\Sigma_{22}^{-1}\Sigma_{21}\Sigma_{11}^{-1}\Sigma_{12}b_i=\lambda_i^2 b_i$ 计算系数向量 a_i 和 b_i,使得 a_i 和 b_i 满足 $a_i^T\Sigma_{11}a_i=1$ 和 $b_i^T\Sigma_{22}b_i=1$ $(i=1,2,\cdots,r)$。在实践中,一般不会求出所有的典型相关变量,而是会忽略典型相关系数小的那些典型变量,只取前几个较大的典型变量。

8.3.2　典型变量的性质

同一组的典型变量互不相关,不同组的成对变量相关而不成对变量不相关,典型变量与原变量也有相关性。

性质 8.2　设 $\alpha_1,\alpha_2,\cdots,\alpha_r$ 和 $\beta_1,\beta_2,\cdots,\beta_r$ 分别为 $A_1=K^TK$ 和 $B_1=K^TK$ 的对应于 $\lambda_1^2,\lambda_2^2,\cdots,\lambda_r^2$ 的单位正交向量,这里 $K=\Sigma_{11}^{-\frac{1}{2}}\Sigma_{12}\Sigma_{22}^{-\frac{1}{2}}$。那么 A 和 B 对应于特征根 $\lambda_1^2\geqslant\lambda_2^2\geqslant\cdots\geqslant\lambda_r^2>0$ 的特征向量为 $a_i=\Sigma_{11}^{-\frac{1}{2}}\alpha_i$ 和 $b_i=\Sigma_{22}^{-\frac{1}{2}}\beta_i$,典型变量 u_i 和 v_i 可表示为 $u_i=a_i^TX$ 和 $v_i=b_i^TY$。这里 a_i 和 b_i 满足 $a_i^T\Sigma_{11}a_j=b_i^T\Sigma_{22}b_j=\delta_{ij}$,$a_i^T\Sigma_{12}b_j=\lambda_i\delta_{ij}$。其中 $\delta_{ij}=\begin{cases}1,&i=j\\0,&i\neq j\end{cases}$,$\lambda_i$ 为 λ_i^2 的正平方根。

证明: 首先,$a_i^T\Sigma_{11}a_j=(\Sigma_{11}^{-\frac{1}{2}}\alpha_i)^T\Sigma_{11}(\Sigma_{11}^{-\frac{1}{2}}\alpha_j)=\alpha_i^T\alpha_j=\delta_{ij}$,同理,$b_i^T\Sigma_{22}b_j=\delta_{ij}$。其中 $\delta_{ij}=\begin{cases}1,&i=j\\0,&i\neq j\end{cases}$,表明在 $i\neq j$ 时,$\rho(u_i,u_j)=a_i^T\Sigma_{11}a_j=0$,即同一组变量内先后提取出的典型变量间不相关。同理可得当 $i\neq j$ 时有 $\rho(V_i,V_j)=b_i^T\Sigma_{22}b_j=0$。

因为 α_i 是 $A_1=KK^T$ 对应 λ_i^2 的特征向量,故 $KK^T\alpha_i=\lambda_i^2\alpha_i$,左乘 K^T 可得到 $K^TK(K^T\alpha_i)=\lambda_i^2(K^T\alpha_i)$,即 $K^T\alpha_i$ 是 $B_1=K^TK$ 对应 λ_i^2 的特征向量,则 $\beta_i=\dfrac{1}{\lambda_i}K^T\alpha_i$ 是单位特征向量,因为 $\beta_i^T\beta_i=(K^T\alpha_i\lambda_i^{-1})^T(K^T\alpha_i\lambda_i^{-1})=\alpha_i^TKK^T\alpha_i\lambda_i^{-2}=1$。由此可得:$a_i^T\Sigma_{12}b_j=(\Sigma_{11}^{-\frac{1}{2}}\alpha_i)^T\Sigma_{12}(\Sigma_{22}^{-\frac{1}{2}}\beta_j)=\alpha_i^T\Sigma_{11}^{-\frac{1}{2}}\Sigma_{12}\Sigma_{22}^{-\frac{1}{2}}\beta_j=\dfrac{1}{\lambda_j}\alpha_i^TKK^T\alpha_i=\dfrac{1}{\lambda_j}\alpha_i^T\lambda_i^2\alpha_j=\dfrac{1}{\lambda_j}\lambda_j^2\delta_{ij}=\lambda_j\delta_{ij}$,其中 $\delta_{ij}=\begin{cases}1,&i=j\\0,&i\neq j\end{cases}$。这表明在 $i=j$ 时,$\rho(u_i,v_j)=a_i^T\Sigma_{12}b_j=\lambda_j$,否则为零。这表明不同组提取出的成对变量间具有相关性而不成对的变量间不相关。

备注: 性质 8.2 中求解典型变量的过程具有某些优点,比如典型相关系数可以由对称矩阵 A_1 和 B_1 求得。

性质 8.3　设两组随机变量 $X=(X_1,X_2,\cdots,X_p)^T$ 和 $Y=(Y_1,Y_2,\cdots,Y_q)^T$ 的第 i 对典型变量为 $u_i=a_i^TX$ 和 $v_i=b_i^TY$,$(i=1,2,\cdots,r)$,有以下结论:

(1) 同一组的典型变量互不相关,且均有相同的方差 1。原因在于实对称矩阵的不同特征根的特征向量之间是正交的,因此同一组的典型变量之间不相关。即

$$D(u_i)=D(a_i^TX)=a_i^TD(X)a_i=a_i^T\Sigma_{11}a_i=1,\ i=1,2,\cdots,r$$

$$D(v_i) = D(b_i^{\mathrm{T}}Y) = b_i^{\mathrm{T}}D(Y)b_i = b_i^{\mathrm{T}}\Sigma_{22}b_i = 1, \ i = 1, 2, \cdots, r$$

$$\mathrm{Cov}(u_i, \ u_j) = \mathrm{Cov}(a_i^{\mathrm{T}}X, \ a_j^{\mathrm{T}}X) = a_i^{\mathrm{T}}\Sigma_{11}a_j = 0, \ 1 \leqslant i \neq j \leqslant r$$

$$\mathrm{Cov}(v_i, \ v_j) = \mathrm{Cov}(b_i^{\mathrm{T}}Y, \ b_j^{\mathrm{T}}Y) = b_i^{\mathrm{T}}\Sigma_{22}b_j = 0, \ 1 \leqslant i \neq j \leqslant r$$

（2）不同组的典型变量间的相关性。X 与 Y 的同一对典型变量 u_i 与 v_i 之间的相关系数为 λ_i，而不同对典型变量 u_i 与 $v_j(i \neq j)$ 不相关，即

$$\rho(u_i, \ v_i) = \mathrm{Cov}(a_i^{\mathrm{T}}X, \ b_i^{\mathrm{T}}Y) = a_i^{\mathrm{T}}\mathrm{Cov}(X, \ Y)b_i = a_i^{\mathrm{T}}\Sigma_{12}b_i = \lambda_i$$

$$\rho(u_i, \ v_j) = a_i^{\mathrm{T}}\mathrm{Cov}(X, \ Y)b_j = a_i^{\mathrm{T}}\Sigma_{12}b_j = 0, \ 1 \leqslant i \neq j \leqslant r$$

若记 $U = (u_1, \ u_2, \ \cdots, \ u_r)^{\mathrm{T}}$ 和 $V = (v_1, \ v_2, \ \cdots, \ v_r)^{\mathrm{T}}$，则可用矩阵表示性质 8.3，即 $D(U) = I_r$，$D(V) = I_r$，$\mathrm{Cov}(U, V) = \Lambda = \mathrm{diag}(\lambda_1, \lambda_2, \cdots, \lambda_r)$。由此可见，一个典型相关系数 λ_i 描述的只是一对典型变量 u_i 与 v_i 之间的相关关系，而不是原变量组 X 与 Y 之间的相关关系。$U = (u_1, \ u_2, \ \cdots, \ u_r)^{\mathrm{T}}$ 与 $V = (v_1, \ v_2, \ \cdots, \ v_r)^{\mathrm{T}}$ 之间的相关关系反映了 X 与 Y 之间的相关关系。

性质 8.4 原变量典型变量的相关性（典型结构分析）

记 $A = (a_1, \ a_2, \ \cdots, \ a_r) = (a_{ij})_{p \times r}$，$B = (b_1, \ b_2, \ \cdots, \ b_r) = (b_{ij})_{q \times r}$，$X$ 与 Y 的相关矩阵为 $\Sigma = \begin{pmatrix} \Sigma_{11} & \Sigma_{12} \\ \Sigma_{21} & \Sigma_{22} \end{pmatrix} = (\sigma_{ij})_{(p+q) \times (p+q)}$。则

$$U = (u_1, \ u_2, \ \cdots, \ u_r)^{\mathrm{T}} = (a_1^{\mathrm{T}}X, \ a_2^{\mathrm{T}}X, \ \cdots, \ a_r^{\mathrm{T}}X)^{\mathrm{T}} = A^{\mathrm{T}}X$$

$$V = (v_1, \ v_2, \ \cdots, \ v_r)^{\mathrm{T}} = (b_1^{\mathrm{T}}Y, \ b_2^{\mathrm{T}}Y, \ \cdots, \ b_r^{\mathrm{T}}Y)^{\mathrm{T}} = B^{\mathrm{T}}Y$$

因此

$$\mathrm{Cov}(U, \ X) = \mathrm{Cov}(A^{\mathrm{T}}X, \ X) = A^{\mathrm{T}}\Sigma_{11}$$

$$\mathrm{Cov}(V, \ X) = \mathrm{Cov}(B^{\mathrm{T}}Y, \ X) = B^{\mathrm{T}}\Sigma_{12}$$

$$\mathrm{Cov}(U, \ Y) = \mathrm{Cov}(A^{\mathrm{T}}X, \ Y) = A^{\mathrm{T}}\Sigma_{21}$$

$$\mathrm{Cov}(V, \ Y) = \mathrm{Cov}(B^{\mathrm{T}}Y, \ Y) = B^{\mathrm{T}}\Sigma_{22}$$

进一步，利用协方差矩阵可以计算典型变量与原始变量之间的相关系数矩阵。考虑到 $D(U) = I_r$，$D(V) = I_r$，引入记号

$$V_{11}^{-\frac{1}{2}} = \mathrm{diag}(\sigma_{11}^{-\frac{1}{2}}, \ \sigma_{22}^{-\frac{1}{2}}, \ \cdots, \ \sigma_{pp}^{-\frac{1}{2}})$$

$$V_{22}^{-\frac{1}{2}} = \mathrm{diag}(\sigma_{p+1, \ p+1}^{-\frac{1}{2}}, \ \sigma_{p+2, \ p+2}^{-\frac{1}{2}}, \ \cdots, \ \sigma_{p+q, \ p+q}^{-\frac{1}{2}})$$

则有

$$\rho_{(U, X)} = \mathrm{Cov}(U, \ V_{11}^{-\frac{1}{2}}X) = \mathrm{Cov}(A^{\mathrm{T}}X, \ V_{11}^{-\frac{1}{2}}X) = A^{\mathrm{T}}\Sigma_{11}V_{11}^{-\frac{1}{2}}$$

对 $(U, \ Y)$、$(V, \ X)$、$(V, \ Y)$，类似的计算得到

$$\rho_{(U, Y)} = A^{\mathrm{T}}\Sigma_{21}V_{22}^{-\frac{1}{2}}$$

$$\rho_{(V, X)} = B^{\mathrm{T}} \Sigma_{12} V_{11}^{-\frac{1}{2}} \tag{8.10}$$

$$\rho_{(V, Y)} = B^{\mathrm{T}} \Sigma_{22} V_{22}^{-\frac{1}{2}}$$

8.3.3 典型相关系数

如果 X 和 Y 的各分量的单位不全相同或者量纲差距过大,在实践应用中我们通常先对各分量作标准化变换后再作典型相关分析。本节主要介绍向量 X 和 Y 各分量作非退化变换和标准化变换后典型相关系数和典型变量的变化。

性质 8.5 设两组随机变量 $X = (X_1, X_2, \cdots, X_p)^{\mathrm{T}}$ 和 $Y = (Y_1, Y_2, \cdots, Y_q)^{\mathrm{T}}$,令 $X^* = C^{\mathrm{T}}X + d$ 及 $Y^* = D^{\mathrm{T}}Y + e$。其中 C 为 $p \times p$ 维非退化矩阵,D 为 $q \times q$ 维非退化矩阵,d 为 p 维常向量,e 为 q 维常向量,则:

(1) X^* 与 Y^* 的典型变量为 $u_i^* = (a_i^*)^{\mathrm{T}}X^*$,$v_i^* = (b_i^*)^{\mathrm{T}}Y^*$,其中 $a_i^* = C^{-1}a_i$,$b_i^* = D^{-1}b_i$,a_i 和 b_i 是 X 与 Y 的第 i 对典型变量的系数。

(2) 线性变换不改变典型相关性,即 $\rho(u_i^*, v_i^*) = \rho(u, v)$。

证明:

$$D(X^*) = D(C^{\mathrm{T}}X + d) = C^{\mathrm{T}}D(X)C = C^{\mathrm{T}}\Sigma_{11}C = R_{11}$$

$$D(Y^*) = D(D^{\mathrm{T}}Y + e) = D^{\mathrm{T}}D(Y)D = D^{\mathrm{T}}\Sigma_{22}D = R_{22}$$

$$\mathrm{Cov}(X^*, Y^*) = \mathrm{Cov}(C^{\mathrm{T}}X + d, D^{\mathrm{T}}Y + e) = C^{\mathrm{T}}\mathrm{Cov}(X, Y)D = C^{\mathrm{T}}\Sigma_{12}D = R_{12}$$

$$\mathrm{Cov}(Y^*, X^*) = \mathrm{Cov}(D^{\mathrm{T}}Y + e, C^{\mathrm{T}}X + d) = D^{\mathrm{T}}\mathrm{Cov}(Y, X)C = D^{\mathrm{T}}\Sigma_{21}C = R_{21}$$

所以

$$R_{11}^{-1}R_{12}R_{22}^{-1}R_{21} = (C^{\mathrm{T}}\Sigma_{11}C)^{-1}(C^{\mathrm{T}}\Sigma_{12}D)(D^{\mathrm{T}}\Sigma_{22}D)^{-1}(D^{\mathrm{T}}\Sigma_{21}C) = C^{-1}\Sigma_{11}^{-1}\Sigma_{12}\Sigma_{22}^{-1}\Sigma_{21}C$$

因为 $\Sigma_{11}^{-1}\Sigma_{12}\Sigma_{22}^{-1}\Sigma_{21}a_i = \lambda_i^2 a_i$,所以 $C^{-1}\Sigma_{11}^{-1}\Sigma_{12}\Sigma_{22}^{-1}\Sigma_{21}C(C^{-1}a_i) = \lambda_i^2(C^{-1}a_i)$,即

$$R_{11}^{-1}R_{12}R_{22}^{-1}R_{21}a_i^* = \lambda_i^2 a_i^* \tag{8.11}$$

其中 $a_i^* = C^{-1}a_i$,同理有

$$R_{22}^{-1}R_{21}R_{11}^{-1}R_{12}b_i^* = \lambda_i^2 b_i^* \tag{8.12}$$

其中 $b_i^* = D^{-1}b_i$。 由式(8.11)与(8.12)可知:标准化后第 i 对典型变量 $u_i^* = (a_i^*)^{\mathrm{T}}X^*$,$v_i^* = (b_i^*)^{\mathrm{T}}Y^*$,其中第 i 个典型相关系数仍为 λ_i,具有标准化后的不变性。

记:

$$E(X) = \mu_1, E(Y) = \mu_2, D_1 = \mathrm{diag}(\sqrt{\sigma_{11}}, \cdots, \sqrt{\sigma_{pp}})$$

$$D_2 = \mathrm{diag}(\sqrt{\sigma_{p+1, p+1}}, \cdots, \sqrt{\sigma_{p+q, p+q}}), R = R\binom{X}{Y} = \begin{pmatrix} R_{11} & R_{12} \\ R_{21} & R_{22} \end{pmatrix}$$

对向量 X 和 Y 的各分量作标准化变换:$X^* = D_1^{-1}(X - \mu_1)$,$Y^* = D_2^{-1}(Y - \mu_2)$。利用上述性质可得标准化的第 i 对典型变量 $u_i^* = (a_i^*)^{\mathrm{T}}X^*$,$v_i^* = (b_i^*)^{\mathrm{T}}Y^*$,这里 $a_i^* = D_1 a_i$,

$b_i^* = D_2 b_i$。 另外,标准化的第 i 对典型变量 u_i^*、v_i^* 具有以下性质:

(1) 典型变量 u_i^*、v_i^* 具有零均值。$E(u_i^*) = E((a_i^*)^T X^*) = (a_i^*)^T E(X^*) = 0$,$E(v_i^*) = E((b_i^*)^T Y^*) = (b_i^*)^T E(Y^*) = 0$。

(2) 典型变量 u_i^*、v_i^* 与标准化前的典型变量 u_i、v_i 只是相差一个常数。

$$u_i^* = (a_i^*)^T X^* = (D_1 a_i)^T D_1^{-1}(X - \mu_1) = a_i^T(X - \mu_1) = u_i - a_i^T \mu_1$$
$$v_i^* = (b_i^*)^T Y^* = (D_2 b_i)^T D_2^{-1}(Y - \mu_2) = b_i^T(Y - \mu_2) = v_i - b_i^T \mu_2$$

例 8.1 (由相关矩阵出发计算典型相关)已知标准化随机向量 $X = (X_1, X_2)^T$,$Y = (Y_1, Y_2)^T$ 有如下相关矩阵 $R = \begin{pmatrix} R_{11} & R_{12} \\ R_{21} & R_{22} \end{pmatrix}$,其中 $R_{11} = \begin{pmatrix} 1 & \alpha \\ \alpha & 1 \end{pmatrix}$,$R_{22} = \begin{pmatrix} 1 & v \\ v & 1 \end{pmatrix}$,$R_{12} = R_{21} = \begin{pmatrix} \beta & \beta \\ \beta & \beta \end{pmatrix}$,这里 $|\alpha| < 1$ 且 $|v| < 1$。求 X 和 Y 经过标准化以后的典型相关变量和典型相关系数。

解:
$$
\begin{aligned}
R_{11}^{-1} R_{12} R_{22}^{-1} R_{21} &= \frac{1}{1-\alpha^2} \begin{pmatrix} 1 & -\alpha \\ -\alpha & 1 \end{pmatrix} \begin{pmatrix} \beta & \beta \\ \beta & \beta \end{pmatrix} \frac{1}{1-v^2} \begin{pmatrix} 1 & -v \\ -v & 1 \end{pmatrix} \begin{pmatrix} \beta & \beta \\ \beta & \beta \end{pmatrix} \\
&= \frac{\beta^2}{(1-\alpha^2)(1-v^2)} \begin{pmatrix} 1-\alpha \\ 1-\alpha \end{pmatrix} (1-v, 1-v) \begin{pmatrix} 1 & 1 \\ 1 & 1 \end{pmatrix} \\
&= \frac{\beta^2}{(1+\alpha)(1+v)} \begin{pmatrix} 1 & 1 \\ 1 & 1 \end{pmatrix} \begin{pmatrix} 1 & 1 \\ 1 & 1 \end{pmatrix} \\
&= \frac{2\beta^2}{(1+\alpha)(1+v)} \begin{pmatrix} 1 & 1 \\ 1 & 1 \end{pmatrix}
\end{aligned}
$$

由特征值和特征向量的定义:存在数 λ 和非零向量 a 使得

$$R_{11}^{-1} R_{12} R_{22}^{-1} R_{21} a = \frac{2\beta^2}{(1+\alpha)(1+v)} \begin{pmatrix} 1 & 1 \\ 1 & 1 \end{pmatrix} a = \lambda a$$

由于 $R_{11}^{-1} R_{12} R_{22}^{-1} R_{21}$ 和 $\begin{pmatrix} 1 & 1 \\ 1 & 1 \end{pmatrix}$ 对应的特征根只相差一个常数 $\frac{2\beta^2}{(1+\alpha)(1+v)}$ 倍,相应的特征向量相同(同方向),而 $\begin{pmatrix} 1 & 1 \\ 1 & 1 \end{pmatrix}$ 有唯一的非零特征值 2,因此 $R_{11}^{-1} R_{12} R_{22}^{-1} R_{21}$ 有唯一的非零特征值 $\lambda_1^2 = \frac{4\beta^2}{(1+\alpha)(1+v)}$。

在约束条件 $a^T R_{11} a = 1$ 下,$R_{11}^{-1} R_{12} R_{22}^{-1} R_{21}$ 对应于特征值 λ_1^2 的特征向量为 $a = \frac{1}{\sqrt{2(1+a)}} \begin{pmatrix} 1 \\ 1 \end{pmatrix}$。同理在约束条件 $b^T R_{22} b = 1$ 下 $R_{22}^{-1} R_{21} R_{11}^{-1} R_{12}$ 对应于特征值 λ_1^2 的特征向量为 $b = \frac{1}{\sqrt{2(1+v)}} \begin{pmatrix} 1 \\ 1 \end{pmatrix}$。因此第一对典型相关变量为

$$u_1 = a^T X = \frac{1}{\sqrt{2(1+a)}}(X_1 + X_2)$$

$$v_1 = b^{\mathrm{T}}Y = \frac{1}{\sqrt{2(1+\nu)}}(Y_1 + Y_2)$$

第一个典型相关系数为

$$\rho_1 = \lambda_1 = \frac{2 \mid \beta \mid}{\sqrt{(1+\alpha)(1+\nu)}}$$

由 $\mid \alpha \mid < 1, \mid \nu \mid < 1$ 知 $\rho_1 > \mid \beta \mid$，即典型相关系数大于原变量之间的相关系数。事实上可以发现，当 $p=1$ 或 $q=1$ 时，典型相关即为复相关；当 $p=q=1$ 时，复相关即为简单相关。在本例中对两组随机变量而言：典型相关系数≥复相关系数≥简单相关系数。

8.3.4　典型变量得分和预测

设 (X, Y) 是 n 个样品对应的数据矩阵。它的第 r 行 $(x_r^{\mathrm{T}}, y_r^{\mathrm{T}})$ 是第 r 个样品。又设 a_i 和 b_i 是 (X, Y) 的第 i 对典型变量的系数向量，则我们称

$$u_{ri} = a_i^{\mathrm{T}}x_r, \quad v_{ri} = b_i^{\mathrm{T}}y_r \tag{8.13}$$

为第 r 个样品在第 i 对典型变量上的得分。

现在我们把两个得分向量 $U_i = (u_{1i}, u_{2i}, \cdots, u_{ni})^{\mathrm{T}}$ 和 $V_i = (v_{1i}, v_{2i}, \cdots, v_{ni})^{\mathrm{T}}$ 看作两个变量的观测值，不妨设 U_i 是自变量，V_i 是因变量，然后来考虑 V_i 关于 U_i 的回归。利用最小二乘法，我们可以得到回归方程

$$\hat{V}_i = \rho_i(U_i - a_i^{\mathrm{T}}\bar{x}) + b_i^{\mathrm{T}}\bar{y} \tag{8.14}$$

其中，ρ_i 为 (X, Y) 的第 i 个典型相关系数，$\bar{x}$，$\bar{y}$ 分别为 X，Y 的样本均值向量。有了回归方程 (8.14)，我们就可以对典型得分进行预测。如果给定一个样本 x 在第 i 个典型变量上的得分 $U_i = a_i^{\mathrm{T}}x$，则可利用方程 (8.14) 对 y 在第 i 个典型变量上的得分 $V_i = b_i^{\mathrm{T}}u$ 进行预测。当然，首先应该考虑的是第一个典型变量得分的预测，然后是其他典型变量得分的预测。

例 8.2　已知 88 个学生力学 (x_1)、几何 (x_2)、代数 (y_1)、分析 (y_2) 和统计 (y_3) 5 门功课开、闭卷考试成绩的均值和协方差矩阵如下，其中力学 (x_1)、几何 (x_2) 为开卷考试成绩，代数 (y_1)、分析 (y_2)、统计 (y_3) 为闭卷考试成绩。已知

$$\mu = \begin{pmatrix} \mu^{(1)} \\ \mu^{(2)} \\ \mu^{(3)} \\ \mu^{(4)} \\ \mu^{(5)} \end{pmatrix} = \begin{pmatrix} 38.954\,5 \\ 50.590\,9 \\ 50.602\,3 \\ 46.681\,2 \\ 42.306\,8 \end{pmatrix}$$

$$S = \begin{pmatrix} S_{11} & S_{12} \\ S_{21} & S_{22} \end{pmatrix} = \begin{pmatrix} 302.3 & 125.8 & 100.4 & 105.1 & 106.1 \\ 125.8 & 170.9 & 84.2 & 93.6 & 97.9 \\ 100.4 & 84.2 & 111.6 & 110.8 & 120.5 \\ 105.1 & 93.6 & 110.8 & 217.9 & 153.8 \\ 106.1 & 97.9 & 120.5 & 153.8 & 294.9 \end{pmatrix}$$

由数据知典型相关系数为 $\rho_1 = 0.6630$, $\rho_2 = 0.0412$, 且第一对典型变量为

$$u_1 = 0.0260x_2 + 0.0581x_2, \quad v_1 = 0.824y_1 + 0.0081y_2 + 0.0035y_3$$

又已知考试成绩的平均值向量为 $(38.9545, 50.5909, 50.6023, 46.6812, 42.3068)^{\mathrm{T}}$, 根据回归方程(8.14), 可以求得利用闭卷成绩预测开卷成绩(得分)的回归方程为

$$\hat{V}_1 = 0.0172x_1 + 0.0343x_2 + 2.2905$$

由于在典型变量 φ_1 中 y_1 的权重大大高于 y_2 和 y_3 的权重, 因此这个预测方程本质上是预测 y_1 的值。

8.4 样市典型相关

设总体 $Z = (X, Y)^{\mathrm{T}}$, $X = (X_1, X_2, \cdots, X_p)^{\mathrm{T}}$, $Y = (Y_1, Y_2, \cdots, Y_q)^{\mathrm{T}}$。在实际研究中, 总体的均值、协方差矩阵 $\Sigma = \begin{pmatrix} \Sigma_{11} & \Sigma_{12} \\ \Sigma_{21} & \Sigma_{22} \end{pmatrix}$ 或总体相关系数矩阵 $R = \begin{pmatrix} R_{11} & R_{12} \\ R_{21} & R_{22} \end{pmatrix}$ 一般总是未知的, 这样我们就无法求得总体的典型相关变量和典型相关系数, 不过可以通过观测到的样本数据矩阵对总体协方差矩阵进行估计, 进而可以求得相应的样本典型相关变量和典型相关系数。

设样本观测数据为 $X_{(1)}, X_{(2)}, \cdots, X_{(n)}, Y_{(1)}, Y_{(2)}, \cdots, Y_{(n)}$, 相应的样本数据矩阵可表示为

$$\begin{pmatrix} X_{(1)}^{\mathrm{T}} & Y_{(1)}^{\mathrm{T}} \\ X_{(2)}^{\mathrm{T}} & Y_{(2)}^{\mathrm{T}} \\ \vdots & \vdots \\ X_{(n)}^{\mathrm{T}} & Y_{(n)}^{\mathrm{T}} \end{pmatrix} = \begin{pmatrix} X_{11} & X_{12} & \cdots & X_{1p} & Y_{11} & Y_{12} & \cdots & Y_{1q} \\ X_{21} & X_{22} & \cdots & X_{2p} & Y_{21} & Y_{22} & \cdots & Y_{2q} \\ \vdots & \vdots & \cdots & \vdots & \vdots & \vdots & \cdots & \vdots \\ X_{n1} & X_{n2} & \cdots & X_{np} & Y_{n1} & Y_{n2} & \cdots & Y_{nq} \end{pmatrix}_{n \times (p+q)}$$

则样本协方差矩阵为

$$S = \begin{pmatrix} S_{11} & S_{12} \\ S_{21} & S_{22} \end{pmatrix} \tag{8.15}$$

其中

$$S_{11} = \frac{1}{n-1} \sum_{\alpha=1}^{n} (X_{(\alpha)} - \bar{X})(X_{(\alpha)} - \bar{X})^{\mathrm{T}}$$

$$S_{12} = \frac{1}{n-1} \sum_{\alpha=1}^{n} (X_{(\alpha)} - \bar{X})(Y_{(\alpha)} - \bar{Y})^{\mathrm{T}}$$

$$S_{21} = \frac{1}{n-1} \sum_{\alpha=1}^{n} (Y_{(\alpha)} - \bar{Y})(X_{(\alpha)} - \bar{X})^{\mathrm{T}}, \quad S_{22} = \frac{1}{n-1} \sum_{\alpha=1}^{n} (Y_{(\alpha)} - \bar{Y})(Y_{(\alpha)} - \bar{Y})^{\mathrm{T}}$$

$$\bar{X} = \frac{1}{n} \sum_{\alpha=1}^{n} X_{(\alpha)} , \quad \bar{Y} = \frac{1}{n} \sum_{\alpha=1}^{n} Y_{(\alpha)}$$

8.4.1 从样本协方差矩阵出发

S 可用来作为 Σ 的估计。当 $n > p+q$ 时，S 正定，则 S_{11}^{-1} 和 S_{22}^{-1} 存在。$S_{11}^{-1} S_{12} S_{22}^{-1} S_{21}$ 与 $S_{22}^{-1} S_{21} S_{11}^{-1} S_{12}$ 可以分别作为 $\Sigma_{11}^{-1} \Sigma_{12} \Sigma_{22}^{-1} \Sigma_{21}$ 和 $\Sigma_{22}^{-1} \Sigma_{21} \Sigma_{11}^{-1} \Sigma_{12}$ 估计量，用 $\hat{\lambda}_1^2 \geqslant \hat{\lambda}_2^2 \geqslant \cdots \geqslant \hat{\lambda}_r^2$ 来估计 $\lambda_1^2 \geqslant \lambda_2^2 \geqslant \cdots \geqslant \lambda_r^2$，相应地用 $\hat{a}_1, \hat{a}_2, \cdots, \hat{a}_r$ 来估计 $a_1, a_2, \cdots, a_r$，用 $\hat{b}_1, \hat{b}_2, \cdots, \hat{b}_r$ 来估计 $b_1, b_2, \cdots, b_r$。

按上节的方法求出 $\hat{\lambda}_i (i=1, 2, \cdots, r)$，我们将其称为样本典型相关系数；$\hat{u}_i = \hat{a}_i X$，$\hat{v}_i = \hat{b}_i Y (i=1, 2, \cdots, r)$，我们将其称为样本典型变量。

令 $\hat{K} = S_{11}^{-\frac{1}{2}} S_{12} S_{22}^{-\frac{1}{2}}$，$\hat{A}_1 = \hat{K}\hat{K}^\mathsf{T}$，$\hat{B}_1 = \hat{K}^\mathsf{T}\hat{K}$。$\hat{A}_1$ 与 $\hat{B}_1$ 的特征值 $\hat{\lambda}_1^2 \geqslant \hat{\lambda}_2^2 \geqslant \cdots \geqslant \hat{\lambda}_r^2 > 0$，对应的单位正交特征向量分别为 $\hat{\alpha}_1, \hat{\alpha}_2, \cdots, \hat{\alpha}_r$ 和 $\hat{\beta}_1, \hat{\beta}_2, \cdots, \hat{\beta}_r$，令

$$\begin{cases} \hat{a}_i = S_{11}^{-1}\hat{\alpha}_i \\ \hat{b}_i = S_{22}^{-1}\hat{\beta}_i \end{cases} \tag{8.16}$$

则 $\begin{cases} \hat{u}_i = \hat{a}_i^\mathsf{T} X \\ \hat{v}_i = \hat{b}_i^\mathsf{T} Y \end{cases}$ 为 X 和 Y 的第 i 对样本典型相关变量；$\hat{\lambda}_i$ 为 X 和 Y 的第 i 对样本典型相关系数。

8.4.2 从样本相关矩阵出发

设样本相关矩阵 $\hat{R}$ 相应剖分为：$\hat{R} = \begin{pmatrix} \hat{R}_{11} & \hat{R}_{12} \\ \hat{R}_{21} & \hat{R}_{22} \end{pmatrix}$，记 $S_1 = \text{diag}(\sqrt{S_{11}}, \sqrt{S_{22}}, \cdots, \sqrt{S_{pp}})$，$S_2 = \text{diag}(\sqrt{S_{p+1, p+1}}, \sqrt{S_{p+2, p+2}}, \cdots, \sqrt{S_{p+q, p+q}})$，则 $\hat{\Sigma}_{11} = S_1 R_{11} S_1$，$\hat{\Sigma}_{22} = S_2 R_{22} S_2$，$\hat{\Sigma}_{12} = S_1 R_{12} S_2$，$\hat{\Sigma}_{21} = S_2 R_{21} S_1$。

代入 $\begin{cases} \hat{\Sigma}_{11}^{-1} \hat{\Sigma}_{12} \hat{\Sigma}_{22}^{-1} \hat{\Sigma}_{21} \hat{a}_i = \hat{\lambda}_i^2 \hat{a}_i \\ \hat{\Sigma}_{22}^{-1} \hat{\Sigma}_{21} \hat{\Sigma}_{11}^{-1} \hat{\Sigma}_{12} \hat{b}_i = \hat{\lambda}_i^2 \hat{b}_i \end{cases}$，这里 $\hat{a}_i$ 和 $\hat{b}_i$ 如式(8.16)，可得

$$\begin{cases} \hat{R}_{11}^{-1} \hat{R}_{12} \hat{R}_{22}^{-1} \hat{R}_{21} (S_1 \hat{a}_i) = \hat{\lambda}_i^2 (S_1 \hat{a}_i) \\ \hat{R}_{22}^{-1} \hat{R}_{21} \hat{R}_{11}^{-1} \hat{R}_{12} (S_2 \hat{b}_i) = \hat{\lambda}_i^2 (S_2 \hat{b}_i) \end{cases} \tag{8.17}$$

根据式(8.17)，$S_1\hat{a}_i$ 和 $S_2\hat{b}_i$ 分别为矩阵 $\hat{R}_{11}^{-1} \hat{R}_{12} \hat{R}_{22}^{-1} \hat{R}_{21}$ 和 $\hat{R}_{22}^{-1} \hat{R}_{21} \hat{R}_{11}^{-1} \hat{R}_{12}$ 相应于 $\hat{\lambda}_i^2$ 的特征向量，同时可得第 i 对样本典型变量为 $\begin{cases} \bar{u} = (S_1 \hat{a}_i)^\mathsf{T} X \\ \bar{v} = (S_2 \hat{b}_i)^\mathsf{T} Y \end{cases}$。样本典型相关系数未发生变化，仍为 $\hat{\lambda}_i$。

例 8.3 根据鸡的骨骼和颅骨数据，令鸡骨测量值中头骨 $X : \begin{cases} x_1 = 颅骨宽度 \\ x_2 = 颅骨长度 \end{cases}$，腿骨 $Y :$

$$\begin{cases} y_1 = 股骨长度 \\ y_2 = 胫骨长度 \end{cases},\ 样本相关矩阵\ R_{11} = \begin{pmatrix} 1.0 & 0.505 \\ 0.505 & 1.0 \end{pmatrix},\ R_{22} = \begin{pmatrix} 1.0 & 0.926 \\ 0.926 & 1.0 \end{pmatrix},\ R_{12} = R_{12}^{\mathrm{T}} =$$

$$\begin{pmatrix} 0.569 & 0.422 \\ 0.602 & 0.467 \end{pmatrix},\ 根据样本相关矩阵进行典型相关分析,得到第一对典型变量为$$

$$\hat{u}_1 = 0.781x_1 + 0.345x_2$$
$$\hat{v}_1 = 0.781y_1 + 0.345y_2$$

第一典型相关系数为 0.631。第二对典型变量为

$$\hat{u}_2 = -0.856x_1 + 1.106x_2$$
$$\hat{v}_2 = -2.648y_1 + 2.475y_2$$

第二典型相关系数为 0.057。

例 8.4 为研究运动员体力与运动能力的关系,对某高一年级男生 38 人进行体力测试:反复横向跳的次数 X_1、纵跳 X_2、背力 X_3、握力 X_4、台阶试验 X_5、立定体前屈 X_6、俯卧上体后仰 X_7 和运动能力测试:50 米跑 Y_1、跳远 Y_2、投球 Y_3、引体向上 Y_4、耐力跑 Y_5。相关测试数据如表 8.1 所示。

表 8.1 体力和运动能力测试数据

学生序号	反复横向跳	纵跳	背力	握力	台阶试验	立定体前屈	俯卧上体后仰	50 米跑	跳远	投球	引体向上	耐力跑
1	46	55	126	51	75.0	25	72	6.8	489	27	8	360
2	52	55	95	42	81.2	18	50	7.2	464	30	5	348
3	46	69	107	38	98.0	18	74	6.8	430	32	9	386
4	49	50	105	48	97.6	16	60	6.8	362	26	6	331
5	42	55	90	46	66.5	2	68	7.2	453	23	11	391
6	48	61	106	43	78.0	25	58	7.0	405	29	7	389
7	49	60	100	49	90.6	15	60	7.0	420	21	10	379
8	48	63	122	52	56.0	17	68	7.0	466	28	2	362
9	45	55	105	48	76.0	15	61	6.8	415	24	6	386
10	48	64	120	38	60.2	20	62	7.0	413	28	7	398
11	49	52	100	42	53.4	6	42	7.4	404	23	6	400
12	47	62	100	34	61.2	10	62	7.2	427	25	7	407
13	41	51	101	53	62.4	5	60	8.0	372	25	3	409
14	52	55	125	43	86.3	5	62	6.8	496	30	10	350
15	45	52	94	50	51.4	20	65	7.6	394	24	3	399
16	49	57	110	47	72.3	19	45	7.0	446	30	11	337

（续表）

学生序号	反复横向跳	纵跳	背力	握力	台阶试验	立定体前屈	俯卧上体后仰	50米跑	跳远	投球	引体向上	耐力跑
17	53	65	112	47	90.4	15	75	6.6	420	30	12	357
18	47	57	95	47	72.3	9	64	6.6	447	25	4	447
19	48	60	120	47	86.4	12	62	6.8	398	28	11	381
20	49	55	113	41	84.1	15	60	7.0	398	27	4	387
21	48	69	128	42	47.9	20	63	7.0	485	30	7	350
22	42	57	122	46	54.2	15	63	7.2	400	28	6	388
23	54	64	155	51	71.4	19	61	6.9	511	33	12	298
24	53	63	120	42	56.6	8	53	7.5	430	29	4	353
25	42	71	138	44	65.2	17	55	7.0	487	29	9	370
26	46	66	120	45	62.2	22	68	7.4	470	28	7	360
27	45	56	91	29	66.2	18	51	7.9	380	26	5	358
28	50	60	120	42	56.6	8	57	6.8	460	32	5	348
29	42	51	126	50	50.0	13	57	7.7	398	27	2	383
30	48	50	115	41	52.9	6	39	7.4	415	28	6	314
31	42	52	140	48	56.3	15	60	6.9	470	27	11	348
32	48	67	105	39	69.2	23	60	7.6	450	28	10	326
33	49	74	151	49	54.2	20	58	7.0	500	30	12	330
34	47	55	113	40	71.4	19	64	7.6	410	29	7	331
35	49	74	120	53	54.5	22	59	6.9	500	33	21	348
36	44	52	110	37	54.9	14	57	7.5	400	29	2	421
37	52	66	130	47	45.9	14	45	6.8	505	28	11	355
38	48	68	100	45	53.6	23	70	7.2	522	28	9	352

解：经计算，样本相关矩阵为

$$
\hat{R}_{11}=\begin{pmatrix}
1 & & & & & & \\
0.2692 & 1 & & & & & \\
0.1836 & 0.0598 & 1 & & & & \\
-0.0321 & 0.0406 & 0.1768 & 1 & & & \\
0.2390 & -0.0653 & -0.3106 & -0.0361 & 1 & & \\
0.0614 & 0.3463 & -0.0588 & 0.0524 & 0.0507 & 1 & \\
-0.1524 & 0.2426 & -0.2976 & 0.1773 & 0.3557 & 0.2737 & 1
\end{pmatrix}
$$

$$\hat{R}_{22}=\begin{pmatrix} 1 \\ -0.442\,9 & 1 \\ -0.264\,7 & 0.498\,9 & 1 \\ -0.462\,9 & 0.606\,7 & 0.356\,2 & 1 \\ 0.077\,7 & -0.474\,4 & -0.528\,5 & -0.436\,9 & 1 \end{pmatrix}$$

$$\hat{R}_{12}=\hat{R}_{21}^{\mathrm{T}}=\begin{pmatrix} -0.386\,6 & 0.353\,7 & 0.409\,2 & 0.268\,2 & -0.467\,7 \\ -0.390\,0 & 0.558\,4 & 0.397\,7 & 0.451\,1 & -0.048\,8 \\ -0.130\,6 & 0.308\,2 & 0.189\,9 & 0.188\,4 & -0.223\,5 \\ -0.283\,4 & 0.271\,1 & -0.041\,4 & 0.247\,0 & -0.100\,7 \\ -0.432\,7 & 0.182\,2 & -0.011\,7 & 0.144\,4 & -0.015\,5 \\ -0.080\,0 & 0.259\,6 & 0.331\,0 & 0.235\,9 & -0.293\,9 \\ -0.264\,3 & 0.114\,0 & 0.028\,4 & 0.051\,6 & 0.209\,6 \end{pmatrix}$$

典型相关系数为

$$\hat{\lambda}_1=0.763,\ \hat{\lambda}_2=0.706,\ \hat{\lambda}_3=0.607,\ \hat{\lambda}_4=0.332,\ \hat{\lambda}_5=0.295$$

第一对典型变量为

$$u_1=0.314X_1+0.628X_2+0.295X_3+0.309X_4+0.335X_5+0.033X_6+0.077X_7$$
$$v_1=-0.578Y_1+0.299Y_2+0.199Y_3+0.228Y_4+0.033Y_5$$

第二对典型变量为

$$u_1=0.171X_1-0.463X_2+0.005X_3+0.155X_4+0.841X_5+0.146X_6-0.390X_7$$
$$v_1=-0.753Y_1-1.087Y_2-0.267Y_3+0.038Y_4-0.882Y_5$$

例 8.5 某调查公司从一个大型零售公司随机调查了 784 人,测量了 5 个职业特性指标和 7 个职业满意变量,讨论两组指标之间的相关关系。

解: X 组:

$X_1=$用户反馈;$X_2=$任务重要性;$X_3=$任务多样性;$X_4=$任务特殊性;$X_5=$自主权

Y 组:

$Y_1=$ 主管满意度;$Y_2=$ 事业前景满意度;$Y_3=$ 财政满意度;$Y_4=$ 工作强度满意度;$Y_5=$公司地位满意度;$Y_6=$工作满意度;$Y_7=$总体满意度

$$\hat{R}_{11}=\begin{pmatrix} 1.00 \\ 0.49 & 1.00 \\ 0.53 & 0.57 & 1.00 \\ 0.49 & 0.46 & 0.48 & 1.00 \\ 0.51 & 0.53 & 0.57 & 0.57 & 1.00 \end{pmatrix}$$

$$\hat{R}_{22} = \begin{pmatrix} 1.00 \\ 0.43 & 1.00 \\ 0.27 & 0.33 & 1.00 \\ 0.24 & 0.26 & 0.25 & 1.00 \\ 0.34 & 0.54 & 0.46 & 0.28 & 1.00 \\ 0.37 & 0.32 & 0.29 & 0.30 & 0.35 & 1.00 \\ 0.40 & 0.58 & 0.45 & 0.27 & 0.59 & 0.31 & 1.00 \end{pmatrix}$$

$$\hat{R}_{12} = \hat{R}_{12}^{\mathrm{T}} = \begin{pmatrix} 0.33 & 0.30 & 0.31 & 0.24 & 0.38 \\ 0.32 & 0.21 & 0.23 & 0.22 & 0.32 \\ 0.20 & 0.16 & 0.14 & 0.12 & 0.17 \\ 0.19 & 0.08 & 0.07 & 0.19 & 0.23 \\ 0.30 & 0.27 & 0.24 & 0.21 & 0.32 \\ 0.37 & 0.35 & 0.37 & 0.29 & 0.36 \\ 0.21 & 0.20 & 0.18 & 0.16 & 0.27 \end{pmatrix}$$

第一对典型变量为

$$u_1 = 0.422X_1 + 0.195X_2 + 0.168X_3 - 0.023X_4 + 0.460X_5$$
$$v_1 = -0.425Y_1 + 0.209Y_2 - 0.036Y_3 + 0.024Y_4 + 0.290Y_5 + 0.516Y_6 - 0.110Y_7$$

第二对典型变量为

$$u_2 = 0.343X_1 - 0.668X_2 - 0.853X_3 + 0.356X_4 + 0.729X_5$$
$$v_2 = -0.088Y_1 + 0.436Y_2 - 0.093Y_3 + 0.926Y_4 - 0.101Y_5 - 0.554Y_6 - 0.032Y_7$$

以第一对典型变量为例进行分析：u_1 主要代表了用户反馈和自主权这两个变量；而 v_1 主要代表了主管满意度和工作满意度，其次代表了事业前景满意度和公司地位满意度变量。我们也可从相关系数的角度来解释典型变量，原始变量与第一对典型变量间的样本相关系数列于表 8.2 中。

表 8.2 样本相关系数

原始变量	样本典型变量		原始变量	样本典型变量	
x	u_1	v_1	y	u_1	v_1
x_1：用户反馈	0.83	0.46	y_1：主管满意度	0.42	0.76
x_2：任务重要性	0.73	0.40	y_2：事业前景满意度	0.36	0.64
x_3：任务多样性	0.75	0.42	y_3：财政满意度	0.21	0.39
x_4：任务特性	0.62	0.34	y_4：工作强度满意度	0.21	0.38
x_5：自主权	0.86	0.48	y_5：公司地位满意度	0.36	0.65
			y_6：工作满意度	0.45	0.80
			y_7：总体满意度	0.28	0.50

所有五个职业特性变量与第一典型变量 u_1 有大致相同的相关系数,故 u_1 可以解释为职业特性变量,这与基于典型系数的解释不同。v_1 主要代表了主管满意度、事业前景满意度、公司地位满意度和工作满意度,v_1 可以解释为职业满意度—公司地位变量,这与基于典型系数的解释基本相一致。第一对典型变量 u_1 与 v_1 的样本相关系数 $r_1=0.55$,可见,职业特性与职业满意度之间有一定程度的相关性。

8.5　典型相关关系的显著性检验

典型相关分析研究的是两组随机变量之间的相关关系。因此,在作典型相关分析以前首先应检验两组变量的相关性。如果不相关,即 $\mathrm{Cov}(X,Y)=0$,那么讨论两组变量的典型相关就没有意义。因此在讨论两组变量间的相关关系之前,应先对二者的相关关系作显著性检验。

8.5.1　全部总体典型相关系数均为零的检验

首先对两组随机变量 X 与 Y 的相关关系作显著性检验,即检验两组变量间所有变量 $X_1,X_2,\cdots,X_p$ 与 $Y_1,Y_2,\cdots,Y_q$ 的相关系数是否均为零,来决定是否需要作典型相关分析。

设两组变量 $X=(X_1,X_2,\cdots,X_p)^{\mathrm{T}}$,$Y=(Y_1,Y_2,\cdots,Y_q)^{\mathrm{T}}$,且 $(X,Y)^{\mathrm{T}}\sim N_{p+q}(\mu,\Sigma)$。

$$H_0:\mathrm{Cov}(X,Y)=\Sigma_{12}=0,\ H_1:\Sigma_{12}\neq 0 \tag{8.18}$$

H_0 为真表明 X 与 Y 互不相关,因此构造似然比检验统计量

$$\Lambda_0=(1-\hat{\lambda}_1^2)(1-\hat{\lambda}_2^2)\cdots(1-\hat{\lambda}_r^2)=\prod_{i=1}^{r}(1-\hat{\lambda}_i^2) \tag{8.19}$$

其中 $\hat{\lambda}_i^2$ 是 $\hat{R}_{11}^{-1}\hat{R}_{12}\hat{R}_{22}^{-1}\hat{R}_{21}$ 的特征根。按大小次序排列为 $\hat{\lambda}_1^2\geqslant\hat{\lambda}_2^2\geqslant\cdots\geqslant\hat{\lambda}_r^2$。对于充分大的 n,当 H_0 成立时,似然比统计量

$$Q_0=-\left[n-1-\frac{1}{2}(p+q+1)\right]\ln\Lambda_0 \tag{8.20}$$

服从自由度为 pq 的 χ^2 分布,即 $Q_0\sim\chi^2(pq)$。在给定显著性水平 α 下,若 $Q_0\geqslant\chi_\alpha^2(pq)$,则拒绝原假设 H_0,认为两组变量 X、Y 存在相关关系;否则,则认为第一典型相关系数不显著。而式(8.20)实际上是检验第一个典型相关系数显著性的检验统计量,若原假设成立则第一典型相关系数等于 0,由于第一典型相关系数是最大的典型相关系数,可知其他所有典型相关系数均为 0,因此式(8.21)等同于式(8.18);若拒绝 H_0,则至少可以认为第一个典型相关系数 λ_1 是显著的,再检验其余的 $p-1$ 个典型相关系数的显著性。

$$H_0:\hat{\lambda}_1=\hat{\lambda}_2=\cdots=\hat{\lambda}_r=0,\ H_1:\hat{\lambda}_1,\hat{\lambda}_2,\cdots,\hat{\lambda}_r\ \text{不全等于零} \tag{8.21}$$

备注:关于检验 H_0 统计量的推导。

使用似然比方法:在 $(X, Y)^\mathrm{T} \sim N_{p+q}(\mu, \Sigma)$ 以及 H_0 成立的条件下,用似然比方法可导出检验 H_0 的似然比统计量

$$\Lambda_0 = \frac{|S|}{|S_{11}||S_{22}|}$$

其中, S、S_{11}、S_{22} 分别是 Σ、Σ_{11}、Σ_{22} 的最大似然估计。进一步,

$$\Lambda_0 = \frac{|S|}{|S_{11}||S_{22}|} = \frac{|S_{22}||S_{11} - S_{12}S_{22}^{-1}S_{21}|}{|S_{11}||S_{22}|} = |I - S_{11}^{-1}S_{12}S_{22}^{-1}S_{21}|$$
$$= |I - T\Lambda T^\mathrm{T}| = |T||I - \Lambda||T^\mathrm{T}|$$
$$= |I - \Lambda| = |\mathrm{diag}(1 - \lambda_1^2, 1 - \lambda_2^2, \cdots, 1 - \lambda_r^2)| = \prod_{i=1}^{r}(1 - \hat{\lambda}_i^2)$$

Bartlett 检验推导出在 H_0 成立及大样本情况下, Λ_0 近似服从 $\chi^2(pq)$ 分布。

例 8.6 假设经过计算得到的样本相关系数矩阵如下:

$$\hat{R}_{11} = \begin{pmatrix} 1.000 & & \\ 0.870 & 1.000 & \\ 0.366 & -0.353 & 1.000 \end{pmatrix}$$

$$\hat{R}_{22} = \begin{pmatrix} 1.000 & & \\ 0.696 & 1.000 & \\ 0.366 & -0.353 & 1.000 \end{pmatrix}$$

$$\hat{R}_{21} = \hat{R}_{21}^\mathrm{T} = \begin{pmatrix} -0.390 & -0.493 & -0.226 \\ -0.552 & -0.646 & -0.192 \\ 0.151 & 0.225 & 0.035 \end{pmatrix}$$

请检验该多元正态数据的总体相关系数是否为零 $(n = 20)$。

解:经计算, $\hat{R}_{11}^{-1}\hat{R}_{12}\hat{R}_{22}^{-1}\hat{R}_{21}$ 的特征根分别为 $\hat{\lambda}_1^2 = 0.6330$, $\hat{\lambda}_2^2 = 0.0402$, $\hat{\lambda}_3^2 = 0.0053$,因此 $\hat{\lambda}_1 = 0.796$, $\hat{\lambda}_2 = 0.201$, $\hat{\lambda}_3 = 0.073$。

相应的样本典型系数的特征向量为

$$\hat{a}_1^* = \begin{pmatrix} -0.775 \\ 1.579 \\ -0.059 \end{pmatrix}, \hat{a}_2^* = \begin{pmatrix} -1.884 \\ 1.181 \\ -0.231 \end{pmatrix}, \hat{a}_3^* = \begin{pmatrix} -0.191 \\ 0.506 \\ 1.051 \end{pmatrix}$$

$$\hat{b}_1^* = \begin{pmatrix} -0.350 \\ -1.054 \\ 0.716 \end{pmatrix}, \hat{b}_2^* = \begin{pmatrix} -0.376 \\ 0.124 \\ 1.062 \end{pmatrix}, \hat{b}_3^* = \begin{pmatrix} -1.297 \\ 1.237 \\ -0.419 \end{pmatrix}$$

假设检验 $H_0: \lambda_1 = \lambda_2 = \lambda_3 = 0$, $H_1: \lambda_1 \neq 0$,它的似然比统计量为

$$\Lambda_0 = (1 - \hat{\lambda}_1^2)(1 - \hat{\lambda}_2^2)(1 - \hat{\lambda}_3^2) = (1 - 0.6330)(1 - 0.0402)(1 - 0.0053) = 0.3504$$

$$Q_0 = -\left[20 - 1 - \frac{1}{2}(3+3+1)\right]\ln\Lambda_0 = -15.5 \times \ln 0.350\,4 = 16.255$$

由 χ^2 分布表得，$\chi_{0.01}^2(9) = 14.684$，$\chi_{0.05}^2(9) = 16.919$，$Q_0 > \chi_{0.01}^2(9)$，因此在 $\alpha = 0.10$ 的显著水平下，可以拒绝原假设 H_0，即认为至少有一个典型相关系数是显著的。

8.5.2 部分总体典型相关系数为零的检验

在进行典型相关分析时，可以从两组随机变量 X 和 Y 中提取出 r 对典型变量。由于进行典型相关分析的目的是简化并用尽可能少的典型变量对数来表示原始变量间的关系，所以需要对一些较小的典型相关系数进行是否为零的假设检验，以此来确定保留多少对典型变量。

若式(8.16)或式(8.19)中的 H_0 被拒绝，则应进一步作假设检验：

$$H_0: \lambda_2 = \cdots = \lambda_r = 0, \quad H_1: \lambda_2, \cdots, \lambda_r \text{ 不全等于零} \tag{8.22}$$

构造检验统计量

$$Q_1 = -\left[n - 2 - \frac{1}{2}(p + q + 1)\right]\ln\Lambda_1 \tag{8.23}$$

这里 $\Lambda_1 = (1 - \hat{\lambda}_2^2)\cdots(1 - \hat{\lambda}_r^2) = \prod_{i=2}^{r}(1 - \hat{\lambda}_i^2)$。

当 n 充分大且式(8.22)中的 H_0 成立时，$Q_1 \sim \chi^2((p-1)(q-1))$。 在给定显著性水平 α 下，若 $Q_1 \geqslant \chi_\alpha^2((p-1)(q-1))$，则拒绝原假设 H_0，认为第二对典型变量显著相关。如此进行下去，直到某个系数 λ_{k+1} 检验为不显著为止，这时我们就找到了反映两组变量相互关系的 k 对典型变量。

一般地，检验第 $k(k < r)$ 个典型相关系数的显著性时，假设检验问题是：

$$H_0: \lambda_k = \cdots = \lambda_r = 0, \quad H_1: \lambda_k, \cdots, \lambda_r \text{ 不全等于零}$$

其检验统计量为

$$\Lambda_{k-1} = (1 - \hat{\lambda}_k^2)\cdots(1 - \hat{\lambda}_r^2) = \prod_{i=k}^{r}(1 - \hat{\lambda}_i^2)$$

$$Q_{k-1} = -\left[n - k - \frac{1}{2}(p + q + 1)\right]\ln\Lambda_1$$

对于充分大的 n，当 H_0 成立时，统计量 Q_{k-1} 近似服从 $\chi^2((p-k+1)(q-k+1))$，因此给定显著性水平 α，可得拒绝域 $Q_{k-1} \geqslant \chi_\alpha^2((p-k+1)(q-k+1))$，若拒绝原假设 H_0，则认为第 k 个典型相关系数 λ_k 是显著的，即认为第 k 对典型变量显著相关。

以上的一系列检验实际上是一个序贯检验，检验直到对某个 k 值 H_0 未被拒绝为止。事实上，检验的总显著性水平已经不是 α 了，并且检验的结果易受样本容量大小的影响。检验的结果可以作为确定典型变量个数的重要参考依据，但不宜作为唯一的依据。

例 8.7 在例 8.5 中，欲进一步检验($\alpha = 0.10$)：

$$H_0:\lambda_2=\lambda_3=0,\ H_1:\lambda_2\neq0$$

解：检验统计量为

$$\Lambda_1=(1-\hat{\lambda}_2^2)(1-\hat{\lambda}_3^2)=(1-0.040\,2)(1-0.005\,3)=0.954\,7$$

$$\begin{aligned}Q_1&=-\left[20-1-\frac{1}{2}(3+3+1)\right]\ln\Lambda_1\\&=-15.5\times\ln0.954\,7=0.719<7.779\\&=\chi_{0.10}^2(4)\end{aligned}$$

由于不能在 $\alpha=0.10$ 的水平下拒绝 H_0，故接受原假设 H_0，即认为第二典型相关不显著，因此在本例中只有一个典型相关是显著的。

8.5.3　样本典型相关的计算

设多元正态总体 $(X,Y)^\mathrm{T}\sim N_{p+q}(\mu,\Sigma)$，样本观测数据为 $X_{(1)},X_{(2)},\cdots,X_{(n)}$ 和 $Y_{(1)},Y_{(2)},\cdots,Y_{(n)}$，样本数据矩阵为

$$\begin{pmatrix}X_{(1)}^\mathrm{T}&Y_{(1)}^\mathrm{T}\\X_{(2)}^\mathrm{T}&Y_{(2)}^\mathrm{T}\\\vdots&\vdots\\X_{(n)}^\mathrm{T}&Y_{(n)}^\mathrm{T}\end{pmatrix}=\begin{pmatrix}X_{11}&X_{12}&\cdots&X_{1p}&Y_{11}&Y_{12}&\cdots&Y_{1q}\\X_{21}&X_{22}&\cdots&X_{2p}&Y_{21}&Y_{22}&\cdots&Y_{2q}\\\vdots&\vdots&\cdots&\vdots&\vdots&\vdots&\cdots&\vdots\\X_{n1}&X_{n2}&\cdots&X_{np}&Y_{n1}&Y_{n2}&\cdots&Y_{nq}\end{pmatrix}$$

不妨假设 $p<q$。

第一步：计算相关系数矩阵 R，并将 R 剖分为 $\hat{R}=\begin{pmatrix}\hat{R}_{11}&\hat{R}_{12}\\\hat{R}_{21}&\hat{R}_{22}\end{pmatrix}$，其中 $\hat{R}_{11}$、$\hat{R}_{12}$ 为第一组变量和第二组变量各自的相关系数矩阵，$\hat{R}_{12}=\hat{R}_{21}^\mathrm{T}$ 为第一组变量和第二组变量的相关系数矩阵。

第二步：求典型相关系数和典型变量。

先求 $\hat{A}=\hat{R}_{11}^{-1}\hat{R}_{12}\hat{R}_{22}^{-1}\hat{R}_{21}$ 的特征根 $\hat{\lambda}_i^2$，对应的特征向量为 $\hat{a}_i$，再求 $\hat{B}=\hat{R}_{22}^{-1}\hat{R}_{21}\hat{R}_{11}^{-1}\hat{R}_{12}$ 的特征根 $\hat{\lambda}_i^2$ 对应的特征向量为 $\hat{b}_i$。写出样本的各对典型变量 $\hat{u}_i$ 和 $\hat{v}_i$。

第三步：典型相关系数 λ_i 的显著性检验。

例 8.8　关于人对吸烟的渴望以及心理状态和身体状态的数据，从 $n=110$ 个实验对象中收集而来。数据是对 12 个问题的回答，编号为 1 到 5。与对吸烟的渴望有关的四个标准化变量为

$$x_1^*=\text{吸烟}1(\text{第一措词}),\ x_2^*=\text{吸烟}2(\text{第二措词})$$
$$x_3^*=\text{吸烟}3(\text{第三措词}),\ x_4^*=\text{吸烟}4(\text{第四措词})$$

与心理和身体状态有关的八个标准化变量为

$$y_1^*=\text{集中力},\ y_2^*=\text{烦恼},\ y_3^*=\text{睡眠},\ y_4^*=\text{紧张}$$
$$y_5^*=\text{警惕},\ y_6^*=\text{急躁},\ y_7^*=\text{疲劳},\ y_8^*=\text{满意}$$

由这些数据构造的样本相关矩阵为

$$\hat{R}=\begin{pmatrix}\hat{R}_{11} & \hat{R}_{12}\\ \hat{R}_{21} & \hat{R}_{22}\end{pmatrix}$$

其中，

$$\hat{R}_{11}=\begin{pmatrix}1.000 & & & \\ 0.785 & 1.000 & & \\ 0.810 & 0.816 & 1.000 & \\ 0.775 & 0.813 & 0.845 & 1.000\end{pmatrix}$$

$$\hat{R}_{22}=\begin{pmatrix}1.000 & & & & & & & \\ 0.562 & 1.000 & & & & & & \\ 0.457 & 0.360 & 1.000 & & & & & \\ 0.579 & 0.705 & 0.273 & 1.000 & & & & \\ 0.802 & 0.578 & 0.606 & 0.594 & 1.000 & & & \\ 0.595 & 0.796 & 0.337 & 0.725 & 0.605 & 1.000 & & \\ 0.512 & 0.413 & 0.798 & 0.364 & 0.698 & 0.428 & 1.000 & \\ 0.492 & 0.739 & 0.240 & 0.711 & 0.605 & 0.697 & 0.394 & 1.000\end{pmatrix}$$

$$\hat{R}_{12}=\hat{R}_{21}^{\mathrm{T}}=\begin{pmatrix}0.086 & 0.144 & 0.140 & 0.222 & 0.101 & 0.189 & 0.199 & 0.239\\ 0.200 & 0.119 & 0.211 & 0.301 & 0.223 & 0.221 & 0.274 & 0.235\\ 0.041 & 0.060 & 0.126 & 0.120 & 0.039 & 0.108 & 0.139 & 0.100\\ 0.228 & 0.122 & 0.277 & 0.214 & 0.201 & 0.156 & 0.271 & 0.171\end{pmatrix}$$

试作出典型相关分析。

解: 经计算 $\hat{R}_{11}^{-1}\hat{R}_{12}\hat{R}_{22}^{-1}\hat{R}_{21}$ 的特征根分别为 $\hat{\lambda}_1^2=0.2725$，$\hat{\lambda}_2^2=0.1406$，$\hat{\lambda}_3^2=0.0586$，$\hat{\lambda}_4^2=0.0188$，因此 $\hat{\lambda}_1=0.522$，$\hat{\lambda}_2=0.375$，$\hat{\lambda}_3=0.242$，$\hat{\lambda}_4=0.137$。

相应的样本典型相关系数的特征向量为

$$\hat{a}_1^*=\begin{pmatrix}-0.043\\ 1.162\\ -1.375\\ 0.891\end{pmatrix}, \hat{a}_2^*=\begin{pmatrix}1.090\\ 0.699\\ 0.208\\ -1.651\end{pmatrix}, \hat{a}_3^*=\begin{pmatrix}1.116\\ -1.417\\ 0.016\\ 0.833\end{pmatrix}, \hat{a}_4^*=\begin{pmatrix}-1.009\\ 0.173\\ 1.690\\ -0.137\end{pmatrix}$$

$$\hat{b}_1^*=\begin{pmatrix}0.473\\ -0.781\\ 0.257\\ 0.692\\ -0.145\\ -0.070\\ 0.313\\ 0.336\end{pmatrix}, \hat{b}_2^*=\begin{pmatrix}-0.148\\ -0.451\\ -0.605\\ 0.380\\ -0.184\\ 0.626\\ 0.590\\ 0.487\end{pmatrix}, \hat{b}_3^*=\begin{pmatrix}0.495\\ 0.591\\ 0.698\\ -0.419\\ -1.519\\ -0.334\\ 0.228\\ 0.833\end{pmatrix}, \hat{b}_4^*=\begin{pmatrix}-0.160\\ -0.719\\ 0.625\\ 0.438\\ -0.725\\ 0.876\\ 0.186\\ -0.656\end{pmatrix}$$

所以,第一对典型变量为

$$u_1 = 0.446X_1 + 0.731X_2 + 0.291X_3 + 0.640X_4,$$
$$v_1 = -0.720Y_1 + 0.304Y_2 + 0.600Y_3 + 0.702Y_4$$
$$+ 0.729Y_5 + 0.459Y_6 + 0.691Y_7 + 0.532Y_8$$

总体假设检验 $H_0:\lambda_1 = \lambda_2 = \lambda_3 = \lambda_4 = \lambda_5 = 0$,$H_1:\lambda_1 \neq 0$。 $Q_1 = 56.243 > 46.194 = \chi^2_{0.05}(32)$,故拒绝 H_0,即认为第一典型相关是显著的;部分假设检验 $H_0:\lambda_2 = \lambda_3 = \lambda_4 = \lambda_5 = 0$,$H_1:\lambda_2 \neq 0$。 $Q_2 = 24.308 < 32.671 = \chi^2_{0.05}(21)$,故接受 H_0,即认为第二典型相关不显著。

典型相关分析也可以应用到定性数据中,我们考虑下面这一例子。

例 8.9 为分析生理指标与训练指标的相关性,测量了 30 名成年人的 3 个生理指标:身高 X_1、腰围 X_2、心率 X_3;3 个训练指标:卧推重量 Y_1、100 米跑 Y_2、跳跃次数 Y_3。相关测量数据如表 8.3 所示。

表 8.3 生理指标和训练指标测量数据

序号	身高	腰围	心率	卧推重量	100 米跑	跳跃次数
1	176	88	62	76	12.0	147
2	165	65	68	44	14.5	134
3	182	90	50	55	11.9	135
4	179	85	60	60	12.5	96
5	162	70	64	32	14.8	117
6	170	68	70	40	12.7	103
7	188	94	65	59	13.3	148
8	159	70	69	30	12.6	149
9	172	96	63	43	14.7	90
10	177	100	72	69	15.5	95
11	185	92	79	65	12.4	138
12	169	80	59	61	11.2	82
13	156	77	66	32	13.6	99
14	170	75	57	40	12.8	115
15	178	81	60	58	16.1	98
16	174	68	55	55	14.9	146
17	164	65	64	36	13.0	131
18	168	70	58	41	12.8	112
19	157	70	65	32	16.8	130
20	189	107	80	68	15.3	118

序号	身高	腰围	心率	卧推重量	100 米跑	跳跃次数
21	172	90	76	71	18.6	89
22	163	78	69	37	14.2	136
23	187	99	74	70	13.7	129
24	180	104	52	75	13.9	102
25	171	73	78	53	16.1	110
26	179	76	61	65	14.9	127
27	158	64	66	48	11.5	142
28	174	70	73	70	12.4	151
29	183	96	79	87	16.3	149
30	162	67	68	42	15.3	146

根据表 8.3 中的数据计算可得

$$\hat{\sum}_{11} = \begin{pmatrix} 89.277 & & \\ 93.020 & 164.929 & \\ 9.213 & 17.638 & 62.262 \end{pmatrix}$$

$$\hat{\sum}_{22} = \begin{pmatrix} 240.293 & & \\ 3.292 & 2.998 & \\ 5.460 & -6.935 & 448.449 \end{pmatrix}$$

$$\hat{\sum}_{12} = \begin{pmatrix} 115.227 & 0.364 & 2.527 \\ 134.887 & 3.641 & -67.791 \\ 27.347 & 4.996 & 23.491 \end{pmatrix}$$

$$\hat{\sum}_{21} = \begin{pmatrix} 115.227 & 134.887 & 27.347 \\ 0.364 & 3.641 & 4.996 \\ 2.527 & -67.791 & 23.491 \end{pmatrix}$$

$$\hat{\sum}_{11}^{-1} = \begin{pmatrix} 0.02717 & & \\ -0.01536 & 0.01494 & \\ 0.00033 & -0.00196 & 0.01657 \end{pmatrix}$$

$$\hat{\sum}_{22}^{-1} = \begin{pmatrix} 0.00423 & & \\ -0.00494 & 0.35176 & \\ -0.00013 & 0.00550 & 0.00232 \end{pmatrix}$$

计算可得

$$\hat{A} = \hat{\sum}_{11}^{-1} \hat{\sum}_{12} \hat{\sum}_{22}^{-1} \hat{\sum}_{21} = \begin{pmatrix} 0.52985 & 0.41661 & 0.10390 \\ 0.08372 & 0.28606 & -0.00087 \\ 0.07421 & 0.06508 & 0.19365 \end{pmatrix}$$

$$\hat{B} = \hat{\sum}_{22}^{-1} \hat{\sum}_{21} \hat{\sum}_{11}^{-1} \hat{\sum}_{12} = \begin{pmatrix} 0.645\,92 & 0.007\,02 & -0.027\,49 \\ -0.013\,32 & 0.161\,07 & 0.172\,96 \\ -0.019\,07 & 0.000\,23 & 0.202\,57 \end{pmatrix}$$

求得特征根为 $\lambda_1^2 = 0.646\,8$，$\lambda_2^2 = 0.203\,5$，$\lambda_3^2 = 0.159\,2$，因此典型相关系数分别为 $\lambda_1 = 0.804$，$\lambda_2 = 0.451$，$\lambda_3 = 0.399$。

$\hat{A}$ 和 $\hat{B}$ 相应的特征向量分别为

$$a_1 = (-0.956\,75 \quad -0.221\,57 \quad -0.188\,49)^{\mathrm{T}}$$
$$a_2 = (0.597\,50 \quad -0.600\,52 \quad 0.531\,38)^{\mathrm{T}}$$
$$a_3 = (-0.667\,15 \quad 0.444\,43 \quad 0.597\,82)^{\mathrm{T}}$$
$$b_1 = (0.998\,17 \quad -0.042\,63 \quad -0.042\,86)^{\mathrm{T}}$$
$$b_2 = (0.000\,60 \quad -0.971\,17 \quad -0.238\,41)^{\mathrm{T}}$$
$$b_3 = (0.015\,09 \quad -0.999\,82 \quad 0.011\,88)^{\mathrm{T}}$$

假设检验 $H_0: \lambda_1 = \lambda_2 = \lambda_3 = 0$，$H_1: \lambda_1$、$\lambda_2$、$\lambda_3$ 至少有一个不为 0。似然比统计量为

$$\Lambda_0 = (1 - \lambda_1^2)(1 - \lambda_2^2)(1 - \lambda_3^2) = (1 - 0.646\,8)(1 - 0.203\,5)(1 - 0.159\,2) = 0.236\,5$$

$$Q_0 = -\left[(n-1) - \frac{1}{2}(p+q+1)\right]\ln\Lambda_0 = -\left[(30-1) - \frac{1}{2}(3+3+1)\right]\ln\Lambda_0$$

$$= -25.5 \times \ln 0.236\,5 = 36.766$$

$Q_0 > \chi_{0.01}^2(9) = 21.666$，因此，在 $\alpha = 0.01$ 的显著性水平下，生理指标与训练指标之间存在相关性，且第一对典型变量相关性显著。继续检验

$$\Lambda_1 = (1 - \lambda_2^2)(1 - \lambda_3^2) = (1 - 0.203\,5)(1 - 0.159\,2) = 0.669\,7$$

$$Q_1 = -\left[(n-2) - \frac{1}{2}(p+q+1)\right]\ln\Lambda_1 = -\left[(30-2) - \frac{1}{2}(3+3+1)\right]\ln\Lambda_1$$

$$= -24.5 \times \ln 0.669\,7 = 9.823$$

$Q_1 < \chi_{0.01}^2(4) = 13.277$，因此，在 $\alpha = 0.01$ 的显著性水平下，第二对典型变量间相关性不显著。说明生理指标和训练指标之间只有一对典型变量，即

$$u_1 = -0.956\,75 X_1 - 0.221\,57 X_2 - 0.188\,49 X_3$$
$$v_1 = 0.998\,17 Y_1 - 0.042\,63 Y_2 - 0.042\,86 Y_3$$

8.6 典型相关分析的其他测量指标

设典型相关变量为 U 和 V，记标准化的原始变量与典型相关变量之间的相关系数为 G_U 和 G_V，则有

$$G_U = \mathrm{Cov}(X, U) = E(XU^{\mathrm{T}}) = E(XX^{\mathrm{T}}a) = E(XX^{\mathrm{T}})a = \Sigma_{11}a \qquad (8.24)$$

类似地,有

$$G_V = \mathrm{Cov}(Y, V) = \mathrm{Cov}(Y, b^{\mathrm{T}}Y) = \Sigma_{22}b \qquad (8.25)$$

上式中的两相关系数也称为典型载荷或结构相关系数,是衡量原始变量与典型变量之间相关性的尺度。典型载荷的绝对值越大,表示共同性越大,对典型变量解释时的重要性也越高。

对应地,典型变量与另外一组原始变量之间的相关系数,又称为交叉载荷,可表示为

$$\mathrm{Cov}(X, V) = \mathrm{Cov}(X, b^{\mathrm{T}}Y) = \Sigma_{12}b, \ \mathrm{Cov}(Y, U) = \mathrm{Cov}(Y, a^{\mathrm{T}}X) = \Sigma_{12}a \quad (8.26)$$

我们已清楚,典型相关系数是描述典型变量之间的相关程度,而典型载荷和交叉载荷是描述典型变量与每个原始变量之间的相关关系的,但有时需要将每组原始变量作为一个整体,考察典型变量与变量组之间的相关程度,从而分析这些典型变量对两组变量的解释能力,以正确评价典型相关的意义。因此需要进行冗余分析。

更具体而言,典型相关分析中,常把典型变量对原始变量总方差解释比例的分析以及典型变量对另外一组原始变量总方差交叉解释比例的分析统称为冗余分析,在统计上冗余主要是就方差而言的。如果一个变量中的方差部分可以由另外一个变量的方差来解释或预测,就说这个方差部分与另一变量方差相冗余。冗余实际上是一种解释方差变异的信息重叠,其本质是典型变量间的共享方差百分比,将典型相关系数取平方就得到这一共享方差百分比。

典型相关分析中的冗余分析就是对分组原始变量总变化的方差进行分析,是通过冗余指数来进行分析的。冗余指数是一组原始变量与典型变量共享方差的比例。它不是本组典型变量对本组原始变量总方差的解释比例,而是一组中的典型变量对另一组原始变量总方差的解释比例,是一种组间交叉共享比例,描述的是典型变量与另一组变量之间的关系。冗余指数在研究模型中有因果假设时格外重要,因为它能反映自变量组各典型变量对于因变量组的所有原始变量的一种平均解释能力。它类似于多元回归分析中的复相关系数 R^2,代表了自变量解释因变量的能力。但多元回归分析中只考虑一个因变量,而冗余系数考虑的是因变量的组合。

冗余指数的计算公式可以表示为

$$R_{dU}^{(j)} = \frac{G_U^{\mathrm{T}}G_U \lambda_j^2}{p} \qquad (8.27)$$

$$R_{dV}^{(j)} = \frac{G_V^{\mathrm{T}}G_V \lambda_j^2}{q} \qquad (8.28)$$

式(8.27)可理解为:典型变量 V_j 可以解释变量组 X 总方差的比例。而 $G_U^{\mathrm{T}}G_U/p$ 是变量组 X 被典型变量 U_j 解释的方差比例,p 是 X 的总方差,λ_j^2 是第 j 对典型变量 U_j 和 V_j 的共享方差比例。对于式(8.28)的含义,读者可以自己解释。

8.7　典型相关的分析步骤

实践中,两组变量的总体协方差一般总是未知的,因此需要通过抽样来研究分析两组变量之间的典型相关性,基本步骤如下:

第 1 步:确定典型相关分析的目标

典型相关分析适用的数据是两组变量。假定每组变量都有一定的意义,一组定义为自变量,一组定义为因变量。典型相关分析可以做到:确定两组变量相关关系的大小,为每组变量设定权重使得两组变量的线性组合达到最大程度相关,解释自变量与因变量组中存在的相关关系。

第 2 步:设计典型相关分析

样本大小与每个变量的观测数对典型相关分析影响很大。小样本不能很好地体现相关关系,每个变量要尽可能地多取观测数据。

第 3 步:典型相关分析的基本假定

线性假定的影响:任意两个变量间的相关系数是基于线性关系的。如果不是线性,变量就需要变换。典型相关是变量间的线性相关,如果是非线性的典型相关分析就无法展开分析。

第 4 步:推导典型函数、评价整体拟合情况

可以从变量组中提取的典型变量的最大数目等于最小数据组中的变量数目。比如一个研究问题包含 8 个自变量和 5 个因变量,可提取的典型变量的最大数目是 5。

典型变量的推导类似于没有旋转的因子分析的过程。典型相关分析主要在于说明两组变量间的最大相关关系,而不是一组变量。结果是第一对典型变量在两组变量中有最大的相关关系。随着典型变量的提取,接下来的典型变量是上一对典型变量没有解释的两组变量的最大相关关系。每对典型变量且与其他对典型变量不相关。

海尔(Hair)等人在 1984 年推荐用来解释典型变量的 3 个准则,即典型变量的统计显著性水平、典型相关的大小以及典型变量的冗余分析。

第 5 步:解释典型变量

典型权重。有较大的典型权重,说明原始变量对它的典型变量贡献很大,反之则相反。但很多问题说明解释典型相关的时候要慎用典型权重。

典型载荷。由于典型权重的缺陷,典型载荷逐步成为解释典型相关分析结果的基础。典型载荷也称典型结构相关系数,是原始变量与它的典型变量间的简单线性相关系数。典型载荷反映原始变量与典型变量的共同方差,它的解释类似于因子载荷,就是每个原始变量对典型函数的相对贡献。

典型交叉载荷。它的提出是作为典型载荷的替代。计算典型交叉载荷使得每个原始因变量与自变量典型变量直接相关。交叉载荷提供了一个更直接的测量因变量组与自变量组关系的指标。

第 6 步：验证与诊断

最直接的方法是构造两个子样本,在每个子样本上分别作分析,比较典型变量的相似性、典型载荷等。另一种方法是测量结果对于剔除一个因变量或自变量的灵敏度,保证典型权重和典型载荷的稳定性。如果存在显著差别,要深入分析,以保证最后结果是总体的代表而不是单个样本的反映。

逻辑框图如图 8.1 所示。

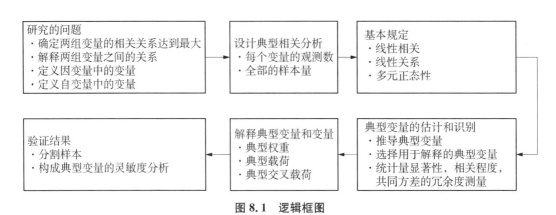

图 8.1 逻辑框图

应该要注意典型相关分析也有局限性:首先是原变量都必须是可测变量,如果存在潜变量或隐变量,那么需要用结构方程模型方法来分析两组原变量之间的相关关系;其次是典型变量仅反映原变量的线性组合所共享的方差,推导的典型权重是最大化线性组合间的相关关系而不是提取的方差;最后是典型变量的应用及解释可能会比较困难,可能会使阐述自变量和因变量的子集间有意义的关系也比较难,只能通过载荷和交叉载荷来进一步解释。

8.8 实例分析与统计软件 SPSS 应用

在新版 SPSS(SPSS25)中已有提供典型相关分析的专门菜单项,选择:分析→相关→典型相关性,在选项中勾选成对相关性即可;若使用 SPSS23 前的版本则没有这个选项,需要用定义宏来实现典型相关分析,必须在语句窗口中调用 SPSS 的 Canonical correlation.sps 宏,具体代码如下:

```
Include'SPSS 所在路径\Canonical correlation.sps'.
Cancorr SET1=X1 X2 X3 X4 X5 X6
        /SET2=Y1 Y2 Y3 Y4.
```

测量 15 名受试者的身体形态以及健康情况指标,如 8.4 表所示。第一组是身体形态变量,有年龄 X_1、体重 X_2、日抽烟量 X_3 和腰围 X_4;第二组是健康状况变量,有脉搏 Y_1、收缩压 Y_2 和舒张压 Y_3。要求测量身体形态以及健康状况这两组变量之间的关系。

表 8.4　两组身体素质的基本数据

序号	年龄	体重	日抽烟量	腰围	脉搏	收缩压	舒张压
1	25	125	30	83.5	70	130	85
2	26	131	25	82.9	72	135	80
3	28	128	35	88.1	75	140	90
4	29	126	40	88.4	78	140	92
5	27	126	45	80.6	73	138	85
6	32	118	20	88.4	70	130	80
7	31	120	18	87.8	68	135	75
8	34	124	25	84.6	70	135	75
9	36	128	25	88.0	75	140	80
10	38	124	23	85.6	72	145	86
11	41	135	40	86.3	76	148	88
12	46	143	45	84.8	80	145	90
13	47	141	48	87.9	82	148	92
14	48	139	50	81.6	85	150	95
15	45	140	55	88.0	88	160	95

具体典型相关分析方法如下：

（1）相关系数矩阵如表 8.5 至表 8.7 所示。

表 8.5　集合 1 的相关系数矩阵

	X_1	X_2	X_3	X_4
X_1	1.000	0.7697	0.5811	0.1022
X_2	0.7697	1.000	0.8171	−0.1230
X_3	0.5811	0.8171	1.000	−0.1758
X_4	0.1022	−0.1230	−0.1758	1.000

表 8.6　集合 2 的相关系数矩阵

	Y_1	Y_2	Y_3
Y_1	1.000	0.8865	0.8614
Y_2	0.8865	1.000	0.7465
Y_3	0.8614	0.7465	1.000

表 8.7 集合 1 和集合 2 的相关系数矩阵

	Y_1	Y_2	Y_3
X_1	0.758 2	0.804 3	0.540 1
X_2	0.857 2	0.783 0	0.717 1
X_3	0.886 4	0.763 8	0.868 4
X_4	0.068 7	0.116 9	0.014 7

（2）给出典型相关系数，如表 8.8 所示。

表 8.8 典型相关系数

1	0.957
2	0.582
3	0.180

（3）给出典型相关的显著性检验，如表 8.9 所示。

表 8.9 测试剩余的相关性为零

	Wilk's	Chi-SQ	DF	Sig
1	0.054	29.186	12.000	0.004
2	0.640	4.459	6.000	0.615
3	0.976	0.331	2.000	0.848

从左至右分别为 Wilks 的 λ 统计量、卡方统计量、自由度和伴随概率。从表中可以看出，在 0.05 的显著性水平下，3 对典型变量中只有第一对典型相关是显著的，其余两对相关性均不显著。

（4）给出两组典型变量的未标准化系数，如表 8.10、表 8.11 所示。

表 8.10 集合 1 的未标准化典型相关系数

	1	2	3
X_1	−0.031	−0.139	0.130
X_2	−0.019	−0.014	−0.280
X_3	−0.058	0.089	0.101
X_4	−0.071	0.019	0.010

表 8.11 集合 2 的未标准化典型相关系数

	1	2	3
Y_1	−0.121	−0.032	−0.461
Y_2	−0.021	−0.155	0.215
Y_3	−0.021	0.227	0.189

（5）给出两组典型变量的标准化系数，如表 8.12、表 8.13 所示。

表 8.12 集合 1 的标准化典型相关系数

	1	2	3
X_1	−0.256	−1.130	1.060
X_2	−0.151	−0.113	−2.215
X_3	−0.694	1.067	1.212
X_4	−0.189	0.051	0.027

表 8.13 集合 2 的标准化典型相关系数

	1	2	3
Y_1	−0.721	−0.191	−2.739
Y_2	−0.171	−1.265	1.751
Y_3	−0.142	1.514	1.259

由于本例中，各指标的量纲并不相同，所以主要通过观测标准化的典型变量的系数来分析两组变量的相关关系。

如表 8.14 所示，来自身体形态指标的第一典型变量 V_1 为

$$V_1 = -0.256X_1 - 0.151X_2 - 0.694X_3 - 0.189X_4$$

如表 8.15 所示，来自健康状况指标的第一典型变量 U_1 为

$$U_1 = -0.721Y_1 - 0.171Y_2 - 0.142Y_3$$

表 8.14 集合 1 的规范载荷

	1	2	3
X_1	−0.795	−0.592	0.062
X_2	−0.892	−0.117	−0.412
X_3	−0.933	0.309	0.014
X_4	−0.075	−0.238	0.195

表 8.15 集合 2 的规范载荷

	1	2	3
Y_1	−0.995	−0.008	−0.103
Y_2	−0.916	−0.304	0.262
Y_3	−0.891	0.406	0.206

来自身体形态指标的第一典型变量 V_1 在 X_3 上的载荷值的绝对值最大，反映身体形态

的典型变量主要由日抽烟量决定;来自健康状况指标的第一典型变量 U_1 在 Y_1 上的载荷值的绝对值最大,说明健康状况的典型变量主要由脉搏所决定。同时,由于两个典型变量中日抽烟量和脉搏的系数是同号的(同为负号),反映日抽烟量和脉搏正相关,即日抽烟越多则每分钟的脉搏跳动次数也越多。抽烟对身体健康有害,这和客观事实是相符的。

(6) 给出两组典型变量的冗余分析。

冗余分析结果如表 8.16 至表 8.19 所示:

表 8.16 身体形态变量被自身的典型变量解释的方差比例

	Prop Var
CV1 - 1	0.576
CV1 - 2	0.129
CV1 - 3	0.053

表 8.17 身体形态变量被健康状况的典型变量解释的方差比例

	Prop Var
CV2 - 1	0.527
CV2 - 2	0.044
CV2 - 3	0.002

表 8.18 健康状况变量被自身的典型变量解释的方差比例

	Prop Var
CV2 - 1	0.874
CV2 - 2	0.086
CV2 - 3	0.041

表 8.19 健康状况变量被身体形态的典型变量解释的方差比例

	Prop Var
CV1 - 1	0.800
CV1 - 2	0.029
CV1 - 3	0.001

在进行典型相关分析时,我们想了解每组变量提取出的典型变量所能解释的样本总方差的比例,从而定量测度典型变量所包含的原始信息量的大小,这就是典型变量的冗余分析。

表中的数据分别是身体形态变量被自身的典型变量解释的方差比例、身体形态变量被健康状况的典型变量解释的方差比例、健康状况变量被自身的典型变量解释的方差比例、健康状况变量被身体形态的典型变量解释的方差比例。表中的数据表明,提取的第一对典型变量可以代表原始变量的大部分信息。

8.9 实例分析与 R 语言应用

本部分我们使用 2008—2016 年我国科技活动和经济发展的部分代表指标数据（如表8.20 所示）进行典型相关分析来分析我国科技活动和经济发展的关系。其中，科技活动指标：x_1 为 R&D 人员全时当量（万人年），x_2 为 R&D 经费支出（亿元）；x_3 为 R&D 项目（课题）数（项）；x_4 为发表科技论文数（篇）；x_5 为专利申请授权数（件）；经济发展指标：y_1 为国内生产总值（亿元），y_2 为城镇居民家庭人均可支配收入（元），y_3 为农村居民家庭人均纯收入（元）。

表 8.20 2008—2016 年我国科技活动和经济发展数据

年份	x_1	x_2	x_3	x_4	x_5	y_1	y_2	y_3
2008	26.00	811.300	54 900	132 072	5 048	319 515.5	15 780.76	4 760.62
2009	27.70	996.000	61 135	138 119	6 391	349 081.4	17 174.65	5 153.17
2010	29.30	1 186.400	67 050	140 818	8 698	413 030.3	19 109.44	5 919.01
2011	31.57	1 306.742	70 967	148 039	12 126	489 300.6	21 809.78	6 977.29
2012	34.40	1 548.933	79 343	158 647	16 551	540 367.4	24 564.72	7 916.58
2013	36.37	1 781.397	85 069	164 440	20 095	595 244.4	26 467.00	9 429.60
2014	37.40	1 926.200	91 465	171 928	24 870	643 974.0	28 843.85	10 488.88
2015	38.36	2 136.486	99 559	169 989	30 104	689 052.1	31 194.83	11 421.71
2016	39.01	2 260.176	100 925	175 169	32 442	744 127.2	33 616.25	12 363.41

1. R 语言代码

首先求样本相关系数矩阵，R 程序和结果如下：

```
> #case9.1 我国科技活动和经济发展的典型相关分析
> setwd("/Users/yvonnezhang/Desktop/R-data") #设定工作路径
> case9.1<-read.csv("case9.1.csv",header=T,fileEncoding="GBK") #读入数据
> c9.1=case9.1[,-1]
> R=round(cor(c9.1),3)
> R #求样本相关系数矩阵并保留三位小数
      x1    x2    x3    x4    x5    y1    y2    y3
x1 1.000 0.988 0.987 0.995 0.969 0.990 0.984 0.979
x2 0.988 1.000 0.999 0.984 0.992 0.995 0.997 0.995
x3 0.987 0.999 1.000 0.981 0.992 0.993 0.995 0.993
x4 0.995 0.984 0.981 1.000 0.969 0.985 0.982 0.979
x5 0.969 0.992 0.992 0.969 1.000 0.987 0.995 0.997
y1 0.990 0.995 0.993 0.985 0.987 1.000 0.998 0.993
y2 0.984 0.997 0.995 0.982 0.995 0.998 1.000 0.997
y3 0.979 0.995 0.993 0.979 0.997 0.993 0.997 1.000
```

可以看出,科技活动指标和经济发展指标之间的相关性很强,组内相关性也很强。作典型相关分析,求典型相关系数和对应的典型变量的系数,R程序和运行结果如下:

```
> X=scale(c9.1) #对数据进行标准化处理
> x=X[,1:5] #指定一组变量数据
> y=X[,6:8] #指定另一组变量数据

> library(CCA) #载入典型相关分析所用CCA包
> ca=cc(x,y) #进行典型相关分析
> ca$cor #输出典型相关系数
[1] 0.9999791 0.8672927 0.2948823
> ca$xcoef #输出x的典型载荷
          [,1]       [,2]        [,3]
x1  0.1185989 -7.581521   0.1287317
x2 -0.7631118 -1.452918   13.9964527
x3  0.6536765  2.661998  -19.1994952
x4 -0.1651659  3.638947    1.6970475
x5 -0.8457331  2.643374    3.3681459
> ca$ycoef #输出y的典型载荷
          [,1]       [,2]        [,3]
y1  0.6016195 -13.112979   7.101756
y2 -0.8934880   9.979210  -19.188476
y3 -0.7059431   3.044842   12.103910
```

因六个变量没有用相同单位测量,这里用标准化后的系数进行分析。第一典型相关系数为0.9999,它比科技活动指标和经济发展指标间的任一相关系数都大。

调用相关系数检验脚本进行典型相关系数检验,确定典型变量对数,R程序和运行结果如下:

```
> source('corcoef_test.R') #调用典型相关系数检验脚本,若该脚本不在当前R的工作路径下,则要将路
径设置清晰,如source('C:/Program Files/corcoef_test.R')
> corcoef_test(r=ca$cor,n=nrow(x),p=ncol(x),q=ncol(y)) #进行典型相关系数检验
            r           Q            P
[1,] 0.9999791 40.4938386 0.0003818063
[2,] 0.8672927  5.2013786 0.7358516694
[3,] 0.2948823  0.3483707 0.9506886757
```

检验总体中的所有典型相关系数均为0的原假设时,概率水平远小于$\alpha = 0.05$,否定所有典型相关系数均为0的假设,也就是至少有一对典型相关是显著的;典型相关系数检验p值的第二个值为0.736、第三个值为0.951,因此在显著性水平0.05的水平下已有一对典型相关变量是显著的。

2. 结果分析

基于因子载荷,科技活动指标的第一典型变量$\hat{u}_1$为

$$\hat{u}_1 = 0.1186x_1^* - 0.7631x_2^* + 0.6537x_3^* - 0.1652x_4^* - 0.8457x_5^*$$

它近似地是专利申请授权数、R&D经费支出和R&D项目(课题)数的加权和。它在专利申请授权数上的权数最大,其次是R&D经费支出,在R&D项目(课题)数上的权数也较大。

来自经济发展指标的第一典型变量$\hat{v}_1$为

$$\hat{v}_1 = 0.6016y_1^* - 0.8935y_2^* - 0.7059y_3^*$$

它在城镇居民家庭人均可支配收入上的权数最大,其次为农村居民家庭人均纯收入。

输出原始变量和典型变量的相关系数,R 程序和运行结果如下:

```
> ca$scores$corr.X.xscores #输出第一组典型变量与X组原始变量之间的相关系数
        [,1]        [,2]        [,3]
x1 -0.9747828 -0.20957342 -0.02667713
x2 -0.9941262 -0.08662983 -0.04115326
x3 -0.9927449 -0.07466015 -0.08718986
x4 -0.9760786 -0.15768552  0.01918950
x5 -0.9987759  0.02186713 -0.03774566
> ca$scores$corr.Y.xscores #输出第一组典型变量与y组原始变量之间的相关系数
        [,1]        [,2]        [,3]
y1 -0.9905837 -0.11678440 -0.007048339
y2 -0.9968225 -0.05894374 -0.012102792
y3 -0.9990673 -0.02492304  0.009311349
> ca$scores$corr.X.yscores #输出第二组典型变量与X组原始变量之间的相关系数
        [,1]        [,2]        [,3]
x1 -0.9747625 -0.18176149 -0.007866613
x2 -0.9941055 -0.07513342 -0.012135367
x3 -0.9927242 -0.06475220 -0.025710744
x4 -0.9760582 -0.13675950  0.005658645
x5 -0.9987550  0.01896520 -0.011130527
> ca$scores$corr.Y.yscores #输出第二组典型变量与y组原始变量之间的相关系数
        [,1]        [,2]        [,3]
y1 -0.9906044 -0.13465397 -0.02390221
y2 -0.9968433 -0.06796291 -0.04104279
y3 -0.9990882 -0.02873660  0.03157649
```

整理后得到表 8.21。

表 8.21　原始变量与第一对典型变量的相关系数

x^* 变量	样本典型变量		y^* 变量	样本典型变量	
	$\hat{u}_1$	$\hat{v}_1$		$\hat{u}_1$	$\hat{v}_1$
R&D 人员全时当量	-0.97482	-0.97480	国内生产总值	-0.99059	-0.99061
R&D 经费支出	-0.99413	-0.99411	城镇居民家庭人均可支配收入	-0.99682	-0.99684
R&D 项目(课题)数	-0.99275	-0.99273	农村居民家庭人均纯收入	-0.99907	-0.99909
发表科技论文数	-0.97608	-0.97606			
专利申请授权数	-0.99878	-0.99875			

来自科技活动指标的第一典型变量 u_1 与 R&D 经费支出、发表科技论文数、专利申请授权数的相关系数分别为 -0.99413,-0.97608,-0.99878,u_1 与 R&D 人员全时当量、R&D 项目(课题)数的相关系数分别为 -0.97482,-0.99275,它们都是负的,因此 R&D 人员全时当量、R&D 项目(课题)数是抑制变量,其含义是它们在 $\hat{u}_1$ 中的载荷(0.1188,0.6538)和它们与 $\hat{u}_1$ 的相关系数(-0.97482,-0.99275)符号相反。

来自经济发展指标的第一典型变量 v_1 与三个经济发展指标的相关系数是负值,因国内生产总值在 $\hat{v}_1$ 中的载荷和它与 $\hat{v}_1$ 的相关系数是反号,故国内生产总值也是一个抑制变量。

计算典型变量解释原始变量方差的比例,第一对典型变量能很好地全面预测对应的那组变量,来自科技活动指标的标准方差被第一个典型变量 u_1 解释的方差比例为 0.9749,第一个典型变量 v_1 解释经济发展指标的标准方差比例为 0.9911;而来自科技活动指标的标准方差被第一个典型变量 v_1 解释的方差比例为 0.9748,经济发展指标的标准方差被对方第一个典型变量 u_1 解释的方差比例为 0.9910。R 程序和运行结果如下:

```
> apply(ca$scores$corr.X.xscores,2,function(x){mean(x^2)}) #第一组典型变量解释原第一组变量方差的比例
[1] 0.974862718 0.016468556 0.002360061
> apply(ca$scores$corr.Y.xscores,2,function(x){mean(x^2)}) #第一组典型变量解释原第二组变量方差的比例
[1] 9.910155e-01 5.911373e-03 9.428596e-05
> apply(ca$scores$corr.X.yscores,2,function(x){mean(x^2)}) #第二组典型变量解释原第一组变量方差的比例
[1] 0.9748220083 0.0123875921 0.0002052204
> apply(ca$scores$corr.Y.yscores,2,function(x){mean(x^2)}) #第二组典型变量解释原第二组变量方差的比例
[1] 0.991056886 0.007858813 0.001084300
```

计算得分,并绘制得分等值平面图(见图 8.2),R 程序如下:

```
> u<-as.matrix(x)%*%ca$xcoef #计算得分
> v<-as.matrix(y)%*%ca$ycoef #计算得分
> plot(u[,1],v[,1],xlab="u1",ylab="v1") #绘制第一对典型变量得分的散点图,x轴名称为u1,y轴名称为v1
> abline(0,1) #在散点图上添加一条y等于x的线,以看散点分布情况
```

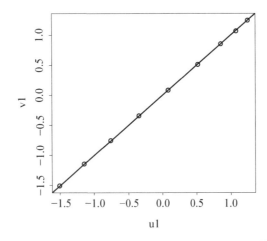

图 8.2 科技活动和经济发展数据第一对典型相关变量得分等值平面图

由得分等值平面图 8.2 可以看出,第一对典型相关变量得分散点在一条直线上分布,二者之间呈高度线性相关关系,散点图上没有离群点,这说明我国科技活动与经济发展之间的关系很稳定,整体波动平稳。

小结

(1) 典型相关分析的两组原变量都必须是可测变量,如果其中有潜变量或隐变量,那么需要用结构方程模型方法来分析两组变量之间的相关关系。

(2) 典型相关分析的目的是识别并量化两组随机变量之间的相关性,将两组变量相关关系的分析,转化为分析一组变量的线性组合与另一组变量线性组合之间的相关关系。典

型相关分析与主成分分析类似,也是一种降维技术。

(3) 典型相关分析的基本思想与主成分分析非常相似。首先,在每组变量中找出变量的一个线性组合,使得两组变量的线性组合之间具有最大的相关系数。然后,选取相关系数仅次于第一对线性组合并且与第一对线性组合最不相关的第二对线性组合,如此继续下去,直到两组变量之间的相关性被提取完毕为止。被选出的线性组合配对称为典型变量,它们的相关系数被称为典型相关系数。

(4) 典型相关变量的选择依赖于典型相关关系的显著性检验,如果两组变量不相关,那么没有必要求典型变量及典型相关系数。

(5) 在进行典型相关分析时,需要了解每组变量提取出的典型变量所能解释的样本总方差的比例,从而定量测度典型变量所包含的原始信息量的大小,这就是典型变量的冗余分析。

思考与练习

8.1 证明性质 8.1。

8.2 随机向量 X 和 Y 的联合均值向量和联合协方差矩阵为

$$\mu = \begin{pmatrix} \mu^{(1)} \\ \vdots \\ \mu^{(2)} \end{pmatrix} = \begin{pmatrix} -3 \\ 2 \\ \vdots \\ 0 \\ 1 \end{pmatrix}, \quad \Sigma = \begin{pmatrix} \Sigma_{11} & \Sigma_{12} \\ \Sigma_{21} & \Sigma_{22} \end{pmatrix} = \begin{pmatrix} 8 & 2 & 3 & 1 \\ 2 & 5 & -1 & 3 \\ 3 & -1 & 6 & -2 \\ 1 & 3 & -2 & 7 \end{pmatrix}$$

(1) 计算典型相关系数 λ_1、λ_2;

(2) 计算典型变量 u_1、v_1、u_2、v_2;

(3) 令 $U = \begin{pmatrix} u_1 \\ u_2 \end{pmatrix}$,$V = \begin{pmatrix} v_1 \\ v_2 \end{pmatrix}$,求 $E\begin{pmatrix} U \\ V \end{pmatrix}$,$\mathrm{Cov}\begin{pmatrix} U \\ V \end{pmatrix}$。

8.3 设 $X = \begin{pmatrix} X_1 \\ X_2 \end{pmatrix}$,$Y = \begin{pmatrix} Y_1 \\ Y_2 \end{pmatrix}$ 为标准化向量,令 $Z = \begin{pmatrix} X \\ Y \end{pmatrix}$,且其协方差矩阵 $V(Z) = \Sigma =$

$\begin{pmatrix} \Sigma_{11} & \Sigma_{12} \\ \Sigma_{21} & \Sigma_{22} \end{pmatrix} = \begin{pmatrix} 100 & 0 & 0 & 0 \\ 0 & 1 & 0.95 & 0 \\ 0 & 0.95 & 1 & 0 \\ 0 & 0 & 0 & 100 \end{pmatrix}$,求其第一对典型相关变量和它们的典型相关系数。

8.4 在 140 名学生中进行了阅读速度 X_1,阅读能力 X_2,运算速度 X_3 和运算能力 X_4 共四种测验,由所得测验成绩算出相关系数矩阵为

$$R = \begin{pmatrix} 1 & 0.63 & 0.24 & 0.59 \\ 0.63 & 1 & -0.06 & 0.07 \\ 0.24 & -0.06 & 1 & 0.42 \\ 0.59 & 0.07 & 0.42 & 1 \end{pmatrix}$$

（1）试对学生的阅读本领和运算本领进行典型相关分析；

（2）在显著性水平 $\alpha=0.05$ 时，检验以下假设

$$H_0:\Sigma_{12}=0,\ H_1:\Sigma_{12}\neq 0$$

若拒绝 H_0，取显著性水平 $\alpha=0.05$，检验

$$H_0:\lambda_1\neq 0,\ \lambda_2=0,\ H_1:\lambda_2\neq 0。$$

8.5　证明：将 $X^{(1)}$ 和 $X^{(2)}$ 的变量以形式 $CX^{(1)}$ 和 $DX^{(2)}$ 作非奇异线性变换后，典型相关系数是不变的。

8.6　令 $\rho_{12}=\begin{pmatrix}\rho & \rho \\ \rho & \rho\end{pmatrix}$，且 $\rho_{11}=\rho_{22}=\begin{pmatrix}1 & \rho \\ \rho & 1\end{pmatrix}$，对应于典型相关结构，其中 $X^{(1)}$ 和 $X^{(2)}$ 都有两个成分。

（1）求对应于非典型相关系数的典型变量；

（2）将（1）中结果推广到 $X^{(1)}$ 中有 p 个成分及 $X^{(2)}$ 有 $q(q\geqslant p)$ 个成分的情况。

8.7　某年级的期中考试中有开卷考试和闭卷考试课程。44 名考生的成绩如表 8.22 所示。

表 8.22　44 名考生的成绩　　　　　　　　　　　　　　　单位：分

序号	闭卷		开卷			序号	闭卷		开卷		
	力学	物理	代数	分析	统计		力学	物理	代数	分析	统计
	X_1	X_2	X_3	X_4	X_5		X_1	X_2	X_3	X_4	X_5
1	77	82	67	67	81	16	63	78	80	70	81
2	75	73	71	66	81	17	55	72	63	70	68
3	63	63	65	70	63	18	53	61	72	64	73
4	51	67	65	65	68	19	59	70	68	62	56
5	62	60	58	62	70	20	64	72	60	62	45
6	52	64	60	63	54	21	55	67	59	62	44
7	50	50	64	55	63	22	65	63	58	56	37
8	31	55	60	57	76	23	60	64	56	54	40
9	44	69	53	53	53	24	42	69	61	55	45
10	62	46	61	57	45	25	31	49	62	63	62
11	44	61	52	62	45	26	49	41	61	49	64
12	12	58	61	63	67	27	49	53	49	62	47
13	54	49	56	47	53	28	54	53	46	59	44
14	44	56	55	61	36	29	18	44	50	57	81
15	46	52	65	50	35	30	32	45	49	57	64

（续表）

序号	闭卷		开卷			序号	闭卷		开卷		
	力学	物理	代数	分析	统计		力学	物理	代数	分析	统计
	X_1	X_2	X_3	X_4	X_5		X_1	X_2	X_3	X_4	X_5
31	30	69	50	52	45	38	46	49	53	59	37
32	40	27	54	61	61	39	31	42	48	54	68
33	36	59	51	45	51	40	56	40	56	54	5
34	46	56	57	49	32	41	45	42	55	56	40
35	42	60	54	49	33	42	40	63	53	54	25
36	23	55	59	53	44	43	48	48	49	51	37
37	41	63	49	46	34	44	46	52	53	41	40

试对闭卷(X_1, X_2)和开卷(X_3, X_4, X_5)两组变量进行典型相关分析。

8.8 证明：如果 λ_i 为与特征向量 e_i 联系的 $\Sigma_{11}^{-\frac{1}{2}} \Sigma_{12} \Sigma_{22}^{-1} \Sigma_{21} \Sigma_{11}^{-\frac{1}{2}}$ 的一个特征值，则 λ_i 还是特征向量 $\Sigma_{11}^{-\frac{1}{2}} e_i$ 的 $\Sigma_{11}^{-1} \Sigma_{12} \Sigma_{22}^{-1} \Sigma_{21}$ 的一个特征值。

8.9 某学者在研究职业满意度与职业特性的相关程度时，对从一大型零售公司各分公司挑出的 784 位行政人员测量了 5 个职业特性变量：用户反馈、任务重要性、任务特性及自主性，7 个职业满意度变量：主管满意度、事业前景满意度、财政满意度、工作强度满意度、公司地位满意度、工种满意度及总体满意度。两组变量的样本相关矩阵为

$$\hat{R}_{11} = \begin{bmatrix} 1.00 & & & & \\ 0.49 & 1.00 & & & \\ 0.53 & 0.57 & 1.00 & & \\ 0.49 & 0.46 & 0.48 & 1.00 & \\ 0.51 & 0.53 & 0.57 & 0.57 & 1.00 \end{bmatrix}$$

$$\hat{R}_{22} = \begin{bmatrix} 1.00 & & & & & & \\ 0.43 & 1.00 & & & & & \\ 0.27 & 0.33 & 1.00 & & & & \\ 0.24 & 0.26 & 0.25 & 1.00 & & & \\ 0.34 & 0.54 & 0.46 & 0.28 & 1.00 & & \\ 0.37 & 0.32 & 0.29 & 0.30 & 0.35 & 1.00 & \\ 0.40 & 0.58 & 0.45 & 0.27 & 0.59 & 0.31 & 1.00 \end{bmatrix}$$

$$\hat{R}_{12} = \hat{R}_{21} = \begin{bmatrix} 0.33 & 0.32 & 0.20 & 0.19 & 0.30 & 0.37 & 0.21 \\ 0.30 & 0.21 & 0.16 & 0.08 & 0.27 & 0.35 & 0.20 \\ 0.31 & 0.23 & 0.14 & 0.07 & 0.24 & 0.37 & 0.18 \\ 0.24 & 0.22 & 0.12 & 0.19 & 0.21 & 0.29 & 0.16 \\ 0.38 & 0.32 & 0.17 & 0.23 & 0.32 & 0.36 & 0.27 \end{bmatrix}$$

试对职业满意度与职业特性进行典型相关分析。

8.10 设有两组变量 $X^{(1)} = (X_1, X_2)^T$，$X^{(2)} = (X_3, X_4)^T$，其中 X_1，X_2 分别表示牛肉和猪肉的价格，X_3，X_4 分别表示牛肉和猪肉的消费量，并假定它们已经标准化了。今收集 $n = 20$ 年的数据，已知四个变量的相关矩阵为

$$R = \begin{pmatrix} R_{11} & R_{12} \\ R_{21} & R_{22} \end{pmatrix} = \begin{pmatrix} 1 & -0.181\,26 & -0.563\,96 & -0.498\,98 \\ -0.181\,26 & 1 & 0.359\,49 & 0.756\,71 \\ -0.563\,96 & 0.359\,49 & 1 & 0.102\,93 \\ -0.498\,98 & 0.756\,71 & 0.102\,93 & 1 \end{pmatrix}$$

（1）求价格与消费量之间的典型相关系数及典型变量；

（2）对典型相关系数作检验（$\alpha = 0.05$）。

8.11 表 8.23 给出统计学家在 1952 年对 25 个家庭的成年长子的头长（X_1）、头宽（X_2）与次子头长（Y_1）、头宽（Y_2）进行调查所得的数据：

表 8.23　调查所得数据

序号	长子		次子		序号	长子		次子	
	头长	头宽	头长	头宽		头长	头宽	头长	头宽
1	191	155	179	145	14	190	159	195	157
2	195	149	201	152	15	188	151	187	158
3	181	148	185	149	16	163	137	161	130
4	183	153	188	149	17	195	155	183	158
5	176	144	171	142	18	186	153	173	148
6	208	157	192	152	19	181	145	182	146
7	189	150	190	149	20	175	140	165	137
8	197	159	189	152	21	192	154	185	152
9	188	152	197	159	22	174	143	178	147
10	192	150	187	151	23	176	139	176	143
11	179	158	186	148	24	197	167	200	158
12	183	147	174	147	25	190	163	187	150
13	174	150	185	152					

显然，长子与次长子的头长和头宽有比较强的相关性，试对这批数据作典型相关分析。

第 9 章

结构方程模型

9.1　引言

结构方程模型(structural equation modeling，SEM)产生于 20 世纪 70 年代，被美国密歇根大学的费耐尔(Fornell)教授称为"第二代多元统计分析方法"。在过去的 20 多年里，结构方程模型已在以心理学和管理学为代表的社会科学领域取得了广泛而成功的应用。

作为一种多元统计工具，结构方程模型是对一般线性模型(general linear models，GLM)的延伸和扩展，这些线性模型包括：多元回归分析、路径分析、判别分析、因子分析和典型相关分析等。结构方程模型是一种综合应用多元回归分析、路径分析和验证性因子分析方法而形成的一种多元统计分析工具。结构方程模型具有许多经典统计分析方法(如一元回归、多元回归、传统的因子分析等)所不具有的优点，能较好地解决经典统计方法所不能解决的或不善于解决的很多复杂问题，特别是能非常好地分析处理无法直接测量的潜变量之间的关系。

在以心理学为代表的社会科学中会涉及如智力、能力、信任、自尊、动机、权力与地位等等并不能直接精确测量而一般只能用一些可以观测的变量去间接测量的变量，我们称之为潜变量(也称潜在变量或隐变量)。但是这些可以去测量潜变量的可测变量本身必然会存在测量误差的问题，例如在传统的回归分析中，自变量的测量误差通常会使回归模型的参数估计出现严重偏差，从而导致所建立的模型不可信。另一个值得关注的问题是，社会科学对变量间关系的探索，并不是单纯两个变量间关系的探讨，往往是对一组变量间关系的探讨。在这一组变量中，除了含有数理上的、名义上的关系之外，还可能进一步包含因果性或层级性的关系。针对上述问题，结构方程模型提供了一个有效的方法，不仅可以估计测量误差，还可以同时检验潜变量之间的因果关系。此外，结构方程模型的优点还包括：具备同时对多个因变量进行建模的能力，可以检验模型的整体拟合度，能够检验变量间的直接效应、间接效应和总效应，可以检验复杂或特殊的研究假设，能够检验跨多总体参数稳定性，还可以处理复杂数据(如涉及自相关问题的时间序列数据、非正态分布数据、截断数据、删失数据以及分类数据等等)。

总体上看，结构方程模型的使用可分为三类：验证模型(strictly confirmatory，SC)、选择模型(alternative models，AM)和产生模型(model generating，MG)。在验证模型分析中，首先基于理论知识或实践经验构建一个假设模型，其次根据模型特性收集适宜的数据，然后应用结构方程模型去检验假设模型与样本数据的拟合效果，最后决定是接受还是拒绝这个假设模型。值得注意的是，假设模型的验证结果并不是要么拒绝，要么接受，也不可以因为假设模型与样本数据不契合就盲目地使用相关指标来修正模型，此种检验是非常严格的，也可以理解成一种严格的验证策略。

在选择模型分析中，在理论知识或实践经验的基础上提出几个可能合理的假设模型，根据假设模型的属性搜集适当的样本数据，然后根据各个假设模型对样本数据的拟合效果决定哪个模型是最合理的。值得一提的是，在此过程中，与样本数据契合的假设模型并不一定就是最合理的假设模型，采用竞争性的假设模型选择策略可以帮助研究者从几个与样本数据契合的假设模型中，挑选一个拟合效果最佳的假设模型。在对比几个假设模型时，可以基于交叉验证(cross-validation)指标进行假设模型选择的判断。

在产生模型分析中，需要构建一个可以契合样本数据的假设模型。首先在理论知识或实践经验的基础上构建一个基本的假设模型，然后检验这些模型与样本数据的拟合效果。若是构建的假设模型与样本数据拟合效果不好，可以根据理论知识或样本数据梳理出假设模型拟合效果不佳的部分。然后据此修正模型，并通过同一的样本数据或同类的其他样本数据，再次检查修正后的假设模型的拟合程度，以此来产生一个能够与样本数据契合的假设模型。产生模型的程序为：假设模型的初步构建、对初步的假设模型进行估计、对初步的假设模型进行修正、对修正后的假设模型重新估计、对修正后的假设模型进行再次修正、再次估计最新修正的假设模型⋯⋯如此往复地进行假设模型修正和估计，这样一个循环往复的分析过程的最终目的就是要产生一个最佳模型。

总而言之，结构方程模型不仅能用于检验和比较不同的假设模型，还可以用来修正假设模型。一般而言，基本上是从一个预设的理论模型开始，然后将此理论模型与所掌握的样本数据进行比较。如果发现预设的模型与样本数据的拟合效果不佳，那么就可以基于相关修正指标将预设的理论模型进行修正后再次检验，进而不断循环往复这样的过程，直至最终产生一个与样本数据拟合度达到满意，同时各个参数估计值也有合理解释的理论模型。

结构方程模型可以看作不同统计技术与研究方法的综合体。从技术层面上看，结构方程模型不是一种特定、单一的统计方法，而是一套用以分析共变结构的技术的整合。结构方程模型有时以协方差结构分析(covariance structure analysis)、协方差结构模型(covariance structure modeling)等不同的名词形式存在；有时则单指因子分析模型，被称为验证性因子分析；有时研究者利用结构方程模型的分析软件执行路径分析，进行因果模型(causal modeling)的探索⋯⋯这些分析方法实际上具有一些共同特点，下面对结构方程模型的方法特性进行概括，可以总结出以下六点：

1. 结构方程模型具有理论先验性

在整个结构方程模型的分析过程中，最重要的特点就是研究模型必须基于一定的理论基础。换句话说，结构方程模型是一种检验初始构建出的假设模型(priori theoretical model)适配性的统计方法。这也是结构方程模型一贯被认为是具有验证性质而非探索性质的统计方法的最重要原因。一方面,在应用结构方程模型的过程中,从变量含义的界定、变量间关系的逻辑推理、各种统计参数的设定、模型的发展与修正,直到使用软件进行估计,这其中任何一步都要求要有清晰的理论基础作为逻辑推理的依据。另一方面,从数理统计的基本原理来看,结构方程模型也仍然需要同时符合多个传统统计分析的基本假设,以及符合结构方程模型分析软件特定的标准模型形式的要求,否则难以直接使用结构方程分析软件或者最后呈现出来的统计结果不被信任。

2. 结构方程模型同时处理测量与分析问题

在使用传统的统计技术进行数据处理和分析的过程中,一般都会将变量看作可观测的测量指标。因此,这也使得传统的统计技术在数据处理和分析过程中,并不会考虑和处理测量误差这一问题。换句话说,传统的统计技术将"测量过程"与"统计过程"看作是两个彼此独立的过程。从这个角度看,对于某些社会科学中不易测量的变量,如"情绪""自信"等,为获取能够进行研究的数据,需要先考虑测量这些变量的手段和一些相关的信度与效度指标。只有通过了测量的信度与效度检验,才能将所收集的数据进行下一步的统计分析。

相较于传统的测量方法,结构方程模型能够把"测量过程"与"统计过程"整合起来。因为结构方程模型可以利用观测变量将潜变量模型化分析并加以估测。这也使得结构方程模型不仅可以估测测量误差,还可以检验潜变量在测量上的信度和效度。结构方程模型甚至能够超出经典测量理论的相关假设,能够针对特殊的测量问题(如误差的相关性)加以检验。此外,在研究变量间关系时,结构方程模型并没有将测量误差排除在外,而是将测量误差涵盖在分析过程中,这就使测量信度可以一并纳入统计决策的过程中。

3. 结构方程模型适用于大样本的分析

由于结构方程模型需要处理的变量众多,加之变量间的关系也比较繁杂,为保证原有统计假设的有效性,要求结构方程模型在分析时需要使用较大的样本数量。样本数量的大小也直接影响结构方程模型的稳定性及其相应指数的适配性。因此,在正式运用结构方程模型进行分析之前,首先需要考虑样本数量大小是否适合运用结构方程模型解决问题。

与其他方法类似,结构方程模型分析所使用的样本数量也是越多越好。结构方程模型样本数据的最适规模会随着模型的复杂程度与分析的目标和类别而产生相当大的变化。虽然结构方程模型样本的最少容量视需要估计的参数量而定,但一般而言,结构方程模型分析的样本数低于 100 时,分析结果是不太可信的,只有大于 200 及以上的样本数量,才能够被称之为中型样本。因此,稳定的结构方程模型分析结果一般至少需要大于200 的样本数量。

4. 结构方程模型重视多重统计指标的运用

结构方程模型包含了多种不同统计方法,但是对统计指标显著性的依赖并不如一般统计方法,主要原因在于:第一,结构方程模型是对整体模型进行处理和比较,主要考虑的是整体性的参数,因而单一参数并不是主要的考虑内容。因此,某个特定的检验是否显著不会成为结构方程模型分析的关键所在。第二,结构方程模型衍生出的多种差异化的检验指标,能够帮助研究人员从各个角度进行分析,进而避免了对单一指标的过分依赖。第三,由于结构方程模型分析的样本数量越大越好,结构方程模型分析中的关键指标——卡方统计量的显著性,会受到很大程度的扭曲,因此结构方程模型的评价指标一般都尽力规避卡方统计量的显著性检验。正因如此,在结构方程模型分析当中,很少会探讨统计决策过程中的一类与二类错误,这也进一步展现出结构方程模型的优势集中在整体层面而不是个别参数的检验或其他微观层面。

5. 结构方程模型注重协方差的运用,亦可处理均值估计

结构方程模型的关键指标是变量间的协方差。在结构方程模型中,协方差具备两种重要的价值:第一,描述性价值,研究者基于变量间的协方差矩阵能够观测出多个连续变量间的关联情况;第二,验证性价值,即理论模型的协方差与实际样本计算的协方差之间的差异。如果学者所设定的结构方程模型不合理,或者样本分析过程导致协方差矩阵无法得出,那么整个结构方程模型的分析过程也将不能完成。

除了协方差矩阵之外,结构方程模型还能够分析和比较变量的集中走向,也被称为均值检验。传统的统计分析过程,均值检验主要是凭借 t 检验或方差分析处理。由于结构方程模型能够对截距估测,这使得结构方程模型能够把均值检验纳入整体的分析模型之中,再与潜变量结合在一起,结构方程模型也能够估测潜变量的均值,使得结构方程模型的使用领域更加宽阔。

6. 结构方程模型包含了许多不同的统计技术

实际上,统计分析技术从总体上可以分为方差分析和回归分析两大类别,方差分析可以被理解为一般线性模型分析技术,回归分析是处理变量间的线性关系。一般线性模型分析技术的长处是能够用数学方式来统筹不同形态的变异源,能够持续扩展研究人员想要研究的变量个数和影响方式,因此一般线性模型分析技术慢慢衍生出了多种多变量的统计概念,如多因素方差分析等。回归分析的长处在于可以处理弹性和复杂度较大的变量。在结构方程模型当中,虽然变量的共变关系是分析的关键所在,但由于结构方程模型往往会牵涉到数目较大的变量间关系的分析,因此结构方程模型往往也会使用一般线性模型分析技术来统合变量。因此,结构方程模型分析是多种不同统计分析技术的整合体。

在后续的四个小节中,我们将从结构方程模型的组成、结构方程建模的基本过程、结构方程模型的优点和局限、结构方程模型的 Amos 实现这四个部分对结构方程模型进行进一步介绍与分析。

9.2 结构方程模型的组成

结构方程模型是表明一组观测变量和潜变量之间具有线性关系的假设模型。测量模型和结构模型组成了完整的结构方程模型,变量与变量之间的联结关系用结构参数表示。测量模型表明了观测变量与潜变量之间的关系,而结构模型则可以表明潜变量之间的关系。

1. 结构方程模型的变量

结构方程模型是一个方程式系统,方程式中包含随机变量、结构参数,有时也包括非随

机变量。随机变量包括三种类型：观测变量、潜变量、误差变量。观测变量是可以直接测量获得数据信息的变量，又称显变量或指标变量，如学习成绩、家庭收入等，在结构方程模型的路径图中，测量变量用长方形符号来表示。潜变量又称隐变量或结构变量，是不可直接测量或直接观测的变量而只能通过一个或多个观测变量来测量完成，社会科学领域中常见的如社会地位、服务满意度、态度、动机、工作压力、成就感等变量都属于潜变量，在结构方程模型的路径图中，潜变量用椭圆形符号来表示。需要注意的是一个潜变量需要有两个及以上的可测变量来测量，这被称为多元指标原则。此外，在一个完整的结构方程模型中，潜变量的测量变量是一定要有的，也即潜变量不能单独存在。潜变量的另外一个特点是含有测量误差，也就是观测变量的变异无法被共同的潜变量充分解释的部分。

从相互关系上，结构方程模型中的变量还可以分为内生变量与外源变量。内生变量（endogenous variable）是指在模型当中会被一个或多个其他变量影响的变量，在结构方程模型的路径图中会被其他变量以单箭头指向的变量。外源变量（exogenous variable）是指在模型当中不受其他变量影响但是影响其他变量的变量，即在结构方程模型的路径图中会以单箭头指向其他变量，但是不会被其他变量以单箭头指向的变量。如果在以内生及外源变量区分的基础上加上前述的观测变量与潜变量之分，那么结构方程模型中的变量可以分为内生观测变量、外源观测变量、内生潜变量与外源潜变量四种类型。具体而言，当一个潜变量是内生变量时，就称为内生潜变量，用符号 η 表示，它所影响的观测变量则称为内生观测变量，这里以 y 表示；当一个潜变量是外源变量时，则被称为外源潜变量，用符号 ξ 表示，它所影响的观测变量则称为外源观测变量，以 x 表示。此外，关于潜变量的误差变量，其中外源潜变量 ξ 的误差变量用 δ 表示，内生潜变量 η 的误差变量用 ε 表示。如果从自变量和因变量的角度理解，外源变量一般是指自变量，而内生变量一般是指因变量，但是也不排除是影响其他变量的自变量。内生潜变量无法被模型中外源潜变量解释的变异量用 ζ 表示。

此外，有些统计技术虽然允许因变量含有测量误差，但假设自变量是无误差的，如回归分析。事实上，任何测量都会产生误差，结构方程模型则允许自变量和因变量都存在测量误差，并且试图更正测量误差所导致的偏差。

2. 结构方程模型路径图

结构方程常用路径图来分析和处理各种变量间的关系。路径图是结构方程模型的基础，因为路径图以一种直观且易于理解的方式来表达要解决的问题的模型。路径图以图形的方式表现出变量间关系，我们可以将路径图直接转换成构建模型所需要的方程。构建结构方程模型的路径图有一些特殊的图标规定。例如，在路径图中用长方形或方形表示显变量，圆形或椭圆形表示潜变量。误差变量可以被视为一个潜变量，因此在路径图中有时会以椭圆形符号来表示。变量之间的关系用线条表示，如果两个变量之间没有线条相连，则表示这两个变量无直接关系。单向箭号表示变量之间具有假设性的线性因果或预测关系，箭头所指的变量受另一个变量的影响。双向箭号表示变量之间虽然具有直接关系，但影响方向无法具体辨认。残差的单箭头表示其方差可以被估计。图 9.1 是用路径图来分析结构方程模型。

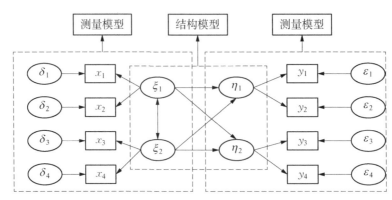

图 9.1　结构方程路径图

3. 模型表述

结构方程模型包括测量模型与结构模型。测量模型部分表示观测变量与潜变量之间的关系,结构模型部分表示潜变量与潜变量之间的关系,上述两种模型的参数也分别被称为测量模型参数和结构模型参数。

(1) 测量模型,也称为验证性因子分析模型(confirmatory factor analysis,CFA),是结构方程模型的测量部分。测量模型的目的是检验观测变量是否能作为衡量潜变量或因子的工具,目的是"化潜为显"。测量模型构建了观测变量与其所衡量的潜变量之间的关系,然后用样本信息检验假设的因子结构是否合理。在实际运用过程中,单因子验证性因子分析模型一般至少需要有 3 个观测变量,而且误差项不能相关。值得注意的是,上述 3 个观测变量的单因子验证性因子分析模型只能估计其模型参数,并不能评估模型的拟合情况,如果需要进一步研究模型的拟合情况,模型要求是超识别的,具体来说,若不设置误差相关,单因子验证性因子分析模型一般需要 4 个以上观测变量才能达到超识别。

具体而言,我们可以分别画出 3 个外源显变量和 3 个内生显变量的测量模型图,如图 9.2 所示。我们可用验证性因子模型来检验这些测量模型,模型中的系数 λ 称为因子载荷,表示显变量与潜变量之间的联系。它们实际上是将显变量作为因变量,将相关潜变量作为自变量的线性回归系数。图 9.2 中的显变量 x_1, x_2, x_3 通过因子载荷 λ_{x1}, λ_{x2}, λ_{x3} 与潜变量 ξ_1 相联系,显变量 y_1, y_2, y_3 通过因子载荷 λ_{y1}, λ_{y2}, λ_{y3} 与潜变量 η_1 相联系。

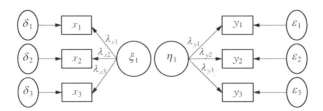

图 9.2　测量模型图

根据图 9.2,我们可以得到与之对应的测量方程

$$\begin{cases} x_1 = \lambda_{x1}\xi_1 + \delta_1 \\ x_2 = \lambda_{x2}\xi_1 + \delta_2 \\ x_3 = \lambda_{x3}\xi_1 + \delta_3 \\ y_1 = \lambda_{y1}\eta_1 + \varepsilon_1 \\ y_2 = \lambda_{y2}\eta_1 + \varepsilon_2 \\ y_3 = \lambda_{y3}\eta_1 + \varepsilon_3 \end{cases} \tag{9.1}$$

（2）结构模型，又被称为结构方程或潜变量模型，主要反映的是各个潜变量之间的联系。测量模型用来测定潜变量，然后就可以在结构模型中分析各个潜变量之间的关系。结构模型规定了研究模型中外源潜变量和内生潜变量之间的假设因果关系。下面给出两个外源潜变量和两个内生潜变量间的结构模型图，如图 9.3 所示。

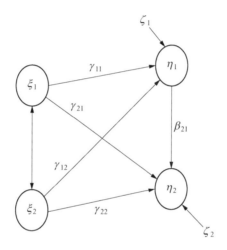

图 9.3　结构模型图

根据图 9.3，我们可以得到与之对应的结构方程

$$\begin{cases} \eta_1 = \gamma_{11}\xi_1 + \gamma_{12}\xi_2 + \zeta_1 \\ \eta_2 = \beta_{21}\eta_1 + \gamma_{21}\xi_1 + \gamma_{22}\xi_2 + \zeta_2 \end{cases} \tag{9.2}$$

其中，β 和 γ 都是路径系数，其中 γ_{11}，γ_{12}，γ_{21} 和 γ_{22} 设定了潜变量 ξ_1，ξ_2 与潜变量 η_1，η_2 之间的关系，而 β_{21} 设定了潜变量 η_1 与 η_2 之间的关系，表示 η_1 对 η_2 的效应。

在结构方程模型的数据分析过程中，结构模型与测量模型的估计是同时进行的。此外，如果在整个结构模型中所有的变量都是观测变量，那么结构模型就会演变为观测变量间结构关系的建模体系。如此，结构方程模型就简化为了社会学中的路径分析或计量经济学中的联立方程。

（3）模型表达方程。测量模型和结构模型中各种参数以及变量间的关系，可以用一般线性方程表示。一般结构方程可用 3 个基本方程表达

$$\eta = B\eta + \Gamma\xi + \zeta$$
$$Y = \Lambda_y\eta + \varepsilon$$

$$X = \Lambda_x \zeta + \delta \tag{9.3}$$

这是用矩阵表示的基本方程式。表 9.1 定义了相关的变量。式(9.3)中的第一个为结构方程,其主要反映的是潜变量间的关系。$\eta = (\eta_1, \cdots, \eta_m)^{\mathrm{T}}$ 代表相应的内生潜变量,$\xi = (\xi_1, \cdots, \xi_n)^{\mathrm{T}}$ 代表相应的外源潜变量。内生潜变量与外源潜变量由带系数矩阵 B(beta)和 Γ(gamma)及误差向量 ζ(zeta)的线性方程联系,其中 Γ 代表外源潜变量对内生潜变量的影响效应,B 代表某些内生潜变量对其他内生潜变量的影响效应,ζ 代表回归残差。假定 $E(\zeta) = 0$,且 ζ 与 ξ,η 不相关。

表 9.1　一般结构方程模型的 3 个基本方程中变量矩阵的定义

变量	定义	维度
η	内生潜变量	$m \times 1$
ξ	外源潜变量	$n \times 1$
ζ	方程中的干扰项	$m \times 1$
Y	内生显变量	$p \times 1$
X	外源显变量	$q \times 1$
ε	Y 的测量误差	$p \times 1$
δ	X 的测量误差	$q \times 1$

注:m 和 n 分别代表样本中内生潜变量和外源潜变量的数量,p 和 q 分别代表样本中内生显变量和外源显变量的数量。

式(9.3)中后两个方程为测量模型。第二个方程表示内生观测变量 Y 与内生潜变量 η 之间的关系;第三个方程表示外源观测变量 X 与外源潜变量 ξ 之间的关系。具体而言,观测变量 Y 通过因子载荷 Λ_y 与潜变量 η 相关,观测变量 X 通过因子载荷 Λ_x 与潜变量 ξ 相关。ε 和 δ 分别是与观测变量 Y 和 X 相关联的测量误差。假定 $E(\varepsilon) = 0$ 与 $E(\delta) = 0$,误差 ε 和 δ 与潜变量 η 和 ξ 不相关,但测量误差之间(ε 之间或 δ 之间)或两潜变量间可能相关。当 Y 或 X 不存在测量误差时,ε 或 δ 中相应的元素即为零。

值得注意的是,上述的结构方程模型中并未设定截距。为了使模型公式的推导更加地简化,结构方程模型的表达和估测并非是基于原始的观测变量,而是基于原始观测变量的期望离差(deviations from means)。因此,当变量 X 和 Y 都是期望离差测量时,式(9.3)的各个方程中自然就没有截距项了。

在上述式(9.3)的 3 个基本方程中,共有 8 个基础矩阵,分别为 Λ_x,Λ_y,Γ,B,Φ,Ψ,Θ_δ 和 Θ_ε。一个完整的结构方程模型能够借助这 8 个基础矩阵设定的结构来表达。在应用结构方程模型进行数理分析的早期,结构方程模型是由这 8 个参数矩阵的矩阵格式设定的。虽然现在的结构方程模型软件不再用矩阵格式设定模型,但在结构方程模型软件的输出结果中,仍会呈现这 8 个基本参数矩阵的参数估计值信息(如初始值)。这些矩阵可以帮助学者进一步理解结构方程模型,从而更好地检查数据输出结果中特定参数的估计。

表 9.2 总结了这些矩阵和向量。前两个矩阵 Λ_y 和 Λ_x 分别表示的是连接观测变量和潜变量 η 和 ξ 的因子载荷矩阵,B 和 Γ 表示的是结构模型的系数矩阵。矩阵 B 表示的是内生

潜变量间关系的系数矩阵。模型假设 $(I-B)$ 非奇异,因此式 (9.3) 中第一个方程中 $(I-B)^{-1}$ 存在(I 为单位矩阵),否则将不能进行结构方程模型的估测。矩阵 Γ 表示的是外源潜变量和内生潜变量间关系的系数矩阵。

表 9.2　一般结构方程模型的 8 个基本参数矩阵

矩阵	定义	维度
系数矩阵		
Λ_y	Y 与 η 之间的因子载荷	$p \times m$
Λ_x	X 与 ξ 之间的因子载荷	$q \times n$
Γ	ξ 与 η 之间的系数矩阵	$m \times n$
B	η 与 η 之间的系数矩阵	$m \times m$
方差/协方差矩阵		
Φ	ξ 的方差/协方差矩阵	$n \times n$
Ψ	ζ 的方差/协方差矩阵	$m \times m$
Θ_δ	δ 的方差/协方差矩阵	$q \times q$
Θ_ε	ε 的方差/协方差矩阵	$p \times p$

注:m 是 ξ 的维数或者变量数,n 是 η 的维数或者变量数,p 是 Y 的维数或者变量数,q 是 X 的维数或者变量数。

在结构方程模型中,还会有 4 个方差/协方差矩阵,在表 9.2 中分别表示为 Φ,Ψ,Θ_ε 和 Θ_δ,且均为对称方阵,即每个矩阵的行数和列数相等。根据定义,各方差/协方差矩阵主对角线上的元素为方差,对角线以外的元素为矩阵中成对变量的协方差。对变量进行标准化操作后,方差/协方差矩阵便会成为一个相关矩阵,其中,主对角线上的值为 1,对角线以外的值为变量间的相关系数。

由表 9.2 可知,矩阵 Φ 是外源潜变量 ξ 的方差/协方差矩阵,其对角线元素 ϕ_{ii} 为外源潜变量 ξ_i 的方差,对角线以外的元素 ϕ_{ij} 是外源潜变量 ξ_i 和 $\xi_j(i \neq j)$ 之间的协方差,如果不假定模型的 ξ_i 与 ξ_j 之间相关,在设定模型时应设定 $\phi_{ij}=0$。矩阵 Ψ 是结构方程中干扰项 ζ 的方差/协方差矩阵。在计量经济学的联立方程中,一般会假定各方程间的干扰项相关。在结构方程模型的分析过程中,能够较为方便地构建方程干扰项矩阵 Ψ,并进一步估算有关干扰项的相关性。方差/协方差矩阵 Θ_ε 和 Θ_δ 分别表示为观测变量 y 和 x 的测量误差矩阵。这两个矩阵主要考虑了由测量误差导致的参数估计偏差效应。此外,纵向研究中的自相关或序列相关也能够通过设置相关误差项的协方差来处理。结构方程模型的设定通过对表 9.2 中的 8 个基础矩阵中参数的具体设定来表示的。

9.3　结构方程建模的基本过程

结构方程模型建立和分析的过程可以分为五个主要步骤,即模型构建、模型识别、模型估计、模型评价以及模型修正。

1. 模型构建

结构方程模型的构建就是用线性方程系统表示出理论模型。因此,利用结构方程模型进行变量间关系分析的第一步就是根据要解决或者研究的问题、专业知识、实践经验和研究目的,初步构建出理论模型,然后用收集到的样本数据检验理论模型的合理性。初步建立的理论模型与样本数据的拟合效果可能不会很理想,这就需要在数据的拟合过程中不断修改、评价,再修改、再评价……,直至构建出较为理想的模型。在初步构建理论模型时,首先,需要根据专业知识来确定每一个测量模型中各潜变量是否可以用相应的观测变量来测量,同时还可以借助探索性因子分析可能的潜变量,建立和检验测量模型;然后,需要根据理论知识或实践经验确定各潜变量(因子)之间可能存在的因果关系,进而建立结构模型。因此,在整个结构方程模型的建构过程中同时包括了指定观测变量与潜变量的关系,各潜变量间的相互关系。在复杂的模型中,可以限制因子载荷或因子相关系数等参数的数值或关系。

一般而言,模型的构建包括以下几个方面:

(1) 观测变量(指标,通常是题项)与潜变量(因子)之间的关系。

(2) 各个潜变量之间的关系(指定哪些因子间有相关的或直接的关系)。

(3) 根据研究问题的相关知识及经验,限制因子载荷或因子相关系数等参数的数值或关系(例如,可以设定某两个因子间的相关系数等于 0.5,某两个因子载荷必须相等)。

构建模型可以有多种不同的方法。最简单、直接的一种方法就是通过路径图将模型描述出来,并且路径图可以直接转化为建模的方程。在构建模型时,需要指定观测变量与潜变量之间的关系,以及模型中各个潜变量之间的关系。在建立复杂模型的过程中,可以根据实际情况去估计设定、限定因子载荷或相关系数等参数的数值或关系。通过模型构建,就可以得到结构方程模型的测量模型方程和结构模型方程。在模型建立以后,就可以通过各种计算方法去估计得到结构方程模型中的各个参数。

以 Σ 代表观测变量 Y 与 X 的总体方差/协方差矩阵,则有

$$\Sigma = \begin{pmatrix} E(YY^{\mathrm{T}}) & E(YX^{\mathrm{T}}) \\ E(XY^{\mathrm{T}}) & E(XX^{\mathrm{T}}) \end{pmatrix} \tag{9.4}$$

其中对角线上的元素为变量 Y 与 X 的方差,对角线以外的元素为 Y 与 X 间的协方差,这里已假设 Y 和 X 的期望值为零。如果结构方程模型所建立的测量模型和结构模型为真,那么可以得到在结构方程模型为真的情况下 Y 与 X 的总体方差/协方差矩阵,而且能够表达为模型参数 θ 的函数 $\Sigma(\theta)$,这里的 $\Sigma(\theta)$ 也称"模型隐含的方差/协方差矩阵"(model implied variance/covariance matrix)。它是假设模型为真时的总体方差/协方差矩阵。

根据结构方程模型的 3 个基本方程(见式(9.3)),$\Sigma(\theta)$ 可表达为模型参数的函数。先由 X 的方差/协方差矩阵开始,然后是 Y 的方差/协方差矩阵,以及 Y 与 X 的方差/协方差矩阵,最后将这些公式放在一起。X 的协方差矩阵为

$$E(XX^{\mathrm{T}}) = E\left[(\Lambda_x \xi + \delta)(\Lambda_x \xi + \delta)^{\mathrm{T}}\right] = E\left[(\Lambda_x \xi + \delta)(\xi^{\mathrm{T}} \Lambda_x^{\mathrm{T}} + \delta^{\mathrm{T}})\right] \tag{9.5}$$

结构方程模型假设 δ 与 ξ 无关,则

$$E(XX^{\mathrm{T}})=E(\Lambda_x\xi\xi^{\mathrm{T}}\Lambda_x^{\mathrm{T}}+\delta\delta^{\mathrm{T}})=\Lambda_xE(\xi\xi^{\mathrm{T}})\Lambda_x^{\mathrm{T}}+E(\delta\delta^{\mathrm{T}})=\Lambda_x\Phi\Lambda_x^{\mathrm{T}}+\Theta_\delta \quad (9.6)$$

其中 Θ_δ 是误差项 δ 的方差/协方差矩阵。

同样用推导 X 的协方差矩阵的方法,得 Y 的协方差矩阵

$$E(YY^{\mathrm{T}})=\Lambda_yE(\eta\eta^{\mathrm{T}})\Lambda_y^{\mathrm{T}}+\Theta_\varepsilon \quad (9.7)$$

因为

$$\eta=B\eta+\Gamma\xi+\zeta$$

则

$$\eta=(I-B)^{-1}(\Gamma\xi+\zeta)=\widetilde{B}(\Gamma\xi+\zeta)$$

其中 $\widetilde{B}=(I-B)^{-1}$。

因而

$$\eta\eta^{\mathrm{T}}=[\widetilde{B}(\Gamma\xi+\zeta)][\widetilde{B}(\Gamma\xi+\zeta)]^{\mathrm{T}}=\widetilde{B}(\Gamma\xi+\zeta)(\xi^{\mathrm{T}}\Gamma^{\mathrm{T}}+\zeta^{\mathrm{T}})\widetilde{B}^{\mathrm{T}} \quad (9.8)$$

结构方程模型假设 ζ 与 ξ 无关,则

$$E(\eta\eta^{\mathrm{T}})=\widetilde{B}(\Gamma\Phi\Gamma^{\mathrm{T}}+\Psi)\widetilde{B}^{\mathrm{T}} \quad (9.9)$$

其中 Φ 是潜变量 ξ 的方差/协方差矩阵,Ψ 是残差项 ζ 的方差/协方差矩阵。将式(9.9)代入式(9.7),可得

$$E(YY^{\mathrm{T}})=\Lambda_y\widetilde{B}(\Gamma\Phi\Gamma^{\mathrm{T}}+\Psi)\widetilde{B}^{\mathrm{T}}\Lambda_y^{\mathrm{T}}+\Theta_\varepsilon \quad (9.10)$$

观测变量 y 与 x 的协方差矩阵可表述为

$$E(YX^{\mathrm{T}})=E[(\Lambda_y\eta+\varepsilon)(\Lambda_x\xi+\delta)^{\mathrm{T}}]=E[(\Lambda_y\eta+\varepsilon)(\xi^{\mathrm{T}}\Lambda_x^{\mathrm{T}}+\delta^{\mathrm{T}})] \quad (9.11)$$

结构方程模型假设 δ 与 ε 无关,则

$$\begin{aligned}E(YX^{\mathrm{T}})&=E(\Lambda_y\eta\xi^{\mathrm{T}}\Lambda_x^{\mathrm{T}})=\Lambda_yE(\eta\xi^{\mathrm{T}})\Lambda_x^{\mathrm{T}}=\Lambda_yE[\widetilde{B}(\Gamma\xi+\zeta)\xi^{\mathrm{T}}]\Lambda_x^{\mathrm{T}}\\&=\Lambda_yE(\widetilde{B}\Gamma\xi\xi^{\mathrm{T}}+\zeta\xi^{\mathrm{T}})\Lambda_x^{\mathrm{T}}=\Lambda_y\widetilde{B}\Gamma\Phi\Lambda_x^{\mathrm{T}}\end{aligned} \quad (9.12)$$

由此,模型隐含方差/协方差矩阵可用模型参数表达为

$$\begin{aligned}\Sigma(\theta)&=\begin{pmatrix}E(YY^{\mathrm{T}})&E(YX^{\mathrm{T}})\\E(YX^{\mathrm{T}})^{\mathrm{T}}&E(XX^{\mathrm{T}})\end{pmatrix}\\&=\begin{pmatrix}\Lambda_y\widetilde{B}(\Gamma\Phi\Gamma^{\mathrm{T}}+\Psi)\widetilde{B}^{\mathrm{T}}\Lambda_y^{\mathrm{T}}+\Theta_\varepsilon&\Lambda_y\widetilde{B}\Gamma\Phi\Lambda_x^{\mathrm{T}}\\\Lambda_x\Phi\Gamma^{\mathrm{T}}\widetilde{B}^{\mathrm{T}}\Lambda_y^{\mathrm{T}}&\Lambda_x\Phi\Lambda_x^{\mathrm{T}}+\Theta_\delta\end{pmatrix}\end{aligned} \quad (9.13)$$

如果模型为真,则 $\Sigma(\theta)$ 应该等于或者近似等于总体的协方差矩阵 $\Sigma(\Sigma(\theta)=\Sigma)$。

注:以上得到的模型隐含的协方差矩阵 $\Sigma(\theta)$ 是基于以下的假设:①测量方程误差项 ε,δ 均值为零;②结构方程残差项 ζ 的均值为零;③误差项 ε,δ 与因子 η,ζ 之间不相关,ε 与 δ

不相关;④残差项 η 与 ζ,ε,δ 不相关。

2. 模型识别

结构方程模型识别是需要着重考虑的问题。模型识别主要关注每个未知参数是否可以从模型中得到唯一解,也就是说,每个未知参数是否可以从样本数据中得到唯一的估计值。如果不能把需要模型估计的自由(未知)参数表达为样本数据的数学函数,那么该参数便被认定为非识别参数(unidentified parameter)。

下面通过一个例子进一步解释模型识别问题。设 x 为可测的随机变量,在方程 $\mathrm{Var}(x) = \mathrm{Var}(\xi) + \mathrm{Var}(\delta)$ 中,$\mathrm{Var}(x)$ 是观测变量 x 的方差,$\mathrm{Var}(\xi)$ 是潜变量 ξ 的方差,$\mathrm{Var}(\delta)$ 是测量误差的方差。该方程中已经有了一个已知方差(即 $\mathrm{Var}(x)$)和两个未知方差(即 $\mathrm{Var}(\xi)$ 和 $\mathrm{Var}(\delta)$),因此,在这个方程中 $\mathrm{Var}(\xi)$ 或 $\mathrm{Var}(\delta)$ 并没有唯一解。换句话说,$\mathrm{Var}(\xi)$ 和 $\mathrm{Var}(\delta)$ 可以产生无数个组合,使得它们的和等于 $\mathrm{Var}(x)$,故该方程参数不可识别。要解决此问题,必须给方程加上约束条件。一种方法是通过增加一个方程 $\mathrm{Var}(\delta) = C$(C 为常数),也就是将 $\mathrm{Var}(\delta)$ 值固定为一个常数,那么 $\mathrm{Var}(\xi)$ 就必然会有一个唯一的估计值,即 $\mathrm{Var}(\xi) = \mathrm{Var}(x) - C$。换言之,方程中的参数 $\mathrm{Var}(\xi)$ 便可以识别。更复杂的结构方程模型也一样适用该原则。如果某个未知参数可以用至少一个由观测变量的方差/协方差矩阵的一个或多个元素构成的数学函数表达,则该参数就是可以被识别的。一般来说,参数如果可以被一个以上的不同函数表达,此时参数就是超识别的。超识别意味着有不止一种方法来估计某个参数(或多个参数)。如果模型正确,那么不同方法所得的参数估计值应是同一值。如果所有未知参数都是可识别的,则该模型被称为可识别模型(identified model)。模型中只要有一个非识别参数,则模型就被称为非识别模型(unidentified model),那么模型将无法被估计。由于模型识别不受样本量的影响,因此无论样本多大,非识别模型仍然保持非识别,仍然无法估计。

在结构方程模型的实际应用中超识别结构方程模型占有极其重要的位置。超识别结构方程模型是指模型中的自由参数量不会超过数据点。目前尚无公认的结构方程模型识别的充要条件,一般而言,通常需要检查以下两个必要条件。

第一,自由度(degrees of freedom, df)不能为负,即数据点的数量一定不能少于自由参数的数量。依据数据点的数量与自由参数的数量之间的关系,能够帮助我们判断模型识别的问题。数据点的数量,即观测变量的方差/协方差矩阵中不同元素的数量为 $(p+q)(p+q+1)/2$,其中 $(p+q)$ 是观测变量的总数(p 为内生显变量的个数,q 为外源显变量的个数)。自由参数的数量是模型所要估计的参数数量,包括因子负载、路径系数、潜变量方差/协方差及误差项方差/协方差等,自由参数的个数记为 t。由此自由度 $df = \dfrac{(p+q)(p+q+1)}{2} - t$。一般来说,若数据点数量大于自由参数的数量,即 $df > 0$,则模型称为超识别模型(overidentified model);如果数据点数量低于自由参数的数量,即 $df < 0$,则模型称为欠识别模型(under identified model),欠识别模型不能估计模型参数;如果数据点数量刚好等于自由参数的数量,即 $df = 0$,模型称为恰识别模型(just identified model)。对于一个自由度为零的恰识别模型而言,我们只能对其进行模型参数的估计,无法进行模型拟合优度检验。因此,结构方程模型可识别的一个必要条件就是自由度不能为负

数，即 $df \geqslant 0$。

下面我们举一个例子说明。考虑如路径图 9.4 所示的模型。

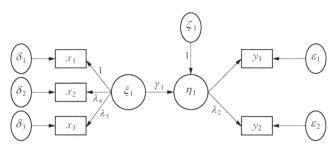

图 9.4　结构方程路径图

对应的方程如下：

$$\begin{cases} y_1 = \eta_1 + \varepsilon_1 \\ y_2 = \lambda_2 \eta_1 + \varepsilon_2 \\ x_1 = \xi_1 + \delta_1 \\ x_2 = \lambda_4 \xi_1 + \delta_2 \\ x_3 = \lambda_5 \xi_1 + \delta_3 \\ \eta_1 = \gamma_1 \xi_1 + \zeta_1 \end{cases} \tag{9.14}$$

其中，误差方阵 θ_ε 与 θ_δ 都是对角矩阵，指标向量 $(y_1, y_2, x_1, x_2, x_3, \eta_1)^{\mathrm{T}}$ 在总体中的真实（但未知的）协方差矩阵为

$$\Sigma = \begin{pmatrix} \mathrm{Var}(y_1) \\ \mathrm{Cov}(y_2, y_1) & \mathrm{Var}(y_2) \\ \mathrm{Cov}(x_1, y_1) & \mathrm{Cov}(x_1, y_2) & \mathrm{Var}(x_1) \\ \mathrm{Cov}(x_2, y_1) & \mathrm{Cov}(x_2, y_2) & \mathrm{Cov}(x_2, x_1) & \mathrm{Var}(x_2) \\ \mathrm{Cov}(x_3, y_1) & \mathrm{Cov}(x_3, y_2) & \mathrm{Cov}(x_3, x_1) & \mathrm{Cov}(x_3, x_2) & \mathrm{Var}(x_3) \end{pmatrix}$$

由式（9.14）可得该模型下的总体协方差矩阵

$$\Sigma(\theta) = \begin{pmatrix} \gamma_1^2 \Phi_{11} + \Psi_{11} + \theta_{\varepsilon 1} \\ \lambda_2 (\gamma_1^2 \Phi_{11} + \Psi_{11}) & \lambda_2^2 (\gamma_1^2 \Phi_{11} + \Psi_{11}) + \theta_{\varepsilon 2} \\ \gamma_1 \Phi_{11} & \lambda_2 \gamma_1 \Phi_{11} & \Phi_{11} + \theta_{\delta 1} \\ \lambda_4 \gamma_1 \Phi_{11} & \lambda_4 \lambda_2 \gamma_1 \Phi_{11} & \lambda_4 \Phi_{11} & \lambda_4^2 \Phi_{11} + \theta_{\delta 2} \\ \lambda_5 \gamma_1 \Phi_{11} & \lambda_5 \lambda_2 \gamma_1 \Phi_{11} & \lambda_5 \Phi_{11} & \lambda_5 \lambda_4 \Phi_{11} & \lambda_5^2 \Phi_{11} + \theta_{\delta 3} \end{pmatrix}$$

模型有 11 个未知参数，即

$$\theta^{\mathrm{T}} = (\lambda_2, \lambda_4, \lambda_5, \gamma_1, \Phi_{11}, \theta_{\varepsilon 1}, \theta_{\varepsilon 2}, \theta_{\delta 1}, \theta_{\delta 2}, \theta_{\delta 3}, \Psi_{11})$$

如果理论模型为真，那么 $\Sigma = \Sigma(\theta)$。因此可以得到 15 个方程，其中参数 λ_2、λ_4、λ_5、γ_1、Φ_{11}、Ψ_{11} 可以由下面的 6 个方程确定：

$$
\begin{cases}
\gamma_1 \Phi_{11} = \mathrm{Cov}(x_1, y_1) \\
\lambda_2 \gamma_1 \Phi_{11} = \mathrm{Cov}(x_1, y_2) \\
\lambda_4 \gamma_1 \Phi_{11} = \mathrm{Cov}(x_2, y_1) \\
\lambda_5 \gamma_1 \Phi_{11} = \mathrm{Cov}(x_3, y_1) \\
\lambda_4 \Phi_{11} = \mathrm{Cov}(x_2, x_1) \\
\lambda_2 (\gamma_1^2 \Phi_{11} + \Psi_{11}) = \mathrm{Cov}(y_2, y_1)
\end{cases}
$$

接下来,误差方差 $\theta_{\varepsilon1}$、$\theta_{\varepsilon2}$、$\theta_{\delta1}$、$\theta_{\delta2}$、$\theta_{\delta3}$ 可由 $\Sigma = \Sigma(\theta)$ 的对角线上的 5 个方程解出。因此,在该模型中所有 11 个未知参数都是可识别的,因而该模型也是可识别的。然而,模型并不总是可以被识别。例如,如果总体的参数是 $\gamma_1 = 0$,则模型便是不可识别的,因为这时 10 个未知参数只有 9 个方程。

第二,模型中的每一个潜变量都应设立一个测量尺度(measurement scale)。有两种方式可以为每一个潜变量设定测量尺度,其一,将潜变量的一个观测变量的因子载荷固定为常数,通常将常数设定为 1;其二,将潜变量的方差固定为 1(即将潜变量进行标准化操作)。如果既不固定潜变量的方差,又不固定因子载荷,那么因子载荷和潜变量方差便不能被识别。进一步,如果有与潜自变量相关的参数不可识别,那么该潜自变量的方差及所有发出的路径系数都不可识别。如果有与潜因变量相关的参数不可识别,那么该潜因变量的剩余方差以及经由该潜因变量所形成的所有路径系数也不可识别。

需要注意的是,上述的两个条件为必要不充分条件。也就是说,即使模型满足了上述两个条件,仍然可能出现模型识别问题。模型识别能够使用数学方法进行严格的检查和确认,现有的结构方程模型软件/程序在进行模型估计时,往往也会提供模型识别的检查方法。一般来说,当模型不可识别时,在结构方程模型数据结果输出部分就会出现错误信息,提示哪些参数产生了模型识别的问题。利用这些提示信息,便可以修正模型。

解决模型识别问题的最有效方法是避免出现模型识别问题。一般来说,可以通过增加一些潜变量的观测变量,获得更多的数据点。此外,预防模型识别问题发生的关键之处在于参数设定。模型识别取决于如何将参数设定为自由参数、固定参数或强制参数。自由参数是指需要进行模型估计的未知参数,固定参数是将参数固定为一个特定值,例如,在测量模型中,各潜变量的观测变量有一个固定值为 1.0 的因子载荷,或各潜变量的方差固定为 1.0。另外,如果假设的理论模型中某些变量之间没有影响效应或相关关系,则相应的路径系数或协方差要固定为 0。强制参数是指未知参数,只不过其被强制等于另一个或几个其他参数。例如,假设有研究显示变量 x_1 和 x_2 对某个因变量有同等效应,就可在结构方程模型中强制 x_1 和 x_2 的路径系数相等。通过固定或强制某些参数,就能够有效地减少自由参数的数量,由此将欠识别模型转变为可识别模型。最后,互逆或非递归结构方程模型也经常会出现模型识别问题。当一个模型存在回馈或双向关系时,该结构模型为回馈模型。该模型中两个因变量之间存在反馈环(feedback loops)(一方面 η_1 影响 η_2,另一方面 η_2 又影响 η_1)。这类模型的识别通常比较困难。

一般来说,在初始构建研究模型时,应当将自由参数的数量尽可能地减少,以构建简约模型(parsimonious model)。具体来说,研究模型中仅包括那些主要参数。如果该模型能够被识别,那么可以在后续模型中逐渐增加其他的参数,最后通过比较所有替代模型,选择出最适当的模型。

3. 模型估计

在判断出一个模型可识别之后,需要进行模型估计,即根据显变量的方差和协方差对参数进行估计。与传统的多元回归不同,结构方程模型并不是以极小化因变量拟合值与观测值之间的差异(即 $\Sigma(y-\hat{y})$)为目标,而是以极小化样本方差/协方差与模型估计的方差/协方差之间的差异为目标。因此,结构方程模型的估计从样本的协方差矩阵出发,该矩阵是未知参数的函数。将固定参数值和自由参数值的估计值代入结构方程,从中推导出理论的协方差矩阵。我们以 Σ 代表观测变量 y 和 x 的总体方差/协方差矩阵。结构方程模型估计的关键点是求得"结构方程模型隐含的方差/协方差矩阵",即

$$\Sigma = \Sigma(\theta) = \begin{pmatrix} E(YY^{\mathrm{T}}) & E(YX^{\mathrm{T}}) \\ E(YX^{\mathrm{T}})^{\mathrm{T}} & E(XX^{\mathrm{T}}) \end{pmatrix}$$

$$= \begin{pmatrix} \Lambda_y \widetilde{B}(\Gamma\Phi\Gamma^{\mathrm{T}} + \Psi)\widetilde{B}^{\mathrm{T}}\Lambda_y^{\mathrm{T}} + \Theta_\varepsilon & \Lambda_y \widetilde{B}\Gamma\Phi\Lambda_x^{\mathrm{T}} \\ \Lambda_x \Phi\Gamma^{\mathrm{T}}\widetilde{B}^{\mathrm{T}}\Lambda_y^{\mathrm{T}} & \Lambda_x \Phi\Lambda_x^{\mathrm{T}} + \Theta_\delta \end{pmatrix}$$

如果结构方程模型正确的话,推导出的协方差矩阵应该十分近似于总体协方差矩阵 Σ。因此,模型估计或模型拟合的目的是找到一组模型参数 θ,计算 $\Sigma(\theta)$,并使 $\Sigma - \Sigma(\theta)$ 最小化。Σ 与 $\Sigma(\theta)$ 之间的差异表示研究模型与样本数据的拟合效果。

但是因为 Σ 与 $\Sigma(\theta)$ 均未知,因此在结构方程模型的实际分析过程中,实际上是在最小化 $S - \Sigma(\hat{\theta})$ 或 $S - \hat{\Sigma}$,其中,S 是样本方差/协方差矩阵,$\hat{\theta}$ 是模型样本参数估计值,$\hat{\Sigma}$ 是由样本估计的模型隐含方差/协方差矩阵。

如前所述,一般结构方程模型由 8 个基本的参数矩阵的各固定参数与自由(估计的)参数的特定模式所表示。观测方差/协方差矩阵(S)用来估测参数矩阵中的自由参数值,使其能更好地再生出 $\hat{\Sigma}$,并最小化 $\hat{\Sigma}$ 与 S 的差别。8 个模型参数矩阵可以产生无数的参数组合,而一组特定的参数组合只能再生一个 $\hat{\Sigma}$。如果模型设定正确的话,$\hat{\Sigma}$ 将非常接近于 S,所以结构方程模型的整个估计过程就是采用特殊的拟合函数以使 $\hat{\Sigma}$ 与 S 之间的差别尽可能地小。

在结构方程模型的模型拟合过程中可以进行的参数估计方法有很多种,比如极大似然估计法(ML)、广义最小二乘法(GLS)、不加权的最小二乘法(ULS)、一般加权最小二乘法(WLS)、对角加权最小二乘法(DWLS)等。极大似然估计法是最为常用的估计方法。

(1) 极大似然估计。使得下面拟合函数 F_{ML} 达到最小值的估计 $\hat{\theta}$ 称为极大似然估计,简称为 ML 估计

$$F_{\mathrm{ML}} = \log|\hat{\Sigma}(\theta)| - \log|S| + \mathrm{tr}(S\hat{\Sigma}^{-1}(\theta)) - (p+q) \tag{9.15}$$

其中,$p+q$ 为模型中观测变量的数量,log 可以取为自然对数 ln。结构方程模型估计的目标是估计出能使表示 S 与 $\hat{\Sigma}$ 之间差异的函数最小化的模型参数,F_{ML} 是对该差异函数的测量,称为最小差异函数。一个完善拟合的模型,其最小差异函数为零。

极大似然估计是结构方程模型分析最常使用的参数估计方法。极大似然法确定参数的基本思想是抽取到的样本应该是总体中所有可能的样本中被抽中概率最大的样本,由此使抽取到的样本出现概率最大化时的参数的最优值即为未知参数的估值。

极大似然估计有几个重要的性质。第一,极大似然估计是渐近无偏的(asymptotic unbiased)。在大样本情况下,平均而言,极大似然估计法不会过高也不会过低估计相应的总体参数。第二,极大似然估计具有一致性。随着样本量增加,极大似然估计逐渐向总体参数真值收敛。换句话说,如果样本数据的数量足够大时,极大似然估计是渐近无偏的。第三,极大似然估计是渐近有效的,随着样本数量的增加,参数的标准误差也会相应减小;当样本数据的数量足够大时,使用极大似然法得到的参数估计的标准误差至少不比用其他方法估计的标准误差大。第四,极大似然估计具有渐近正态性。随着样本数量的增加,参数估计值的分布也会趋于正态分布。可以利用这一性质进行假设的显著性检验和参数的置信区间检验。第五,极大似然函数不受限于变量的测量尺度,也就是说,使用差异化的测量尺度并不影响极大似然估计。第六,极大似然估计量具有不变性,参数 θ 的函数 $f(\theta)$ 的极大似然估计量即为其似然估计量 $\hat{\theta}$ 的函数 $f(\hat{\theta})$。第七,在多元正态与大样本假设下,极大似然估计法的拟合函数 $F_{\text{ML}}(\hat{\theta})$ 乘以 $n-1$ 接近于卡方分布,这个结果可以用于整个模型的检验。

(2) 不加权最小二乘估计。不加权最小二乘估计的基本原理是求出 $\hat{\Sigma}$ 与 S 矩阵的差异(残差矩阵)平方和的最小值,简记为 ULS 估计。"不加权"是指各向量元素差异值的计算并未经加权处理,即每一个向量的地位相等。当模型中的观测变量有相同的测量单位时(单位均相同时),适合使用不加权最小二乘估计。其函数为

$$F_{\text{ULS}} = \frac{1}{2}\text{tr}\left[(S-\hat{\Sigma}(\theta))^2\right] \tag{9.16}$$

其中,$\text{tr}\left[(S-\hat{\Sigma}(\theta))^2\right]$ 等于残差矩阵 $S-\hat{\Sigma}(\theta)$ 中全部元素的平方和,每一个元素都具有相等的计量尺度。

不加权最小二乘估计的优点是计算简便,不过拟合函数极小化能力较差。不加权最小二乘估计的最优拟合值不是渐近卡方分布。例如,不加权最小二乘估计法没有考虑到向量的残差因测量尺度不同而产生的异质性问题。因此,以不加权最小二乘估计法估计大样本的矩阵,其残差变异量很大,估计效果也很差。此外,利用不加权最小二乘估计法估计所获得的标准误差,是在正态假设成立的基础上,如果正态假设不成立,那么不加权最小二乘估计法的估计结果也将不可信,而且不加权最小二乘法的估计是一致性估计,但不是渐近有效的,并且没有尺度不变性。

(3) 广义最小二乘估计。广义最小二乘估计法是由不加权最小二乘法改进而来的,使得式(9.17)中的拟合函数 F_{GLS} 达到最小值的估计 $\hat{\theta}$ 称为广义最小二乘估计,简记为 GLS 估计。广义最小二乘估计的基本原理也是使用差异平方和的概念,只是在计算差异值时,以特定的权数来加权个别的比较值。其函数为

$$F_{\text{GLS}} = \frac{1}{2}\text{tr}\left[(I-\hat{\Sigma}(\theta)S^{-1})^2\right] \tag{9.17}$$

其中，$\mathrm{tr}[(I-\hat{\Sigma}(\theta)S^{-1})^2]$ 等于残差矩阵 $S-\hat{\Sigma}(\theta)$ 中全部元素的平方和，其权重为样本协方差矩阵的逆矩阵。可以证明，当误差假设为正态分布时，广义最小二乘估计与极大似然估计是渐近等价的。因此，广义最小二乘估计具有极大似然估计一样的渐近性质。由式(9.17)可知，广义最小二乘估计法在估计残差矩阵的最小平方数值时，增加了一组权数 S^{-1}，使矩阵中的不同向量依照权数加权后求得函数的最小化。其目的在于校正不加权最小二乘估计法当中无法处理的残差异质性问题，具体做法是将残差乘以观察协方差矩阵的逆矩阵 S^{-1}，也就是将每一个残差除以自己的协方差或方差。

（4）一般加权最小二乘估计。上述极大似然估计、不加权最小二乘估计和广义最小二乘估计都是一般加权最小二乘估计的特例。使得下面拟合函数 F_{WLS} 达到最小值的估计 $\hat{\theta}$ 称为加权最小二乘估计，简记为 WLS 估计

$$F_{\mathrm{WLS}}=(s-\sigma^*)^{\mathrm{T}}V^{-1}(s-\sigma^*) \tag{9.18}$$

其中，$s=(s_{11},s_{21},s_{22},s_{31},\cdots,s_{kk})^{\mathrm{T}}$ 是 $S=(s_{ij})$ 的下三角元素按列顺序排列成的 $\dfrac{k(k+1)}{2}$ 维向量 $(k=p+q)$，$\sigma^*=(\sigma_{11}^*,\sigma_{21}^*,\sigma_{22}^*,\sigma_{31}^*,\cdots,\sigma_{kk}^*)^{\mathrm{T}}$ 是 $\Sigma(\theta)=(\sigma_{ij}^*)$ 的下三角元素按列顺序而成的向量，V 是一个用于加权的 $\dfrac{k(k+1)}{2}$ 阶正定矩阵。相应于 $s=(s_{11},s_{21},s_{22},s_{31},\cdots,s_{kk})^{\mathrm{T}}$ 中元素的下标，可以将 V 表示成 $V=(v_{gh,ij})$。

（5）渐近无分布估计法。渐近无分布估计法是由博伦(Bollen)于 1984 年提出的一种无须以正态假设为基础的参数估计法，由于不需考虑正态分布的问题，因此又称为分布自由。渐近无分布估计也可以视为一般加权最小二乘估计的一种特例，利用特殊的 W^{-1} 权数来消除多变量正态假设的影响。使得下面拟合函数 F_{ADF} 达到最小值的估计 $\hat{\theta}$ 称为加权最小二乘估计，简记为 ADF 估计

$$F_{\mathrm{ADF}}=\frac{1}{2}(\kappa+1)^{-1}\mathrm{tr}\{[S-\hat{\Sigma}(\theta)]W^{-1}\}^2-\delta\{[S-\hat{\Sigma}(\theta)]W^{-1}\}^2 \tag{9.19}$$

其中，κ、δ 为观测变量的峰度。F_{ADF} 的计算考虑了非正态分布的影响，因此 F_{ADF} 可以不受分布正态性的影响。需要注意的是，渐近无分布估计法也有一些局限：第一，F_{ADF} 函数所处理的是观测变量的峰度，因此利用渐近无分布估计分析必须从原始数据出发，不能直接使用共变或相关矩阵输入法。第二，渐近无分布估计法的计算过程较为繁杂。在导出协方差矩阵时，针对各变量的非正态性进行校正处理，不仅时间耗费更长，对计算机的硬件要求也较高。一般来说，渐近无分布估计的样本量甚至要高达 2500 以上才能使估计结果趋于稳定。

综上所述，为了使结构方程模型分析能够在正态化假设成立的条件下进行，维持一定规模的样本量是必要的。一般而言，样本比较多时使用极大似然估计比较好；样本量比较少时，广义最小二乘估计方法较合适。当违反正态性假设时，以极大似然估计法与广义最小二乘估计法来估计参数，样本量要更大，实例表明当样本量达 2500 以上时参数估计才能趋于稳定。样本越少，广义最小二乘估计法较极大似然法会越稍微好一点。实例表明渐近无分布估计法在样本量为 2500 以下时一般表现不理想。如果违反误差项独立假设，那么极大似

然估计法与广义最小二乘估计法的估计效果在任何样本规模下都可能不理想,渐近无分布估计法在样本量大于 2500 时表现比较理想。当然以上讨论的样本量与估计效果是相对而言的,因为还与需要的参数个数和参数估计精度有关,但至少说明观测变量的正态性假设与独立性假设是影响结构方程模型参数估计与假设检验的重要因素。

4. 模型评价

在参数估计完成后,得到了一个结构方程模型,之后需要对其进行评价,即在已有的证据和理论范围内,考察所提出的模型是否能最充分地对观测数据作出解释。模型评价比模型的构建、识别和估计更为复杂,因为这需要表明在现有证据和知识限度内,所得到的模型是否是整体拟合得最好的模型而且可以作信息量最大的解释。

结构方程模型分析是在零假设 $\Sigma = \Sigma(\theta)$ 的基础上,对整体模型拟合优度进行检验。换言之,结构方程模型是评估模型估计的方差/协方差矩阵 $\hat{\Sigma}$ 与观测样本方差/协方差矩阵 S 之间的差异度。如果 $\hat{\Sigma}$ 与 S 没有统计学显著性差异,则称模型与数据拟合效果良好,接受零假设模型,支持设定的变量间关系;如果模型与数据的拟合效果不好,则拒绝零假设。需要注意的是,对研究模型整体拟合效果的评估应在解释具体的参数估计值之前。因为如果不进行研究模型整体拟合效果的评估,模型估计的任何结论都可能是不合理的。

在结构方程模型的分析过程中,有很多种方法能够评估 S 与 $\hat{\Sigma}$ 之间的接近程度,因此有多种模型拟合指数。从总体上看,模型拟合指数可分为绝对拟合指数和增值拟合指数,每一类中又有多个不同的拟合指数。

绝对拟合指数:直接评估设定模型与样本数据的拟合情况,换言之,直接评估模型估计或隐含的方差/协方差矩阵 $\hat{\Sigma}$ 与观测样本数据方差/协方差矩阵 S 之间的差异程度。实际上,绝对拟合指数产生于设定模型与饱和模型的比较。因为饱和模型精确拟合了数据,其所隐含的方差/协方差矩阵 $\hat{\Sigma}$ 与观测样本的方差/协方差矩阵 S 相等。因此将设定模型的 $\hat{\Sigma}$ 与 S 比较,事实上就是将设定模型与饱和模型进行比较。绝对拟合指数包括但不限于:模型卡方统计、拟合优度指数、调整拟合优度指数、临界 N 值、残差均方根、标准化残差均方根、近似误差均方根等。

增值拟合指数(也称相对拟合指数):通过将设定模型与基准模型或独立模型进行比较,检测模型拟合的效果相对基准模型而言的改进程度。基准模型代表着数据拟合效果最差的模型,主要原因在于基准模型只允许观测变量方差而没有反映变量间协方差,因此零模型中没有潜变量。从理论上看,相对零模型而言,设定模型越好,模型拟合的改进程度就越高,增值拟合指数也就越好。增值拟合指数主要包括:规范拟合指数、增值拟合指数、Tucker-Lewis 指数、非规范拟合指数、相对离中指数、比较拟合指数等。

模型拟合指数也可划分为离中指数、简约调整拟合指数和信息标准指数。

离中指数:结构方程模型拟合检验的替代方法。传统的检验法通过检验卡方值(χ^2)和 p 值了解模型拟合度,而离中指数主要是评估模型不拟合数据的程度。离中指数以离中参数(Noncentrality Parameter, NCP)为基础,NCP 可估计为 $\chi^2 - df$(如 $\chi^2 < df$,则设 $\chi^2 - df = 0$),其中,df 为模型自由度。一个样本量大、设定正确的模型,拟合函数(F_{ML})和模型卡方值应服从中心卡方分布,则 $NCP = 0$。一个误设模型的卡方值可能会服从非中心卡方分布,可认为是中心卡方右移 NCP 个单位的结果。因此,离中参数 NCP 可以理解为是一

个反映模型不拟合数据程度的指数。NCP 越大,模型拟合越差,NCP 越小,模型拟合越好,在构建离中指数的过程中,为了消除样本量可能产生的影响,离中参数 NCP 重新标度为 $d=(\chi^2-df)/(N-1)$,称为重新标度的离中参数。离中指数主要包括:离中参数、RMSEA、比较拟合指数、相对离中指数、中心指数和交叉确认期望指数等。

简约调整拟合指数:通过惩罚复杂模型来调整拟合指数。一般来说,研究模型越复杂,自由参数就会越多,拟合指数就会越低。在实际研究中建立的模型不仅应该是拟合效果最好,同时也应该是最简约的模型。简约调整拟合指数主要包括:卡方自由度之比 (χ^2/df)、调整拟合优度指数、简约拟合优度指数、简约调整规范拟合指数、简约调整比较拟合指数、TLI/NNFI 和 RMSEA 等。

信息标准指数:从理论信息的角度评价模型拟合状况。最为常见的信息标准指数是 Akaike 信息标准(akaike information criterion,AIC)和 Bayesian 信息标准(bayesian information criterion,BIC)。其他信息标准指数还有:一致 Akaike 信息标准(consistent AIC,CAIC)、样本量调整 BIC(sample-size adjusted BIC,ABIC)、Browne-Cudeck 标准 (Browne-Cudeck criterion,BCC)、交互效应期望指数(expected cross-validation index,ECVI)。需要注意的是,信息标准指数只能用来比较不同的模型,判断哪个模型与数据的拟合效果更好,而不能用于评估单个模型的拟合优度。AIC、CAIC、BIC 和 BCC 都是用于模型比较的重要简约校正指数。

大多数的结构方程模型软件/程序(如 LISREL、EQS、Amos)都会提供多种模型拟合指数。但在实际研究中,只需要选择合适的拟合指数进行模型评价和模型解释。以下我们重点讨论结构方程模型分析报告中常用的几种拟合指数,如模型 χ^2、GFI、AGFI、RMSEA、CFI、RMR 和 SRMR 等。

(1)卡方检验(χ^2)。卡方检验是结构方程模型分析中最常用的模型评价方式。在结构方程模型中,卡方值是由拟合函数转换得到的统计量,反映了假设模型的方差/协方差矩阵 $\hat{\Sigma}$ 与观测样本方差/协方差 S 之间的差异程度。卡方值定义为

$$\chi^2=(N-1)F_{\mathrm{ML}} \tag{9.20}$$

其中,$F_{\mathrm{ML}}=F(S,\hat{\Sigma})$ 是设定模型拟合函数的最小值,N 为样本量。如果样本数据服从多元正态分布,而且模型设定正确,则拟合函数的 $N-1$ 倍服从卡方分布。传统的统计检验往往希望检验指标是显著的,但此处我们希望卡方检验不显著,即卡方值越小,模型拟合数据也就越好。换句话说,我们希望检验结果接受零假设(H_0:残差矩阵为零,或模型估计的方差/协方差与实际观测样本的方差/协方差之间没有差异)。从另一个角度理解,结构方程中的卡方值 χ^2 实际衡量的是拟合劣度(badness-of-fit)。χ^2 值越大,模型拟合数据越差,χ^2 值越小,模型拟合数据越好,χ^2 值为零,则模型与数据完美拟合。

从卡方检验的角度看,自由度越大的研究模型在卡方检验上越处于不利的地位。由此可以得出,如果使用卡方数据去检验模型拟合度,除了根据 χ^2 值越小越好的统计显著性原理之外,还需考虑自由度大小的影响。在结构方程模型中,可以计算出一个卡方自由度比 (χ^2/df)来进行模型间拟合比较。卡方自由度比越小,表示模型拟合度越高,反之,表示模型拟合度越差。一般而言,卡方自由度比值小于 2 或 3 时,模型具有理想的适配度,小于 1

则有过度适配的问题。

卡方检验为因子分析模型提供了较客观的评价手段,但卡方检验有明显的局限。第一,卡方检验对样本量高度敏感。样本量越大,卡方值越大,越容易拒绝零假设,越可能出现第Ⅰ类错误(拒绝真错误)。因此,在实际研究中,尽管观测的与模型估计的方差/协方差矩阵之间的差异很小,但随着样本量的增加,模型被拒绝的概率依然会很大。第二,如果样本量不够大,拟合函数也可能不服从或不近似服从 χ^2 分布。第三,χ^2 受变量是否服从多元正态分布的影响非常大,当变量呈现较高的偏态(skewed)或峭度(kurtosis)分布时,χ^2 值会增加;χ^2 值也会随着模型中变量数量的增加而增加。因此,不应该完全根据 χ^2 检验本身的显著性拒绝模型。为了弥补 χ^2 检验的局限,出现了大量用于检验模型拟合效果的模型拟合指数。第四,在结构方程模型中,被检验的假设模型若能有效反映实际观测到的数据,其原假设应成立,而对立的备择假设不成立。因此,利用卡方分布来进行假设模型的统计检验只能确认原假设是否成立,无法推翻不良的备择假设模型以支持特定的原假设模型。

(2)模型拟合指数。除了卡方检验外,结构方程模型还使用了不同的指数来检验模型的拟合度。这些指数可能基于卡方统计量,只是修正了卡方统计的某些局限性,也可能是以不同的替代性模型作为参照,使模型拟合的程度能够被真实地反映出来。最常见的模型拟合指数有 GFI、AGFI、NFI、NNFI 等几种,下面将分别进行介绍。

GFI 指数是拟合指数,其类似于回归分析中的可解释变异量(R^2),表示假设模型可以解释观测样本方差/协方差的比例,即

$$GFI = \frac{\mathrm{tr}(\hat{\Sigma}^\mathrm{T} W \hat{\Sigma})}{\mathrm{tr}(S^\mathrm{T} WS)} \tag{9.21}$$

其中,分子是理论假设模型估计的方差/协方差矩阵加权和,分母是样本实际观测所得到的方差/协方差矩阵加权和,W 是加权矩阵。由于模型估计值会小于实际观测值,因此 GFI 是小于 1 的比值。GFI 值越接近 1,分子分母越接近,表示模型拟合度越高。

AGFI 是调整后适配度指数,其类似于回归分析中的调整后的决定系数(adjusted R^2)。AGFI 的计算法则是在计算 GFI 系数时,将自由度纳入考量范围后所计算出来的模型拟合指数。这表明参数越多,AGFI 指数越大,越有利于得到拟合效果良好的结论。其公式如下

$$AGFI = 1 - \frac{1 - GFI}{1 - \dfrac{t}{DP}} \tag{9.22}$$

其中,t 为估计参数数目,DP 为观测样本数量。由上述公式可知,GFI 越大,AGFI 也会越大,AGFI 的值介于 0~1 之间。一个能够拟合观测数据的结构方程模型,其 GFI 与 AGFI 都会非常接近 1,一般需要大于 0.90 才可被视为具有理想的拟合度。

GFI 指数的另一种变体是 PGFI 指数,即简约适配度指数,计算式如下

$$PGFI = \left[1 - \frac{t}{DP}\right] GFI \tag{9.23}$$

从上述的计算公式可以看出，$PGFI$ 指数考虑到了假设模型中估计参数的数量问题，可以用来反映假设模型的简约程度。$PGFI$ 指数的判别原理与 GFI 相似，$PGFI$ 指数越接近于 1，显示模型的适配度越佳（模型越简约）。对于一个良好的模型来说，$PGFI$ 指数大约可以达到 0.5 以上。

另外两种较为常用的拟合指数是规范拟合指数（normed fit index，NFI）与非规范拟合指数（non-normed fit index，$NNFI$），这两种指数是利用嵌套模型的比较原理所计算出来的一种相对性指数，反映了假设模型与一个观测变量间没有任何共变假设的独立模型的差异程度。

在结构方程模型中，将观测变量之间设定为没有任何共变情况所得到的独立模型，是利用同一组观测变量可能组合而成的无数个假设模型当中最基本的一种状况，在概念上可以作为所有其他模型的基准模型。因此，从某种意义上说，独立模型表示了拟合状况最不理想的一种极端情况，反映了所有的观测变量之间没有任何关联，而且自由度也最大。因此，以独立模型导出的卡方值（χ^2_{indep}）是所有可能模型的卡方值的最大值，而其他所有的模型（称为比较模型，以 χ^2_{test} 表示）都是在基准模型的基础上加以延伸的嵌套模型，卡方值必然会比基准模型的卡方值低，可以与基准模型相比较。计算公式为

$$NFI = \frac{\chi^2_{\text{indep}} - \chi^2_{\text{test}}}{\chi^2_{\text{indep}}} \tag{9.24}$$

NFI 指数的原理是计算假设模型的卡方值（χ^2_{test}）与基础模型的卡方值（χ^2_{indep}）的差异量，也可以被理解为某一个假设模型比起最糟糕模型的改善情形。

已有研究发现，在样本量较小、自由度较大的情况下，NFI 检验会低估拟合度理想的假设模型。正因如此，后续学者提出了 $NNFI$ 指数，将自由度纳入考量范围，类似于前文所述 $AGFI$ 对 GFI 的调整，以此来规避模型复杂度的影响，其计算式如下

$$NNFI = \frac{\chi^2_{\text{indep}} - \dfrac{df_{\text{indep}}}{df_{\text{test}}}\chi^2_{\text{test}}}{\chi^2_{\text{indep}} - df_{\text{indep}}} \tag{9.25}$$

调整后的 $NNFI$ 指数虽然改善了 NFI 的问题，但由于 $NNFI$ 值中对自由度加以调整，使得 $NNFI$ 指数可能出现超出 0～1 范围的情况，这也表明 $NNFI$ 的波动性相对较大。此外，相对于其他指标值，$NNFI$ 值可能会相对较低，这就造成了在其他指标值显示假设模型是契合的状态下，$NNFI$ 值却显示理论模型适配度反而不理想的矛盾现象。

（3）替代指数。替代指数不是以卡方统计量的假设检验来评估模型的拟合度，这也是替代指数与模型拟合指数的主要不同之处。替代指数的基本思路是假设模型矩阵与实际观测矩阵的比较不是全有/全无的概念。这主要是因为观测数据是否能够反映真实变量间的关系也是一个需要检验的问题。因此，如果用观测数据矩阵作为比较基准，其实并不一定能够准确反映假设模型的好坏。正因如此，替代性指数的检验准则是不再关注虚无假设是否成立，而是去直接估测假设模型与由抽样理论导出的卡方值的差异程度。由于替代指数是直接估计被检验模型与理论分布的差异程度，因此可以在中央极限定理的基础上，以区间估计的概念进行显著性检验。

一个重要的替代性指数为近似误差均方根（root mean square error of approximation，RMSEA），通过调整模型自由度，RMSEA 可测量单位自由度的平均欠拟合度（值越大，拟合越差），其计算式如下

$$RMSEA = \sqrt{\frac{\hat{F}_0}{df_{\text{test}}}} \tag{9.26}$$

其中，$\hat{F}_0$ 是被检验模型的卡方值减去自由度再除以样本量的函数值，具体公式如下

$$\hat{F}_0 = \frac{\chi^2_{\text{test}} - df_{\text{test}}}{N} \tag{9.27}$$

由上式可知，RMSEA 值排除了样本规模与模型复杂度的影响，当假设模型的拟合效果趋近于完美时，$\hat{F}_0$ 接近 0，RMSEA 亦接近 0。RMSEA 指数越小，表示假设模型的拟合效果越佳。因此，对 RMSEA 的通常解释为：RMSEA = 0，则完美拟合；RMSEA < 0.05，则精确拟合；RMSEA 在 0.05 ～ 0.08 区间，则合理拟合；RMSEA 在 0.08 ～ 0.10 区间，则拟合效果不好；RMSEA > 0.10，则拟合效果很差。Hu 和 Bentler 建议以 RMSEA ≤ 0.06 作为一个模型拟合良好的截断值。McDonald 与 Ho 则建议以 0.05 为良好拟合的门槛，以 0.08 为可接受的拟合门槛。

除卡方检验外，RMSEA 是目前唯一能提供置信区间的模型拟合指数。一般情况下，在研究中 RMSEA 会同时报告其 90% 置信区间。如果模型拟合效果良好，则 90% 置信限的下限包括 0 或非常接近 0，上限应小于 0.08。另外，采用 RMSEA 还可检验精准拟合的零假设（H_0: RMSEA ≤ 0.05），用 p 值检验备择假设（H_1: RMSEA > 0.05）。具体而言，如果 $p > 0.05$，则不能拒绝 RMSEA ≤ 0.05 的零假设，表示设定模型有精确拟合。目前在结构方程模型分析中，RMSEA 的应用越来越多，模拟研究显示，RMSEA 比其他拟合指数更好。值得关注的是，最近的研究则指出 RMSEA 指数在小样本时有高估的现象，使拟合模型被视为不理想模型，因此在小样本时应谨慎使用 RMSEA 数值。

另一个常用的指数是比较拟合指数，简称为 CFI 指数。比较拟合指数反映了假设模型与没有任何共变关系的独立模型差异程度的指标，同时也考虑到被检验的假设模型与中央卡方分布的离散性。比较拟合指数（CFI 指数）的计算原理是基于假设模型距离中央卡方分布的移动情形，得出一个非中央性参数 τ_i。τ_i 越大，代表拟合越不理想；当 $\tau_i = 0$ 时，假设模型具有完美适切性。其公式如下

$$\tau_{\text{indep. test}} = \chi^2_{\text{indep. test}} - df_{\text{indep. test}} \tag{9.28}$$

$$\tau_{\text{est. test}} = \chi^2_{\text{est. test}} - df_{\text{est. test}} \tag{9.29}$$

$\tau_{\text{est. test}}$ 为理论假设模型非中央性参数估计数，$\tau_{\text{indep. test}}$ 为基础模型相当于假设模型的非中央性参数。根据上式，得到 CFI 指数公式如下

$$CFI = 1 - \frac{\tau_{\text{est. test}}}{\tau_{\text{indep. test}}} \tag{9.30}$$

由前文可知,独立模型是最不理想的模型(观测变量之间没有任何共变),任何模型都一定比独立模型的拟合度更佳。因此,CFI 指数的数值也是越接近于 1 越理想,表示能够有效改善非中央性的程度。比较拟合指数的检验性质与 NFI 接近,截断值一般为 0.90,当 CFI 不小于 0.90,则可以认为模型拟合数据。Hu 和 Bentler 认为应将该值提高到 0.95。CFI 即使在小样本的情况下也是一个较理想的拟合指数。需要注意的是,CFI 依赖于数据中平均相关系数大小,如果变量间平均相关系数不大,则 CFI 也不会太大。

(4) 残差分析指数。上述指标主要是对整体模型拟合度的检验,在结构方程模型中对个别参数良好与否的检测与说明也是一项非常重要的工作,残差分析可以检查结构方程模型的特定参数是否理想。残差均方根指数(root mean square residual,RMR)与标准化残差均方根指数(standardlized root mean square residual,SRMR)都是反映理论假设模型整体残差的指数。残差均方根 RMR 是平均残差的平方根,如前文所述,在结构方程分析中,残差是样本方差/协方差矩阵(S)与模型估计的方差/协方差矩阵 $(\hat{\Sigma})$ 之间元素的差异。计算公式为

$$RMR = \left[\sum \sum \frac{(s_{jk} - \hat{\sigma}_{jk})^2}{e} \right]^{1/2} \tag{9.31}$$

其中,s_{jk} 和 $\hat{\sigma}_{jk}$ 分别是观测方差/协方差矩阵(S)与模型估计的方差/协方差矩阵 $(\hat{\Sigma})$ 中的元素,$e = (p+q)(p+q+1)/2$,其中 $(p+q)$ 是观测变量的总数。

$SRMR$ 指数是对 RMR 指数的标准化,计算式如下

$$SRMR = \left[\sum \sum \frac{r_{jk}^2}{e} \right]^{1/2} \tag{9.32}$$

其中,r_{jk} 为相关系数矩阵的残差,即观测相关系数矩阵与模型估计相关系数矩阵间元素的差异

$$r_{jk} = \frac{s_{jk}}{\sqrt{s_{jj}}\sqrt{s_{kk}}} - \frac{\hat{\sigma}_{jk}}{\sqrt{\hat{\sigma}_{jj}}\sqrt{\hat{\sigma}_{kk}}} \tag{9.33}$$

这里,s_{jk} 为观测变量 y_j 和 y_k 之间的样本协方差,$\hat{\sigma}_{jk}$ 为模型估计的相应的协方差。RMR 与 $SRMR$ 越小就意味着模型与观测值的拟合效果越好。鉴于 RMR 是基于未标准化的结果,其数值缺乏标准化特性,比较难解释,因此,大部分会选择使用标准化后的 $SRMR$ 指数来判断模型的优劣。一般来说,如果 $SRMR$ 指数小于 0.08,则认为模型拟合良好;$SRMR$ 指数小于 0.10,则认为模型可以接受。当样本量及模型中参数量增加时,该指数有减小的趋势。

需要指出的是,不能单纯依赖一种拟合指数来检验假设模型。为了提高模型拟合结论的准确性,一般可以采用多种拟合指数来评估模型。在实际研究中,通常要报告 χ^2、CFI、$NNFI$、$RMSEA$、$RMSEA$ 的 90% 置信区间以及准确拟合的 p 值。表 9.3 显示了各种拟合指数的性质、取值范围、判断标准以及使用情形。

表 9.3 各种拟合指数的比较

指标名称	性质	范围	判断值	使用情形
卡方检验				
χ^2 检验	理论模型与观测模型的拟合程度	—	$p > 0.05$	说明模型解释力
χ^2/df	考虑模型复杂度后的卡方值	—	$1\sim 3$	不受模型复杂度影响
适合度指数				
GFI	假设模型可以解释观测数据的比例	$0\sim 1$	> 0.90	说明模型解释力
AGFI	考虑模型复杂度后的 GFI	$0\sim 1^*$	> 0.90	不受模型复杂度影响
PGFI	考虑模型的简效性	$0\sim 1$	> 0.50	说明模型的简单程度
NFI	比较假设模型与独立模型的卡方差异	$0\sim 1$	> 0.90	说明模型较独立模型的改善程度
NNFI	考虑模型复杂度后的 NFI	$0\sim 1^*$	> 0.90	不受模型复杂度影响
替代性指数				
RMSEA	比较理论模型与饱和模型的差距	$0\sim 1$	< 0.05	不受样本量与模型复杂度影响
CFI	假设模型与独立模型的非中央性差异	$0\sim 1$	> 0.95	说明模型较基础模型的改善程度特别适合小样本
残差分析				
RMR	未标准化假设模型的整体残差	—	越小越好	了解残差特性
SRMR	标准化假设模型的整体残差	$0\sim 1$	< 0.08	了解残差特性

注:＊指数值可能会超过范围。

5. 模型修正

在结构方程模型分析中,通常的做法是在已有理论、文献或前人研究的基础上提出自己的研究模型,然后用自己提出的模型来拟合可用的数据。但这种带有明显探索性质的研究模型一般来说拟合效果并不是很好。提出的假设模型一般总有一些假设不合理的地方,因此需要进一步分析模型拟合效果不好的原因,然后对研究模型进行修正并用同一数据进行再次检验,这个过程可称为"模型设定探索"。模型适配度不高的可能原因包括违反基本分布的假定,或者有缺失值或序列误差的存在,或者不是线性关系等等。在应用结构方程模型时,进行模型修正是为了改进初始模型的适合程度,模型修正有助于认识初始模型的缺陷,同时也能从其他替换模型中获得启示。当探索性初始模型不能拟合观测数据时,我们需要了解这个模型在什么地方存在问题,需要如何修正模型才能使其拟合得较好。然后我们将模型进行修正,再用同一观测数据来进行检验。

为了改进与数据拟合效果不好的初始模型,提升研究模型的拟合参数,学者们常使用修正指数(modification indices,MI)作为判断标准来协助研究者进一步改进研究模型。在模型修正过程中,修正指数会和模型中的固定参数联系起来。具体而言,一个固定参数的修正指数相当于自由度为 1($df=1$) 的模型卡方值。换句话说,如果将模型中某个受限制的固定参数改为自由参数,模型卡方值将减少为相当于该参数的修正指数估计值。

假设研究模型的修正指数值很高,这意味着相应的固定参数应该设定为自由参数,从而达到提高模型拟合度的目的。一般来说,当 $df=1$ 时,卡方值低于 3.84,就意味着研究模型的拟合效果在 $p=0.05$ 水平上存在明显的改进,实际上并没有明确的经验规则界定模型修正指数能够保证模型有显著性修正效果的临界值。以 Mplus 为例,在其输出的结果中,如果相应的模型卡方值减少大于等于 10,模型修正指数会被确定为默认输出值。如果存在多个模型修正指数值较高的参数,则应该从模型修正指数值最高的参数开始,每次修正一个参数,使这个参数可以自由估计。这是因为在同一个研究模型中,其他部分的结果也会受到改变某一参数的影响。通过使某些固定参数自由化,可以有效提高研究模型拟合程度。需要注意的是,模型的任何修正操作必须具有理论意义,换言之,模型修正需要在理论推演上作出合理的解释。

与模型修正指数有关的另一诊断指标为参数期望改变值(expected parameter change,EPC)。参数期望改变值是指某一固定参数被允许自由估计时的参数改变量。同样以 Mplus 为例,Mplus 为模型中所有固定参数或强制等于其他参数的参数提供相应的参数期望改变值和标准化的参数期望改变值。参数期望改变值与修正指数共同为模型的改进提供了重要信息。

检验模型拟合效果的另外一个非常重要的手段是检查模型的残差。与多元回归分析中的残差不同,结构方程模型分析中的残差是残差矩阵 $S-\hat{\Sigma}$ 中的元素,其中 S 是样本的方差/协方差矩阵,$\hat{\Sigma}$ 是模型估计的方差/协方差矩阵。残差受到可观测变量的度量单位的影响。一般来说,观测变量经常使用不同的度量单位,因而简单地对残差进行比较没有价值。因此,学者们通常对残差进行标准化操作,具体来说,就是残差除以其渐近(大样本)标准误差,后者是观测方差/协方差矩阵 S 中各元素的一个复杂函数。从统计分析的角度来看,标准化残差并不是模型拟合的指数,但标准化残差可以为如何缩小估计的与观测方差/协方差矩阵之间的差异提供大量的重要信息。因为标准化后的残差较大意味着某个具体的方差或协方差在 S 与 $\hat{\Sigma}$ 间的差异较大。一般意义上看,如果一个标准化后的残差大于 2.58,就可认为标准化残差较大。一个良好的理论模型应当包含以下五个情况:①测量模型中的因子载荷和因果模型中的结构系数的估计值都有实践价值和统计学意义;②研究模型中所有固定参数的修正指数不应过高;③主要拟合指数达到了一般要求;④测量模型和因果模型中的主要方程的决定系数 R^2 应足够大;⑤所有的标准拟合残差都小于 1.96。

如果上述五种情况中的一种或几种未得到满足,我们可以根据相应的数据输出结果作出如下改变:①模型评价结果中包含没有实际意义或统计学意义的参数时,可将这些参数固定为零,即删除相应的自由参数;②将最大或较大模型修正指数的固定参数调整为自由参数;③当数据输出中有较大的标准残差时,可以不断增减自由参数,直到所有的标准残差均小于 2 为止;④如果主要方程的决定系数很小,则可能是缺少重要的观测变量,或样本量较小,又或所设定的初始模型不正确所造成的。

值得一提的是,修正研究模型或重新设定研究模型应该同时具备"数据驱动"和"理论驱动"。具体而言,研究者们应该在理论知识和实践经验的基础上对研究模型进行有价值地调整,从而避免盲目关注和使用模型修正指数,只注重模型拟合指数的改善而忽略了理论和实践意义。总的来看,在模型修正过程中,虽然我们的目的是找到一个统计上对实际数据拟合良好的模型,但即便如此,我们也不能以改善模型拟合度为目的而增减参数。因为从研究的根本目的来看,我们研究模型中的所有参数估计都应具备理论意义和实践价值。

9.4　结构方程模型的优点和局限性

前面我们介绍了结构方程的原理与方法,本小节我们归纳总结一下结构方程模型的优点和局限。

1. 结构方程模型的优点

(1)结构方程模型可以同时处理多个因变量。结构方程模型的数据分析方法可以同时将多个因变量纳入考量范围,并处理它们和其他变量之间的关系。在传统的回归分析或路径分析中,即使最后的统计结果可以汇报多个因变量,实际上回归分析或路径分析在计算估计系数时,其计算原理仍然是对每个因变量进行逐一估计,并不能同时将多个因变量纳入估计范围。因此,最后汇报结果的图文表格看起来考虑到了多个因变量,实际上在估计其他变量对某个因变量的影响时,都默认忽视了其他因变量的存在及其可能产生的影响。

(2)结构方程模型容许自变量和因变量含测量误差。在社会科学的研究中,变量往往是由一系列题项组成的量表进行测量,而且包含了一定的测量误差。例如,在测量个体的态度、情绪、行为等变量时,一般并不能简单地用单项指标进行测量,而且这种测量方式往往包含一定的测量误差。结构方程模型的分析方法允许自变量和因变量均包含测量误差,而且变量也可用多个指标测量。因此,用结构方程分析计算的潜变量间的相关系数,与用传统方法计算的潜变量间的相关系数可能会相差很大。

(3)结构方程模型可以同时估计因子结构和因子关系。假设想要探索潜变量之间的关系,由于每个潜变量都由多个指标或题项构成,一个通常的做法是,首先用因子分析计算潜变量(即因子)与题项之间的关系(即因子载荷),进而得到因子得分,作为潜变量的观测值;然后,再计算因子得分,作为潜变量之间的相关系数。在结构方程模型中,上述两个独立的步骤可以同时进行,具体而言,因子与题项之间的关系和因子与因子之间的关系同时考虑。

(4) 结构方程模型能够容许更大弹性的测量模型。传统的分析方法只容许每一题项(指标)从属于单一因子,但结构方程模型的分析方法可以允许更加复杂的研究模型。例如,我们用需要英语回答的数学试题去测量学生的数学能力,那么测验得分(指标)既从属于数学因子,也从属于英语因子(因为得分也在一定程度上反映了学生英语能力)。传统的因子分析难以处理一个指标从属于多个因子或者考虑高阶因子等较为复杂的从属关系模型。

(5) 结构方程模型可以估计整个模型的拟合程度。在传统路径分析中,我们只能估计每一条路径(变量间关系)的强弱关系。在结构方程模型的分析方法中,除了上述参数的估计外,我们还可以计算不同模型对同一样本数据的整体拟合程度,从而判断哪个模型更接近数据所呈现的关系。

2. 结构方程模型的局限性

与其他统计方法一样,结构方程模型也不可避免地存在一定的局限性。具体表现如下:

(1) 结构方程模型主要研究潜变量间的关系,容易把研究重心转向可测变量与潜变量因果关系分析上,进而会出现误用的情况。另外,由于结构方程模型对模型的接受并不存在一个统一的标准,这就导致了在存在等价模型的情况下就很难拒绝某些模型,这也给模型选择和解释带来困难。

(2) 影响结构方程模型解释能力的主要问题是存在指定误差的问题。结构方程模型程序目前还不能很好地去检验和处理指定误差这一问题。当模型含有指定误差时,就可能出现研究模型与样本数据拟合效果很好,但与样本所在的总体拟合效果不好的情况。这时样本协方差矩阵可能无法作为总体协方差的估计或者误差可能会比较大。

(3) 任何推断统计都会涉及抽样的过程,结构方程模型深受样本和样本统计量的影响,这就要求模型必须满足识别条件。因此,可以说抽样方法和样本特性是结构方程模型的成败关键。

尽管结构方程模型的优点占主要方面,但其局限也需要注意,同时结构方程模型的分析技术也仍有待于进一步地发展和完善。

9.5　结构方程模型的 Amos 实现

Amos 是 analysis of moment structures 的缩写,意为矩结构分析。Amos 主要适用于结构方程模型,协方差结构分析或因果模型分析等。目前进行结构方程模型分析的主要软件是 LISREL 和 Amos。相对于 LISREL,Amos 具有容易上手的优点,只要熟悉各种图像命令,便可以轻松绘制出测量模型与结构模型,进而计算出各种统计参数,因而越来越多的人将 Amos 作为进行结构方程模型分析的主要工具。下面我们用案例来说明如何应用 Amos 软件来分析结构方程模型。

1. 问题描述

某数学教育学者想研究中学二年级学生的数学态度,数学投入与数学成绩、数学效能间的关系,并提出前文中的结构模型图(见图9.3)。

关于图9.3的基本路径假设,如下:

(1) 数学态度会影响数学成绩和数学效能。

(2) 数学投入会影响数学成绩和数学效能。

(3) 数学成绩会影响数学效能。

四个潜变量及其观测变量,可由表9.4表示。

表9.4　模型变量对应表

潜变量	观测变量	基本解释
数学态度	学习动机(x_1)	数学态度量表的分量表一"数学学习动机"的分数由七个题项的得分汇集而成,得分越高,表示受试者知觉的数学学习动机越强
	学习信心(x_2)	数学态度量表的分量表二"数学学习信心"的分数由七个题项的得分汇集而成,得分越高,表示受试者感知到的数学学习信心越强
数学投入	工作投入(x_3)	数学投入量表的分量表一"数学工作投入"的分数由六个题项的得分汇集而成,得分越高,表示受试者知觉的数学工作投入动机越强
	自我投入(x_4)	数学投入量表的分量表二"数学自我投入"的分数由六个题项的得分汇集而成,得分越高,表示受试者感知到的数学自我投入动机越强
数学成绩	学期成绩(y_1)	将中学二年级学生上学期的数学总成绩,以班级为单位转换成平均数等于50,标准差等于10的T分数,受试者T分数越高,表示其数学成绩愈佳
	成绩测验(y_2)	受试者在四十题"数学标准成绩测验"上的得分越高,表示受试者的数学成绩愈佳
数学效能	自我肯定(y_3)	数学效能知觉量表的分量表一"自我肯定"的得分来自八个题项的总分,得分越高,表示受试者知觉的自我肯定的效能越高
	持续努力(y_4)	数学效能知觉量表的分量表二"持续努力"的得分来自八个题项的总分,得分越高,表示受试者知觉的持续努力的效能越高

2. 绘制假设模型

我们使用Amos Graphics窗口绘制数学效能理论模型图。具体的操作步骤如下:

第一步,使用工具列"⬭"在建模区域绘制模型中的四个潜变量(见图9.5)。为了保持图形的美观,可以先绘制一个潜变量,再使用复制工具"🖳"绘制其他潜变量,以保证各个潜变量图标大小一致。在潜变量上点击右键选择"Object Properties",为潜变量命名(见图9.6)。绘制好的潜变量图形如图9.7所示。

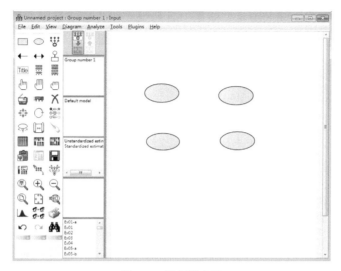

图 9.5　绘制潜变量

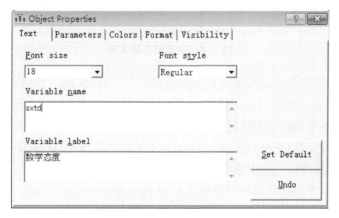

图 9.6　潜变量命名

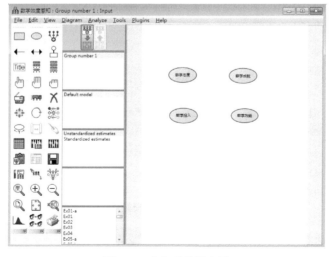

图 9.7　命名后的潜变量

第二步设置潜变量之间的关系。使用工具列"←"来设置变量间的因果关系,使用工具列"↔"来设置变量间的相关关系。绘制好的潜变量关系图如图9.8所示。

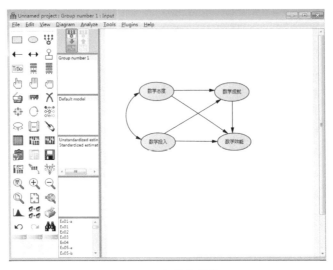

图9.8 设定潜变量关系

第三步为潜变量设置可测变量及相应的残差变量,可以使用工具列中的"👹"绘制,也可以使用工具列中的"◯"和"←"自行绘制。对可测变量和残差变量进行命名,命名方法如潜变量的命名方式(各变量名不能重复),最终绘制完成模型结果,如图9.9所示。注意在结构模型中,要设定结构残差,结构残差项的回归加权值设为1。各测量模型中,各潜变量的观测变量中要设一个参照指标。参照指标为限制估计参数,其起始值设为1,每个观测变量均有一个测量误差变量,测量误差的回归加权值设为1。

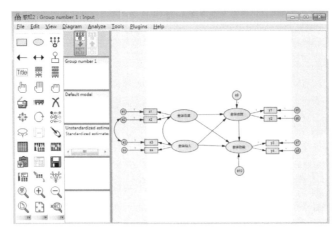

图9.9 初始模型

3. 数据文件的配置

Amos可以处理多种数据格式,如文本文档(* . txt),表格文档(* . xls、 * . wk1),数据库文档(＊.dbf、＊.mdb),SPSS 文档(＊.sav)等。

绘制好基本的模型结构后,为了配置数据文件,选择"File"菜单中的"Data Files",也可直接点击工具列"▦",然后点击"File name"按钮,出现图 9.10 左边的对话框,找到需要读入的数据文件"250 位受者.sav"。双击文件名或点击下面的"打开"按钮,最后点击图 9.10 左边的对话框中的"ok"按钮,这样就读入数据了。

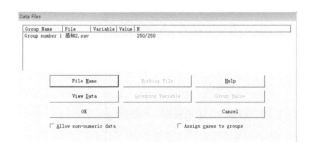

图 9.10　数据导入

4. 模型拟合

第一步,模型运算是使用软件进行模型参数估计的过程。Amos 提供了极大似然估计法、不加权最小二乘估计法等多种模型运算方法供使用者选择。可以通过点击"View"菜单在"Analysis Properties"(或点击工具栏的"▦")中的"Estimation"项选择相应的估计方法。本案例使用极大似然估计进行模型运算,相关设置如图 9.11 所示。

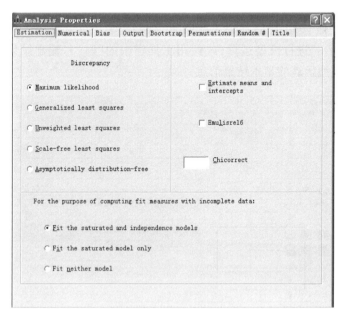

图 9.11　参数估计选择

第二步,标准化系数。在 Amos 的结果报告中,如果不作选择,输出结果默认的路径系数没有经过标准化,称作非标准化系数。非标准化系数中存在依赖于有关变量的尺度单位,所以在比较路径系数时无法直接使用,因此需要进行标准化。标准化系数是将各变量原始分数转换为 Z 分数后得到的估计结果,用以度量变量间的相对变化水平。因此不同变量间的标准化路径系数可以直接比较。在"Analysis Properties"中的"Output"项中选择"Standardized estimates"项(见图 9.12),即可输出测量模型的标准化系数。

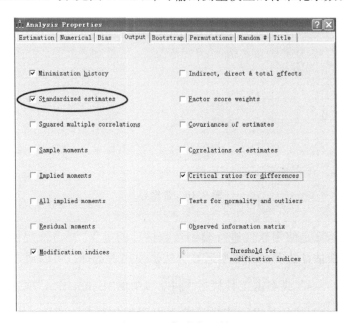

图 9.12 标准化系数

第三步,参数估计结果的展示(见图 9.13、图 9.14)。使用"Analyze"菜单下的"Calculate Estimates"进行模型运算(或使用工具栏中的"▦"),输出结果如图 9.13 所示。其中红框部分是模型运算的基本结果信息。

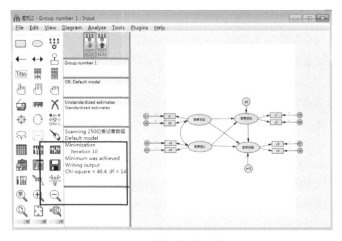

图 9.13 模型运算完成图

另外,使用者也可以通过点击"View the output path diagram"(图 9.14 中的黑框部分

"![ ]")查看参数估计结果图(见图 9.14)。

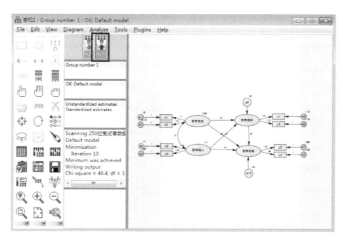

图 9.14　参数估计结果图

此外,Amos 还以表格的形式提供了模型运算的详细结果信息,通过点击工具栏中的"![ ]"来查看。详细信息包括分析基本情况、变量基本情况、模型信息、估计结果、修正指数和模型拟合六部分。在分析过程中,一般通过前三部分了解模型,在模型评价时使用估计结果和模型拟合部分,在模型修正时使用修正指数部分。

5. 模型评价

根据预设模型检验结果,模型自由度为 14,卡方值为 46.427,显著性概率值 $p = 0.000 < 0.05$,拒绝原假设,表示理论模型与实际观测数据无法适配(假设模型协方差不等于样本协方差)。

(1) 路径系数或载荷系数的显著性。潜变量与潜变量间的回归系数称为路径系数,潜变量与可测变量间的回归系数称为载荷系数。参数估计结果如表 9.5、表 9.6 所示,模型评价首先要考察模型结果中估计出的参数是否具有统计意义,需要对路径系数或载荷系数进行统计显著性检验,这类似于回归分析中的参数显著性检验,原假设为系数不等于 0。Amos 提供了一种简单便捷的方法,叫作 C. R. (critical ratio)。C. R. 值是一个 Z 统计量,由参数估计值与其标准差之比构成(如表 9.5 中的第四列)。Amos 同时给出了 C. R. 的统计检验相伴概率 P(如表 9.5 中的第五列),使用者可以根据 P 值进行路径系数或载荷系数的统计显著性检验。

表 9.5　系数估计

			Estimate	S. E.	C. R.	P	Label
数学成绩	←	数学态度	0.339	0.063	5.366	* * *	par_5
数学成绩	←	数学投入	0.366	0.076	4.850	* * *	par_10
数学效能	←	数学态度	0.399	0.087	4.608	* * *	par_6

（续表）

			Estimate	S. E.	C. R.	P	Label
数学效能	←	数学投入	0.403	0.109	3.701	＊＊＊	par_7
数学效能	←	数学成绩	0.368	0.129	2.852	0.004	par_8
y_1	←	数学成绩	1.000				
y_2	←	数学成绩	1.229	0.126	9.744	＊＊＊	par_1
x_2	←	数学态度	1.000				
x_1	←	数学态度	0.710	0.075	9.515	＊＊＊	par_2
y_3	←	数学效能	1.000				
y_4	←	数学效能	0.964	0.088	10.973	＊＊＊	par_3
x_4	←	数学投入	1.000				
x_3	←	数学投入	1.433	0.150	9.528	＊＊＊	par_4

注："＊＊＊"表示 0.001 水平上显著。如果 $P < 0.001$，则显示为"＊＊＊"；如果 $P > 0.001$，则显示为具体的 P 值。表中 C. R. 值为检验统计量，临界比值为 t 检验的 t 值。

上表表明，以极大似然法估计各回归系数参数结果，除四个参照指标值设为 1 不予估计外，其余回归加权值均达到显著水平，结构模型中五条回归加权值均达到显著，其估计误差介于 0.063 到 0.150 之间。因此，整体而言，模型内在质量佳。

表 9.6 说明：12 个外因变量的方差皆为正数，除误差项 e_1 的方差未达到 0.05 的显著水平外，其余均达到显著。另外，误差项及残差项没有出现负的误差方差，表示未违反模型基本适配度检验标准。估计参数的标准差均很小，表示模型内在适配度质量理想。

（2）模型拟合评价。在结构方程模型中，试图通过统计运算方法（如最大似然法等）求出那些使样本方差/协方差矩阵（S）与理论方差/协方差矩阵（Σ）的差异最小的模型参数。换一个角度，如果理论模型结构对于收集到的数据是合理的，那么样本方差/协方差矩阵 S 与理论方差/协方差矩阵 Σ 应当差别不大，即残差矩阵（$S - \Sigma$）各个元素接近于 0，就可以认为模型较为完美地拟合了数据。

表 9.6 方差估计

	Estimate	S. E.	C. R.	P	Label
数学态度	2.687	0.453	5.925	＊＊＊	par_11
数学投入	1.739	0.277	6.278	＊＊＊	par_12
e_9	0.940	0.176	5.333	＊＊＊	par_13
e_{10}	1.298	0.250	5.199	＊＊＊	par_14
e_5	1.133	0.176	6.455	＊＊＊	par_15
e_6	1.156	0.240	4.822	＊＊＊	par_16
e_2	2.125	0.304	6.998	＊＊＊	par_17

（续表）

	Estimate	S. E.	C. R.	P	Label
e_1	0.189	0.120	1.568	0.117	par_18
e_7	1.648	0.268	6.141	＊＊＊	par_19
e_8	1.595	0.253	6.315	＊＊＊	par_20
e_4	0.979	0.181	5.407	＊＊＊	par_21
e_3	0.936	0.336	2.787	0.005	par_22

　　模型拟合指数是考察理论结构模型对数据拟合程度的统计指标。不同类别的模型拟合指数可以从模型复杂性、样本大小、相对性和绝对性等方面对理论模型进行度量。下面我们将模型拟合的结果整理成表格以便分析（见表 9.7）。

表 9.7　整体模型拟合检验

检验统计量		评价标准	数据检验结果	模型拟合判断
绝对适配指数	χ^2 值	$p > 0.05$	$p = 0.000 < 0.05$	否
	RMR 值	< 0.05	0.146	否
	RMSEA 值	< 0.08	0.096	否
	GFI 值	> 0.9	0.956	是
	AGFI 值	> 0.9	0.888	否
增值适配度指数	NFI 值	> 0.9	0.949	是
	RFI 值	> 0.9	0.899	否
	IFI 值	> 0.9	0.964	是
	TLI 值	> 0.9	0.927	是
	CFI 值	> 0.9	0.964	是
简约适配度指数	PGFI 值	> 0.5	0.372	否
	PNFI 值	> 0.5	0.475	否
	PCFI 值	> 0.5	0.482	否
	CN 值	> 200	128	否
	χ^2 自由度比	< 2	3.316	否
	AIC 值	理论模型值小于独立模型值且同时小于饱和模型值	90.427 > 72.000 90.427 > 933.931	否
	CAIC 值	理论模型值小于独立模型值且同时小于饱和模型值	189.899 < 234.773 189.899 < 970.103	是

表 9.7 显示：整体模型适配度的统计量中，卡方值为 46.427，显著性概率值 $p=0.000<$ 0.05，达到显著性水平，拒绝原假设，表示理论模型与实际数据无法契合。再从其他适配度指标来看，大部分未达到适配的标准。整体而言，初始的理论假设模型与实际数据间无法达到契合。

6. 模型修正

模型拟合指数和系数显著性检验固然重要，但对于数据分析来说更重要的是模型结论一定要具有理论依据。因此，在进行模型修正时，研究者主要应该考虑修正后的模型结果是否具有现实意义或理论价值，当模型拟合效果很差时可以参考模型修正指标对模型进行调整。

当模型效果很差时，可根据初始模型的参数显著性结果和 Amos 提供的模型修正指标进行模型扩展或模型限制。模型扩展是指通过释放部分限制路径或添加新路径，使模型结构更加合理，通常在提高模型拟合程度时使用；模型限制是指通过删除或限制部分路径，使模型结构更加简洁，通常在提高模型可识别性时使用。

由表 9.8 发现，"$e_2<-->e_3$"的 M. I. 值很大，这意味着观测变量"学习信心"与观测变量"工作投入"某些题项所测量的特质有某种程度的相似性。因此，在模型修正中，可以尝试将这两项的测量误差设为共变关系，具体操作如图 9.15 所示。

表 9.8　修正指标值

			M. I.	Par Change
e_1	$<-->$	e_3	6.718	-0.190
e_2	$<-->$	数学投入	8.011	0.377
e_2	$<-->$	e_3	23.630	0.684
e_2	$<-->$	e_4	5.858	-0.273

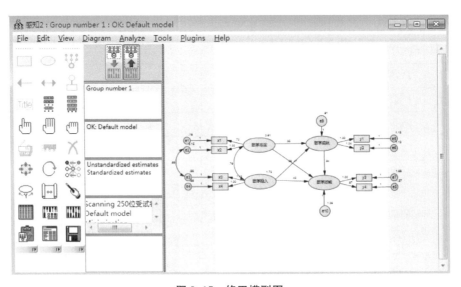

图 9.15　修正模型图

Amos 提供了两种模型修正指标,其中修正指数用于模型扩展,临界比率用于模型限制。

表 9.8 的灰色阴影部分表示与表 9.7 的对比,可以发现修正因果模型的自由度等于 23,整体适配度卡方值等于 21.305,显著性检验结果 $p=0.067>0.05$,说明接受模型,即理论模型和实际数据可以契合。另外,从表 9.8 显示出的主要适配度统计量来看,可以认为修正后的因果模型图与实际数据可以相配。修正后的整体模型指数如表 9.9 所示。

表 9.9 修正后的整体模型指数

检验统计量		评价标准	数据检验结果	模型拟合判断
绝对适配指数	χ^2 值	$P>0.05$	$P=0.067>0.05$	是
	RMR 值	<0.05	0.088	否
	RMSEA 值	<0.08	0.051	是
	GFI 值	>0.9	0.979	是
	AGFI 值	>0.9	0.943	是
增值适配度指数	NFI 值	>0.9	0.977	是
	RFI 值	>0.9	0.950	是
	IFI 值	>0.9	0.991	是
	TLI 值	>0.9	0.980	是
	CFI 值	>0.9	0.991	是
简约适配度指数	PGFI 值	>0.5	0.372	否
	PNFI 值	>0.5	0.454	否
	PCFI 值	>0.5	0.46	否
	CN 值	>200	262	是
	χ^2 自由度比	<2	1.639	是
	AIC 值	理论模型值小于独立模型值且同时小于饱和模型值	67.305$<$72.000 67.305$<$933.931	是
	CAIC 值	理论模型值小于独立模型值且同时小于饱和模型值	171.298$<$234.773 171.298$<$970.103	是

7. 模型解释

结构方程模型主要作用是揭示潜变量之间(潜变量与可测变量之间)的结构关系,这些关系也可以在模型中通过路径系数(载荷系数)来体现。

若要输出模型的直接效应、间接效应以及总效应,需要在工具列"Analysis Properties"中的"Output"项选择"Indirect, direct & total effects"项。对于修正模型,Amos 输出的各潜变量之间的直接效应、间接效应以及总效应如表 9.10 所示。

(1)直接效应。直接效应指由原因变量(可以是外源变量或内生变量)到结果变量(内生变量)的直接影响,用原因变量到结果变量的路径系数来衡量直接效应。如表 9.10 第一列的结果所示,数学投入到数学成绩的标准化路径系数是 0.385,这说明当其他条件不变时,数学投入每提升 1 个单位,数学成绩将直接提升 0.385 个单位。

(2)间接效应。间接效应指原因变量通过影响一个或者多个中介变量进而对结果变量产生的间接影响。当只有一个中介变量时,间接效应的大小是两条路径系数的乘积。如表 9.10 的结果所示,数学投入到数学成绩的标准化路径系数是 0.385,数学成绩到数学效能的标准化路径系数是 0.253,则数学投入到数学效能的间接效应就是 0.385 * 0.253 = 0.097。这说明当其他条件不变时,数学投入每提升 1 个单位,数学效能将间接提升 0.097 个单位。

(3)总效应。总效应指原因变量对结果变量产生的总影响,是直接效应与间接效应之和。如表 9.10 第一列的结果所示,数学投入到数学成绩的直接效应是 0.385,数学投入到数学成绩的间接效应是 0.000,则数学投入到数学成绩的总效应是 0.385 + 0.000 = 0.385。这说明当其他条件不变时,数学投入每提升 1 个单位,数学成绩总共将提升 0.385 个单位。

表 9.10 模型中各潜变量间的直接效应、间接效应以及总效应(标准化的结果)

		数学投入	数学态度	数学成绩	数学效能
数学成绩	直接效应	0.385	0.434	0.000	0.000
	间接效应	0.000	0.000	0.000	0.000
	总效应	0.385	0.434	0.000	0.000
数学效能	直接效应	0.317	0.378	0.253	0.000
	间接效应	0.097	0.110	0.000	0.000
	总效应	0.414	0.488	0.253	0.000

小结

(1)结构方程模型是一种综合运用多元回归分析、路径分析和验证性因子分析方法而形成的一种统计数据分析工具,可用来解释一个或多个潜自变量与一个或多个潜因变量之间的关系。

(2)结构方程模型的路径图包含两部分内容:测量模型和结构模型。测量模型的路径图显示出各潜变量分别是通过哪些观测变量来测度的。结构模型则是描述各潜变量之间的关系,是一组类似多元回归中描述外源变量和内生变量间定量关系的模型。

(3) 结构方程模型的应用步骤分为:模型构建、模型识别、模型估计、模型评价、模型修正。其中模型识别主要考虑的是所研究的模型能否给出参数估计的唯一解,最常用的参数估计方法是极大似然法。

(4) 结构方程模型有很多优点,如:同时处理多个因变量,容许自变量和因变量含测量误差,同时估计因子结构和因子关系,容许更大弹性的测量模型,估计整个模型的拟合程度。

(5) 结构方程模型的局限性在于:①它是基于协方差进行分析的,如果样本量较小,估计得到的协方差就不够稳定,因此,结构方程模型对样本容量的要求较高;②如果结构方程模型中涉及的变量具有较强的共线性,就可能无法从原始的协方差矩阵中抽取到必要的其他矩阵,也就是会出现矩阵奇异性的问题;③结构方程模型深受样本和样本统计量的影响,这就要求模型必须满足识别条件。

思考与练习

9.1 有学者研究指出,有多种因素影响到工作满意度,下列几个因素最为重要:

(1) 对工作本身的满意度,其包括工作内容的奖励价值、多样性、学习机会、困难性以及对工作的控制等。

(2) 工作自主权,其是指员工可以运用相关工作权利的程度,包括工作方式选择的自主权、工作目标调整的自由度等。

(3) 工作负荷,其是指工作职责不能被实现的程度,包括工作负荷的大小,工作节奏的快慢,任务完成时间的充裕度等。较高的工作负荷会损害员工的身心健康,妨碍员工对工作的积极态度,进而降低工作满意度。

(4) 工作单调性,其是指个体的工作被重复的程度,包括工作内容的丰富程度、工作内容的多样性程度等。例如煤炭采掘一线的职工工作单调性比较高,而机关科室的单调性就比较低。

因此,根据以上内容,我们提出如下假设:

假设 1:工作自主权越高的员工,其工作满意度也越高。

假设 2:工作负荷越高的员工,其工作满意度也越低。

假设 3:工作单调性越高的员工,其工作满意度也越低。

试根据以上条件,建立结构方程模型。

9.2 有研究指出,组织创新氛围受到多种因素的影响,模型中共包含 5 个因素(潜变量):组织价值、工作方式、团队合作、领导风格、学习成长。每个因素有 3 个测量题项,如表 9.11 所示。

试建立组织创新氛围的验证性因素分析的初始模型结构。

表 9.11 组织创新氛围模型潜变量及相关题项

潜变量	题 项
组织价值	我们公司重视人力资产、鼓励创新思考（A_1）
	我们公司下情上达、意见交流沟通顺畅（A_2）
	我们公司能够提供诱因鼓励创新的构想（A_3）
工作方式	当我有需要，我可以不受干扰地独立工作（B_1）
	我的工作内容有我可以自由发挥的空间（B_2）
	我可以自由地设定我的工作目标与进度（B_3）
团队合作	我的工作伙伴与团队成员具有良好的共识（C_1）
	我的工作伙伴与团队成员能够相互支持与协助（C_2）
	我的工作伙伴与团队成员能以沟通协调来化解问题与冲突（C_3）
领导风格	我的主管能够尊重与支持我在工作上的创意（D_1）
	我的主管拥有良好的沟通协调能力（D_2）
	我的主管能够信任下属并适当地授权（D_3）
学习成长	我的公司提供充分的进修机会、鼓励参与学习活动（E_1）
	人员的教育训练是我们公司的重要工作（E_2）
	我的公司重视信息收集与新知的获得与交流（E_3）

附录 A
随机向量分布及其数字特征

A.1 随机向量的概率分布

在许多随机现象中,我们需同时面对多个指标变量。例如,体检中要测量的指标有身高、体重、心跳、舒张压、收缩压等,调查居民家庭经济状况的指标有家庭收入、生活费支出、教育费支出、家庭人口等,医生诊断往往需根据病人的多项检查指标对病人的病症作出判断。这些指标变量之间一般存在着某种相互依存、相互影响的关系。因此,我们需要将多个指标变量组成随机向量以便作为一个整体来进行研究。多元概率分布函数是一元概率分布函数在多元场合下的推广。

随机向量 $X = (X_1, X_2, \cdots, X_p)^T$ 的概率分布函数的定义为 $F(x_1, x_2, \cdots, x_p) = P(X_1 \leqslant x_1, X_2 \leqslant x_2, \cdots, X_p \leqslant x_p)$,其中,$x = (x_1, x_2, \cdots, x_p)^T \in R^p$,记 $X \sim F(x)$。

1. 多元分布函数性质

(1) $0 \leqslant F(x_1, x_2, \cdots x_p) \leqslant 1$。

(2) $F(x_1, x_2, \cdots, x_p)$ 是每个变量 $x_1, x_2, \cdots, x_p$ 的单调非减函数。

(3) $F(-\infty, x_2, \cdots, x_p) = F(x_1, -\infty, \cdots, x_p) = \cdots = F(x_1, x_2, \cdots, -\infty) = 0$。

(4) $F(+\infty, +\infty, \cdots, +\infty) = 1$。

2. 多元概率密度函数

在引入概率密度函数概念之前需知道概率密度函数与概率质量函数的区别。与随机变量 X、累计分布函数 F_x 相关的还有一个函数:若 X 是连续型随机变量,该函数被称作概率密度函数;若 X 是离散型随机变量,该函数被称作概率质量函数。

例如 X 为离散型随机向量:若存在有限个或可列个 p 维数向量 $x_1, x_2, \cdots, x_k$,记 $P(x = x_k) = p_k, k = 1, 2, \cdots$,且满足 $\sum_{k=1}^{\infty} p_k = 1$,则称 $P(x = x_k) = p_k, k = 1, 2, \cdots$ 为 X 的概率分布(分布律)或概率质量函数。

例如 X 为连续型随机向量:若随机向量 $X = (X_1, X_2, \cdots, X_p)^T$ 的分布函数可以表示为

$$F(x_1, x_2, \cdots, x_p) = \int_{-\infty}^{x_1} \cdots \int_{-\infty}^{x_p} f(t_1, t_2, \cdots, t_p) dt_1 \cdots dt_p$$

对一切 $x = (x_1, x_2, \cdots, x_p)^T \in R^p$ 成立,则称 X 为连续型随机向量,称 $f(x_1, x_2, \cdots, x_p)$ 为 X 的多元概率密度函数,且有 $f(x_1, x_2, \cdots x_p) \geqslant 0$; $\int_{-\infty}^{+\infty} \cdots \int_{-\infty}^{+\infty} f(t_1, t_2, \cdots, t_p) dt_1 \cdots dt_p = 1$。

3. 多元边际分布

若 $X = (X_1, X_2, \cdots, X_p)^T$ 是 p 维随机向量,由它的 q 个分量($q < p$)组成的向量 $X_{(1)}$ 的分布称为 X 的边际分布,相对地把 X 的分布称为联合分布。边际分布函数可由联合分布函数唯一确定,反之由边缘分布函数一般无法得出联合分布函数。不妨假设 $X_{(1)} = (X_1, X_2, \cdots, X_q)^T$ 服从连续型分布,则 $X_{(1)}$ 的分布函数为

$$\begin{aligned} F(x_1, x_2, \cdots, x_q) &= P(X_1 < x_1, \cdots, X_q < x_q) \\ &= \int_{-\infty}^{x_1} \cdots \int_{-\infty}^{x_q} \int_{-\infty}^{+\infty} \cdots \int_{-\infty}^{+\infty} f(t_1, t_2, \cdots, t_p) dt_1 \cdots dt_p \\ &= \int_{-\infty}^{x_1} \cdots \int_{-\infty}^{x_q} \int_{-\infty}^{+\infty} \cdots \int_{-\infty}^{+\infty} f(t_1, t_2, \cdots, t_p) dt_{q+1} \cdots dt_p \end{aligned}$$

所以 $X_{(1)}$ 的概率密度函数为

$$f_{(1)}(x_1, x_2, \cdots, x_q) = \int_{-\infty}^{+\infty} \cdots \int_{-\infty}^{+\infty} f(t_1, t_2, \cdots, t_p) dt_{q+1} \cdots dt_p$$

4. 多元条件分布

若 $X = (X_1, X_2, \cdots, X_p)^T$ 是 p 维随机向量,则在给定 $x_{(2)} = (x_{q+1}, \cdots x_p)^T$, $f(x_{(2)}) > 0$ 的条件下, $X_{(1)} = (X_1, X_2, \cdots, X_q)^T$ 的条件概率密度函数为

$$f_{(1)}(x_1, \cdots, x_q \mid x_{q+1}, \cdots, x_p) = \frac{f(x_1, \cdots, x_p)}{f_{(2)}(x_{q+1}, \cdots, x_p)}$$

独立性: 设随机向量 $X = (X_1, X_2, \cdots, X_p)^T$ 和 $Y = (Y_1, Y_2, \cdots, Y_q)^T$,若对一切 $x = (x_1, x_2, \cdots, x_p)^T \in R^p$ 和 $y = (y_1, y_2, \cdots, y_q)^T \in R^q$ 均有

$$F(x_1, \cdots, x_p, y_1, \cdots, y_q) = F_x(x_1, \cdots, x_p) F_y(y_1, \cdots, y_q)$$

则称 X 和 Y 相互独立。若 X 和 Y 为连续型,则 X 和 Y 相互独立的充分必要条件是

$$f(x_1, \cdots, x_p, y_1, \cdots, y_q) = f_x(x_1, \cdots, x_p) f_y(y_1, \cdots, y_q)$$

独立性概念可推广到 n 个随机向量的情形。若取一维随机向量,则独立性的概念回归到随机变量相互独立的情形。在实际应用中,若随机向量之间的取值互不影响,则认为它们之间是相互独立的。

5. 常用的离散型多元分布

常用的离散型多元分布主要有多项分布、多元超几何分布等。

(1)多项分布。在 N 次重复独立试验中,有 m 个随机事件可能发生,其概率分别为

p_1，p_2，$\cdots$，p_m，则各随机事件发生的次数构成一个随机向量 $X=(X_1，X_2，\cdots，X_m)^{\mathrm{T}}$，其中 X_i 为第 i 个随机事件在 N 次重复独立试验中发生的次数，且 $P(X_1=k_1，X_2=k_2，\cdots，X_m=k_m)=\dfrac{N!}{k_1!\ k_2!\ \cdots k_m!}p_1^{k_1}p_2^{k_2}\cdots p_m^{k_m}$

其中 $k_i=0，1，2，\cdots，N$，$i=1，2，\cdots，m$，$\sum\limits_{i=1}^{m}k_i=N$，$\sum\limits_{i=1}^{m}p_i=1$，则称随机向量 X 服从多项分布，记为 $X\sim M(N；p_1，p_2，\cdots，p_m)$。

当 $n=2$ 时，$k_1+k_2=N$，$p_1+p_2=1$，则

$$P\{X_1=k_1，X_2=k_2\}=\frac{N!}{k_1!\ k_2!}p_1^{k_1}p_2^{k_2}=\frac{N!}{k_1!\ (N-k_1)!}p_1^{k_1}(1-p_1)^{N-k_1}$$

多项分布关于 X_i 的边缘分布是二项分布。

(2) 多元超几何分布。对 N 件产品进行不放回抽样。若 N 件产品是由 m 家企业生产的，其中 i 家企业生产了 N_i 件。现随机抽取 n 件产品，则在这 n 件产品中，各家企业生产的产品数构成一个随机向量 $X=(X_1，X_2，\cdots，X_m)^{\mathrm{T}}$，其中 X_i 为第 i 家企业生产的产品数，则

$$P(X_1=k_1，X_2=k_2，\cdots，X_m=k_m)=\frac{\dbinom{N_1}{k_1}\cdots\dbinom{N_m}{k_m}}{\dbinom{N}{n}}$$

其中，$k_i=0，1，2，\cdots，\min(n，N_i)$，$i=1，2，\cdots，m$；$\sum\limits_{i=1}^{m}k_i=n$，$\sum\limits_{i=1}^{m}N_i=N$，则称随机向量 X 服从多元超几何分布。

A.2 随机向量的数字特征

若矩阵 $X=(X_{ij})_{p\times q}$ 的每一个元素都是随机变量，则称 X 为随机矩阵。随机向量 $X=(X_1，X_2，\cdots，X_p)^{\mathrm{T}}$ 是列数为 1 的随机矩阵，这是一个特殊的随机矩阵；而随机变量又可看作维数为 1 的随机向量，因此随机变量是个特殊的随机向量。

1. 随机向量的数学期望（均值）

定义：随机矩阵 $X=(X_{ij})_{p\times q}$ 的数学期望定义为

$$E(X)=\begin{pmatrix} E(X_{11}) & E(X_{12}) & \cdots & E(X_{1p}) \\ E(X_{21}) & E(X_{22}) & \cdots & E(X_{2p}) \\ \vdots & \vdots & \cdots & \vdots \\ E(X_{p1}) & E(X_{p2}) & \cdots & E(X_{pq}) \end{pmatrix}$$

则有如下性质：

(1) 设 a 为常数,则 $E(aX)=aE(X)$。

(2) 设 A、B、C 为常数矩阵,则 $E(AXB+C)=AE(X)B+C$,特别地,对于随机向量 X,有 $E(AX)=AE(X)$。

(3) 设 X_1,X_2,$\cdots$,X_n 为同阶随机矩阵,则 $E(X_1)+E(X_2)+\cdots E(X_n)=E(X_1+X_2+\cdots+X_n)$。

2. 协方差和协方差矩阵

协方差:设 X 和 Y 是两个随机变量,则它们之间的协方差定义为 $\mathrm{Cov}(X,Y)=E[X-E(X)][Y-E(Y)]^{\mathrm{T}}$。 若 $X=Y$,则 $\mathrm{Cov}(X,X)=E[X-E(X)]^2=D(X)$;$X$ 和 Y 不相关 $\Leftrightarrow \mathrm{Cov}(X,Y)=0 \Leftrightarrow E(XY)=E(X)E(Y) \Leftarrow X$ 和 Y 相互独立。

备注:两个独立的随机变量必然不相关,但两个不相关的随机变量未必独立,在正态情形下两个随机变量独立与不相关等价。

协方差矩阵:设随机向量 $X=(X_1,X_2,\cdots,X_p)^{\mathrm{T}}$ 和 $Y=(Y_1,Y_2,\cdots,Y_q)^{\mathrm{T}}$,则 X 与 Y 的协方差矩阵定义为

$$
\begin{aligned}
\mathrm{Cov}(X,Y) &= E[X-E(X)][Y-E(Y)]^{\mathrm{T}} \\
&= \begin{pmatrix}
\mathrm{Cov}(X_1,Y_1) & \mathrm{Cov}(X_1,Y_2) & \cdots & \mathrm{Cov}(X_1,Y_q) \\
\mathrm{Cov}(X_2,Y_1) & \mathrm{Cov}(X_2,Y_2) & \cdots & \mathrm{Cov}(X_2,Y_q) \\
\vdots & \vdots & \cdots & \vdots \\
\mathrm{Cov}(X_p,Y_1) & \mathrm{Cov}(X_p,Y_2) & \cdots & \mathrm{Cov}(X_p,Y_q)
\end{pmatrix}
\end{aligned}
$$

随机向量 X 和 Y 的协方差矩阵与 Y 和 X 的协方差矩阵互为转置关系,即有 $\mathrm{Cov}(X,Y)=[\mathrm{Cov}(Y,X)]^{\mathrm{T}}$

若 $X=Y$,则

$$
\begin{aligned}
D(X) &= E[X-E(X)][X-E(X)]^{\mathrm{T}} \\
&= \begin{pmatrix}
\mathrm{Cov}(X_1,X_1) & \mathrm{Cov}(X_1,X_2) & \cdots & \mathrm{Cov}(X_1,X_p) \\
\mathrm{Cov}(X_2,X_1) & \mathrm{Cov}(X_2,X_2) & \cdots & \mathrm{Cov}(X_2,X_p) \\
\vdots & \vdots & \cdots & \vdots \\
\mathrm{Cov}(X_p,X_1) & \mathrm{Cov}(X_p,X_2) & \cdots & \mathrm{Cov}(X_p,Y_p)
\end{pmatrix}
\end{aligned}
$$

3. 协方差矩阵的性质

(1) 随机向量 X 的协方差矩阵 Σ 一定是非负定矩阵。

证明:显然 Σ 为对称矩阵。对于任意与 X 维数相同的常数向量 a,有 $a^{\mathrm{T}}\Sigma a=a^{\mathrm{T}}E[X-E(X)][X-E(X)]^{\mathrm{T}}a=E[a^{\mathrm{T}}(X-E(X))(X-E(X))^{\mathrm{T}}a]=E[a^{\mathrm{T}}(X-E(X))]^2 \geqslant 0$,所以 Σ 为非负定矩阵。

(2) 设 A 是常数矩阵,b 为常数向量,则 $D(AX+b)=AD(X)A^{\mathrm{T}}$。

证明:

$$
\begin{aligned}
D(AX+b) &= E[AX+b-AE(X)-b][AX+b-AE(X)-b]^{\mathrm{T}} \\
&= E[AX-AE(X)][AX-AE(X)]^{\mathrm{T}} \\
&= AE[X-E(X)][X-E(X)]^{\mathrm{T}}A^{\mathrm{T}}=AD(X)A^{\mathrm{T}}
\end{aligned}
$$

(3) 设 X_1，X_2，$\cdots$，X_n 为 n 个相互独立的随机向量，k_1，k_2，$\cdots$，k_n 为 n 个常数，则 $D(k_1X_1+k_2X_2+\cdots+k_nX_n)=k_1^2D(X_1)+k_2^2D(X_2)+\cdots+k_n^2D(X_n)$。

(4) 设 A 和 B 为常数矩阵，则 $\mathrm{Cov}(AX, BY)=A\mathrm{Cov}(X, Y)B^{\mathrm{T}}$。

(5) 设 A_1，A_2，$\cdots A_n$ 和 B_1，B_2，$\cdots B_m$ 为常数矩阵，则 $\mathrm{Cov}(\sum\limits_{i=1}^{n}A_iX_i, \sum\limits_{j=1}^{m}B_jy_j)=\sum\limits_{i=1}^{n}\sum\limits_{j=1}^{m}A_i\mathrm{Cov}(x_i, y_j)B_j^{\mathrm{T}}$。

4. 相关矩阵

相关系数： 设 X 和 Y 是两个随机变量，则它们之间的相关系数定义为

$$\rho(X, Y)=\frac{\mathrm{Cov}(X, Y)}{\sqrt{D(X)D(Y)}}$$

X 和 Y 的相关系数度量了 X 和 Y 之间线性相关关系的强弱，其中 $-1\leqslant\rho(X, Y)\leqslant1$。若 $\rho(X, Y)=0$，则称 X 与 Y 不相关。

相关系数矩阵： 设随机向量 $X=(X_1, X_2, \cdots, X_p)^{\mathrm{T}}$ 和 $Y=(Y_1, Y_2, \cdots, Y_q)^{\mathrm{T}}$，则 X 与 Y 的相关系数矩阵为

$$\rho(X, Y)=\begin{bmatrix} \rho(X_1, Y_1) & \rho(X_1, Y_2) & \cdots & \rho(X_1, Y_q) \\ \rho(X_2, Y_1) & \rho(X_2, Y_2) & \cdots & \rho(X_2, Y_q) \\ \vdots & \vdots & \cdots & \vdots \\ \rho(X_p, Y_1) & \rho(X_p, Y_2) & \cdots & \rho(X_p, Y_q) \end{bmatrix}$$

若 $\rho(X, Y)=0$，同样称 X 与 Y 不相关。若 $X=Y$，则 $\rho(X, X)=(\rho(X_i, X_j))_{p\times p}=R(X)$ 称为随机向量 X 的相关系数矩阵。

设相关系数矩阵 $R(X)=(\rho(X_i, X_j))_{p\times p}=(r_{ij})_{p\times p}=R$ 和协方差矩阵 $D(X)=(\mathrm{Cov}(X_i, X_j))_{p\times p}=(\sigma_{ij})_{p\times p}=\Sigma$，于是

$$r_{ij}=\frac{\mathrm{Cov}(X_i, X_j)}{\sqrt{D(X_i)D(X_j)}}=\frac{\sigma_{ij}}{\sqrt{\sigma_{ii}}\sqrt{\sigma_{jj}}}, i, j=1, 2, \cdots, p$$

因此相关系数矩阵和协方差矩阵具有如下关系式

$$\Sigma=V^{\frac{1}{2}}RV^{\frac{1}{2}}$$

其中 $V^{\frac{1}{2}}=\mathrm{diag}(\sqrt{\sigma_{11}}, \sqrt{\sigma_{22}}, \cdots, \sqrt{\sigma_{pp}})$。

设随机向量 $X=(X_1, X_2, \cdots, X_p)^{\mathrm{T}}$，若对每一个分量标准化，即

$$X_i^*=\frac{X_i-E(X_i)}{\sqrt{D(X_i)}}=\frac{X_i-\mu_i}{\sqrt{\sigma_{ii}}}, i=1, 2, \cdots, p$$

$X=(X_1^*, X_2^*, \cdots, X_p^*)^{\mathrm{T}}$，则 $E(X^*)=0$，$D(X^*)=R(X^*)$，即标准化后的协方差矩阵正好是原始向量的相关系数矩阵。可见相关系数矩阵 R 也是一个非负定矩阵。

A.3 随机向量的变换

设随机向量 $X=(X_1,X_2,\cdots,X_p)^{\mathrm{T}}$，具有概率密度 $f(X_1,X_2,\cdots,X_p)$ 函数组 $y_i=\Phi_i(x_1,x_2,\cdots,x_p)$，$i=1,2,\cdots,p$。其逆变换唯一存在：$x_i=\varphi_i(y_1,y_2,\cdots,y_p)$，$i=1,2,\cdots,p$，则 $Y=(Y_1,Y_2,\cdots,Y_p)^{\mathrm{T}}$ 的概率密度为

$$g(y_1,y_2,\cdots,y_p)=f(\varphi_1(y_1,y_2,\cdots,y_p),\cdots,\varphi_p(y_1,y_2,\cdots,y_p))|J|$$

其中 J 是坐标变换的雅可比行列式，记 $J(X\to Y)$，则

$$J(X\to Y)=\frac{\partial(x_1,x_2,\cdots,x_p)}{\partial(y_1,y_2,\cdots,y_p)}=\begin{vmatrix} \dfrac{\partial x_1}{\partial y_1} & \dfrac{\partial x_1}{\partial y_2} & \cdots & \dfrac{\partial x_1}{\partial y_p} \\[2mm] \dfrac{\partial x_2}{\partial y_1} & \dfrac{\partial x_2}{\partial y_2} & \cdots & \dfrac{\partial x_2}{\partial y_p} \\[2mm] \vdots & \vdots & \cdots & \vdots \\[2mm] \dfrac{\partial x_p}{\partial y_1} & \dfrac{\partial x_p}{\partial y_2} & \cdots & \dfrac{\partial x_p}{\partial y_p} \end{vmatrix}$$

性质 1　若 $X=(X_1,X_2)^{\mathrm{T}}$ 的密度函数为 $f(x_1,x_2)$，而 $Y_1=aX_1+bX_2$，$Y_2=cX_1+dX_2$，且 $\Delta=\begin{vmatrix} a & b \\ c & d \end{vmatrix}\neq 0$，则 $Y=(Y_1,Y_2)^{\mathrm{T}}$ 的密度函数 $g(y_1,y_2)=f\left(\dfrac{d}{\Delta}Y_1-\dfrac{b}{\Delta}Y_2-\dfrac{c}{\Delta}Y_1+\dfrac{a}{\Delta}Y_2\right)\dfrac{1}{|ad-bc|}$。

证明：

$$\begin{cases} Y_1=aX_1+bX_2 \\ Y_2=cX_1+dX_2 \end{cases} \Rightarrow \begin{cases} X_1=\dfrac{d}{\Delta}Y_1-\dfrac{b}{\Delta}Y_2 \\[2mm] X_2=-\dfrac{c}{\Delta}Y_1+\dfrac{a}{\Delta}Y_2 \end{cases}$$

因此

$$g(y_1,y_2)=f(\varphi_1(y_1,y_2),\varphi_2(y_1,y_2))\begin{vmatrix} \dfrac{\partial x_1}{\partial y_1} & \dfrac{\partial x_1}{\partial y_2} \\[2mm] \dfrac{\partial x_2}{\partial y_1} & \dfrac{\partial x_2}{\partial y_2} \end{vmatrix}$$

$$=f\left(\dfrac{d}{\Delta}Y_1-\dfrac{b}{\Delta}Y_2,-\dfrac{c}{\Delta}Y_1+\dfrac{a}{\Delta}Y_2\right)\begin{vmatrix} \dfrac{d}{\Delta} & -\dfrac{b}{\Delta} \\[2mm] -\dfrac{c}{\Delta} & \dfrac{a}{\Delta} \end{vmatrix}$$

$$=f\left(\dfrac{d}{\Delta}Y_1-\dfrac{b}{\Delta}Y_2,-\dfrac{c}{\Delta}Y_1+\dfrac{a}{\Delta}Y_2\right)\dfrac{1}{|ad-bc|}$$

性质 2 若 $Y = AX + b$，其中 A 为 p 阶可逆常数矩阵，b 为 p 维常数向量，则 $J(X \to Y) = |A^{-1}| = |A|^{-1}$。

证明：由 $Y = AX + b$ 推得 $X = A^{-1}(Y - b)$，记 $A^{-1} = (a_{ij})_{p \times p}$，则

$$
\begin{cases}
x_1 = a_{11}(y_1 - b_1) + a_{12}(y_2 - b_2) + \cdots + a_{1p}(y_p - b_p) \\
x_2 = a_{21}(y_1 - b_1) + a_{22}(y_2 - b_2) + \cdots + a_{2p}(y_p - b_p) \\
\qquad\qquad\qquad\qquad \vdots \\
x_p = a_{p1}(y_1 - b_1) + a_{p2}(y_2 - b_2) + \cdots + a_{pp}(y_p - b_p)
\end{cases}
$$

$$
J(X \to Y) = \begin{vmatrix}
a_{11} & a_{12} & \cdots & a_{1p} \\
a_{21} & a_{22} & \cdots & a_{2p} \\
\vdots & \vdots & \cdots & \vdots \\
a_{p1} & a_{p2} & \cdots & a_{pp}
\end{vmatrix} = |A^{-1}| = |A|^{-1}
$$

所以有重要性质：$J(X \to Y) = \dfrac{1}{J(Y \to X)}$。

附录 B

矩阵分析

B.1 矩阵的定义及其运算

1. 矩阵的定义

将 $p \times q$ 个实数 $a_{11}, a_{12}, \cdots, a_{pq}$ 按以下顺序排成 p 行 q 列的矩形阵列

$$A = \begin{pmatrix} a_{11} & a_{12} & \cdots & a_{1q} \\ a_{21} & a_{22} & \cdots & a_{2q} \\ \vdots & \vdots & \vdots & \vdots \\ a_{p1} & a_{p2} & \cdots & a_{pq} \end{pmatrix}$$

A 被称为 $p \times q$ 阶矩阵,该矩阵可被记为 $A = (a_{ij})_{p \times q}$,其中 a_{ij} 为 A 第 i 行第 j 列相交处的元素。

若 $p = q$,称 A 为 p 阶方阵;若 $p = 1$,称 A 为 q 维行向量;若 $q = 1$,称 A 为 p 维列向量。若 A 的所有 $p \times q$ 个元素均为 0,则称 A 为零矩阵,记作 $A = 0_{p \times q}$ 或 $A = 0$,如 $0_{22} = \begin{pmatrix} 0 & 0 \\ 0 & 0 \end{pmatrix}$。$A^{\mathrm{T}} = (a_{ji})_{q \times p}$ 称为 A 的转置。特别地,一个列向量的转置是行向量。

若方阵 A 除对角线元素外的所有元素均为零,则称 A 为对角阵,可简单记为 $A = \mathrm{diag}(a_{11}, a_{22}, \cdots, a_{pp})$;若对角阵 A 的 p 个对角元素均为1,则称 A 为 p 阶单位阵,记作 $A = I$。例如:$I_1 = (1)$,$I_2 = \begin{pmatrix} 1 & 0 \\ 0 & 1 \end{pmatrix}$。若方阵 A 的对角线下方元素都为零,即 $a_{ij} = 0$,$i > j$,则称 A 为上三角阵;若方阵 A 的对角线上方元素都为零,即 $a_{ij} = 0$,$i < j$,则称 A 为下三角阵。

2. 矩阵的运算

$p \times q$ 矩阵 A 和 B 的和(差) $A \mp B$ 是一个 $p \times q$ 矩阵,其中每个元素是 A 和 B 相应元素的和(差);标量 c 与矩阵 A 的数乘 cA 的每个元素是 A 的相应元素与 c 的乘积。

矩阵相加:若 $A = (a_{ij})_{p \times q}$,$B = (b_{ij})_{p \times q}$,则 A 与 B 的和 $A + B = (a_{ij} + b_{ij})_{p \times q}$;

数乘矩阵:若 c 为一常数,则它和 A 的积 $cA = (ca_{ij})_{p \times q}$;

矩阵相乘:若 $A = (a_{ij})_{p \times q}$,$B = (b_{ij})_{q \times r}$,则 A 与 B 的积 $AB = \left(\sum_{k=1}^{q} a_{ik} b_{kj} \right)_{p \times r}$。

若有矩阵 A、B、B_1、B_2 和常数 c,则有:

(1) 交换律:$(A + B)^T = A^T + B^T$。   (2) 交换律:$A + B = B + A$。

(3) 交换律:$(AB)^T = B^T A^T$。   (4) 分配律:$A(B_1 + B_2) = AB_1 + AB_2$。

(5) 分配律:$(B_1 + B_2)A = B_1 A + B_2 A$。   (6) 分配律:$c(A + B) = cA + cB$。

3. 正交矩阵

若两个 p 维向量 $a = (a_1, a_2, \cdots, a_p)^T$ 和 $b = (b_1, b_2, \cdots, b_p)^T$ 满足

$$a^T b = a_1 b_1 + a_2 b_2 + \cdots + a_p b_p$$

称 $a^T b$ 为向量 a 和 b 的内积或数量积,也称为点积,记为 $a \cdot b$。如果 $a \cdot b = 0$,则称向量 a 和 b 正交。几何意义上,即向量 a 和 b 相互垂直,记为 $a \perp b$。

若矩阵 A 满足 $A^T A = A A^T = I$,则称矩阵 A 为正交矩阵,正交矩阵 A 的 p 个行向量是一组正交的单位向量,即

$$\sum_{j=1}^{p} a_{ij}^2 = 1, \ i = 1, 2, \cdots, p, \ \sum_{j=1}^{p} a_{ij} a_{kj} = 0, \ i \neq k$$

正交矩阵 A 的 p 个列向量也是一组正交的单位向量,即

$$\sum_{i=1}^{p} a_{ij}^2 = 1, \ j = 1, 2, \cdots, p, \ \sum_{i=1}^{p} a_{ij} a_{ik} = 0, \ j \neq k$$

正交矩阵 A 的几何意义如下。

将 p 维向量 x 看作是在 $\mathbf{R}^p$ 中的一个点,则 x 的各分量是该点在相应各坐标轴上的坐标。正交变换 $y = Ax$ 意味着对原 p 维坐标系作一刚性旋转(或称正交旋转),y 的各分量正是该点在新坐标系下的坐标。

当 $p = 2$ 时,按逆时针方向将直角坐标系 (X_1, X_2) 旋转一个角度 θ,所得新坐标系 (Y_1, Y_2) 与原坐标系之间的变换为

$$y = \begin{pmatrix} y_1 \\ y_2 \end{pmatrix} = \begin{pmatrix} \cos\theta & \sin\theta \\ -\sin\theta & \cos\theta \end{pmatrix} \begin{pmatrix} x_1 \\ x_2 \end{pmatrix} = Ax$$

当 $p = 3$ 时同样有着直观的几何展示。由于 $y^T y = (Ax)^T (Ax) = x^T A^T A x = x^T x$,因此正交变换下该点到原点的距离保持不变,因此,正交变换也称旋转变换。

4. 分块矩阵

设矩阵 $A = (a_{ij})_{p \times q}$,将它分为四块

$$A = \begin{pmatrix} A_{11} & A_{12} \\ A_{21} & A_{22} \end{pmatrix}_{p \times q}$$

其中 $A_{11}: k \times l$,$A_{12}: k \times (q - l)$,$A_{21}: (p - k) \times l$,$A_{22}: (p - k) \times (q - l)$。

若 A 和 B 的行数和列数相同,且采用相同的分块法,则

$$A+B=\begin{pmatrix} A_{11}+B_{11} & A_{12}+B_{12} \\ A_{21}+B_{21} & A_{22}+B_{22} \end{pmatrix}_{p\times q}$$

若 $C=(c_{ij})_{q\times r}$ 分块成 $C_{11}:l\times m$，$C_{12}:l\times(r-m)$，$C_{21}:(q-l)\times m$，$C_{22}:(q-l)\times(r-m)$，则

$$AC=\begin{pmatrix} A_{11} & A_{12} \\ A_{21} & A_{22} \end{pmatrix}_{p\times q}\begin{pmatrix} C_{11} & C_{12} \\ C_{21} & C_{22} \end{pmatrix}_{q\times r}=\begin{pmatrix} A_{11}C_{11}+A_{12}C_{21} & A_{11}C_{12}+A_{12}C_{22} \\ A_{21}C_{11}+A_{22}C_{21} & A_{21}C_{12}+A_{22}C_{22} \end{pmatrix}_{p\times r}$$

B.2　行列式

若 A 为 p 阶矩阵，记 $|A|=\sum_{j_1j_2\cdots j_p}(-1)^{\tau(j_1j_2\cdots j_p)}a_{1j_1}a_{2j_2}\cdots a_{pj_p}$。这里 $\sum_{j_1j_2\cdots j_p}$ 表示对 $1,2,\cdots,p$ 的所有排列求和，$\tau(j_1j_2\cdots j_p)$ 为排列 $j_1,j_2,\cdots,j_p$ 中逆序排列的个数。逆序排列是指在排列中，对于任意相邻两个数，前面的数大于后面的数。例如：$\tau(12354)=1$，$\tau(23514)=4$，$\tau(54321)=10$。

N 阶行列式表示为

$$\begin{vmatrix} a_{11} & \cdots & a_{1n} \\ \vdots & \vdots & \vdots \\ a_{n1} & \cdots & a_{nn} \end{vmatrix}$$

逆序数有如下性质：

(1) 由 $1,2,\cdots,n$ 组成的有序数组称为一个 n 阶排列。通常用 $j_1,j_2,\cdots,j_n$ 表示 N 阶排列。

(2) 一个排列中，如果一个大的数排在小的数之前，就称这两个数构成一个逆序。一个排列的逆序总数称为这个排列的逆序数。用 $\tau(j_1,j_2,\cdots,j_p)$ 表示排列 $j_1,j_2,\cdots,j_n$ 的逆序数。如果一个排列的逆序数是偶数，则称这个排列为偶排列，否则称之为奇排列。例如，在排列 25134 中，有逆序 21，51，53，54，因此排列 25134 的逆序数为 4，所以排列 25134 为偶排列。

1. 行列式的基本性质

(1) 若 A 的某行(或某列)所有元素为零，则 $|A|=0$。

(2) $|A|=|A^{\mathrm{T}}|$。

(3) 设 c 为一常数，A 为 p 阶矩阵，则 $|cA|=c^p|A|$。

(4) 若 A 的两行(列)元素相同，则 $|A|=0$。

(5) 若将 A 的两行(列)互换，所得的行列式为原来的负值。

(6) 将矩阵 A 的某一行(列)乘上一个常数之后加到另一行(列)的对应元素上，所得矩阵行列式不变。

(7) 若 $A_1A_2\cdots A_k$ 是 p 阶方阵,则 $|A_1A_2\cdots A_k|=|A_1||A_2|\cdots|A_k|$。

(8) 若分块矩阵 $A=\begin{pmatrix} A_{11} & A_{12} \\ A_{21} & A_{22} \end{pmatrix}_{p\times p}$,其中 $A_{12}=0$ 或 $A_{21}=0$,则 $\begin{vmatrix} A_{11} & A_{12} \\ 0 & A_{22} \end{vmatrix}=$ $\begin{vmatrix} A_{11} & 0 \\ A_{21} & A_{22} \end{vmatrix}=|A_{11}||A_{22}|$。

(9) 设 $A=(a_{ij})_{p\times q}$,$B=(b_{ij})_{q\times p}$,则 $|I_p-AB|=|I_q-BA|$。

(10) 若 A 为正交矩阵,则 $|A|=\pm 1$。

(11) 若 A 为上三角阵或下三角阵,则 $|A|=\prod\limits_{i=1}^{p}a_{ii}$。

(12) A 是可逆的当且仅当 $|A|\neq 0$。

(13) 克拉默法则:

对任意 $n\times n$ 矩阵 A 和任意的 R^n 中的向量 b,令 $A_i(b)$ 表示 A 中第 i 列由向量 b 替换得到的矩阵

$$A_i(b)=[a_1\cdots b\cdots a_n]$$

设 A 是一个可逆的 $n\times n$ 矩阵。对 R^n 中的任意向量 b,方程 $Ax=b$ 的唯一解可由下式给出

$$x_i=\frac{|A_i(b)|}{|A|},\ i=1,2,\cdots,n$$

2. 代数余子式

若 A 为 p 阶矩阵,将其第 i 行和第 j 列元素划去,所得到的矩阵称为元素 a_{ij} 的余子式,记为 M_{ij}。 $A_{ij}=(-1)^{i+j}M_{ij}$ 称为元素 a_{ij} 的代数余子式。

这样就可以得到行列式按某一行(列)元素的展开式

$$|A|=\sum_{j=1}^{p}a_{ij}A_{ij}=\sum_{i=1}^{p}a_{ij}A_{ij}$$

$$\sum_{j=1}^{p}a_{kj}A_{ij}=0(k\neq i),\ \sum_{i=1}^{p}a_{ik}A_{ij}=0(k\neq j)$$

p 阶方阵 A 的各元素的代数余子式 A_{ij} 所构成的方阵

$$A^*=\begin{pmatrix} A_{11} & A_{21} & \cdots & A_{p1} \\ A_{12} & A_{22} & \cdots & A_{p2} \\ \cdots & \cdots & \cdots & \cdots \\ A_{1p} & A_{2p} & \cdots & A_{pp} \end{pmatrix}$$

叫作方阵 A 的伴随矩阵。易证得伴随矩阵具有重要性质: $AA^*=A^*A=|A|E$(可以据此推导得出 A 的逆矩阵 $A^{-1}=\dfrac{A^*}{|A|}$)。

B.3　矩阵的逆和秩

设 A 为 p 阶矩阵,若 $|A| \neq 0$,则称 A 是非退化矩阵;若 $|A| = 0$,则称 A 为退化矩阵。若 A 为 p 阶非退化矩阵,则存在一个唯一的矩阵 B,使得 $AB = BA = I_p$,则 B 称为 A 的逆矩阵,记作 $B = A^{-1}$。

1. 矩阵的逆主要性质

(1) 逆矩阵 B 的任意元素 b_{ij} 可以这样计算: $b_{ij} = \dfrac{A_{ji}}{|A|}$, $i, j = 1, 2, \cdots, p$。

(2) $AA^{-1} = A^{-1}A = I_p$, $(A^{-1})^{-1} = A$, $(A^{\mathrm{T}})^{-1} = (A^{-1})^{\mathrm{T}}$, $|A^{-1}| = \dfrac{1}{|A|}$。

(3) 若 A 和 C 均为 p 阶非退化方阵,则 $(AC)^{-1} = C^{-1}A^{-1}$。

(4) 若 A 为 p 阶非退化方阵,a 为 p 维向量,则 $Ax = a$ 的解为 $x = A^{-1}a$。

(5) 若 A 为正交矩阵,因为 $AA^{\mathrm{T}} = A^{\mathrm{T}}A = I_p$,所以 $A^{-1} = A^{\mathrm{T}}$。

(6) 若 $A = \operatorname{diag}(a_{11}, a_{22}, \cdots, a_{pp})$ 非退化,则 $A^{-1} = \operatorname{diag}(a_{11}^{-1}, a_{22}^{-1}, \cdots, a_{pp}^{-1})$。

(7) 若 A_{11}, A_{22} 为非退化方阵,则 $\begin{pmatrix} A_{11} & 0 \\ 0 & A_{22} \end{pmatrix}^{-1} = \begin{pmatrix} A_{11}^{-1} & 0 \\ 0 & A_{22}^{-1} \end{pmatrix}$, $\begin{pmatrix} A_{11} & 0 \\ A_{21} & A_{22} \end{pmatrix}^{-1} =$

$\begin{pmatrix} A_{11}^{-1} & 0 \\ -A_{22}^{-1}A_{21}A_{11}^{-1} & A_{22}^{-1} \end{pmatrix}$, $\begin{pmatrix} A_{11} & A_{12} \\ 0 & A_{22} \end{pmatrix}^{-1} = \begin{pmatrix} A_{11}^{-1} & -A_{11}^{-1}A_{12}A_{22}^{-1} \\ 0 & A_{22}^{-1} \end{pmatrix}$。

(8) 设方阵 $A = \begin{pmatrix} A_{11} & A_{12} \\ A_{21} & A_{22} \end{pmatrix}$,其中 A_{11}, A_{22} 为方阵。

若 $|A_{11}| \neq 0$,则 $|A| = |A_{11}| \, |A_{22} - A_{21}A_{11}^{-1}A_{12}|$。

若 $|A_{22}| \neq 0$,则 $|A| = |A_{22}| \, |A_{11} - A_{12}A_{22}^{-1}A_{21}|$。

2. 矩阵的秩

若 $A = (a_{ij})_{p \times q}$,且存在 A 的一个 r 阶子式(子方阵)的行列式不为零,而 A 的一切 $r+1$ 阶子式均为零,则称 A 的秩为 r,记作 $\operatorname{rank}(A) = r$。 其主要性质有:

(1) 当且仅当 $A = 0$ 时,$\operatorname{rank}(A) = 0$。

(2) 若 $A = (a_{ij})_{p \times q}$,则 $0 \leqslant \operatorname{rank}(A) \leqslant \min\{p, q\}$。

(3) $\operatorname{rank}(A) = \operatorname{rank}(A^{\mathrm{T}})$。

(4) $\operatorname{rank}\begin{pmatrix} A & 0 \\ 0 & B \end{pmatrix} = \operatorname{rank}\begin{pmatrix} 0 & A \\ B & 0 \end{pmatrix} = \operatorname{rank}(A) + \operatorname{rank}(B)$。

(5) $\operatorname{rank}(AB) \leqslant \min\{\operatorname{rank}(A), \operatorname{rank}(B)\}$。

(6) 若 A 和 C 为非退化方阵,则 $\operatorname{rank}(ABC) = \operatorname{rank}(B)$。

(7) $\operatorname{rank}(AA^{\mathrm{T}}) = \operatorname{rank}(A^{\mathrm{T}}A) = \operatorname{rank}(A)$。

(8) 若 $A \sim B$,则 $\operatorname{rank}(A) = \operatorname{rank}(B)$(矩阵的初等变换不改变矩阵的秩)。

（9）任意矩阵 A 总可经过初等变换化为标准形，即 $\begin{pmatrix} I_r & O \\ O & O \end{pmatrix}$，其中 $r = r(A)$。

B.4 特征值和特征向量

设 A 为 p 阶矩阵，若对于一个实数 λ，存在一个 p 维非零向量 x，使得 $Ax = \lambda x$，则称 λ 为 A 的一个特征值或特征根，而称 x 为 A 的对应于特征值 λ 的特征向量。

由 $Ax = \lambda x$ 可得 $(A - \lambda I)x = 0(x \neq 0)$，所以 $|A - \lambda I| = 0$，$|A - \lambda I|$ 是 λ 的 p 次多项式，称为特征多项式。有多项式理论相关知识可知，$|A - \lambda I| = 0$ 有关于 λ 的 p 个解，即为 A 的 p 个特征根，记作 $\lambda_1, \lambda_2, \cdots, \lambda_p$。

若 $\lambda_i(i = 1, 2, \cdots, p)$，是矩阵 A 的一个特征根。由于 $|A - \lambda_i I| = 0$，因此存在一个 p 维非零向量 x_i，使得 $(A - \lambda_i I)x_i = 0$，x_i 即为 A 的对应于特征值 λ_i 的特征向量。一般取 x_i 为单位向量，即 $x_i^{\mathrm{T}} x_i = 1$。

注意： 对于阶数较高（$p \geqslant 3$）的 p 阶方阵，在求解特征值的过程中，可使用行列式章节中的相关运算性质来简化求解过程。在求解特征向量的过程中，可先通过初等行变换（不可使用列变换）将系数矩阵 $(A - \lambda I)$ 化简为行阶梯形或行最简形矩阵，从而简化特征向量的求解。

1. 特征值和特征向量的基本性质

（1）矩阵 A 与 A^{T} 有相同的特征根。

（2）若 A 和 B 分别是 $p \times q$ 和 $q \times p$ 矩阵，则 AB 和 BA 有相同非零特征根。

证明：

$$\begin{cases} \begin{pmatrix} I_p & A \\ 0 & \lambda I_q \end{pmatrix} \begin{pmatrix} \lambda I_p & A \\ B & I_q \end{pmatrix} = \begin{pmatrix} \lambda I_p - AB & 0 \\ \lambda B & \lambda I_q \end{pmatrix} \\ \begin{pmatrix} I_p & 0 \\ -B & \lambda I_q \end{pmatrix} \begin{pmatrix} \lambda I_p & A \\ B & I_q \end{pmatrix} = \begin{pmatrix} \lambda I_p & A \\ 0 & \lambda I_q - BA \end{pmatrix} \end{cases}$$

$$\Rightarrow \begin{vmatrix} \lambda I_p - AB & 0 \\ \lambda B & \lambda I_q \end{vmatrix} = \begin{vmatrix} \lambda I_p & A \\ 0 & \lambda I_q - BA \end{vmatrix} \Rightarrow \lambda^q |\lambda I_q - AB| = \lambda^p |\lambda I_q - BA|$$

从 AB 中任取的非零特征根 λ_i，也包含在 BA 的非零特征根集合中，反之亦然。

（3）若 A 为实对称矩阵，则 A 的特征根全为实数，因此，p 个特征根可按大小次序排成 $\lambda_1 \geqslant \lambda_2 \geqslant \cdots \geqslant \lambda_p$，若 $\lambda_i \neq \lambda_j$，则相应的特征向量 x_i 和 x_j 必正交。

证明：A 的特征根全为实数：

设 λ 是 A 的任一特征根，x 是对应的特征向量，则 $Ax = \lambda x$，两边取共轭复数，并注意 A 为实数矩阵，所以 $A\bar{x} = \bar{\lambda}\bar{x}$，两边左乘 x^{T}，得 $x^{\mathrm{T}} A\bar{x} = \bar{\lambda} x^{\mathrm{T}} \bar{x}$。

又因为 $x^{\mathrm{T}} A\bar{x} = (Ax)^{\mathrm{T}} \bar{x} = \lambda x^{\mathrm{T}} \bar{x}$，所以 $\bar{\lambda} x^{\mathrm{T}} \bar{x} = \lambda x^{\mathrm{T}} \bar{x}$。

由于 $x \neq 0$，所以 $x^{\mathrm{T}} \bar{x} \neq 0$，可以推得 $\lambda = \bar{\lambda}$，λ 为实数。

若 $\lambda_i \neq \lambda_j$，则可证相应的特征向量 x_i 和 x_j 必正交：

因为 $Ax_i = \lambda_i x_i$，$Ax_j = \lambda_j x_j$，所以 $x_j^{\mathrm{T}} A x_i = \lambda_i x_j^{\mathrm{T}} x_i$，$x_i^{\mathrm{T}} A x_j = \lambda_j x_i^{\mathrm{T}} x_j$。

又因为 $x_j^{\mathrm{T}} A x_i = x_i^{\mathrm{T}} A x_j$，所以 $\lambda_i x_j^{\mathrm{T}} x_i = \lambda_j x_i^{\mathrm{T}} x_j$。由于 $x_j^{\mathrm{T}} x_i = (x_j^{\mathrm{T}} x_i)^{\mathrm{T}} = x_i^{\mathrm{T}} x_j$。

而 $\lambda_i \neq \lambda_j$，因此 $x_j^{\mathrm{T}} x_i = x_i^{\mathrm{T}} x_j = 0$，即 x_i 和 x_j 正交。

(4) 若对称矩阵 A 的特征根 λ_i 为 r 重根，则必可找到 r 个线性无关的特征向量与之对应。

(5) 若 $A = \mathrm{diag}(a_{11}, a_{22}, \cdots, a_{pp})$，则 $a_{11}, a_{22}, \cdots, a_{pp}$ 为 A 的 p 个特征根。相应的特征向量分别为 $e_1 = (1, 0, \cdots, 0)$，$e_2 = (0, 1, \cdots, 0)\cdots$，$e_p = (0, 0, \cdots, 1)$。

(6) A 的行列式等于其特征根的乘积，即 $|A| = \prod_{i=1}^{p} \lambda_i$。

(7) 若 A 为 p 阶对称矩阵，则存在正交矩阵 Q 及对角阵 $\Lambda = \mathrm{diag}(\lambda_1, \lambda_2, \cdots, \lambda_p)$，使得

$$A = Q \Lambda Q^{\mathrm{T}}$$

证明：设 $\lambda_1, \lambda_2, \cdots, \lambda_p$ 为 A 的 p 个特征根，$l_1, l_2, \cdots, l_p$ 为相应的特征单位向量，则令 $Q = (l_1, l_2, \cdots, l_p)$，由性质 3 可知 Q 为正交矩阵。

又因为 $Al_i = \lambda_i l_i$，$i = 1, 2, \cdots, p$，所以

$$A(l_1, l_2, \cdots, l_p) = (l_1, l_2, \cdots, l_p) \begin{pmatrix} \lambda_1 & 0 & \cdots & 0 \\ 0 & \lambda_2 & \cdots & 0 \\ \vdots & \vdots & \cdots & \vdots \\ 0 & 0 & \cdots & \lambda_p \end{pmatrix}$$

可推得 $AQ = Q\Lambda$，即 $A = Q\Lambda Q^{\mathrm{T}}$。

(8) 涉及二次型和对称矩阵的许多结论，在多数情况下可直接由对称阵的谱分解展开式得出。一个 $p \times p$ 对称阵 A 的谱分解式由性质 (7) 给出。

$$A = \sum_{i=1}^{p} \lambda_i l_i l_i^{\mathrm{T}}$$

其中 $\lambda_1, \lambda_2, \cdots, \lambda_p$ 是 A 的特征值，$l_1, l_2, \cdots, l_p$ 是相对应的标准化特征向量，因此有 $l_i l_i^{\mathrm{T}} = 1$ $(i = 1, 2, \cdots, n)$ 且 $i \neq j$，$l_i l_j^{\mathrm{T}} = 0$。

2. 极值问题

(1) 设 A 为 p 阶对称矩阵，其特征值按大小次序排成 $\lambda_1 \geqslant \lambda_2 \geqslant \cdots \geqslant \lambda_p$，则

$$\max_{x \neq 0} \frac{x^{\mathrm{T}} A x}{x^{\mathrm{T}} x} = \lambda_1, \quad \min_{x \neq 0} \frac{x^{\mathrm{T}} A x}{x^{\mathrm{T}} x} = \lambda_p$$

证明：因为 A 为对称矩阵，根据谱分解定理易知存在正交矩阵 Q 及对角矩阵 $\Lambda = \mathrm{diag}(\lambda_1, \lambda_2, \cdots, \lambda_p)$ 使得 $A = Q\Lambda Q^{\mathrm{T}}$，再令 $y = \dfrac{Q^{\mathrm{T}} x}{\sqrt{x^{\mathrm{T}} x}}$，则 $y^{\mathrm{T}} y = \dfrac{x^{\mathrm{T}} Q Q^{\mathrm{T}} x}{x^{\mathrm{T}} x} = 1$。

从而得

$$\frac{x^\mathrm{T}Ax}{x^\mathrm{T}x}=\frac{x^\mathrm{T}Q\varLambda Q^\mathrm{T}x}{x^\mathrm{T}x}=\frac{(Q^\mathrm{T}x)^\mathrm{T}\varLambda(Q^\mathrm{T}x)}{\sqrt{x^\mathrm{T}x}\sqrt{x^\mathrm{T}x}}=y^\mathrm{T}\varLambda y=\sum_{i=1}^{p}\lambda_i y_i^2$$

所以

$$\max_{x\neq 0}\frac{x^\mathrm{T}Ax}{x^\mathrm{T}x}=\max_{\sum_{i=1}^{p}y_i^2=1}\sum_{i=1}^{p}\lambda_i y_i^2=\lambda_1$$

$$\min_{x\neq 0}\frac{x^\mathrm{T}Ax}{x^\mathrm{T}x}=\min_{\sum_{i=1}^{p}y_i^2=1}\sum_{i=1}^{p}\lambda_i y_i^2=\lambda_p$$

（2）若 A 为 p 阶对称矩阵，设 B 为 p 阶正定矩阵，$\mu_1\geqslant\mu_2\geqslant\cdots\geqslant\mu_p$ 为 $B^{-1}A$ 的 p 个特征根，则

$$\max_{x\neq 0}\frac{x^\mathrm{T}Ax}{x^\mathrm{T}Bx}=\mu_1,\ \min_{x\neq 0}\frac{x^\mathrm{T}Ax}{x^\mathrm{T}Bx}=\mu_p$$

证明：因为 B 为 p 阶正定矩阵，存在 $B^{\frac{1}{2}}>0$ 使得 $B=B^{\frac{1}{2}}B^{\frac{1}{2}}$。

令 $y=B^{\frac{1}{2}}x$，$A_1=B^{-\frac{1}{2}}AB^{-\frac{1}{2}}$，则 A_1 为对称矩阵，且有 $|A_1-\lambda I|=|B^{-\frac{1}{2}}AB^{-\frac{1}{2}}-\lambda I|=|B^{\frac{1}{2}}|\cdot|B^{-\frac{1}{2}}B^{-\frac{1}{2}}A-\lambda I|\cdot|B^{-\frac{1}{2}}|=|B^{\frac{1}{2}}|\cdot|B^{-1}A-\lambda I|\cdot|B^{-\frac{1}{2}}|$

因为 $|B^{\frac{1}{2}}|>0$，$|B^{-\frac{1}{2}}|>0$，所以 A_1 的特征值与 $B^{-1}A$ 相同，均为 $\mu_1\geqslant\mu_2\geqslant\cdots\geqslant\mu_p$。因此有

$$\max_{x\neq 0}\frac{x^\mathrm{T}Ax}{x^\mathrm{T}Bx}=\max_{x\neq 0}\frac{x^\mathrm{T}B^{\frac{1}{2}}B^{-\frac{1}{2}}AB^{-\frac{1}{2}}B^{\frac{1}{2}}x}{x^\mathrm{T}B^{\frac{1}{2}}B^{\frac{1}{2}}x}=\max_{y\neq 0}\frac{y^\mathrm{T}A_1 y}{y^\mathrm{T}y}=\mu_1$$

同理可得

$$\min_{x\neq 0}\frac{x^\mathrm{T}Ax}{x^\mathrm{T}Bx}=\min_{y\neq 0}\frac{y^\mathrm{T}A_1 y}{y^\mathrm{T}y}=\mu_p$$

柯西-许瓦茨（Cauchy-Schwartz）不等式的一个特殊形式：
若 $A>0$，则 $(x^\mathrm{T}y)^2\leqslant(x^\mathrm{T}Ax)(y^\mathrm{T}A^{-1}y)$。
证明：只需对 x 和 y 都是非零向量的情形证明

$$\frac{(x^\mathrm{T}y)^2}{x^\mathrm{T}Ax}=\frac{x^\mathrm{T}(yy^\mathrm{T})x}{x^\mathrm{T}Ax}\leqslant y^\mathrm{T}A^{-1}y$$

由 yy^T 对称，$A>0$ 可以推得 $\max\dfrac{x^\mathrm{T}(yy^\mathrm{T})x}{x^\mathrm{T}Ax}=\mu_1$，其中 μ_1 是 $A^{-1}yy^\mathrm{T}$ 的最大特征根，而 $A^{-1}yy^\mathrm{T}$ 与 $y^\mathrm{T}A^{-1}y$ 有相同的非零特征根，而 $y^\mathrm{T}A^{-1}y$ 由于是 1×1 矩阵，其唯一的非零特征根是其本身，所以 $\mu_1=y^\mathrm{T}A^{-1}y$。可以推得 $\max\dfrac{x^\mathrm{T}(yy^\mathrm{T})x}{x^\mathrm{T}Ax}=y^\mathrm{T}A^{-1}y$，所以 $(x^\mathrm{T}y)^2\leqslant(x^\mathrm{T}Ax)(y^\mathrm{T}A^{-1}y)$。

3. 方阵的迹的基本性质

设 A 为 p 阶方阵,将其主对角线元素之和称为 A 的迹,记作 $\mathrm{tr}(A)$,其具有以下基本性质:

(1) 若 $\lambda_1, \lambda_2, \cdots, \lambda_p$ 为 A 的 p 个特征根,则 $\mathrm{tr}(A) = \lambda_1 + \lambda_2 + \cdots + \lambda_p$。

(2) $\mathrm{tr}(A) = \mathrm{tr}(A^{\mathrm{T}})$。

(3) $\mathrm{tr}(AB) = \mathrm{tr}(BA)$,$\mathrm{tr}(A+B) = \mathrm{tr}(A) + \mathrm{tr}(B)$。

(4) $\mathrm{tr}(\alpha A) = \alpha \, \mathrm{tr}(A)$。

(5) 若 p 为投影矩阵,则 $\mathrm{tr}(A) = \mathrm{rank}(A)$。

证明: 因为对于投影矩阵,$A^{\mathrm{T}} = A$,所以存在正交矩阵 Q 和对角矩阵。

$\Lambda = \mathrm{diag}(\lambda_1, \lambda_2, \cdots, \lambda_p)$ 使得 $A = Q\Lambda Q^{\mathrm{T}}$,所以 $\mathrm{rank}(A) = \mathrm{rank}(Q\Lambda Q^{\mathrm{T}}) = \mathrm{rank}(\Lambda) = \lambda_1, \lambda_2, \cdots, \lambda_p$ 中的非零个数。

又由投影矩阵的性质可证得,投影矩阵的特征根非 0 即 1。这是因为 $A^2 x = A(Ax) = A(\lambda^2 xx) = \lambda(Ax) = \lambda(\lambda x) = \lambda^2 x$。

故有 $A^2 x = Ax = \lambda x \Rightarrow \lambda^2 x = \lambda x \Rightarrow \lambda(\lambda-1)x \Rightarrow \lambda = 0 \text{ or } 1$。 所以 $\mathrm{tr}(A) = \lambda_1 + \lambda_2 + \cdots + \lambda_p = \lambda_1, \lambda_2, \cdots, \lambda_p$ 中的非零特征值的个数。

4. 向量组的秩的本质

(1) 如果向量组(Ⅰ):$a_{i1}, a_{i2}, \cdots, a_{ir}$ 与(Ⅱ):$a_{j1}, a_{j2}, \cdots, a_{jt}$ 都是向量组 $a_1, a_2, \cdots, a_s$ 的极大线性无关组,则 $r = t$。

(2) 已知向量组(Ⅰ):$a_1, a_2, \cdots, a_r$ 与(Ⅱ):$a_1, a_2, \cdots, a_r, b_1, b_2, \cdots, b_t$ 有相同的秩,则 $b_1, b_2, \cdots, b_t$ 能够被 $a_1, a_2, \cdots, a_r$ 线性表示出来。

(3) 设向量组(Ⅰ)能够被向量组(Ⅱ)线性表示出来,且秩 $r(Ⅰ) = r(Ⅱ)$,则向量组(Ⅰ)和向量组(Ⅱ)等价。

B.5　正定矩阵和非负定矩阵

设 A 为 p 阶对称矩阵,若对一切 p 维向量 $x \neq 0$,均有 A 的二次型 $x^{\mathrm{T}} A x > 0$,则称 A 为正定矩阵,记作 $A > 0$。

若对一切 p 维向量 $x \neq 0$,均有 A 的二次型 $x^{\mathrm{T}} A x \geqslant 0$,则称 A 为非负定矩阵或半正定矩阵,记作 $A \geqslant 0$。

1. 正定矩阵和非负定矩阵的基本性质

(1) 若 A 为对称矩阵,则 $A > 0$(或 $A \geqslant 0$)等价于 A 的所有特征根为正(或非负)。

证明:充分性: 因为 A 为对称矩阵,所以存在正交矩阵 Q 使得 $Q^{\mathrm{T}} A Q = \Lambda = \mathrm{diag}(\lambda_1, \lambda_2, \cdots, \lambda_p)$,故有 $\lambda_i = e_i^{\mathrm{T}} \Lambda e_i = e_i^{\mathrm{T}} (QAQ^{\mathrm{T}}) e_i = (Qe_i)^{\mathrm{T}} A (Qe_i)$,其中 $e_i = (0, \cdots, 0, 1, 0, \cdots, 0)^{\mathrm{T}}$,1 为第 i 个元素。因为 $Qe_i \neq 0$,所以当 $A > 0$(或 $A \geqslant 0$)时,$\lambda_i > 0$(或 $\lambda_i \geqslant 0$)。

必要性: 若 A 的所有特征值均为正(或非负),则对任意的 $x \neq 0$,令 $y = Q^{\mathrm{T}} x$,则

$$x^{\mathrm{T}}Ax = x^{\mathrm{T}}(Q\Lambda Q^{\mathrm{T}})x = (Q^{\mathrm{T}}x)^{\mathrm{T}}(Q^{\mathrm{T}}x) = y^{\mathrm{T}}\Lambda y = \sum_{i=1}^{p}\lambda_i y_i^2$$

由于 $y \neq 0$，所以当 $\lambda_i > 0$（或 $\lambda_i \geqslant 0$，$i = 1, 2, \cdots, p$）时，$x^{\mathrm{T}}Ax > 0$ 即 $A > 0$（$x^{\mathrm{T}}Ax \geqslant 0$ 即 $A \geqslant 0$）。

(2) 若 $A > 0$，则 $A^{-1} > 0$。

(3) 若 A 为非负定矩阵，则 A 为正定矩阵等价于 A 的行列式不等于零（行列式等于特征根的乘积）。

(4) $AA^{\mathrm{T}} \geqslant 0$ 对一切矩阵 A 都成立。

2. 平方根矩阵

(1) 若 $A > 0$（或 $A \geqslant 0$），则存在 $A^{\frac{1}{2}} > 0$ 或 $(A^{\frac{1}{2}} \geqslant 0)$ 使得 $A = A^{\frac{1}{2}}A^{\frac{1}{2}}$，则称 $A^{\frac{1}{2}}$ 为 A 的平方根矩阵。

证明： 因为 A 为对称矩阵，所以存在正交矩阵 Q 及对角矩阵

$$\Lambda = \mathrm{diag}(\lambda_1, \lambda_2, \cdots, \lambda_p)$$

使得 $A = Q\Lambda Q^{\mathrm{T}}$。由 $A > 0$（或 $A \geqslant 0$）可知 $\lambda_i > 0$（或 $\lambda_i \geqslant 0$）

令 $\Lambda^{\frac{1}{2}} = \mathrm{diag}(\sqrt{\lambda_1}, \sqrt{\lambda_2}, \cdots, \sqrt{\lambda_p})$，$A^{\frac{1}{2}} = Q\Lambda^{\frac{1}{2}}Q^{\mathrm{T}}$，则 $A = Q\Lambda Q^{\mathrm{T}} = Q\Lambda^{\frac{1}{2}}\Lambda^{\frac{1}{2}}Q^{\mathrm{T}} = Q\Lambda^{\frac{1}{2}}Q^{\mathrm{T}}Q\Lambda^{\frac{1}{2}}Q^{\mathrm{T}} = A^{\frac{1}{2}}A^{\frac{1}{2}}$。由于 $A^{\frac{1}{2}}$ 对称且其特征值 $\sqrt{\lambda_i} > 0$（或 $\sqrt{\lambda_i} \geqslant 0$），所以 $A^{\frac{1}{2}} > 0$（或 $A^{\frac{1}{2}} \geqslant 0$）。

(2) 设 A 是 $k \times k$ 正定矩阵，有谱分解 $A = \sum_{i=1}^{k}\lambda_i e_i e_i^{\mathrm{T}} = P\Lambda P^{\mathrm{T}}$，正交矩阵 $P = [e_1, e_2, \cdots, e_k]$，其中 e_i 为 A 的对应于 λ_i 的单位特征向量，$\Lambda = \mathrm{diag}(\lambda_1, \lambda_2, \cdots, \lambda_k)$。

因为 $(P\Lambda^{-1}P^{\mathrm{T}})P\Lambda P^{\mathrm{T}} = P\Lambda P^{\mathrm{T}}(P\Lambda^{-1}P^{\mathrm{T}}) = PP^{\mathrm{T}} = I$，因此有

$$A^{-1} = P\Lambda^{-1}P^{\mathrm{T}} = \sum_{i=1}^{k}\frac{1}{\lambda_i}e_i e_i^{\mathrm{T}}$$

并且有 A 的平方根矩阵

$$A^{1/2} = \sum_{i=1}^{k}\sqrt{\lambda_i}e_i e_i^{\mathrm{T}} = P\Lambda^{1/2}P^{\mathrm{T}}$$

(3) $(A^{1/2})^{-1} = \sum_{i=1}^{k}\frac{1}{\sqrt{\lambda_i}}e_i e_i^{\mathrm{T}} = P\Lambda^{-1/2}P^{\mathrm{T}}$，其中 $\Lambda^{-1/2}$ 是以 $\frac{1}{\sqrt{\lambda_i}}$ 作为对角线上第 i 个元素的对角阵。

附录 C
Python 初步

C.1 Python 语言简介

  Python 是一种广泛使用的解释型、高级和通用的编程语言,其创始人是吉多·范罗苏姆(Guido van Rossum),荷兰人,生于 1956 年 1 月 31 日。1982 年,吉多·范罗苏姆从阿姆斯特丹大学获得了数学和计算机硕士学位,并于 1986 年在荷兰的国家数学和计算机科学研究学会(CWI)工作,参与 ABC 语言的开发。1989 年的圣诞节期间,为了在阿姆斯特丹打发无聊的时间,吉多·范罗苏姆决心开发一个新的解释程序,作为 ABC 语言的一种继承。而选择 Python(英文原意"蟒蛇")作为该编程语言的名字,是因为他是 BBC 电视剧——《蒙提·派森的飞行马戏团》(*Monty Python's Flying Circus*)的忠实粉丝。

  Python 编程语言是在 ABC 语言的基础上发展起来的,吉多·范罗苏姆在开发 Python 时,不仅为其添加了很多 ABC 没有的功能,还设计了各种丰富而强大的基础代码库,覆盖了网络、文件、数据库等大量内容。除内置的库外,Python 还提供大量的第三方库,利用这些 Python 库,比如著名的计算机视觉库 OpenCV、三维可视化库 VTK、科学计算扩展库 NumPy 和 SciPy 等,用户在开发时可以直接调用现成的模块方法处理数据、制作图表、开发科学计算应用程序,非常强大方便。

  Python 看似是"不经意间"开发出来的,但丝毫不比其他编程语言差。自 1991 年 Python 第一个公开发行版问世后,Python 不断受到编程者的欢迎和喜爱。在前一阵子发布的 TIOBE 2021 年 12 月编程语言排行榜中,Python 位居第 1 位,如图 C.1 所示。

  总的来说,Python 的设计哲学就是"优雅"、"明确"、"简单"。Python 语言的语法非常简洁明了。和其他编程语言相比,若要实现同一个功能,Python 语言的实现代码往往是最短的,即便是非软件专业的学生,也很容易上手,这对初学者十分友好。

2021年12月排名	2020年12月排名	编程语言		占比	占比变化率
1	3		Python	12.90%	+0.69%
2	1		C	11.80%	-4.69%
3	2		Java	10.12%	-2.41%
4	4		C++	7.73%	+0.82%
5	5		C#	6.40%	+2.21%
6	6	VB	Visual Basic	5.40%	+1.48%
7	7	JS	JavaScript	2.30%	-0.06%
8	12	ASM	Assembly language	2.25%	+0.91%
9	10	SQL	SQL	1.79%	+0.26%

图 C.1　TIOBE 2021 年 12 月编程语言排行榜前 9 名

C.2　Python 编程环境的搭建

　　Python 是一种跨平台的编程语言,这意味着它能运行在 Windows、Mac 和 Linux/Unix 等所有主流的操作系统中,即在 Windows 上写 Python 程序,放到 Linux 上也能够运行,具有跨平台性。Python 有不同的版本,本章节编写期间所使用的 Python 版本为 Python 3.7,但只要安装了 Python 3.6 或更高的版本,就能运行本章中的所有展示代码。

　　在相应的操作系统中安装好 Python,我们还需要一个集成开发环境(integrated development environment,IDE)来尽可能提高效率,常见的 IDE 有 PyCharm 和 VS Code,当然你也可选择 Python 自带的文本编辑器 IDLE。多元统计分析更多地是做数据的处理、分析、模型运行及结果观察方面的工作,所以本章选择 Jupyter Notebook 作为代码运行展示的工具。Jupyter Notebook 不属于传统的文本编辑器或 IDE,而是一款基于网页的用于交互计算的应用程序,其可被应用于全过程计算:开发、文档编写、运行代码和展示结果,交互性非常好。

　　众所周知,数据处理、分析和科学建模是非常碎片化的工作,而每一块的碎片又有着非常强的独立性,每一部分的工作都需要反复试验、反复修改。在 Jupyter 当中,我们可以每写几行或者每完成一个小的模块便运行一次,代码的运行计算结果也会直接在代码块下以富媒体格式展示,包括 HTML、LaTeX、PNG、SVG 等。通过不断改变预处理方式、尝试不同特征工程、调整模型参数,可以最快得知自己调整效果的好坏,以便尽快地进入下一模块。

　　如果还没有安装 Python,建议使用 Anaconda 安装 Python 环境。Anaconda 是一个运行环境,内嵌了众多常用的 Python 库——Numpy、Pandas,也包含 Jupyter、Spyder 等软

件,可以在 Anaconda 中双击 Jupyter Notebook 图标开始使用。关于 Python 和 Anaconda 的安装,网络上的参考资料非常丰富,囿于篇幅原因,这里不再加以详述。

C.3　Python 基础知识

在本小节,我们介绍 Python 语言的基础知识,包括注释、变量、整数和浮点数、字符串、类型转换、条件分支和循环语句七块的内容。事实上,目前主流的语言的编程思想都是类似的,有过其他语言(如 C 语言)学习经历的同学可能会更快理解本节的基础知识。

1. 注释

在大多数编程语言中,注释是一项很有用的功能。随着程序越来越大、越来越复杂,就应在其中添加自然语言予以说明。注释是用来向用户提示或解释某些代码的作用和功能,它可以出现在代码中的任何位置,Python 解释器在执行代码时会忽略注释,不作任何处理。合理的代码注释能大大提高程序的可读性。

在 Jupyter 中,涉及单行注释时,Python 注释用"♯"标识,"♯"号后面的内容都会被 Python 解释器忽略,如下:

```
1.  #注释内容一般是:某一模块代码的功能说明,一般放在模块代码的第一行
2.  print("大家好!我是...")#说明单行代码的功能性质,一般写在代码右侧,本例输
    出结果为:大家好!我是...
```

多行注释指的是一次性注释程序中多行的内容(包含一行)。在 Jupyter 具有很多内容需要注释时,可以用光标选取需要注释掉的代码或者文字,按下快捷键"ctrl ＋/"即可,取消注释也是同理。

2. 变量

任何编程语言都需要处理数据,比如数字、字符串、字符等,我们可以直接使用数据,也可以将数据保存到变量中,方便以后对其进行处理。当把一个值"赋值"给一个名字时,它会存储在内存中,我们把这块内存称为变量。

变量常被描述为可用于存储值的盒子,和变量相对应的是常量,两者的区别是:变量保存的数据可以被多次修改,而常量一旦保存某个数据之后就不能修改了。

```
1.  #变量基础板块
2.  counter = 100 #把整数100赋值给变量counter
3.  print(counter)#打印输出100
4.  sum = counter*5+10 #变量参与计算,把运算的结果赋值给变量sum,结果为510
5.  counter = counter+1 #计算counter+1的值(101),将其重新复制给counter
6.  print(counter)#用于重新赋值,此时的counter值为101不再是100了
7.  a=b=c=10 #同时为多个变量赋值,值均为10
8.  MAX_NUMBER=1000 #Python没有内置的常量类型,要指出将特定的变量视为常
    量,可将其字母全部大写,但事实上MAX_NUMBER仍是一个变量。
```

在使用变量时,有几个需要注意的地方:

(1) 在使用变量前需要对其先进行赋值,变量赋值以后该变量才会被创建。但 Python 中的变量赋值不需要类型声明(和 C、Java 等编程语言不一样)。

(2) "="是赋值的意思,不是数学意义上的等于,且左边需是变量,右边是具体的值。

(3) 和大多数高级语言一样,变量名只能包括字母、数字、下划线,且变量名不能以数字开头。例如,变量可命名为 message_1,但不可以是 1_message。

(4) 注意区分变量中字母的大小写,大小写分别代表了不同的变量。例如,变量 Message 和 message 对 Python 来说是不一样的。

(5) 变量的命名尽量简短且具有描述性。例如,相较于变量 n,用变量 counter 来表示次数更直观、更具有代表性。

虽然 Python 中变量赋值不需要类型声明,但这并不意味着 Python 没有数据类型。Python 不仅可以处理各种数学数值,还可以处理文本、图形、音频、视频、网页等各种各样的数据,对于不同的数据,需要定义不同的数据类型。我们下面介绍几种常见的简单数据类型。

3. 整数和浮点数

整数(int)就是没有小数部分的数字,Python 中的整数包括正整数、0 和负整数,而将所有带小数点的数称为浮点数(float),比如 1.23,567.86 等。在 Python 中,可用方法 type(变量名)来获取变量的类型。和其他语言(如 C、Java)不同,Python3.X 版本的整数(浮点数)没有 long int、short int(double、float)的划分,对于默认一种类型的整数(浮点数),取值范围无限。

整数、浮点数可以进行相应的加减乘除四则运算,在平时的科学计算中应用比较广泛。

```
1.  #整数、浮点数板块——圆面积的计算为例
2.  radius = 5 #整型数据,圆的半径
3.  PI=3.14   #浮点型数据,Π值,且定义为常量(全部大写)
4.  area=PI*radius*radius #浮点型数据,圆的面积定义
5.  print(type(radius)) #输出<class 'int'>
6.  print(type(area)) #输出<class 'float'>
7.  print(area) #值为 78.5
8.  print(3*0.1)#值为 0.30000000000000004
```

注意到最后一行,$3*0.1$ 的结果显然应是 0.3,但 Python 的输出不精确,这和浮点数在计算机内部以二进制形式存储有关,感兴趣的读者可以进一步找资料深入学习。在计算圆的面积 area 时,我们发现整数与浮点数的乘积是浮点数,事实上,在其他任何计算中,只要有操作数是浮点数,Python 默认得到的结果总是浮点数。

4. 字符串

字符串(string)就是一系列字符。在 Python 中,用引号括起来的都是字符串,其中的引号既可以是单引号,也可以是双引号(均为英文格式)。例如,'abc'、"ABC"和"多元统计分析"都是合法的字符串。

当字符串的内容中出现引号时,可以用转义字符来标识,在引号前面添加反斜杠(\)就可

以对引号进行转义，让 Python 把它作为普通文本对待；也可以使用不同的引号包围字符串，即如果字符串内容中出现了单引号，那么我们可以使用双引号包围字符串，反之亦然。如下：

```
1.  #字符串内部出现引号如何处理?
2.  # print('I'm 'Kai')——报格式错误
3.  print("I'm 'Kai'") #使用双引号包围含有单引号的字符串
4.  print('I\'m \'Kai\'') #使用转义字符 最后结果相同，均为 I'm 'Kai'
```

Python 字符串中的反斜杠(\)是转义字符，当字符串内容中出现"\"时，我们也需要特殊处理：对字符串中的每个"\"进行转义，或者使用原始字符串。这类情形一般见于从 Windows 系统路径读取文件，如下：

```
1.  #字符串内部出现\如何处理?
2.  route = 'D:\Program Files\Python 3.8\newdata.csv' #读取 new.data 路径
3.  print(route) #输出结果: D:\Program Files\Python 3.8
4.         #        ewdata.csv
5.  route = 'D:\Program Files\Python 3.8\\newdata.csv' #用反斜杠对自身转义
6.  print(route)#输出结果: D:\Program Files\Python 3.8\newdata.csv
7.  route =r'D:\Program Files\Python 3.8\newdata.csv'#使用原始字符串，默认字符串内容
        不转义
8.  print(route)#输出结果: D:\Program Files\Python 3.8\newdata.csv
```

第三行代码运行出现非预期结果的原因是反斜杠(\)和后边的字符(n)恰好转义之后构成了换行符(\n)，故而我们需要进行转义或对原始字符串处理，后者的使用非常简单，只需在字符串前面加一个英文字母"r"即可。

对于字符串，可执行的简单操作有很多，比如修改其中单词的大小写，截取字符串的字符，拼接字符串等，这些操作都有一定的现实应用环境，比如用两个变量分别表示名和姓，然后合并以显示姓名，如下：

```
1.  #修改字符串大小写 截取字符串的字符
2.  course = "Statistical analysis" #统计分析课程
3.  print(course.title()) #将首字母大写，输出: Statistical Analysis
4.  print(course.upper()) #将全部字母大写 输出: STATISTICAL ANALYSIS
5.  print(course.lower()) #将字母全部小写 输出: statistical analysis
6.  print(course[1]) #字符串第二个字符 t, 0 代表第一个
7.  print(course[1:5]) #字符串第二至第五个字符，输出: tati
8.  #实现字符串的拼接
9.  first_Name = "john"
10. last_Name = "nash"
11. full_Name = first_Name.title()+' '+last_Name.title() #全名
12. print(full_Name) #首字母大写 输出: John Nash
13. print(5+8) #输出结果: 13
14. print('5'+'8') #输出结果: 58 此时 58 为字符串
```

5. 类型转换

由于不同的数据类型之间不能直接进行运算，所以在实际使用 Python 处理数据时，不可避免地要进行数据类型之间的转换。Python 中的数据类型转换有两种，一种是自动类型转换，即 Python 会自动地将不同类型的数据转换为同类型数据，结果会向更高精度进行计算。例如，在整数和浮点数小节中，当 Python 计算圆的面积 area 时，会首先将整数型数据自动转换为浮点型数据，然后参与计算，最后得出圆的面积自然是浮点数。

另一种是强制类型转换，即需要我们基于不同的开发需求，强制地将一个数据类型转换为另一个数据类型。例如，利用爬虫技术从网络上爬取的数字往往是字符串型，我们需要将其转换为相对应的整数或浮点型数据。int() 是 Python 内置的一个函数，可以将一个字符串或者浮点数转换为一个整数，float() 和 str() 的功能也是同理。

```
1.  #强制类型转换
2.  males = '384401' #月球地球之间的平均距离（公里），字符串型
3.  height = 8848.86  #珠穆朗玛峰的高（米），浮点型
4.  print(int(males),type(int(males))) #输出结果：384401 <class 'int'>
5.  print(int(height),type(int(height))) #输出结果：8848 <class 'int'>
6.  score_1 = '60' ; score_2 = 75 #课程分数，数据类型分别为字符串和整型
7.  print(float(score_1),type(float(score_1)))#输出：60.0 <class 'float'>
8.  print(float(score_2),type(float(score_2)))#输出：75.0 <class 'float'>
9.  second_1 = 9.83 ; second_2 = 10 #百米短跑时间，数据类型为浮点和型整型
10. print(str(second_1),type(str(second_1))) #输出：9.83 <class 'str'>
11. print(str(second_2),type(str(second_2))) #输出：10 <class 'str'>
```

需要注意的是：如果是浮点数转换为整数，那么 Python 会采取"截断"处理，也就是把小数点后的数据直接砍掉，而不是四舍五入（由 8848.86 截断变为 8848）。

6. 条件分支

在实际的应用场景中，我们常常需要对某一条件进行判断来决定下一步操作，比如根据具体的分数进行 GPA 评定（A，B，C，D）。在 Python 中，对条件分支进行判断，需要用到 if 语句。

```
1.  #if 条件判断语句
2.  age = 20
3.  if age >= 18:
4.    print("You are an adult.")  #语句 1
5.  print("OVER!")  #语句 2
6.  # 输出结果：You are an adult. OVER!
```

在上面的例子中，如果用户年龄大于等于 18 岁，执行语句 1，完成条件判断后，接着执行下一语句 2；如果用户年龄小于 18 岁，语句 1 不执行，执行语句 2。如果我们想要实现用户年龄小于 18 岁时输出"You are a teenager."的功能，就需要使用到 if-else 语句：

```
1.  #if-else 条件判断语句
2.  age = 6
3.  if age >= 18:
4.      print("You are an adult.") #语句1
5.  else:
6.      print("You are a teenager.") #语句2
7.  print("OVER!") #语句3
8.  #输出结果：You are a teenager. OVER!
```

在 if-else 语句中,同样地,如果用户年龄大于等于 18 岁,执行语句 1,完成条件判断后,接着执行下一语句 3;如果用户年龄小于 18 岁,不执行语句 1,执行语句 2 和语句 3。由于 Python 并不支持 switch 语句,当判断条件为多个值时,可以考虑用 elif 语句来实现。

```
1.  #elif 语句实现多值条件判断
2.  #BMI 指数公式：体重（kg）/身高（m）的平方
3.  #BMI 范围：<18.5:过轻 18.5-25:正常 25-28:过重 28-32:肥胖 >=32：严重肥胖
4.  weight = input("请输入您的体重(kg):") #利用 input 来获取输入
5.  height = input("请输入您的身高(m):")
6.  bmi = float(weight)/(float(height)**2) #强制类型转换
7.  if bmi<18.5:
8.      print('bmi 指数为%.4f,'% bmi,'过轻');        lpl
9.  elif bmi<25:
10.     print('bmi 指数为%.4f,'% bmi,'正常')
11. elif bmi<28:
12.     print('bmi 指数为%.4f,'% bmi,'过重')
13. elif bmi<32:
14.     print('bmi 指数为%.4f,'% bmi,'肥胖')
15. else:
16.     print('bmi 指数为%.4f,'% bmi,'严重肥胖')
```

在上面这个例子中,if 语句从上往下判断执行,如果在某个判断上是 True,把该判断对应的语句执行后,就忽略掉剩下的 elif 和 else 执行语句,这也解释了为什么我们最终的输出结果只有"过轻"、"正常"、"过重"、"肥胖"、"严重肥胖"中的一种可能。在用 input()函数获取用户的输入后,此时得到的是字符串型数据,在参与 BMI 指数计算前,需要用 float()函数将其强制转换为浮点型数据。

7. 循环语句

循环语句允许我们执行一个语句或语句组多次,Python 提供了 for 循环和 while 循环。在使用 while 循环时,只要条件满足,就不断循环执行某段程序,处理需要重复处理的相同

任务,而当条件不满足时则退出循环。以计算 100 以内所有偶数之和为例:

```
1.  #while 循环: 计算 100 以内所有偶数之和
2.  sum = 0 ; counter = 0
3.  while counter <=100:# 当循环至 counter=102 时,退出循环
4.      sum = sum + counter # 循环体
5.      counter = counter + 2   # 循环体
6.  print('100 以内的偶数之和是: %d,'%sum)# 0+2+4+6……+100=2550
```

在循环内部变量 counter 以 2 为步长递增,直到 counter 增加至 102 时,不满足 while 条件(<=100)则退出循环,最终计算的结果为 2550。while 语句还有另外两个重要的命令:continue 和 break 语句,continue 用于跳过该次循环,break 则是用于退出当前整个循环,它们的用法如下:

```
1.  #while 循环: continue 和 break 语句
2.  counter = 0
3.  while counter <= 8:
4.      counter = counter + 2
5.      if counter == 6:# 当循环至 counter=6 时,退出该次(counter=6)循环
6.          continue # 继续下一个循环
7.      print(counter) #输出结果依次为: 2, 4, 8, 10
8.  counter = 0
9.  while counter <= 8:
10.     counter = counter + 2
11.     if counter == 6:# 当循环至 counter=6 时,退出整个循环
12.         break
13.     print(counter) #输出结果依次为: 2, 4
```

缩进是 Python 的灵魂,与 C、Java 用括号来表示作用域不同,Python 最具特色的就是用缩进来写模块,这使得 Python 的代码显得非常精简有层次。Python 对代码的缩进要求非常严格,同一个级别代码块的缩进量必须一样,否则解释器会报 SyntaxError 异常错误。

for 循环用于迭代序列(即列表、元组、字典、集合或字符串),通过使用 for 循环,我们可以为迭代序列中的每个项目执行一组语句。经常和 for 循环搭配使用的是 range()函数,其语法为:range(start, stop, step),结果是生成一个从 start 参数的值开始,到 stop 参数的值结束的数字序列,步进为 step,其中 start 和 step 的默认值分别为 0 和 1。比如 range(1,9,2)生成的数字序列为(1,3,5,7),表示 1~9 之间的所有奇数(包含 1 但不包含 9)。

我们可以用 for 循环遍历字符串中的每个字符,如:

```
1.  #for 循环 & range()函数
2.  course = "Python"
3.  for i in range(len(course)):#for 循环搭配 range()函数
4.    print(course[i])
5.  for x in course:#直接循环遍历单词
6.    print(x) #最终的结果均为：P y t h o n
```

我们还可以使用 for 循环依次把列表 list 中的每个元素迭代出来(列表的具体介绍见下小节)。Continue 和 break 语句的功能在 for 循环中也同样适用。

```
1.  #for 循环遍历 list 列表
2.  language = ["Java", "Python", "C", "C++"]
3.  for x in language:
4.    print(x)
5.    if x == "C":
6.      break #最后的输出结果为：Java Python C
```

C.4　列表、元组、集合和字典

Python 编程语言中有四种集合数据类型：列表(list)、元组(tuple)、集合(set)和字典(dictionary)，它们各自的特点如下，在接下来的小节我们将一一对其定义及常见用法进行介绍。四种集合数据类型的特点如表 C.1 所示。

表 C.1　四种集合数据类型的特点

名称	符号表示	特点	是否允许重复数据
列表	[]	有序可改变集合	允许重复
元组	()	有序不可改变集合	允许重复
集合	{}	无序无索引集合	不允许重复
字典	{}	无序、可变、有索引集合	不允许重复

1. 列表

数组就是有限个类型相同的数据变量的集合。Python 没有内置对数组的支持，但可以使用更为强大的列表代替，可以说，列表是最常用的 Python 数据类型。列表由一系列按特定顺序排列的元素组成，与数组不同的是，列表的数据项不需要具有相同的类型。在

Python 中,列表用方括号"[]"表示,创建一个列表,只要把逗号分隔的不同数据项使用方括号括起来即可,如下:

```
1.  #创建列表
2.  fruits = ["apple","banana","orange","cherry","apple"] #允许重复数据
3.  mix = ["Python",3.14159,60,[1,2,3]] #数据项不需要具有相同的类型
4.  print(fruits) #输出: ['apple', 'banana', 'orange', 'cherry', 'apple']
5.  print(mix)   #输出结果: ['Python', 3.14159, 60, [1, 2, 3]]
```

与字符串的索引一样,列表索引从 0 开始,列表相当灵活,有一些常见的操作用法,比如访问元素,添加、删除、修改元素,检验指定的项是否存在以及统计数量、列表合并等,具体的方法介绍如下:

```
1.  #列表的相关用法——访问列表元素
2.  print("mix[1]:",mix[1])  #输出: mix[1]:3.14159
3.  print("mix[3][1]:",mix[3][1]) #输出: mix[3][1]: 2   [1,2,3]中的第二元素
4.  print("mix[1:4]:",mix[1:4]) #输出: mix[1:4]:[3.14159, 60, [1, 2, 3]]
5.  print("mix[-1]:",mix[-1]) #输出: mix[-1]: [1, 2, 3] 列表的最后一个元素
```

在列表索引中,负索引表示从末尾开始,−1 表示最后一个元素,−2 表示倒数第二个元素,依此类推,这种语法很有用,因为我们有时需要在不知道列表长度的情况下访问最后的元素。

```
1.  #列表的相关用法——修改、添加和删除元素
2.  fruits = ["apple","banana","orange","cherry","apple"]
3.  fruits[0]="peach" #将 fruits 的第一个元素修改为 peach
4.  print(fruits) #输出: ['peach', 'banana', 'orange', 'cherry', 'apple']
5.  fruits.append("mango") #在列表末尾添加新元素 mango
6.  print(fruits) #输出: ['peach', 'banana', 'orange', 'cherry', 'apple', 'mango']
7.  fruits.insert(1,"pear") #在列表的 2 个位置处添加新元素: pear
8.  print(fruits) #输出: ['peach', 'pear', 'banana', 'orange', 'cherry', 'apple', 'mango']
9.  del fruits[2] #del 语句删除第三个位置的元素
10. print(fruits) #输出: ['peach', 'pear', 'orange', 'cherry', 'apple', 'mango']
11. fruits.pop() #pop 语句删除末尾元素,类似弹出栈顶元素
12. print(fruits) #输出['peach', 'pear', 'orange', 'cherry', 'apple']
13. fruits.pop(1) #删除第二个元素 pear
14. print(fruits) #输出: ['peach', 'orange', 'cherry', 'apple']
15. fruits.remove("apple") #按值删除"apple"元素
16. print(fruits) #输出: ['peach', 'orange', 'cherry']
```

方法 append()让动态创建列表变得十分容易,例如,可以先创建一个空列表,再使用一系列函数调用 append()来添加元素。在列表删除元素时,有 del、pop()、和 remove()三种方法,其中,pop()函数在删除元素后还能继续访问被删除的值,remove()方法只能删除第一

个指定的值,如果要删除的值在列表中多次出现,需要用到循环语句。如果想删除整个列表,可以用 del＋"列表名"方法删除。

```
1.  #检验元素是否存在、列表长度、列表合并、清空
2.  fruits = ["apple","banana","orange","cherry","apple"]
3.  print("banana" in fruits) #输出: True
4.  print(len(fruits)) #列表长度为 5
5.  print([1,3,5]+[2,4,6]) #列表合并: [1,3,5,2,4,6]
6.  print(fruits.count("apple"))#统计列表中"apple"出现次数
7.  fruits.clear() #清空列表, 此时 fruits=[]
```

列表非常适用于存储数字集合,结合前面所提及的 range()函数,我们使用 list()函数将 range()的结果转换为数字列表,并执行简单的统计计算,如下:

```
1.  #range() & list() 创建数字列表
2.  numbers = list(range(1,11))
3.  print(numbers) #输出 [1, 2, 3, 4, 5, 6, 7, 8, 9, 10]
4.  squares= []
5.  for i in range(1,6):
6.     squares.append(i**2)
7.  print(squares) #输出: [1, 4, 9, 16, 25]
8.  print(max(squares)) #输出: 25
9.  print(min(squares)) #输出: 1
10. print(sum(squares)) #输出: 55
```

2. 元组

Python 将不可修改的列表称为元组,使用"()"而非"[]"来标识。定义元组后,和访问列表元素类似,使用索引来访问其元素。相比于列表,元组是更简单的数据结构,如果想要使存储的值在程序周期内保持不变,可以使用元组。

```
1.  #元组创建和常用方法
2.  fruits = ("apple","banana","orange","melon")
3.  print(fruits[1]) #输出: banana
4.  print(fruits[1:2]) #输出: ('banana',)
5.  print("mango" in fruits) #输出: False
6.  print(len(fruits)) #元组长度为 4
7.  print(("a","b","c")+(1,3,5)) #合并输出: ('a', 'b', 'c', 1, 3, 5)
8.  print(fruits.index("melon")) #melon 索引为 3
9.  numbers = tuple((1,2,3,4,5)) #tuple()函数构造元组
10. print(type(numbers)) #输出: <class 'tuple'>
```

元组是无法修改的列表,所以常见的 count()、len()函数、合并元组以及 for 循环遍历元素等方法和列表类似。严格地说,元组由逗号","标识,如果定义一个只包含一个元素的元组,需要在元素后面加上逗号,如:('banana',)。

元组是不可变的,但在实际操作中,如果必须修改元组元素值的话,可以将元组先转换为列表,再更改列表元素,然后将列表转换回元组,如下:

```
1.  #利用列表更改元组值（将 fruits 的 apple 元素改为 mango）
2.  fruits = ("apple","banana","orange","melon")
3.  fruits_list = list(fruits)
4.  fruits_list[0] = "mango"
5.  fruits = tuple(fruits_list)
6.  print(fruits) #输出：('mango', 'banana', 'orange', 'melon')
```

3. 集合

在 Python 中,使用花括号"{}"标识无序无索引的集合。在创建集合时,可以直接用花括号"{}"来创建集合,也可借助 set()构造函数。

```
1.  #集合的创建
2.  fruits = {"apple","banana","peach"}
3.  print(type(fruits))  # <class 'set'>
4.  languages = set(("C","Java","PHP","Python"))
5.  print(languages) #输出：{'Python', 'C', 'PHP', 'Java'}
```

集合是无序的,languages 的输出{'Python', 'C', 'PHP', 'Java'}只是表明集合内有这四个元素,显示的顺序不表示集合 languages 是有序的。由于无法确定元素的显示顺序,我们无法像列表元组那样通过引用索引来访问集合中的元素,但是仍可以使用 for 循环遍历集合元素,或者使用 in 关键字查询集合中是否存在指定值。

```
1.  for language in languages:
2.      print(language)    #for 循环遍历元素
3.  print("Python" in languages) #输出：True
4.  print(len(languages))    #集合长度为4
5.  languages_c = {"C","C++","C#"}
6.  print(languages.union(languages_c)) #并集运算：重复元素在 set 中被过滤
7.  #输出：{'Python', 'C#', 'Java', 'C', 'PHP', 'C++'}
8.  print(languages.intersection(languages_c)) #交集运算：结果为{'C'}
```

Python 中的 set 可以看成数学意义上的无序和无重复元素的集合,因此,两个集合可以进行数学意义上的交集、并集等操作。集合创建后便无法修改其中的元素,但是可以添加和删除元素。如果要往那个集合中添加一个元素,可以使用 add()方法,添加多个元素可以使用 update()方法;而删除集合中的元素,可以使用 remove()、pop()或 discard()方法。

```
1.  #集合中添加和删除元素
2.  languages = {"C","Python"};languages.add("ruby")
3.  print(languages) #输出：{'Python', 'ruby', 'C'}
4.  languages.update(("Java","PHP"))
5.  print(languages) #输出：{'Python', 'Java', 'ruby', 'PHP', 'C'}
6.  languages.remove("Java")
7.  print(languages)  #输出：{'Python', 'ruby', 'PHP', 'C'}
8.  languages.discard("ruby")
9.  print(languages)  #输出：{'Python', 'PHP', 'C'}
10. languages.pop()
11. print(languages)  #输出：{'PHP', 'C'}
```

集合是无序的，在使用 pop()方法时，我们并不知道删除的是哪个元素，而在上面的示例中，删除的是元素"Python"。

4. 字典

在 Python 中，字典用放在花括号"{ }"内一系列的键值对（key-value）表示，其格式为 dict＝{key1：value1，key2：value2}，每个键都与一个值相关联，可以通过键来访问相对应的值。创建字典时，可以通过在花括号中直接加入键值对创建，也可使用 dict()构造函数创建新的字典，需要注意的是，值可以是数、字符串、列表乃至字典，可以取任何数据类型，但键必须是不可变的，如字符串、数字或元组，列表则不行。

```
1.  #字典创建和访问 水果-价格
2.  fruits_1 = {"apple":7.76,"banana":4.58,"orange":2.45}
3.  fruits = dict(apple=7.76,banana=4.58,orange=2.45)
4.  print(type(fruits_1)); print(type(fruits)) #均为：<class 'dict'>
5.  print(fruits) #输出：{'apple': 7.76, 'banana': 4.58, 'orange': 2.45}
6.  print(fruits["apple"])  #通过键名"apple"获取值：7.76
7.  print(fruits.get("orange")) #get()方法获取值：2.45
8.  print(fruits.get("mango",-1)) #没有键，则返回指定的值-1
```

字典是 Python 中唯一的映射类型，指键值之间相互"对应"的关系，可以在方括号内引用其键名来访问字典中的值，也可使用字典提供的 get()方法，如果字典中键 key 不存在，返回 None，或者自己指定的值。因此，如果指定的键有可能不存在，应该考虑 get()方法。

在更改字典的值时，可以引用键名修改对应的值；添加键值对时，通过使用新的索引键并为其赋值，可以将项目添加到字典中；删除键值对时，可以使用 pop()方法或 del 关键字删除具有指定键名的项，也可使用 popitem()方法删除最后插入的项目。

```
1.  #字典的更改、添加和删除
2.  fruits = {"apple":7.76,"banana":4.58,"orange":2.45}
3.  fruits["apple"] = 6.94; #将苹果的价格改为6.94，一个 key 对应一个 value
```

```
4.  print(fruits) #输出：{'apple': 6.94, 'banana': 4.58, 'orange': 2.45}

5.  fruits["mango"] = 8.75 #字典中添加芒果及其价格

6.  print(fruits) #{'apple': 6.94, 'banana': 4.58, 'orange': 2.45, 'mango': 8.75}

7.  fruits.pop("orange") #删除橘子及其价格

8.  print(fruits) #{'apple': 6.94, 'banana': 4.58, 'mango': 8.75}

9.  del fruits["mango"] #删除芒果及其价格

10. print(fruits) #{'apple': 6.94, 'banana': 4.58}

11. fruits.popitem() #删除最后插入的键值对（香蕉）

12. print(fruits) #{'apple': 6.94}

13. del fruits #del + 字典名 可以完全删除字典
```

其他的一些方法，比如 for 循环遍历键、值，in 关键字检查字典中是否存在指定的键，len（）方法确定字典长度和列表元组的方法类似，在此不再赘述，在 for 循环遍历字典的键值时，字典提供了其他的一些方法。

```
1.  #注：词典也可以包含许多词典（值为字典），这被称为嵌套词典。

2.  fruits = {"apple":7.76,"banana":4.58,"orange":2.45}

3.  for x in fruits:

4.      print(x) #遍历所有键名

5.      print(fruits[x]) #遍历所有值

6.  for x in fruits.values():

7.      print(x)  #遍历所有值

8.  for x,y in fruits.items():

9.      print(x,y) #使用 items() 函数遍历键和值
```

列表、元组、集合和字典四种数据类型有各自的特点，比如列表十分灵活易操作，字典的查询速度非常高。为特定数据集选择正确的类型可能意味着保留含义、提高效率或安全性。此外，这四种数据类型在 Python 中均包含了大量内置方法，囿于篇幅限制，本章节只展示了常见基础的一部分，更多的方法介绍详见 Python 官方文档（https://docs.python.org/zh-cn/3/tutorial/datastructures.html#more-on-lists）。

C.5　Python 函数

函数是组织好的、可重复使用的、带名字的代码段，用于完成具体的工作。像我们之前经常使用的 print()，其本质也是一个函数，用于将数据打印输出至控制台，当我们需要打印输出某些字段时，就可调用 print()实现我们的目的。

Python 的函数主要分为两块：内置函数和用户自定义函数。内置函数是 Python 直接

提供的一些常用函数,比如求最大值的 max() 函数,求绝对值的 abs() 函数,获取用户输入的 input() 函数,int()、float()、str() 等数据类型转换函数,以上函数在现实情况中比较常见,应用比较广泛,所以 Python 已经直接打包封装好了,用户需要的时候导入包直接调用即可。当然,为实现某些特定的功能,用户也可以自己创建函数,我们把这叫作用户自定义函数。

1. Python 函数的定义

在 Python 中,使用 def 关键字来创建、定义函数,然后依次编写函数名、传入参数,接着在缩进块中编写函数体,函数的返回值用 return 语句返回。其语法格式如下:

def 函数名(参数 1,参数 2···,参数 n):

　　函数体

　　return 返回值

关于 Python 函数的定义,让我们看一个简单的例子:

```
1.   #Python 函数定义示例
2.   def factorial(num):#定义求阶乘的函数, 函数名为 factorial
3.       factor =1   #一个参数为 num
4.       if num < 0:
5.           print("错误, 负数没有阶乘")
6.           return None #返回值为空(None)
7.       elif num == 0:
8.           print("0 的阶乘等于 1")
9.           return None #返回值为空(None)
10.      else:
11.          for i in range(1,num + 1):
12.              factor = factor*i
13.          return factor #返回值: 阶乘
```

在上面的例子中,我们定义了一个函数,函数名为 factorial,含有一个参数,其功能是计算该参数的阶乘,函数返回值为计算的阶乘结果或者空(None)。在后续我们需要计算某整数的阶乘时,只需调用 factorial() 函数,无须反复编写代码段。可以看到,函数定义使我们的代码可重用,更具可读性和组织性。

2. Python 函数的调用

函数定义后,可以在需要实现特定任务的地方(如另一个函数中)调用执行该函数。从调用的角度上看,参数可分为形式参数和实际参数:形式参数是指函数定义中小括号中的参数,实际参数是指函数被调用过程中传入的参数。

```
1.   #函数调用
2.   print(factorial(4)) #输出: 24
3.   print(max(1,2,3,4,7)) #输出最大值: 7
4.   #print(abs(1,2)) 报错: 传入参数数量不一致
5.   #print(min('1',2,3)) 报错: 传入参数类型不能被函数所接受
```

```
6.   print(pow(2,3)) #输出：8
7.   print(pow(3,2)) #输出：9 传入参数的顺序很重要
```

在上面的例子中，factorial(num)中的变量 num 即为形式参数，而调用过程 factorial(4)中的值 4 即为实际参数。在调用函数时，使用函数名称后跟括号，再传入相应的实际参数赋值形式参数即可。

同时，我们也看到在调用函数的过程中，如果传入参数的数量、类型不满足要求，Python 会报错，传入参数的顺序不同，最后得到的结果也会不同，甚至会因为参数类型不符报错。因此，在调用函数的过程中，我们需要知道函数的名称和参数格式，从而正确地传入参数。Python 内置了很多有用的函数，我们可以直接调用，有关于这些函数的信息，可以从 Python 的官方网站查看文档获取（https：//docs. python. org/3/library/functions. html）。

3. Python 函数的参数

函数可以有 0 个、1 个或多个参数，可以根据需要设置参数的数量、类型和顺序。设置与传递参数是函数的重点，Python 主要的参数类型有位置参数、默认参数、关键字参数、不定长参数。

位置参数：调用函数时，Python 需要把每个实际参数关联到每个形式参数，最简单的关联方式是基于实际参数的顺序，也即位置实际参数。比如 Python 的内置函数 pow$(x，y)$返回的是 x 的 y 次方的值，x 为底数，y 为指数。当传入(2，3)时，基于实际参数的顺序，Python 将 2 赋给 x，3 赋给 y，输出的结果为 8；若传入(3，2)，Python 将 3 赋给 x，2 赋给 y，输出的结果为 9。

默认参数：默认参数是指在定义的时候赋予了默认值的参数，这样一来，当调用函数中提供了实际参数时，Python 将使用指定的实际参数；否则，可在函数调用中省略相应的实际参数，使用形式参数的默认值。

```
1.   #默认参数
2.   def sum(num1,num2=3):#定义两个参数的求和函数,num2 默认为 2
3.      return num1+num2
4.   print(sum(1,2)) #指定实参 num2=2，输出：3
5.   print(sum(1))   #使用默认参数 num2=3，输出：4
6.   # def sum(num1=4,num2):#注意默认参数的顺序
7.   #    return num1+num2 报错
```

需要注意的是：使用默认参数时，需要先在形式参数列表中列出没有默认值的形式参数，再列出默认参数值，否则，程序会报错，除此之外，默认参数的值必须指向不变对象，比如 None、True、False、数字或字符串。

关键字参数：前面我们提到，一般情况下，当传入参数的顺序不同，最后得到的结果也会不同，甚至会因为参数类型不符报错。不过，用关键字参数允许函数调用时参数的顺序与声明时不一致，因为 Python 解释器能够用参数名匹配参数值。如下例所示：

```
1.  #关键字参数
2.  def power(x, n):#定义函数计算x的n次方
3.      p = 1
4.      while n > 0:
5.          n = n - 1
6.          p = p * x
7.      return p
8.  print(power(3,4)) #输出：81
9.  print(power(4,3)) #输出：64
10. print(power(x=3,n=4)) #输出：81
11. print(power(n=4,x=3)) #输出：81 顺序不影响结果
```

在上例中，关键字参数的顺序不影响最后的计算结果（均为81），在使用关键字实际参数时，需要准确指定函数定义中的形式参数名。

不定长参数：如果在定义时无法确定传入的参数个数，可以使用不定长参数，Python 提供了一种元组的方式来接受没有直接定义的参数，即在函数定义的参数名称前添加"*"。加了星号(*)的变量名会存放所有未命名的变量参数，举例如下：

```
1.  #不定长参数
2.  def average(*num):#定义求均值的函数average
3.      sum = 0
4.      count = 0
5.      for number in num:
6.          sum = sum+number
7.          count = count+1
8.      return float(sum)/count
9.  print(average(1,2)) #输出：1.5
10. print(average(10,32,64)) #输出：35.333333333333336
```

通过输出的结果可以知道，*num 是可变参数，且 num 其实就是一个元组，Python 将所有传入的不定长参数1，2或10,32,64 封装成一个元组参与后续计算。如果在不定长参数后边还需要指定其他参数，在调用函数的时候就应该使用关键字参数来指定，否则Python 会把所有实际参数都列入不定长参数的范畴，程序可能会报错。

```
1.  #不定长参数
2.  def test(*params,key):
3.      print("不定长参数：",params)
4.      print("关键字参数：",key)
5.  #test(1,2,3,4,5) 报错：test() missing 1 required keyword-only argument: 'key'
6.  test(1,2,3,4,key=5) #输出：不定长参数：(1, 2, 3, 4) 关键字参数：5
```

4. Python 函数的返回值

函数可以对数据进行处理，并一般以 return[返回值]结束，选择性地返回若干个值给调

用方,不带返回值的 return 相当于返回 None,如果函数没有 return 语句,函数也将会返回默认值 None。

　　和其他语言不一样的是:Python 函数可以同时返回多个值,相比其他语言更加简便和灵活,举例如下:

```
1.  #Python 函数返回多个返回值
2.  def division (dividend, divisor):#求两个数的商和余数
3.      remainder = dividend % divisor
4.      quotient = (dividend-remainder) / divisor
5.      return quotient , remainder
6.  num1,num2 = division(divisor=4,dividend=15)#关键字参数
7.  print("商: ",num1) #输出: 3.0
8.  print("余数: ",num2) #输出: 3
9.  print(division(15,4)) #输出: (3.0, 3)
```

　　事实上,Python 一次接受多个返回值的数据类型是元组。在语法上,返回一个元组可以省略括号,而多个变量可以同时接收一个元组,按位置赋给对应的值。Python 函数可以返回任何类型的值,包括字符串、列表、字典等复杂数据类型,传入的参数也是如此。

　　5. Python 匿名函数

　　Python 使用 lambda 来创建匿名函数。lambda 只是一个表达式,比函数定义简单很多。在涉及一些简单的脚本时,不需要专门定义一个函数,使用 lambda 表达式可以使得代码更加精简。Python lambda 函数的语法为:lambda arguments:expression,执行表达式并返回结果。如下:

```
1.  #lambda 表达式
2.  def square(x):#计算参数的平方
3.      return x*x
4.  print(square(5)) #输出: 25
5.  square1 = lambda x:x*x  #一个参数
6.  print(square1(4)) #输出: 16
7.  square2 = lambda x,y:x*x+y*y #两个参数
8.  print(square2(3,4)) #输出: 25
9.  sum = lambda a,b,c:a+b+c #三个参数
10. print(sum(5, 6, 2)) #输出: 13
```

　　square1 的 lambda 表达式的功能和 square()函数一致,都是计算输入参数的平方,但是 lambda 表达式更为精简。lambda 函数可接受任意数量的参数,但只能有一个表达式,不用写 return,返回值就是该表达式的结果。

C.6 一些常用的 Python 扩展程序库

Python 之所以可以让程序员更加高效率地进行开发工作,动态类型、内置数据结构、功能强大的库、框架和社区支持都是重要的支撑工具。考虑到多元统计分析主要涉及数据的处理、分析、模型运行等操作,接下来介绍一些常见的 Python 扩展程序库:NumPy、Pandas 和 Matplotlib。

1. NumPy 模块

NumPy(Numerical Python))是 Python 语言的一个扩展程序库,运行速度非常快,支持数组与矩阵运算,提供大量支持数组运算的数学函数库。

模块导入:安装 NumPy 后,通过添加 import 关键字(import numpy)将其导入应用程序,通常情况下,NumPy 以 np 别名导入,之后则将 NumPy 模块称为 np 而不是 numpy。

数组创建:NumPy 中的数组对象称为 ndarray,可以使用 array() 函数创建一个 NumPy ndarray 对象,array()函数也可将 Python 的数据类型(如列表、字典、元组等)转换为 ndarray 类型。

```
1.  #NumPy 模块导入
2.  #import numpy
3.  import numpy as np
4.  arr = np.array([1,2,3]) #列表
5.  print(arr,type(arr)) #输出: [1 2 3] <class 'numpy.ndarray'>
6.  print(np.array((4,5,6))) #元组, 输出: [4 5 6]
7.  arr = np.array({"apple":6.7,"banana":4.5})#字典
8.  print(arr,type(arr))#输出: {'apple':6.7,'banana':4.5} <class 'numpy.ndarray'>
```

Python 中创建特定的 ndarray 不仅仅有 array()函数,还有其他的一些快捷函数,如 zeros(), ones(), eye()等,用法如下:

```
1.  print(np.zeros([2,3])) #2*3 矩阵 元素全是 0
2.  print(np.ones([3,3])) #3*3 矩阵 元素全是 1
3.  print(np.eye(4))    #4*4 的单位矩阵
4.  arr = np.array([[[1, 2, 3], [4, 5, 6]], [[1, 2, 3], [4, 5, 6]]])
5.  print(arr.shape)  #高维数组 输出: (2,2,3) 表示维度 2*2*3
6.  print(arr.size)   #元素个数 12
7.  print(np.arange(10,20,2)) #输出: [10 12 14 16 18] 类似 range() ndarray
8.  print(np.linspace(1,10,4))#输出: [ 1. 4. 7. 10.] 等差数列数组
```

数组常见操作:数组常见的操作有数组元素访问、数组裁切、数组重塑、数组定位等,下面通过一个个示例来展示。

```
1.  #数组元素访问（索引）
2.  import numpy as np
3.  arr = np.array([[1,2,3,4,5], [6,7,8,9,10]])
4.  print(arr[1][4])#第二维中的第五个元素:10
5.  print(arr[0][-1]) #第一个维中的的最后一个元素：5
6.  #数组裁切
7.  arr = np.array([1, 2, 3, 4, 5, 6, 7])
8.  print(arr[1:5]) #索引 1 到索引 5 的元素：[2 3 4 5]
9.  print(arr[1:5:2])#步长为 2：[2 4]
10. arr = np.array([[1, 2, 3, 4, 5], [6, 7, 8, 9, 10]])
11. print(arr[0, 1:3])#二维数组：[2 3]
12. #数组重塑
13. arr = np.array([1, 2, 3, 4, 5, 6, 7, 8, 9, 10, 11, 12])
14. print(arr.reshape(2, 2, 3))#重塑前后元素需相同  2*2*3
15. #数组定位
16. arr = np.array([1,1,2,2,3,4,5,4,6,4,5])
17. print(np.where(arr == 4))#返回索引：array[5, 7, 9]
18. print(np.where(arr%2 == 0))#偶数：array[2, 3, 5, 7, 8, 9]
19. #数组排序
20. arr = np.array([[5, 2, 8], [5, 0, 1]])
21. print(np.sort(arr))#[[2 5 8] [0 1 5]]两个数组分别排序
22. #随机数组
23. from numpy import random
24. print(random.randint(10, size=(3,5)))#生成 0 到 10 之间的随机整数 3*5
25. print(random.rand(2, 3))# rand() 方法返回 0 到 1 之间的随机浮点数 2*3
```

NumPy 统计函数：NumPy 提供了很多统计函数，用于从数组中查找最小元素、最大元素、极差、百分位数、均值、中位数、标准差等描述性统计指标，这在多元统计分析中的应用比较多，这些统一示例展示如下：

```
1.  #NumPy 数组描述性统计指标函数
2.  arr = np.array([[1,7,5],[6,4,8],[3,2,9]])
3.  #最大值最小值
4.  print(np.amin(arr))       #选取最小值：1
5.  print(np.amin(arr,axis=1))#按行选取最小的值[1,4,2]
6.  print(np.amin(arr,axis=0)) #按列选取最小的值[1,2,5]
7.  print(np.amax(arr))       #选取最大值：9
8.  print(np.amax(arr,axis=1)) #按行选取最大的值[7,8,9]
```

```
9.  print(np.amax(arr,axis=0)) #按列选取最大的值[6,7,9]
10. #极差
11. print(np.ptp(arr))        #计算整个矩阵极差：8
12. print(np.ptp(arr, axis = 1)) #按行计算极差[6,4,7]
13. print(np.ptp(arr, axis = 0)) #按列计算极差[5,5,4]
14. #百分位数
15. print (np.percentile(arr, 25)) #25%的分位数，四分位数 3.0
16. print (np.percentile(arr, 50, axis=1)) #按行计算中位数[5. 6. 3.]
17. print (np.percentile(arr, 50, axis=0)) #按列计算中位数[3. 4. 8.]
18. #平均数
19. print (np.mean(arr))    #整个 arr 的均值 5.0
20. print (np.mean(arr,axis = 1)) #按行计算均值[4.33 6. 4.67]
21. print (np.mean(arr,axis = 0)) #按列计算均值[3.33 4.33 7.33]
22. #标准差
23. arr = np.array([[1,2,3],[4,6,8]])
24. print(np.std(arr))      #整个 arr 的标准差 2.3804761428476167
25. print(np.std(arr,axis=1)) #按行计算标准差 [0.81649658 1.63299316]
26. print(np.std(arr,axis=0)) #按列计算标准差 [1.5 2.  2.5]
```

NumPy 线性代数：在介绍 NumPy 线性代数的内容之前，我们需要明确下 NumPy 中数组 array 和矩阵 matrix 之间的区别。NumPy 中的 matrix 必须是二维的，array 可以是多维（包括 1 维），matrix 是 array 的一个小分支，包含于 array，所以 matrix 拥有 array 的所有特性。不过，在具体到一些运算时，比如 np. dot()函数、* 运算、* * 运算，array 和 matrix 的计算结果会有不同。由于在本小节我们主要说明矩阵操作的内容，以下的方法均针对矩阵 matrix，当然也可以通过 np. asmatrix()和 np. asarray()来实现两者之间的转换。

NumPy 提供了线性代数函数库 linalg，该库包含了线性代数所需的所有功能，比如矩阵相乘、矩阵转置、逆矩阵、矩阵的迹、矩阵行列式、计算矩阵特征值、特征向量等。现将它们对应的方法汇总如下：

```
1.  #NumPy 线性代数
2.  #矩阵定义
3.  import numpy as np
4.  mata = np.matrix([[1,2],[3,4]]) #直接定义<class 'numpy.matrix'>
5.  arr=np.array([[5,6],[7,8]])
6.  matb=np.asmatrix(arr) #matb=np.mat(arr)也可 <class 'numpy.matrix'>
7.  #矩阵相乘
8.  print(np.dot(mata,matb)) # [[19 22] [43 50]]
9.  print(mata*matb) #[[19 22] [43 50]]
```

```
10.  print(np.matmul(mata,matb)) # [[19 22] [43 50]]  （种方法均可
11.  #矩阵转置
12.  print(mata.T) #[[1 3] [2 4]]
13.  print(mata.transpose()) #[[1 3] [2 4]]
14.  #逆矩阵
15.  print(np.linalg.inv(mata)) #[[-2.   1. ] [ 1.5 -0.5]]
16.  print(np.dot(mata,np.linalg.inv(mata)))#验证 2*2 单位矩阵
17.  #矩阵的迹
18.  print(np.trace(mata)) #输出：5
19.  #矩阵行列式
20.  print(np.linalg.det(mata)) #-2.0000000000000004(其实就是-2)
21.  #矩阵特征值和特征向量
22.  value,vector = np.linalg.eig(mata)
23.  print("特征值：",value)#特征值：[-0.37228132 5.37228132]
24.  print("特征向量：",vector)#特征向量：[[-0.82456484 -0.41597356]
25.  #                        [ 0.56576746 -0.90937671]]
26.  print(vector*np.diag(value)*np.linalg.inv(vector))#验证结果为 mata 矩阵
```

2. Pandas 模块

Pandas 是一个强大的分析结构化数据的工具集，它的使用基础是 Numpy（提供高性能的矩阵运算）。Pandas 常用于数据挖掘和数据分析，同时也提供数据清洗功能。

Pandas 基于两种数据类型 Series 和 Dataframe。Pandas Series 类似表格中的一个列（column），它由一组数据（各种 Numpy 数据类型）以及一组与之相关的数据标签（即索引）组成，可以保存任何数据类型。

```
1.   #Pandas 库
2.   import pandas as pd
3.   fruits = ["apple","banana","orange"]
4.   print(pd.Series(fruits))#输出如下
5.   # 0    apple
6.   # 1    banana
7.   # 2    orange
8.   # dtype: object
9.   print(pd.Series(fruits)[1])#banana，索引默认从 0 开始
10.  myfruits=pd.Series(fruits,index=["x","y","z"])#指定索引 xyz，索引 012—>xyz
11.  print(myfruits)
12.  print(myfruits["x"]) #apple
```

Dataframe 是一个二维、表格型的数据结构，既有行索引也有列索引，每列可以是不同的值类型（如数值、字符串、布尔型值），在现实情况中的应用更加普遍。和 Series 一样，

Dataframe 也可以指定索引值。

```
1.  #Pandas DataFrame 数据结构
2.  import pandas as pd
3.  fruits = [['apple',7.5],['banana',4.8],['orange',]]
4.  df = pd.DataFrame(fruits,columns=['Fruits','Price'])
5.  print(df) #输出如下 012 为索引 没有对应的部分数据为 NaN
6.  #    Fruits  Price
7.  #0   apple   7.5
8.  #1   banana  4.8
9.  #2   orange  NaN
10. print(df.loc[1]) #返回第二行 banana 数据，Pandas Series 数据
11. print(df.loc[[0, 1]]) #返回第一、二行 apple banana 数据 DataFrame 数据
```

Pandas 常用的数据清洗方法：常见的数据清洗流程首先是导入读取数据,然后将那些数据缺失、数据格式错误、重复数据、异常值等进行处理,提取特定的某些数据,最后将处理好的数据保存至新文件中导出。在数据清洗这块的内容介绍中,我们以一个例子来进行说明。

（1）导入数据集 adult.csv。

```
1.  import pandas as pd
2.  csv=pd.read_csv("adult.csv") #相对路径，也可读取绝对路径文件
3.  csv #预览数据表格
```

（2）剔除 native-country 列中含有空值的行。

```
1.  #直接剔除空值
2.  csv1=csv.dropna(subset=['native-country']) #剔除 native-country 列中含有空值的行
3.  print('删除空值前的行数',csv.shape[0])  #32561
4.  print('删除空值后的行数',csv1.shape[0]) #31978
```

（3）提取表格中感兴趣的特定几列：'age','workclass','education','education-num','marital-status','native-country',获得 31 978 行×6 列数据。

```
1.  #提取特定的6列进行后续分析
2.  data=csv1[['age', 'workclass', 'education', 'education-num','marital-status','native-country']]
3.  data  # 31978 rows × 6 columns
```

（4）筛选出 marital-status 一列中含 Married 字符串（区分大小写）的数据,继续筛选 native-country 为 United-States 和 England 且年龄在 18～60 周岁之间的数据,得到 12 384 行×6 列数据。

```
1.  #筛选特定的行进行分析
2.  data1=data[data['marital-status'].str.contains('Married')] #含 Married 字符串的数据
3.  data2=data1[(data1['native-country']=='United-States')|(data1['native-country']=='England')]
```

```
4.  data3=data2[(data2['age']>=18)&(data2['age']<=60)]#年龄在 18-60 周岁
5.  data3
```

（5）查看当前各列中的空值情况，并采取适当的方法填充。空值的处理可分为直接删去空值和填充空值两种，一般来说，如果本身数据量较大，且空值数较少，则可以选择直接删去空值，其他情况则多采用填充空值的方法。

```
1.  #填充空值
2.  print(data3.isna().sum()) #查看各列空值情况（workclass 列有 304 个空值）
3.  data4=data3.fillna(method='ffill') #缺失值前一行数值填充
4.  #data4=data3.fillna(data3.mode().loc[0]) #众数填充
5.  #data4=data3.fillna(0) #0 值（常数）填充
6.  #data4=data3.fillna(method='bfill') #缺失值后一行数值的填充
7.  #data4=data3.fillna(data3.mean()) #平均数填充
8.  data4.isna().sum() #无空值
```

（6）通过 describe()函数查看 numeric 类型数据的信息，并通过可视化的方法对数据进行初步地探索。

```
1.  #查看 numeric 数据（age，education-num）的信息
2.  print(data4.describe()) #描述性统计指标
3.  %matplotlib inline
4.  import matplotlib.pyplot as plt
5.  data4.hist(figsize=(5,5)) #柱状图
6.  plt.show()
```

（7）查看 education-num 列特征的箱线图，判断变量分布的离散情况，找出可能存在的异常点，并对异常值进行处理，得到 12 365 行×6 列数据。

```
1.  data4.boxplot('education-num') # 查看 education-num 列特征的箱线图
2.  data5=data4[(data4['education-num']>=3)] #剔除异常值
3.  data5.boxplot('education-num')#异常值均被剔除
4.  print(data5.shape) #(12365, 6)
```

（8）按照年龄处于 18～27 周岁之间为"young"、27～45 周岁之间为"middle"和 45～60周岁之间为"old"的准则将 age 变量由 numeric 转换为 nominal 类型。

```
1.  #将 age 变量由 numeric 转换为 nominal
2.  data5['age']=data5['age'].apply(lambda x:'young' if x<=27 else 'middle' if x<=45 else 'old')
```

（9）将处理后的表格输出至 csv 文件中，命名为 adult_new. csv。

```
1.  #数据导出
2.  data5.to_csv('adult_new.csv',index=False,header=True)#保存为
3.  #adult_new.csv 文件，保留头部，无需索引
```

to_csv ($'adult\_new.\,csv'$, $index = False$, $header = True$)中的 header：是否保存列名，默认为 True；index：是否保存索引，默认为 True。我们选择不保留索引，保留列名信息。

3. Matplotlib 模块

Matplotlib 是 Python 的 2D 绘图库，它能让使用者很轻松地将数据图形化，并且提供多样化的输出格式，可以用来绘制各种静态、动态、交互式的图表。Pyplot 是 Matplotlib 的子库，提供了和 MATLAB 类似的绘图 API，在实际情况中应用广泛（以下是结合 Matplotlib 绘图库绘制简单正弦、余弦函数图像的示例，见图 C.2）。

```
1.  #Python matplotlib 绘图库

2.  import matplotlib.pyplot as plt

3.  import numpy as np

4.  x = np.arange(-2*np.pi,2*np.pi,0.05)  # start,stop,step

5.  y = np.sin(x)

6.  z = np.cos(x)

7.  plt.plot(x,y,x,z)#绘制简单的正弦、余弦函数图像

8.  plt.show()
```

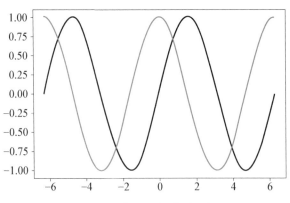

图 C.2　简单正弦、余弦函数

和 NumPy、Pandas 库搭配使用，Matplotlib 还可以绘制折线图、散点图、柱状图、饼形图等等，功能十分强大。

绘制折线、散点图：以房屋面积与价格之间的关系为例绘制折线图和散点图，并将两者合并成一张图展示输出，如图 C.3 所示。

```
1.  #绘制折线图、散点图：房屋面积-价格关系图

2.  import numpy as np

3.  import matplotlib.pyplot as plt

4.  x = np.array([150,200,250,300,350,400,600]) #房屋面积

5.  y = np.array([6450,7450,8450,9450,11450,15450,18450]) #销售价格
```

```
6.  plt.subplot(1, 2, 1) #第一张图-折线图
7.  plt.title("The area-price relationship") #标题
8.  plt.xlabel("house area")#x 轴标签
9.  plt.ylabel("house price")#y 轴标签
10. plt.plot(x, y,marker = 'o')
11. plt.grid()#网格线
12. plt.subplot(1, 2, 2) #第二张图-散点图
13. plt.title("The area-price relationship") #标题
14. plt.xlabel("house area")#x 轴标签
15. plt.ylabel("house price")#y 轴标签
16. plt.scatter(x, y)
17. plt.show()
```

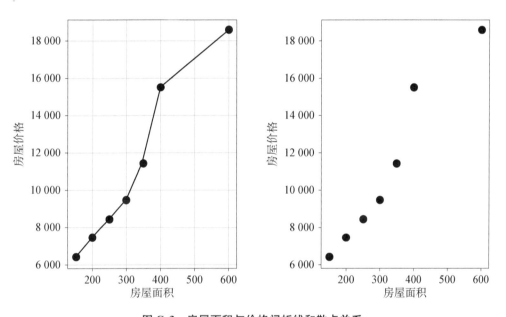

图 C.3 房屋面积与价格间折线和散点关系

绘制柱状图和饼形图:据国际货币基金组织统计的数据,2020 年全球 GDP 总量排名前 7 的国家依次是:美国、中国、日本、德国、英国、印度和法国,对应的 GDP 总量(万亿美元)分别为:20.932 8、14.722 8、5.048 7、3.803 0、2.711 0、2.708 8 和 2.598 9。现将 GDP 全球排名前 7 的国家的 GDP 总量柱状图和饼形图依次作出,并将两者合并成一张图展示输出,如图 C.4 所示。

```
1.  #绘制柱状图、饼形图-- 全球 top 7 国家 GDP 总量
2.  import matplotlib.pyplot as plt
3.  import numpy as np
4.  x = np.array(["French","India","UK","Germany","Japan","China","US"])
```

```
5.  y = np.array([2.5989,2.7088,2.7110,3.8030,5.0487,14.7228,20.9328])
6.  plt.subplot(1, 2, 1) #第一张图-柱状图
7.  plt.title("GDP of TOP-7 countries") #标题
8.  plt.xlabel("GDP:trillions of dollars")#x 轴标签
9.  plt.ylabel("countries")#y 轴标签
10. plt.barh(x,y, height=0.5) #柱形图,bar(x,y)也可以
11. plt.subplot(1, 2, 2) #第二张图-饼形图
12. plt.pie(y,labels=x, explode=(0,0,0,0,0,0.4,0),autopct='%.2f%%')#突出
13. plt.title("GDP of TOP-7 countries") #标题
14. plt.show()
```

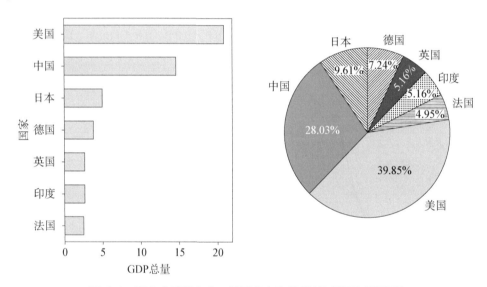

图 C.4　GDP 全球排名前 7 的国家占比排行(柱状图和饼形图)

4. 其他常见模块

除了上面介绍的科学计算类库外,还有大量的 Python 科学软件包可用于数据可视化、机器学习、自然语言处理、复杂数据分析等,这使得 Python 成为科学计算的绝佳工具。比如,SciPy 是科学家、分析师和工程师用于科学计算和技术计算的库,SciPy 包含的模块有最优化、线性代数、积分、插值、特殊函数、快速傅里叶变换、信号处理和图像处理、常微分方程求解和其他科学与工程中常用的计算;Scikit-learn 是一个机器学习库,旨在与 Python 数值、科学库 NumPy 和 SciPy 协同操作,涵盖了几乎所有主流的机器学习算法,它具有各种分类、回归和聚类算法,包括支持向量机、随机森林、梯度增强、决策树等;TensorFlow 是一个开源软件库,它是端到端的开源机器学习平台,可以帮助我们开发和训练机器学习模型。借助 TensorFlow,初学者和专家可以轻松地创建机器学习模型,以最简单的方式实现机器学习和深度学习概念。

附录 D

R 语言基础

D.1　R 语言简介

　　随着计算机技术的迅速发展,现代统计方法解决问题的能力和广度都有了很大的拓展。统计软件是我们应用统计方法不可或缺的工具。以 S 语言环境为基础的 R 语言由于具有其鲜明的特色,一经推出就受到了统计专业人士的青睐,成为国内外众多大学里的标准统计软件。

　　R 语言是一种为统计计算和图形显示而设计的语言环境,由奥克兰大学统计系的罗斯·伊哈卡(Ross Ihaka)和罗伯特·杰特曼(Robert Gentleman)编写,此外一大群人通过发送代码和错误报告为 R 语言作出了贡献。R 的设计深受两种现有语言的影响:里克·贝克尔(Rick Becker)、约翰·钱伯斯(John Chambers)和艾伦·威尔克斯(Allan Wilks)的 S 语言和苏斯曼(Sussman)的 Scheme。虽然生成的语言在外观上与 S 非常相似,但底层实现和语义源自 Scheme。

　　R 语言具有丰富的统计方法,大多数人使用 R 语言是因为其强大的统计功能。不过对R 语言更为准确的理解是一个内部包含了许多统计技术的环境。部分基础统计功能包含在R 环境的底层,但是大多数统计功能以包的形式提供。部分基础统计功能包含:线性和广义线性模型、非线性回归模型、时间序列分析、经典参数和非参数检验、聚类和平滑。还有大量功能为创建各种数据图表提供了灵活的图形环境。如果想要得到更多的其他包,可以在 R 语言的官方网站(https://www.r-project.org/)下载,更简单的方式是在 RStudio 上通过 install.packages()命令载入相关包。

　　R 语言是一个自由、免费、源代码开放的软件,其语言简单易学,并且具有丰富的拓展包,提供了极为丰富的数据分析手段,这也是众多学习者使用 R 语言的原因。

　　但是,R 语言缺少一个类似 SPSS 那样的菜单界面,对于没有编程经验以及统计方法掌握能力一般的使用者来说是一大挑战。同时,R 语言缺少一个好用的数据管理器,建议的做法是将 R 语言与 Excel 充分结合,发挥两者的优点,做到事半功倍。

D.2　R语言编程环境的下载和安装

R 是开源免费的,在 R 的官方网站可以下载 R 的安装程序以及学习文档。原则上来说,安装完 R 之后就可以使用了,但是使用一个合适的集成开发环境(IDE)会让我们的操作方便很多。对 R 来说最常用的 IDE 是 RStudio,本书也是采用 RStudio 进行建模分析,所以建议读者也安装 Rstudio。

1. R 语言下载

进入 R 官方(https://www.r-project.org/),点击 download R,选择合适的镜像进行下载,如图 D.1 所示。

图 D.1　R 语言下载界面

建议选择国内的镜像进行下载。R 语言下载镜像界面如图 D.2 所示。

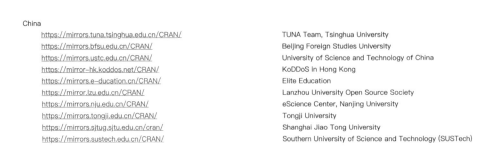

图 D.2　R 语言下载镜像界面

2. RStudio 下载

进入 RStudio 下载页面(https://www.rstudio.com/products/rstudio/download/),选择合适的版本进行下载,如图 D.3 所示。

OS	Download	Size	SHA-256
Windows 10	⬇ RStudio-2021.09.1-372.exe	156.89 MB	1e3d27f5
macOS 10.14+	⬇ RStudio-2021.09.1-372.dmg	203.00 MB	daec6a40
Ubuntu 18/Debian 10	⬇ rstudio-2021.09.1-372-amd64.deb	117.89 MB	921b4f23
Fedora 19/Red Hat 7	⬇ rstudio-2021.09.1-372-x86_64.rpm	133.83 MB	f1be5848
Fedora 28/Red Hat 8	⬇ rstudio-2021.09.1-372-x86_64.rpm	133.85 MB	ba36870d
Debian 9	⬇ rstudio-2021.09.1-372-amd64.deb	118.10 MB	637ed465
OpenSUSE 15	⬇ rstudio-2021.09.1-372-x86_64.rpm	119.78 MB	678d020e

Zip/Tarballs

OS	Zip/tar	Size	SHA-256
Windows 10	⬇ RStudio-2021.09.1-372.zip	228.87 MB	3e7e6t53
Ubuntu 18/Debian 10	⬇ rstudio-2021.09.1-372-amd64-debian.tar.gz	170.32 MB	37147524
Fedora 19/Red Hat 7	⬇ rstudio-2021.09.1-372-x86_64-fedora.tar.gz	170.35 MB	03f304fa
Debian 9	⬇ rstudio-2021.09.1-372-amd64-debian.tar.gz	170.76 MB	1c9c998b

图 D. 3   RStudio 下载界面

D.3   RStudio

RStudio 是 R 最常用的集成开发环境,相较于 R, RStudio 有更可视化的即时编译功能,便于使用者实时查看代码编写进程。

下面介绍 RStudio 的运行环境。在常规的菜单栏与工具栏之下,主要有 4 个窗口,如图 D. 4 所示。

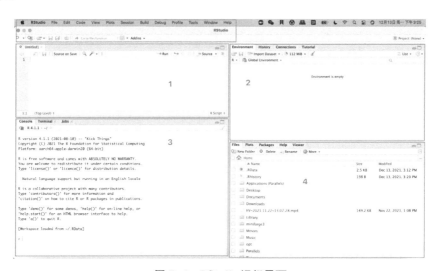

图 D. 4   RStudio 运行界面

　　1是脚本窗口,用于编辑脚本,如 R 脚本等。如果打开 RStudio 时并未出现该窗口,可以通过新建脚本调出窗口。2是变量历史等窗口:有 4 个标签页,Environment 为环境窗口,可以暂时简单理解为查看变量的窗口;History 为历史窗口,用于查看历史;其他标签页暂不介绍。3是命令窗口,用于输入命令和输出数据,写一句就编译解释一句命令。4是文件等窗口:有 5 个标签页,Files 用于查看与管理文件,Plots 用于查看输出的绘图,Packages 用于管理"包",Help 用于查看帮助文档,Viewer 用于数据预览。

　　表 D.1 列出 RStudio 常见的 3 个记录代码的工具。

表 D.1　R 语言常用代码工具

工具	作用
R Scripts	R 代码记事本,便于在后期调用
R Notebook/R Markdown	可以实现分步输入代码,实时输出代码结果,是完成统计学上机作业常用的工具

　　读者可以在文件(File)-新文件(New File)中创建合适的文档。RStudio 新文档运行界面如图 D.5 所示。

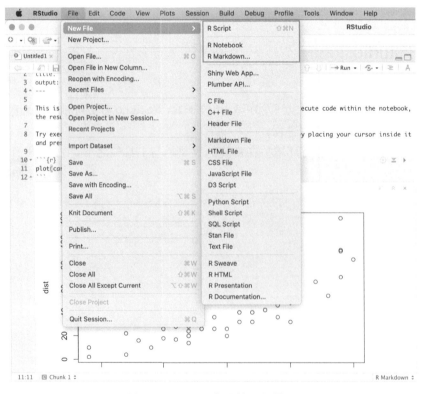

图 D.5　RStudio 新文档运行界面

　　可以利用 R Notebook/ R Markdown 实现实时代码输入和编译,可以通过点击"Run Current Chunk"运行相应的模块,如图 D.6 所示。

图 D.6　R 语言运行界面

D.4　R 语言包以及函数

所有的 R 语言函数和数据集都是保存在包(package)里面的。只有当一个包被载入时，它的内容才能够被访问。

1. R 语言标准包

标准包是构成 R 源代码的一个重要部分，包括一些基本函数、经典数据集、标准统计和图形工具。在任何 R 的标准版本中，它们都会被自动获得。常见的 R 语言标准包以及用途如表 D.2 所示。

表 D.2　常见 R 语言包

标准包	简单说明
stats	R 语言的统计函数
graphics	基于 base 图形的 R 函数
grDevices	基于 base 和 grid 图形的图形设备
utils	R 语言常用工具函数
datasets	基本 R 语言数据集
methods	R 对象的一般定义方法和类，增加一些编程工具
base	基本 R 语言函数

R 语言标准包还包含 GlobalEnv(全局变量)和 Autoloads(自动调用函数)，两个包都包含大量的函数。

2. 多元统计分析相关的常用包及函数

R语言中涉及多元统计分析的常用函数如表D.3所示：

表 D.3　常见 R 语言函数

函数名	用途	所在包
solve	逆矩阵计算函数	base
eigen	矩阵特征值及特征向量函数	base
cor	相关系数函数	stats
cor.test	相关系数检验函数	stats
lm	线性回归函数	stats
anova	方差分析函数	stats
step	逐步回归函数	stats
glm	广义线性预测函数	stats
lda	线性判别分析函数	MASS
qda	二次判别函数	MASS
dist	距离矩阵计算函数	stats
hclust	系统聚类函数	stats
kmeans	快速聚类函数	stats
princomp	主成分分析函数	stats
screeplot	碎石图绘制函数	stats
factanal	因子分析函数	stats
biplot	信息重叠图函数	stats
chisq.test	卡方检验函数	stats
corresp	对应分析函数	MASS
cancor	典型相关分析函数	stats
scale	数据标准化函数	stats
hist	直方图绘制函数	graphics
plot	散点图绘制函数	graphics
barplot	条形图绘制函数	graphics
pie	饼图绘制函数	graphics
boxplot	箱尾图绘制函数	graphics
stars	星相图绘制函数	graphics
face	脸谱图绘制函数	aplpack

以上函数的详细用法可用命令"?"或"help"进行了解。如方差分析函数 anova 的用法如图 D. 7 所示：

>? anova

> help(anova)

Print

anova {stats}   R Documentation

Anova Tables

Description

Compute analysis of variance (or deviance) tables for one or more fitted model objects.

Usage

anova(object, ...)

Arguments

object
    an object containing the results returned by a model fitting function (e.g., lm or glm).

...
    additional objects of the same type.

Value

This (generic) function returns an object of class anova. These objects represent analysis-of-variance and analysis-of-deviance tables. When given a single argument it produces a table which tests whether the model terms are significant.

When given a sequence of objects, anova tests the models against one another in the order specified.

The print method for anova objects prints tables in a 'pretty' form.

Warning

The comparison between two or more models will only be valid if they are fitted to the same dataset. This may be a problem if there are missing values and R's default of na.action = na.omit is used.

References

Chambers, J. M. and Hastie, T. J. (1992) *Statistical Models in S*, Wadsworth & Brooks/Cole.

See Also

coefficients, effects, fitted.values, residuals, summary, drop1, add1.

[Package *stats* version 4.1.1 Index]

图 D. 7 anova 函数帮助界面

3. 非标准包的导入和使用

以 tidyverse 包为例，介绍如何在 RStudio 中导入并使用。注意，每次编写一个新的脚本，都要使用 library()载入所需要的包。

> install. packages("tidyverse") ♯导入 tidyverse

> library(tidyverse) ♯使用 tidyverse

D.5 R语言语法基础

本节我们主要介绍 R 语言中的基本数据类型、命令及格式规则。

1. 数据类型

R 中常用的数据类型包括整数、浮点数、复数、字符串、逻辑值，如表 D. 4 所示。此外还有原生型等，此处不作详细展开。

表 D. 4　常见 R 语言数据类型

数据类型	英文名称	例子
整数	integer	1L；−3L
浮点数	double	3. 14
复数	complex	1+1i
字符串	character	"hello world!"
逻辑值	logical	TRUE;FALSE

2. 标识符命名规则

R 中的标识符命名包含以下规则：①可以包含大小写字母、下划线和小数点，不能包含其他符号；②大小写敏感；③只能以字母或点开头，且当以点开头时，第一个点之后不能紧接着数字；④不能与其他保留命名符重复。

表 D. 5 是保留命名符汇总：

表 D. 5　命名符号

if	else	repeat	while	function
for	in	next	break	TRUE
FALSE	NULL	Inf	NaN	NA
NA_integer	_ NA_real_	NA_complex	_ NA_characte	r_ ...

3. 格式及运算

R 中代码缩进对程序运行没有影响，但影响可读性，一般缩进 2 个空格。在 RStudio 中，会自动缩进。井号♯右侧的文字都会被认为是注释，R 中没有多行注释。注释与取消注释的快捷键是 Ctrl＋Shift＋C(Macbook 为⇧＋command＋C)，可同时对多行用快捷键进行注释。

R 语言中赋值可以用＜−、＜＜−或＝，甚至可以反转赋值，如 6−＞a，但最常用的是＜−，建议读者使用＜−，且保持赋值符号的一致性。

此外，赋值可以用赋值函数 assign，它适合于被赋值的函数名不能直接确定，而由其他变量生成的情况。

```
>assign(paste0('myVar', i), 1:5)
>myVar3
## [1] 1 2 3 4 5
```

常见赋值类型如表 D. 6 所示。

表 D. 6   常见赋值类型

对象	类型	是否允许同一个对象中有多种类型
向量	数值型,字符型,复数型,或逻辑性	否
因子	数值型或字符型	否
数组	数值型,字符型,复数型,或逻辑性	否
矩阵	数值型,字符型,复数型,或逻辑性	否
数据框	数值型,字符型,复数型,或逻辑性	是
时间序列	数值型,字符型,复数型,逻辑性	否
列表	数值型,字符型,复数型,逻辑性,函数,表达式	是

（1）向量赋值及运算，函数符号如表 D. 7 所示。

```
> a <- c(1, 2, 5, 3, 6, -2, 4) #向量赋值
> a
[1]  1  2  5  3  6 -2  4
```

表 D. 7   函数符号

函数	用途	函数	用途
sum()	求和	rev()	反排序
max()	求最大值	rank()	求秩
min()	求最小值	append()	添加
range()	求极差(全矩)	replace()	替换
mean()	求均值	match()	匹配
median()	求中位数	pmatch()	部分匹配
var()	求方差	all()	判断所有
sd()	求标准差	any()	判断部分
sort()	排序	prod()	积

（2）矩阵赋值及运算，如表 D. 8 所示。

```
> y <- matrix(1:20, nrow = 5, ncol = 4)        ##创建 5*4 矩阵
> y
     [,1] [,2] [,3] [,4]
[1,]   1    6   11   16
[2,]   2    7   12   17
[3,]   3    8   13   18
[4,]   4    9   14   19
[5,]   5   10   15   20
```

表 D. 8　矩阵赋值与运算

函数	用途	函数	用途
t()	转置	solve()	矩阵求逆
+/−	矩阵相加/减	eigen()	求特征值和特征向量
*	矩阵元素相乘	chol()	Choleskey 分解
crossprod()	矩阵相乘	det()	求行列式
diag()	提取对角元素	apply(X,MARGIN,FUN,...)	矩阵运算

（3）数据框的赋值及运算。

数据框与 SAS，SPSS，Stata 中的数据集类似。在真实的统计分析中，我们一般导入数据进行分析，同时也可以自定义数据框，下面给出自定义数据框的例子：

```
> patientID <- c(1, 2, 3, 4)
> age <- c(18, 25, 36, 45)
> diabetes <- c("Type1", "Type2", "Type2", "Type2")
> status <- c("Poor", "Improved", " Improved ", "Poor")
> patientdata <- data.frame(patientID, age, diabetes,
+                                        status, row.names=patientID) #创建数据框
> patientdata
   patientID age diabetes      status
1          1  25    Type1        Poor
2          2  34    Type2    Improved
3          3  28    Type2   Improved
4          4  52    Type2        Poor
```

4. R 函数

R 语言编程时无须声明变量的类型。函数内部也可用♯添加注释。函数内的变量名是局部的，当函数运行结束后它们不再被保存到当前的工作空间中。

```
函数名 = function (参数 1，参数 2…)
｛
        statements
return(object)
```

下面进行举例说明：

```
编写一个函数，给出两个数之后，直接给出这两个数的平方和。
>sqtest<-function(x, y)
   ｛
   z1=x^2;
   z2=y^2;
   z3=z1+z2;
   z3
   ｝
> sqtest(4,5)
[1] 41
```

表 D. 9 为 R 语言常见语句及用法：

表 D. 9　R 语言常见语句及用法

语　　句	格式及说明
条件分支语句	if(cond) statement_1 如果条件 cond 成立,则执行 statement_1,否则跳过
条件分支语句	ifelse (cond, statement1, statement2) 如果 cond 成立,则执行 statement1,否则执行 statement2
循环语句	for(ind in expr1) expr2 如果 ind 符合 expr1,则执行 expr2
循环语句	while (condition) expr 当 condition 条件成立的时候,执行表达式 expr

参考文献

［1］马瑟斯. Python 编程:从入门到实践［M］.袁国忠,译. 北京:人民邮电出版社,2020.

［2］安德森. 多元统计分析导论［M］.张润楚,程轶,译. 北京:人民邮电出版社,2010.

［3］陈钰芬,陈骥. 多元统计分析［M］. 北京:清华大学出版社,2020.

［4］杜子芳. 多元统计分析［M］. 北京:清华大学出版社,2016.

［5］方保镕,周继东,李医民. 矩阵论［M］. 上海:上海交通大学出版社,1993.

［6］方开泰. 实用多元统计分析［M］. 上海:华东师范大学出版社,1989.

［7］高惠璇. 应用多元统计分析［M］. 北京:北京大学出版社,2005.

［8］何晓群. 多元统计分析:第 5 版［M］. 北京:中国人民大学出版社,2019.

［9］贾恩志,王海燕,徐耀初. SPSS for Windows 10.0 科研统计应用［M］.南京:东南大学出版社,2001.

［10］约翰逊,威克恩. 实用多元统计分析:第 6 版［M］.陆璇,叶俊,译. 北京:清华大学出版社,2008.

［11］李庆来. 多元统计分析:写于大数据、云计算时代［M］. 上海:上海交通大学出版社,2015.

［12］卢纹岱. SPSS 从入门到精通［M］. 北京:电子工业出版社,2000.

［13］邱皓政,林碧芳. 结构方程模型的原理与应用:第二版［M］. 北京:中国轻工业出版社,2019.

［14］盛骤,谢式千,潘承毅. 概率论与数理统计［M］. 北京:高等教育出版社,2008.

［15］田茂再. 多元统计分析［M］. 北京:中国人民大学出版社,2017.

［16］王斌会. 多元统计分析及 R 语言建模:第五版［M］. 北京:高等教育出版社,2020.

［17］王济川,王小倩,姜宝法. 结构方程模型:方法与应用［M］. 北京:高等教育出版社,2011.

［18］王学民. 应用多元统计分析:第五版［M］. 上海:上海财经大学出版社,2017.

［19］魏宗舒,等. 概率论与数理统计:第三版［M］. 北京:高等教育出版社,2020.

［20］袁志发,宋世德. 多元统计分析［M］. 北京:科学出版社,2009.

［21］张润楚. 多元统计分析［M］. 北京:科学出版社,2006.

［22］张尧庭,方开泰. 多元统计分析引论［M］. 北京:科学出版社,1982.

［23］ADRIAANS P, ZANTINGE D. Data mining［M］. Harlow, England: Addison-Wesley,1996.

［24］RENCHER A,CHIRSTENSEN W. Methods of multivariate analysis［M］. 3rd ed. New York:John Wiley & Sons,2012.

[25] ANDERBERG M R. Cluster analysis for applications[M]. New York：Academic Press，1973.

[26] ANDERSON T W. Introduction to multivariate statistical analysis[M]. New York：Wiley，1958.

[27] CHATFIELD C，COLLINS A J. Introduction to multivariate analysis[M]. England：Chapman and Hall Ltd，1980.

[28] DALLES E. JOHNSON. Applied multivariate methods for data analysis [M]. Beijing：Higher Education Press，2005.

[29] GOLUB G H，VAN LOAN C F. Matrix Computations [M]. 4th ed. Beijing：The People's Posts and Telecommunications Press，2014.

[30] HAIR JF，ANDERSON R E，TATHAM R L，etc. Multivariate data analysis [M]. 5th ed. Opper Saddle River：Prentice Hall，1998.

[31] KRZANOWSKI W J. Principles of multivariate analysis，a user's perspective[M]. Oxford：Clarendon Press，1988.

[32] MORRISON D F. Multivariate statistical methods[M]. New York：John Wiley & Sons Inc，1981.

[33] NATASHA K，GUO S Y. Structural equation modelling[M]. New York：Oxford University Press Inc. ，2011.

[34] RENCHER ALVIN C. Methods of multivariate analysis [M]. 2nd ed. New York：Wiley-Interscience，2001.

[35] SRIVASTAVA M S，CARTER E M. An introduction to applied multivariate statistics[M]. New York：North-Holland，1983.

[36] WOLFGAN K H，LEOPOLD S. Applied multivariate statistical analysis[M]. 4th ed. New York：Springer-Verlag Berlin Heideberg，2015.